中国石油学会石油地质专业委员会
中国煤炭学会煤层气专业委员会

煤层气勘探开发技术新进展
——2024年全国煤层气学术研讨会论文集

邓　泽　赵　群　赵　霞　米洪刚　张守仁　李亚男　主编

石油工业出版社

内容提要

本书收录了 2024 年全国煤层气学术研讨会论文 40 篇，内容包括煤层气地质评价与储层工程、煤层气开发技术、煤炭气化技术、煤矿区煤层气抽采利用技术等方面。

本书可供从事煤层气勘探、开发、工程等方面的生产与科研人员参考。

图书在版编目（CIP）数据

煤层气勘探开发技术新进展 . 2024 年全国煤层气学术研讨会论文集 / 邓泽等主编 . -- 北京：石油工业出版社，2024.9. -- ISBN 978-7-5183-6974-4

Ⅰ . P618.110.8-53

中国国家版本馆 CIP 数据核字第 2024T3Q422 号

出版发行：石油工业出版社

（北京安定门外安华里 2 区 1 号　100011）

网　　址：www.petropub.com

编辑部：（010）64523707　图书营销中心：（010）64523633

经　　销：全国新华书店

印　　刷：北京中石油彩色印刷有限责任公司

2024 年 9 月第 1 版　2024 年 9 月第 1 次印刷

787×1092 毫米　开本：1/16　印张：28.75

字数：630 千字

定价：260.00 元

（如出现印装质量问题，我社图书营销中心负责调换）

版权所有，翻印必究

《煤层气勘探开发技术新进展
——2024年全国煤层气学术研讨会论文集》

编委会

主　编：邓　泽　赵　群　赵　霞　米洪刚　张守仁　李亚男

副主编：田文广　王玫珠　杨焦生　赵　洋　李贵中　祁　灵

　　　　杨敏芳　张继东　孙钦平　卢海兵　张学英　肖宇航

编　委：范立勇　庞雄奇　鲜保安　潘　军　邵龙义　傅雪海

　　　　李梦溪　杨延辉　丁　蓉　孙　斌　张　聪　刘　忠

　　　　吴　见　张　兵　王小东　孔　鹏　朱向伟　李丹琼

　　　　程　璐　左景栾　陈　刚　申　建　王一兵　余志晟

　　　　唐书恒　陈艳鹏　东　振　李新宁　夏大平　单俊峰

前　言

党的二十大报告指出，要积极稳妥推进碳达峰碳中和，要深入推进能源革命，加强煤炭清洁高效利用，加大油气资源勘探开发和增储上产力度，加快规划建设新型能源体系。推动"双碳"目标的实现和能源转型，为煤层气产业提速发展和科技创新提供了优越的发展空间和机遇。我国煤层气已步入产业化发展阶段，地质、钻井、压裂、排采等关键核心技术体系不断突破，煤层气储量产量稳中有升、持续向好，在沁南和鄂东两个大型煤层气产业基地基础上，新疆、宁夏、淮南、贵州、内蒙古等多地开花，特别是在深部煤层气（煤岩气）领域取得重大突破。2023年全国新增探明煤层气地质储量超 $3000 \times 10^8 m^3$，产量增加 $20 \times 10^8 m^3$，均为历年之最，煤层气产业整体形势向好。国家及各地政府相继出台对煤炭行业的扶持、补贴政策。在"双碳"目标背景下，中国煤层气产业已经进入一个新阶段，正处于发展史上最有利时期。

为进一步推动我国煤层气产业加快发展，促进科学技术进步，中国石油学会石油地质专业委员会、中国煤炭学会煤层气专业委员会联合举办"2024年全国煤层气学术研讨会"，会议主题为煤层气勘探开发技术与规模产业化发展战略，主要内容包括：煤层气选区评价与储层工程、煤层气勘探开发技术、煤炭气化和其他非常规天然气勘探开发技术、煤矿区煤层气抽采利用技术。会议面向全国煤层气行业征集论文，经本次会议学术委员会审查共收录论文40篇，探讨煤层气勘探开发理论与技术认识，以共同推动我国煤层气产业的快速发展。

为了使与会代表及广大读者能及时了解2024年煤层气学术研讨会会议内容，特将收录的有关专家学者的稿件编辑出版。在此向积极参与本届煤层气年会投稿的各位学者表示衷心感谢。限于时间和条件等原因，论文集中疏漏之处在所难免，敬请读者批评指正。

目 录

第一篇 煤层气地质评价

基于全油气系统理论及动力场成藏模式的煤层气分布规律研究及资源潜力评价
………………………… 鲍李银，庞雄奇，崔新璇，王雷，蒲庭玉，张子英（3）

基于全油气系统评价煤层含气性的方法原理
……… 蒲庭玉，庞雄奇，邓泽，田文广，丁蓉，王雷，鲍李银，赵振丞，崔新璇（12）

深层煤层气勘探研究进展及其面临的挑战
……… 王雷，庞雄奇，田文广，邓泽，丁蓉，蒲庭玉，鲍李银，赵振丞，崔新璇（22）

大宁—吉县区块煤系气共生组合规律与富集成藏模式
………………………………………………………… 田文广，丁蓉，曹毅民（35）

大宁—吉县区块煤层结构制约下的深部煤储层含气性特征
………………………………………… 郭铀，孙昊，张明达，丁怀斌，杨超（49）

鄂尔多斯盆地本溪组 8# 深部煤层气成藏特征和勘探对策
………………………………… 刘洪林，王怀厂，黄道军，赵伟波，李晓波（56）

沁水盆地南部中、深层煤层气藏温压特征及成因分析
…… 张鹏豹，刘忠，张永平，韩峰，赵良言，王小玄，刘振兴，杨洲鹏，关小曲（70）

宜川—黄龙地区煤岩气成藏控制因素分析
………………………………………… 单俊峰，牟春，迟润龙，张扬，刘硕（79）

临兴地区浅—深部煤层富气差异及有序成藏模式研究
………………………………………………… 吴见，米洪刚，石雪峰，高丽军（90）

深部煤层含气量预测方法探讨——以三塘湖盆地马朗区块为例
………………… 周家民，杨斌，梁浩，陈梦冉，李新宁，孙斌，何雪飞，邵龙义（101）

三塘湖盆地煤层地下水动力场及控气作用
……… 黄杨杨，范谭广，李新宁，齐争辉，王兴刚，马跃东，黄蝶芳，邵龙义（113）

低煤阶煤储层水地球化学特征及控气机理——以吉尔嘎朗图凹陷为例
………………………………… 杨敏芳，田文广，鲁静，孙斌，李亚男，孙钦平（125）

急倾斜煤储层气/水分异规律研究——以准噶尔盆地阜康西区为例
  ································· 康俊强,傅雪海,王一兵,段超超(135)
博文区块 MCM 煤组富集高产因素分析
  ····················· 杨勇,许文国,段利江,曲良超,黄文松(151)
煤变质过程中水化学特征及演化规律研究——基于水热模拟实验
  ··············· 张珂,张松航,唐书恒,张守仁,翟佳宇,贾腾飞,颜志丰(164)
煤系地层细粒岩性特征及对煤系天然气综合开发的启示——以鄂尔多斯盆地东缘
  临兴区块二叠系为例
  ··············· 高丽军,臧晓琳,吴鹏,胡家晨,逄建东,孔为,康弘男(178)

第二篇 煤层气气藏工程

煤层气藏分类研究及动用潜力分析
  ············· 赵洋,杨焦生,王玫珠,肖宇航,张学英,卢海兵,李五忠(193)
煤层气井产量递减与 EUR 预测方法的评价
  ······ 张群霞,张聪,毛崇昊,刘展,樊彬,吴定泉,覃蒙扶,雷兴龙,陈翔羽(202)
考虑储层伤害的煤层气藏不同阶段排采制度分析——以寿阳区块为例
  ····················· 李陈,孙立春,赵志刚,王海侨,张健,冯汝勇(210)
临兴区块深部煤层气井产能控制因素探析
  ··················· 郭广山,白玉湖,房茂军,刘彦成,赵刚,陈朝晖,李利(222)
低煤阶煤层气井产气规律及影响因素研究
  ··············· 王建俊,黄文松,刘玲莉,崔泽宏,卫晓怡,段利江,李铭(233)
低阶巨厚煤层开发难点与对策——以二连盆地吉尔嘎朗图凹陷为例
  ······ 王宁,鲁秀芹,刘忠,李志军,杨延辉,高燕,吴浩宇,聂志昆,李江江(243)
基于生产特征曲线的煤层气新老煤层气井生产特征对比——以澳大利亚 D 区块
  煤层气田为例
  ························· 卫晓怡,刘玲莉,黄文松,崔泽宏,王建俊(256)
沁水盆地南部高煤阶煤层气水平井开发实践
  ····················· 周叙,刘帅,李静雯,刘华,宋洋,周智,王津津(263)
鄂尔多斯盆地东缘深层煤层气水平井钻井提速技术
  ······················· 范志坤,夏忠跃,冯雷,王涛,解健程,纪磊(269)

根部对接双分支井地质工程一体化分析——以澳大利亚博文盆地某区块根部对接双/
三分支先导试验井为例
……………………………………………… 李铭，黄文松，卫晓怡，段利江，石得佩，丁伟，吴夏叶，
曲良超，杨勇，刘玲莉，崔泽宏，王建俊（279）

高煤阶煤层气压裂水平井产能影响因素与井距优化数值模拟研究——以沁水盆地南部
沁南西—马必东区块为例
………… 王玉婷，张聪，陈家乐，李可心，张武昌，马辉，崔新瑞，桑广杰（291）

低温固结防砂技术在煤层气水平井压裂中的应用
………………………………… 张洋，张雅兰，李志军，刘忠，马文峰，姚伟（304）

深部煤层气压裂工艺分析
………………………………… 李小龙，贺甲元，岑学齐，赵丹迪，张恒，张翼（313）

深层煤岩低伤害低吸附压裂液体系优选及应用
……………………………………………… 刘倩，问晓勇，刘汉斌，刘怡（324）

天然裂缝对深煤岩起裂压力的影响研究
…………………………………… 郭建春，金浩增，赵志红，何家乐，贺义（334）

煤层气往复式压缩机降温技术浅析
……………………………………… 王浩然，刘松群，马翔宇，邱志红，张博，顾健（345）

第三篇　煤层气综合开发

吉尔嘎朗图凹陷褐煤煤分子结构特征和模型构建
……………………………………………… 黄强，王爱宽，姚志远，邓泽，申建（355）

菌剂—营养液协同强化煤炭高效生物气化及机制研究
………………………… 王波波，邓泽，赵仁远，刘如铟，郭红光，余志晟（367）

本源微生物对煤储层物性的改造实验研究
………………… 夏大平，吕航，顾鹏涛，邓泽，李海伟，李银川，李利娟（377）

清洁化煤炭地下气化技术展望
………… 薛俊杰，东振，陈浩，张梦媛，赵宇峰，陈艳鹏，孙粉锦，陈姗姗（389）

我国中深层煤炭地下气化发展潜力与技术对策
………… 陈浩，东振，陈艳鹏，薛俊杰，张梦媛，赵宇峰，孙宏亮，王兴刚（402）

煤炭地下气化过程产热导致的气化区煤岩破坏耦合数值模拟研究
………………………… 赵宇峰，张梦媛，陈艳鹏，东振，薛俊杰，陈浩（414）

基于CRIP工艺的煤炭地下气化腔围岩裂缝范围预测
　…东振，易海洋，王兴刚，孙宏亮，陈艳鹏，赵宇峰，薛俊杰，陈浩，张梦媛（424）
淮南矿区松软低渗透煤层条件地面瓦斯治理技术研究与应用
　…………陈功胜，丁同福，童碧，苏雷，张国明，芙胜丰，陈本良，彭煜敏，唐勇敢，
　　　　　　　　　　　　　　　刘超，袁广，何杰，张明志，高萌（438）

第一篇
煤层气地质评价

基于全油气系统理论及动力场成藏模式的煤层气分布规律研究及资源潜力评价

鲍李银[1,2]，庞雄奇[1,2]，崔新璇[1,2]，王雷[1,2]，蒲庭玉[1,2]，张子英[1,2]

（1. 中国石油大学（北京）地球科学学院，北京102249；2. 中国石油大学（北京）油气资源与工程全国重点实验室，北京102249）

摘　要：煤层气作为一种非常规气资源，很早就被人类发现和利用，但目前探明储量和产量在天然气资源中所占比率分别不足2%和3.7%，与煤炭资源储量巨大和煤层作为天然气主要来源的成藏条件不符。中国鄂尔多斯盆地深层煤层气勘探近年来取得重大突破，日产气突破$10 \times 10^4 m^3$，展示出一个全新的发展领域。全球煤层气勘探开发进展调研结果表明，深层煤层气成藏和富集条件较之浅层更为优越、发展前景广阔，但高效勘探开发面临挑战，当前急需解决的主要科学问题为"缺少深层煤层气判别标准、高产富气'甜点'发育模式不清、定量预测评价困难"。为解决相关难题，需要开展"深层煤层气判别标准、统一成因分类、成藏机制与富气模式"四方面内容研究。通过相关问题的研究和应用，可以预测出中国含油气盆地深层煤层气资源潜力、指出最有利勘探方向和领域。本文基于全油气系统理论和定量评价方法技术初步分析和研究表明：中浅层油气自由场内，煤层气以吸附态为主，富集程度低，发展前景较差；中深层局限动力场内，煤层气以游离态为主，富集程度高，发展前景较好；煤岩内部束缚动力场内，天然气以游离束缚态为主，需要通过压裂改造获得高产。中国煤层气高产"甜点"埋深介于1500～6850m，可采资源量超过$58.3 \times 10^{12} m^3$，发展前景广阔。

关键词：深层煤层气；煤层成藏机制；煤层气富集模式；煤层全油气系统；中国深层煤层气资源量；中国深层煤层气勘探前景

煤层气作为一种非常规油气资源，很早就被人类发现和利用，但目前全球探明储量和产量在油气资源之中所占比率分别不足2%（0.82/48.00，$10^{12} m^3$）和3.7%（72.3/2000，$10^8 m^3$），与煤层气优越的成藏条件和资源前景不符。已有的研究和勘探开发实践表明，全球2000m以浅煤层气资源量超过$270 \times 10^{12} m^3$，主要分布在俄罗斯、加拿大、中国、美国、澳大利业、德国等12个国家。俄罗斯煤层气资源量居世界第1位，加拿大次之，中国煤层气资源量约为$30 \times 10^{12} m^3$，居世界第3位，美国煤层气资源量约为$21 \times 10^{12} m^3$，居世界第4位[1]。在中国境外，含煤层气面积约$234.64 \times 10^4 km^2$，主要分布于石炭系—古近系，地层压力介于1.03～67.8MPa，埋深最浅及最深的煤层气藏分别分布在美国的粉河

通讯作者：庞雄奇，男，1961年8月生，1991年获中国地质大学博士学位，现为中国石油大学（北京）教授、博士生导师、学术委员会副主任，主要从事油气藏形成机制与分布规律、油气资源评价与油气田勘探的教学与科研工作，E-mail: pangxq@cup.edu.cn。

盆地（Fort Union，深 30m）和皮申斯盆地（Cameo，深 2180m），国外最高产煤层气位于澳大利亚苏拉特盆地（Walloon，约 $400×10^8m^3/a$）[2]。随着"十三五"国家科技重大专项"煤层气高效增产及排采关键技术研究"创新成果的应用，鄂尔多斯盆地吉县区块吉深 6-7 平 01 井在 2000m 以下深层获日产 $10.1×10^4m^3$ 高产工业气流[3-4]，标志着勘探开发取得重大突破。随着中国鄂尔多斯盆地深层煤层气勘探取得重大突破，单井产量突破 $10×10^4m^3$，资源储量大幅度提升。中国石油天然气勘探开发公司自 2019 年在大吉区块开展深层评价以来，29 口水平井初期平均单井日产量超 $13×10^4m^3$，已经提交探明储量 $1121.62×10^8m^3$；中国海洋石油集团有限公司自 2022 年在临兴区块开展深层评价以来，深煤 $1^\#$ 水平井初期日产 $6×10^4m^3$，已经提交探明储量 $1010.43×10^8m^3$[5]；中国石化集团公司自 2022 年在大牛地气田开展深层评价以来，阳煤 1HF 水平井初期日产 $10×10^4m^3$，其单井产量远高于浅层煤层气产量，已经提交探明储量 $270×10^8m^3$。依据自然资源部发布的《"十四五"煤层气资源评价技术规范》，中国石油勘探开发研究院 2023 年估算该公司 1500m 以深煤层气资源量 $50.7×10^{12}m^3$（全国 $70×10^8m^3$），主要分布在四大盆地，其中鄂尔多斯盆地资源量最多，为 $18.3×10^{12}m^3$，准噶尔盆地 $11.7×10^{12}m^3$，四川盆地 $9.1×10^{12}m^3$，吐哈盆地 $6.2×10^{12}m^3$。中国三大石油公司均在鄂尔多斯东部勘探深层煤层气取得突破，因此，以鄂尔多斯盆地为切入点，开展深层煤层气成因机制、富集规律、预测方法和关键技术研究，对于创新煤层气地质理论、开拓能源发展新领域、实现煤层气勘探由浅层领域向深层领域拓展和缓解中国能源的压力具有十分重大的现实意义。但研究中国深层煤层气并达成预期目标需要突破四个方面的难点，包括揭示深层和浅层煤层气特征差异与成因机制、确定深层煤层气富集"甜点"主控因素并建立成因模式、提出深层煤层气高产目标预测方法并研发关键技术，最后通过应用指出中国深层煤层气有利勘探方向，在此基础上制定发展战略。本次研究以全油气系统理论为指导研究煤层气成藏分布规律，以动力场理论为基础研究煤层气藏的三个动力边界并对煤层气的富集保存条件进行评价，最终结合煤层气资源评价结果对不同动力场中的煤层气资源进行评价。

1 煤层全油气系统中煤层气及其相关概念术语的区别与联系

煤层气相关概念较多，但目前已经不能满足生产发展的需要。它们涉及煤成气、煤型气、煤系气，以及煤成常规气、煤成致密非常规气、煤成油等；直接与煤层气有关的概念有煤岩气、煤岩夹层气、煤岩围层气等。这些名词术语与概念之间在成因上有何联系？在实际地质条件下如何区分？在相同盆地之中分布有何规律？这些问题尚不明了。为讨论问题和学术交流方便，本文给定下列几个基本概念：煤岩气——煤层中有机质富集体或煤炭内生成之后滞留的天然气；煤岩夹层气——煤岩之间的夹岩体聚集的天然气，它主要由煤岩内生天然气和夹岩内分散腐殖型有机质形成的天然气组成；煤层气——煤岩气、煤岩夹层气二者之和；煤层围岩气——煤层之间或上下与之紧密相邻的围岩层内聚集的天然气，它主要来自煤层有机质生成的天然气，也可能有少部分来自自身分散式有机质生成的天然气；煤成气——煤层在形成演化过程中产生的所有天然气之总称，包括煤岩气、煤岩夹层气、煤层围岩气，以及远距离运移后形成的常规和非常规天然气；煤型气——包括煤岩和含三类腐殖型分散有机质在形成演化过程中产生的各类天然气；煤系气——煤系地层内富集的煤炭和分散型各类有机质在演化过程中形成的各类天然气。实际情况可能更为复杂，需要视实际情况进行科学研究并拿出统一的成因分类方案。

2 基于全油气系统理论研究煤层气和煤成油气藏分布规律

全油气系统（Whole Petroleum System）理论[6-8]是在油气系统[9]、总油气系统[10]、复合油气系统[11]、油气成藏体系[12]等概念的基础上提出和发展起来的，它揭示和阐述了各类有机质形成的常规和非常规油气藏之间的差异性和关联性及其形成和分布规律，为复杂地质条件下油气勘探提供新的理论框架和方法指导[13-14]。

（1）全油气系统概念。全油气系统指"含油气盆地相互关联的烃源岩层形成的全部油气、油气藏、油气资源及其形成演化过程和分布特征在内的自然系统"。它既包括油气长距离运移形成的常规类油气资源，也包括短距离运移形成的致密类油气资源，还包括微距离运移形成的页岩类油气资源。全油气系统研究内容涵盖了"油气成藏全要素、相互作用全过程、资源分布全系列、研究评价全方位"。

（2）全油气系统成藏模式。全油气系统内各类油气藏形成遵循有序分布的基本规律（图1）：下部烃源岩层内形成页岩类油气资源（S）并与致密类油气资源（T）呈紧密接触或交互叠置形式（S\T）连续分布；中部形成与烃源岩层分离开来的常规油气资源（C），上部地表附近可能形成异常改造类的稠油沥青和天然气水合物（A）。这种天然的油气藏

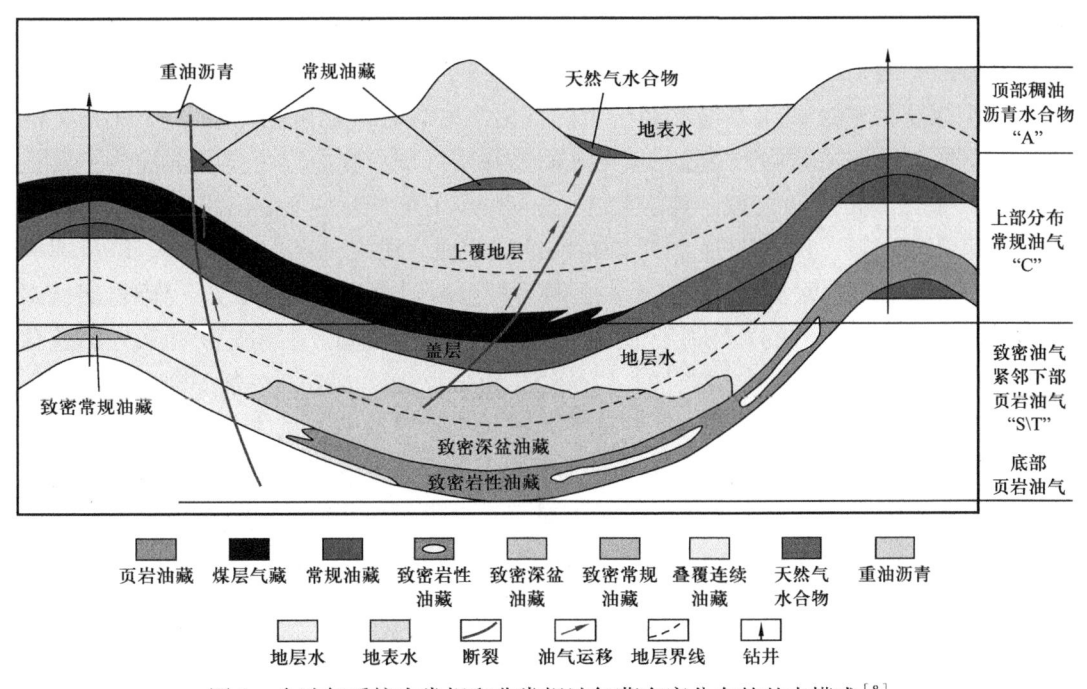

图 1　全油气系统内常规和非常规油气藏有序分布的基本模式[8]

产状特征被概括为常规和非常规油气藏有序分布基本模式,用 S\T-C-A 表示。在地质条件复杂的情况下还可能出现三种特殊模式:① 源内油气和致密油气彼此分离模式,如准噶尔盆地二叠系页岩油和上部三叠系百口泉致密油分离模式;② 自烃源岩层向上和向下形成的油气藏呈现双向有序分布模式,如鄂尔多斯盆地长 7 段上下双向有序分布模式;③ 自烃源岩向周边侧向过渡的有序分布模式,如松辽盆地古龙青山口组油气藏从深坳区向长垣隆起分布模式。可能还存在一些其他模式,需要研究人员不断去探索和发现。

(3)基于全油气系统理论研究煤层气的原因。主要有三个方面:① 可以从宏观上全面分析和研究煤成油气资源的成藏特征和规律,从而更好地理解煤层气藏的形成条件和分布规律;② 煤层气是煤成气总量之中没有被排出煤层而被滞留下来的部分,它的大小可以依据煤成气总量计算结果扣除其他形式煤成气量而得到,也可以通过测定自身目前滞留气量而得出;③ 煤成气主要包括煤层气、与煤层紧密相邻的致密非常规煤层围岩气、与煤层分离但通常分布在更浅地层中的常规煤成气,在煤组分特别情况下还包括煤成油等,构成一个完整的煤层全油气系统,相关的定量评价方法可以完全套用到煤成油气资源预测评价中。

3 基于动力场成藏理论的煤层气富集保存条件研究

油气在地下运聚成藏及其分布特征受周边油气动力边界和动力场控制。油气动力场指含油气盆地内具有相同油气来源、成藏条件、运聚动力和成藏类型的地层领域[15],含油气盆地共划分出自由、局限、束缚三个不同的油气动力场,不同动力场形成的油气藏之间存在关联性和差异性。Pang 等[16-17]基于油气动力场分布特征建立了常规和非常规油气藏统一成因模式和分类方案(图 2)。在含油气盆地中,自由动力场(F-HDF)位于地表与浮力成藏下限(BHAD)之间的浅层区域,油气在浮力驱动下形成"上油下水"的常规油气藏,煤层处于这一动力场不利于天然气富集和保存。局限动力场(C-HDF)位于浮力成藏下限与油气成藏底限(HADL)之间的深层区域,在非浮力主导下油气主要在源外聚集形成致密非常规油气藏,煤层处于这一领域有利于天然气排出煤层之外富集成藏和保存。束缚动力场(B-HDF)主要分布在油气成藏底限之下(B1-HDF),以及埋深介于排烃门限和烃源岩供烃底限(ASDL)之间的烃源岩层内(B2-HDF),烃源岩层或煤层处于束缚动力场(B2-HDF)有利于形成页岩气和煤层气资源。在构造变动频发的叠合盆地,油气动力场边界条件、介质条件,以及烃类组分均受到改造,在条件合适的情况下能够形成改造型动力场,改造型动力场内能够形成包括裂缝改造、流体改造、裂缝流体联合改造、微生物改造,以及高温改造等多种形式的改造类天然气藏。关于全油气系统结构特征和控油气作用研究的详细内容可以参考庞雄奇教授最近出版的英文专著《全油气系统定量分析——油气门限及其应用》(*Quantitative Evaluation of the Whole Petroleum System——Hydrocarbon thresholds and their application*),其中最为关键的是确定三个油气成藏的动力边界,包括浮力成藏下限[15]、油气成藏底限[18]、烃源岩供烃底限[19],以及它们控制油气成藏动力机制[17, 20-21],它们决定着煤成油气藏类型及其时空分布规律。

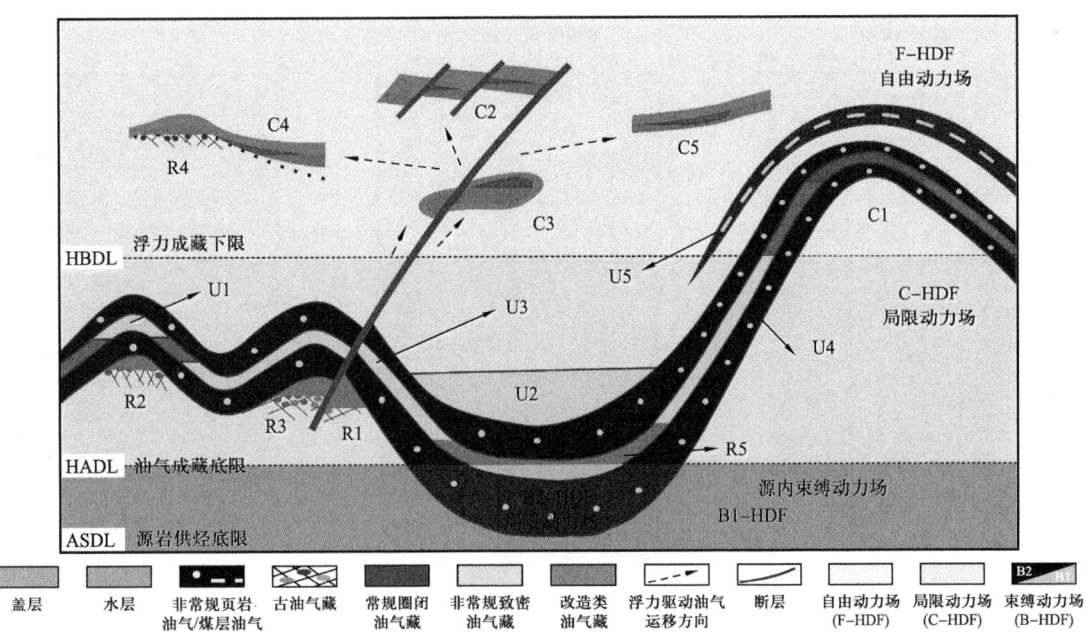

图 2 油气动力边界和动力场联合控煤成气藏分布发育模式和煤层气保存条件概念模型（据庞雄奇，2023，修改）[21]

4 基于全油气系统理论和动力场成藏模式的中国深层煤层气资源潜力评价结果

鄂尔多斯盆地自由动力场边界在1200～1900m，局限动力场边界范围在5300m左右[15]，将0～900m记为自由动力场上部，900～1800m记为自由动力场下部，1900～3500m记为局限动力场上部，3500～5300m记为局限动力场下部。根据鄂尔多斯盆地不同深度煤岩储层样品的含气性测试、饱和吸附气量，以及游离气比例测试可以看出，随着埋深的增加，总含气量、最大饱和吸附气量、游离气比例均呈现先增大后减小的趋势。其中总含气量的峰值在2500m左右，该深度位于局限动力场上部的中间层段。岩心最大饱和吸附气量最大值在1000～1200m，处于自由动力场的下部。游离气比例最大值在2500m左右，位于局限动力场上部中段。但随着埋深的增加，游离气比例降低的趋势并不明显，说明在2500m以下的煤岩储层中，游离气仍占据了较大的比例（图3）。

基于全油气系统理论及其定量评价方法和技术[13-14]初步评价了中国各主要盆地深层煤层气资源潜力与发展前景，初步认识到：含油气盆地浅层自由动力场内煤层气以吸附态为主，更多的天然气易溶于水而被扩散，富集难度大、富气程度低，发展前景较差；中深层局限动力场煤层气除有吸附气外，还有大量的游离态富集，天然气即便排出煤岩后也只能就地在煤夹层或围岩围层中聚集成藏，富集条件好、富气程度高，发展前景好；超深层束缚动力场之中煤层孔渗差，天然气被微细孔束缚难以动用。中国含油气盆地煤层发育，西部盆地（准噶尔盆地、吐哈盆地）局限动力场埋深介于3500～6850m，中部盆地（鄂尔

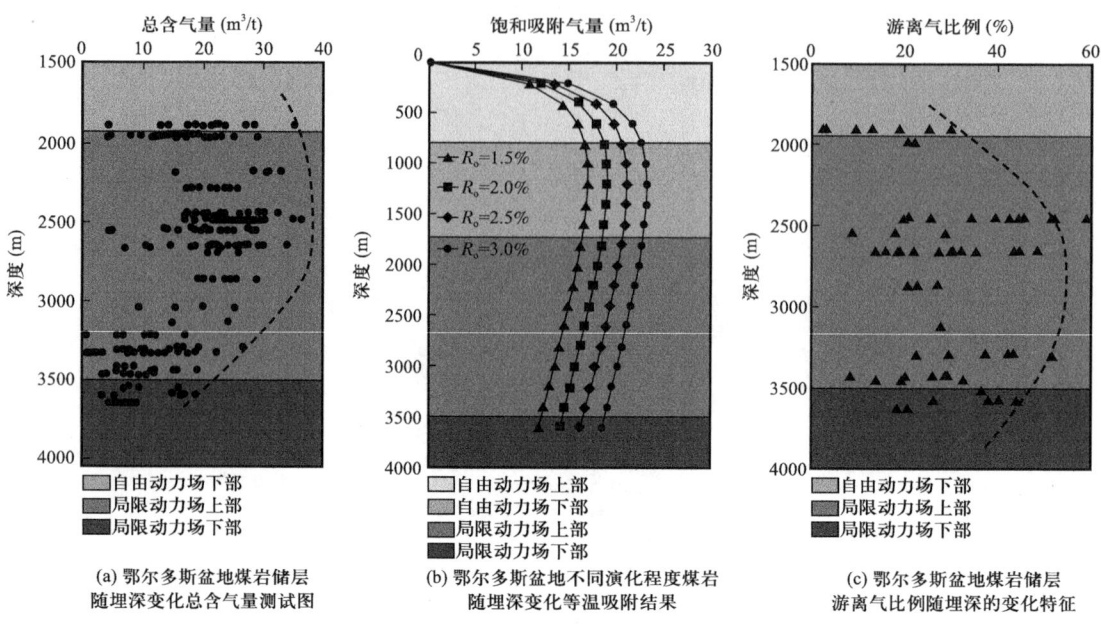

图 3 鄂尔多斯盆地煤岩储层随深度变化含气性测试图

多斯盆地、四川盆地)局限动力场埋深介于 700～1800m,东部盆地(海拉尔盆地、渤海湾盆地、松辽盆地)局限动力场埋深介于 2000～4000m[19]。初步估算这一埋深范围内富气高产煤层气可采资源量超过 $58×10^{12}m^3$(表 1)。四川盆地、吐哈盆地、海拉尔盆地、松辽盆地的煤层厚度根据已经发表文献资料取其平均值。中国煤层气采收率均值在 50% 左右,其中鄂尔多斯盆地煤层气采收率在 40%～62% 之间,均值为 51%,四川盆地煤层气采收率均值为 52.1%,松辽盆地煤层气采收率均值为 52.31%[22-32]。局限动力场中的煤层气可采资源量是根据煤岩周边地层的砂泥岩及碳酸盐岩地层进行计算,实际煤层中有机质含量及泥质含量要远高出四周的地层,因此煤岩实际可采资源量应大于本次资源量计算值。

表 1 中国含油气盆地自由/局限动力场煤层气可采资源量评价[22-32]

盆地名称	煤岩总量 (10^8t)	自由动力场(上部/下部)			局限动力场(上部/下部)			原地资源量/可采资源量 ($10^{12}m^3$)
		单位煤岩含气量 (m^3/t)	原地资源量 ($10^{12}m^3$)	可采资源量 ($10^{12}m^3$)	单位煤岩含气量 (m^3/t)	原地资源量 ($10^{12}m^3$)	可采资源量 ($10^{12}m^3$)	
准噶尔	13800	3.5/13.0	3.11/14.10	1.31/7.26	8.0/3.0	8.71/3.27	4.49/1.68	29.19/14.74
吐哈—三塘湖	23250	5.0/28.1	1.16/6.15	0.49/3.17	17.5/6.0	3.80/1.31	1.96/0.67	12.42/6.28
四川	7500	6.2/27.0	2.88/12.5	1.21/6.44	17.0/6.0	7.73/2.73	3.98/1.41	25.84/13.03
鄂尔多斯	24975	2.5/27.5	7.26/18.3	3.05/9.43	17.0/6.0	11.31/3.99	5.83/2.06	40.86/20.36

续表

盆地名称	煤岩总量 (10^8t)	自由动力场（上部/下部）			局限动力场（上部/下部）			原地资源量/可采资源量 (10^{12}m³)
		单位煤岩含气量 (m³/t)	原地资源量 (10^{12}m³)	可采资源量 (10^{12}m³)	单位煤岩含气量 (m³/t)	原地资源量 (10^{12}m³)	可采资源量 (10^{12}m³)	
渤海湾	340.8	3.0/16.0	0.34/1.35	0.14/0.70	10.0/4.0	0.83/0.33	0.43/0.17	2.85/1.44
松辽	8226.2	1.8/21.8	0.24/0.99	0.10/0.51	14.0/5.0	0.61/0.22	0.32/0.11	2.06/1.04
海拉尔	2504	2.5/15.0	0.30/1.32	0.13/0.73	9.0/3.0	0.82/0.27	0.42/0.14	2.71/1.41
汇总	80596	3.5/21.2	15.26/54.74	6.44/28.20	13.2/4.7	33.80/12.10	17.42/6.24	115.91/58.30

注：煤层气最小原地资源量 = 局限动力场煤岩储量（10^8t）× 单位质量煤岩含气量（m³/t）；煤层气最小可采资源量 = 煤层气最小原地资源量（10^8t）× 单位质量煤岩采收率（%）。

5 结论

（1）鄂尔多斯盆地深层煤层气钻探获得重大突破。日产量突破$10×10^4$m³，较之早前浅层煤层气平均产能提高了10倍以上，全球煤层气研究进展调研结果表明深层地质条件更有利于煤层气成藏和富集，展示出一个具有广阔发展前景的新领域。

（2）随着埋深的增加，总含气量、最大饱和吸附气量、游离气含量比例均呈现先增加后减小的特点，其中总含气量的转折点在局限动力场上部中段，最大饱和吸附气量转折点在自由动力场下部中段，游离气含量比例转折点在局限动力场上部下段。

（3）基于全油气系统和定量评价方法初步研究表明：中国含油气盆地中浅层自由动力场内煤层气以吸附态聚集为主、富集条件差；中深层局限动力场煤层气以游离态聚集为主、富集条件好。中国七大含煤盆地煤岩总量超过$8×10^{12}$t，自由动力场与局限动力场可采资源量总和可达$58.3×10^{12}$m³。

项目资助与致谢

本论文研究得到了中国石油天然气股份有限公司攻关性应用性科技专项（编号：2023ZZ18）"深地煤岩气成藏理论与效益开发技术研究"资助，中国石油天然气股份有限公司前瞻性基础性科技专项（编号：2021DJ23）"煤层气富集规律与开发机理研究"资助，自然资源部"十四五全国油气资源评价"项目下属课题"全国陆上煤层气资源评价"（课题编号：2023YQX20117）资助。感谢评审专家对论文修改提出的宝贵意见；中国石油大学（北京）和中国石油勘探开发研究院的同行专家在研究工作中给予了诸多具体帮助，在此一并致谢。

参 考 文 献

[1] 张雨祥, 李永洲, 陈沫. 煤层气成因与资源分布[J]. 石油知识, 2023（4）: 6-7.

[2] Mastalerz M, Drobniak A, Eble C, et al. Rare earth elements and yttrium in Pennsylvanian coals and shales in the eastern part of the Illinois Basin [J]. International Journal of Coal Geology, 2020, 231: 103620.

[3] 孙钦平, 赵群, 姜馨淳, 等. 新形势下中国煤层气勘探开发前景与对策思考 [J]. 煤炭学报, 2021, 46 (1): 65-76.

[4] 徐继发, 王升辉, 孙婷婷, 等. 世界煤层气产业发展概况 [J]. 中国矿业, 2012, 21 (9): 24-28.

[5] 米立军, 朱光辉. 鄂尔多斯盆地东北缘临兴—神府致密气田成藏地质特征及勘探突破 [J]. 中国石油勘探, 2021, 26 (3): 53-67.

[6] Jia C Z. Breakthrough and significance of unconventional oil and gas to classical petroleum geology theory [J]. Petroleum Exploration and Development, 2017, 44 (1): 1-10.

[7] Jia C Z. Ordered accumulation characteristics and mechanism of conventional oil, tight oil, and shale oil sequences of Permian petroleum systems in Mahu sag, Junggar Basin [C]. Proceedings of the 17th National Organic Geochemistry Academic Conference. Fuzhou: Petroleum Geology Committee of Chinese Petroleum Society, 2019.

[8] Jia C Z, Pang X Q, Song Y, et al. Whole petroleum system and ordered distribution pattern of conventional and unconventional oil and gas reservoirs [J]. Petroleum Science, 2023, 20 (1): 1-19.

[9] Magoon L B, Dow W G. The petroleum system-from source to trap [M]. American Association of Petroleum Geologists, 1994.

[10] Magoon L B, Schmoker J W. The total petroleum system: the natural fluid network that constrains the assessment unit [R]. Reston: U.S. Geological Survey World Petroleum Assessment, 2000.

[11] 何登发, 赵文智, 雷振宇, 等. 中国叠合型盆地复合含油气系统的基本特征 [J]. 地学前缘, 2000, 7 (3): 23-37.

[12] 金之钧, 张一伟, 王捷. 油气成藏机理与分布规律 [M]. 北京: 石油工业出版社, 2003.

[13] 庞雄奇, 贾承造, 宋岩, 等. 全油气系统定量评价: 方法原理与实际应用 [J]. 石油学报, 2022, 43 (6): 727-759.

[14] 庞雄奇, 贾承造, 郭秋麟, 等. 全油气系统理论用于常规和非常规油气资源评价的盆地模拟技术原理及应用 [J]. 石油学报, 2023, 44 (9): 1417-1433.

[15] Pang X Q, Jia C Z, Wang W, et al. Buoyance-driven hydrocarbon accumulation depth and its implication for unconventional resource prediction [J]. Geoscience Frontiers, 2021, 12 (4): 101-133.

[16] Pang X Q, Jia C Z, Chen J Q, et al. A unified model for the formation and distribution of both conventional and unconventional hydrocarbon reservoirs [J]. Geoscience Frontiers, 2021, 12 (2): 695-711.

[17] Pang X Q, Liu K, Zhong M A, et al. Dynamic Field Division of Hydrocarbon Migration, Accumulation and Hydrocarbon Enrichment Rules in Sedimentary Basins [J]. Acta Geologica Sinica, 2012, 86 (6): 1559-1592.

[18] Pang X Q, Hu T, Larter S, et al. Hydrocarbon accumulation depth limit and implications for potential resources prediction [J]. Gondwana research: international geoscience journal, 2022, 103.

[19] Pang X Q, Jia C Z, Zhang K, et al. The dead line for oil and gas and implication for fossil resource prediction [J]. Earth System Science Data, 2020, 12 (1): 577-590.

[20] 庞雄奇, 姜振学, 黄捍东, 等. 叠复连续油气藏成因机制、发育模式及分布预测 [J]. 石油学报,

2014, 35(5): 795-828.

[21] Pang X Q. Quantitative Evaluation of the Whole Petroleum System——hydrocarbon thresholds and their application[M]. Singapore: Springer Nature & Science Press, 2023.

[22] 徐凤银, 王成旺, 熊先钺, 等. 鄂尔多斯盆地东缘深部煤层气成藏演化规律与勘探开发实践[J]. 石油学报, 2023, 44(11): 1764-1780.

[23] 刘建忠, 朱光辉, 刘彦成, 等. 鄂尔多斯盆地东缘深部煤层气勘探突破及未来面临的挑战与对策——以临兴—神府区块为例[J]. 石油学报, 2023, 44(11): 1827-1839.

[24] Niande S, Jingjing L, Qiuchan H, et al. Mineralogy and geochemistry of the Middle Jurassic coal from the Hexi Mine, Shenfu Mining Area, Ordos Basin: With an emphasis on genetic indications of siderite[J]. International Journal of Coal Geology, 2023, 279.

[25] Li G. Coal reservoir characteristics and their controlling factors in the eastern Ordos basin in China[J]. International Journal of Mining Science and Technology, 2016, 26(6): 1051-1058.

[26] 汤达祯, 杨曙光, 唐淑玲, 等. 准噶尔盆地煤层气勘探开发与地质研究进展[J]. 煤炭学报, 2021, 46(8): 2412-2425.

[27] 孙斌, 杨敏芳, 杨青, 等. 准噶尔盆地深部煤层气赋存状态分析[J]. 煤炭学报, 2017, 42(S1): 195-202.

[28] Wu C J, Zhang M F, Xiong D M, et al. Gas generation from Jurassic coal measures at low mature stage and potential gas accumulation in the eastern Junggar Basin, China[J]. Journal of Natural Gas Science and Engineering, 2020, 84.

[29] Li J, Zhuang X G, et al. High quality of Jurassic Coals in the Southern and Eastern Junggar Coalfields, Xinjiang, NW China: Geochemical and mineralogical characteristics[J]. Coal Geol, 2012, 99, 1-15.

[30] 徐兴国. 四川东部晚二叠世煤田成煤环境及聚煤规律探讨[J]. 四川地质学报, 1994(1): 37-43.

[31] 高彩霞, 邵龙义, 朱长生, 等. 重庆地区晚二叠世层序—古地理及聚煤特征[J]. 现代地质, 2012, 26(3): 508-517.

[32] 明盈, 孙豪飞, 汤达祯, 等. 四川盆地上二叠统龙潭组深部—超深煤层气资源开发潜力[J]. 煤田地质与勘探, 2024, 52(2): 102-112.

基于全油气系统评价煤层含气性的方法原理

蒲庭玉[1,2]，庞雄奇[1,2]，邓泽[3,4]，田文广[3]，丁蓉[1,5]，王雷[1,2]，鲍李银[1,2]，赵振丞[1,2]，崔新璇[1,2]

（1.中国石油大学（北京）地球科学学院，北京102249；2.中国石油大学（北京）油气资源与工程全国重点实验室，北京102249；3.中国石油勘探开发研究院，北京100083；4.中国石油大学（北京）非常规油气科学技术研究院，北京102249；5.中石油煤层气有限责任公司，北京100028）

摘　要：中国油气从常规走向非常规，煤层气也从浅层向深层进军，本文基于最新的鄂尔多斯深层煤层气勘探开发现状，结合全油气系统和油气动力场理论，提出了一种全新的评价煤层含气性的方法。该方法通过建立煤层全油气系统，将煤岩气、煤岩夹层气、煤层围岩气、煤层气、煤系气，以及远距离运移后形成的非常规致密煤成气和常规煤成气统一起来研究其差异性和关联性，认为在煤系地层中也存在自由动力场、局限动力场和束缚动力场，以及浮力成藏下限、油气成藏底限、烃源岩供烃底限，它们共同控制着煤系地层内部各类煤成气的形成和分布。再利用物质平衡优化模拟计算煤岩生气量、滞留气量、围岩气量和综合含气量，从这四个层次明确煤层气富集条件及主控因素。

关键词：煤层气；全油气系统；物质平衡原理；煤层含气性；化石能源

1　研究背景

中国油气短缺压力促使勘探领域不断向外拓展并取得重大成效：海相页岩气勘探在四川五峰组—龙马溪组取得重大突破并提交探明储量$2.73\times10^{12}m^3$[1-2]，超深层油气勘探在塔里木盆地富满地区，以及四川盆地安岳地区均取得重大突破，其提交油气储量分别超过4.8×10^8t和$1.2\times10^{12}m^3$[3-4]。煤系气是由煤系有机质（包括煤中的聚集有机质和页岩、砂岩、石灰岩中的分散有机质）生成、在煤系中赋存的常规天然气（具有统一压力系统的常规气藏）与非常规天然气（无统一压力系统，包括煤层气、页岩气、致密气等）[5]。

基金项目：中国石油天然气股份有限公司前瞻性基础性科技专项"煤层气富集规律与开发机理研究"（2021DJ23）；自然资源部"十四五全国油气资源评价"项目下属课题"全国陆上煤层气资源评价"（2023YQX20117）。

第一作者：蒲庭玉，男，2000年12月生，2023年6月获中国石油大学（北京）资源勘查工程学士学位，现为中国石油大学（北京）地球科学学院地质资源与地质工程博士研究生，主要从事油气藏形成机制及定量评价工作，E-mail：putycup@163.com。

通讯作者：庞雄奇，男，1961年8月生，1991年获中国地质大学博士学位，现为中国石油大学（北京）教授、博士生导师、学术委员会副主任，主要从事油气藏形成机制与分布规律、油气资源评价与油气田勘探的教学与科研工作，E-mail：pangxq@cup.edu.cn。

煤系气中的煤层气作为一种非常规油气资源，最早被人类发现和利用，但目前探明储量和产量在油气资源之中所占比率分别不足2%（0.82/48.00，$10^{12}m^3$）和3.7%（72.3/2000，10^8m^3），与煤层气优越的成藏条件和资源前景不符（图1）。随着"十三五"国家科技重大专项"煤层气高效增产及排采关键技术研究"创新成果的应用，鄂尔多斯盆地吉县区块吉深6-7平01井在2000m以深的深部（层）煤储层获日产$10.1×10^4m^3$高产工业气流[6-7]，标志着深部（层）煤层气勘探开发的重大突破，在国家"双碳"目标鼓励下，深层煤层气产业化已进入快速发展的新阶段。

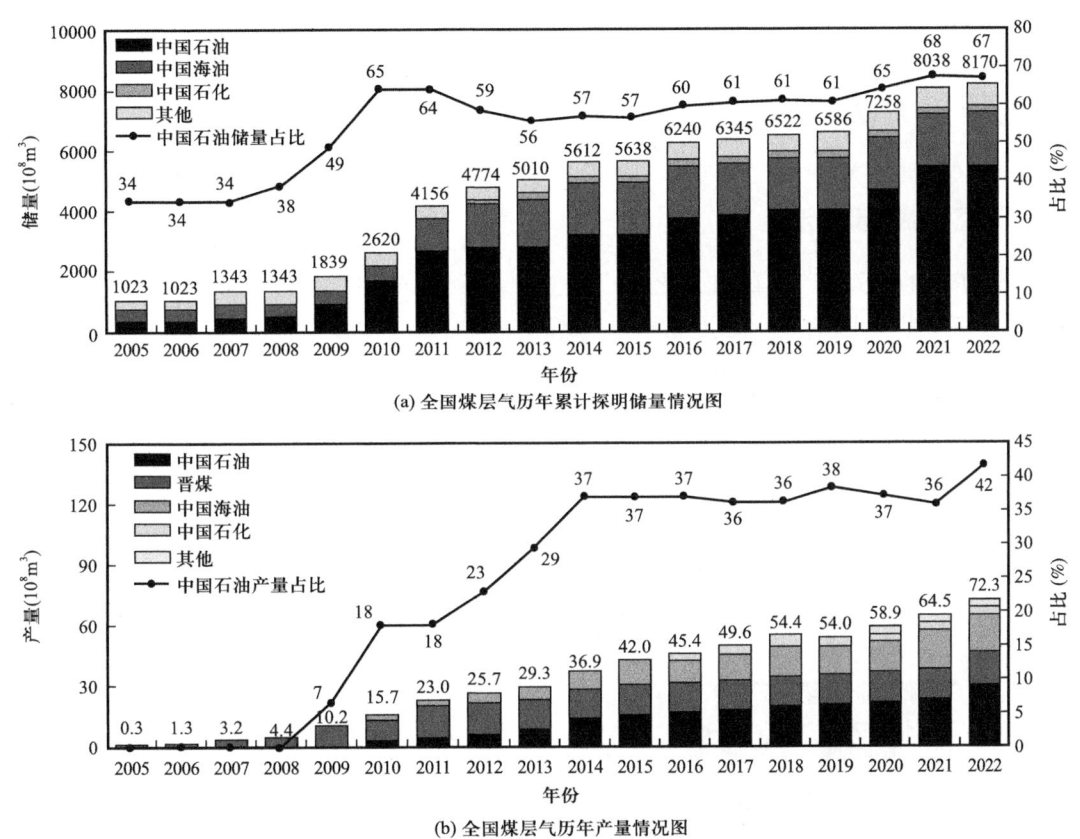

图1 中国煤层气历年累计探明储量和产量随时间变化情况图

自2021年以来，中国石油、中国石化、中国海油先后在鄂尔多斯盆地开展深层煤层气勘探，取得重大突破并展现出广阔的发展前景：日产量高达$20×10^4m^3$，初期平均单井日产量超过$10×10^4m^3$，目前提交探明储量超过$3392.43×10^8m^3$[8-9]。根据中华人民共和国自然资源部发布的《"十四五"煤层气资源评价技术规范》，中国石油勘探开发研究院2023年估算鄂尔多斯盆地1500m以深煤层气资源量为$18.3×10^{12}m^3$。

因此，开展鄂尔多斯盆地深层煤层气勘探开发研究具有三方面的重大现实意义：（1）有利于创新地质理论，开拓能源发展新领域、实现煤系气勘探由浅层领域向深层领域拓展；（2）有利于高层次人才培养，研发关键技术、提高勘探成效和促进产业化快速发展；（3）有利于提高科技竞争力，为解决中国能源短缺问题作出新贡献。

2 研究目的

以揭示鄂尔多斯盆地深层煤系气富集条件及主控因素为研究目标,以煤层气为主要研究对象,为高产富气"甜点"预测评价和钻探目标优选奠定理论和方法基础。

建立鄂尔多斯盆地煤层全油气系统理论模型,将各个类型的煤成气建立统一关联,阐述其分布规律。开展煤岩生成气、滞留气、围岩气变化特征与主控因素,从而揭示最终的含煤层系综合含气量变化特征与主控因素。

3 过程与方法

3.1 研究思路与方法

首先在全油气系统[10]的理论之上,建立煤层全油气系统理论(图2),该理论有助于阐述煤岩气、煤岩夹层气、煤层围岩气、煤层气、煤系气,以及远距离运移后形成的非常规致密煤成气和常规煤成气之间的差异性与关联性,有助于明确煤层气富集条件及主控因素,同时可以更好地应用全油气系统理论去阐述它们在宏观上的形成分布规律。

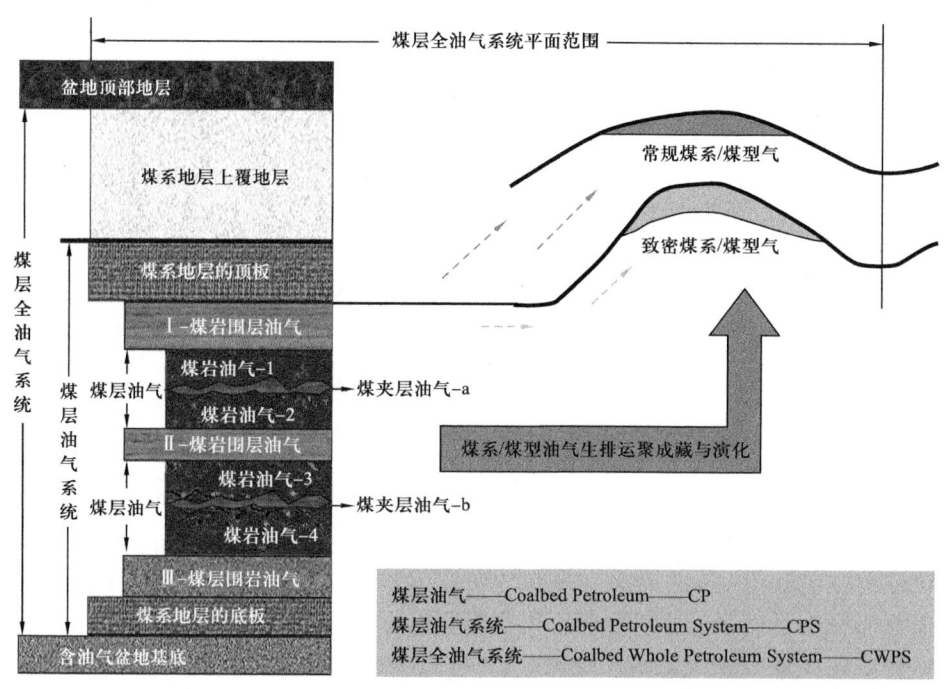

图 2 深层煤层油气—煤层油气系统—煤层全油气系统与煤系/煤型油气运聚成藏概念模型

基于全油气系统、油气动力场等理论,对煤岩、煤夹层、煤层围岩,以及煤层顶底板开展研究,明确煤岩的生气量、滞留气量,以及煤围岩的聚集气量及其主控因素,在以上研究的基础上,结合区域构造演化史、温压史,明确煤层气富集条件及主控因素。具体的研究内容包括以下四个层次：

（1）第一层次：揭示煤岩生气条件及生成气量变化特征与主控因素。

① 基于全元素分析得出各个煤岩的C、H、O、N、S元素的含量，基于显微组分的定量分析数据，再借助物质平衡法，运用单纯形优化方法模拟计算有机质转化过程中油气产量。

地史过程中的煤岩有机质转化过程是一个物质平衡过程[11]，有机母质主要由C、H、O、N、S五种元素组成，其重量超过总重的99.5%，因此，煤岩有机质转化为油气的过程也主要是这五种元素的物质平衡过程，其相关原理可以用式（1）表示：

$$\sum_{i=1}^{n} K_i \times K_{ei} = M_0 \times K_{e0} - M \times K_e \tag{1}$$

式中：K_{e0}，K_e 分别表示煤岩有机母质转化前、后元素 e（e=C、H、O、N、S）的含量；K_i，K_{ei} 分别表示第 i 种产物组分的量及其中元素 e 的含量；M_0，M 为煤岩有机母质的初始重量及转化后的残留重量；i，n 分别表示产物序号及产物种类总数。在设定了产物种类之后，就可以确定该产物组分中某一元素的含量。例如 CH_4 中的碳元素含量为12/16，CO_2 中的氧元素含量为32/44等。有机母质转化过程中任何阶段始、末时刻的元素组成（K_{e0}、K_e）是可知的，因此只需要知道始、末时刻有机母质的重量（M_0、M），则通过方程（1）便可以求出各产物组分的量 K_i。庞雄奇等在上述物质平衡原理的基础上，引入了有机地化研究中的其他限制条件和运筹学中的单纯形优化求解方法，为了与实际情况符合起来，增加了物质平衡条件和地化限制条件，对式（1）进行了扩充和完善，同时编写了相关计算机程序，基于迭代法求解煤岩有机母质损失量和单纯形优化法求解煤岩有机质转化过程中十种组分产量及其发生率[12]。

② 在以上数值模拟计算的基础上，确定煤岩生烃特征，明确煤岩生气量变化特征及其主控因素。

（2）第二层次：揭示煤岩滞留气条件及滞留气量变化特征与主控因素。

煤层气是煤成气总量之中没有被排出煤层而被滞留下来的部分，它的大小可以依据煤成气总量计算结果扣除其他形式煤成气量而得到，也可以通过测定自身目前滞留气量而得出。基于方程（1）中的分析，同时调研不同演化阶段煤体吸附气量、油水溶气量、游离气和束缚气量特征，开展不同因素对煤岩滞留气量的影响，包括成熟度、温度、压力、含水率、灰分等，明确煤岩滞留气含量的变化特征；明确各个影响因素对煤层吸附气、水溶气、油溶气、游离气的影响：随着深度的加大，各种赋存状态的煤层气均呈现出从无到有，到达某一深度的气量极大值后再逐渐减少的特点，厘清这一变化背后的原因，同时调研各种赋存状态煤层气对应深度下的各类影响因素的变化特征。基于以上研究，确定煤岩滞留气条件及滞留气量变化特征与主控因素。

（3）第三层次：研究煤围岩聚气动力机制和聚集气量变化特征。

围岩的岩性、厚度、渗透性和稳定性等特征直接决定盖层突破压力这一重要物性，关系到煤层气的保存条件，对含气性具有重要控制作用[13]。煤围岩主要的岩石类型包括砂岩、碳酸盐岩、泥岩等[14]。不同岩性的围岩对于煤层气聚气的动力机制有着不同的影响：石灰岩含有较多裂缝，煤层气易逸散，同时这些裂缝也是地下水的重要通道[15]，因此不利于煤层气的保存；砂岩与之类似，但如果经过矿物重结晶或者胶结之后也会形成物性较好的围岩；泥岩作为围岩物性较好，但到达深部时裂缝会较为发育，因此不同的围岩要分别开展研究，探明其对于煤层气的聚气动力机制及变化特征，具体可包含以下两方面的内容：

① 基于调研所得的不同岩性围岩的渗透率、孔喉半径、润湿角、界面张力数据，确定煤岩与煤层围岩之间的毛细管压力差，明确煤层浮力成藏下限，结合煤岩演化过程，确定煤层供气底限；结合已有井的产量数据，确定煤层聚气底限。

② 在煤岩煤层浮力成藏下限、煤层供气底限、煤层聚气底限的基础上，结合油气动力场，揭示煤岩围层生排聚气条件及生排聚集气量变化特征与主控因素。

（4）第四层次：研究煤系富气条件及综合含气量变化特征与主控因素。

在以上研究的基础上，确定煤岩含气量、煤夹层气量、煤围层气量，结合顶底板厚度、岩性和区域构造演化过程等相关数据，确定深层煤层或煤系含气量演化过程，最终确定煤系富气条件及综合含气量变化特征与主控因素。

3.2 关键技术路线

首先收集鄂尔多斯盆地深层煤层气关键探井结果，建立相关数据库。在此基础上，分为四层次进行逐一研究分析：基于深层煤岩气微观赋存机制研究，通过不同区域煤岩气成藏演化过程模拟，结合沉积、水文、构造等地质条件分析，揭示深层煤系气富集模式及主控因素，进而为深层煤系气或煤层气的储量提交和储层评价提供数据和理论支撑（图3）。

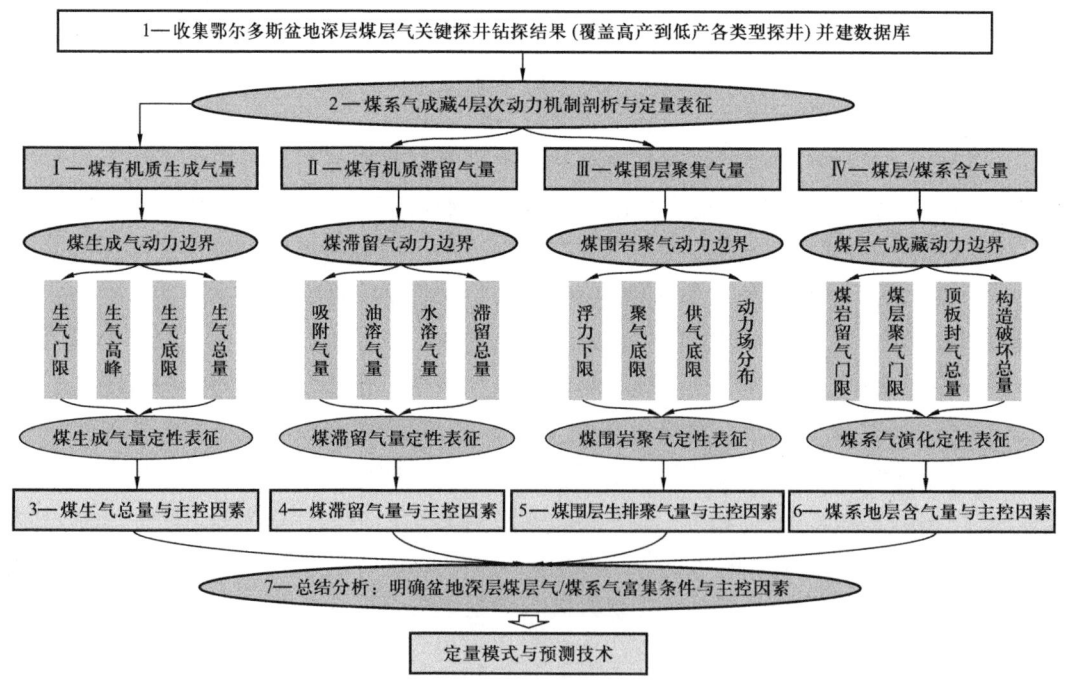

图3 鄂尔多斯盆地深层煤系气富集条件及主控因素分析技术路线

3.3 关键技术

（1）物质平衡优化计算。

烃源岩内部用于生烃的有机母质及转化后所形成的产物构成元素主要为C、H、O、N和S这5种，反应前后各种元素的量不会发生改变。而生成的主要产物包括甲烷、乙烷、丙烷、丁烷、二氧化碳、硫化氢、氮气、氢气、水和液态烃（约占总产物量的95%），全部由这5种元素组成。因此，反应前有机母质的5种元素量与反应后10种产物的5种元素量加残余有机母质的元素量应近似相同。通过收集目的层位不同演化阶段有机母质的元素组成、生成的液态烃元素组成，以及母质转化所形成的产物的相对产率，应用单纯形法进行模拟计算，模拟计算结果为不同演化阶段不同产物的量[12]。进而，可根据产物量及反应的有机质的量计算不同演化阶段1t有机母质在生烃转化过程中形成的油气量，即油气发生率（图4）。单纯形法模拟计算时需要添加相关约束条件及目标函数条件以获取最优解。对于烃源岩生烃模拟计算，所需设置的约束条件包括物质守恒条件、地质及地球化学限制条件，以及非负条件，目标函数条件则为烃源岩发生转化的有机母质与生成产物间的相关关系。在生烃特征及残留烃特征研究的基础上，即可以对烃源岩排烃特征进行表征（图5）。

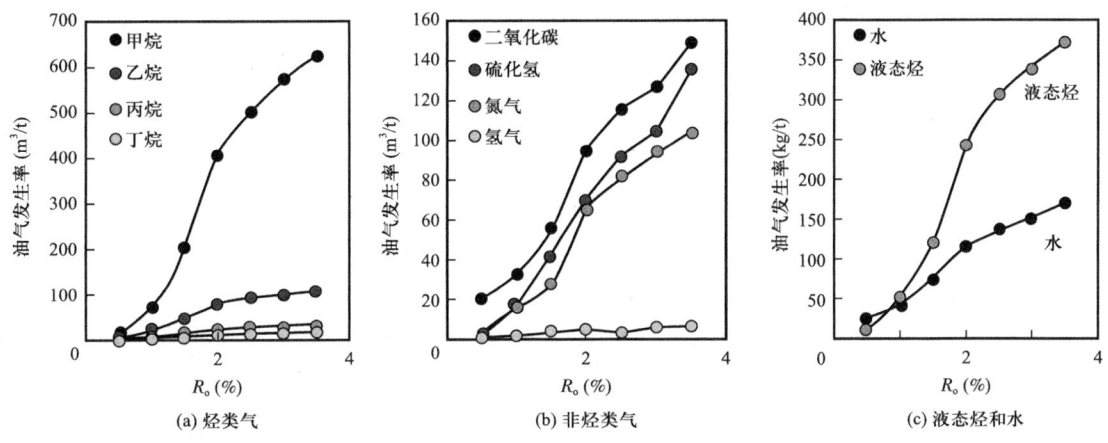

图4 烃源岩不同产物在不同成熟度下的油气发生率

（2）油气动力场理论。

油气在地下运聚成藏及其分布特征受油气动力边界和动力场控制。油气动力场系指含油气盆地内具有相同油气来源、成藏条件、运聚动力和油气藏类型的地层领域，含油气盆地共划分出自由、局限、束缚三个不同的油气动力场，不同动力场形成的油气藏之间存在关联性和差异性。庞雄奇等根据中国6个代表性含油气盆地12237口探井的钻探成果和全球52926个油气藏的分布特征，建立了常规和非常规油气藏统一成因模式——动力场控油气藏分布模式[16]。在含油气盆地中，自由动力场（F-HDF）位于地表与浮力成藏下限（BHAD）[17]之间的浅层区域，油气在浮力驱动下形成"上油气下底水"的常规油气藏，主要包括背斜、断块、地层、岩性、水动力等五种圈闭类油气藏。局限动力场（C-HDF）位于浮力成藏下限与油气成藏底限（HADL）[18]之间的深层区域，在非

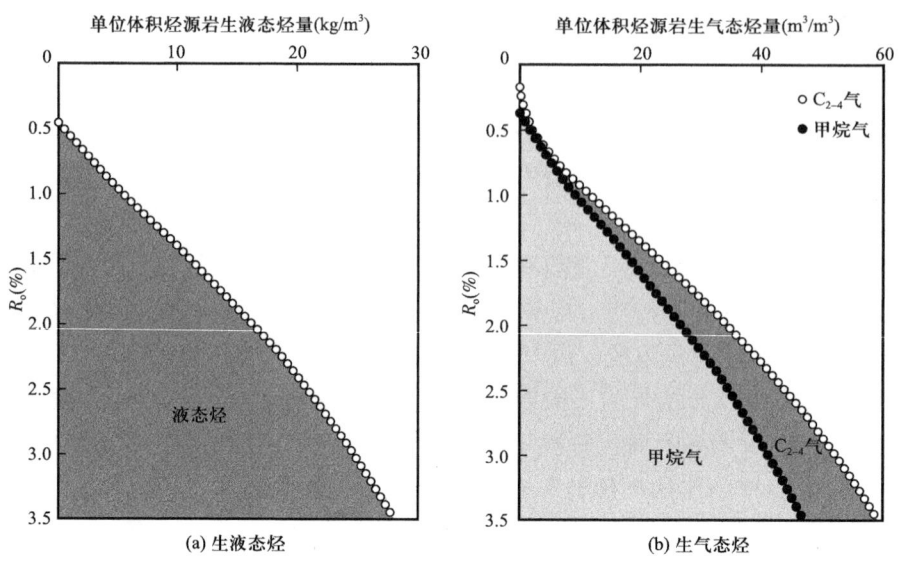

图 5 单位体积烃源岩生烃量

浮力主导下油气主要源外聚集形成致密常规、致密深盆、致密复合油气藏。束缚动力场（B-HDF）主要分布在油气成藏底限之下（B1-HDF），以及埋深间于排烃门限和烃源岩供烃底限（ASDL）[19]之间的烃源岩层内（B2-HDF）。B1-HDF因埋深过大和过于致密通常情况下不能形成聚集油气，因而不能形成油气藏；烃源岩层内B2-HDF形成的束缚动力场能够形成页岩油气和煤层油气两种资源。在构造变动频发的叠合盆地，油气动力场边界条件、介质条件，以及烃类组分均受到改造，在条件合适的情况下能够形成改造型动力场，改造型动力场内能够形成包括裂缝改造、流体改造、裂缝流体联合改造、微生物改造，以及高温改造等多种形式的改造类油气藏。

基于全油气系统理论及其定量评价方法，初步认识到全油气系统内中浅层自由动力场有利于煤层吸附气富集、中深层局限动力场有利于煤层游离气富集，两者共同控制着纵向上煤层气富集高产区带的形成分布，基本模式如图6所示。通过分析研究获得三点认识。

① 中浅层自由动力场（图6中浅层蓝色区域）有利于煤层吸附气富集。含油气盆地进入浮力成藏下限之前处于中浅层自由动力场，煤层气以吸附态为主。在自由场埋深较浅的上部，天然气生成量较小且易溶于水而被扩散，富集难度大、富气程度低，随着埋深增大煤层吸附气量不断增大。随着埋深的增加，煤层吸附气量达到高峰后开始减小，游离气含量开始增加，煤层气富集条件越来越好。

② 中深层局限动力场（图6中深层黄色区域）有利于煤层游离气富集。进入浮力成藏下限之后至进入油气成藏底限之前的中深层局限动力场内，煤层气生成量大、自身吸附气能力强、微孔发育、比表面积大、吸附气量多；此外，吸附不了的天然气以游离态大规模存在。处于局限动力场内的煤层，它生成的天然气在自身滞留量得到满足后被排出煤层，因受到周边围岩层内毛细管力封堵作用，无法在浮力作用下向上运移，只能就地在煤夹层或煤岩围层中聚集成藏，富集条件好、富气程度高，发展前景好。进入局限动力场下部，因埋深进一步增大，煤层有效孔隙空间不断消失，游离气量随之不断减少。

③ 超深层束缚动力场（图6最深部暗色区域）不利于煤层气富集成藏，埋深超过油气成藏底限之后进入束缚动力场，处于束缚动力场内的煤层孔渗差、生气潜力枯竭、煤岩高度变质、吸附能力弱。这些煤岩虽然早期在浅层吸附和滞留了大量的天然气，但进入束缚动力场后因孔喉半径太小（小于0.38nm）[20]而被束缚难以动用，构成了"死气"，开发前景差。

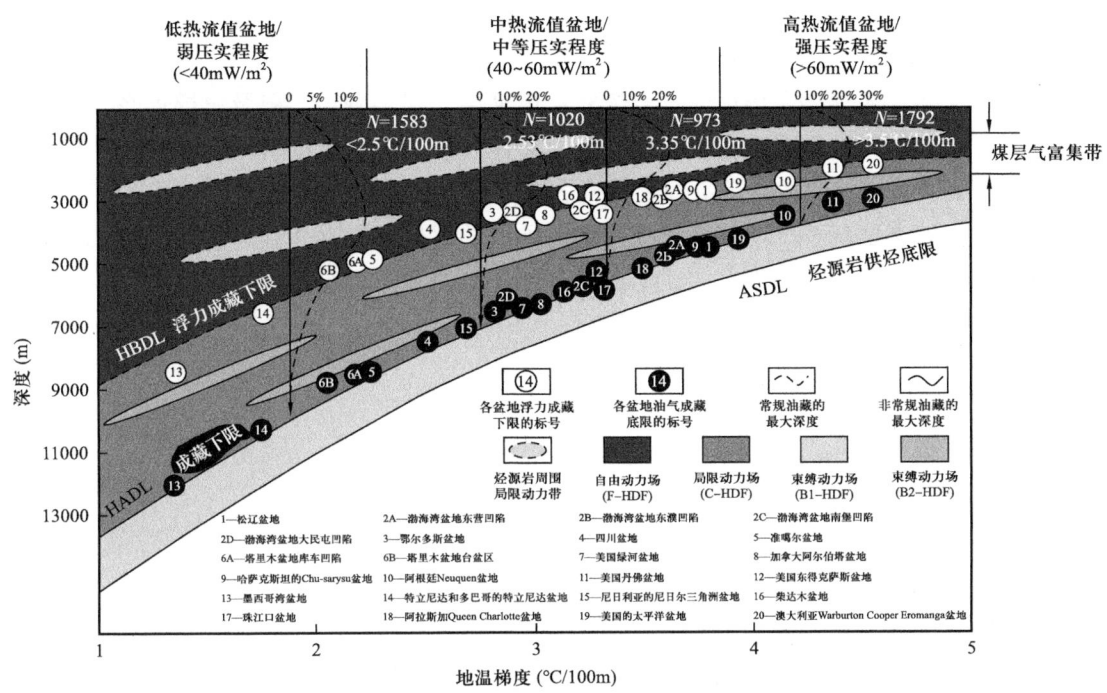

图6 全球沉积盆地油气动力场分布及深层煤层气高产富集区纵向分布特征

总结动力场控藏作用，可以认为煤层在深埋过程中存在一个大量富集天然气的地层领域：其范围跨越自由动力场和局限动力场。在自由动力场下部，煤层吸附气量达到高峰；在局限动力场上部，煤层游离气量达到高峰。吸附气和游离气叠加复合的深度范围是煤层气富集高产的最有利领域。然而，构造变动可能导致上述情况发生变化。例如，中深层局限动力场因构造变动抬升受到剥蚀，早前富集的煤层气因而受到破坏而散失；局限动力场致密地层因构造变动和裂缝产生而转变成改造类动力场，导致煤层气藏受到破坏后被运移至其他地层内聚集成藏或逸散至地面消失于大气之中。

关于全油气系统结构特征和控油气作用研究的详细内容可以参考庞雄奇教授最近出版的英文专著《全油气系统定量分析——油气门限及其应用》(*Quantitative Evaluation of the Whole Petroleum System——Hydrocarbon thresholds and their application*)[21]。对于深层煤层全油气系统而言，煤岩存在生气门限、排气门限、浮力成藏下限、油气成藏底限，它们决定着煤层气聚集成藏时间和富气程度；煤岩夹层和围岩因含有三类有机质，也存在生气门限、排气门限、浮力成藏下限、聚气底限，它们不仅决定着煤夹层和围岩聚气成藏时间和富气程度，还影响着煤岩的聚气成藏时间和富气程度。总之，煤岩、夹层、围岩三者的生排烃门限、浮力成藏下限、聚气底限，以及供烃底限三个动力边界决定着深层煤层气全油气系统的结构特征和各类煤成气藏的成因类型及其分布特征。

4 结果和讨论

（1）本文基于全油气系统理论，建立了煤层全油气系统理论，将各个类型的煤成气建立统一地质理论模型，研究其差异性和关联性。

（2）本文结合油气动力场理论，对煤岩、煤夹层、煤层围岩，以及煤层顶底板作为一个系统开展整体的研究，明确煤岩的生气量、滞留气量，以及煤围岩的聚集气量变化特征及其主控因素，其最终目的是确立煤岩综合含气量变化特征及主控因素。

（3）由于本文是基于全油气系统提出的一种新的评价煤层含气性的方法，相关原理已经得到了前人的检验，下一步方向就是评价具体盆地的含煤层系的煤层含气量，并对这一评价方法和评价结果做出检验和可靠性分析。

参 考 文 献

[1] 邹才能，赵群，丛连铸，等.中国页岩气开发进展、潜力及前景[J].天然气工业，2021，41（1）：1-14.

[2] 陈更生，石学文，刘勇，等.四川盆地南部地区五峰组—龙马溪组深层页岩气富集控制因素新认识[J].天然气工业，2024，44（1）：58-71.

[3] 汪泽成，赵振宇，黄福喜，等.中国中西部含油气盆地超深层油气成藏条件与勘探潜力分析[J].世界石油工业，2024，31（1）：33-48.

[4] 魏国齐，贾承造，杨威.安岳—奉节地区上震旦统—下寒武统陆架镶边台地地质特征及其对大气田（区）形成的控制作用[J].石油学报，2023，44（2）：223-240，311.

[5] 苏现波，王乾，于世耀，等.基于低负碳减排的深部煤系气一体化开发技术路径[J].石油学报，2023，44（11）：1931-1948.

[6] 孙钦平，赵群，姜馨淳，等.新形势下中国煤层气勘探开发前景与对策思考[J].煤炭学报，2021，46（1）：65-76.

[7] 徐继发，王升辉，孙婷婷，等.世界煤层气产业发展概况[J].中国矿业，2012，21（9）：24-28.

[8] 徐凤银，王成旺，熊先钺，等.鄂尔多斯盆地东缘深部煤层气成藏演化规律与勘探开发实践[J].石油学报，2023，44（11）：1764-1780.

[9] 米立军，朱光辉.鄂尔多斯盆地东北缘临兴—神府致密气田成藏地质特征及勘探突破[J].中国石油勘探，2021，26（3）：53-67.

[10] Jia C Z, Pang X Q, Song Y. Whole petroleum system and ordered distribution pattern of conventional and unconventional oil and gas reservoirs[J]. Petroleum Science, 2023, 20（1）：1-19.

[11] Schilthuis R J. Active oil and reservoir energy[J]. Transactions of the AIME, 1936, 118（1）：33-52.

[12] 庞雄奇，周永炳.煤岩有机质演化过程中产油气量物质平衡优化模拟计算[J].地质地球化学，1995（3）：50-56.

[13] 陈家良，邵震杰，秦勇.能源地质学[M].北京：中国矿业出版社，2005.

[14] 李腾.影响煤层气富集的地质因素[J].煤矿现代化，2011（1）：108-110.

［15］史先志，钱自卫，李通文，等．煤系地层顶板岩溶地下水赋存特征研究［J］．煤炭工程，2017，49（1）：63-66．

［16］Pang X Q，Jia C Z，Chen J Q，et al. A unified model for the Formation and distribution of both conventional and unconventional hydrocarbon reservoirs［J］. Geoscience Frontiers，2021，12（2）：695-711．

［17］Pang X Q，Jia C Z，Wang W Y，et al. Buoyance-driven hydrocarbon accumulation depth and its implication for unconventional resource prediction［J］. Geoscience Frontiers，2021，12（4）：101133．

［18］Pang X Q，Hu T，Larter S，et al. Hydrocarbon accumulation depth limit and implications for potential resources prediction［J］. Gondwana Research，2022，103：389-400．

［19］Pang X Q，Jia C Z，Zhang K，et al. The dead line for oil and gas and implication for fossil resource prediction［J］. Earth System Science Data，2020，12（1）：577-590．

［20］程远平，胡彪．基于煤中甲烷赋存和运移特性的新孔隙分类方法［J］．煤炭学报，2023，48（1）：212-225．

［21］Pang X Q. Quantitative evaluation of the whole petroleum system：hydrocarbon thresholds and their application［M］. Singapore：Springer，2023．

深层煤层气勘探研究进展及其面临的挑战

王雷[1,2]，庞雄奇[1,2]，田文广[3]，邓泽[3]，丁蓉[1,2,4]，蒲庭玉[1,2]，鲍李银[1,2]，赵振丞[1,2]，崔新璇[1,2]

（1. 中国石油大学（北京）地球科学学院，北京 102249；2. 中国石油大学（北京）油气资源与工程全国重点实验室，北京 102249；3. 中国石油勘探开发研究院，北京 100083；4. 中石油煤层气有限责任公司，北京 100028）

摘　要：我国煤层气资源丰富，主要分布在鄂尔多斯、准噶尔、沁水等盆地，煤层气作为一种非常规气资源，目前探明储量和产量在天然气资源中所占比率分别不足 2% 和 3.7%，与煤炭资源储量巨大和煤层作为天然气主要来源和储层的成藏条件不符。目前深层煤层气正处于初步研究阶段，大量的机理性问题还需要进一步解决，本文进行了大量的国内外调研，厘清深层煤层气的勘探进展，并总结面临的挑战。中国鄂尔多斯盆地深层煤层气勘探近年来取得重大突破，单井日产可突破 $10×10^4 m^3$，展示出一个全新的发展领域。全球煤层气勘探进展调研结果表明：（1）深层煤层气成藏和富集条件较之浅层更为优越、发展前景广阔；（2）深层煤层气与浅层的临界条件目前还存在争议，需要进一步研究，同时应考虑生物气的影响；（3）目前成藏研究主要集中于煤岩本身研究、温压场研究、顶底板研究、煤层气赋存状态等方面；（4）深层煤层气勘探面临五方面挑战：深层煤层气概念不一导致研究交流困难、煤成气样式多但缺少统一成因分类、煤层气成藏动力机制不明导致分布预测困难、富气高产"甜点"预测难度大导致勘探成效较低、鄂东钻探成效显著但经验难以套用到其他地区。研究成果明确了深层煤层气勘探研究进展和面临挑战，为深层煤层气勘探提供理论支撑与方向性指引。

关键词：煤层气；煤层气成藏；煤层气富集；化石能源；自然能源

煤层气作为一种非常规油气资源，尽管早已被发现和利用，但其在全球探明储量和产量中所占比例仍然较低，分别不足 2%（0.82/48.00，$10^{12} m^3$）和 3.7%（72.3/2000，$10^8 m^3$），这与其优越的成藏条件和资源前景不符。2021 年，鄂尔多斯盆地大宁—吉县区块吉深 6-7 平 01 井在 2000m 以下深层实现了日产 $10.1×10^4 m^3$ 的高产工业气流[1-2]，显示出深层煤

基金项目：中国石油天然气股份有限公司攻关性应用性科技专项"深地煤岩气成藏理论与效益开发技术研究"（编号：2023ZZ18）；中国石油天然气股份有限公司前瞻性基础性科技专项"煤层气富集规律与开发机理研究"（编号：2021DJ23）。

第一作者：王雷，男，1999 年 7 月生，博士研究生，主要从事常规与非常规油气地质研究工作，E-mail：leiwang_paper@163.com。

通讯作者：庞雄奇，男，1961 年 8 月生，1991 年获中国地质大学博士学位，现为中国石油大学（北京）教授、博士生导师、学术委员会副主任，主要从事油气藏形成机制与分布规律、油气资源评价与油气田勘探的教学与科研工作，E-mail：pangxq@cup.edu.cn。

层具有较大的油气勘探开发潜力。同时国内沁水盆地和准噶尔盆地深层煤层气勘探开发相继取得突破，曾被视为"勘探禁区"的深层煤层气逐渐成为中国天然气增储上产的战略资源，成为我国未来煤层气领域开发攻关的主要方向。

随着中国鄂尔多斯盆地深层煤层气勘探单井产量突破 $10 \times 10^4 m^3$，资源储量大幅度提升（图1）。中国石油天然气集团有限公司自2019年在大宁—吉县区块开展深层评价以来，截至2023年底，累计探明储量达到 $2112 \times 10^8 m^3$，日产气量从年初 $130 \times 10^4 m^3$ 快速增加至 $465 \times 10^4 m^3$，年生产能力达到 $15 \times 10^8 m^3$，是目前我国生产规模最大的深层煤层气田；中国海洋石油集团有限公司自2022年在临兴区块开展深层评价以来，深煤 $1^\#$ 水平井初期日产 $6 \times 10^4 m^3$，已经提交探明储量 $1010.43 \times 10^8 m^3$ [3]；中国石化集团公司自2022年在大牛地气田开展深层评价以来，阳煤 1HF 水平井初期日产 $10 \times 10^4 m^3$，其单井产量远高于浅层煤层气产量，已经提交探明储量 $270 \times 10^8 m^3$。中国三大石油公司均在鄂尔多斯东部勘探深层煤层气取得突破，因此，以鄂尔多斯盆地为切入点，开展深层煤层气成因机制、富集规律、预测方法和关键技术研究，对于创新煤层气地质理论、开拓能源发展新领域、实现煤层气勘探由浅层领域向深层领域拓展和缓解中国能源的压力具有十分重大的现实意义。

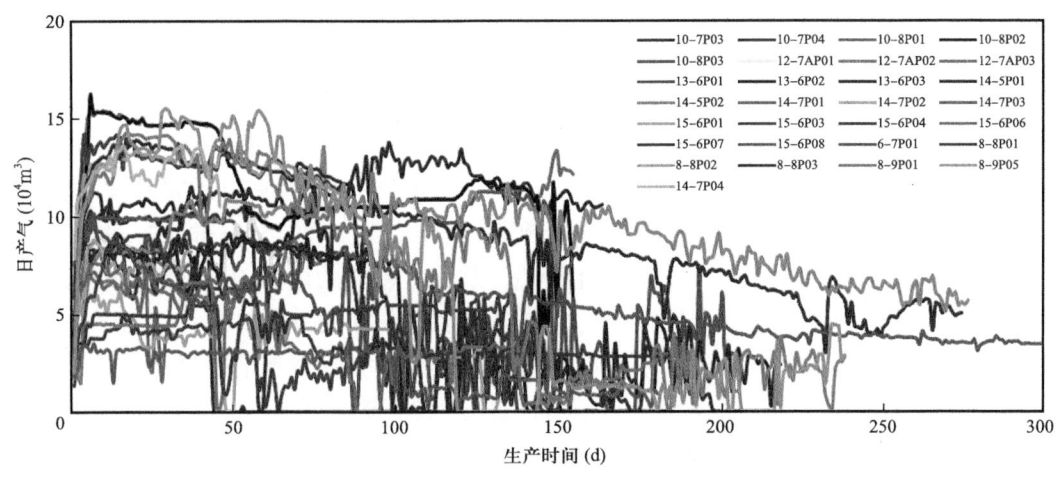

图1 鄂尔多斯盆地深层煤层气大吉区块29口投产水平井产量运行曲线图

1 深层煤层气勘探进展及研究现状

全球范围内，包括俄罗斯、加拿大、中国、美国等在内的12个国家，2000m以上的浅层煤层气资源量超过了 $270 \times 10^{12} m^3$。俄罗斯煤层气资源量位居全球第一，其次为加拿大，中国煤层气资源量居世界第三，约为 $30 \times 10^{12} m^3$，美国煤层气资源量位居全球第四位，约为 $21 \times 10^{12} m^3$ [4]。在中国境外，含煤层气面积约 $234.64 \times 10^4 km^2$，主要分布于石炭系—古近系，地层压力介于 $1.03 \sim 67.8 MPa$，埋深最浅及最深的煤层气藏分别分布在美国的粉河盆地（Fort Union，深30m）和皮申斯盆地（Cameo，深2180m），国外最高产煤层气位于澳大利亚苏拉特盆地（Walloon，约 $400 \times 10^8 m^3/a$）。20世纪80年代末，国内外学者对北美大陆主要盆地埋深在1500～3000m的煤层气资源量进行了估算，并提出了盆地中心发育煤层气矿床的概念。研究者们逐渐认识到深部煤层气资源具有巨大的开发潜力，随后进一步开展了深部煤层气勘探，指出深部煤层气是未来非常规天然气资源开发的重点方向。其中，一项里程碑式的发现发生在Piceance盆地1829m深部煤层气井中，该井获得了高产气流。在此基础上，该盆地以1635～2591m为代表的65个煤层气井群的总体开发实验获得了圆满成功，展示了深部煤层气勘探开发的可行性及广阔前景。

1.1 海外煤层气勘探基本情况

煤层气工业和科技主要起源于美国[6]，自20世纪80年代起，美国圣胡安、黑勇士和粉河盆地相继进行了大规模的商业化开采，2008年达到了$556.71 \times 10^8 m^3$的高峰。自2008年以来，随着世界页岩气工业的崛起，煤层气的投入与开采量急剧下降，产量不断下降，2018年已降至$260 \times 10^8 m^3$，现已递减至$200 \times 10^8 m^3$。20世纪90年代，由于加拿大煤层气的形成和发展与北美大陆相似，加拿大的多个地区尝试采用从美国所引进的理论与技术方法来探测并开发煤层气，但因经济效益不佳而放弃[7]。进入21世纪后，情况开始发生转变。通过对技术的不断完善和革新，特别是在氮气泡沫压裂等方面取得了重大进展，实现了煤层气的商业开采，在2009年，煤层气的年产量达到了$95 \times 10^8 m^3$的峰值。后续因各种原因产量持续下降，尽管采取了各种措施以应对挑战，但仍然无法扭转颓势，到了2018年，煤层气的年产量进一步递减到了$51 \times 10^8 m^3$。澳大利亚在21世纪的前十年，借鉴了美国在煤层气开发方面的成功经验。然而，由于技术和地质条件的差异，这些尝试在不同的盆地中进行了多次，但都未能达到预期的效果[1, 7]，面对这一挑战，澳大利亚选择在苏拉特盆地开展新的探索。从2014年开始，加大了勘探力度，并根据煤层气与煤层之间存在共生关系的致密砂岩气藏特点，提出了多层多气共采的策略。这一创新不仅扩大了煤层气开采的范围，而且显著降低了成本。随着钻探技术和管理水平的提升，单井产量也有了质的飞跃。到2018年，澳大利亚煤层气产量已达到$393 \times 10^8 m^3$，超越美国成为全球最大的煤层气生产国。至今，澳大利亚的煤层气年产量已经超过$400 \times 10^8 m^3$，稳居世界第一。

1.2 中国煤层气勘探基本情况

21世纪初，国内相关学者开始深入研究煤层的地质特性，研究发现在深层煤层中，其气体赋存和产出规律与浅部煤层存在显著差异，为中国深层煤层气的开发开辟了新的思路，进而开展了中国深层煤层气地质研究。2011—2020年，中国已在鄂尔多斯东南缘开展了一批具有一定规模的深层煤层气开采，并陆续开展了其他区域的煤层气开采工作。最近三年，中国的煤层气开发取得了新的突破。在准噶尔盆地和鄂尔多斯盆地东缘，埋深在2000m以上的煤层气井相继钻探成功[8]。这些深井的日产量皆超过数万立方米。这一成就不仅展示了中国在煤层气勘探和开发方面的技术实力，更证明了深部煤层气具有巨大的经济潜力。随着时间的推移，业界对于深部煤层气作为中国煤层气未来增储上产的新领域逐渐达成共识[9-10]。现今，中国煤层气勘探开发实现了四个转变，从早期单一关注浅部煤层的吸附气和浅层勘探，到现在重视浅部与深部两个层面的均衡发展；从注重吸附气的研

-24-

究与评价，扩展到同时关注游离气组分的深入分析；从偏重于单一煤层及其相关岩性储层的认识，转变为对煤层与煤系不同类型储层结构及特性的全面考察；从专注于勘探阶段的活动，延伸到开发阶段的深度参与。在此基础上，提出了我国深部煤层气勘探与开发试验取得突破性进展，并取得了一定成果。中国石油勘探开发研究院 2023 年估算中国石油天然气集团有限公司 1500m 以深煤层气资源量 $50.7\times10^{12}m^3$（全国 $70\times10^{12}m^3$），主要分布在四大盆地，其中鄂尔多斯盆地资源量最多，为 $18.3\times10^{12}m^3$，准噶尔盆地 $11.7\times10^{12}m^3$，四川盆地 $9.1\times10^{12}m^3$，吐哈盆地 $6.2\times10^{12}m^3$。目前自然资源部全国"十四五"资源评价"全国陆上煤层气资源评价"也正在开展并进入到汇总阶段，评价深度由 2000m 增至 3000m，这一深度带预计带来煤层气资源量增量近 $20\times10^{12}m^3$，重点在鄂尔多斯盆地，也是深层煤层气高效开发的黄金深度带，是潜力巨大的现实领域。

　　国内已开发煤层气主要集中在埋深 1200m 以浅煤层，深层煤层气特别是埋深大于 2000m 的煤层气勘探 2021 年之前一直未取得实质性突破。因受国外煤层气勘探理论和工程技术影响，传统认识认为深部煤层，因较高的应力、较高的储层敏感性和较低的渗透率，并且埋藏深度大，不具有规模效益开采的价值，思想认识禁锢和工程工艺技术成为制约我国煤层气发展的主要因素。随着中国石油、中国石化等多家石油国企解放思想"禁区"，大胆在煤层气全新领域持续开展探索试验，地质认识获重大突破，主体地质工程关键技术基本成形，实现了从资源到储量、从储量到产量的重大突破。其中应用了"水平井长井段＋大规模体积分段"压裂改造技术的方法，在鄂尔多斯盆地东缘、冀中盆地大城地区、准噶尔盆地东部白家海凸起等地区对煤层进行压裂改造，实现了产能的突破性进展，昭示了深层煤层气发展广阔[11]。在鄂尔多斯盆地，石炭系—二叠系煤层广覆式分布，含煤面积 $16\times10^4km^2$，煤厚 5～10m，R_o 介于 0.8%～2.7%，含气量 15～31m^3/t。总资源量 $18.3\times10^{12}m^3$，Ⅰ＋Ⅱ类资源量 $11.3\times10^{12}m^3$。长庆油田发展规划"十四五"至"十六五"深层煤岩气中长期产量分别为 $17.4\times10^8m^3$、$255\times10^8m^3$、$620\times10^8m^3$。在鄂尔多斯盆地中国石油大吉区块的石炭系—二叠系，煤层的埋深在 2500m 左右，经多次试采之后，取得了较好的效果，该区块多口油井试产成功获得煤层气流，吉深 6-7 平 01 井 8 层厚度 7.0m，埋深 2200m，水平段 1050m，经大面积压裂后，可达到日产气量 $10\times10^4m^3$。2020—2021 年中国石油勘探公司累计提交 2000m 以深煤层气探明储量 $1121\times10^8m^3$，这一数据充分展示了大吉区块煤炭资源的巨大开采潜力。鄂尔多斯盆地中国石化延川南区块的石炭系—二叠系煤层的埋藏深度在 1400m 左右。在 2021 年，中国石化公司的煤层气井共 30 余口，单井总日产气量达（3～7.2）$\times10^4m^3$，其中直井的单井日产气量为（0.78～3.0）$\times10^4m^3$；水平井单井日产气量达（2.0～6.5）$\times10^4m^3$，展现出了较高的产量水平。延 3-P11 井的日产气量最高可达 $7\times10^4m^3$，开发技术取得了显著提升。江同文等通过分析鄂尔多斯盆地 8# 煤层的成藏规律与地质特征表明[12]：煤层成熟度高且在全盆地稳定分布，生烃潜力巨大；深部煤岩储层微孔、介孔、宏孔和微裂缝体积平均占比分别为 78.0%、6.8%、2.1% 和 13.1%，为典型的多重孔裂隙系统，储集条件优越；深部煤层气通常位于临界深度以下，构造抬升幅度更小，埋藏深，储层相对致密，断裂不发育，水动力较弱，保存条件更好；深部煤层气含气量高且吸附气与游离气共存，煤体结构发育相对完整，更有利于压裂改造。陈世达等研究后认为[13]，煤层气成藏受深度影响表现在三个方面：（1）埋深增大，温度场、压力场和应力场等地层环境参数的大小趋于增高、梯度趋于收敛，深部应力场类型发生转换、水平应力各向异性减弱；（2）深部多为高饱和或超饱和气藏，游离气工业开发价值大幅提升，但当前开采深高阶煤储层仍以吸附气为主；（3）深部高应力环境下煤岩自身组构诱因被弱化，原位渗透率及力学性质趋于均质收敛，流体产出严重依赖于人工渗流通道。

1.3 全球煤层气分布的基本特征

总结全球和中国有关煤层气勘探开发及研究取得的成果和进展，它们可以用表1进行综合和概括。各个关键参数的起始值和结束值分别代表当前条件下的最小值和最大值，大多数情况下处于二者之间。

表1 全球煤层气勘探开发情况调研结果汇总

区域	埋深范围（m）	年代范围	分布面积范围（$10^4 km^2$）	单井日产量范围（$10^4 m^3$）	吨煤产气范围（m^3）	压力分布范围（atm）	温度分布范围（℃）	煤岩组成特征	资源评价总量（$10^{12} m^3$）
鄂尔多斯盆地	300~3317	C—P$_1$j	28.00	0.05~15.00	2.5~27.5	12.0~31.0	42~90	镜质组 惰质组 壳质组	40.86
中国境内盆地	300~3317	C—P$_1$j	70.45	0.10~15.00	1.8~28.1	12.0~31.0	42~104	镜质组 惰质组 壳质组	115.91
中国境外盆地	30~3600	C—E	234.64	0.10~8.50	0.5~20.0	9.7~67.8	20~60	镜质组 惰质组 丝质组	219.49

2 深层煤层气成藏研究现状

2.1 深层煤层气成藏条件与浅层存在差异

（1）深层和浅层煤层气成藏条件不同。

浅层煤层气富集条件较深层差，主要表现在（表2）：浅层煤层气上覆地层厚度较薄、孔渗较高、封盖性较差，不利于煤层气聚集后保存；浅部煤层主要是构造背景复杂，保存条件差、压力系统低、吸附饱和度低且气源条件差、能力弱，不利于天然气聚集成藏；有些浅层煤层气是深埋煤层气在上覆地层被剥蚀后抬升变浅所致，早前富集的天然气量因构造变动产生裂缝、盖层封盖性受破坏而逸散。深层煤层气成藏条件较浅层好，主要表现在：深部煤层多形成于盆地内稳定构造背景，有利于煤岩大面积连续分布，具有良好的生烃环境；构造相对平缓、纵向岩性封闭较好，侧向水动力弱，为成藏提供了良好的保存条件；大部分煤岩热演化程度高、生气产率高、单位体积煤岩吸附气量较大；深层煤层温度较高、孔隙水溶解气量大、单位体积煤层以水或有机质溶解，滞留气量较浅层多；深层煤层受压较大、煤岩密度大、比表面积大、单位体积煤层吸附气量较浅层大。全球深层煤层气钻探最大深度约3000m，日产能接近$20×10^4m^3$；钻探页岩气最大深度在我国准噶尔盆地已经超过7000m，产能高达100多万立方米，预示着深层煤层气有着广阔的发展前景。

表2 鄂尔多斯盆地浅煤层与深煤层基本参数对比一览表

地质条件	浅层$8^\#$煤（小于1200m）	深层$8^\#$煤（大于2000m）	对比后的深煤层特征
埋深	900~1500m	2000~2400m	埋深更深
煤层厚度	2.2~9.4m，平均5.49m	4~12m，平均7.8m	厚度相对更大
含气量	6.14~20.84 m^3/t，平均12.36m^3/t	18~26 m^3/t，平均25.2m^3/t	含气量更高
孔隙度	平均值3.98%	平均值3.13%	均属特低孔隙度
渗透率	注入/压降试井分析煤层渗透率0.005~3.01mD，平均值1.51mD	注入/压降试井分析煤层渗透率0.053~0.054mD	渗透率更低
含气饱和度	49.6%~86.2%，平均值69.5%	97.99%~100%，平均值98.95%	含气饱和度更高
等温吸附特征	兰氏体积平均值24.9m^3/t，兰氏压力平均值2.09MPa	兰氏体积平均值28.29m^3/t，兰氏压力平均值3.06MPa	吸附能力强
煤体结构	以碎裂、碎粒结构为主	以原生结构煤为主	以原生结构煤为主
煤岩显微组分	有机组分以镜质组为60%	有机组分以镜质组为85.5%	镜质组含量更高
镜质组反射率	平均2.2%	平均2.7%	热演化程度更高
煤储层压力	平均7.65MPa	平均20MPa	压力更高
煤储层温度	30.50~51.19℃	61.3~73.4℃	温度更高
水文地质	承压区—弱径流区	承压区	水动力条件更弱
地层水化学特征	水型为$CaCl_2$—$NaHCO_3$型，矿化度4300~12700mg/L	水型$CaCl_2$型，矿化度72029.9~366001mg/L	矿化度更高

（2）深层煤层气判别临界标准研究意义重大。

现有研究和勘探开发实践表明，开展深层煤层气判别临界标准研究，明确深层煤层气的成藏机理，意义重大。前期煤层气勘探开发经验不足、开采工艺水平偏低时，认为深层煤层气的临界深度是1000m[14-16]，全国煤层气的资源评价也是基于这个深度进行计算；后来随着油气开发与压裂工艺的成熟，突破以往的经验，临界深度定为2000m[10]，目前也有学者认为深层煤层气临界深度的关注点是煤层吸附气量和游离气量的变化临界值，应当以吸附气量的"拐点"来标定临界深度[17-19]，并不是一个具体的数值[17-19]，因此关于深层煤层气临界条件的界定，直接影响着煤层气资源评价，开展相关研究具有重要意义。

（3）深层煤层气判别临界条件研究主要进展。

部分学者认为深层煤层气的"深层"不单指一个深度段或者深度点，更多地还包括对于煤层气性质的一种反应，温度、压力、构造、水文环境等多因素共同影响着煤层气气体的赋存状态，临界深度的上限因地质条件不同而异。地温条件与地层压力条件对煤层气的赋存状态有着不同的影响[20]：压力越大，煤层的吸附能力越强，煤层气以吸附状态为主；但是温度越高，煤层气分子间越活跃，导致吸附能力变小，煤层气主要以游离形式赋存。浅层煤层气以吸附气为主，随着埋深的增加，温压条件都在增高，随着当温压的相反作用趋于平衡时，游离气量逐步增加，吸附气量会出现"拐点"，此时对应的深度即为临界深度[20]。图2展示了深层煤层气和浅层煤层气赋存状态的差异性及其判别的临界标准概念模型。

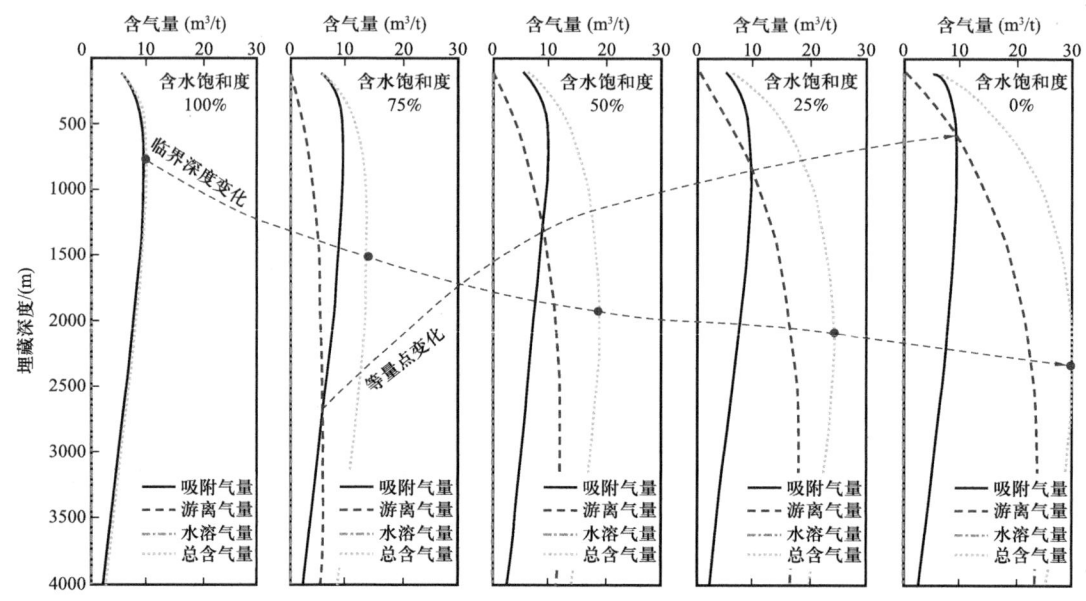

图 2 深层煤层气和浅层煤层气赋存的地质概念模式的判别标准[18]

（4）深层煤层气判别临界条件研究存在争议。

全球各个盆地的煤层气都存在临界深度的现象，而且临界深度变化范围广，比如中国和澳大利亚主要介于 500～2200m。澳大利亚 Galilee 盆地上二叠统煤层的临界深度为 960m[21]；中国准噶尔盆地的煤层临界深度大于 2000m；中国鄂尔多斯盆地和渤海湾盆地的煤层临界深度为 1800m[20]。部分低阶煤层的临界深度很浅，在 500～600m，可能与次生生物气有关[22]。因此，可以明确以下几点：①临界深度广泛存在，变化范围广，会因不同的地质条件发生变化；②前文调研的关于临界深度受地温与压力的共同影响的相关理论，未考虑生物气；③深层煤层气的临界深度不是一个定值，其受多方面的影响，包括但不限于地层温度、压力、煤层本身等因素，临界深度的确定在煤层气勘探开发过程中意义重大[22]。

2.2 深层煤层气成藏研究主要进展

（1）温压条件对煤层气有影响。

深层煤层气深度较深，地温高，地层压力大。在煤层沉积构造演化过程中，温压条件一直在发生变化，压力越大，煤层的吸附能力越强；温度越高，煤层吸附能力越弱，深层煤层气的赋存状态与温度和压力密切相关。

（2）煤阶和煤岩类型对煤层气有影响。

煤层气富集受到煤岩类型及其演化程度的影响[23-24]。煤岩类型从亮度区分可分为暗淡煤、半暗煤、半亮煤、光亮煤四种。从暗到亮有机质热演化程度逐渐增高，镜质组含量增大，生气能力逐渐增强。孔缝类型由植物孔隙转为气孔及煤岩割理，微孔占比逐渐增高，储集空间性能越来越好。最大埋深超过4000m的大牛气田太原组8#煤以R_o介于1.4%～1.8%，煤岩类型以半亮煤及光亮煤为主，孔缝系统十分发育，是优质的煤岩储层。

（3）顶底板岩性与构造特征对煤层气有影响。

通过大牛地、大宁—吉县、川东南等地区的勘探结果表明，正向微幅构造有利于煤层气的富集，较为致密且厚度较大的石灰岩/泥岩顶底板的封闭性较强，有利于煤层气的保存[25-26]。大牛地气田太原组8#煤发育大量微幅构造且顶底板以致密的石灰岩、泥岩为主，具有较大的勘探开发潜力。

（4）深层煤层气赋存状态研究。

占比较高的游离气含量是深层煤层气较高产能的重要因素。在煤岩储层中，煤层气的赋存特征受到温度、压力、煤阶等多因素的影响。煤岩吸附性能也随着埋深的增加呈现先增大后减小的特征，最大吸附量的临界深度在1400～1800m之间[27-29]（图3）。超过该临界深度后，煤层气逐渐由吸附相态转为游离相态，含气总量增大。鄂尔多斯盆地深层煤储层含气量为4.0～35.2m³/t，主体分布于15～24m³/t之间，平均为19.4m³/t；游离气含量为0～19.1m³/t，平均为6.2m³/t，游离气占比为0～61.3%，平均为28.2%。随着埋深的增大，总含气量和游离气量都呈先增大后减小的趋势，峰值大致对应2500m左右，而游离气占比变化趋势不太明显。图4a是鄂尔多斯盆地煤层气量及其相态特征实测结果，图4b是总

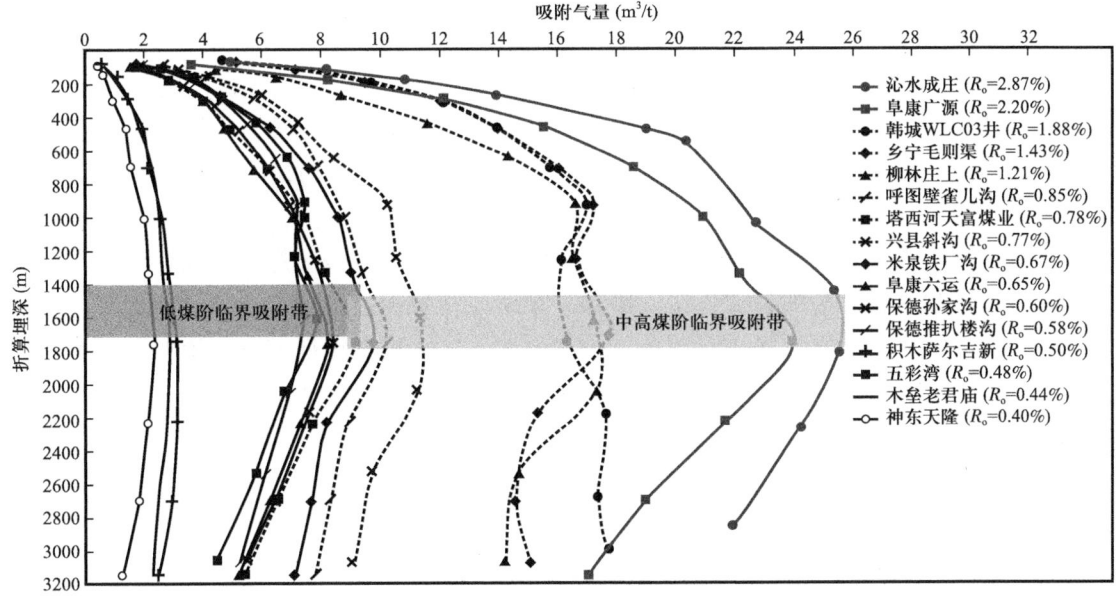

图3 煤层吸附气量随深度变化关系图[28]

结后随埋深变化的基本模式：在中浅层以吸附气量为主，在中深层以游离气量为主，在深埋过程中存在一个含气高峰期。这一含气高峰与煤岩吸附天然气和储层微孔隙毛细管封堵游离气两种作用联合相关，是深层煤层气富集天然气成藏的主要领域。

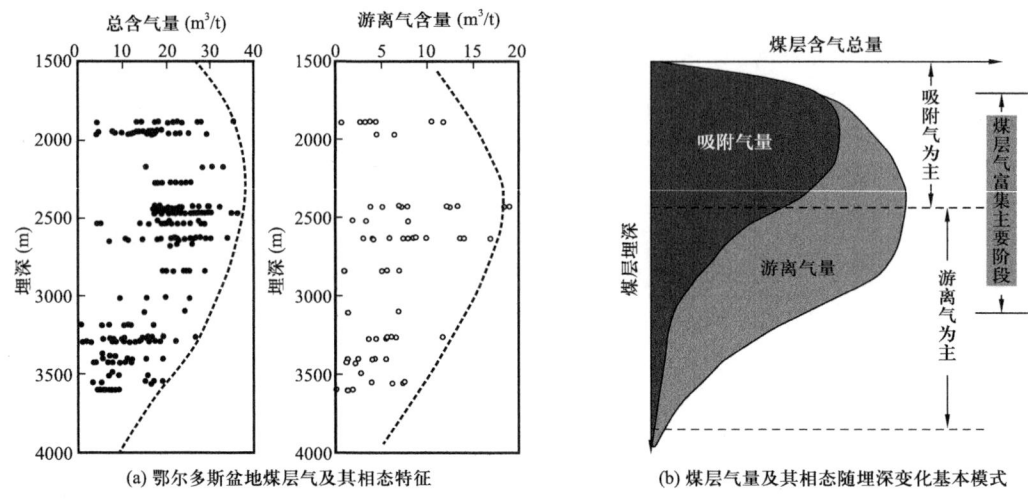

图 4 鄂尔多斯盆地煤层气量与相态特征随埋深变化及基本模式

2.3 深层煤层气产能预测方法与技术进展

煤层气单井产能分析是深层煤层气勘探开发的重要手段，其核心是通过求取地质特征、工程特征、可采性特征等参数对煤层气产量的影响权重，从而明确煤层气单井产能的重要控制因素。党枫等学者[30-35]采用统计、回归、对比、数模等方法对煤层气井产能影响因素进行了研究。许婷、赵欣等[36-37]通过模糊数学及灰色关联法对准噶尔盆地东南部、鄂尔多斯盆地东缘进行了煤层气的目标优选及主控因素分析。聂志宏等[38]通过统计分析地质参数和试采井生产数据，研究了大宁—吉县区块深层煤层气生产特征及开发对策。王红伟、王丹等[39-40]通过动态分析及灰色关联法对大宁—吉县、临汾地区的产能地质影响因素进行分析。李宇[41]等将灰色关联法、域熵权法结合对沁水盆地压裂后产量进行了影响因素的分析。

迄今为止，煤层气的产能主控因素分析多应用于浅层—中浅层煤层气的评价中，关于深层煤层气体积酸化压裂的研究极少。中浅层煤层气与中深层煤层气在储层基本性质、煤岩力学性质、地应力状态、热演化程度、煤岩类型、气体相态特征等方面均存在较大的差异[42]，从而导致了相同的方法在中深层的应用中效果并不显著。

3 深层煤层气研究面临挑战与急需解决的问题

（1）深层煤层气概念不一导致深层煤层气判别和研究交流困难。

深部煤层气和浅部煤层气的成藏条件有很大不同，但深层煤层气的定义目前存在不同意见。深层煤层气概念尚未完全建立起来，在煤层气开采初期，由于技术水平有限，在全国煤层气资评中将1000m以深的煤层气定义为深层煤层气[20]，但没有客观的判别标准。随着勘探开发技术的发展，将2000m以深的煤层气定为深层煤层气，但同样缺乏机理、成因上的认识。由于温度、压力均对煤层气的相态特征有较大的影响，当前学者将煤层吸附气比例开始减小、游离气占比开始增加的临界深度作为浅层与深层的界线，但它随煤岩组分和周边地质条件不同而改变，也没有考虑吸附气和游离气之间的相对比率，在实用中存在困难。总之，现有深层煤层气仅根据深度来划分，缺乏成因机理上的认识和科学概念，需要不断探索和完善。

（2）深层煤层气类型多且成因关系不明制约了煤层气分布规律研究。

与煤层相关的天然气藏成因类型多，目前缺少统一分类方案。它们涉及的概念术语众多，包括煤成气、煤型气、煤系气，以及煤成常规气、煤成致密非常规气、煤成油、煤层气、煤岩气、煤岩夹层气、煤岩围层气等。这些名词术语与概念之间在成因上有何联系？在实际地质条件下如何区分？在相同盆地之中分布有何规律？它们与煤层全油气系统是何关系？这些问题尚无系统论述。研究它们之间的差异性和关联性并提出统一成因分类方案，对揭示深层煤层气成因机制和分布规律具有重要的现实意义。

（3）深层煤层气成藏机制和主控因素不清。

深层煤层气成藏和分布不仅与深部独特的地质条件有关，还与煤岩及其周边介质条件有关。目前的研究主要涉及煤岩组分、温压条件、吸附和溶解等几个方面，对于煤岩夹层、煤层围岩、顶底板封闭性及构造演化等外部条件对煤层气藏的形成和控制作用考虑较少。煤岩夹层和煤岩围层对深层煤层气藏形成分布发挥了何种作用？它们是有利于煤层气成藏还是相反？如何依据这些影响因素的作用预测煤层气成藏及其形成分布？这些问题并没有得到深入研究，更没有形成定量预测和评价方法。

（4）深层煤层气高产富气"甜点"预测难度大。

深层煤层气高产富气"甜点"预测是一个全新领域，目前处于探索阶段。国外缺少勘探开发和研究实例，国内研究正处于探索阶段。事实上，深层煤层气富集/贫化受多种要素制约，如多样介质条件、多变温压环境、多类富集动力、复杂演化过程等，预测评价十分困难。深层煤层气产能受地质—工程—经济三"甜点"叠加复合控制，但三者主控因素有很大不同：地质富气"甜点"取决于煤层厚度及生气量和滞留气能力，决定着富气程度；工程富气"甜点"取决于煤层脆性与力学参数，决定着钻采过程中储层可压裂性；高产富气"甜点"取决于煤层含气相态特征与地层压力，决定着天然气可采性。相关研究都在探索中，但还没有形成成熟的方法和技术。

（5）鄂东深层煤层气勘探经验难以套用到其他领域。

自2019年以来，在鄂东大吉区块开展深层煤层气评价，中国三大石油公司都取得重大进展和突破，提交了富集高产的煤层气储量。这些地方的勘探经验和模式能否推广至其他盆地和地区？基于对国内外已有研究的调研结果回答是否定的：因为其他地区的构造背景、煤岩组成、演化历史、钻探工艺等都存在很大不同。因此，研究不同地质条件下不同要素对煤层气形成富集及高产的影响，建立普遍适用型地质模型、研发预测评价关键技术意义十分重大。

总结面临的挑战，深层煤层气高效勘探开发需要解决的科学问题可以归纳为：深层煤层气与中浅层煤层气的高产"甜点"、富集特征及分布规律差异较大，产生这种差异的原因目前尚不清楚。深层富气高产"甜点"区成因机制和分布模式还没有完全建立起来，有些模式的可靠性随地质条件不同变化太大。鄂尔多斯盆地深层煤层气勘探经验还没有与其他盆地钻探结果结合起来形成在中国普遍适用的预测方法和关键技术。

4 结论

（1）鄂尔多斯盆地深层煤层气钻探获得重大突破。平均日产量突破 $10 \times 10^4 m^3$，较之早前浅层煤层气平均产能提高了 10 倍以上。全球煤层气研究进展调研结果表明，深层煤层气地质条件更有利于煤层气成藏和富集，展示出一个具有广阔发展前景的新领域。

（2）大量的勘探实践表明深层煤层气成藏富集条件优于中浅层，关于深层煤层气与浅层煤层气的临界深度目前还存在争议，临界深度不是一个定值，随着地质条件发生变化，受地温与压力的共同影响，同时在界定临界深度时需要进一步考虑生物气的影响。

（3）目前深层煤层气成藏研究主要集中于煤岩本身、温压场、顶底板、煤层气赋存状态等方面，采用统计、回归、对比、数模等方法对煤层气井产能影响因素进行了研究；深层煤层气体积酸化压裂的研究极少，与中浅层压裂存在差异。

（4）深层煤层气深化勘探面临五方面挑战：深层煤层气概念不一导致研究交流困难、煤成气样式多但缺少统一成因分类、煤层气成藏动力机制不明导致分布预测困难、煤层气富集高产"甜点"预测难度大导致勘探成效较低、鄂东钻探成效显著但经验难以套用到其他地区。

参 考 文 献

[1] 孙钦平，赵群，姜馨淳，等.新形势下中国煤层气勘探开发前景与对策思考［J］.煤炭学报，2021，46（1）：65-76.

[2] 徐继发，王升辉，孙婷婷，等.世界煤层气产业发展概况［J］.中国矿业，2012，21（9）：24-28.

[3] 米立军，朱光辉.鄂尔多斯盆地东北缘临兴—神府致密气田成藏地质特征及勘探突破［J］.中国石油勘探，2021，26（3）：53-67.

[4] 张雨祥，李永洲，陈沫.煤层气成因与资源分布［J］.石油知识，2023（4）：6-7.

[5] Mastalerz M, Drobniak A. Coalbed methane: Reserves, production, and future outlook［M］//Future energy. Elsevier, 2020, 97-109.

[6] 罗平亚，朱苏阳.中国建立千亿立方米级煤层气大产业的理论与技术基础［J］.石油学报，2023，44（11）：1755-1763.

[7] 徐凤银，侯伟，熊先钺，等.中国煤层气产业现状与发展战略［J］.石油勘探与开发，2023，50（4）：669-682.

[8] 鲜保安，高德利，徐凤银，等.中国煤层气水平井钻完井技术研究进展［J］.石油学报，2023，44（11）：1974-1992.

［9］徐凤银，闫霞，林振盘，等.我国煤层气高效开发关键技术研究进展与发展方向［J］.煤田地质与勘探，2022，50（3）：1-14.

［10］门相勇，娄钰，王一兵，等.中国煤层气产业"十三五"以来发展成效与建议［J］.天然气工业，2022，42（6）：173-178.

［11］徐凤银，闫霞，李曙光，等.鄂尔多斯盆地东缘深部（层）煤层气勘探开发理论技术难点与对策［J］.煤田地质与勘探，2023，51（1）：115-130.

［12］江同文，熊先钺，金亦秋.深部煤层气地质特征与开发对策［J］.石油学报，2023，44（11）：1918-1930.

［13］陈世达，汤达祯，侯伟，等.深部煤层气地质条件特殊性与储层工程响应［J］.石油学报，2023，44（11）：1993-2006.

［14］张新民，张遂安，钟玲文，等.中国的煤层甲烷［M］.西安：陕西科学技术出版社，1991.

［15］叶建平，秦勇，林大扬，等.中国煤层气资源［M］.徐州：中国矿业大学出版社，1999.

［16］车长波，杨虎林，李富兵，等.我国煤层气资源勘探开发前景［J］.中国矿业，2008，17（5）：1-4.

［17］秦勇，宋全友，傅雪海.煤层气与常规油气共采可行性探讨——深部煤储层平衡水条件下的吸附效应［J］.天然气地球科学，2005，16（4）：492-498.

［18］秦勇，申建.论深部煤层气基本地质问题［J］.石油学报，2016，37（1）：125-136.

［19］秦勇，申建，王宝文，等.深部煤层气成藏效应及其耦合关系［J］.石油学报，2012，33（1）：48-54.

［20］秦勇.中国深部煤层气地质研究进展［J］.石油学报，2023，44（11）：1791-1811.

［21］秦勇，申建，沈玉林.澳大利亚Galilee盆地页岩油气与煤层气成藏机理及富集规律研究［R］.北京：中国海洋石油集团有限公司，2014.

［22］Hamilton S K，Golding S D. Geological interpretation of gas content trends, Walloon subgroup, eastern Surat Basin, Queensland, Australia［J］. International Journal of Coal Geology，2012，101：21-35.

［23］张尚虎，汤达祯，王明寿.沁水盆地煤储层孔隙差异发育主控因素［J］.天然气工业，2005（1）：37-40，207-208.

［24］姚艳斌，刘大锰，汤达祯，等.沁水盆地煤储层微裂隙发育的煤岩学控制机理［J］.中国矿业大学学报，2010，39（1）：6-13.

［25］李勇，王延斌，孟尚志，等.煤系非常规天然气合采地质基础理论进展及展望［J］.煤炭学报，2020，45（4）：1406-1418.

［26］秦勇.煤系气聚集系统与开发地质研究战略思考［J］.煤炭学报，2021，46（8）：2387-2399.

［27］康永尚，皇甫玉慧，张兵，等.含煤盆地深层"超饱和"煤层气形成条件［J］.石油学报，2019，40（12）：1426-1438.

［28］周德华，陈刚，陈贞龙，等.中国深层煤层气勘探开发进展、关键评价参数与前景展望［J］.天然气工业，2022，42（6）：43-51.

［29］郭旭升，胡宗全，李双建，等.深层—超深层天然气勘探研究进展与展望［J］.石油科学通报，2023，8（4）：461-474.

［30］党枫.沁水盆地柿庄南区块不同构造地质单元煤层气井产能影响因素分析［D］.北京：中国地质大学（北京），2020.

［31］石永霞，陈星，赵彦文，等.阜康西部矿区煤层气井产能地质影响因素分析［J］.煤炭工程，2018，50（2）：133-136.

［32］王宁，王立志，周芊芊.延川南区块煤层气单井产能影响因素分析［J］.油气藏评价与开发，2012，

2（5）：78-82.

[33] 王超文，彭小龙，贾春生，等.枣园区块煤层气井产能影响因素分析［J］.油气藏评价与开发，2016，6（3）：67-70.

[34] 徐文军，刘升贵，孟磊.潘河区块15号煤层煤层气的生产特征及其影响因素分析［J］.中国矿业，2019，28（12）：155-160.

[35] 昌玉民，柳迎红，陈桂华，等.沁水盆地南部煤层气水平井产能影响因素分析［J］.煤炭科学技术，2020，48（10）：225-232.

[36] 许婷，伏海，马英者，等.准噶尔盆地东南缘煤层气勘探目标优选［J］.特种油气藏，2017，24（2）：18-23.

[37] 赵欣，姜波，张尚混，等.鄂尔多斯盆地东缘三区块煤层气井产能主控因素及开发策略［J］.石油学报，2017，38（11）：1310-1319.

[38] 聂志宏，巢海燕，刘莹，等.鄂尔多斯盆地东缘深层煤层气生产特征及开发对策：以大宁—吉县区块为例［J］.煤炭学报，2018，43（6）：1738-1746.

[39] 王红伟，姜好仁，马财林，等.大宁—吉县地区午城煤层气试验井组试采效果评价及影响因素分析［J］.中国煤层气，2006，3（2）：31-36.

[40] 王丹，赵峰华，姚晓莉，等.临汾区块煤层气产能地质影响因素分析［J］.特种油气藏，2016，23（2）：1-4.

[41] 李宇，张亚飞，刘广景，等.基于组合权重的煤层气井压裂后产量影响因素分析［J］.特种油气藏，2020，27（3）：115-120.

[42] 李松，汤达祯，许浩，等.深部煤层气储层地质研究进展［J］.地学前缘，2016，233：10-16.

大宁—吉县区块煤系气共生组合规律与富集成藏模式

田文广[1]，丁蓉[2]，曹毅民[2]

（1.中国石油天然气股份有限公司勘探开发研究院，北京 100083；2.中石油煤层气有限责任公司，北京 100028）

摘　要：大宁—吉县地区煤系气资源丰富，但煤系地层复杂的生储盖叠置关系使得煤系储层含气系统复杂多变。目前对于地区复合含气系统中气体赋存条件、成藏模式还没有足够的认识，同时研究多偏向于单一气藏的研究，这严重制约了研究区煤系"三气"的共探共采。因此本文以鄂东大宁—吉县地区为研究对象，从研究区地层组合关系、煤系气藏组合类型、煤系气含气系统划分及其控制下的富集成藏模式方面展开研究。结果表明：在研究区中共识别出 8 类岩相组合及 6 类气藏组合；根据煤系气储层含气量、储层压力系数等影响因素，在研究区盒 8 段下部、山 1 段中下部、山 2 段煤层上下及本溪组煤层段划分出四个含气系统；并进一步依据含气系统与气藏生储层的位置关系将研究区煤系藏富集模式分为源内富集模式、近源运移富集模式，以及远源运移富集模式 3 类煤系气富集模式。

关键词：煤系气；共生组合；富集规律；成藏模式

煤系气泛指煤系中赋存的各类天然气，涵盖以吸附相为主的煤层气、以游离相为主的致密砂岩气和吸附相—游离相共存的页岩气（简称"煤系三气"）[1]。国内外学者通过对"煤系三气"成藏机理的研究，认为"煤系三气"具有同源共生及多层叠置发育的特点[1-5]；而煤系中不同物性岩层的频繁互层，必然导致隔水阻气层或内幕封盖层在纵向上反复出现，从而在煤系不同地层段形成相互独立的含气系统[6]，不同含气系统间不同的地层流体压力也在一定程度上影响了煤系气的共生成藏及煤系气的合采方式[7-8]。

大宁—吉县地区是我国煤系气勘探的重要地区之一，其煤系地层具有多相态共生、多类型储层共存，以及含气系统相互叠置的特点，这为煤层气、页岩气、致密砂岩气共生成藏创造了条件[9-12]。目前对该区的研究多偏向于单一储层的研究，缺乏对煤系地层整体的共生共存及煤系气藏组合的研究。因此，本文在前人研究基础上，从煤系地层组合关系、煤系气藏组合类型、煤系气含气系统划分及其控制下的富集成藏模式等方面开展研究，为该区"煤系三气"合采提供理论依据。

基金项目：中国石油天然气股份有限公司攻关性应用性科技专项"深地煤岩气成藏理论与效益开发技术研究"（编号：2023ZZ18）；中国石油天然气股份有限公司前瞻性基础性科技专项"煤层气富集规律与开发机理研究"（编号：2021DJ23）。

第一作者：田文广，男，1979 年生，高级工程师，博士；主要从事非常规油气地质评价方面的研究工作。

地址：（100083）北京市海淀区学院路 20 号，E-mail：tianwg69@petrochina.com.cn。

1 区域地质概况

大宁—吉县区块位于山西省境内鄂尔多斯盆地东缘晋西挠褶带南部,属于过渡性盆缘构造,构造相对简单,整体自东向西倾斜呈现单斜构造,受断层影响较小(图1)。

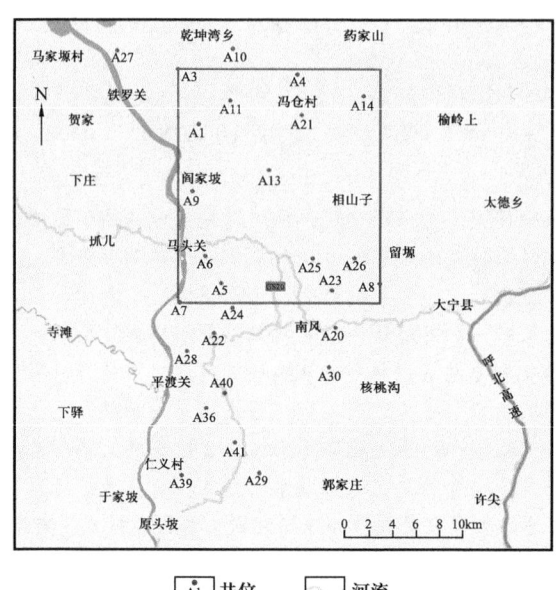

图1 鄂尔多斯盆地东南缘区块地形图

研究区煤系地层自上而下依次为上石盒子组、山西组、太原组及本溪组。盒8段发育泥岩与砂岩,以骆驼脖子砂岩作为标志层与山1段整合接触;山1段以铁鹰沟砂岩作为分隔标志层与山2段整合接触,发育泥岩与砂岩;山2段与太原组以北岔沟砂岩为界整合接触,发育砂岩、泥岩及多层煤;太原组顶部稳定发育东大窑石灰岩,与北岔沟砂岩同为山西组与太原组的分隔标志层,太原组发育多层石灰岩标志层;本溪组发育石灰岩、泥岩、砂岩及8#煤层,顶层以东大窑石灰岩与太原组分界,底部稳定发育铝土岩作为地层底部识别标志层。

2 煤系共生组合及气藏类型

2.1 煤系地层岩相组合关系及沉积控制作用

2.1.1 岩相组合关系

岩相是一定沉积环境中形成的岩石或岩石组合,是沉积相的主要组成部分[13]。岩相组合是沉积环境变化的主要指示,同时也是预测煤系气共生共存和变化情况的主要依据[14]。泥岩与砂岩在研究区各地层中稳定发育(图3),根据不同沉积环境下岩性发育的

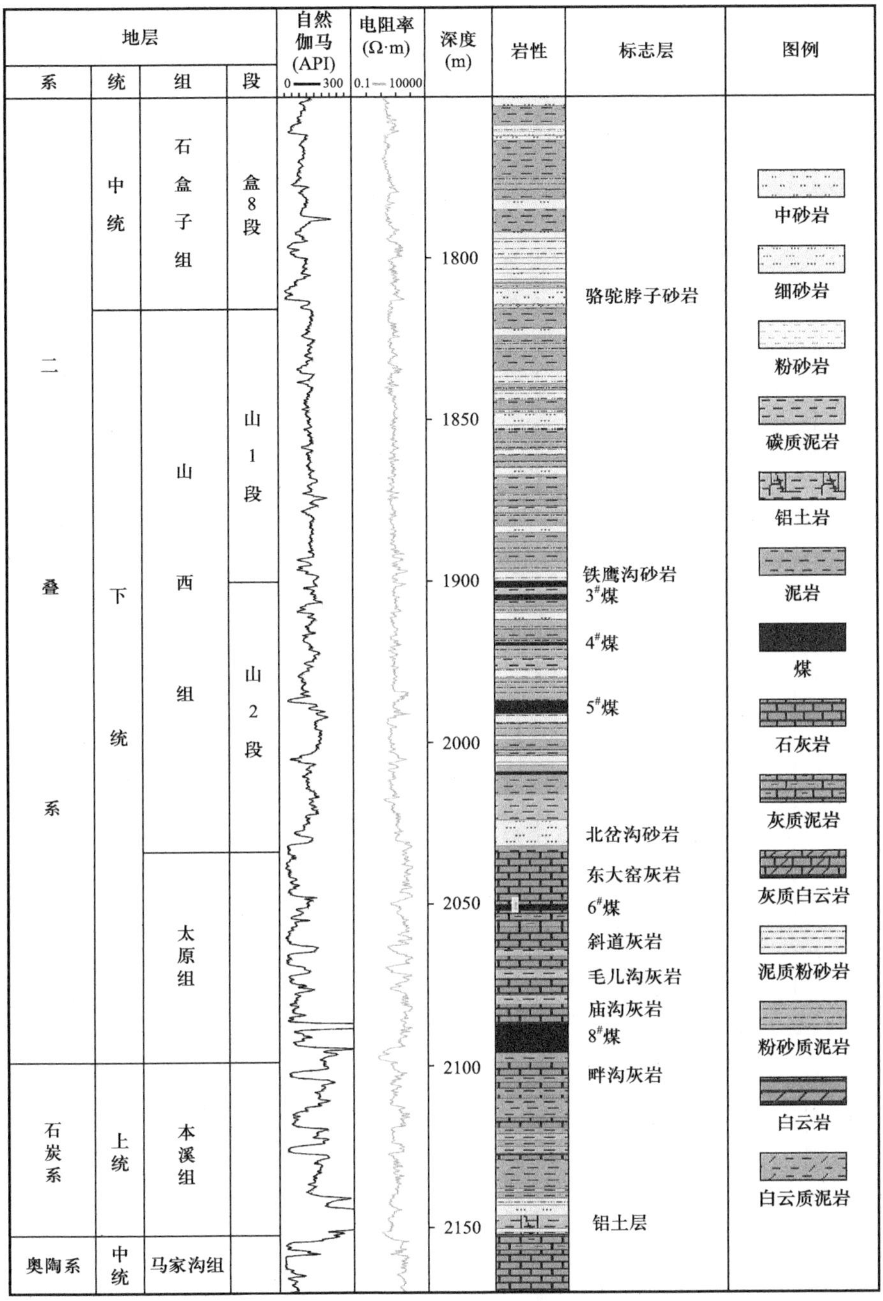

图 2 研究区地层综合柱状图

不同，各种沉积体系下岩相的发育特点及接触关系，将研究区的岩相组合分为 A~H 共 8 类岩相组合（图 4）。A 类为泥岩砂岩叠置岩相；B 类以泥岩砂岩叠置岩相为主要岩相组合形式，其中偶发育较薄煤层；C 类为煤与泥岩叠置的岩相组合；D 类为砂岩泥岩与煤叠置的岩相组合；E 类以砂岩泥岩互层为主，其中石灰岩为其顶板，部分组合中夹有薄煤层；F 类组合煤层生烃潜力较大，顶底板均为石灰岩封闭，其中石灰岩呈灰褐色；G 类组合为砂岩泥岩煤叠置发育，石灰岩为顶板；H 类泥岩砂岩叠置发育，其中石灰岩呈灰褐色。

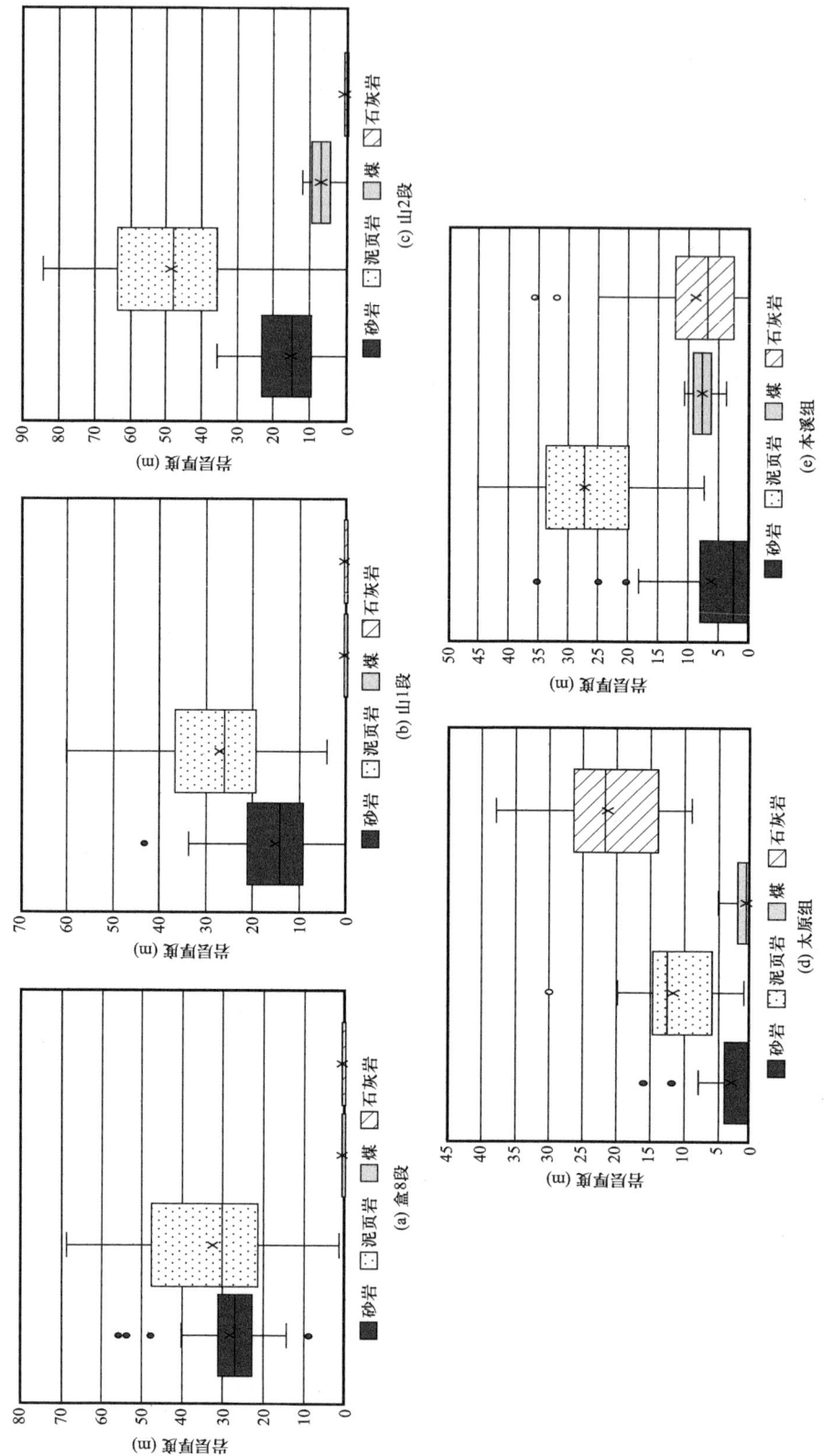

图 3 研究区各地层岩层发育图

发育层位	序号	示意	岩石类型	简单描述	沉积相
盒8段	A	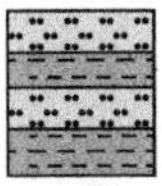	泥岩与砂岩互层	泥岩呈灰色—灰黑色；砂岩呈灰白色—灰色	三角洲前缘相
山1段	B	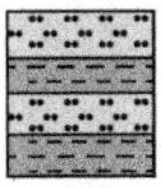	泥岩与砂岩互层，偶夹薄煤层	泥岩呈灰色—灰黑色；砂岩呈灰白色—灰色；偶夹有含气性较低的煤层	三角洲前缘相
山2段	C	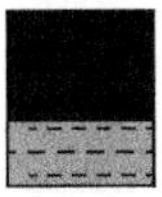	煤与泥岩互层	泥岩呈灰色—深灰色；碳质泥岩呈灰黑色；煤层和碳质泥岩含气，总体含气性较高	三角洲前缘相
山2段	D	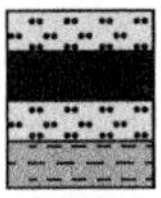	泥岩，砂岩与煤互层	泥岩呈深灰色，存在部分灰黑色碳质泥岩；砂岩呈灰色或浅灰色；煤层较厚，含气性好	三角洲前缘相
太原组	E	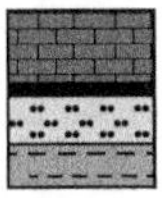	石灰岩泥岩互层，少数夹有较厚砂岩，偶夹较薄煤层	砂岩呈灰色，含气；泥岩呈褐色；偶夹有含气煤层	潮坪—潟湖相
本溪组	F		石灰岩夹煤层	石灰岩呈灰褐色；煤层含气性好	潮坪—潟湖相
本溪组	G	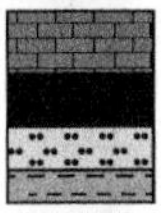	煤、砂岩、泥岩互层，石灰岩为顶板	石灰岩呈灰褐色；泥页岩可含气，含气较差，煤岩含气性好	潮坪—潟湖相
本溪组	H	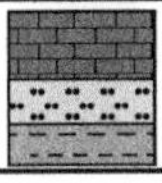	砂岩、泥岩互层，石灰岩为顶板	石灰岩呈灰褐色；泥页岩可含气	潮坪—潟湖相

图 4 大宁—吉县区块岩相组合图

2.1.2 沉积控制作用

盒 8 段水下分流河道砂岩与分流间湾泥岩叠置发育构成了 A 类岩相组合类型（图 5a）。山 1 段岩相组合发育沉积相与盒 8 段相似，水下分流河道与分流间湾的叠置发育形成了 B 类岩相组合类型（图 5b），少数 B 类岩相组合中含有薄煤层发育。山 2 段分流间湾微相与水下分流河道微相叠置，导致泥页岩、砂岩与煤层叠置发育，形成 C、D 两类岩相组合模式（图 5c，图 5d）。太原组障壁岛砂岩与潮坪砂岩泥岩互层，构成 E 类岩相组合（图 5e）；而在障壁岛的隔绝下，陆源物质随河流注入，植物在淡水潟湖环境中繁殖形成沼泽化潟湖，发育厚度大、结构简单、层位稳定的 8# 煤层，煤层上下覆为石灰岩所封闭，构成了 F 类岩相组合（图 5f）；部分地区 8# 煤层与下伏混合坪叠置发育构成 G 类岩相组合（图 5g）。本溪组碳酸岩潮坪发育的石灰岩与潟湖—潮坪发育的泥岩、砂岩叠置形成 H 类岩相组合（图 5h）。

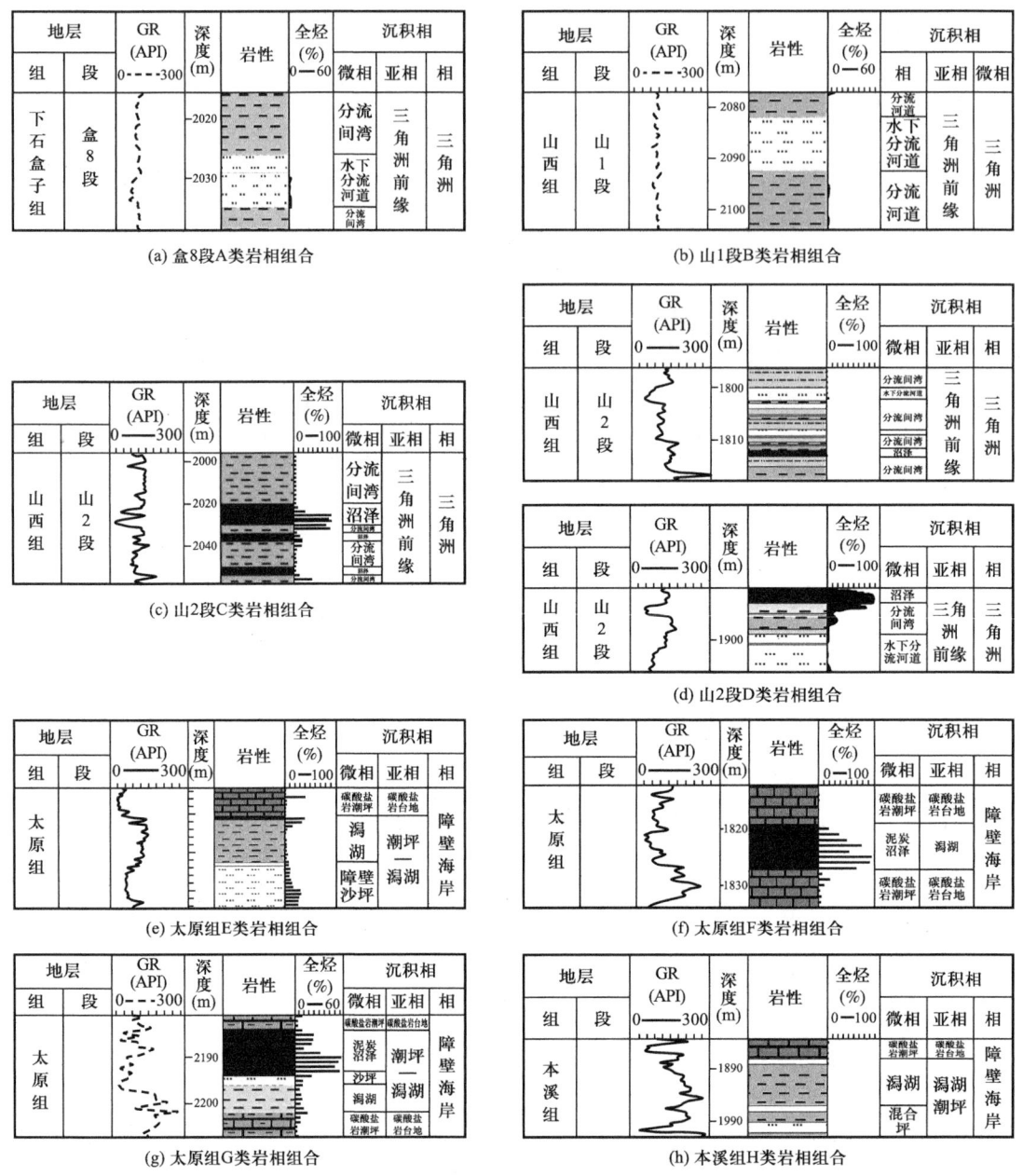

图 5 岩相组合沉积环境关系图

2.2 煤系气藏组合类型及分布规律

煤系主力层是研究区煤系气勘探开发的主要层段,是煤系气藏组合类型划分的关键基础。气测全烃及测井解释储层厚度显示,研究区主力煤层为山2段5#煤层与本溪组8#煤层,煤层全区发育稳定,平均厚度分别为5.7m与7.3m,均具有较好的煤层气资源条件,可发育煤层气藏(图6a)。致密砂岩气在盒8段、山2段、太原组与本溪组均发育一套主力层,其中盒8段与山2段气层平均有效厚度超过10m,远大于另两层(图6b),是研究区致密砂岩气生产的主力贡献层段，可发育致密砂岩气藏。而泥页岩主要发育在山 2 段和本溪组，有效厚度为 2～6m，以山 2 段储层最为优质，厚度大且含烃量高，可发育泥页岩气藏（图 6c）。

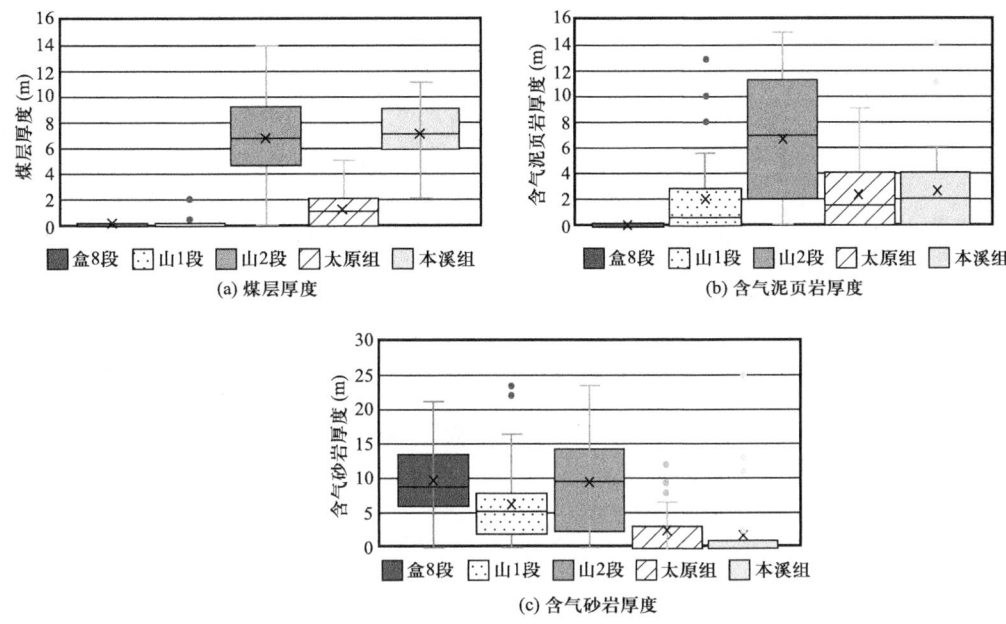

图 6　研究区不同岩层含气性图

各类气藏在垂向上具有较强的叠置关系，在明确煤系主力层及含气性特征的基础上，结合岩相组合及煤系气藏时空配置关系，将气藏划分为 Ⅰ～Ⅵ 共 6 种类型（图 7，图 8）。

序号	示意	气藏类型	烃源岩	储层	发育层位
Ⅰ		煤层气	煤	煤	山2段 本溪组
Ⅱ	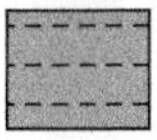	页岩气	泥页岩	泥页岩	山2段 本溪组
Ⅲ	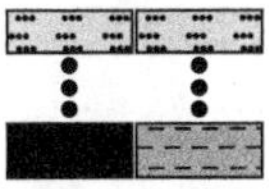	致密砂岩气	煤 泥页岩	砂岩	盒8段 山1段
Ⅳ	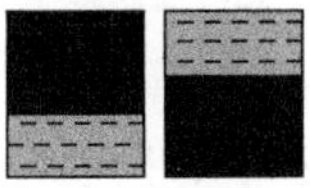	煤层气 页岩气	煤 泥页岩	煤 泥页岩	山2段 本溪组
Ⅴ	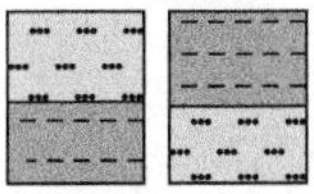	页岩气 致密砂岩气	泥页岩	砂岩 泥页岩	山2段 太原组 本溪组
Ⅵ	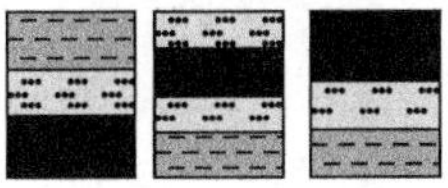	煤层气 页岩气 致密砂岩气	煤 泥页岩	煤 砂岩 泥页岩	山2段 本溪组

图 7　研究区气藏组合类型图

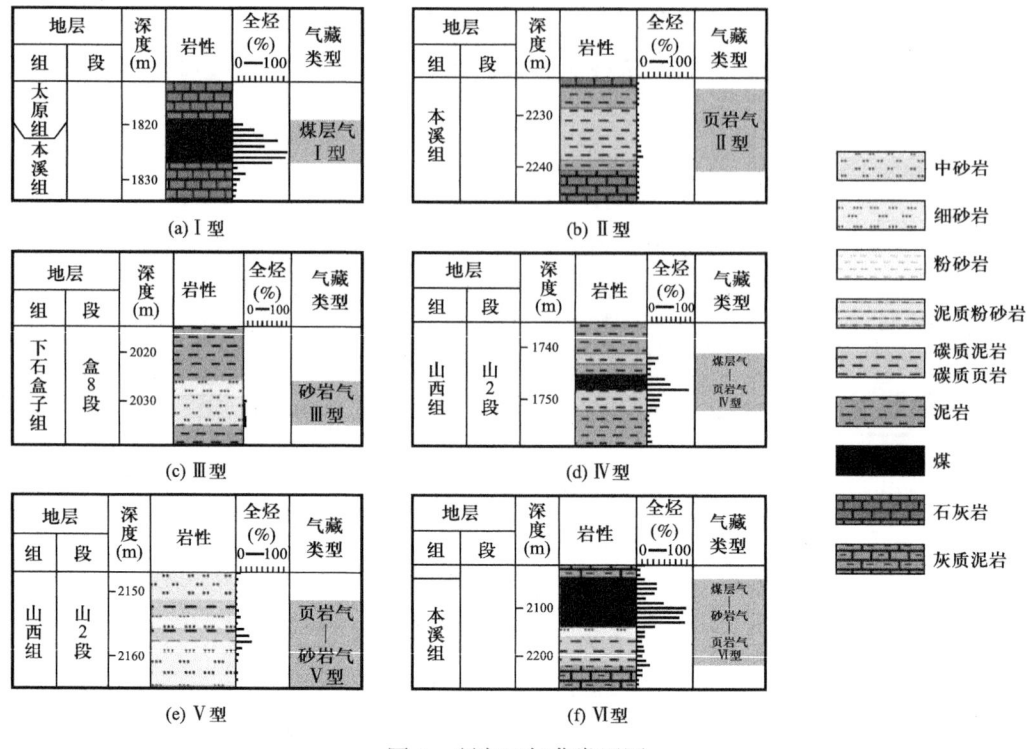

图 8 研究区气藏类型图

第Ⅰ类主要发育在山 2 段与太原组中,可由 C 类岩相组合与 F 类岩相组合形成。该气藏组合以煤层作为烃源岩及储层,上下顶底板均具有良好的封盖能力,有利于煤层气的富集保存。

第Ⅱ类主要发育在山 2 段与本溪组中,由 C 类岩相组合与 H 类岩相组合形成。该气藏组合以碳质泥岩为主要的烃源岩与储层;相较于煤层生烃性略差,但总体含气性良好。

第Ⅲ类主要发育在盒 8 段与山 1 段中,可由 A 类岩相组合与 B 类岩相组合形成。该气藏组合以砂岩作为主要的储层发育致密砂岩气藏,砂岩中的烃类气体主要由其他层位生成的烃类气体逸散至砂岩层段中,形成致密砂岩气藏。

第Ⅳ类主要发育在山 2 段与太原组中,可由 C 类岩相组合与 G 类岩相组合形成。该气藏组合中煤层为主要烃源岩,部分泥页岩具有一定的生烃潜力,煤系气藏潜力较大。煤层与泥页岩产生的烃类气体可通过地层间裂缝相互运移。

第Ⅴ类主要发育在太原组与本溪组中,可由 G 类岩相组合与 H 类岩相组合形成。该气藏组合中煤岩泥岩与砂岩叠置发育,碳质泥岩为主要生烃层,生成的烃类气体可运移至相邻砂岩储层中形成致密砂岩气藏。由于碳质泥岩生气条件相对较差,该组合的含气性也相对较差。

第Ⅵ类主要发育在山 2 段与本溪组中,可由 D 类岩相组合与 G 类岩相组合形成。该气藏组合中煤岩泥岩与砂岩叠置发育,煤层为主要生气层,部分泥页岩具有一定的生气能力。组合中煤层与泥页岩产生的烃类气体通过裂缝与缝隙运移至砂岩中,总体具有较强的产气能力。

3 煤系气富集成藏模式

3.1 煤系叠置含气系统

依据钻时气测数据统计,绘制总烃量垂向分布图来表征含气性的垂向变化情况,结果显示盒 8 段下部、山 1 段中下部、山 2 段煤层上下及太原组煤层段含气性具有较大波动变化,且垂向波动幅度存在明显差异(图 9)。

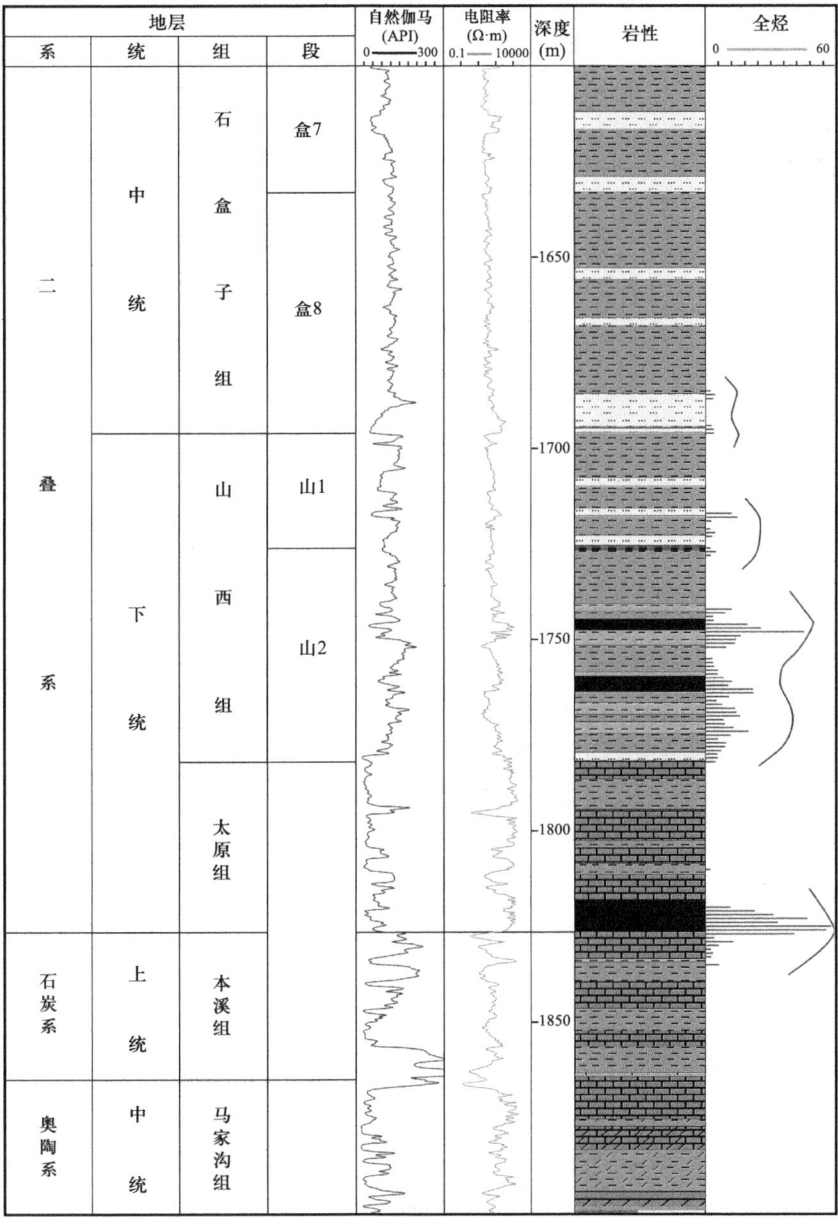

图 9 DJ 25 井含气性垂直分布特征

进一步综合地层层序划分及关键封闭层、储层压力系数垂向变化特征，对研究区含气系统进行识别与划分。

综合压力系统显现出压力系数异常段与层序划分关键封闭层段，不难发现两者所表现出的异常层段具有一定共性，因而将研究区煤系地层目标层段共划分为四个含气系统（图10），分别为盒8段下部、山1段中下部、山2段煤层上下及太原组煤层段，各含气系统间存在封闭层相互隔离，同一含气系统内压力系数基本一致。

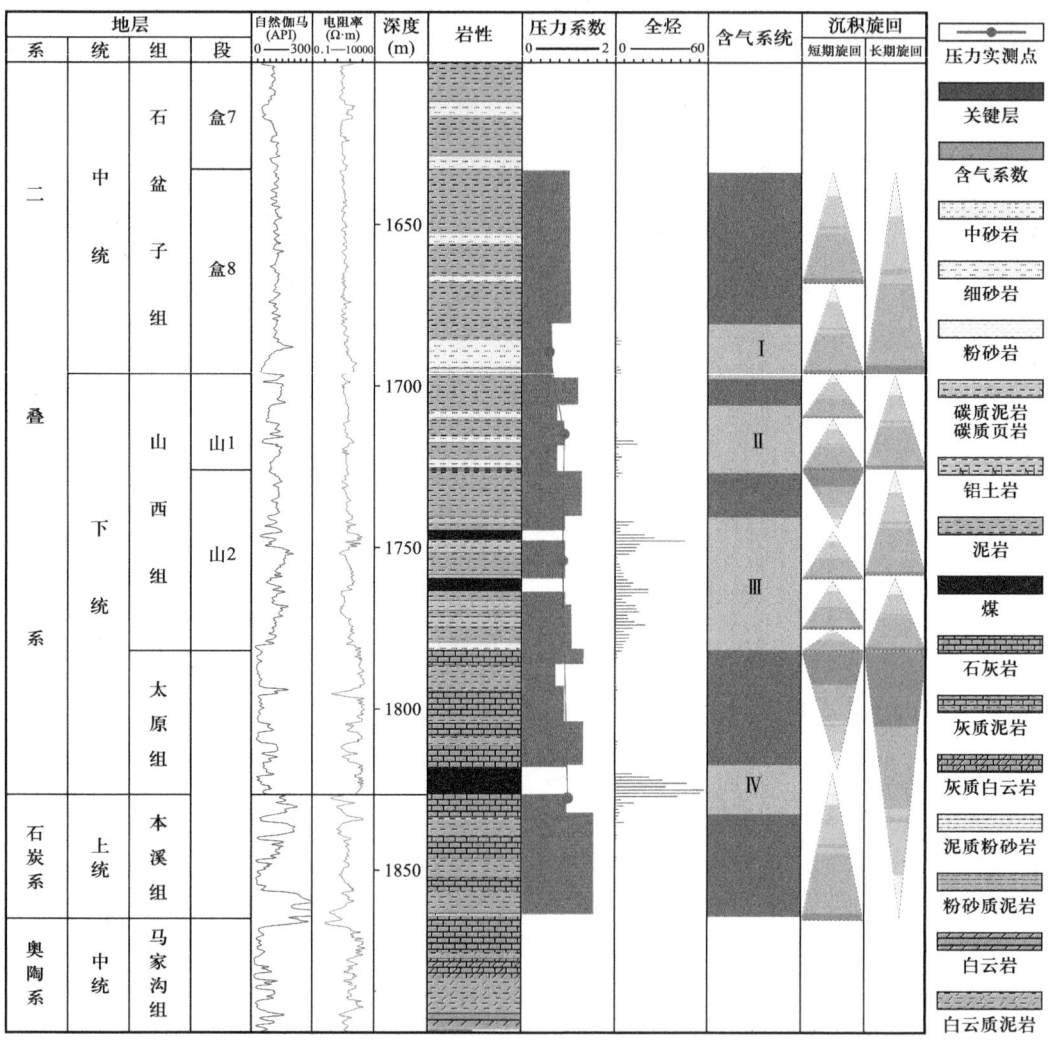

图10 研究区含气系统识别与划分

3.2 煤系气富集模式

3.2.1 含气系统源内、近源成藏模式

根据前文可知研究区内不同的含气系统内均有煤系气藏发育，同时不含气系统内煤系气互不连通，这表明在不同的含气系统内存在有不同的煤系气富集成藏模式。因此，根据

含气系统内煤系气藏生气层与储气层的位置关系,将研究区的气藏划分为源内富集模式、近源运移富集模式,以及远源运移富集模式三种煤系气富集模式(图11)。

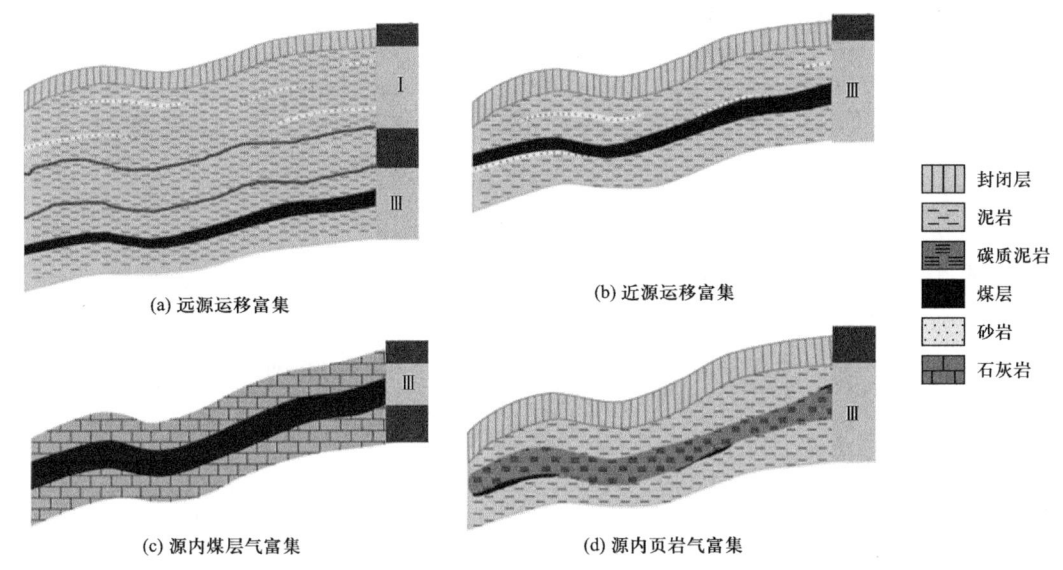

图 11 研究区煤系气富集模式示意图

源内富集模式中生气层与储层同属于一种岩性,生气层产生的烃类气体被直接储集在同一岩层之中。其上下顶板均具有良好的封闭性。该模式主要分为源内煤层气富集及源内页岩气富集两种类型,分别对应Ⅰ型与Ⅱ型煤系气藏。源内富集模式仅存在"自生自储"的特征。

近源运移富集模式中区域性盖层发育稳定,煤层与页岩层及砂岩层相邻,该模式中煤层与页岩层为生烃岩层,煤层、页岩层与砂岩层均可作为储层。该模式中生储层均位于同一含气系统内,煤层与页岩层生成烃类气体既可储存于生气层中,也可通过岩层间孔裂隙运移至相邻储层中形成Ⅳ型、Ⅴ型与Ⅵ型,表明近源运移富集模式同时具备"自生自储"与"自生他储"的特征。

3.2.2 含气系统外远源成藏模式

远源富集模式主要位于研究区盒8段,盒8段仅存在砂岩储层而不存在生气层。远源运移富集模式中烃源岩与储层相隔较远,烃源岩为下部煤岩或碳质泥岩,储层为砂岩。受构造作用的影响,部分含气系统的原压力系统及含气系统内已成型气藏被破坏,气藏内的烃类气体通过断层或裂隙运移至上部其他仍具有压力封闭的储层中形成Ⅲ型煤系气藏组合。远源运移富集模式具有"自生他储"的特征。该模式受构造运动影响剧烈,多数逸散气体难以被重新封闭,导致该模式气藏含气量低,无法形成大规模气藏。

3.2.3 研究区煤系气富集模式

结合研究区南北方向的连井剖面,分析各富集模式的发育层位(图12)。由图12可以得知:研究区山1段与盒8段发育相似,主要发育远源运移富集模式。研究区山2段主要发育源内富集模式和近源运移富集模式，其中近源运移富集模式可分为煤层气—页岩气相邻富集与煤层气—砂岩气—页岩气相邻富集；研究区太原组主要发育近源运移富集模式。研究区本溪组发育源内富集及近源运移富集模式。

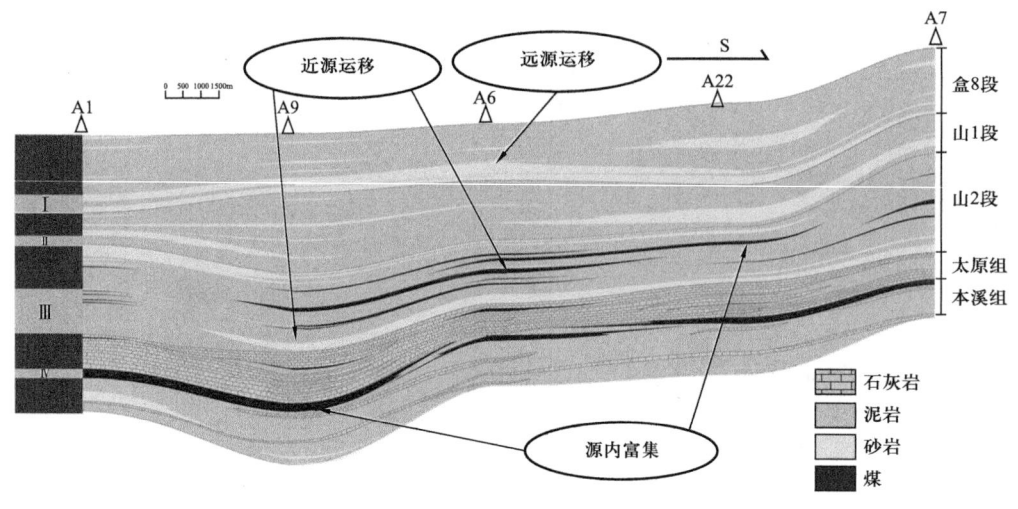

图12　大宁—吉县地区煤系富集类型模式图

3.3 煤系气共生成藏模式

成藏模式可以展示出地区气藏的形成过程。根据前人对研究区附近及鄂尔多斯盆地地质构造演化及成藏模式的研究，分析研究区的成藏模式。

研究区主要经历了两次生气期，分别为晚三叠世—早侏罗世第一次生气与早白垩世的第二次生气（图13）。研究区在二叠纪—三叠纪之前连续接受了较为丰厚的沉积物，烃源岩地层在晚三叠世—早侏罗世快速埋藏，开始了第一次生烃，产生的天然气迅速向周围的砂岩层充注。由于砂岩的致密时间早于地层的排烃时间，使得大量天然气得以聚集在附近物性较好的砂岩中，而远离烃源岩的砂岩层位暂时得不到气体充注。在侏罗纪早期燕山运动的影响下，地层逐渐抬升导致第一次生烃结束。晚侏罗世—早白垩世受太平洋板块向东俯冲的影响，燕山期岩浆侵入导致煤层温度大于第一次发生深成变质作用的温度，发生第二次深成变质作用，开始了第二次生烃；此时受到白垩纪时期燕山运动的影响，地区基底热流值普遍升高，地温增加，叠加岩浆热变质作用，加剧了煤的热演化，煤变质程度一度达到瘦煤—无烟煤阶段，并在燕山期大量生气。白垩纪末期开始因燕山运动的影响，研究区地层大幅度抬升，地层的抬升导致上覆地层遭受剥蚀而冷却，煤系盖层变薄，煤层变质作用基本停止，煤层气保存条件变差，煤系气开始大量逸散；但地层抬升带来的断裂构造促进煤体内割理发育，进而改善储层渗透性并提升储层吸附能力，形成高丰度的煤系气藏。在燕山末期—喜马拉雅期的地层抬升中，煤层气经历了运移、散失、再聚集的过程，在这些过程中煤系气藏不断地破坏与再生，最终在喜马拉雅期晚古生代气藏最终定型（图14）。

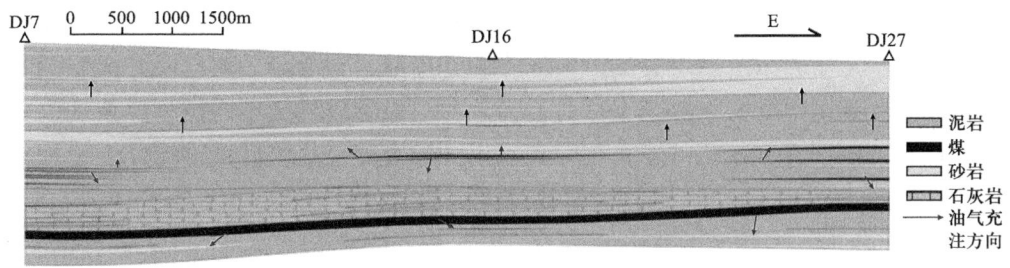

图 13 油气充注方向

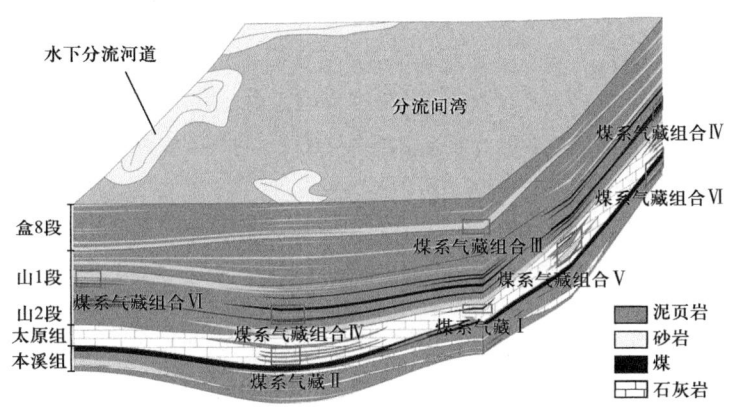

图 14 研究区煤系气共生成藏模式

4 结论及建议

4.1 结论

（1）研究区中根据致密砂岩、泥页岩、煤层间的接触关系及相关地层形成 8 种岩相组合，并根据研究区岩相组合及岩层的含气性将研究区气藏类型分为Ⅰ～Ⅵ共 6 种类型，揭示了研究区生气层与储气层间的组合关系。

（2）研究区共识别出 4 套含气系统，分别位于盒 8 段下部、山 1 段中下部、山 2 段 5# 煤层上下及本溪组 8# 煤层段，各含气系统天然气地球化学特征差异明显，并且同一含气系统内压力系数基本一致。

（3）根据生气层、储层与含气系统的位置关系，将研究区划分为远源运移富集模式、源内富集模式与相邻富集模式 3 种煤系气富集模式，其中源内富集气藏与近源富集气藏具有较好的储集能力，其生气层与储气层位于同一含气系统之中；远源富集气藏则不利于形成具有一定规模的气藏，其生气层与储气层并不位于同一含气系统内。

4.2 建议

由于不同相态天然气、不同岩性储层的产气原理存在本质差别，不同属性储层在采气过程中兼容性存在差异，造成煤系气合采产层的层间矛盾突出，合采技术难度加大。地层流体能量差异决定了合采产层组合的流体压力状态差异，对于同一含气系统内的储层，其流体压力相互连通，具备合采的基本条件，需要对含气系统内部不同类型煤系气合采兼容性单独评价。而不同含气系统的煤系气藏具有不同的流体能量，需根据流体能量差异进行合采兼容性探讨。

参 考 文 献

[1] 贾承造，郑民，张永峰.中国非常规油气资源与勘探开发前景[J].石油勘探与开发，2012，39（2）：129-136.

[2] 曹代勇，姚征，李靖.煤系非常规天然气评价研究现状与发展趋势[J].煤炭科学技术，2014（1）：89-92，105.

[3] 秦勇，申建，沈玉林.叠置含气系统共采兼容性——煤系"三气"及深部煤层气开采中的共性地质问题[J].煤炭学报，2016，41（1）：14-23.

[4] Law B E. Basin-centered gas systems[J]. AAPG Bulletin, 2002, 86(11): 1891-1919.

[5] He J X, Zhang X L, Ma L, et al. Geological Characteristics of Unconventional Gas in Coal Measure of Upper Paleozoic Coal Measures in Ordos Basin, China[J]. Earth Sciences Research Journal, 2016, 20(1): 1-5.

[6] 秦勇，熊孟辉，易同生，等.论多层叠置独立含煤层气系统——以贵州织金—纳雍煤田水公河向斜为例[J].地质论评，2008（1）：65-70.

[7] 秦勇.中国煤系气共生成藏作用研究进展[J].天然气工业，2018，38（4）：26-36.

[8] 秦勇.叠置煤层气系统描述与适应性开发方式[R].徐州：中国矿业大学，2018.

[9] 邓澄世.山西大宁—吉县地区盒8—山1段沉积相分析[D].荆州：长江大学，2017.

[10] 孙钦平，王生维.大宁—吉县煤区含煤岩系沉积环境分析及其对煤层气开发的意义[J].天然气地球科学，2006（6）：874-879.

[11] 贾小宝.大宁—吉县地区深部煤储层物性特征研究[D].太原：太原理工大学，2018.

[12] 郭纪刚.鄂尔多斯盆地东缘大宁—吉县地区煤储层高渗区预测研究[D].北京：中国地质大学（北京），2013.

[13] Marshall J D. Carbonate depositional environments[J]. AAPG, 1984, 19(4): 399.

[14] 周培明，金军，罗开艳，等.黔西松河井田多层叠置独立含煤层气系统[J].煤田地质与勘探，2017，45（5）：66-69.

大宁—吉县区块煤层结构制约下的深部煤储层含气性特征

郭铀，孙昊，张明达，丁怀斌，杨超

（东华理工大学地球科学学院，江西 南昌 330013）

摘　要：为了揭示煤层结构与煤储层含气量纵向非均质性的耦合关系，基于钻井、测井煤岩识别，划分了研究区深 8# 煤的煤层结构类型，明确了煤层结构的平面分布；通过不同煤层结构煤岩煤质和含气量分析，厘清了煤层结构对煤岩煤质的直接控制作用及对煤储层含气量的间接影响特征。结果表明：研究区深 8# 煤共有 3 种煤层结构，分别为整装型、二分型和三分型，且平面上由东南向西北煤层分叉逐渐增多，这与当时的东南向的海侵和北部和西南物源有关。不同煤层结构的煤岩灰分含量由低到高排序为整装型、二分型和三分型，含气量（包括吸附气量、游离气量、总气量）由高到低的顺序与灰分含量一致，表明煤层结构通过控制煤岩煤质进而影响含气量的大小。因此，加强煤层结构的分析预测有助于深化煤储层含气量纵向非均质性的认识。

关键词：煤层结构；煤岩煤质；含气量；大宁—吉县区块；鄂尔多斯盆地

在"绿色低碳"战略目标驱动下，持续开展煤层气的勘探开发是保障国家能源安全的现实需求[1]。以往，我国煤层气的规模开发主要集中在中浅部，深部特殊的储层环境令大家望而却步，1500m 以深甚至成为煤层气勘探开发的禁区[2-4]。近年来，随着中国海油在临兴区块、中国石化在延川南区块、中国石油在白家海凸起和大宁—吉县区块的深部煤层气的勘探突破，尤其是大宁—吉县区块的吉深 6-7 平 01 井在埋深 2200m 的深 8# 煤取得日产 $10×10^4 m^3$ 的工业气流，极大地提升了对深层煤层气商业化开发的信心，目前，煤层气的勘探开发逐渐向深部转移[5-7]。高含气量是深层煤层气勘探开发的重要动力，然而煤储层含气量却显示较强的纵向非均质性。对于同一井位而言，煤岩的变质程度及所经历的构造演化是相似的，但是煤储层在不同时期的沉积环境是不同的，不同沉积环境或成煤环境下的煤岩成分也是不同的，进而影响煤储层的含气性[8-9]。煤层结构是煤储层成分演化的宏观体现，因此，明确煤层结构、煤岩成分、储层含气量的耦合关系，有助于深化深层煤储层含气量纵向非均质性的认识。

本研究以鄂尔多斯盆地东缘大宁—吉县区块深 8# 煤为研究对象，通过钻井、测井资料分析解释，煤岩煤质、含气量资料分析，揭示煤层结构对煤储层含气量的影响机制及影响特征，为深部煤层气的选层、选区评价提供可靠的地质依据。

第一作者：郭铀（1998—），男，河南南阳人，硕士研究生，非常规油气专业，E-mail：18360536473@163.com。

1 区域地质背景

大宁—吉县区块位于鄂尔多斯盆地东南缘,构造位置属于晋西挠褶带南端,且紧邻伊陕斜坡[10]。研究区构造非常简单,整体为一西北倾的单斜构造,东南部地层相对较陡,越往西北部地层越宽缓,地层倾角0°～3°,发育一些简单的微幅构造[11]。区域石炭—二叠系地层发育完整,自下而上依次发育上石炭统本溪组、下二叠统太原组和山西组、中二叠统下石盒子组和上石盒子组、上二叠统石千峰组、下三叠统刘家沟组和新生界第四系。主要含煤地层为本溪组、太原组和山西组,其中本溪组和太原组发育于障壁—潟湖—潮坪—碳酸盐岩台地沉积体系,山西组发育于三角洲平原、前缘及滨湖、浅湖环境[12-13]。主力煤层5#煤和8#煤分别发育于山西组和本溪组。8#煤层是目前深部煤层气勘探开发的目的层,埋深为1840～2440m,平均埋深2130m(图1)。

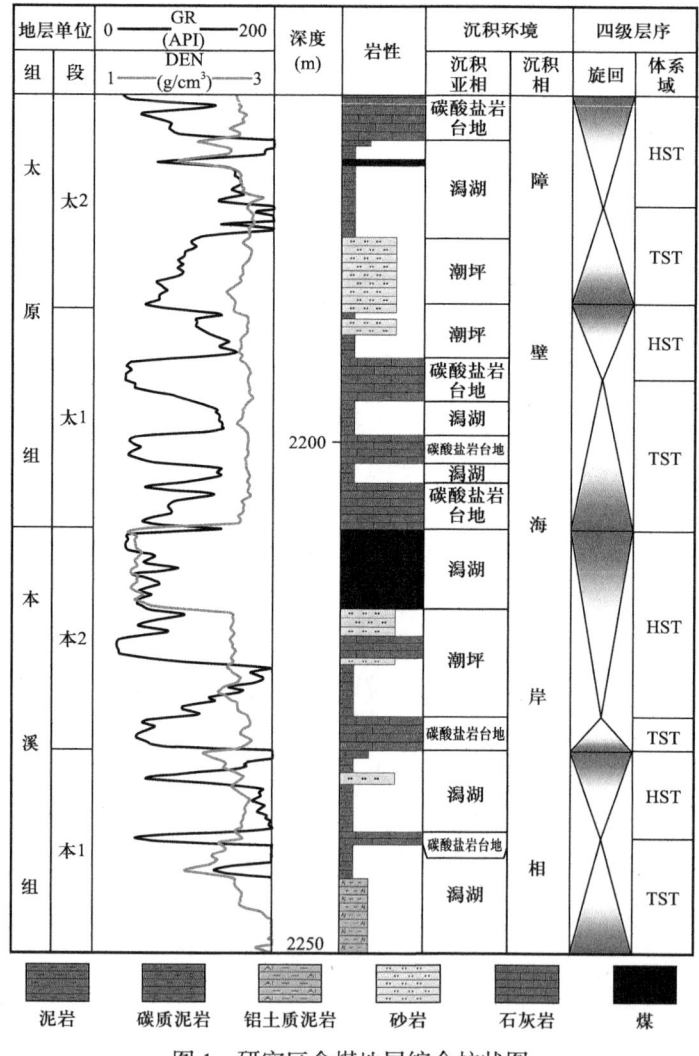

图1 研究区含煤地层综合柱状图

2 煤岩煤质特征

2.1 煤岩特征

煤岩显微组分分为有机显微组分和无机显微组分。有机显微组分是在显微镜下观察到的成煤原始植物残体演变后的有机成分，可分为镜质组、壳质组和惰质组三大类。研究区深 8# 煤的有机显微组分含量为 61.2%～99.3%，平均为 90.5%，且以镜质组为主，含量为 34.1%～93.0%，平均为 68.7%。镜质组以均质镜质体和基质镜质体为主。惰质组的含量低于镜质组，含量为 1.6%～61.3%，平均为 21.3%，以丝质体和半丝质体为主，其次为惰屑体和粗粒体，部分胞腔挤压变形强烈，并被黏土矿物充填。壳质组含量非常少，为 0～4.2%，平均为 0.7%，一般很难观察到。深 8# 煤的无机组分含量为 0.7%～38.8%，平均为 11.9%，以黏土矿物为主，同时含少量的碳酸盐矿物和氧化硅类矿物。与中深部 8# 煤层相比，深 8# 煤的有机显微组分含量更高，尤其是镜质组含量高于中深部煤岩。总体而言，深 8# 煤有机组分含量较高，煤岩生气潜力较大（图 2）。

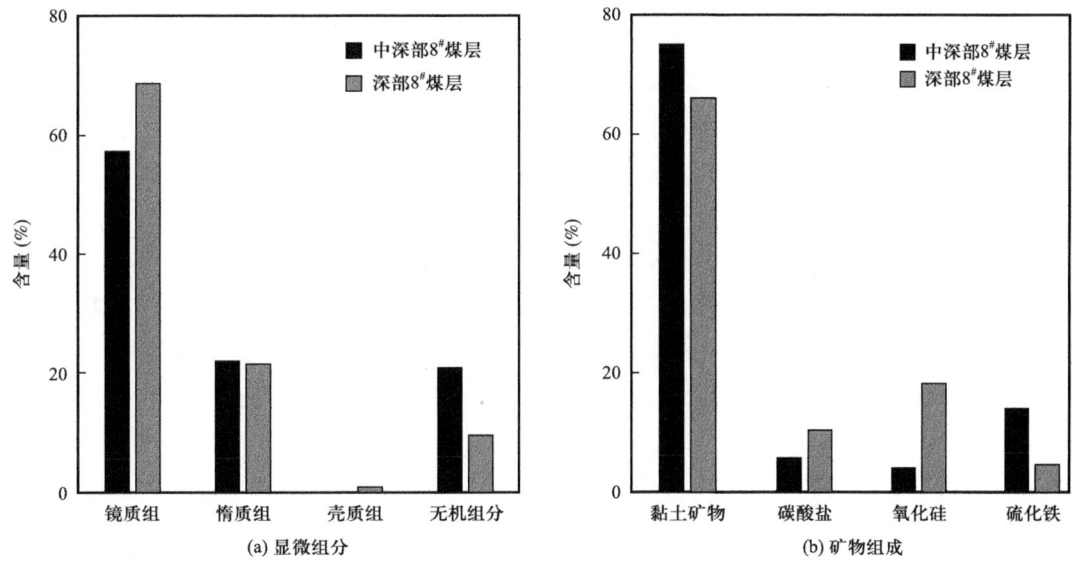

图 2 大宁—吉县区块煤岩显微组分含量

2.2 煤质特征

由煤岩工业分析可知，研究区深 8# 煤的灰分含量为 2.56%～33.61%，平均为 16.71%；水分含量为 0.61%～3.76%，平均为 1.21%；挥发分含量为 5.71%～14.78%，平均为 7.30%；固定碳含量为 53.20%～90.27%，平均为 74.86%。研究区深 8# 煤属于中灰、特低水分、特低挥发分、高固定碳煤（图 3）。镜质组反射率为 2.08%～3.08%，平均为 2.45%，主要为贫煤—无烟煤，暗示深 8# 煤经历过较强的生烃阶段。

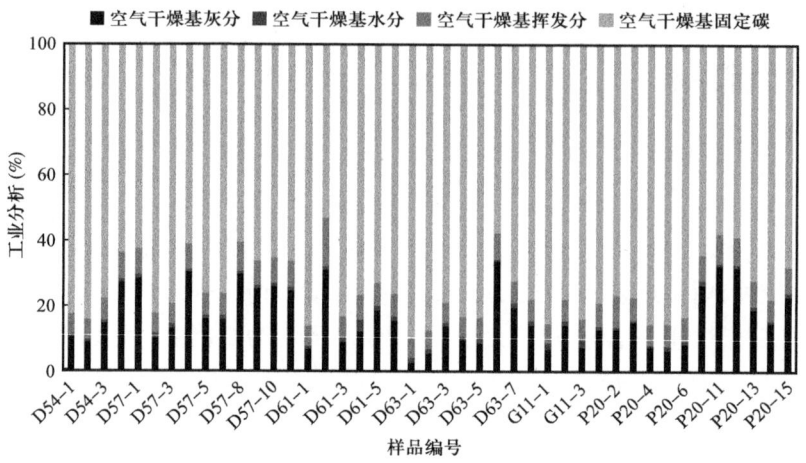

图 3 大宁—吉县区块深 8# 煤工业分析结果

3 煤层结构特征

煤层结构受控于沉积作用，相对稳定沉积环境下泥炭堆积速率与可容空间的形成速率相适应是形成厚煤层的关键，相反，泥炭堆积速度过快或者可容空间形成速率过快都会导致煤层沉积的间断，沉积环境的变换越频繁，煤层的分叉也越多。基于收集的单井测井数据，对研究区不同井的煤层结构进行划分和统计，绘制深 8# 煤煤层结构分布，如图 4 所示。由图 4 可知，研究区深 8# 煤根据夹矸的发育情况，可以分为整装型（夹矸不发育）、二分型（发育一层夹矸）、三分型（发育两层夹矸）三种煤层结构类型。二分型和三分型煤层都是下部煤层较厚，上部煤层较薄。从平面分布来看，由东南向西北，煤层结构逐渐由整装型演变为二分型和三分型，其中整装型和二分型占绝对主导，三分型主要集中在西北角。这与当时的沉积背景相关，该区域在成煤期海水由东南向西北侵入，即水体由东南向西北变浅，陆源补给也相对增多，导致了该区域现今的煤层结构特征。

4 煤层结构对含气性的影响特征

4.1 煤层结构对煤岩煤质的影响

煤层结构可看作煤岩成分变化的结果，工业分析上将 40% 的灰分含量作为煤与非煤的界限，因此，煤层结构与煤岩灰分含量有直接关系。统计不同煤层结构的灰分含量可知，整装型煤层的灰分含量最低，范围是 8.62%～19.76%，平均为 13.99%；二分型煤层的灰分含量是 13.27%～25.96%，平均为 17.73%；三分型煤层的灰分含量最高（17.85%～25.13%），平均为 22.38%（图 5）。煤层分层越多，煤岩灰分含量越大。这是因为煤层分叉越多，代表成煤环境越不稳定，一般认为煤层夹矸是泥炭沼泽洪泛的结果，夹矸越多，意味着同一时期内泥炭沼泽洪泛的次数越多，煤岩灰分含量就相对较大。

(a) 纵向分布特征　　(b) 平面分布特征

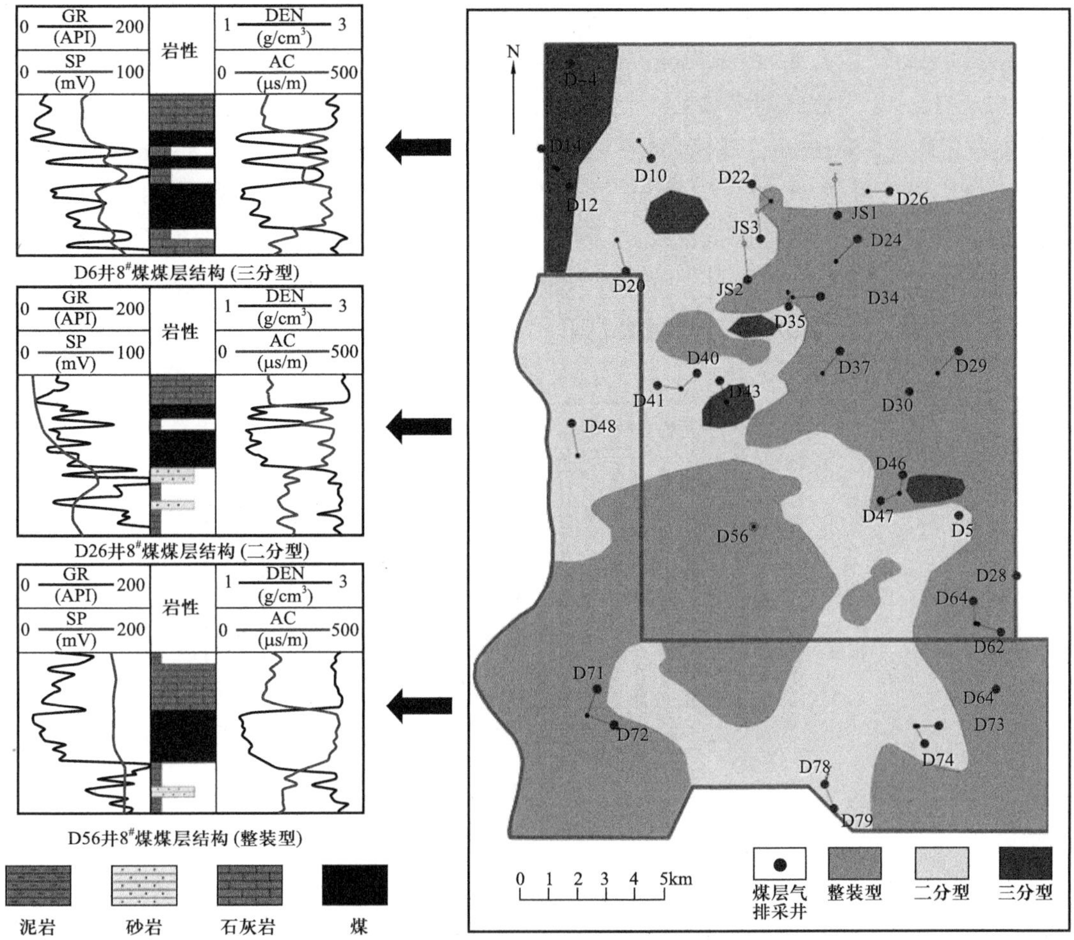

图 4　研究区深 8# 煤煤层结构类型及分布

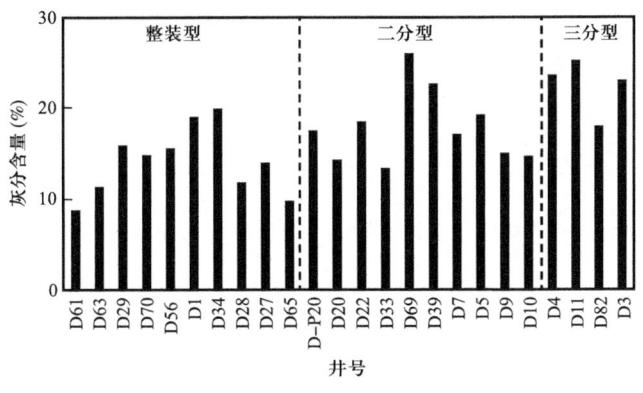

图 5　研究区深 8# 煤不同煤层结构灰分含量

4.2　煤层结构对含气量的影响

煤层结构对煤岩煤质具有一定的控制作用，而煤岩煤质对含气量的影响被熟知，因此，煤层结构必然对含气量产生影响。对不同煤层结构分区内的含气量进行统计可知，整装型煤层的游离气量为 4.94～6.31cm³/g，平均为 5.61cm³/g，吸附气量为 18.52～24.29cm³/g，平均为 20.71cm³/g，总气量为 23.46～29.47cm³/g，平均为 26.32cm³/g；二分型煤层的游离气量为 2.78～5.58cm³/g，平均为 4.43cm³/g，吸附气量为 16.63～21.85cm³/g，平均为 20.09cm³/g，总气量为 21.89～27.36cm³/g，平均为 24.52cm³/g；三分型煤层的游离气量为 2.83～5.23cm³/g，平均为 4.25cm³/g，吸附气量为 17.92～18.84cm³/g，平均为 18.34cm³/g，总气量为 20.76～23.91cm³/g，平均为 22.59cm³/g（图 6）。结果表明：整装型煤层中的游离气量、吸附气量、总气量最大，二分型次之，三分型的含量最低。

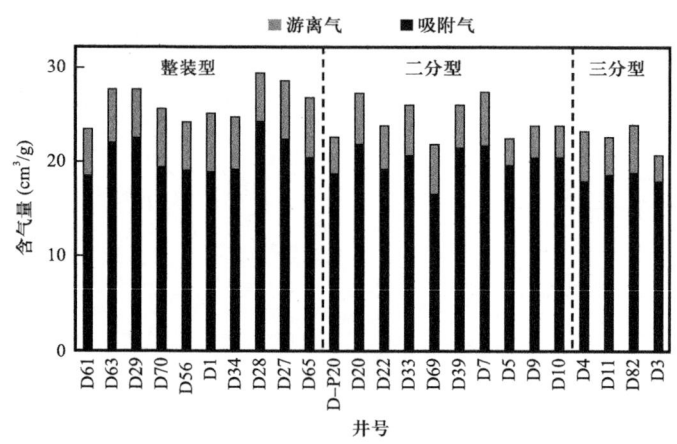

图 6 研究区深 8# 煤不同煤层结构的含气量

5 结论

（1）研究区深 8# 煤共有 3 种类型的煤层结构，分别为整装型、二分型和三分型，由东南向西北煤层分叉逐渐增多，这与东南向的海侵和北部和西南方向的沼泽洪泛有关。

（2）不同煤层结构的煤岩灰分含量由低到高排序为整装型、二分型和三分型。

（3）不同煤层结构的煤储层含气量由高到低的顺序为整装型、二分型和三分型。

参 考 文 献

［1］徐凤银，王勃，赵欣，等．"双碳"目标下推进中国煤层气业务高质量发展的思考与建议［J］．中国石油勘探，2021，26（3）：9-18.

［2］徐凤银，王成旺，熊先钺，等．深部（层）煤层气成藏模式与关键技术对策——以鄂尔多斯盆地东缘为例［J］．中国海上油气，2022，34（4）：30-42，262.

［3］李辛子，王运海，姜昭琛，等．深部煤层气勘探开发进展与研究［J］．煤炭学报，2016，41（1）：24-31.

［4］郭广山，柳迎红，吕玉民．中国深部煤层气勘探开发前景初探［J］．洁净煤技术，2015，21（1）：125-128.

［5］周德华，陈刚，陈贞龙，等．中国深层煤层气勘探开发进展、关键评价参数与前景展望［J］．天然气

工业，2022，42（6）：43-51.

［6］余琪祥，罗宇，曹倩，等.准噶尔盆地东北缘深层煤层气勘探前景［J］.天然气地球科学，2023，34（5）：888-899.

［7］高丽军，谢英刚，潘新志，等.临兴深部煤层气含气性及开发地质模式分析［J］.煤炭学报，2018，43（6）：1634-1640.

［8］董江浪.鄂尔多斯盆地东缘佳县—吴堡深部煤系层序地层分析及聚煤规律研究［D］.西安：西安科技大学，2020.

［9］孙雅楠.煤层厚度空间变化规律控制因素的定量分析方法研究［D］.淮南：安徽理工大学，2020.

［10］聂志宏，巢海燕，刘莹，等.鄂尔多斯盆地东缘深部煤层气生产特征及开发对策——以大宁—吉县区块为例［J］.煤炭学报，2018，43（6）：1738-1746.

［11］李五忠，陈刚，孙斌，等.大宁—吉县地区煤层气成藏条件及富集规律［J］.天然气地球科学，2011，22（2）：352-360.

［12］鲁静，邵龙义，孙斌，等.鄂尔多斯盆地东缘石炭—二叠纪煤系层序—古地理与聚煤作用［J］.煤炭学报，2012，37（5）：747-754.

［13］孙钦平，王生维.大宁—吉县煤区含煤岩系沉积环境分析及其对煤层气开发的意义［J］.天然气地球科学，2006（6）：874-879.

鄂尔多斯盆地本溪组 8# 深部煤层气成藏特征和勘探对策

刘洪林[1,2,3]，王怀厂[4]，黄道军[4]，赵伟波[4]，李晓波[1,2,3]

（1. 中国石油勘探开发研究院，北京 100083；2. 中国石油非常规油气重点实验室，北京 100083；3. 国家能源页岩气研发（实验）中心，河北 廊坊 065007；4. 中国石油长庆油田勘探开发研究院，陕西 西安 710021）

摘　要：鄂尔多斯盆地埋深大于 2000m 的深部煤层气资源丰富，由于地质条件发生较大变化，煤层气富集成藏规律尚不明晰，严重制约了煤层气的勘探与开发。本文依托鄂尔多斯盆地深部煤层气探井资料，开展了煤层气储集、保存条件研究。本文研究后认为：（1）鄂尔多斯盆地本溪组 8# 煤层自北向南受沉积影响，煤层厚度差异较大，为潟湖和潮坪沼泽化成煤，厚度 2～22m，平均 6m。煤层厚度分布从东北向西南方向逐渐减薄，北部神木厚度最大，可达 8～22m，平均 8m；南部延长一带煤层厚度 2～6m，平均 3m。（2）鄂尔多斯盆地深部煤层气具有储层厚度大、煤体结构完整、煤层含气量高、含气饱和度高、游离气丰富、水动力条件弱等有利成藏条件，成藏模式受控于地层微幅褶皱、水动力、断层与沉积环境，游离气与吸附气共存成藏特征。（3）深部煤储层在压力、温度、地应力、含气性等方面与浅部煤层气具有显著差异，深部煤层气富集规律需要从沉积环境、煤层生成运聚规律开展研究和综合评价，完善现有的煤层气地质选取评价方法和指标体系，开发上要进一步优化水平井分段体积改造技术扩大改造面积，同时开发针对性的深部煤层气柔性智能控压生产技术，实现深部煤层气稳产和高产。本文研究认识对于深化鄂尔多斯盆地深部煤层气地质认识，加快煤层气勘探开发具有指导意义。

关键词：深部煤层气；富集特征；成藏条件；成藏模式；效益开发；鄂尔多斯盆地

随着深部煤层气勘探开发工作推进，2019 年以来，中国石化延川南区块、中国石油大宁—吉县区块埋深大于 2000m 的深部煤层气勘探获得突破，吉深 6-7 平 01 井获得日产 $10×10^4m^3$ 工业气流。2021 年大宁—吉县区块探明深部煤层气地质储量 $1121.62×10^8m^3$[1]。2021 年准噶尔盆地白家海凸起彩探 1H 井获最高日产气 $5.7×10^4m^3$，鄂尔多斯盆地米脂、纳林河、大宁—吉县等地区的深部煤层气不断取得突破，勘探开发深度达到 2000～3500m，深部煤层气将成为我国下一步煤层气勘探开发的重要接替领域。尤其是鄂尔多斯盆地深部煤层气开发面临地温高、压力高、渗透率低、解吸困难等不利条件，需深

基金项目：中国石油天然气股份有限公司攻关性应用性科技专项"深地煤岩气成藏理论与效益开发技术研究"（编号：2023ZZ18）。

第一作者：刘洪林（1973-），男，山东济宁人，高级工程师，博士，主要从事非常规油气地质综合研究，E-mail：liuhonglin69@petrochina.com.cn。

化深部煤层气地质认识。

在成藏规律研究方面，国内外学者以压力和构造等为主控因素把煤层气富集成藏模式划分为水动力封闭超压有利富集成藏模式、多煤层连续性富集成藏模式、断裂带高渗高产成藏模式[2-7]和内生外储型富集高产模式[8-9]。还有学者根据沉积、构造、水动力、地应力等条件提出了"沉积控煤、构造控藏、水动力控气、地应力控缝、物性控产"五要素协同控制理论[10]。鄂尔多斯盆地煤层气具有煤储层厚度大、演化程度高、含气量高、饱和度高、游离气丰富、水动力条件弱等成藏有利条件，具有"广覆式生烃、自生自储毯式成藏"特征，发育深部煤层气微幅褶皱、单斜与水动力耦合、断层与水动力耦合、鼻状构造等4类成藏模式[1]。东部临兴地区发育中央隆起带、环形褶皱带、单斜构造带相对应的"岩浆侵入型→向斜与水力封堵型→缓倾单斜与岩性封堵型"的煤系气富集成藏模式[11]。在煤层气成藏地质要素研究方面，临兴区块煤层含气量受地层温度和储层压力耦合作用影响[12]。煤系地层层序地层格架、流体能量和岩石力学是影响煤层气含气系统的关键要素。宋岩等认为煤层含气量和渗透率的耦合作用是高丰度煤层气富集区形成的机制[13]。陶传奇提出了"煤化作用分异—生烃期次剖析—温压特性影响—吸附孔控制—地质作用控藏"的成藏规律[14]。刘大锰等认为沉积条件通过控制煤岩组成、厚度和顶底板影响煤层气成藏，构造活动、煤层埋深、岩浆活动和构造类型影响煤层气成藏，水文地质条件对煤层气成藏具有双重作用[15]。以上研究主要针对中浅部煤层气从不同角度和控制因素对煤层气的成藏规律进行了总结。本文以鄂尔多斯盆地东部榆林地区煤层埋深2500~3500m区域为例，借助最近2年来长庆油田等深部煤层气钻井25口井资料，全面系统研究了深部煤层气成藏地质条件，分析了深部煤层气成藏特征及成藏模式，并针对深部煤层气成藏特征，提出深部煤层气技术发展对策，为国内外深部煤层气规模效益开发理论研究、技术攻关方向与对策提供借鉴和启示。

1 煤层气成藏条件

鄂东缘石炭—二叠系本溪组、山西组煤层发育广泛，发育多套煤层，其中本溪组8#煤层和山西组5#煤层稳定发育，是鄂东缘煤层气和天然气重要的烃源岩，本次研究以本溪组8#煤层为主。

1.1 煤层厚度特征

本溪组8#煤层自北向南受沉积影响厚度差异较大，沉积环境为潟湖—潮坪相，发育泥炭沼泽，有利于成煤作用发生，煤层厚度2~22m，平均6m（图1a）；北部神木地区发育潟湖—沼泽相，处于煤层厚度中心，沉积稳定，煤层厚度8~22m，平均8m；南部延长一带为障壁沙坝—潟湖—潮坪相，煤层厚度2~6m，平均3m（图1b）。

1.2 煤岩煤质特征

鄂尔多斯盆地25口取心井的本溪组8#煤层以原生结构煤为主，煤心呈柱状，完整性好,割理裂隙较发育,局部井区受张应力影响,外生裂隙发育,应力释放后煤心碎裂(图2)。宏观煤岩类型以光亮煤和半暗煤为主,部分为半亮型煤。煤岩有机显微组分以镜质组为主,惰质组次之,镜质组平均含量为78.5%。北部孤1井镜质组含量82.1%,中部台1井、宜17井和米115井镜质组含量85.3%,南部榆106H井镜质组含量77.5%。该区镜质组反射率R_o从北向南有逐步增加趋势,变化范围1.2%~1.9%,热演化程度均较高,属于中—高变质程度,煤层生成甲烷量及吸附量较大,深部煤层具有生烃潜力强的特征(表1)。

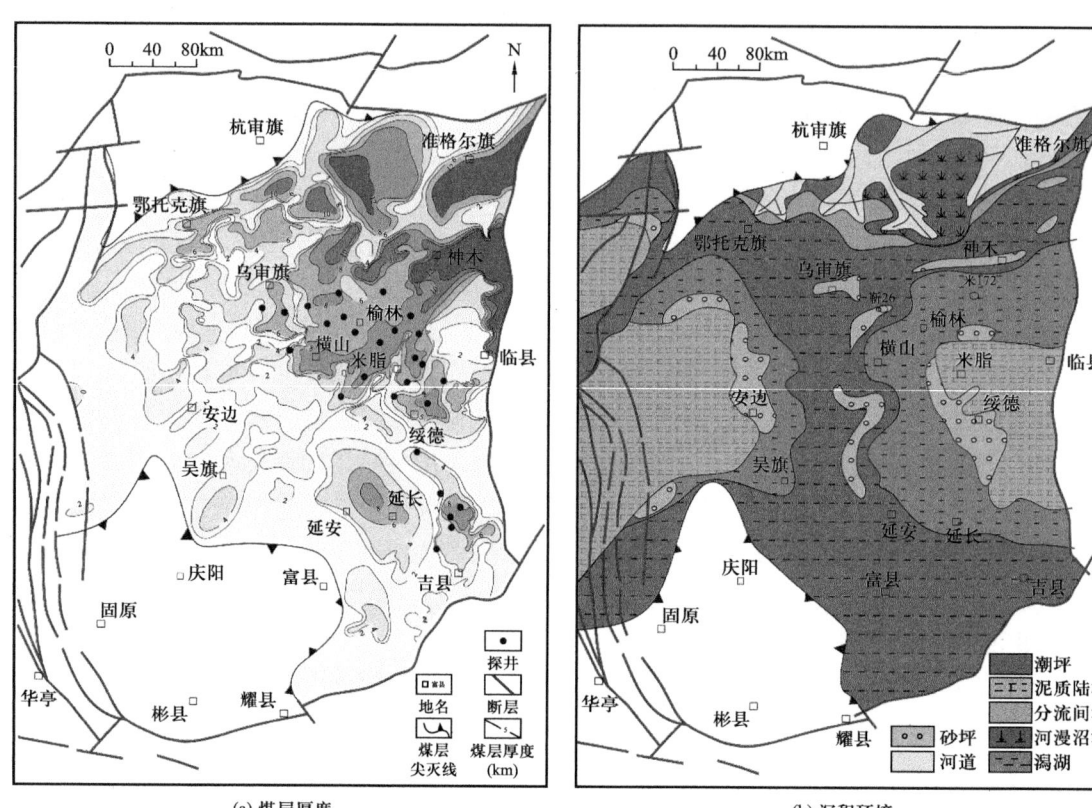

(a) 煤层厚度　　　　　　　　　　　(b) 沉积环境

图1　本溪组 8# 煤厚度及沉积环境分布图

表1　鄂尔多斯盆地 8# 煤层显微组分含量表

井号	层位	深度（m）	层号	镜质组（%）	惰质组（%）	稳定组（%）	干酪根类型
孤1	本溪组	1798.80	8#	62.40	37.60	0	Ⅲ
孤1	本溪组	1799.02	8#	94.40	5.60	0	Ⅲ
孤1	本溪组	1799.53	8#	65.50	34.50	0	Ⅲ
孤1	本溪组	1801.02	8#	89.00	11.00	0	Ⅲ
孤1	本溪组	1802.42	8#	78.40	21.60	0	Ⅲ
孤1	本溪组	1808.84	8#	85.70	14.30	0	Ⅲ
台1	本溪组	2717.00	8#	89.30	10.70	0	Ⅲ

续表

井号	层位	深度（m）	层号	镜质组（%）	惰质组（%）	稳定组（%）	干酪根类型
宜17	本溪组	2508.45	8#	96.90	3.10	0	Ⅲ
宜17	本溪组	2509.60	8#	85.60	14.40	0	Ⅲ
米115	本溪组	2087.78	8#	83.70	16.30	0	Ⅲ
米115	本溪组	2090.32	8#	82.60	17.40	0	Ⅲ
米115	本溪组	2091.52	8#	90.50	6.40	0	Ⅲ
米115	本溪组	2105.32	8#	79.20	20.80	0	Ⅲ
米115	本溪组	2122.30	8#	87.20	12.80	0	Ⅲ
榆160H	本溪组	2670.00	8#	82.30	17.70	0	Ⅲ
榆160H	本溪组	2870.00	8#	73.00	27.00	0	Ⅲ
米172-1	本溪组	2425.45	8#	60.62	31.09	8.29	Ⅲ
米172-2	本溪组	2426.22	8#	47.22	20.48	32.30	Ⅲ
米172-3	本溪组	2427.27	8#	50.51	31.96	17.53	Ⅲ
米172-4	本溪组	2427.89	8#	65.55	31.76	2.69	Ⅲ
米172-5	本溪组	2428.65	8#	54.88	41.13	3.99	Ⅲ
米172-6	本溪组	2429.29	8#	59.80	40.20	0	Ⅲ
米172-7	本溪组	2429.90	8#	34.15	49.82	16.03	Ⅲ
米172-8	本溪组	2430.55	8#	60.20	30.51	9.29	Ⅲ
米172-9	本溪组	2431.01	8#	61.18	36.25	2.57	Ⅲ
米172-10	本溪组	2431.69	8#	43.59	30.76	25.65	Ⅲ
米172-11	本溪组	2432.60	8#	60.76	34.72	4.52	Ⅲ
米172-12	本溪组	2433.25	8#	47.31	34.05	18.64	Ⅲ
米172-13	本溪组	2434.08	8#	41.45	41.46	17.09	Ⅲ
靳26-1	本溪组	3031.44	8#	59.44	31.81	8.75	Ⅲ
靳26-2	本溪组	3032.86	8#	28.61	70.71	0.68	Ⅲ
靳26-3	本溪组	3033.81	8#	48.59	37.24	14.17	Ⅲ
靳26-4	本溪组	3066.10	8#	52.47	36.12	11.41	Ⅲ
靳26-5	本溪组	3083.45	8#	58.82	40.13	1.05	Ⅲ
靳26-6	本溪组	3094.36	8#	39.58	46.99	13.43	Ⅲ
靳26-7	本溪组	3101.17	8#	51.36	39.79	8.85	Ⅲ
靳26-8	本溪组	3110.14	8#	37.07	38.13	24.80	Ⅲ

图2 典型井本溪组 8# 煤层宏观煤岩类型

（a）双63井，2069.09m，山2段，5#煤，光亮煤；（b）双120井，2468.4m，山2段，5#煤，半亮煤；（c）榆88井，2510.42m，本溪组，8#煤，半亮煤；（d）米109井，2374.80m，本溪组，8#煤，半亮煤；（e）米172井，2426.99m，本溪组，光亮煤；（f）霍10井，2066.95m，本溪组，8#煤，半亮煤

1.3 煤岩含气性特征

根据盆地25口井含气量实测结果，研究区本溪组 8# 煤层含气量 6.45~27.12m³/t，平均 16.55m³/t，含气量由北向南随着成熟度的增加而增高。研究区煤层最大理论吸附量 9.23~16.4m³/t，根据实测含气量计算区块 8# 煤含气饱和度 55.4%~135%，属于欠饱和—饱和气藏，气体赋存状态以吸附气为主，局部富集游离气（图3）。

1.4 储集空间

煤层裂隙主要为外生裂隙，贯穿于煤层中上部。对 8# 煤层扫描电镜分析，发现割理广泛发育，为 5~20 条 /5cm，部分割理被矿物质充填。8# 煤基质中发育零星的孔隙和开放的裂隙，矿物分布具有很强的非均质性。煤中各种形态的组织孔、胞腔孔、气孔、晶间孔和溶蚀孔均发育，部分气孔充填矿物质（图4）。孔隙以纳米级的纳米—微孔为主。

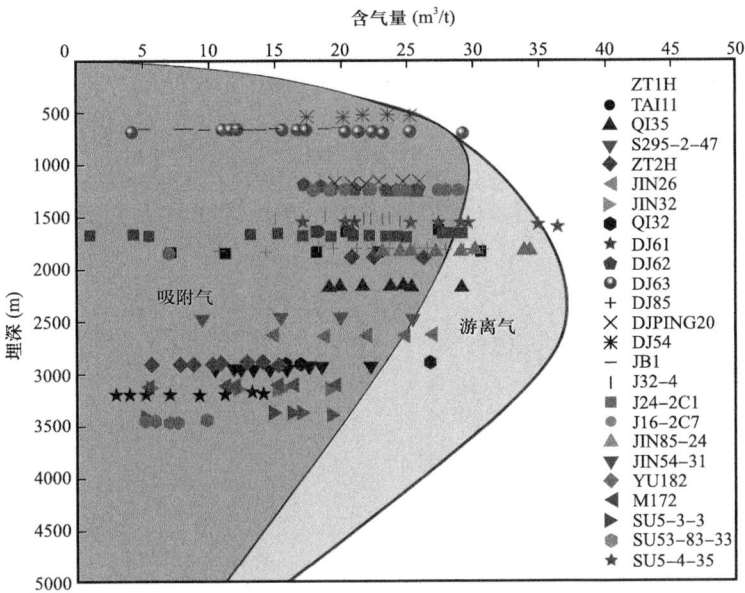

图 3 鄂尔多斯盆地深部煤层含气量与深度关系图

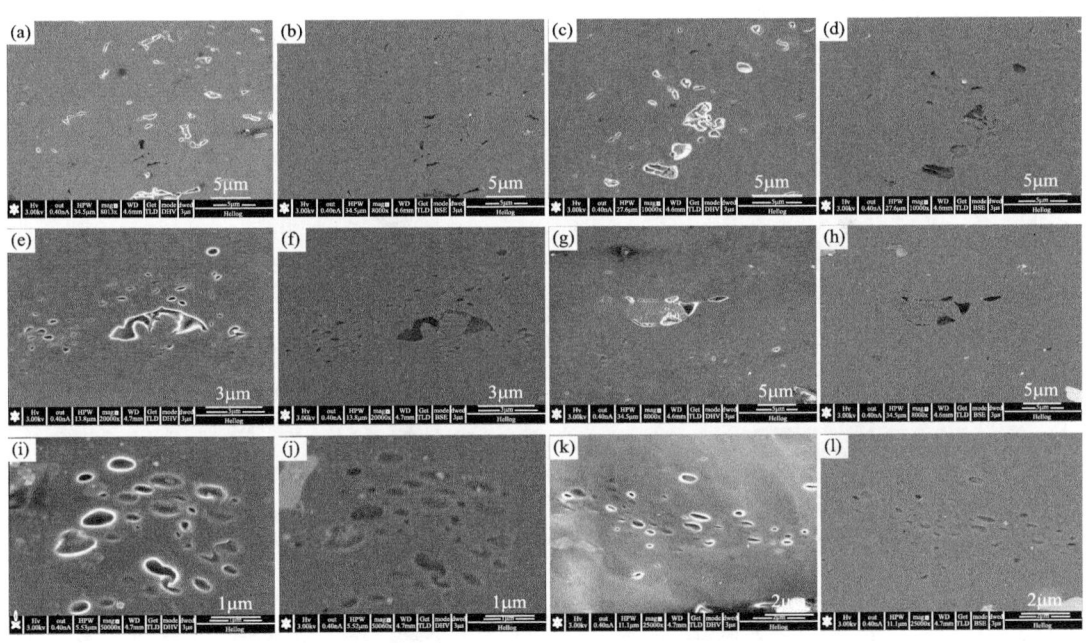

图 4 榆林地区 8# 煤常见煤岩气孔形态

（a）M172，井深 2426.99m，不规则气孔，DHV，8000×；（b）M172，井深 2426.99m，不规则气孔，BSE，8000×；（c）M172，井深 2433.79m，孤立气孔，DHV，10000×；（d）M172，井深 2433.79m，孤立气孔，BSE，10000×；（e）M172，井深 2427.27m，成群气孔，DHV，20000×；（f）M172，井深 2427.27m，成群气孔，BSE，20000×；（g）M172，井深 2433.25m，压扁气孔，DHV，8000×；（h）M172，井深 2433.25m，椭圆形压扁气孔，BSE，8000×；（i）M172，井深 2432.99m，成群气孔，DHV，10000×；（j）M172，井深 2432.99m，椭圆形成群气孔，BSE，10000×；（k）M172，井深 2427.10m，压扁的线状成群气孔，DHV，10000×；（l）M172，井深 2427.02m，压扁的线状成群气孔，DHV，10000×

BSE—背散射成像模式；DHV—深孔探测模式

1.5 物性特征

深部煤层具有微孔、小孔发育特点,8#煤层孔隙度3.65%~5.84%,平均4.3%。8#煤层渗透率0.03~0.23mD,平均0.17mD。低温二氧化碳、液氮吸附和压汞联合表征孔隙的实验结果表明,8#煤层孔隙以小于10nm微孔为主,同时发育10~100nm的小孔。压汞实验结果表明,8#煤层以微孔为主,孔喉半径小,10~100nm之间的孔隙最为发育,平均占比78.3%,大孔平均占比21.7%。

2 深部煤层气的保存条件

2.1 沉积环境对煤层气保存的影响

煤层的成煤条件与成煤期的沉积环境密切相关。石炭—二叠系由本溪组到山西组经历了由陆表海沉积体系到陆相沉积体系的演化过程,本溪组、太原组在陆表海障壁海岸体系和浅水三角洲背景之上发育了堡后泥炭坪、潟湖泥炭坪、潮坪泥炭坪、浅水三角洲泥炭坪、碳酸岩台地泥炭坪及浅海陆棚泥炭坪共6种海相泥炭坪成煤环境(图5)。

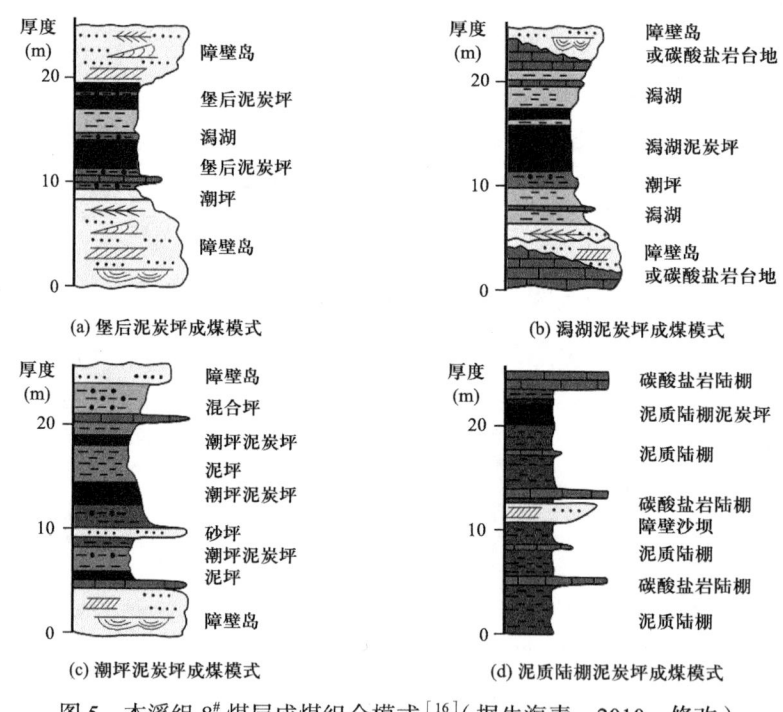

图5 本溪组8#煤层成煤组合模式[16](据牛海青,2010,修改)

研究区主要发育障壁沙坝—潟湖—潮坪相,结合沉积环境与顶底板岩性分布,研究区煤层与顶底板组合关系主要发育以下3种:一类顶板为石灰岩,包括顶板石灰岩—煤层—底板泥和顶板石灰岩—煤层—底板砂岩,主要分布在横山—绥德;另一类顶板为砂泥岩,包括顶板砂岩—煤层—底板砂岩、顶板砂岩—煤层—底板泥岩和顶板泥岩—煤层—底板泥岩，主要分布在神木；其他地区顶板以泥岩为主。向南顶板以石灰岩或泥岩为主，向北顶板以砂岩为主（图 6a）。根据 209 口井气测与统计结果，顶板砂岩气测含量均值 5%，石灰岩顶板气测含量均值 8%，粉砂质泥岩顶板气测均值为 15%（图 6b），从含气性与顶板岩性的关系来看，粉砂质泥岩气测值最高，这与粉砂质泥岩封盖条件最好有关。因此沉积环境通过控制顶底板岩性，进而影响煤层含气性。

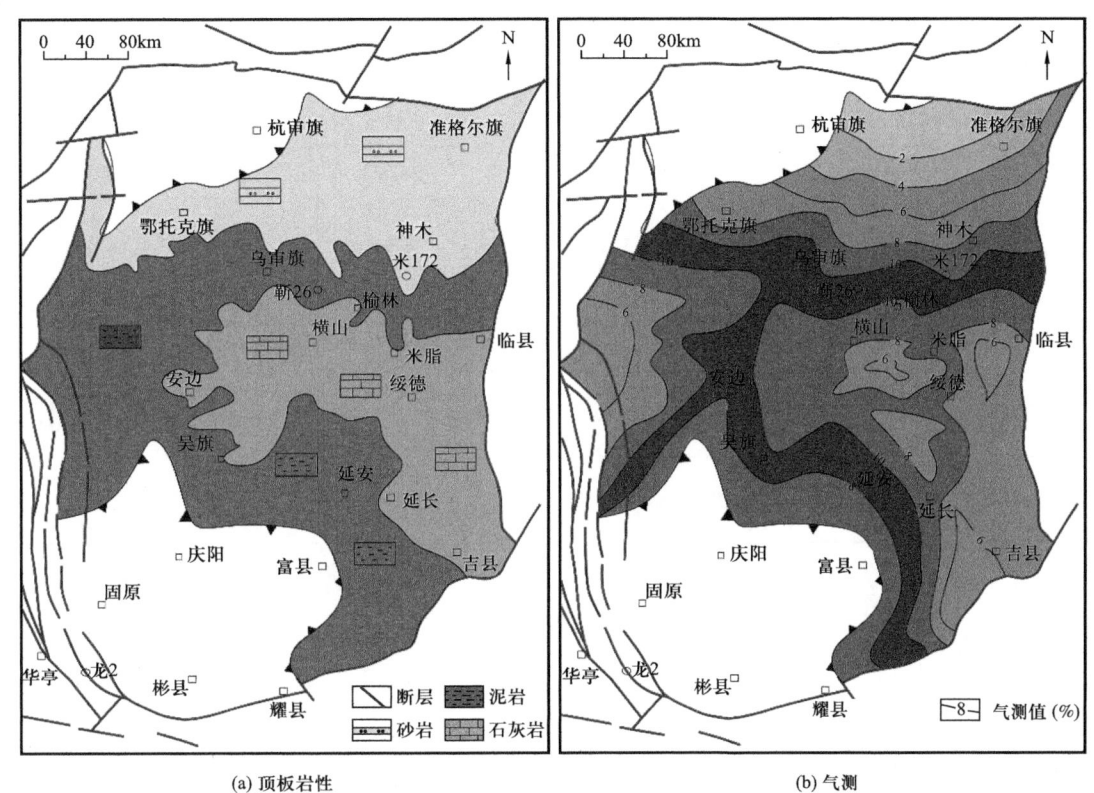

图 6 鄂尔多斯盆地顶板岩性与气测分布图

2.2 水文地质对煤层气保存的影响

水动力强的径流区冲刷使煤层气逸散，滞留区侧向封堵有利于煤层气保存和富集。研究区含水层包括第四系松散岩层、新近系—古近系砂砾岩层、二叠系—三叠系碎屑岩裂隙含水岩层、石炭系碎屑岩夹碳酸盐岩岩溶—裂隙含水岩层、奥陶系—寒武系碳酸盐岩裂隙岩溶含水岩层。统计结果显示，榆 160H 井、纳林 1H 井、台 11H 井、米 172H 井本溪组 8# 煤岩地层水有着较高的矿化度，煤储层地层水阳离子主要为：K^+、Na^+、Ca^{2+}、Mg^{2+}，以 Na^+、Ca^{2+} 为主；阴离子主要包括：Cl^-、SO_4^{2-}、HCO_3^-，地层水矿化度高，总矿化度 5399~148911mg/L，主要以承压水为主，水型以 $CaCl_2$ 型为主。水动力条件弱，有利于煤层气的保存（表 2）。钠氯系数、钠钙系数是指示水动力交替作用强度和地层水封闭性的指标，其值越小，地层水封闭性越好，越利于煤层气保存。区块钠氯系数 0.23~0.58，钠钙系数 0.06~0.87，区块深部煤层水动力条件弱，有利于煤层气的富集保存。

表2 鄂尔多斯盆地不同地区上古生界地层水化学组成及类型

地区	Na$^+$、K$^+$（mg/L）	Ca^{2+}（mg/L）	Mg^{2+}（mg/L）	Cl$^-$（mg/L）	SO$_4^{2-}$（mg/L）	矿化度（mg/L）	水质类型	来源
临兴	35395	57642	1927	160861	1765	257617	CaCl$_2$型	徐凤银等[1]
榆160H	30757	23763	883	88201	4649	148911	CaCl$_2$型	本文
纳林1H	12079	15407	905	45578	3573	78047	CaCl$_2$型	本文
台11H	23230	17535	912	68241	1201	111729	CaCl$_2$型	本文
米172H	15738	4365	294	30916	2325	5399	CaCl$_2$型	本文
大宁—吉县	23486	20268	6237	87823	120	137968	CaCl$_2$型	徐凤银等[1]
子洲	4690～32400	2395～45884		10283～120000		21560～79649	CaCl$_2$型	李蕊等[17]
榆林南	2246～37628	2129～46967	68～10939	10183～128789	537～31103	21560～245874	CaCl$_2$型	杨引弟等[18]
杭审旗	4297～15519	1359～16982	75～1000	8679～55948	0～97	14999～89445	CaCl$_2$型	杨引弟等[18]

3 深部煤层气富集规律

3.1 煤层气成藏条件对比

通过对比分析深、浅部煤层成藏条件表明，深部煤层气具有煤层厚度大、煤体结构完整、热演化程度高、煤层含气量高、含气饱和度高、游离气丰富、水动力条件弱、顶底板封盖能力好等有利成藏条件和基质渗透率低、孔隙连通性差等不利成藏条件（表3）。

表3 鄂尔多斯盆地深部煤层气成藏条件对比表

成藏条件	神木	大宁—吉县	临兴	延川南
埋深（m）	2000～3500	2000～2600	1800～2158	1500～2500
成煤环境	堡后泥炭坪为主	潮坪泥炭坪	潟湖泥炭坪	泥质陆棚泥炭坪
煤层厚度（m）	4～12（7.80）	4～12（7.80）	1.5～15.5（5.8）	2.8～6.9（4.6）
含气量 /（m^3/t）	12.36～18.98（16.43）	20.1～30.6（27.5）	7.18～21.64（12.9）	5.8～20.5（12.5）
煤体结构	原生结构	原生结构	原生结构	原生+碎裂结构
显微组分	镜质组大于74.5%	镜质组大于85.5%	镜质组大于75.6%	镜质组大于76.8%

续表

成藏条件	神木	大宁—吉县	临兴	延川南
割理发育程度	割理发育	割理发育	割理发育	割理发育
R_o（%）	1.66~1.78	2.5~2.8	1.6~1.9	2.3~2.56
饱和度（%）	110~130	97~100（98）	45~100（95.1）	39.5~56.11（45.7）
孔隙度（%）	3.22~4.74（3.78）	2.74~3.62（3.13）	4.21~7.5（5.39）	3.03~6.22（4.9）
渗透率（mD）	0.054~0.78（0.087）	0.053~0.054	0.012~0.018	0.013~0.99
地层压力系数	0.98~1.0	0.902~0.936	0.83~1.02	0.76~0.87
水文地质条件	承压区	承压区	承压区—弱径流区	承压区—弱径流区
地层水化学特征	$CaCl_2$ 型	$CaCl_2$ 型	$CaCl_2$ 型	$CaCl_2$-$NaHCO_3$ 型
顶板类型	石灰岩、泥岩为主	石灰岩为主	砂岩、泥岩为主	石灰岩为主
构造特征	单斜为主，微构造发育	单斜为主，微构造发育	单斜为主，微构造发育	单斜为主，微构造发育

注：括号中数值为平均值。

3.2 深部含气量分布特征

地层温度和地层压力对煤层含气量的影响呈现出相反的作用，其他条件不变，压力越大，吸附能力越强，煤层含气量升高，地温升高，吸附能力减弱，造成煤层含气量降低，在浅部地层深度效应超过温度影响，超深部地温效应大于压力，含气量显著低于浅部煤层，在临界深度含气量达到最大值。根据实测 R_o 数据，绘制了鄂尔多斯盆地 R_o 等值线图（图 7a），采用秦勇等建立的鄂尔多斯盆地深部煤层含气量与不同埋深、煤级、压力梯度、地温梯度组合的关系公式[19]，对鄂尔多斯盆地深部煤层含气量进行了计算。研究表明，鄂尔多斯盆地深部煤层含气量从北向南具有逐步增高的趋势，盆地中心部位含气量较高，含气量最高的区域位于吴旗—延安—延长一带（图 7b），该处埋深 2500~3500m，煤层 90~110℃，处于煤层气富集中心。

3.3 深部煤层气成藏主要控制作用

国内外学者对深部煤层气成藏的主要控制因素进行了不同程度的研究，普遍认为深部煤层气富集高产是水文、构造、地应力等煤层气地质要素综合控制的结果[20]，流体能量系统和岩石力学性质是影响煤层气叠置含气系统兼容性的关键地质要素[19]，浅部煤层含气量主要受深成作用影响，中深部煤层含气量受地层温度和储层压力耦合作用影响[12]，并以压力和构造等为主控因素对煤层气富集成藏进行了划分，提出了"沉积控煤、构造控藏、水动力控气、地应力控缝、物性控产"的五要素协同控制理论[10]。

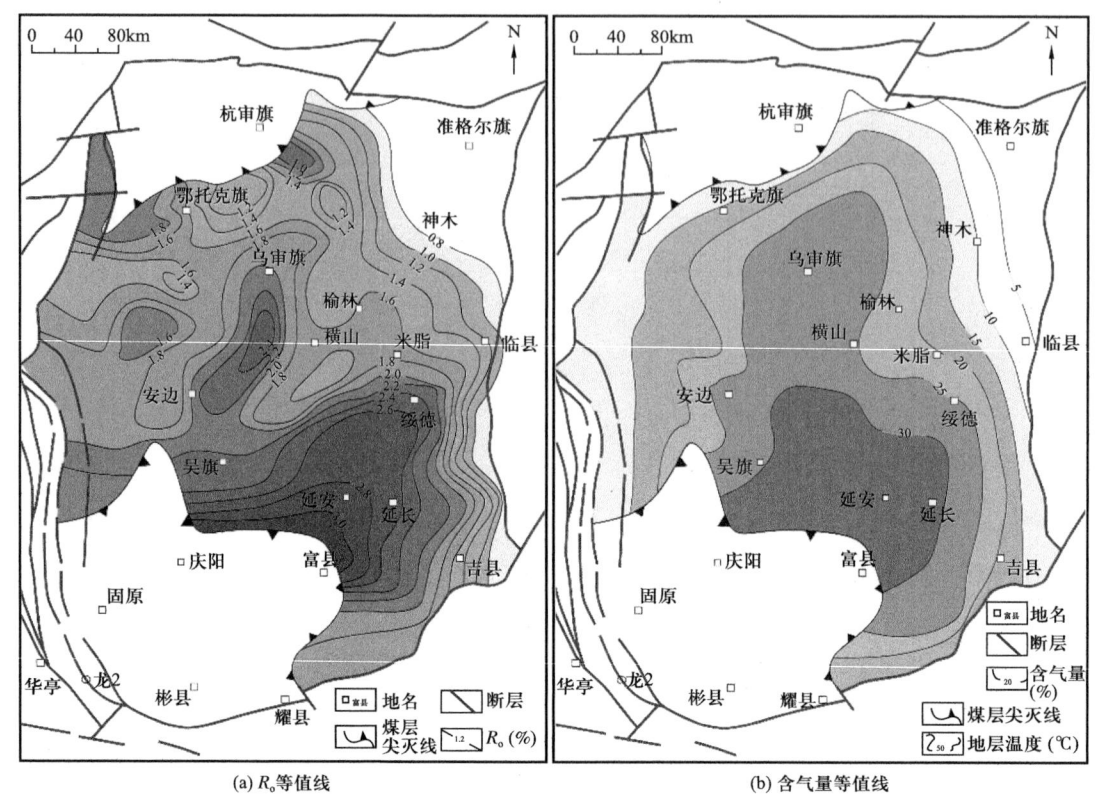

图 7 鄂尔多斯盆地 $8^{\#}$ 煤 R_o 与含气量预测图

3.4 深部煤层气成藏类型划分

鄂尔多斯盆地深部煤层全区发育，分布连续稳定，厚度大，达到了成熟阶段，具有全区大面积广泛覆盖生烃特征。研究发现，煤层形成的沉积条件通过控制煤岩组成、厚度和顶底板影响煤层气成藏，构造、水文地质条件对煤层气成藏具有双重作用。鄂尔多斯盆地深部煤层气具有厚度大、结构完整、热演化程度高、煤层含气量高、含气饱和度高、游离气丰富、水动力条件弱等有利成藏条件，发育微幅褶皱、单斜—水动力耦合、断层—水动力耦合、鼻状构造 4 类成藏模式[2]。部分地区如临兴煤层气受到岩浆侵入形成了中央隆起带、环形褶皱带、单斜构造带相对应成藏模式[2,11]。鄂尔多斯盆地深部煤层气具有广覆式生烃、大面积成藏的基本特征，大面积成藏指深部煤层既是烃源岩也是储层，组织孔、胞腔孔、气孔、晶间孔和溶蚀孔广泛发育，是煤层游离气主要赋存空间。受温度压力影响，深部煤层气呈现出高饱和、高压束缚游离气与吸附气共存特征，如米 172 井深部煤层解吸气量平均达 $23m^3/t$，含气饱和度 120%~135%，煤层具有高含气、高饱和特征，高饱和—超饱和带是高效开发煤层气的关键[21]。

在沉积组合和后期构造运动的配合下，深部煤层气发育多种成藏类型，常见微幅构造控藏、水动力控藏、构造控藏和断层遮挡成藏、地层岩性气藏等重要类型。受喜马拉雅运动影响，煤系地层微幅构造发育，微幅褶皱影响下储层裂隙发育，在顶底板封盖性能好的条件下，可以形成广泛发育的吸附气与游离气共存模式。煤储层生烃后受构造抬升影响、以吸附气为主（不含或含少量游离气）、受水力封堵影响而聚集成藏，形成水动力与构造复合控藏。局部地区由于断层影响，泥岩涂抹带渗透性较差、形成良好封闭空间、阻止逸散使煤储层含气量较高的区域，形成断层遮挡成藏。还有煤储层由于分叉、尖灭，伸入泥岩等封闭较好的地层中形成以煤层位为储层的地层岩性气藏（图8）。

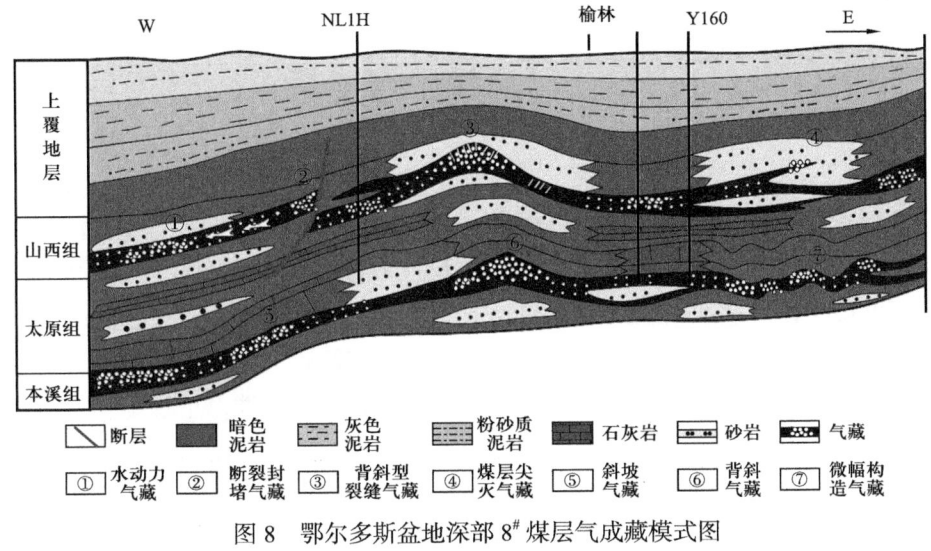

图8 鄂尔多斯盆地深部 8# 煤层气成藏模式图

4 深部煤层气勘探开发技术对策

深部煤层气不同于中浅层，深部煤层气具有大面积成藏、游离气发育、地层温度和压力高等基本特征，建议从以下4个方面开展技术攻关：

（1）建立适合深部煤层气地质评价指标，深化深部煤层气成藏规律的认识。

深部煤储层在构造、埋深、压力、温度、地应力、物性、含气性等方面与中浅层均有显著差异，煤层富含游离气，需要建立更为适合深部煤层气地质选取评价方法和指标体系，开展深部煤层气富集规律研究需要深化成煤沼泽环境、煤层生成运聚规律、煤储层裂缝系统精细描述和煤储层六性评价，找到最有利的"甜点"段和有利区。

（2）开展煤储层精细描述与地质建模，提高优质储层钻遇率。

充分利用地震、测录井、地质等多元信息，开展储层精细地质建模，查明深部煤储层地下地质特征和微幅构造，精确设计靶体，优化导向实施措施，提高黑金靶体的优质储层钻遇率。

（3）进一步优化水平井分段体积改造工艺技术，扩大煤层气解吸渗流面积。

应进一步优化改造技术参数，扩大缝网面积，实现对煤储层又好又大的改造效果，形成更多的渗流通道和解吸面积，释放深部煤层气资源。但是深部煤层地应力一般较高，煤层在高应力条件下塑性更强，需要优化压裂设计、压裂液体系，优化射孔、缝网布置、加砂强度和加砂规模，提高改造效果。

（4）开发针对性的深部煤层气生产技术，实现深部煤层气稳产和高产。

深部地层游离气含量高，煤岩气的生产特征前期主要是以游离气生产为主，表现为初期产量高、见气快的特点。游离气生产达到第一个产气高峰稳产一段时间，产气量、压力逐渐下降，当降至解吸压力后煤层吸附气解吸，形成持续供气，出现第二个产气高峰，但是由于储层敏感性强，持续稳定降压需要实现精准控制，急需可调节柔性生产技术及智能技术，提高控压精度和稳定生产。

5 结论

（1）鄂尔多斯盆地本溪组8#煤层自北向南受沉积影响，煤层厚度差异较大，为潟湖和潮坪沼泽化成煤，厚度2~22m，平均6m。煤层厚度分布从东北向西南方向逐渐减薄，北部神木厚度最大，可达8~22m，平均8m；南部延长一带煤层厚度2~6m，平均3m。

（2）鄂尔多斯盆地深部本溪组8#煤层具有储层厚度大、煤体结构完整、煤层含气量高、含气饱和度高、游离气丰富、水动力条件弱等有利成藏条件，呈现游离气与吸附气共存成藏、广覆式大面积成藏的基本特征，发育地层微幅褶皱、水动力、断层、岩性尖灭等成藏类型。

（3）深部本溪组8#煤储层在压力、温度、地应力、赋存特征等方面与浅部煤层气具有显著差异，地质研究深部煤层气富集规律需要从沉积环境、煤层气生成运聚规律等方面开展综合评价，完善现有的煤层气地质选取评价方法和指标体系，开发方面要实施大规模水平井分段体积改造技术沟通储层，同时开发针对性的深部煤层气柔性及智能生产技术，实现深部煤层气稳产和高产。

参 考 文 献

[1] 徐凤银，王成旺，熊先钺，等.深部（层）煤层气成藏模式与关键技术对策—以鄂尔多斯盆地东缘为例［J］.中国海上油气，2022，34（4）：30-42，262.

[2] 闫霞，徐凤银，张雷，等.微构造对煤层气的控藏机理与控产模式［J］.煤炭学报，2022，47（2）：893-905.

[3] 杨华，刘新社.鄂尔多斯盆地古生界煤成气勘探进展［J］.石油勘探与开发，2014，41（2）：129-137.

[4] 杨秀春，徐凤银，王虹雅，等.鄂尔多斯盆地东缘煤层气勘探开发历程与启示［J］.煤田地质与勘探，2022，50（3）：30-41.

[5] 姚红生，陈贞龙，何希鹏，等.深部煤层气"有效支撑"理念及创新实践—以鄂尔多斯盆地延川南煤层气田为例［J］.天然气工业，2022，42（6）：97-106.

[6] 赵丽娟，秦勇，Geoff Wang，等.高温高压条件下深部煤层气吸附行为［J］.高校地质学报，2013，19（4）：648-654.

[7] 周德华，陈刚，陈贞龙，等.中国深层煤层气勘探开发进展、关键评价参数与前景展望［J］.天然气工业，2022，42（6）：43-51.

[8] 陈刚, 李五忠. 鄂尔多斯盆地深部煤层气吸附能力的影响因素及规律[J]. 天然气工业, 2011, 31(10): 47-49, 118.

[9] 陈刚, 胡宗全. 鄂尔多斯盆地东南缘延川南深层煤层气富集高产模式探讨[J]. 煤炭学报, 2018, 43(6): 1572-1579.

[10] 陈贞龙, 郭涛, 李鑫, 等. 延川南煤层气田深部煤层气成藏规律与开发技术[J]. 煤炭科学技术, 2019, 47(9): 112-118.

[11] 曹代勇, 聂敬, 王安民, 等. 鄂尔多斯盆地东缘临兴地区煤系气富集的构造—热作用控制[J]. 煤炭学报, 2018, 43(6): 1526-1532.

[12] 郭广山, 柳迎红, 李林涛. 鄂尔多斯盆地东缘北段煤层含气量变化规律及控制因素[J]. 天然气地球科学, 2021, 32(3): 416-422.

[13] 宋岩, 柳少波, 琚宜文, 等. 含气量和渗透率耦合作用对高丰度煤层气富集区的控制[J]. 石油学报, 2013, 34(3): 417-426.

[14] 陶传奇. 鄂尔多斯盆地东缘临兴地区深部煤层气富集成藏规律研究[D]. 北京: 中国矿业大学(北京), 2019.

[15] 刘大锰, 刘正帅, 蔡益栋. 煤层气成藏机理及形成地质条件研究进展[J]. 煤炭科学技术, 2020, 48(10): 1-16.

[16] 牛海青. 鄂尔多斯盆地煤层气富集成藏规律研究[D]. 北京: 中国石油大学(北京), 2010.

[17] 李蕊, 李仲东, 过敏. 榆林南—子洲地区山2段地层水特征及成因分析[J]. 内蒙古石油化工, 2008(12): 95-96.

[18] 杨引弟. 神木北部太原组天然气成藏条件及富集规律[D]. 西安: 西安石油大学, 2021.

[19] 秦勇, 申建, 沈玉林. 叠置含气系统共采兼容性—煤系"三气"及深部煤层气开采中的共性地质问题[J]. 煤炭学报, 2016, 41(1): 14-23.

[20] 吴聿元, 陈贞龙. 延川南深部煤层气勘探开发面临的挑战和对策[J]. 油气藏评价与开发, 2020, 10(4): 1-11, 141.

[21] 康永尚, 邓泽, 皇甫玉慧, 等. 中煤阶煤层气高饱和—超饱和带的成藏模式和勘探方向[J]. 石油学报, 2020, 41(12): 1555-1566.

沁水盆地南部中、深层煤层气藏温压特征及成因分析

张鹏豹[1,2]，刘忠[1]，张永平[1]，韩峰[1]，赵良言[1]，王小玄[1]，刘振兴[1]，杨洲鹏[1]，关小曲[1]

（1.中国石油华北油田分公司，河北 任丘 062552；2.中国地质大学（北京）能源学院，北京 100083）

摘 要：温压特征直接反映了煤层气藏的保存条件，是影响煤层气藏含气性及开发效果的重要指标。通过钻探及测试资料，沁水盆地南部深层主力3#煤储层压力梯度为 0.37~1.06MPa/100m，平均为 0.72MPa/100m，储层地温梯度分布范围为 0.41~2.28℃/100m，平均地温梯度为 1.79℃/100m，煤层气藏整体表现出低压低温的特点。通过成藏过程分析认识到，煤储层自埋藏起，可以划分为五个阶段，生烃期集中在第二个深层变质阶段和第四个岩浆热变质阶段，两期热演化使煤岩 R_o 普遍超过了 2.0%，达到了高煤阶阶段，此时煤层气藏处于高温高压阶段，但是进入第五个阶段后，区域发生强烈抬升剥蚀，并伴随较强烈的断裂活动，造成煤层气藏严重破坏，煤层气大量逸散导致了目前的煤层气藏表现出低温低压的特征。研究区内分析认为，煤层气藏随埋深增加低温低压有所缓解，另外，西翼相对于东翼，低温低压的状态相对较轻。因此认为，西翼深层成藏条件相对有利。本文的研究为中深层煤层气成藏特征研究提供了新的思路。

关键词：沁水盆地南部；中深层煤层气；气藏特征；温压特征；热演化

我国具有非常丰富的煤层气资源，根据煤层气资源评价结果，我国 1000m 以浅的煤层气资源量约为 $11\times10^{12}m^3$，1000~1500m 中等埋深煤层气资源量约为 $9.4\times10^{12}m^3$，1500m 以深的深层煤层气资源量据估算超过了 $50\times10^{12}m^3$，煤层气资源丰富，勘探开发前景广阔[1-5]。

我国煤层气产业经过近 30 多年的发展，目前已走过技术引入和探索升级的发展阶段，正在自主创新的道路上飞速前行。一方面，建立了一套适合中国浅层煤层气资源高效动用的勘探开发技术系列，建成了沁水盆地南部高煤阶、鄂尔多斯盆地东缘中煤阶两大煤层气勘探开发产业化基地。其中，华北油田在沁水盆地南部已经建成了年产能力达 $25\times10^8m^3$ 的煤层气田，产气的主体集中在浅层[6-11]。另一方面，在深层煤层气资源开发方面取得突破进展。2018 年以来，渤海湾盆地大城地区、鄂尔多斯盆地东缘延川南区块和大吉区块，以及准噶尔盆地五彩湾地区等地先后开展深层煤层气（大于 1500m）勘探并相继取得了突

第一作者：张鹏豹（1986-），男，高级工程师，硕士，地质工程专业，就职于华北油田勘探开发研究院，主要从事煤层气勘探评价研究工作，E-mail：yjzx_zpb@petrochina.com.cn。

破[12-15]。其中，鄂尔多斯盆地东缘大吉区块探明了储量规模超千亿立方米整装大型深层煤层气田（大于2000m），在区块内开展的深层煤层气大规模压裂先导试验也取得了好的效果，单井初期平均日产气量达$10\times10^4m^3$以上，单井最高产气量突破$16\times10^4m^3$ [16-19]。

随着煤层气勘探开发逐渐向中、深层转移，煤层气藏的温度、压力特征受到了更多的关注[20-25]。煤储层的温度特征直接影响到煤层气藏吸附能力的高低，在深层煤层气藏中更是关系到吸附气—游离气的赋存状态，进而影响煤层气藏的开发方式及开发效果[2, 26-27]。煤储层压力特征是评价煤层气藏产气能力的主要指标之一。无论是浅层还是中、深层，煤层气主要的赋存状态都是以吸附态为主。在开采过程中，通过排水将储层压力降至解吸压力以下，吸附态的煤层气便开始解吸产出。因此，储层压力越低，煤层气生产过程中排水降压幅度越小，煤层气的开采难度相应增加。对于富含游离气的深层煤层气而言，储层压力的降低不利于游离气的保存。因此深层煤层气藏温压系统的评价尤为重要[25]。

沁水盆地南部浅层开发过程中录取了较多的温压资料，近几年在中、深层勘探评价过程中也开展了相应的研究，本文根据区域中、深层钻探及测试资料，分析并明确区域中、深层煤层气藏温压特征及其影响因素，以期推动区域中、深层煤层气勘探开发进展，并对其他区块中、深层煤层气的研究提供新的思路和借鉴。

1 地质背景

沁水盆地属于一个大型山间复式盆地，位于山西省南部，四周被太行山、五台山、吕梁山、中条山所围限。盆地面积$3.6\times10^4km^2$，形态狭长，总体呈近南北向展布，南北两端稍宽，中部略窄。研究区处于沁水盆地复式向斜的中南部，向斜的轴部为北北东向，整体呈现一个近向斜形态，东、西为斜坡带，中部为洼槽区（图1）。

研究区在上古生界与鄂尔多斯盆地、渤海湾盆地同属于华北地台沉积，地层沉积特征基本一致，煤层均集中发育在中—上石炭统和下二叠统，主力煤层在不同盆地编号不同，但能够一一对应。沁水盆地主力煤层为山西组3#煤和太原组15#煤（图2），相当于鄂尔多斯盆地4+5#煤和8+9#煤（深层8#煤），以及渤海湾大城地区的5#煤和10#煤。沁水盆地南部研究区3#煤沉积稳定，厚度为4~7m，是勘探开发的主力煤层，3#煤埋深集中在800~2000m，从斜坡带向洼槽区逐步增加，最深的区域在2200m左右。15#煤埋深比3#煤深100m左右，厚度略薄，为3~6m，大部分区域15#煤分为2~3层，是重要的兼探和接替煤层，本文重点讨论3#煤层。

2 温压特征分析

2.1 储层温度特征

井温数据分为稳态数据和近似稳态数据两种。稳态数据测试过程中需要关井时间超

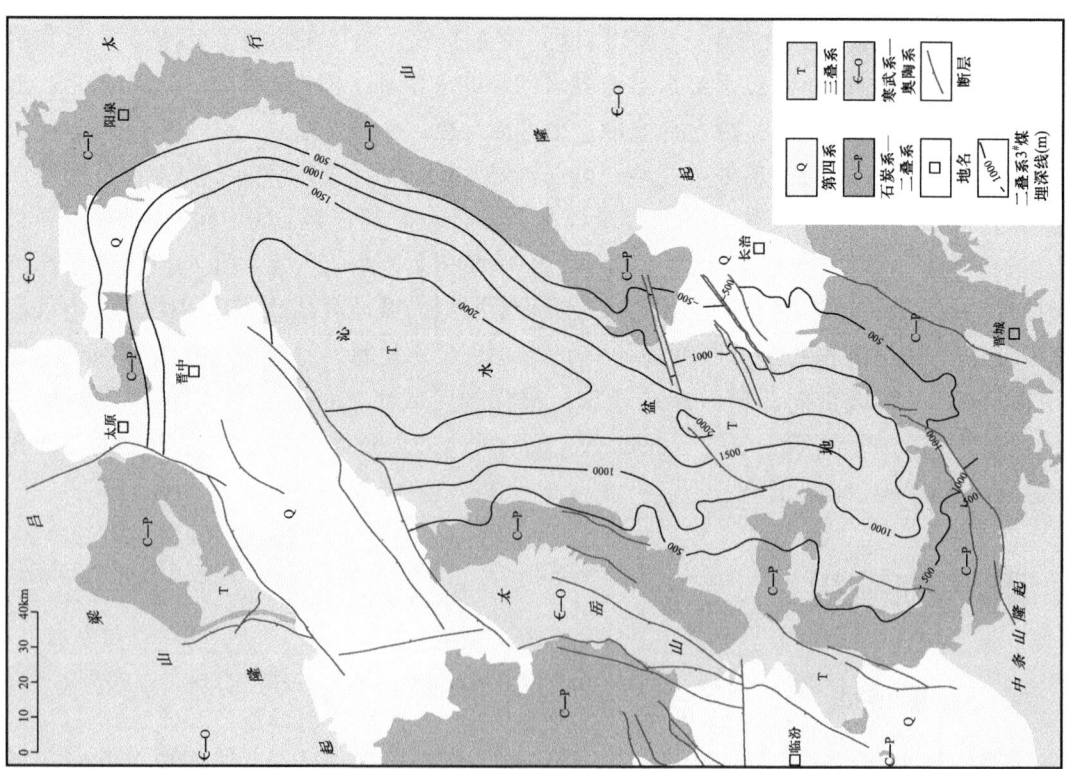

图 2 沁水盆地南部地层发育特征图

图 1 沁水盆地地质及煤层埋深简图

过数天甚至数月、数年，因此测得的数据与原始地层温度一致，但是由于测试耗时长，需要长时间将钻井维持测试状态，因此在实际生产过程中无法进行大规模测试。而近似稳态数据仅需要关井72h后即可进行测试，在钻井现场具有更好的可操作性，但是由于关井时间相对较短，井内温度未与岩层温度达到完全平衡，导致其与真实地层温度存在一定偏差[26]。但是通过对两种方式测试的井温进行标定，表明80%以上钻井的稳态与近稳态数据差值小于1.5℃，因此认为近似稳态数据能够满足本次研究的需要[27]。本次研究选取的研究区36口钻井的井温测井数据全部为通过注入/压降试井方式获取的近似稳态数据。

沁水盆地南部研究区3#煤储层温度介于16.7～46.6℃，平均为31.8℃，从区域来看，3#煤储层温度具有由东西斜坡带向中部洼槽区增加的趋势，与3#煤顶板埋深变化趋势一致，埋深大于1500m的深部煤储层温度平均高于30℃。另外，东、西两翼煤储层温度不尽相同，西翼的储层温度明显高于东翼。

储层地温梯度指的是恒温带以下，单位垂直深度，一般为垂深每增加百米，地层温度的增加值，采用公式（1）进行计算。

$$G = \frac{H_c - H_o}{t_c - t_o} \tag{1}$$

式中：G 为储层地温梯度，℃/100m；H_c 为测试储层中点深度，m；H_o 为区域恒温带深度，m；t_c 为测试的储层温度，℃；t_o 为区域恒温带温度，℃。

恒温带是指太阳辐射和大地热流达到平衡时，地层温度几乎没有变化的层带，在一定区域范围内，恒温带埋深与恒温带温度变化范围很小。基于调研数据，沁水盆地恒温带温度为13.2～15.2℃，恒温带深度为27.4～33.1m[26]。

根据沁水盆地南部研究区煤储层埋深、温度，以及调研的恒温带深度、温度数据，计算出研究区3#煤储层地温梯度分布范围为0.41～2.28℃/100m，平均地温梯度为1.79℃/100m，根据孟召平等[24]对沁水盆地地温场等级的划分标准（表1），研究区东部3#煤属于地温梯度小于1.6℃/100m的地温低异常区，且向东部斜坡带高部位，储层低温异常更加明显，边缘区域地温梯度仅为0.4℃/100m左右。但是西部斜坡带和中部洼槽区的储层低温异常有所缓解，一般为1.6～2.2℃/100m，属于正常偏低温异常区（图3和图4）。

表1 沁水盆地地温场划分标准

地温场类型	地温低异常型	地温正常型			地温高异常型
		正常偏低型	正常型	正常偏高型	
地温梯度（℃/100m）	<1.6	1.6～2.0	2.0～3.0	3.0～3.5	>3.5

2.2 地层压力特征

煤储层压力是指作用于煤岩孔裂隙系统内部流体上的压力，是煤层气吸附、运移、产

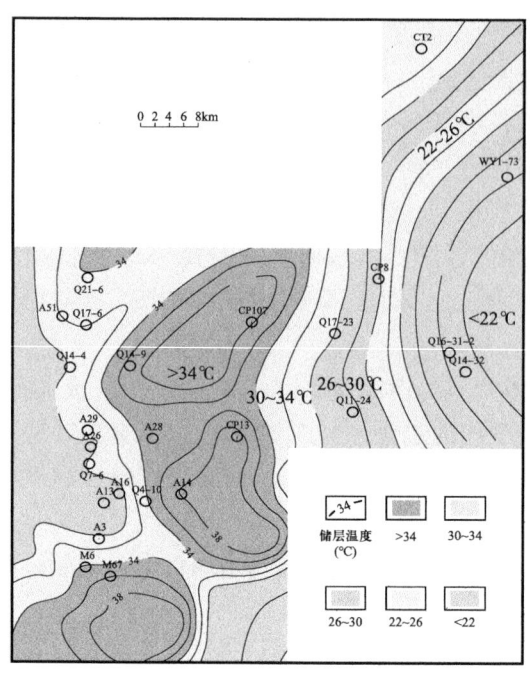
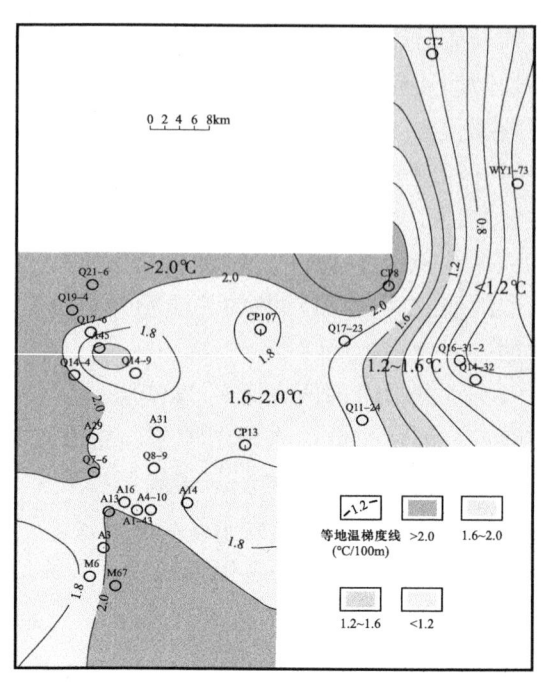

图 3 研究区储层温度等值线图　　　　图 4 研究区储层温度梯度等值线图

出的主要动力。储层压力梯度则是指单位垂直深度，一般每百米垂直深度，煤储层压力的增量。煤层储层压力梯度为 0.93~1.30MPa/100m 的储层称为常压储层，相应地，储层压力梯度高于 1.30MPa/100m 的储层称为高压储层，储层压力梯度低于 0.93MPa/100m 的储层称为欠压储层[25]。

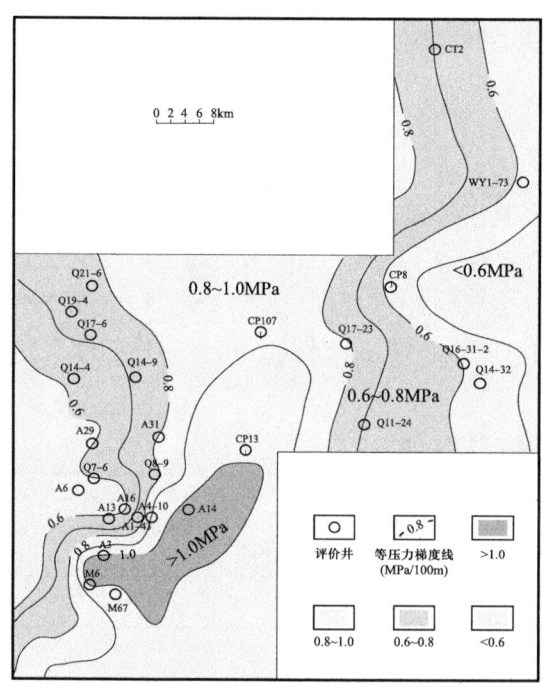

图 5 研究区 3# 煤压力梯度图

统计沁水盆地南部研究区煤层气参数井试井实测的相关数据，该区 3# 煤层埋深在 550~2140m，埋深变化较大，储层压力为 2.04~19.01MPa，储层压力梯度为 0.37~1.06MPa/100m，平均压力梯度为 0.72MPa/100m，整体上欠压较严重。平面上，随着埋深增加，储层压力升高，同时，储层压力梯度也相应升高。另外，东西两翼储层压力梯度也有差异，东翼欠压更加严重，即使在埋深超过 2000m 的区域，仍然属于欠压储层。但是在西翼则略有不同，西翼低部位部分地区，压力梯度能够达到常压储层的标准（图 5 和图 6）。

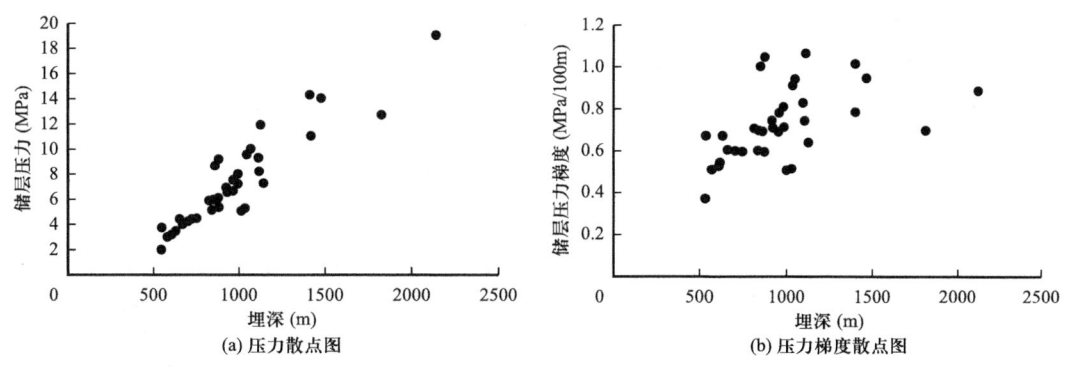

图 6 研究区储层压力、压力梯度与埋深关系散点图

3 热演化过程分析

以洼槽区 CP107 井（煤层埋深 2100m）为代表井绘制煤层埋深及热演化曲线，分析区域煤层成藏的温压变化，分析认为研究区煤层埋藏及生烃大体经历了五个阶段（图 7）：

第一阶段：中石炭世—早二叠世，有机质沉积期，持续时间近 40Ma。在此期间，煤层埋藏较浅，地层为正常温度、正常压力，有机质发生轻微的煤化，形成了褐煤，生烃量很低，主要为生物气。此阶段属于常压、常温的生物气藏。

第二阶段：晚二叠世—三叠世末，深埋生烃期，持续时间近 50Ma。期间地层沉降煤层发生快速埋藏，区域埋深普遍达到 3000m 以上，CP107 井所在的洼槽区最大埋深将近 4200m。随着埋深的快速增加，古地温场正常，煤层古地温值相应地快速升高，CP107 所在的洼槽区古地温达到了 120～140℃，煤岩发生深成变质作用，镜质组反射率 R_o 值达到了 1% 左右，煤阶为气煤、肥煤。此阶段为煤层第一个生烃高峰期，阶段生气量 40～70m³/t，但是，该阶段煤层的吸附能力较低，多余的气量以游离气的方式赋存到煤岩的孔裂隙中，此时沁水盆地构造稳定，保存条件较好，随着游离气含量增加，煤储层处于一个高异常压力系统，当达到一定高压程度后，煤层气突破盖层向外逸散。此阶段属于高压、常温煤层气藏。

第三阶段：早侏罗世—中侏罗世，稳定波动期，持续时间约 50Ma。早侏罗世经历了短暂的地层抬升剥蚀阶段，该区整体抬升，广泛遭受剥蚀，地壳最大抬升幅度超过 1000m；中侏罗世地壳又缓慢沉降，最大沉降幅度超过 400m，古地温 90～110℃，属正常古地温。在此阶段，煤化作用变化不大，煤阶仍为气煤、肥煤。此阶段受到燕山早期运动影响，沁水复向斜开始成型。区域抬升剥蚀及褶皱发育导致了煤层气的部分逸散，地层压力有所下降，此阶段属于较高压、常温煤层气藏。

第四阶段：晚侏罗世—早白垩世，大量生烃期，持续时间约 60Ma。煤层仍在持续抬升变浅，但是受燕山后期强烈岩浆活动影响，煤层快速增温，发生强烈的岩浆热变质作用，煤阶快速提升至现今的成熟度，该阶段局部温度达到 250～260℃。生气量达 130～160m³/t，沁水盆地南部边缘晋城地区靠近岩浆活动区，热演化程度最高，$R_{o max}$ 达到

4%左右，研究区热演化程度略低，R_{omax}为2%～3%，达到焦煤—无烟煤阶段。随着燕山运动加剧，区域地层褶皱变形更加明显，伴随着少量的断裂运动，造成了煤层气的少量散失，但是强烈生烃作用，伴随着埋深的逐渐变浅，煤储层压力及含气量始终保持在盖层能力的极限，同时扩散作用、盖层突破等作用也大规模发生。此阶段属于高压、高温气藏。

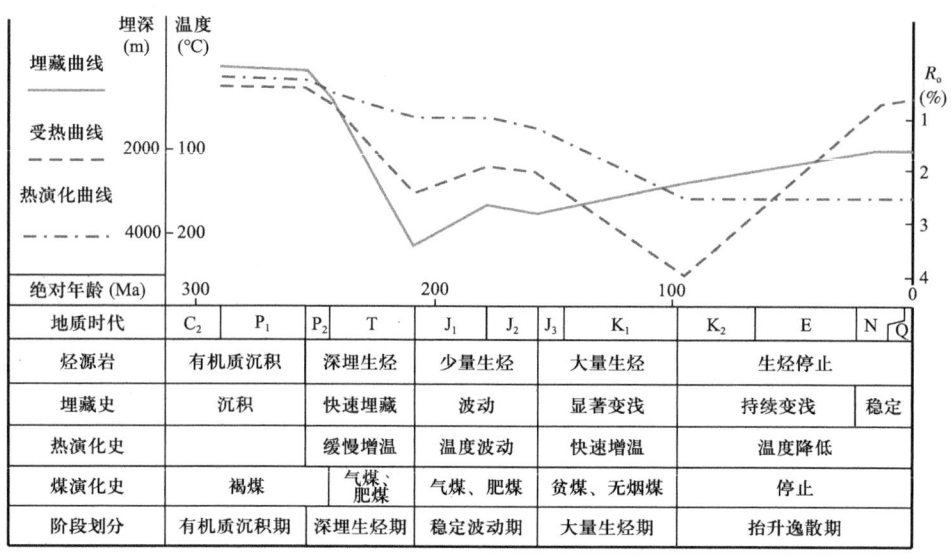

图7 研究区典型井深煤埋藏及热演化关系图（CP107井）

第五阶段：晚白垩世—现今，抬升逸散期，持续约100Ma。此阶段以地壳抬升为主，热活动基本结束，煤变质作用达到了最大，而大量生烃作用一直持续至白垩纪末期。受到喜马拉雅运动的影响，沁水盆地煤系及上覆地层遭受严重剥蚀，并形成大量NNE向正断层。储层压力主要表现为降压作用，煤层中的煤层气以扩散、盖层突破和地层水滤失的形式向外逸散。到现今，除盆地中心小部分区域可保持常压状态外，其他区域尤其是斜坡带抬升明显的区域均以欠压状态为主，地层温度同样受到影响，处于偏低温的状态。

综合来看，沁水盆地煤岩热演化受到第二阶段深成变质和第四阶段岩浆热变质的双重影响，处于高压高温状态。第五阶段的强烈抬升和断裂，导致了区域气藏遭受强烈破坏，低压低温均为强烈破坏下煤层气大量散失的表现。另外，破坏程度在区域的强弱差异同样在温压特征上有不同程度的表现，东西两翼构造抬升和断裂破坏相对于洼槽区更强，其低温低压更加明显。另外，西翼相对于东翼断裂发育相对较弱，保存条件较好，低温低压的状态相对较轻。

4 结论

（1）沁水盆地南部中、深层煤层气藏表现为低压低温的特点，储层压力梯度为0.37～1.06MPa/100m，平均为0.72MPa/100m，地温梯度为0.41～2.28℃/100m，平均为1.79℃/100m。

（2）成藏分析认为，区域煤层埋藏及生烃大体经历了五个阶段，其中第二阶段、第四阶段分别经历了埋深热变质和岩浆热变质作用，使煤层气藏处于高温高压状态。第五阶段受喜马拉雅运动影响，区域表现为整体持续抬升和较强烈断裂作用，煤层气藏遭受明显破坏，煤层气大量逸散导致了目前气藏处于低温低压的状态。

（3）受构造运动及断裂发育区域差异性的影响，区域西翼深层煤层气藏低温低压状态较轻，是有利的成藏区域。

参 考 文 献

[1] 吴裕根, 门相勇, 娄钰. 我国"十四五"煤层气勘探开发新进展与前景展望[J]. 中国石油勘探, 2024, 29（1）：1-13.

[2] 周德华, 陈刚, 陈贞龙, 等. 中国深层煤层气勘探开发进展、关键评价参数与前景展望[J]. 天然气工业, 2022, 42（6）：43-51.

[3] 熊先钺, 闫霞, 徐凤银, 等. 深部煤层气多要素耦合控制机理、解吸规律与开发效果剖析[J]. 石油学报, 2023, 44（11）：1812-1826, 1853.

[4] 陈世达, 汤达祯, 侯伟, 等. 深部煤层气地质条件特殊性与储层工程响应[J]. 石油学报, 2023, 44（11）：1993-2006.

[5] 刘建忠, 朱光辉, 刘彦成, 等. 鄂尔多斯盆地东缘深部煤层气勘探突破及未来面临的挑战与对策——以临兴—神府区块为例[J]. 石油学报, 2023, 44（11）：1827-1839.

[6] 朱庆忠. 我国高阶煤煤层气疏导式高效开发理论基础——以沁水盆地为例[J]. 煤田地质与勘探, 2022, 50（3）：82-91.

[7] 朱庆忠. 沁水盆地高煤阶煤层气高效开发关键技术与实践[J]. 天然气工业, 2022, 42（6）：87-96.

[8] 朱庆忠, 杨延辉, 左银卿, 等. 对于高煤阶煤层气资源科学开发的思考[J]. 天然气工业, 2020, 40（1）：55-60.

[9] 宋岩, 马行陟, 柳少波, 等. 沁水煤层气田成藏条件及勘探开发关键技术[J]. 石油学报, 2019, 40（5）：621-634.

[10] 赵贤正, 杨延辉, 孙粉锦, 等. 沁水盆地南部高阶煤层气成藏规律与勘探开发技术[J]. 石油勘探与开发, 2016, 43（2）：303-309.

[11] 朱庆忠, 杨延辉, 左银卿, 等. 中国煤层气开发存在的问题及破解思路[J]. 天然气工业, 2018, 38（4）：96-100.

[12] 张鹏豹, 肖宇航, 朱庆忠, 等. 深层倾斜风化煤层特征及其对煤层气开发的影响——以河北大城区块南部为例[J]. 天然气工业, 2021, 41（11）：86-96.

[13] 郭绪杰, 支东明, 毛新军, 等. 准噶尔盆地煤岩气的勘探发现及意义[J]. 中国石油勘探, 2021, 26（6）：38-49.

[14] 姚红生, 陈贞龙, 何希鹏, 等. 深部煤层气"有效支撑"理念及创新实践——以鄂尔多斯盆地延川南煤层气田为例[J]. 天然气工业, 2022, 42（6）：97-106.

[15] 蒋曙鸿, 师素珍, 赵康, 等. 深部煤及煤层气勘探前景及发展方向[J]. 科技导报, 2023, 41（7）：106-113.

[16] 徐凤银, 闫霞, 李曙光, 等. 鄂尔多斯盆地东缘深部（层）煤层气勘探开发理论技术难点与对策[J]. 煤田地质与勘探, 2023, 51（1）：115-130.

[17] 李曙光, 王成旺, 王红娜, 等. 大宁—吉县区块深层煤层气成藏特征及有利区评价[J]. 煤田地质与勘探, 2022, 50（9）：59-67.

［18］徐凤银，聂志宏，孙伟，等．大宁—吉县区块深部煤层气高效开发理论技术体系［J］．煤炭学报，2023：1-17．

［19］聂志宏，时小松，孙伟，等．大宁—吉县区块深层煤层气生产特征与开发技术对策［J］．煤田地质与勘探，2022，50（3）：193-200．

［20］秦勇．中国深部煤层气地质研究进展［J］．石油学报，2023，44（11）：1791-1811．

［21］康永尚，闫霞，皇甫玉慧，等．深部超饱和煤层气藏概念及主要特点［J］．石油学报，2023，44（11）：1781-1790．

［22］江同文，熊先钺，金亦秋．深部煤层气地质特征与开发对策［J］．石油学报，2023，44（11）：1918-1930．

［23］刘池洋，王建强，张东东，等．鄂尔多斯盆地油气资源丰富的成因与赋存—成藏特点［J］．石油与天然气地质，2021，42（5）：1011-1029．

［24］姜福杰，贾承造，庞雄奇，等．鄂尔多斯盆地上古生界全油气系统成藏特征与天然气富集地质模式［J］．石油勘探与开发，2023，50（2）：250-261．

［25］吴永平，李仲东，王允诚．煤层气储层异常压力的成因机理及受控因素［J］．煤炭学报，2006，31（4）：475-479．

［26］孟召平，禹艺娜，李国富，等．沁水盆地煤储层地温场条件及其低地温异常区形成机理［J］．煤炭学报，2023，48（1）：307-316．

［27］郗兆栋，唐书恒，刘忠，等．宁武盆地深部煤储层地温场特征及其对含气性的影响［J］．煤田地质与勘探，2024，52（2）92-101．

宜川—黄龙地区煤岩气成藏控制因素分析

单俊峰，牟春，迟润龙，张扬，刘硕

（中国石油辽河油田分公司，辽宁 盘锦 124010）

摘 要：鄂尔多斯盆地东缘上古生界煤层发育，煤岩气资源潜力巨大。2021年中国石油煤层气公司在盆地东缘大宁—吉县地区以本溪组 $8^{\#}$ 煤为目的层，开展煤岩气地质工程一体化攻关，取得了重大勘探突破。宜川—黄龙地区与大宁—吉县地区相邻，具有十分相似的地质条件，区内上古生界共发育10套煤岩，自下而上分布在石炭系本溪组、二叠系太原组和山西组，其中本溪组 $8^{\#}$ 煤和山西组 $5^{\#}$ 煤分布广、厚度略薄，但演化程度高、煤层含气性好，具备规模勘探开发潜力。部署预探井YP2井的 $8^{\#}$ 煤改造水平段长度有387m，其试气最高日产气 $5.3\times10^4m^3$。YP2井的成功勘探，拓展了宜川—黄龙地区天然气勘探领域，展示了煤层气巨大的勘探潜力和良好的开发前景。本文以YP2井预探突破为契机，利用钻井、录井、测井、地震和分析测试等资料，开展煤储层特征分析，明确煤质、煤阶，评价储集能力和含气性，分析中—高阶薄层煤层气成藏控制因素，并建立成藏模式和有利区划分评价体系，为鄂尔多斯盆地薄煤区煤岩气勘探提供借鉴。

关键词：煤岩气；储层特征；成藏控制因素；鄂尔多斯盆地；成藏模式

1 区域地质背景

宜川—黄龙地区位于鄂尔多斯盆地东南缘（图1），横跨伊陕斜坡和渭北隆起两大构造单元，其中南部受渭北隆起燕山期冲断活动影响发育一系列阶梯状近东西向逆断层，而北部伊陕斜坡构造活动较弱，整体为平缓西倾单斜背景。经历了加里东运动约1.5亿年风化剥蚀后，晚石炭世—二叠纪华北地台开始整体下沉，伴随海侵—海退多个旋回，形成了石炭系—二叠系本溪组、太原组海陆过渡相及山西组陆相含煤碎屑岩建造[1-5]。煤岩层数多，总厚度为4~20m，其中主力煤层为本溪组顶部 $8^{\#}$ 煤和山西组下部 $5^{\#}$ 煤。$8^{\#}$ 煤厚度为2~10m，区内分布稳定，连续性较好，$5^{\#}$ 煤厚度1~6m，呈条带状局部稳定分布。两套煤岩均已达高成熟—过成熟演化阶段，具有广覆式生烃特征，是研究区最主要的烃源岩层，也是煤层气勘探的主要目的层，其中本溪组 $8^{\#}$ 煤是本文研究的主要对象。

第一作者：单俊峰（1968-），男，教授级高级工程师，企业首席专家，1990年毕业于大庆石油学院地球物理专业，2007年毕业于中国地质大学（北京）矿产普查与勘探专业，获博士学位，现从事宜庆地区勘探部署研究及管理工作，E-mail：yjy_shanjf@petrochina.com.cn。

通讯作者：迟润龙，男，1988年3月生，辽宁营口人，硕士研究生，2014年中国石油大学（华东）矿产普查与勘探专业毕业，现从事辽河油田流转区煤岩气综合地质研究与部署工作。

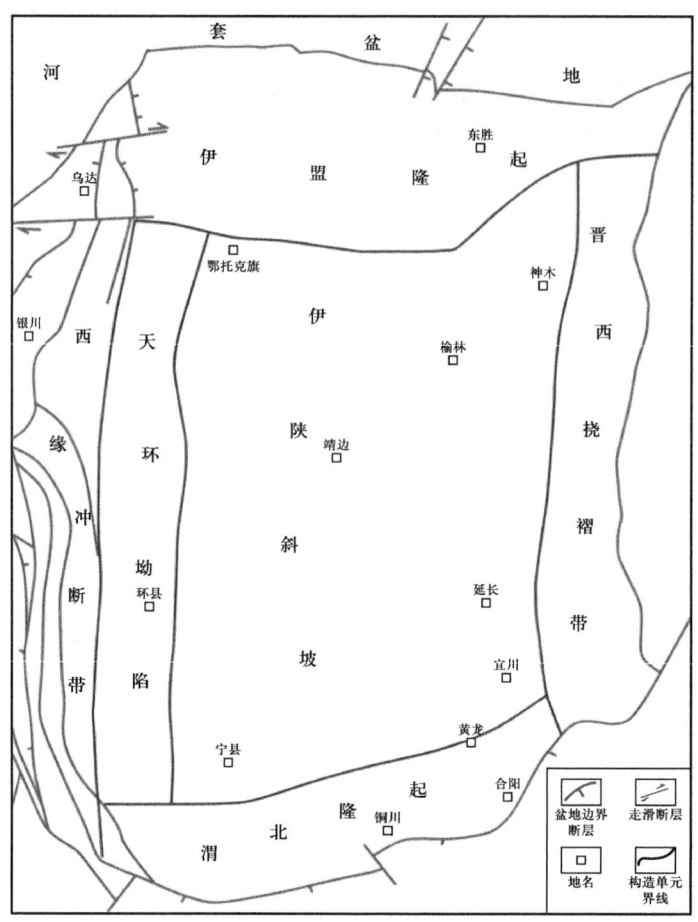

图 1 鄂尔多斯盆地构造单元

2 煤层特征

2.1 分布特征

8#煤发育在本溪组顶部，研究区内稳定发育，厚度 2～10m，平均厚度 4.2m，整体属于中厚煤层，平面上自东向西表现出逐渐减薄趋势，研究区南北各发育一个富煤中心，煤岩厚度在 4m 以上。区内煤层埋深大，介于 1800～2900m，受控于区域构造背景，埋深由东南向西北逐渐加深。

2.2 煤质特征

研究区煤岩宏观煤型以光亮煤—半亮煤为主，局部发育半暗煤、暗煤；纵向上煤层顶部主要发育亮煤—半亮煤，底部逐渐过渡为半暗煤—暗煤。光亮煤岩产状以较大的棱角状—柱状块体为主，裂隙清晰可见，断面无镜面、手捏不易碎，主要为原生结构煤和碎裂煤。研究区周边成熟探区开发成果表明，原生结构煤有利于压裂改造，产气效果好。

煤岩中有机组分含量高，以镜质组为主，平均含量79.4%，惰质组次之，平均含量12.7%，无机矿物含量7.9%（图2）。工业分析表明，煤岩整体呈现低含水、特低挥发分、较低灰分特征，平均水分含量0.78%，挥发分产率7.35%，反映出煤岩变质程度高；平均灰分产率15%，显示煤岩煤质好、吸附能力强（图3）。

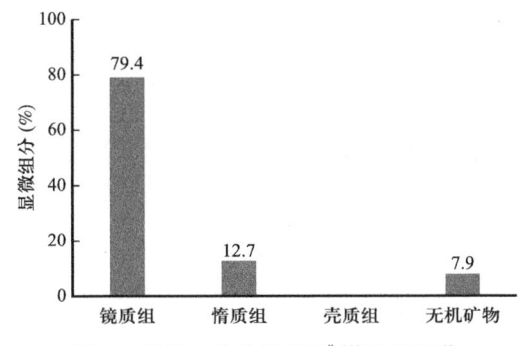 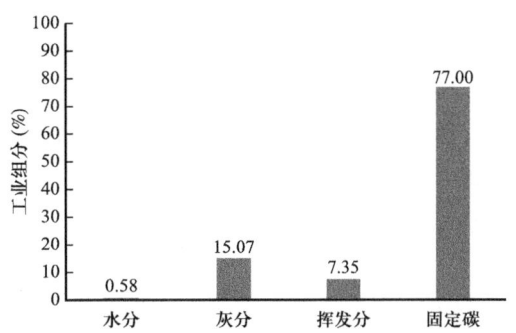

图2　宜川—黄龙地区8#煤显微组分　　　　图3　宜川—黄龙地区深层8#煤工业分析数据

2.3　储层特征

煤层气是一种源储一体的非常规气藏，煤岩既生烃又储气，煤储层的宏观、微观特征与常规储层存在显著差异。

宏观上，煤储层割理发育，岩心断面上割理清晰可辨，呈现线状、网状连续分布，局部被方解石或泥质充填，面割理密度10～15条/5cm、端割理12～18条/5cm（图4）。发育的割理形成了宏观缝网系统，有利于气体渗流。

(a) 8#煤岩网状割理，本溪组，Y2井　　　　(b) 8#煤岩线性割理，本溪组，Y17井

图4　宜川—黄龙地区8#煤割理、裂缝发育特征

微观上，扫描电镜观察显示，煤岩主要发育微孔、晶间孔和微裂隙等多种储集空间类型（图5），孔径为10～200nm，部分孔隙被以高岭石为主的黏土或碳酸盐岩矿物充填。氮气吸附、高压压汞、核磁等实验数据表明，煤岩孔隙以微孔、小孔为主，比表面积占总比表面积99%以上，多数呈孤立状分布，连通性差，主要提供吸附气赋存空间，大孔隙占比小，但渗透率贡献值高，表明储层渗流能力主要由大孔喉主导。同时镜下照片显示煤岩微裂缝较为发育，CT扫描显示裂缝开度平均为0.74μm，贡献率为10.48%，平均裂缝张开度为5.07μm，裂缝宽度集中在5～7μm之间，占比90.63%。对比分析发现微裂缝发

育的样品渗透率明显升高，镜下微裂缝局部可见气体晕痕，表明微裂缝能有效沟通煤岩中的微小孔隙，游离气和部分解吸气可在其中运移和聚集。

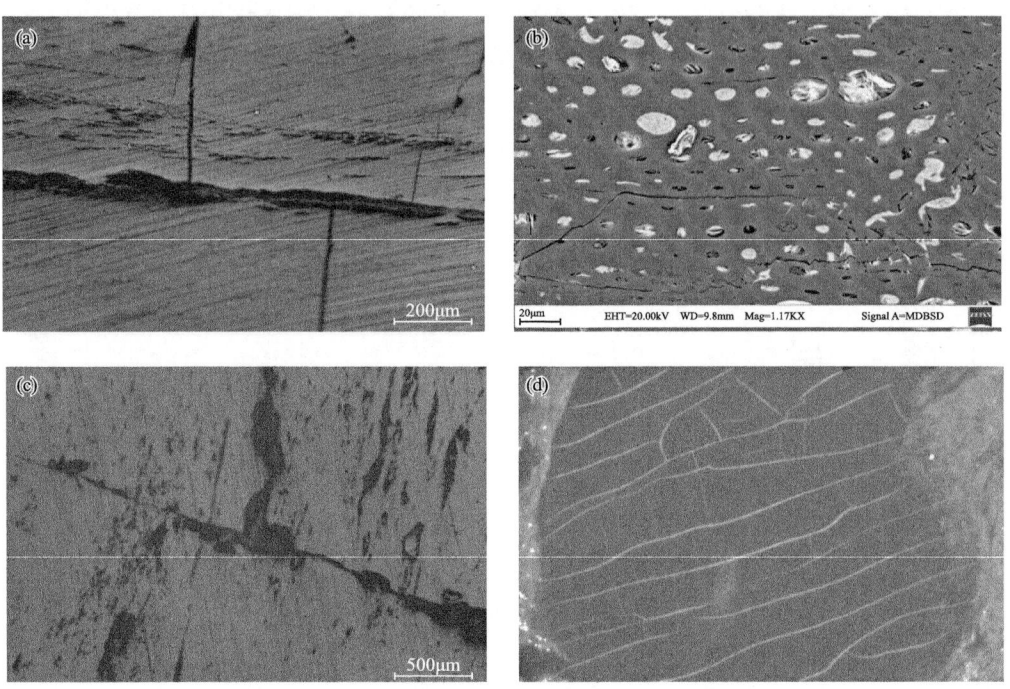

图5 宜川—黄龙地区 8# 煤微观孔—缝发育特征

（a）裂隙发育，局部呈阶梯状、不规则状，部分裂隙矿物充填，本溪组 8# 煤岩，YQ19井；（b）有机质孔隙，部分孔隙中充填黏土矿物，微裂隙发育，本溪组 8# 煤岩，YQ1井；（c）裂隙发育，次裂隙与主裂隙近垂直，局部偶见气体晕痕，渗透率 0.72mD，本溪组 8# 煤岩，YQ19井 2257.47m；（d）网状微裂缝，本溪组 8# 煤岩，YQ10井

2.4 含气性特征

8# 煤具有含气量高、含气饱和度高"双高"特征。钻杆取心解吸测试结果表明，样品总含气量在 13.21～33.13m³/t，平均含气量为 26.9m³/t（表1）。等温吸附曲线计算煤岩兰氏体积为 20.26～34.8m³/t，平均为 25.92m³/t，兰氏压力为 1.33～4.85MPa，平均为 2.01MPa（图6）。煤岩含气饱和度在 80%～100% 之间，平均为 88%，远高于邻区中浅层煤岩，表现出高吸附饱和的含气特征。

表1 宜川—黄龙地区 8# 煤测试含气量数据

井号	样号	岩性	样品质量（g）	解析气（mL）	损失气（mL）	残余气（mL/g）	总含气量（mL/g）
宜120	1	黑色煤	1986	35924.00	18059.0	—	27.18
	2	黑色煤	2093	36286.00	33057.0	—	33.13
	3	黑色煤	2717	30645.00	26166.0	—	20.91
宜10-25-42	4	黑色煤	3820	73114.40	202.2.0	0.02	19.21
	5	黑色煤	3660	72704.60	8649.6	0.04	22.27

续表

井号	样号	岩性	样品质量（g）	解析气（mL）	损失气（mL）	残余气（mL/g）	总含气量（mL/g）
宜庆1	6	黑色煤	2359	31008.93	6246.9	1.01	16.80
	7	黑色煤	2905	41631.65	6189.2	0.45	16.91
宜10-8-53	8	黑色煤	1911	36783.07	8189.1	0.23	23.76
	9	黑色煤	2211	39542.04	8743.8	0.30	27.14
宜庆19	10	黑色煤	2620	37359.50	33758.0	3.42	30.57
	11	黑色煤	3580	52873.77	43210.0	1.45	28.92
	12	黑色煤	3510	56543.42	40123.0	2.38	29.92
平均							26.90

除大量甲烷以吸附气形式赋存在煤岩孔隙表面外，还有部分气体以游离态赋存于煤储层发育的各类孔隙和微裂缝中，形成了煤岩气吸附气与游离气共存的含气特征。采用不同方式进行含气量测试时，部分样品表现出实际解吸气量大于兰氏体积的现象，表明在饱和吸附的状态下，还有部分气体以压缩气形式赋存在储层中，形成高压束缚游离气。区内试采井流动物质平衡法拟合结果表明，游离气平均占比为20%。

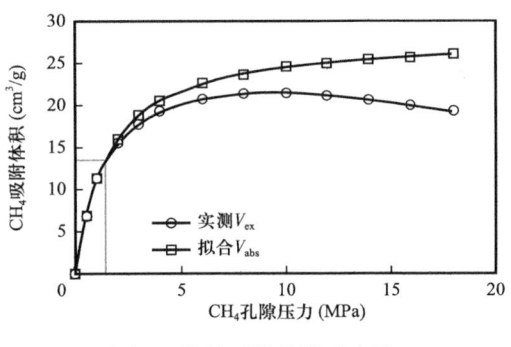

图6　等温吸附曲线对比图

2.5 顶底板岩性与保存条件

顶底板岩性和封盖能力是评价煤层气保存条件的重要参数。受控于本溪组、太原组沉积环境，研究区 8# 煤岩顶部发育泥岩、石灰岩、砂岩三种岩性顶板，工区北部、中部以石灰岩顶板为主，直接顶板石灰岩厚度1~8m，石灰岩累计厚度1~23m，南部主要发育泥岩顶板，厚度1~24m。煤岩底板以泥岩为主，厚度2~28m，局部可见砂岩底板发育（图7）。

图7　煤岩顶底板模式图

煤岩层地层水矿化度平均77120mg/L，水型为 $CaCl_2$ 型（表2），依据邻区水文地质条件划分标准（表3），研究区处于承压滞留水区，地下水流动强度较弱，有利于形成稳定的保存环境。同时研究区主体构造活动较弱，断裂不发育，煤层气保存条件好。

表2 宜川—黄龙地区 8# 煤地层水矿化度及水型统计表

井号	层位	离子浓度（mg/L）						总矿化度（mg/L）	水型
		$K^+ + Na^+$	Ca^{2+}	Mg^{2+}	Cl^-	SO_4^{2-}	HCO_3^-		
宜4	本溪	11316	20032	868	52452	3429	731	88830	$CaCl_2$
宜156	本溪	10392	12264	1240	39381	2450	240	65970	$CaCl_2$
宜77	本溪	14584	22677	1197	64001	2363	578	105400	$CaCl_2$
宜56	本溪	6606	9295	1333	29316	1215	513	48280	$CaCl_2$

表3 大宁—吉县地区水文地质划分表（据中国石油煤层气公司）

地区	层位	水型	总矿化度（mg/L）	区带名称
大宁—吉县	石炭系—二叠系	$CaCl_2$ $NaHCO_3$	≥50000	承压滞留水区
		$NaHCO_3$	30000～50000	弱径流区
		$NaHCO_3$ Na_2SO_4	10000～30000	径流区
		Na_2SO_4	≤10000	供水区

3 成藏控制因素

3.1 煤体规模奠定成藏物质基础

根据赋存状态，煤层气可分为吸附气、游离气、溶解气。根据目前邻区保压取心成果和研究井区试采井动态资料分析，煤岩气以吸附气为主，占比80%～85%，其次为游离气，占比15%～20%，几乎不含溶解气。煤岩中的微孔隙是吸附态甲烷的主要贮存空间，因此煤体规模越大，微孔隙空间越大，所吸附的甲烷越多，煤层含气量也就相应地增加。从煤岩厚度和含气量叠合图可见，含气量中心与富煤中心基本一致。综上所述，煤体发育的规模奠定了煤岩气成藏的物质基础。

研究区经历加里东期风化剥蚀后，鄂尔多斯盆地在晚古生代石炭纪、二叠纪整体下沉并接受沉积，古地理环境由海相渐变为陆相，古气候由潮湿转为干旱，形成海陆过渡相和陆相含煤的碎屑岩沉积。本溪组沉积末期，发生大范围海退，以泥坪沼泽沉积为主，从而发育区域上广泛分布的 8# 煤[6]。利用亚显微组分开展煤相分析，研究区 8# 煤具有结构保存指数（TPI）和凝胶化指数（GI）均较高、流动指数低、植被指数高的特征，依据煤相图版为富营养覆水森林沼泽相（图8）。该聚煤环境下成煤物质供给充足，水体流动性弱、还原性强，有利于有机质沉积和保存，可规模发育优质煤岩，从而形成大规模煤层气藏。

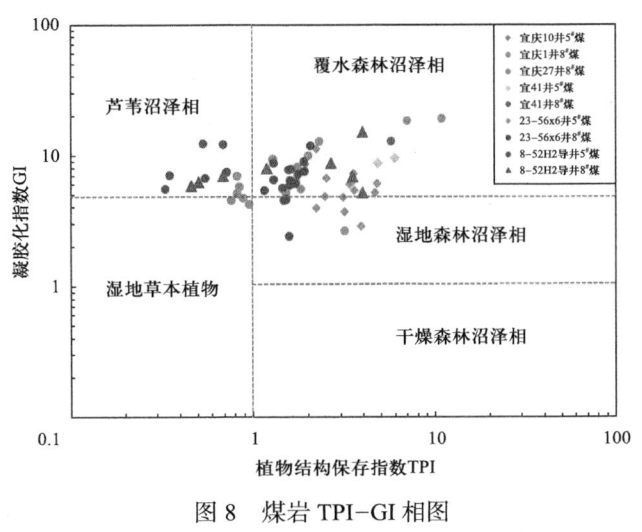

图 8 煤岩 TPI-GI 相图

3.2 煤质、煤阶决定了煤储层含气性

研究区煤岩显微组分包括有机组分（镜质组、惰质组、壳质组）和无机矿物，有机组分中镜质组含量最高，平均为 79.4%，其次为惰质组，平均为 12.7%，无机矿物含量低，平均占比 7.9%。有机组分是煤岩生烃的主要成分，有机组分越高，煤岩生烃能力越强。此外有机质大量生气形成的微孔隙是煤层吸附主要场所，前人研究成果表明，煤岩含气性与镜质组和惰质组含量正相关，且相同煤阶富镜质组的煤吸附能力要强于富惰质组的煤[7]。因此研究区 8# 煤镜质组含量高，生烃和吸附能力强，煤储层含气性好，同时镜质组具有较强的脆性，容易发育裂缝和微孔隙，更有利于天然气的储集和渗流。

煤在高温作用下的变质作用是煤岩生烃的主要机制，镜质组反射率（R_o）是反应煤岩热演化程度的主要参数。大量研究表明，相同成分煤岩，R_o 值越高，煤层气含量越高。研究区 8# 煤实测 R_o 在 1.68%～3.11% 之间，平均为 2.84%，依据煤阶评价标准为中—高阶瘦煤、贫煤和无烟煤。王少昌、傅家谟等在研究不同煤阶煤岩生气量时发现，随着煤阶升高，煤岩生气量逐渐加大，瘦煤、贫煤和无烟煤生气量均在 250m³/t 以上（图9）。研究区及邻区勘探实践表明，相同煤层演化程度越高，含气量越大（图10）。

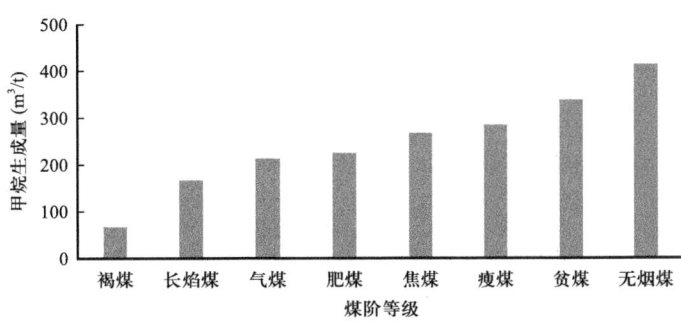

图 9 不同煤阶甲烷生成量分布图

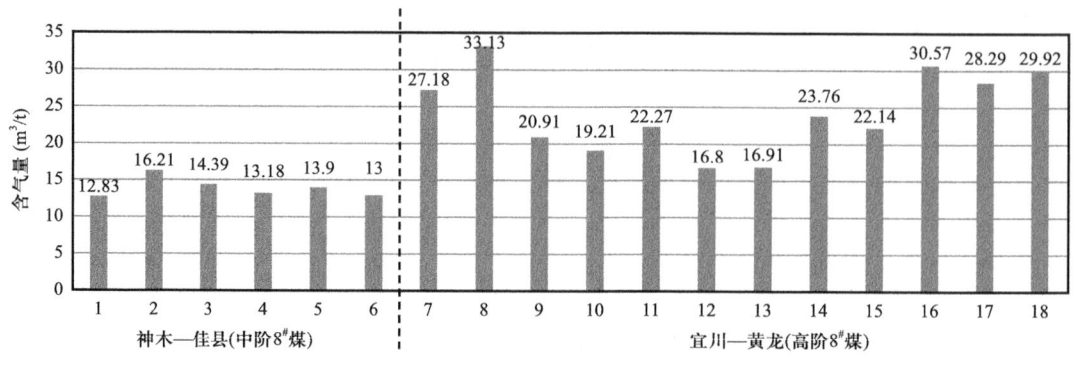

图 10　不同煤阶 8# 煤实测含气量

3.3　储盖组合和水文地质条件控制煤岩气富集程度

研究区主要为煤—灰储盖组合，其次为煤—泥组合和煤—砂组合，不同组合类型的封闭能力不同。煤—灰、煤—泥组合的石灰岩、泥岩顶板岩性致密，取心实测顶板石灰岩平均排替压力 42MPa，封闭能力强，实钻井煤层气测值高，表明煤储层含气性较好；砂岩顶板物性较石灰岩、泥岩好，渗流能力强，封闭性相对较低，实钻井煤层气测值偏低，煤储层含气性相对较差（图 11）。

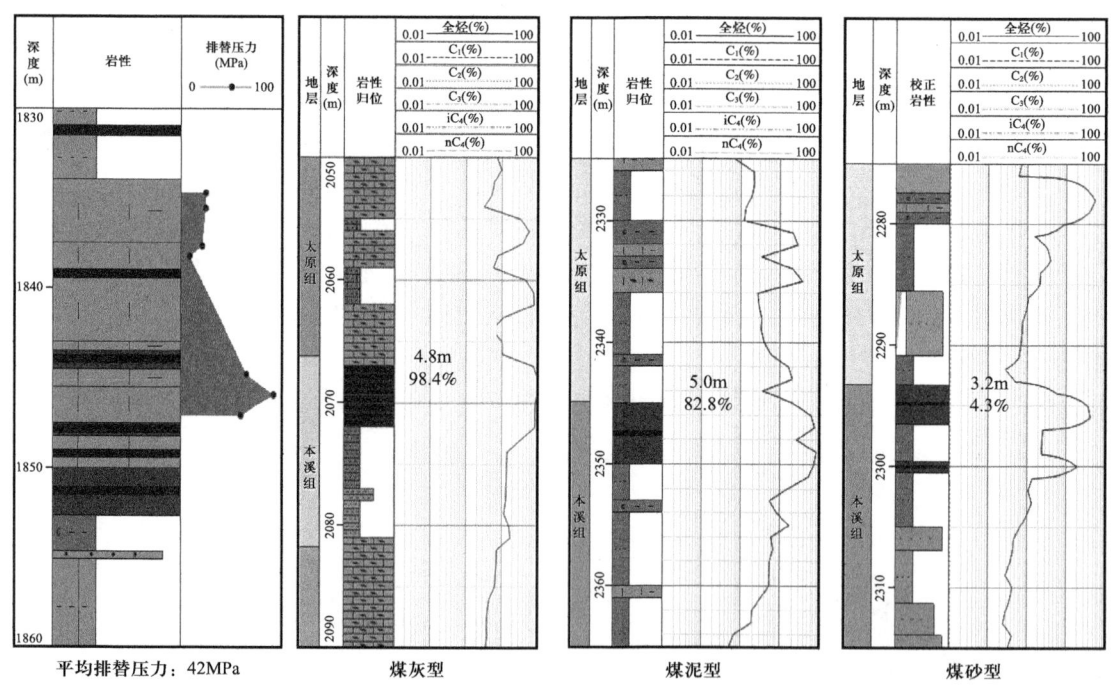

图 11　不同储盖组合封闭能力差异图

水文地质条件是影响煤层气保存的重要因素。傅学海等在研究沁水盆地水文地质条件对煤层气含气量的控制作用时发现，煤层气含气量富集中心与地下水滞水地带、高矿化度中心几乎重叠，这些滞水中心及边缘地带为煤层气富集提供了有力的水文地质条件[8]。

研究区 8# 煤层地层水矿化度平均 77120mg/L、水型为 $CaCl_2$ 型，依据区域水文地质划分标准处于承压滞留水区，地下水流动强度较弱，煤层气不受地下径流和地表淡水破坏，可在煤储层内富集成藏。

4 成藏模式

通过分析研究区 8# 煤煤层气成藏条件，总结成藏控制因素，建立了宜川—黄龙地区自生自储游离—吸附型气藏的成藏模式。研究区位于地下水滞留区，高阶富含镜质组煤岩大量生烃，自生天然气在水力封闭作用下，除部分运移至其他储层中，剩余气体吸附于煤岩纳米级孔—缝表面或游离富集成藏（图12）。

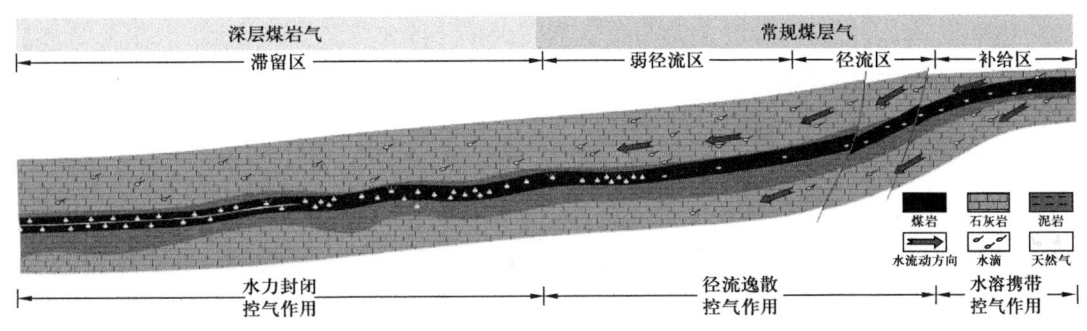

图 12 宜川—黄龙地区煤岩气成藏模式

5 有利区划分

煤岩气是目前非常规天然气勘探开发新领域，尚无统一的有利区划分评价体系。本次研究在总结研究区及邻区勘探开发成果基础上，综合考虑储层资源条件、构造保存条件，选择宏观煤型、煤层厚度、含气量、煤体结构、埋深、顶底板岩性等 10 项参数，建立宜川—黄龙地区煤岩气平面有利区划分评价体系（表4），为煤岩气勘探选区提供地质依据和技术支撑。

表 4 煤岩气有利区划分标准

	评价参数	Ⅰ类区	Ⅱ类区	Ⅲ类区
储层资源条件	宏观煤型	光亮煤	半亮煤	半暗煤—暗煤
	煤层结构	一分型、二分型	二分型	二分型
	煤层厚度（m）	>6	4~6	<4
	含气量（m^3/t）	>22	19~22	<19
	资源丰度（$10^8m^3/km^2$）	>1.7	1.5~1.7	<1.5
	煤体结构	原生结构煤	碎裂煤、碎粒煤	碎裂煤、碎粒煤

	评价参数	Ⅰ类区	Ⅱ类区	Ⅲ类区
构造保存条件	构造	平缓区		陡坡区
	埋深（m）	>2000		>2000
	顶板石灰岩厚度（m）	>10		<10
	底板泥岩厚度（m）	>8		<8

以评价体系为划分指标，将研究区 8# 煤划分为 3 类 23 个有利区，并编绘有利区分布图。由分布图可知，Ⅰ类有利区位于研究区北部和南部，Ⅱ类和Ⅲ类有利区分布在研究区中部和东、西部。在Ⅰ类区内部署的预探水平井 YP2 井采用极限体积压裂技术改造煤岩 387m，放喷火焰 4～5m，试气最高日产 $5.3×10^4m^3$，首年累计产气 $700×10^4m^3$，实现了研究区煤岩气新领域勘探突破。

6 结论

（1）宜川—黄龙地区本溪组 8# 煤宏观煤型以光亮煤、半亮煤为主，煤体结构以原生结构为主，镜质组含量高、灰分低，煤岩热演化程度高，R_o 平均为 2.84%，煤储层基质物性较差，但微裂隙发育，可有效提升渗流能力。实测总含气量 16～33m^3/t，以吸附气为主，同时有大量游离气赋存。

（2）总结煤岩气成藏控制因素，认为煤层规模奠定成藏物质基础，煤质和煤阶决定储层含气性，储盖组合和水文地质条件控制煤层气富集程度。以此为依据建立了宜川—黄龙地区自生自储游离—吸附型气藏的成藏模式。

（3）优选宏观煤型、煤层厚度、含气量、煤体结构、埋深、顶底板岩性等 10 项参数，建立宜川—黄龙地区煤岩气平面有利区划分评价体系。以评价体系为划分指标，将研究区 8# 煤划分为 3 类 23 个有利区，有效指导了勘探目标优选，部署预探井试气产量高，实现了深层煤岩气勘探突破。

参 考 文 献

[1] 郭艳琴，李文厚，郭彬程，等.鄂尔多斯盆地沉积体系与古地理演化［J］.古地理学报，2019，21（2）：293-319.

[2] 赵振宇，郭彦如，王艳，等.鄂尔多斯盆地构造演化及古地理特征研究进展［J］.特种油气藏，2012，19（5）：15-20.

[3] 陈洪德，侯中健，田景春，等.鄂尔多斯地区晚古生代沉积层序地层学与盆地构造演化研究［J］.矿物岩石，2001，21（3）：12-16.

[4] 杨俊杰.鄂尔多斯盆地构造演化与油气分布规律［M］.北京：石油工业出版社，2002.

[5] 杨华，席胜利，魏新善，等.鄂尔多斯多旋回叠合盆地演化与天然气富集［J］.中国石油勘探，2006，23（1）：17-24.

［6］单俊峰，吴炳伟，牟春，等.鄂尔多斯盆地宜川—黄龙地区上古生界储层特征及其对天然气成藏的影响［J］.特种油气藏，2022，15（3）：10-44.

［7］马立涛，胡维强，刘玉明，等.鄂尔多斯盆地临兴地区上古生界煤层含气量分布规律及影响因素分析［J］.长江大学学报（自科版），2018，15（3）：6.

［8］傅雪海，秦勇，韦重韬，等.沁水盆地水文地质条件对煤层含气量的控制作用［J］.煤层气勘探开发理论与实践，2007，9（2）：61-69.

临兴地区浅—深部煤层富气差异及有序成藏模式研究

吴见[1,2]，米洪刚[1,2]，石雪峰[3]，高丽军[3]

（1.中联煤层气有限责任公司，北京 100016；2.三气共采省技术创新中心，山西 太原 030000；3.中海油能源发展股份有限公司工程技术分公司，天津 300457）

摘　要：鄂尔多斯盆地东缘晋西挠褶带临兴地区有序发育浅—深部煤层气，基于浅—深部煤层含气量和煤储层相关地质参数测试结果，从含气量微观影响因素分析入手，分析浅—深部煤层气富气差异控制内涵，并重点以宏观水文地质和保存条件为主控因素、微观储层要素为协同要素，建立了区内浅—深部煤层气井有序成藏模式。结果表明：（1）相比于浅部煤层气，临兴地区 8+9# 深部煤层气资源潜力巨大，具有"煤层厚、含气量高、煤岩煤质较好、煤岩顶底板封盖好、滞留水环境"特征，具有较大煤层气资源潜力。同时相比浅部煤层，深部煤储层温度和压力增大，煤储层物性降低，且煤层含气性差异增大。（2）煤岩煤质、煤岩吸附能力和煤岩孔隙等微观因素对浅部煤层气的影响较弱，但随着深度增加，高镜质组含量、高成熟度、高孔隙度、高吸附能力对深部煤层含气量的提高影响明显，当煤岩镜质组含量大于85%、孔隙度大于5%时，相对有利于游离气的富集。（3）临兴地区浅—深层煤层气有序成藏，杨家坡和临兴东区浅部煤层气为水文控气成藏模式，随深度的增加，弱径流区相对富气；临兴中区深部煤层气区煤层气藏主要为岩性封闭型的单斜煤层气藏，局部发育吸附气—游离气共存的煤层气藏。

关键词：临兴地区；浅—深部煤层气；含气影响因素；有序成藏模式

随着近年来煤层气勘探和开发技术的进步，我国煤层气开发逐步由浅层向深部迈进[1-3]。鄂尔多斯盆地作为我国第二大盆地，上古生界石炭系—二叠系广泛分布煤系地层，煤层气资源丰富，其东缘延川南、大宁—吉县及临兴—神府等区块对1500m以深的煤层气勘探均取得了工业突破，预示我国浅—深部煤层气将实现接替勘探、递进开发新局面[4-6]。近40年浅部煤层气开发经验显示针对煤层气地质背景、储层特征评价明确煤层气富集成藏要素，是优选区块制定高效勘探开发策略的基础，但是深煤层与浅部煤层相比，具有"埋深大、高温、高压、高应力、低孔隙、低渗透"特征，其复杂地质条件耦合作用下煤层气含气性、物性的研究均处在探索阶段[7-10]，诸多学者指出深部煤层气与中—浅部煤层气在成因机制、富集规律、赋存状态及开发规律等方面存在很大差异[10-14]，需深化深部煤层气成藏认识，探索形成针对性的勘探开发模式。

基金项目：中国海油"十四五"重大科技项目（KJGC2022-1002）。

第一作者：吴见，男，1983年生，山东临沂人，硕士，高级工程师，从事非常规气评价工作，E-mail：wujian9@cnooc.com.cn。

煤层气成藏是一个流体压力系统逐渐调整的地质选择过程，宏观方面，原位含气性受地应力场、地温场和地下水动力场等外界因素影响，构造地质条件对含气性的影响非常复杂，涉及含煤盆地特征、构造运动和地下水动力条件等[15-17]。微观方面，煤储层弹性能量场在气体吸附解吸和成藏过程中发挥重要作用。埋深引起地层压力和应力系统的改变，并呈现出裂隙/割理的闭合或拉张，从而改变了气体的保存和渗流条件，地层温度的改变也会直接影响煤储层中煤—气—水三相甚至多相耦合状态。水文地质条件、地层倾角、断层、褶皱等控制煤层气的吸附、解吸、运移、富集，造成煤层气由深到浅有规律地变化，导致煤层气含量在空间分布上存在差异。

鄂尔多斯盆地晋西挠褶带的临兴地区，其所涵盖的杨家坡区块目前以浅部煤层气开发为主、临兴东和中区块相继发现深部煤层气，总体区域具有煤层厚度大、含气性差异大的特点。近两年随着深部煤层气区块的不断勘探，相继提出气物质基础、封盖条件、地下水动力条件及其有利配置是决定成藏效应的关键，深部煤层气具有"广覆式生烃、高含气、高饱和、高压束缚游离气与吸附气共存"的成藏特征，可发育微幅褶皱、单斜与水动力耦合、断层与水动力耦合、鼻状构造凹陷、边缘缓坡型等成藏模式。整体上，关于深部煤层气成藏演化规律的认识不清，且成藏模式尚不完善，特别是对深部煤层气的赋存状态及影响因素，缺乏从纵向上煤系地层煤层气整体成藏特点、平面上递进成藏角度研究，制约了煤层气由浅部向深部不同区域煤层气勘探开发决策。鉴于此，以临兴区域本溪组 8+9# 煤层为例，结合区域各取心井含气量测试、工业分析、地层水等实验测试结果，从纵向和平面上两个维度分析同一区域浅部—深部煤层气井含气性及物性变化规律，探讨了区内由浅到深，煤层含气富集的差异性，形成浅—深部煤层气的有序成藏模式，以求指导区块不同深度段煤层气的递进高效开发。

1 煤层气地质特征

临兴地区构造上位于鄂尔多斯盆地东缘晋西挠褶带（图1），由东向西依次分布杨家坡煤层气区块、临兴东和临兴中深部煤层气区块。上石炭统和下二叠统含煤地层为区内主要煤层气勘探开发层位，其中石炭统本溪组 8+9# 煤为目前浅—深部煤层气勘探的主力煤层[18-19]。

区内 8+9# 煤层由东向西煤层埋深逐渐加深，其中杨家坡地区主要为浅部煤层，8+9# 煤层埋深平均 617.71m。9# 煤层埋深 1087～2102m，平均 1902m。临兴中区为深部煤层，8+9# 煤埋深平均 1902m；浅部煤层煤岩成熟度为 0.84，深部煤层受紫金山火山影响，镜质组反射率差异较大，总体为 1.01%～2.10%，个别异常区可达 3.0% 以上；潮间坪沉积背景下，8+9# 煤层厚度较厚且展布稳定，平均厚度大于 5m；煤岩总体均以光亮型、半亮型为主，显微组分以镜质组为主，灰分产率低；煤层顶底板以泥岩、细粒砂岩为主，多发育砂泥互层的垂向岩性，局部煤层顶板与砂岩直接接触[20]。

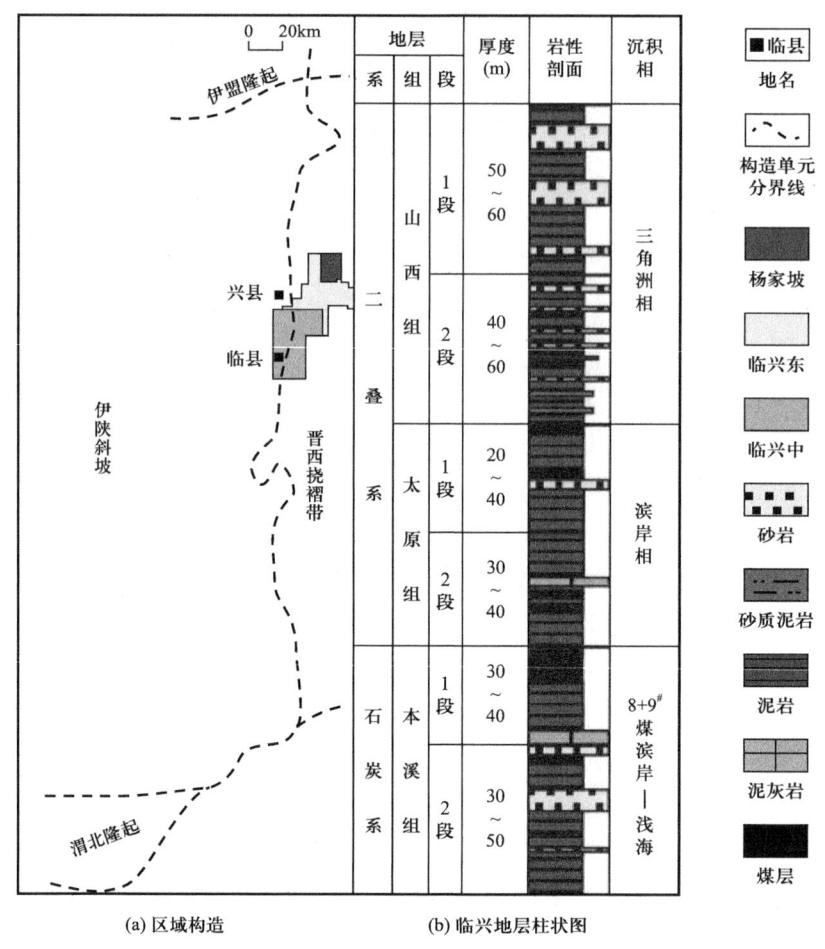

(a) 区域构造　　　(b) 临兴地层柱状图

图 1　研究区分布图

浅部和深部煤层含气差异明显，其中浅部 $8+9^{\#}$ 煤层含气量介于 4.30～6.30m³/t，平均 4.93m³/t，随着深部的增加临兴中区 $8+9^{\#}$ 煤层含气量为 7.86～27.01m³/t，平均 14.36m³/t；煤岩吸附能力随深部的变化略有增大，但总体差异性不大，以空气干燥基为准，浅部 $8+9^{\#}$ 煤的兰式体积（V_L）为 8.31～16.4cm³/g，平均 13.68cm³/g。兰式压力（p_L）为 1.33～2.87MPa，平均 2.44MPa。深部 $8+9^{\#}$ 煤的兰式体积（V_L）介于 10.53～21.97cm³/g，平均 14.13cm³/g。兰式压力（p_L）为 2.57～6.22MPa，平均 3.68MPa；煤岩相对低孔隙、低渗透，随着深部的增加煤层渗透率明显减小。其中煤岩密度法测试得出，浅部 $8+9^{\#}$ 煤层孔隙度平均 8.05%，深部煤层孔隙度平均 5.92%；浅部煤层试井渗透率相对高于深部煤岩渗透率。

综合对比区内煤层的地质参数（表 1），区内煤层气总体资源参数优越，具有煤层厚、含气量高、煤岩煤质较好、总体处于滞留水环境（煤系地层水以高矿化度的 $NaHCO_3$ 型、$CaCl_2$ 型为主）的特征，但深部煤层相比浅部煤层，随着深部的增加，煤层储层温度和压力增大，储层物性有一定降低，且所处的地层水由 $NaHCO_3$ 型变为 $CaCl_2$ 型，其中煤层含气性差异增大尤为明显，预示着浅—深部煤层气富集成藏差异性较大。

表 1 临兴区块浅—深部煤层地质参数对比

地质参数	浅部煤层气	深部煤层气
埋深（m）	$\dfrac{118.21\sim1117.21}{617.71}$	$\dfrac{1087\sim2102}{1902}$
R_{omax}（%）	$\dfrac{0.65\sim1.01}{0.84}$	$\dfrac{1.16\sim2.10}{1.36}$
镜质组含量（%）	$\dfrac{40.86\sim86}{54.12}$	$\dfrac{45.90\sim88.60}{75.05}$
灰分产率（%）	$\dfrac{6.57\sim38.2}{19.57}$	$\dfrac{6.37\sim38.55}{17.03}$
厚度（m）	$\dfrac{3.8\sim15.2}{10.61}$	$\dfrac{2.50\sim16.24}{6.58}$
含气量（m³/t）	$\dfrac{4.30\sim6.03}{4.93}$	$\dfrac{7.86\sim27.01}{14.36}$
兰氏体积（cm³/g）	$\dfrac{8.31\sim16.4}{13.68}$	$\dfrac{10.53\sim21.97}{14.13}$
兰氏压力（MPa）	$\dfrac{1.33\sim2.87}{2.44}$	$\dfrac{2.57\sim6.22}{3.68}$
孔隙度（%）	$\dfrac{5.33\sim15.10}{8.05}$	$\dfrac{4.23\sim6.79}{5.92}$
渗透率（mD）	$\dfrac{0.19\sim4.9}{1.35}$	$\dfrac{0.01\sim0.32}{0.14}$
储层压力（MPa）	$\dfrac{5.08\sim9.32}{7.48}$	$\dfrac{10.5\sim20.6}{18.6}$
储层温度（℃）	$\dfrac{15\sim31}{22.31}$	$\dfrac{35.9\sim60.5}{55.7}$
水质水型	矿化度 783～1500mg/L，水型以 $NaHCO_3$ 型为主	矿化度大于 10000g/L，水型以 $CaCl_2$ 型为主
顶底板岩性	以砂岩、泥岩为主	

注：表中数据格式为 $\dfrac{最小值\sim最大值}{平均值}$。

2 浅—深部煤层含气影响因素

2.1 不同深度煤岩煤质对含气量的影响

根据煤岩现场含气量实测样品进行工业分析和显微组分测试，并对煤岩含气量数据与相关煤岩煤质参数进行相关性分析（图2）。煤岩煤质对深部煤层含气性的影响远远大于浅部煤层，其中煤岩煤质对浅部煤层含气性影响较小，仅成熟度有一定正相关；相比于浅部煤层气，煤岩煤质对深部煤层含气性影响较大，其中随着镜质组含量增加（大于80%）、煤岩成熟度变大（R_{omax}＞1.0%），深部煤层含气量有显著增加。分析认为，成煤有机质主要来源于陆源高等植物，煤中植物组织较发育，高含量的镜质组有助于煤中微裂隙的发育，且随着煤岩镜质组反射率增大，煤中的镜质组含量增大，挥发分含量减小，孔隙结构发育程度越来越好，为煤层气游离气、吸附气的赋存提供了良好的物质条件。除此而外，高成熟度保障该区煤层气热成因气源充足，同时随着深部的增加，煤岩储层压力增大，且围岩致密性增强，对煤层气的吸附与保存有利。

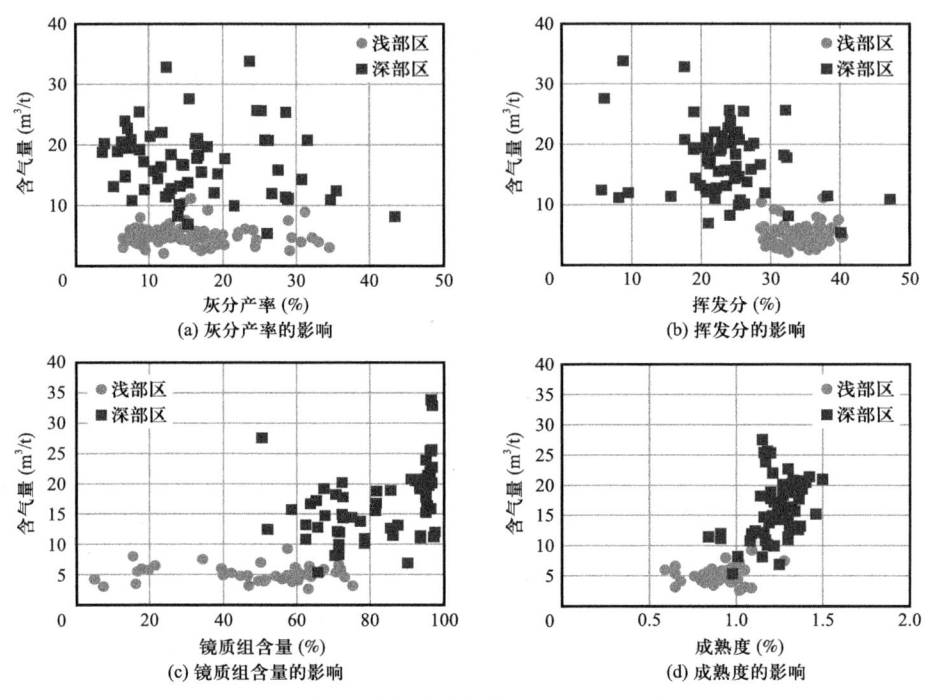

图 2 浅—深部煤岩煤质参数与含气量相关性分析

2.2 不同深部煤岩吸附能力对含气量的影响

煤的吸附能力是煤层气勘探开发的重要指标，其大小往往用等温吸附实验所测得的兰氏体积、兰氏压力、计算所得的理论甲烷吸附量来衡量。煤岩兰氏体积 V_L 是衡量煤储层吸附能力的量度，其值反映了煤的最大吸附能力。兰氏压力 p_L 是影响吸附等温曲线形态的参数，是指吸附量达到 1/2 兰氏体积时所对应的压力值，该指标反映了煤层气解吸的难易程度，兰氏压力越高，煤层中吸附态气体脱附越容易，对开发越有利[18]。实际地温条件下，测试区内浅—深部煤层等温吸附结果表明，随着深度的增大，浅—深部煤层的 V_L 差异较小，平均在 14m³/t，且随深部的增加，V_L 有增大的趋势。深部煤层的平均 p_L 大于浅部煤层，说明随着深度的增加，煤层中吸附态气体脱附越容易，对开发相对有利。进一步兰氏体积与煤层实测含气量相关性分析，揭示深部部分煤岩样品实测含气量远高于 V_L，表明深部煤层实测含气量高于理论最大吸附气量，即局部煤层存在游离气。同时相比于浅部煤层，深部煤层兰氏体积仍与含气量相关性较高，说明 V_L 吸附能力仍是深部煤层含气量的重要因素（图3）。

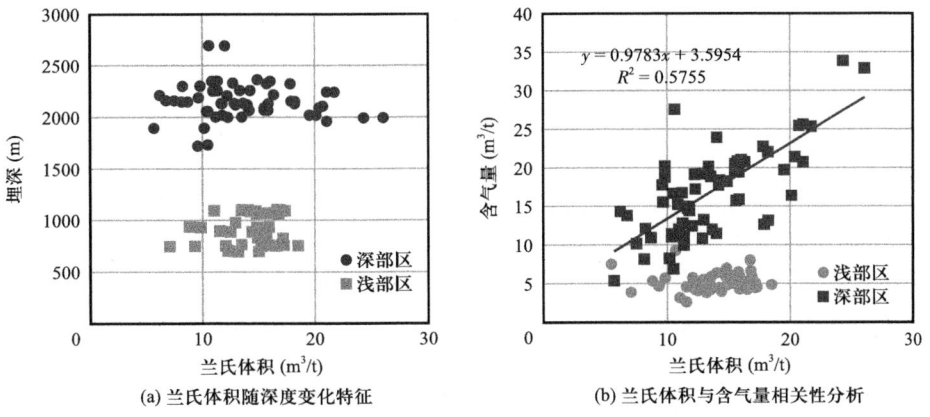

(a) 兰氏体积随深度变化特征　　(b) 兰氏体积与含气量相关性分析

图3　浅—深部煤岩吸附参数分布特征及与含气量相关性分析

2.3　不同深部煤岩孔渗特征

煤储层的孔渗性不仅反映了储集容纳气体的能力，也体现了允许气体流动运移的能力。引用煤炭行业计算煤孔隙率（ϕ）方法，煤的孔隙率（ϕ）与实验室测定煤样的真密度（d）和视密度（r）有很好的关系，并用此来计算煤的孔隙率：

$$\phi = \frac{d-r}{d} \times 100\%$$

浅—深部煤储层孔隙垂向分异规律统计揭示随深部的增加，煤层孔隙度降低，1500m以深的煤层孔隙度基本小于10%。不同深度孔隙度与实测含气量进一步揭示了浅部煤储层孔隙度与含气量相关性较差，煤储层孔隙度小于5%时，含气量相对较高，推测浅部煤层含气量以吸附气为主，孔隙度较高的煤储层，其水体流动性较强，不利于吸附气的保存；随着深度的增加，煤层中水体相对滞留，高孔隙度为游离气的储集提供了空间，因此深部煤储层孔隙度逐渐与含气量呈正相关关系，且当孔隙度大于5%时，煤储层可能相对赋存游离气，导致煤层含气量呈现异常高值（图4）。

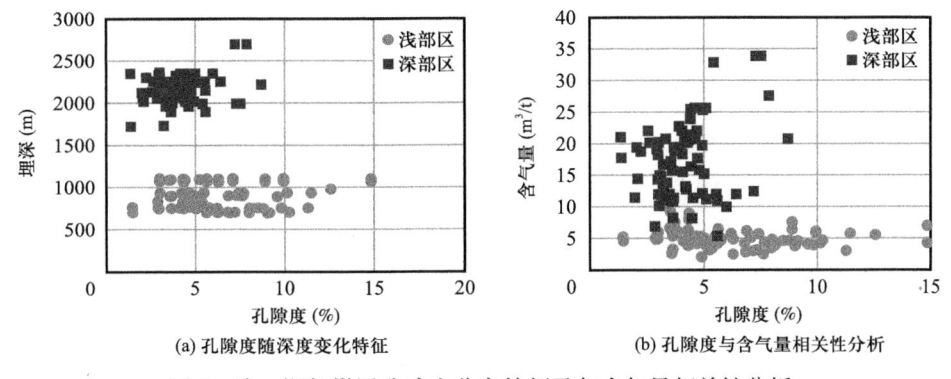

(a) 孔隙度随深度变化特征　　(b) 孔隙度与含气量相关性分析

图4　浅—深部煤层孔隙度分布特征及与含气量相关性分析

3 浅—深层煤层气成藏模式研究

3.1 浅—深层煤层气成藏差异富集关键因素

煤层埋深是煤储层含气性研究的重要因素，直接影响煤储层压力、温度，以及保存条件。浅—深部煤层含气影响因素揭示，区内浅部煤层含气量受煤岩煤质、煤岩吸附能力和孔隙空间的影响较小，随着深部的增加，高镜质组、高成熟、高吸附能力和高孔隙度逐渐显示富含气优势。鉴于浅—深部煤层气含气量差异影响因素，以保存—热作用为主线，结合煤岩变质程度、顶底板岩性、水动力条件，进一步研究浅—深层煤层气差异富集规律。

区内煤层顶板多以泥岩和砂岩为主，砂岩中有细砂岩、中砂岩等不同粒度的致密砂岩。浅部和深部煤岩顶部为致密砂岩，其煤层气含气量均有一定程度的降低，其中含气量较低的深部典型煤层气井，8+9#煤层围岩附近多发育致密砂岩气层。进一步通过杨家坪、临兴东和临兴中区块煤层气含气量与水头标高等值线叠合，得出水文地质对煤层气藏的影响主要集中于杨家坡、临兴东浅部煤层气，沿着水体流动方向，浅部煤层含气量逐渐增大。对临兴中区深部煤层气的影响相对较小。综合分析认为顶底板岩性差异及其引发的水文地质差异是影响浅—深部煤层含气性差异的主要宏观因素。浅部煤层成藏主要受水文地质控制，煤层埋深较浅，煤层受地下水影响较大，其煤储层或者围岩砂岩多含水，且煤层物性较好，地层水易流动，导致煤层含气量大量逸散，含气量降低；随着煤层埋深的逐渐增加，煤系地层物性变差，地层水流动性降低，煤层受地下水的影响较小，水文对煤层气富集的影响相对减弱。煤层顶部围岩的封盖能力对煤层含气量具有较大的影响，受顶底板封盖性和岩性组合关系影响，存在深部煤层气差异调整，当煤层顶部为封盖性较好的泥岩和石灰岩时，有利于煤层气的富集保存，煤层含气量相对较高。当8+9#煤顶部围岩多发育砂岩层时，其封盖能力相对有限，易导致煤层气向上逸散，顶部物性相对较好的砂岩层有可能形成致密气层的同时，深部煤层含气量降低（图5）。

3.2 浅—深层煤层气差异成藏模式

诸多学者对临兴中区的区域埋藏史、烃源岩成熟史进行了系统研究，表明临兴地球深部煤岩已处于成熟—过成熟阶段，且中南部紫金山的热作用为煤层气的生成提供了充足的热动力，有利于煤层气的大量排烃[21-22]。

煤层气成藏控气关键因素表明，水文地质差异是影响区内浅—深层煤层气差异富集的主要原因，顶底板保存条件是影响深部煤层气差异调整的关键。因此随着深部的增加，区内浅—深部煤层气成藏逐渐由水文控藏向封盖控藏转变，其中浅部煤层气呈现径流区相对含气量较低、弱径流区相对富气的特征；随着深度的增加，深部煤层气呈现微观煤岩物性要素与封盖保存条件协同控藏的特征，其深部地层温压条件的改变，煤岩显微组分、吸附

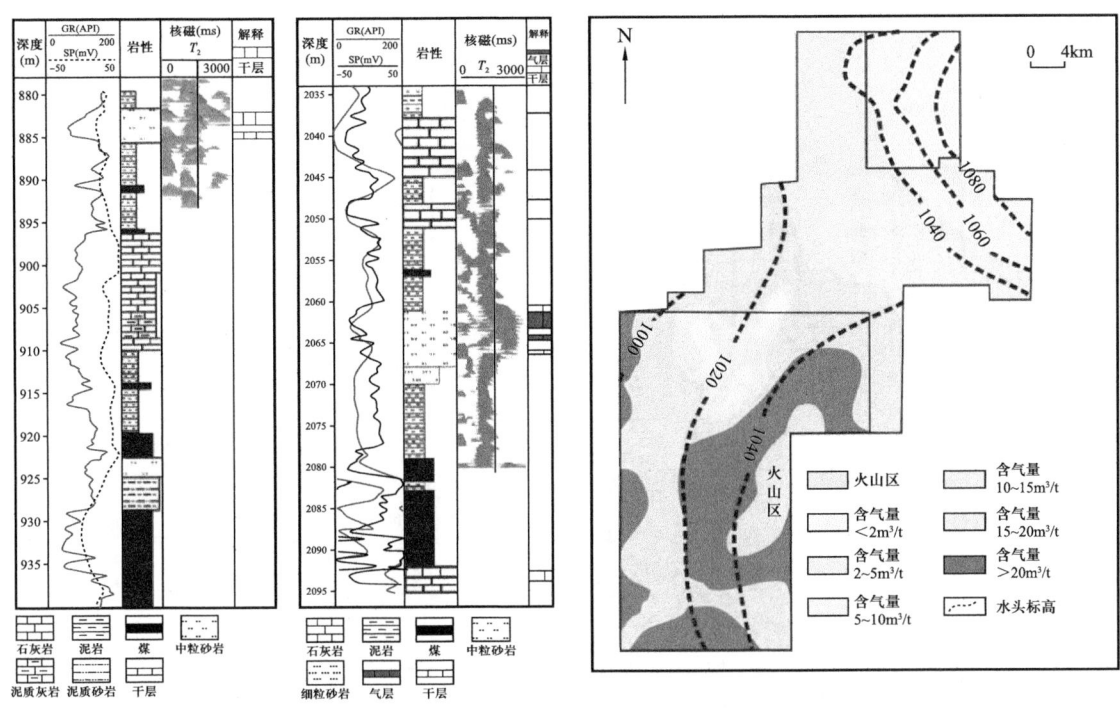

图 5 浅—深部煤层围岩特征、含气性与水头等值线平面响应特征

能力和高孔渗的微观控气要素和顶底板封盖保存条件协同控制含气量的富集，其中微观控气因素主要控制煤岩储层吸附气和游离气赋存方式的转变，不同煤系储层组合和裂缝配置关系决定了岩性、构造因素对煤层气藏的改造机理[23-24]，即煤层顶底板岩性垂向组合关系及纵向裂缝发育特征导致深部煤层气藏局部逸散调整。其中当煤层顶板为厚层泥岩或者物性较差的砂岩，且煤系地层中优势致密砂体与煤层间隔距离较大时，地层整体封盖能力增大，煤层气藏才能得以保存富集。当煤层与砂岩直接接触或者煤层与顶部物性较好的砂岩之间隔层厚度有限，煤层中天然气可以很好地突破薄层泥岩的封堵直接运移至致密砂体储层中（A/D 型组合），导致煤层气逸散。当煤系地层局部区域易发育微裂缝时，煤岩则相对发育裂缝，如果顶板厚层泥岩厚度大，仍有较好的封盖时（B 型组合），有利于深部煤层游离气的富集；如果断裂系统易将煤层与顶部远端的优质砂岩储层沟通，导致煤层气通过内断层或者微裂缝运移到致密砂岩层时（C 型组合），不利于煤层气藏的富集。结合煤层气富集控气因素及煤层气富集成藏机理的认识，总结临兴地区浅—深层煤层气有序成藏模式，其中浅部杨家坡和临兴东区依次为径流区，为水文控气成藏模型，随深度的增加，弱径流区相对富气；临兴中区深部煤层气区主体为滞留水环境，煤层气藏主要为岩性封闭型的单斜煤层气藏，垂向岩性组合及微裂缝特征是决定气藏富集的主控宏观因素，煤岩显微组分、吸附能力和高孔渗为微观控气要素，局部发育吸附气—游离气共存的煤层气藏（图 6）。

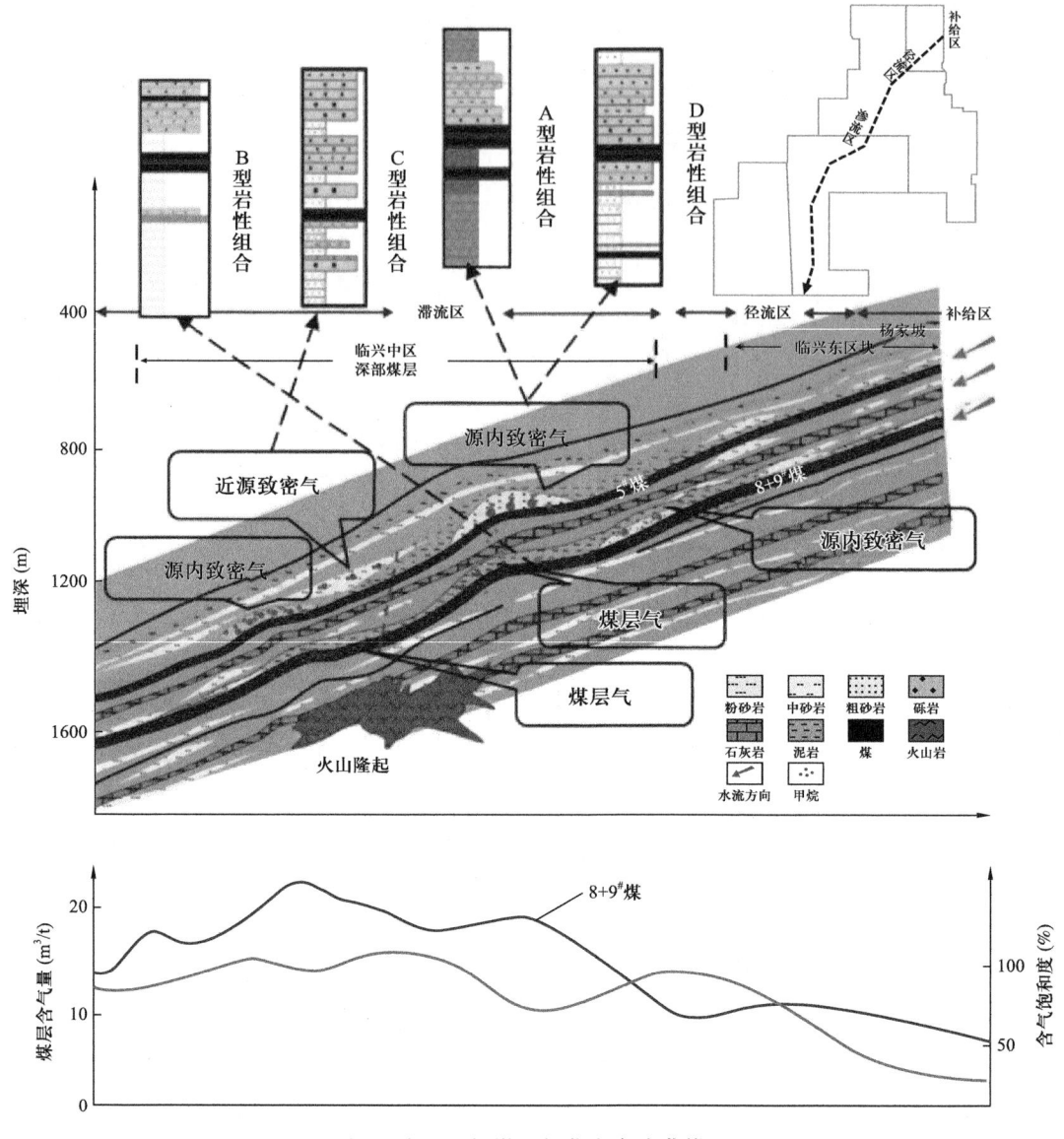

图 6 浅—深部煤层气藏有序成藏模式

4 结论

（1）临兴地区 $8+9^{\#}$ 煤层具有"煤层厚、煤岩煤质较好、总体处于滞留水环境"的特征，具有较大煤层气资源潜力。相比浅部煤层，深部煤储层温度和压力增大，煤储层物性有一定降低，且所处的地层水由 $NaHCO_3$ 型变为 $CaCl_2$ 型，煤层含气性差异增大。

（2）煤岩煤质、煤岩吸附能力和煤岩孔隙等微观因素对深部煤层含气性的影响远远大于浅部煤层。高镜质组含量、高成熟度、高孔隙度、高吸附能力相对有利于深部煤层气的富集，当煤岩镜质组含量大于 85%、孔隙度大于 5% 时，深部煤储层可能相对赋存游离气，导致含气量呈现异常高值。

（3）水文地质差异是影响区内浅—深层煤层气差异富集的主要原因，顶底板保存条件是影响深部煤层气差异调整的关键。临兴地区浅—深层煤层气有序成藏，其中浅部杨家坡和临兴东区为水文控气成藏模式，随深度的增加，弱径流区相对富气；临兴中区深部煤层气区煤层气藏主要为岩性封闭型的单斜煤层气藏，受四类垂向岩性组合及微裂缝特征等因素影响导致气体差异富集和逸散，局部发育吸附气—游离气共存的煤层气藏。

参 考 文 献

［1］秦勇．中国深层煤层气地质研究进展［J］．石油学报，2023，44（11）：1791-1811.

［2］徐凤银，闫霞，林振盘，等．我国煤层气高效开发关键技术研究进展与发展方向［J］．煤田地质与勘探，2022，50（3）：1-14.

［3］秦勇，申建．论深部煤层气基本地质问题［J］．石油学报，2016，37（1）：125-136.

［4］穆福元，仲伟志，赵先良，等．中国煤层气产业发展战略思考［J］．天然气工业，2015，35（6）：110-116.

［5］孙杰，王佟，赵欣，等．我国煤层气地质特征与研究方向思考［J］．中国煤炭地质，2018，30（6）：30-34.

［6］李松，汤达祯，许浩，等．深部煤层气储层地质研究进展［J］．地学前缘，2016，23（3）：10-16.

［7］聂志宏，徐凤银，时小松，等．鄂尔多斯盆地东缘深层煤层气开发先导试验效果与启示［J］．煤田地质与勘探，2024，52（2）：1-12.

［8］刘建忠，朱光辉，刘彦成，等．鄂尔多斯盆地东缘深层煤层气勘探突破及未来面临的挑战与对策——以临兴—神府区块为例［J］．石油学报，2023，44（11）：1827-1839.

［9］徐凤银，闫霞，李曙光，等．鄂尔多斯盆地东缘深部（层）煤层气勘探开发理论技术难点与对策［J］．煤田地质与勘探，2023，51（1）：115-130.

［10］秦勇，申建，王宝文，等．深部煤层气成藏效应及其耦合关系［J］．石油学报，2012，33（1）：48-54.

［11］钟玲文，郑玉柱，员争荣，等．煤在温度和压力综合影响下的吸附性能及气含量预测［J］．煤炭学报，2002，27（6）：581-585.

［12］申建，杜磊，秦勇，等．深部低阶煤三相态含气量建模及勘探启示——以准噶尔盆地侏罗纪煤层为例［J］．天然气工业，2015，35（3）：30-35.

［13］申建，秦勇，傅雪海，等．深部煤层气成藏条件特殊性及其临界深度探讨［J］．天然气地球科学，2014，25（9）：1470-1476.

［14］聂志宏，巢海燕，刘莹，等．鄂尔多斯盆地东缘深部煤层气生产特征及开发对策——以大宁—吉县区块为例［J］．煤炭学报，2018，43（6）：1738-1746.

［15］易同生，周效志，金军．黔西松河井田龙潭系煤层气-致密气成藏特征及共探共采技术［J］．煤炭学报，2016，41（1）：212-220.

［16］郭本广，许浩，孟尚志，等．临兴地区非常规天然气合探共采地质条件分析［J］．中国煤层气，2012，9（4）：3-6.

［17］顾娇杨，张兵，郭明强．临兴区块深部煤层气富集规律与勘探开发前景［J］．煤炭学报，2016，41（1）：72-79.

［18］张兵，徐文军，徐延勇，等．鄂尔多斯盆地东缘临兴区块深部关键煤储层参数识别［J］．煤炭学报，

[19] 谢英刚, 秦勇, 叶建平, 等. 临兴地区上古生界煤系致密砂岩气成藏条件分析[J]. 煤炭学报, 2016, 41(1): 181-191.

[20] 高丽军, 谢英刚, 潘新志, 等. 临兴深部煤层气含气性及开发地质模式分析[J]. 煤炭学报, 2018, 43(6): 1634-1640.

[21] 高丽军, 逄建东, 谢英刚, 等. 临兴区块深部煤层气潜在可采地质模式分析[J]. 煤炭科学技术, 2019, 47(9): 89-96.

[22] 曹代勇, 聂敬, 王安民, 等. 鄂尔多斯盆地东缘临兴地区煤系气富集的构造-热作用控制[J]. 煤炭学报, 2018, 43(6): 1526-1532.

[23] 闫霞, 徐凤银, 聂志宏, 等. 深部微构造特征及其对煤层气高产"甜点区"的控制——以鄂尔多斯盆地东缘大吉地区为例[J]. 煤炭学报, 2021, 46(8): 2426-2439.

[24] 闫霞, 徐凤银, 张雷, 等. 微构造对煤层气的控藏机理与控产模式[J]. 煤炭学报, 2022, 47(2): 893-905.

深部煤层含气量预测方法探讨

——以三塘湖盆地马朗区块为例

周家民¹，杨斌²，梁浩³，陈梦冉¹，李新宁³，孙斌⁴，何雪飞¹，邵龙义¹

（1. 中国矿业大学（北京）地球科学与测绘工程，北京 100083；2. 吐哈油田分公司勘探事业部，新疆 哈密 839009；3. 吐哈油田分公司勘探开发研究院，新疆 哈密 839009；4. 中国石油勘探开发研究院非常规研究所，北京 100083）

摘 要：煤层含气量是表征煤储层特征的关键地质参数，最准确的测试方法是现场解吸，但由于现场解吸时间长、成本高且必须取心，导致很多区块实测含气量数据较少，因此准确预测煤层含气量是煤层气勘探开发研究的关键问题。目前主要通过测井参数进行煤层含气量预测，围绕测井参数发展出多种方法，如多元线性回归法、复合参数法、BP 神经网络算法、随机森林法、粒子群算法等。本文根据现有研究和应用效果对其中的典型预测方法进行了系统性评述，针对不同方法的应用利弊和使用对象进行了分析。在此基础上以三塘湖盆地马朗凹陷煤层气井为数据依托，基于实测含气量与各测井参数的响应特征，优选了井径、埋深、补偿中子、自然电位、补偿密度、自然伽马 6 个参数作为预测模型的自变量，建立了基于测井参数的煤层含气量复合参数预测模型和多元线性回归预测模型，并对 2 种预测模型进行误差对比分析和实际应用。结果表明：基于测井参数建立的 2 种含气量预测模型相对误差均小于 15%，可以满足勘探要求。但多元线性回归预测模型相对误差更小，与实测值吻合度更高，此模型在数据量较小的研究区块可以进行推广，具有较好的应用前景。

关键词：煤层气；含气量预测；测井参数；复合参数法；多元线性回归法

煤层气作为一种清洁能源，在全球商业化开采已有多个成功案例[1]。中国拥有非常丰富的煤层气资源，全国埋深 2000 m 以浅的地质资源量可达 $30.5\times10^{12}\mathrm{m}^3$[2]，其中低煤阶煤层气资源量占比 34%[3]。煤层气的大力开发和利用可以为中国的能源结构转型[4]、"双碳目标"[5-6]作出贡献。煤层含气量是表征煤储层特征的最关键参数之一，是估算资源量、制定勘探计划和产能模拟的最直接依据，准确预测含气量对煤层气的勘探开发具有重要意义[7-8]。

煤层含气量的直接测试方法先后经历了密封容器法、真空罐法、集气法、解吸法和最

基金项目：中国石油天然气股份有限公司吐哈油田分公司股份专项项目"新疆地区中深层低煤阶煤层气勘探开发关键技术研究"（2021DJ2306）。

第一作者：周家民，男，1996 年生，中国矿业大学（北京）博士研究生，地质资源与地质工程专业，E-mail：18813099166@163.com。

通讯作者：邵龙义，男，1964 年生，博士生导师，中国矿业大学（北京）地球科学与测绘工程学院教授，工学博士学位，长期从事沉积学和煤田地质学教学及研究工作，E-mail：ShaoL@cumtb.edu.cn。

新的保压取心法，测试效果主要受到样品粒度、重量、解吸时间和温度等方面的影响[7, 9]。随着测试技术的不断发展，测试结果精确度不断提高，但依旧存在耗时长、成本高的问题，且在勘探还未成熟的区块只有小部分钻井进行了煤层取心，有现场解吸数据的煤层气井更是稀少。因此，需要探索适合研究区更便捷高效的煤层气预测方法。

测井是油气勘探开发过程中最重要和直接的资料，具有精度高、普及性好、数据齐全等优点，已被广泛应用到煤体结构预测[10-11]、煤储层评价[12]、钻井地质导向等方面[13-14]。目前，地质学者结合测井资料和实测含气量数据构建了多个针对不同煤阶、不同研究区的煤层含气量预测模型，所使用的方法主要有线性回归法、复合参数法、BP神经网络法、随机森林算法等[15-19]。

煤层具有明显的非均质性[20-21]，煤层性质、储层条件在不同研究区会有明显的区别，因此建立的模型需要与研究区的地质特征相对应[22]。新疆三塘湖盆地西山窑组为典型的富惰质组煤，煤层厚度大，变质程度低，煤层气开发主力煤层9-1$^{\#}$和9-2$^{\#}$埋深在1000m附近，现有实测含气量数据很少，仅对马朗凹陷的塘1井和条15井进行过现场解吸，因此利用测井数据建立适合的煤层气含量预测模型是研究区煤层气勘探开发亟须解决的一个重要问题。

在分析对比现有多种含气量预测方法之后，以三塘湖盆地马朗凹陷区块为例，针对深部低煤阶煤层气开展煤层气含量与测井参数的相关性分析，综合考虑各测井参数对含气量的影响，通过评估各测井参数与实测含气量线性相关性，建立基于测井响应的复合参数预测模型和多元线性回归预测模型，并对两种模型的准确性进行了对比，在三塘湖盆地马朗区块进行应用，绘制了预测含气量平面图。

1 方法评述

煤层含气量预测方法先后经历含气梯度法、等温吸附曲线法、地球物理参数解释法和人工智能模拟法的发展[7]，随着煤层气勘探开发的目标层位越来越深，现在使用最广泛的有地球物理解释技术[23]和人工智能预测技术[24]。

1.1 含气梯度法

由于煤层的含气性存在转折深度，在达到转折深度后煤层含气量会开始下降。不同煤阶煤层含气量转折深度在900~1500m，随着煤阶升高转折深度对应变浅[25]，因此含气梯度法主要应用于转折深度以浅的勘探层位，此外还应选择含气梯度明显及煤级变化较小的区块[7]。

1.2 等温吸附曲线法

等温吸附曲线法是预测最大吸附气含量的主要方法，适用于中高阶煤[7]。平衡水条件下最大吸附气量随着煤层变质程度的增加而增大，但$R_{omax}=4.0\%$为临界点，$R_{omax}>4.0\%$时最大吸附气量与变质程度呈负相关。根据煤层实测温度、压力数据预测出饱和吸附气含量后，再根据水分、灰分和含气饱和度进行煤层原位含气量预测[26]。

1.3 地球物理参数解释法

由于煤层气与煤层、煤中的矿物质、煤中的水都有较大的物性差异，因此在地球物理探测中会有明显的响应。现今的煤田及油气勘探中针对每口钻井的地球物理测井已经成为标配，这很好地弥补了实测煤层含气量数据的不足，可以作为煤层含气量预测的优质数据源。多位学者基于测井参数对不同埋深、不同煤级的煤层进行含气量预测，主要有多元线性回归法、复合参数法等[15, 22, 27-28]，彭苏萍等[23]将AVO反演技术应用到煤层含气量预测中，取得了理想的效果。

1.4 人工智能预测技术

数学地质方法和最新人工智能技术的结合在煤层含气量预测中得到了广泛的关注和应用，主要有灰色关联技术[17]、BP神经网络算法[19]、深度置信网络[29]、随机森林算法[24]等。人工智能方法可以有效地发现并描述问题的复杂结构，对计算煤层气含量这种非线性问题有很好的适配性，但一般需要较大的数据量，否则会产生过拟合问题[30]。

2 研究区概况

三塘湖盆地位于新疆东北部，沿着北西—南东向呈长条状展布，长约500km，中部坳陷最宽处约20km，总面积2.3×10^4km²[31]。盆地南邻吐哈盆地，西邻准噶尔盆地，是早古生代基底上形成的叠合型盆地[32]。三塘湖盆地从构造上来说，可以划分为3个一级构造单元，从西南到东北依次为西南逆冲推覆隆起带、中央坳陷带、东北冲断隆起带；中央坳陷带自北西向南东又可划分为库木苏凹陷、巴润塔拉凸起、汉水泉凹陷、石头梅凸起、条湖凹陷、岔哈泉凸起、马朗凹陷、方方梁凸起、淖毛湖凹陷、苇北凸起和苏鲁克凹陷等"六凹五凸"的11个二级构造单元[33-34]（图1）。

三塘湖盆地含煤地层主要为早侏罗统的八道湾组和中侏罗统的西山窑组，富煤中心主要在条湖—马朗凹陷。本次研究的对象为马朗凹陷的西山窑组煤层，煤层总厚20～60m不等，埋深500～2500m，镜质组反射率0.36%～0.55%，属于低阶煤，以褐煤和长焰煤为主。煤体结构以原生结构为主。灰分产率2.58%～11.94%，属于低灰煤。实测含气量3.07～7.17m³/t，平均4.43m³/t，在低煤阶中属于较高的含气量[35-36]。

3 煤层含气量预测模型研究

3.1 含气性与测井参数相关性分析

煤岩煤质、煤变质程度、煤层顶板岩性、埋深和地质构造是影响煤层气含量的主要因素[37-39]，这些因素也影响了煤层气的测井响应。选择已进行含气量测试的条15井和塘1井，共29个实测含气量（空气干燥基）数据（表1），通过对实测含气量和测井参数进行相关性分析后，优选测井参数建立含气量预测模型。

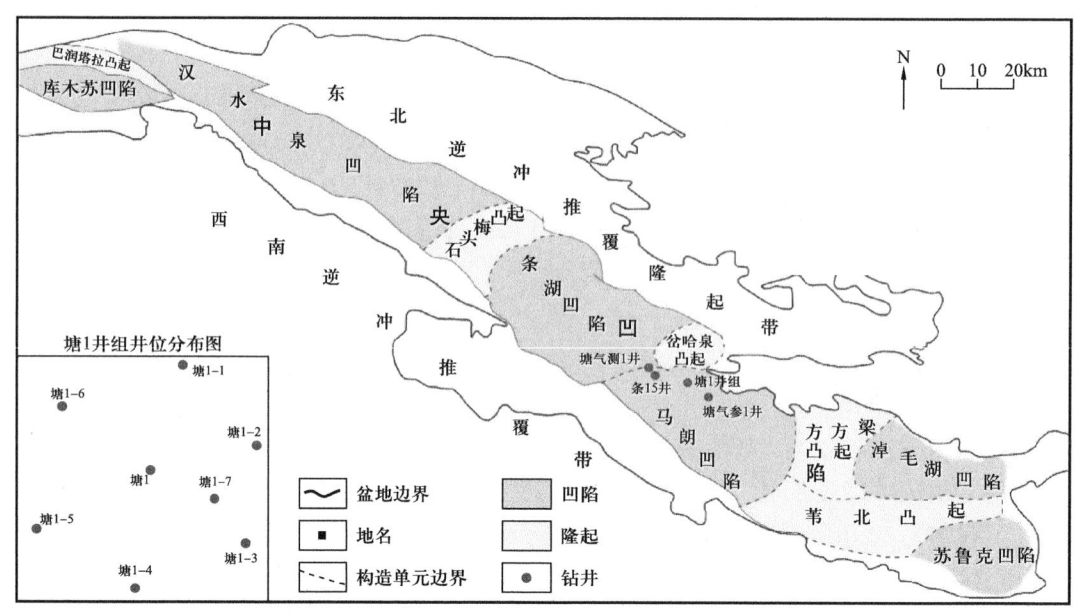

图 1 三塘湖盆地构造单元划分及重点井位分布图

表 1 马朗区块多元线性回归及复合参数法煤层含气量解释结果与误差情况表

序号	实测含气量（m³/t）	埋深（m）	AC（μs/m）	GR（API）	CAL（cm）	CNL（%）	DEN（g/cm³）	多元线性回归含气量（m³/t）	多元线性回归相对误差（%）	复合参数含气量（m³/t）	复合参数相对误差（%）
1	3.22	843.87	44.70	63.98	35.63	0.53	1.71	3.83	19.09	3.93	22.03
2	3.39	844.87	44.01	66.50	34.58	0.33	2.35	3.26	3.81	3.67	8.31
3	3.75	846.95	37.07	24.26	33.36	0.68	1.31	3.35	10.60	4.42	17.93
4	3.66	847.25	34.44	24.19	33.17	0.60	1.32	3.14	14.09	4.40	20.26
5	3.09	847.55	32.12	24.30	32.95	0.65	1.33	3.36	8.66	4.44	43.84
6	3.35	847.85	30.16	23.03	32.87	0.76	1.40	3.67	9.45	4.51	34.58
7	5.41	993.23	7.17	17.13	51.87	0.77	1.22	5.72	5.66	5.28	2.45
8	7.17	994.18	11.51	19.21	51.90	0.77	1.22	5.68	20.75	5.10	28.93
9	6.20	995.48	28.84	21.13	51.88	1.02	1.20	6.16	0.60	4.88	21.34
10	6.35	998.28	8.22	18.67	51.21	0.78	1.23	5.79	8.80	5.21	17.99
11	5.82	1000.08	31.07	16.02	51.27	0.79	1.22	5.28	9.21	4.85	16.65
12	4.67	1003.18	14.67	15.39	38.16	0.51	1.26	4.49	3.93	4.86	4.07
13	4.47	1004.18	27.65	14.47	35.88	0.58	1.23	4.36	2.38	4.71	5.44
14	4.52	1007.78	19.86	15.83	41.89	0.79	1.25	5.37	18.82	4.93	9.00
15	4.81	1010.11	16.43	15.45	48.30	0.59	1.26	4.98	3.61	4.94	2.77

续表

序号	实测含气量（m³/t）	埋深（m）	AC（μs/m）	GR（API）	CAL（cm）	CNL（%）	DEN（g/cm³）	多元线性回归含气量（m³/t）	多元线性回归相对误差（%）	复合参数含气量（m³/t）	复合参数相对误差（%）
16	3.90	1011.18	21.39	14.37	51.01	0.63	1.26	5.06	29.87	4.93	26.29
17	4.62	1012.23	13.52	13.56	39.84	0.67	1.29	5.06	9.52	5.02	8.59
18	4.15	1014.13	29.67	18.37	4.87	0.60	1.27	3.89	6.23	4.02	3.23
19	4.60	1017.03	46.09	15.34	45.51	0.78	1.28	4.94	7.49	4.70	2.07
20	3.91	1018.96	55.28	14.62	35.39	0.64	1.30	4.11	5.12	4.51	15.44
21	4.36	1021.07	68.21	27.24	37.49	0.62	1.31	4.21	3.48	4.27	2.15
22	3.76	1022.68	77.37	40.31	23.88	0.53	1.67	3.79	0.80	3.85	2.32
23	3.91	1024.08	70.37	39.12	24.58	0.55	1.54	4.00	2.20	3.93	0.55
24	3.88	1025.03	63.86	28.33	26.88	0.61	1.42	4.08	5.03	4.14	6.80
25	4.14	1026.96	80.36	19.05	34.45	0.83	1.28	4.33	4.64	4.39	6.15
26	4.63	1029.08	66.12	19.25	36.84	0.63	1.36	4.09	11.68	4.37	5.65
27	4.36	1030.68	87.56	69.13	25.75	0.37	2.30	3.96	9.07	3.46	20.59
28	4.08	1031.28	86.78	75.00	24.48	0.35	2.24	4.07	0.19	3.42	16.24
29	4.17	1035.08	85.85	92.21	21.90	0.28	2.46	4.29	2.98	3.22	22.77

在进行相关性分析的过程中，针对具有实测含气量数据的井位，在岩心归位的基础上，读取含气量测试对应的测井层段平均值作为测井响应值，开展含气量和甲烷含量与对应煤样的埋深、自然电位（SP）、自然伽马（GR）、声波时差（AC）、电阻率（RD）、井径（CAL）、补偿中子（CNL）和补偿密度（DEN）的相关性分析。

皮尔逊相关系数取值范围为[-1, 1]，绝对值越接近于1，相关性越强，绝对值越接近于0，相关性越弱，其中绝对值0.2~0.4为弱相关，绝对值0.4~0.6为中等程度相关，绝对值大于0.6为强相关。

结果显示井径为强正相关，补偿中子、埋深为中等正相关，补偿密度和自然伽马为弱负相关，自然电位为中等负相关（图2）。

按照含气量与各测井参数线性拟合的相关系数大小对各参数进行排序，依次为井径、埋深、补偿中子、自然电位、补偿密度、自然伽马。

基于前文中的相关性分析结果，结合煤层岩石物理特征，对煤层气含量测井响应特征进行分析：

（1）井径测井是测量井眼直径及检查套管内径变化的测井方法，测井结果与地层的机械强度密切相关，煤层机械强度较弱，通常会表现为井眼扩径。当煤层含气量较高时，一定程度上增强了扩径现象，因此井径测井与含气量呈正相关关系（图3a）。

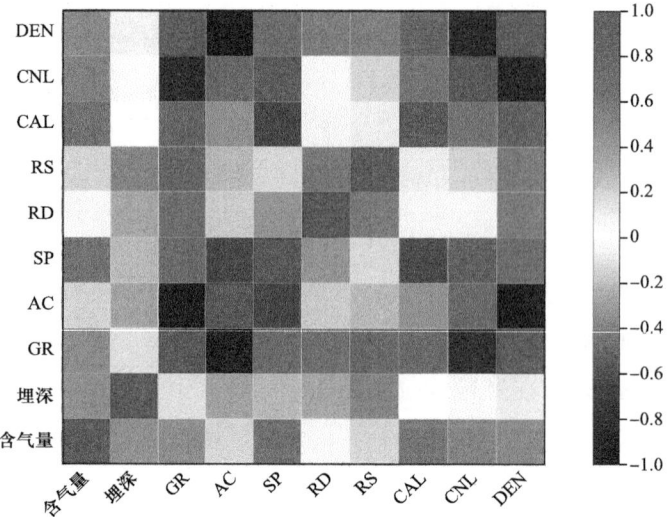

图 2 煤层实测含气量与测井参数相关性热图

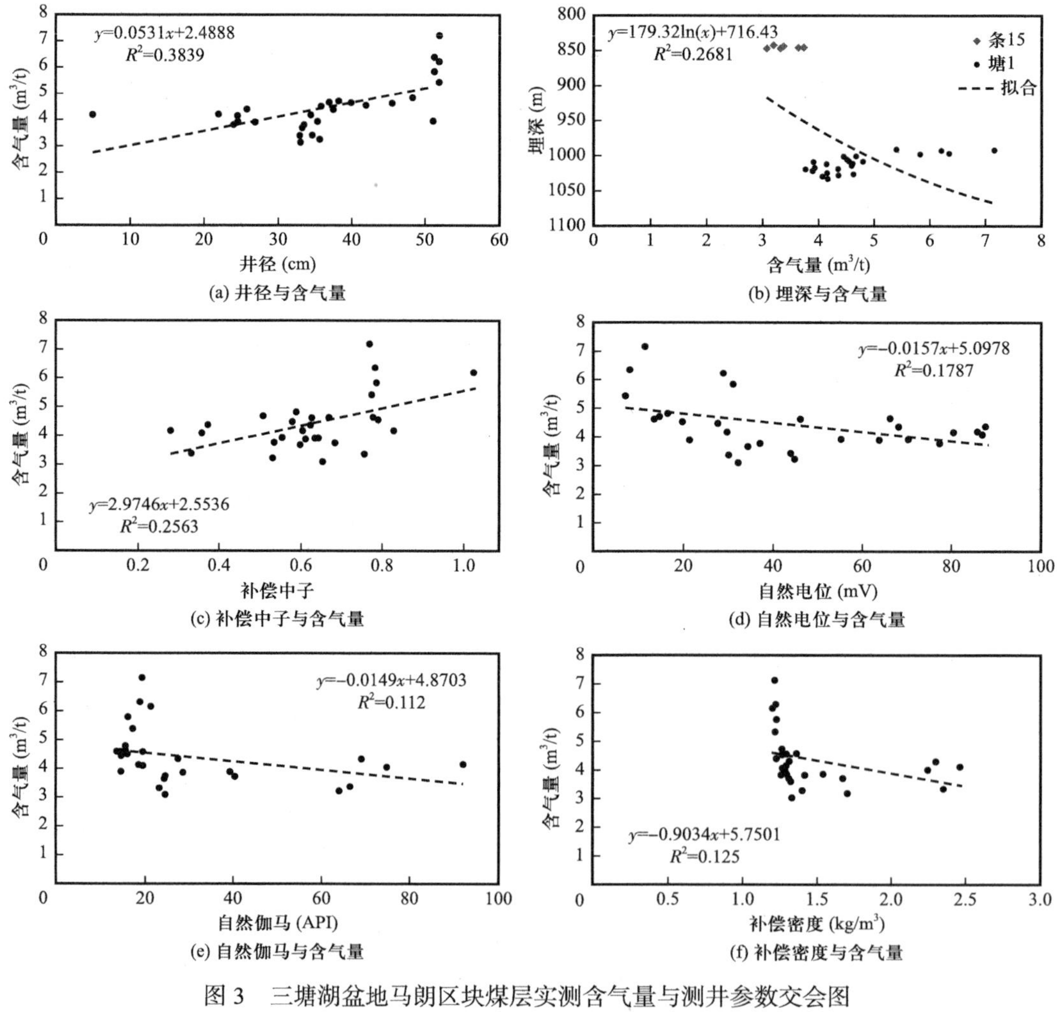

图 3 三塘湖盆地马朗区块煤层实测含气量与测井参数交会图

（2）煤层埋深主要控制着煤层的煤化程度，进而间接控制煤层的生烃能力，而且随着埋深的增加，煤层气的保存能力也会不断增强[28]。相关性分析结果表明，本研究区煤层实测含气量随着煤层埋深的增加而增高，实测含气量与煤层埋深呈对数函数关系（图3b）。

（3）中子测井一般表现为高异常值，主要反映煤层孔隙度。理论上讲，随着煤化程度升高，固定碳含量随之升高，煤层气含量也会增加，那么含气之后的煤层中子测井值相对增大，即含气量与补偿中子呈正相关（图3c）。

（4）自然电位测井是以钻井液与钻穿岩层孔隙流体间存在的扩散—吸附现象为基础的测井方法。研究区煤层水矿化度整体偏高[40]，在扩散和吸附作用下，钻井液和煤层水之间的电位差会产生波动，煤层含气量与自然电位之间呈较弱的负相关关系（图3d）。

（5）煤层本身的放射性很弱，自然伽马测井值的高低主要由煤中的泥岩和黏土矿物含量决定，黏土矿物含量较高时会影响煤层的吸附性能，会导致煤层含气量下降，自然伽马测井与含气量呈负相关关系（图3e）。

（6）煤具有低密度特性，研究区的煤层气类型主要是吸附气[35]，随着煤层气含量增加，煤的体积密度减小，补偿密度测井与含气量呈负相关关系（图3f）。

3.2 预测模型选择

如前文所述，选择合适的煤层含气量预测方法的基础是大量的实测含气量数据。在选用预测方法时，需要根据研究区的数据情况选择最恰当的方法，针对数据较少的研究区应当选取相对简单的模型，它们不太容易过拟合。因此本研究结合区块现状，选择复合参数法和多元线性回归法进行煤层含气量预测。

3.2.1 复合参数预测模型

煤层地质条件与各测井参数的响应关系复杂，因此有必要采取多个参数建立含气量预测模型。按照前文说述的含气量与各测井参数线性拟合的相关系数大小和正负，选择井径、补偿中子、煤层埋深、自然伽马、补偿密度和自然电位6个测井参数构建复合参数 P_c，P_c 与含气量的关系模型如下：

$$P_c = \frac{CAL \times CNL \times DEPTH}{GR \times DEN \times SP} \tag{1}$$

$$G_c = f(\ln P_c) \tag{2}$$

式中：P_c 为复合参数；G_c 为煤层含气量，m^3/t；CAL 为井径，cm；CNL 为补偿中子；DEPTH 为煤层埋深，m；GR 为自然伽马，API；DEN 为补偿密度，kg/m^3；SP 为自然电位，mV。

采用线性拟合方法建立研究区的煤层含气量复合参数预测模型：

$$G_c = 0.3061 \times \ln(P_c) + 3.5675 \tag{3}$$

复合参数模型预测值与实测含气量对比如图4所示。

3.2.2 多元线性回归预测模型

采用多元线性回归方法,建立井径、补偿中子、煤层埋深、自然伽马、补偿密度和自然电位6个因素与含气量的关系,得到含气量预测模型:

$$G_c = -6.5562 + 0.0228 \times CAL + 3.0107 \times CNL + 0.0086 \times DEPTH + 0.0278 \times GR - 0.0691 \times DEN - 0.0204 \times SP \tag{4}$$

多元回归预测模型相关系数 $R^2=0.7294$,$F=9.8852$,$p=2.5109e^{-5}$。线性回归显著水平 $\alpha=0.05$,样本容量 $M=29$,回归方程 $n=6$,查表得 $F_{0.05}(n, M-n-1)=F_{0.05}(6, 22)=2.549061<9.8852$,且与 F 对应的概率 $p<0.0001$。因此,含气量与6个测井参数多元线性关系显著,多元回归成立。

多元回归预测模型预测值与实测含气量对比如图4所示。

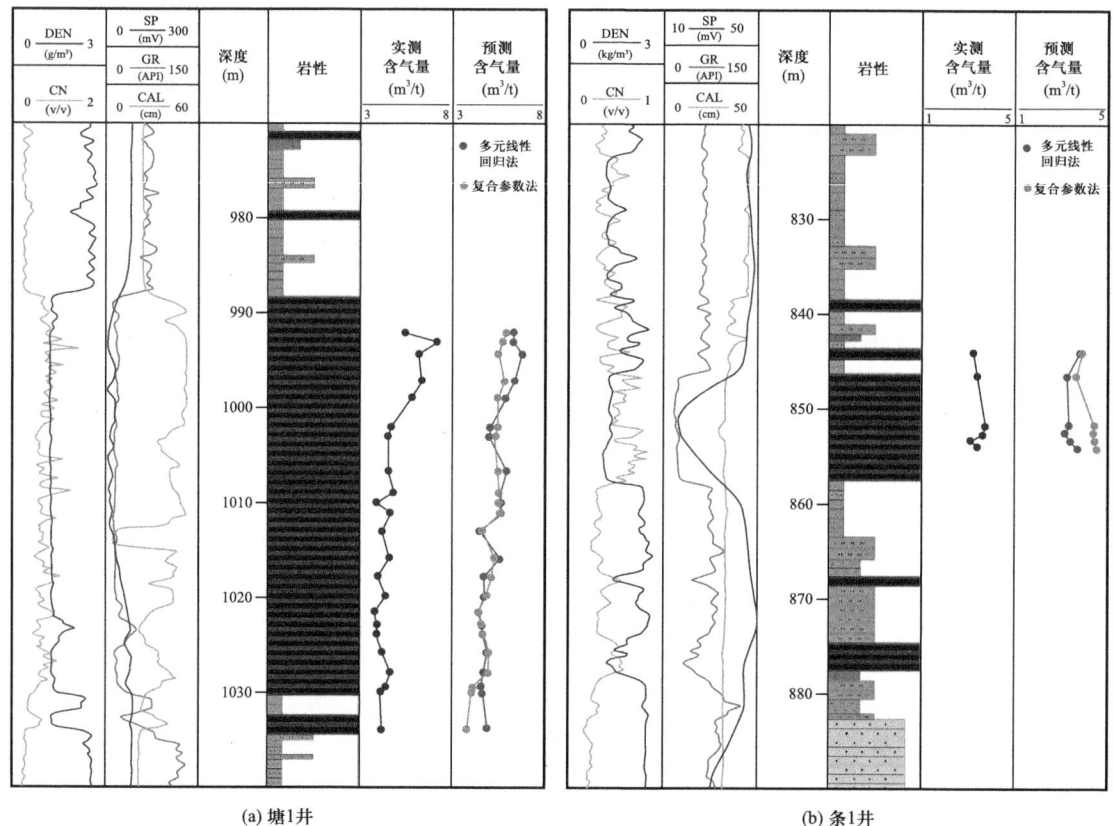

图 4 三塘湖盆地马朗区块钻井剖面西山窑组主煤层含气量实测值与预测值解释成果对比

3.2.3 不同模型对比分析

分析29个实测含气量数据与不同模型预测值的相对误差,复合参数法平均相对误差为13.6%,多元线性回归法平均相对误差为8.2%,误差均在15%以下,都可以满足勘探要求,但复合参数法的相对误差波动更大(图5)。复合参数法预测模型线性拟合相关系

数 R^2 为 0.3348，多元线性回归预测模型拟合相关系数 R^2 为 0.7294，后者明显更高，因此选择多元线性回归方法在研究区块进行推广应用。

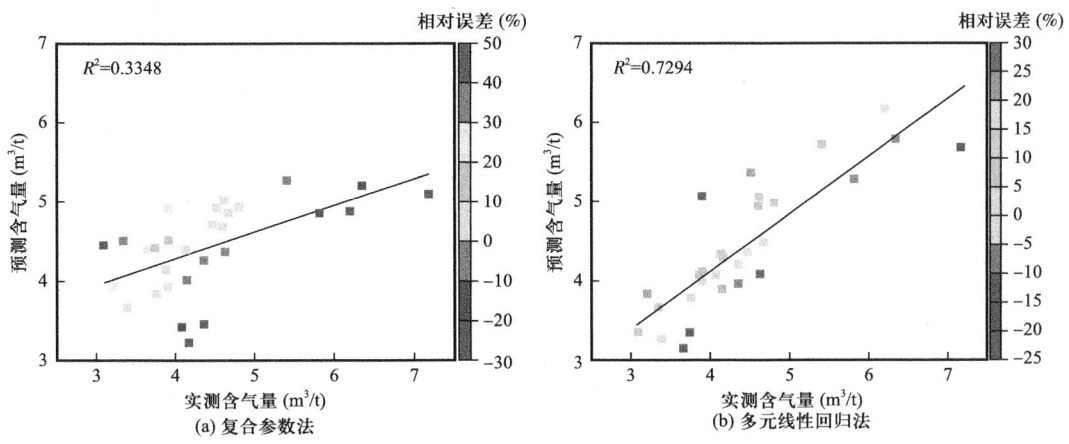

图 5 三塘湖盆地马朗区块西山窑组主煤层含气量的两种预测模型的预测结果与实测含气量交会图

3.3 模型应用

3.3.1 单井含气量预测

研究区内的塘气测 1 井正在进行压裂排采，因此将塘气测 1 井选为预测对象。将建立的复合参数模型和多元线性回归模型应用至此井进行含气量预测（图 6），结果显示两种

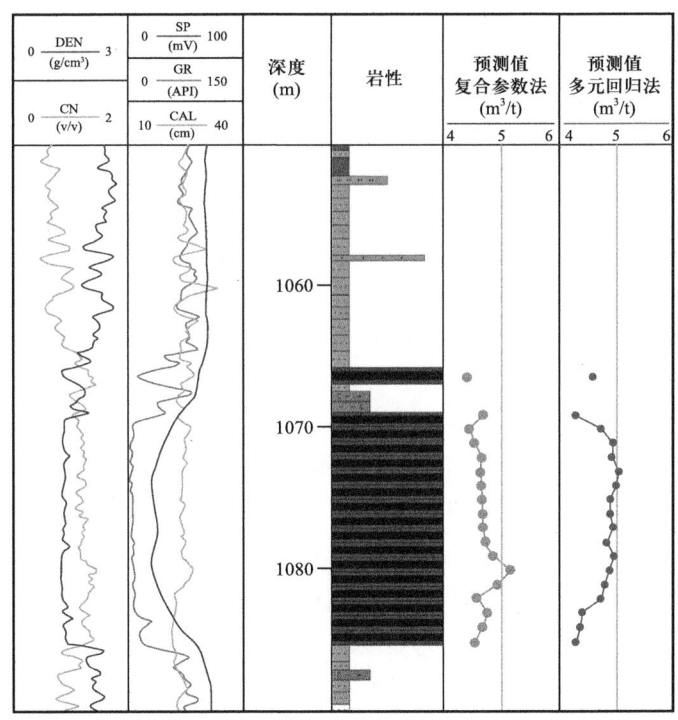

图 6 三塘湖盆地马朗区块塘气测 1 井西山窑组主煤层含气量预测结果图

模型的预测结果比较接近，但复合参数法预测值波动相对更大，复合参数模型预测含气量平均值为 4.64m³/t，多元线性回归模型预测平均值为 4.78m³/t。

3.3.2 煤层含气量平面预测

应用多元线性回归模型对研究区塘 1 井组进行含气量预测，预测结果显示东南部含气量整体较高，东北部较低，与实际排采效果可以对比，其中塘 1-1 井、塘 1-2 井和塘 1-7 井已经被油田公司建议停采，证明此预测模型的有效性，可以在井位比较密集的平面区域应用（图 7）。

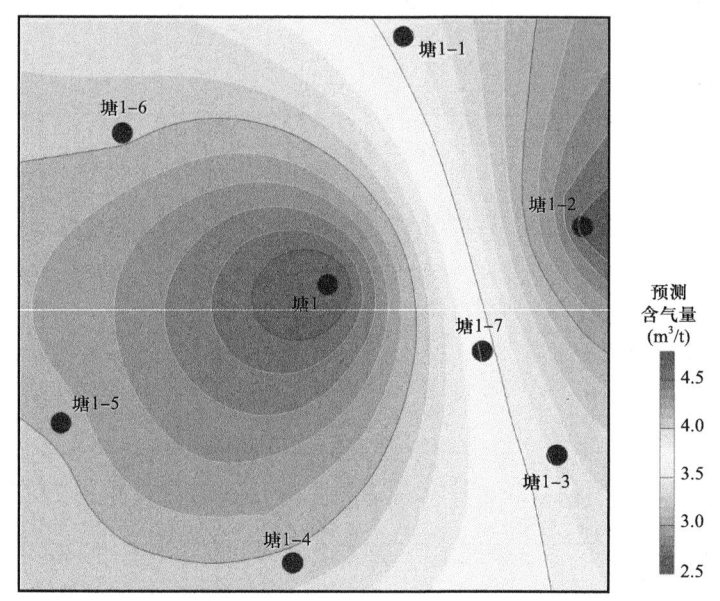

图 7 三塘湖盆地马朗区块塘 1 井组西山窑组主煤层含气量预测结果图

4 结论

（1）含气梯度法主要适用于埋深较浅的煤层；等温吸附曲线法主要适用于中高煤阶煤层，且需要等温吸附实验；地球物理解释法和人工智能方法适用于各种煤级不同埋深的煤层，在煤层含气量预测中具有更大的优势，但是在实际使用中应该根据数据情况选择恰当的方法。

（2）优选与煤层气含量相关性强的测井参数进行含气量预测，包括埋深、井径、补偿中子、自然电位、自然伽马和补偿密度，分别采用复合参数法、多元线性回归法建立了三塘湖盆地马朗凹陷的两种煤层气含量预测模型。在实际应用中，多元线性回归法的预测值和实测值吻合度明显较高，因此可以作为研究区预测煤层气含量的可靠方法。

（3）由于实测含气量对应的煤层埋深都集中在 1000m 左右，而且埋深在预测模型中占有比较大的比重，因此预测模型仅对埋深 1000m 左右的煤层有比较好的预测准确度，更大埋深的煤层需要在后续实测数据有所补充后继续完善预测模型。

参 考 文 献

[1] Moore T A. Coalbed methane: A review [J]. International Journal of Coal Geology, 2012, 101（1）: 36-81.

[2] 张道勇, 朱杰, 赵先良, 等. 全国煤层气资源动态评价与可利用性分析 [J]. 煤炭学报, 2018, 43（6）: 1598-1604.

[3] 庚勐, 陈浩, 陈艳鹏, 等. 第4轮全国煤层气资源评价方法及结果 [J]. 煤炭科学技术, 2018, 46（6）: 64-68.

[4] 秦勇, 申建, 史锐. 中国煤系气大产业建设战略价值与战略选择 [J]. 煤炭学报, 2022, 47（1）: 371-387.

[5] 桑树勋, 王冉, 周效志, 等. 论煤地质学与碳中和 [J]. 煤田地质与勘探, 2021, 49（1）: 1-11.

[6] Li Y, Pan S Q, Ning S Z, et al. Coal measure metallogeny: Metallogenic system and implication for resource and environment [J]. Science China（Earth Sciences）, 2022, 65（7）: 1211-1228.

[7] 傅雪海, 张小东, 韦重韬. 煤层含气量的测试、模拟与预测研究进展 [J]. 中国矿业大学学报, 2021, 50（1）: 13-31.

[8] 刘大锰, 刘正帅, 蔡益栋. 煤层气成藏机理及形成地质条件研究进展 [J]. 煤炭科学技术, 2020, 48（10）: 1-16.

[9] 牟全斌. 煤层含气量不同测定方法的对比分析 [J]. 中国煤炭地质, 2015, 27（6）: 31-34.

[10] 刘振明, 王延斌, 韩文龙, 等. 基于测井资料的BP神经网络的煤体结构预测 [J]. 中国煤炭, 2018, 44（6）: 38-41, 55.

[11] 陶传奇, 王延斌, 倪小明, 等. 基于测井参数的煤体结构预测模型及空间展布规律 [J]. 煤炭科学技术, 2017, 45（2）: 173-177, 196.

[12] 邱峰, 刘晋华, 蔡益栋, 等. 基于测井的煤层力学特性评价及煤层气开发有利区预测——以沁南郑庄区块3号煤层为例 [J]. 煤田地质与勘探, 2023, 51（4）: 46-56.

[13] 乔雨朋, 邵先杰, 霍梦颖, 等. 煤层气地球物理测井研究现状及前景展望 [J]. 断块油气田, 2016, 23（2）: 181-184.

[14] 张松扬. 煤层气地球物理测井技术现状及发展趋势 [J]. 测井技术, 2009, 33（1）: 9-15.

[15] 陈涛, 张占松, 周雪晴, 等. 基于测井参数优选的煤层含气量预测模型 [J]. 煤田地质与勘探, 2021, 49（3）: 227-235, 243.

[16] 梁亚林. 煤层含气量分布规律的测井预测与评价 [J]. 煤炭科学技术, 2018, 46（4）: 202-207.

[17] 刘之的, 赵靖舟, 杨秀春, 等. 基于灰色关联分析和BP神经网络的煤层含气量预测研究 [J]. 西安石油大学学报（自然科学版）, 2014, 29（3）: 58-62.

[18] 秦瑞宝, 叶建平, 李利, 等. 基于机器学习的煤层含气量测井评价方法——以沁水盆地柿庄南区块为例 [J]. 石油物探, 2023, 62（1）: 68-79.

[19] 臧子婧, 吴海波, 张平松, 等. 基于ABC-BP模型的煤层含气量预测 [J]. 煤田地质与勘探, 2021, 49（2）: 152-158.

[20] 刘大锰, 李振涛, 蔡益栋. 煤储层孔—裂隙非均质性及其地质影响因素研究进展 [J]. 煤炭科学技术, 2015, 43（2）: 10-15.

[21] 邵龙义, 王学天, 张家强, 等. 滇东北地区煤层气富集特征及勘探目标优选 [J]. 天然气工业, 2018, 38（9）: 17-27.

[22] 李丹丹, 王振国, 降文萍, 等. 基于测井参数的煤层含气量定量评价方法研究——以寿阳区块15煤

为例[J].中国煤炭地质,2022,34(8):34-40.

[23] 彭苏萍,杜文凤,殷裁云,等.基于AVO反演技术的煤层含气量预测[J].煤炭学报,2014,39(9):1792-1796.

[24] 郭广山,郭建宏,孙立春,等.基于随机森林算法的煤层含气量三维精细建模[J].中国海上油气,2022,34(4):156-163.

[25] 李勇,徐立富,张守仁,等.深煤层含气系统差异及开发对策[J].煤炭学报,2023,48(2):900-917.

[26] 傅雪海,秦勇,权彪,等.中煤级煤吸附甲烷的物理模拟与数值模拟研究[J].地质学报,2008,(10):1368-1371.

[27] 姬松焰,王延斌,张崇瑞.基于测井参数的煤层含气量预测研究[J].煤炭技术,2017,36(12):38-40.

[28] 孟召平,郭彦省,张纪星.基于测井参数的煤层含气量预测模型与应用[J].煤炭科学技术,2014,42(6):25-30.

[29] 胡驰,李新虎,李晓君,等.基于深度置信网络的煤层含气量测井解释研究[J].中国煤炭地质,2021,33(3):70-78.

[30] 叶绍泽,曹俊兴,吴施楷,等.基于深度置信网络的总有机碳含量预测方法[J].地球物理学进展,2018,33(6):2490-2497.

[31] 刘兴旺,郑建京,杨鑫,等.三塘湖盆地及其周缘地区古生代构造演化及原型盆地研究[J].天然气地球科学,2010,21(6):947-954.

[32] 赵泽辉,郭召杰,张臣,等.新疆东部三塘湖盆地构造演化及其石油地质意义[J].北京大学学报(自然科学版),2003,39(2):219-228.

[33] 朱伯生,冯建新,胡斌,等.对三塘湖盆地基底的认识[J].新疆石油地质,1997,18(3):191,197-200.

[34] 柳顺彬,马小平,周继兵,等.新疆三塘湖盆地赋煤构造单元划分与构造特征[J].地质论评,2017,63(S1):271-272.

[35] Li X N, Zhou J M, Jiao L X, et al. Coalbed Methane Enrichment Regularity and Model in the Xishanyao Formation in the Santanghu Basin, NW China[J]. Minerals, 2023, 13(11).

[36] 邵龙义,侯海海,唐跃,等.中国煤层气勘探开发战略接替区优选[J].天然气工业,2015,35(3):1-11.

[37] Hou H H, Shao L Y, Li Y H, et al. Influence of coal petrology on methane adsorption capacity of the Middle Jurassic coal in the Yugia Coalfield, northern Qaidam Basin, China[J]. Journal of Petroleum Science and Engineering, 2017, 149: 218-227.

[38] Hou H H, Liang G D, Shao L Y, et al. Coalbed methane enrichment model of low-rank coals in multi-coals superimposed regions: a case study in the middle section of southern Junggar Basin[J]. Frontiers of Earth Science, 2021, 15(2): 256-271.

[39] 孙粉锦,田文广,陈振宏,等.中国低煤阶煤层气多元成藏特征及勘探方向[J].天然气工业,2018,38(6):10-18.

[40] 梁辉,李新宁,常玉琴.条湖—马朗凹陷煤层气富集规律及开发潜力评价[J].中国煤层气,2016,13(1):13-17.

三塘湖盆地煤层地下水动力场及控气作用

黄杨杨[1]，范谭广[2]，李新宁[2]，齐争辉[1]，王兴刚[2]，马跃东[1]，黄蝶芳[2]，邵龙义[1]

（1. 中国矿业大学（北京）地球科学与测绘工程学院，北京 100083；2. 中国石油吐哈油田分公司勘探开发研究院，新疆 哈密 839009）

摘 要：合理开发利用煤层气对我国优化能源结构具有十分重要的意义。煤储层水的化学特征及其在煤层气开采中的运移过程对煤层气的富集和产能有着重要影响。以三塘湖盆地条湖—马朗凹陷煤层气井产出水测试数据为依据，系统研究了该区煤层气井产出水的离子组成、pH值、矿化度、水化学参数等特征。结果表明：（1）利用水化学参数及地层水环境的封闭性指数反映地层的封闭性，日产气量较高的塘1井组及其周边地区地层封闭性较好；（2）该区煤层气井产出水呈弱碱性，水离子组成以 Na^+、K^+、HCO_3^-、Cl^- 和 SO_4^{2-} 为主，阴离子有逐渐演化成 Cl^- 的趋势，说明该地区有地表水的渗入且水动力条件活跃；（3）地层水矿化度由东向西、由南向北逐渐增加，且与深度、日产气量和日产水量有明显正相关性，深部位置的矿化度高，表明此时地层水的滞留程度高且地层封闭条件较好，有利于产甲烷菌在还原条件下生存，以及次生生物成因气的生成。该研究分析了该区地下水的动力环境及其控气作用，其结果为研究区煤层气富集区优选及勘探开发提供了参考。

关键词：条湖凹陷；马朗凹陷；煤层气；产出水；离子特征；水化学参数；矿化度

煤层气是一种主要以吸附状态赋存在煤基质颗粒表面，其他部分以游离状态存在于煤孔隙或者溶解于煤储层水中的烃类气体[1-3]。作为一种含水的连续型非常规油气藏，开发过程中受到流体力学的影响较大[4]。煤层气是通过"排水—降压"使气体解吸产出的，地下水动力条件是影响煤层气富集和后期产出的重要地质因素[5]，可反映煤层气的生成、运移、聚集和采收率等重要的储层特征[3,6-7]。因此，查明煤层气开发区的地下水动力条件及其与煤层气富集成藏关系能为进一步开发井位部署提供依据。关于地下水动力条件及其与煤层气富集成藏关系的研究，国内外研究者通过对煤层气井排采水进行研究，认为总矿化度[8]、pH值[9]、常规水离子组成[10]、氢氧同位素等水地球化学和水化学参数特征影响着煤层气的富集成藏。

三塘湖盆地侏罗系水西沟群煤层广泛分布，煤层一般厚5～60m，含煤面积达

基金项目：中国石油天然气股份有限公司吐哈油田分公司股份专项项目"新疆地区中深层低煤阶煤层气勘探开发关键技术研究"（2021DJ2306）。

第一作者：黄杨杨，女，2000年生，博士研究生，地质资源与地质工程专业，E-mail: huangyangyang@student.cumtb.edu.cn。

通讯作者：邵龙义，男，1964年生，博士生导师，中国矿业大学（北京）地球科学与测绘工程学院教授，工学博士学位，长期从事沉积学和煤田地质学教学及研究工作，E-mail: ShaoL@cumtb.edu.cn。

5000km², 煤炭资源都以中、低煤阶为主，低阶煤（R_o<0.35%）以烟煤和褐煤为主[11]。条湖—马朗地区位于三塘湖盆地中部地带，是一个发育中侏罗统低煤阶煤层的大型聚煤中心，蕴藏着丰富的煤层气资源[12]。新疆三塘湖盆地是具有正向水文地质和水文地球化学分带的渗入型坳陷盆地，区内含水层发育良好，具有较好的泥—砂—泥结构模式[13]。对于低煤阶煤层气来说，其富集成藏规律具有自身独特的特点，关键在于次生生物成因气的生成[8]。因此，本文收集了大量煤层气井产出水样品数据，对其化学特征及变化规律进行分析，以揭示地下水的动力环境及其控气作用，为该区的煤层气勘探开发提供依据。

1 研究区地质概况及水文地质特征

三塘湖盆地是一个二叠纪—中新生代的陆内坳陷盆地，叠置在前二叠纪的褶皱基底之上，位于西伯利亚板块和哈萨克斯坦板块碰撞接合部位，夹在两条古生代缝合带之间（南侧为克拉麦里—莫钦乌拉缝合带，北侧在中国境内，是以阿尔曼泰蛇绿岩带为代表的缝合带）。该盆地经历了前二叠纪基底形成和二叠纪以来盆地盖层沉积形成发展两个重要时期[14]。自晚古生代以来持续受到哈萨克斯坦板块—准噶尔地体、西伯利亚板块及吐哈地体的相互构造作用，主要经历了海西期、燕山期和喜马拉雅期三期构造作用[15]。

三塘湖盆地呈 NW-SE 向延伸，地形呈南高北低、西高东低，是发育孔隙层间水聚集为主的承压水盆地。从其发展与演化的历史看，盆地自身具有完整独立的补—径—排系统。以岔哈泉凸起为分水岭将三塘湖盆地条湖—马朗凹陷划分为 2 个 II 级水文地质区（图1），即西部坳陷承压（自流）水区与东部坳陷承压（自流）水区[13]。

1.1 含水层特征及其分布

研究区内含水层主要包括西山窑组煤层上部的第四系松散岩类孔隙潜水含水层、古近—新近系和白垩系碎屑岩类孔隙裂隙承压水含水层，以及西山窑组煤层下部的孔隙含水层。

1.1.1 第四系松散岩类孔隙潜水

主要分布在研究区北部的牛圈湖至沙枣泉一带，呈近东西向条带状分布。受研究区北部古近纪—新近纪地层抬升的影响，松散岩类孔隙水在该地段富集。第四系含水层岩性以砂砾岩、砂岩为主，含水层厚度小于 10m，埋藏深度小于 5m，渗透系数 6.913m/d，单井涌水量 67.22m³/d，换算涌水量 228.68m³/d，富水性中等，矿化度小于 1000mg/L，水化学类型为 $HCO_3 \cdot SO_4-Ca \cdot Na$ 型。

1.1.2 碎屑岩类孔隙裂隙承压水

（1）新近系碎屑岩类孔隙裂隙承压水。

该类型水在研究区内广泛分布，根据已有施工钻孔资料，该类型水在 200m 勘探深度内可以划分三层含水层：第一承压含水层顶板埋深 54.66~60.30m，含水层岩性为含砾粗砂岩、中砂岩、细砂岩、粉砂岩，含水层厚度25.55~38.60m；第二承压含水层顶板埋深100.26~116.30m，含水层岩性为含砾砂岩、细砂岩、粉砂岩，含水层厚度12.70~18.35m；第三承压含水层顶板埋深148.35~170.73m，含水层岩性为砾岩、粗砂岩、细砂岩、粉砂岩、泥质砂岩，含水层厚度13.50~60.45m。单井涌水量58.8~1767.84m³/d，换算涌水量3.34~197.34m³/d，富水性极弱—中等，渗透系数0.01~0.47m/d，矿化度193~557mg/L，水化学类型为$HCO_3 \cdot SO_4-Ca \cdot Na$型或$SO_4 \cdot HCO_3-Ca \cdot Na$型。

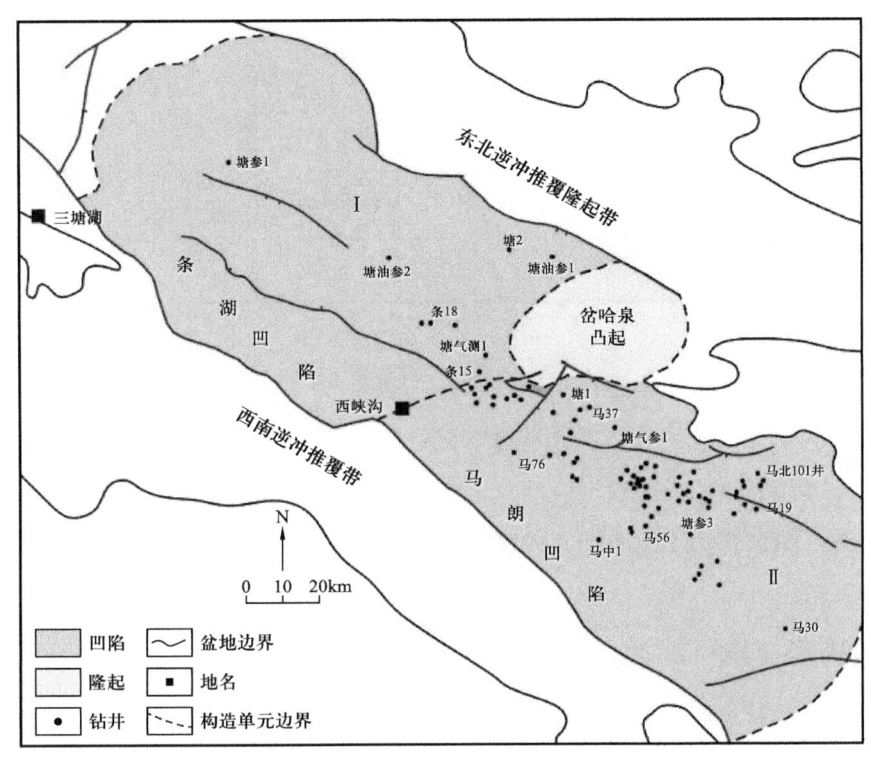

图1 三塘湖盆地条湖—马朗凹陷地质构造图
Ⅰ—西部坳陷承压（自流）水区；Ⅱ—东部坳陷承压（自流）水区

（2）白垩系碎屑岩类孔隙裂隙承压水。

分布范围与上覆的新近系碎屑岩孔隙裂隙承压水范围相同。含水层岩性为粉砂岩、细砂岩，隔水层岩性为泥岩、砂质泥岩。根据已有钻孔资料，白垩系碎屑岩类孔隙裂隙承压水单井涌水量7.92~136.34m³/d，换算涌水量0.44~44.83m³/d，富水性极弱—弱，渗透系数2~167m/d，矿化度小于1000mg/L。

1.2 隔水层特征及其分布

在西山窑组煤层中，其上部含水层与煤层间距较远，且具有多个隔水层；西山窑组煤层下部含水层与煤层相距10~30m，包括一层隔水层（图2）。该隔水层为中上侏罗统发育的巨厚泥岩，包括齐古组红色泥岩、头屯河组红色灰色泥岩、西山窑组煤层上部灰色泥岩。

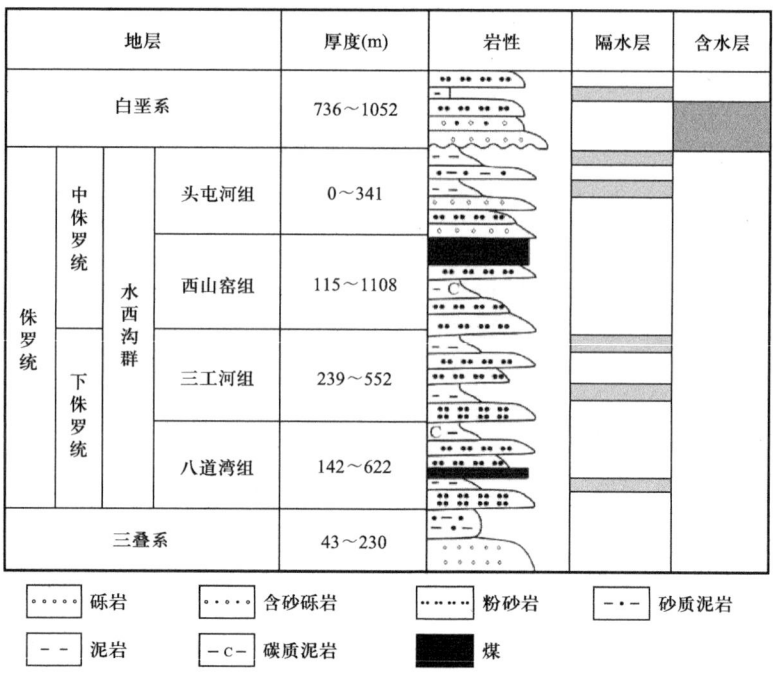

图 2 三塘湖盆地封盖层和含水层分布柱状图

2 条湖—马朗凹陷煤储层水化学特征

2.1 样品采集与基础实验

为全面客观反映矿区地层水的化学特征，收集了条湖凹陷、马朗凹陷及岔哈泉凸起内的 8 口煤层气生产井、101 口勘探井水样，水样采集井位如图 1 所示。水样来自中侏罗统西山窑组煤层，测试遵照石油行业标准 SY/T 5523—2016《油田水分析方法》。

2.2 实验结果分析

2.2.1 主要离子特征

条湖—马朗凹陷煤层气井产出水离子主要由 Na^+、K^+、Ca^{2+}、Mg^{2+}、HCO_3^-、Cl^-、SO_4^{2-} 组成。阳离子 Na^++K^+ 质量浓度变化范围为 2625.41～33220.37mg/L，Ca^{2+} 质量浓度在 32.79～79.73mg/L，Mg^{2+} 质量浓度为 12.00～332.50mg/L，Na^+ 质量浓度在所有检出的离子中高于其他离子，平均阳离子质量浓度顺序为 $Na^++K^+>Ca^{2+}>Mg^{2+}$。阴离子以 Cl^- 为主，其质量浓度变化范围为 2718.50～3758.75mg/L，其次是 HCO_3^-，质量浓度变化范围为 1533.81～33105mg/L，SO_4^{2-} 质量浓度在 193.46～646.68mg/L，平均阴离子质量浓度顺序为 $Cl^->HCO_3^->SO_4^{2-}$。产出水 pH 值介于 7.03～7.32，呈弱碱性特征。

2.2.2 水化学类型特征

Piper 三线图可以表征地表水和地下水中主要离子的变化，并体现水化学类型的演化[16]。本文利用 Piper 三线图和阴阳离子之间的相对含量与关系，对条湖—马朗凹陷煤层气井的水化学类型进行分析，结果如图 3 所示。

研究区的水化学类型呈明显的分带性，水化学类型多样。图 3 表明条湖凹陷的阳离子集中在 $Na^+ + K^+$ 端元，阴离子三角图中由靠近 SO_4^{2-} 端元逐渐向 Cl^- 端元演化。马朗凹陷主导阳离子均为 Na^+ 和 K^+，阴离子三角图中由靠近 HCO_3^- 端元逐渐向 Cl^- 端元演化，部分水样点的主控阴离子为 HCO_3^- 和 CO_3^{2-}，大部分水样点为 Cl^-。条湖凹陷大部分水化学类型为 $Cl^- - Na^+$ 型，有少部分水化学类型为 $SO_4^{2-} - Na^+$ 型，马朗凹陷的水化学类型由 $HCO_3^- - Na^+$ 型和 $Cl^- - Na^+$ 型组成。由水化学类型可判断，条湖—马朗凹陷地表水在向地下水入渗补给的过程中，离子反应对水化学特征影响较大，使得水化学类型有动态变化。

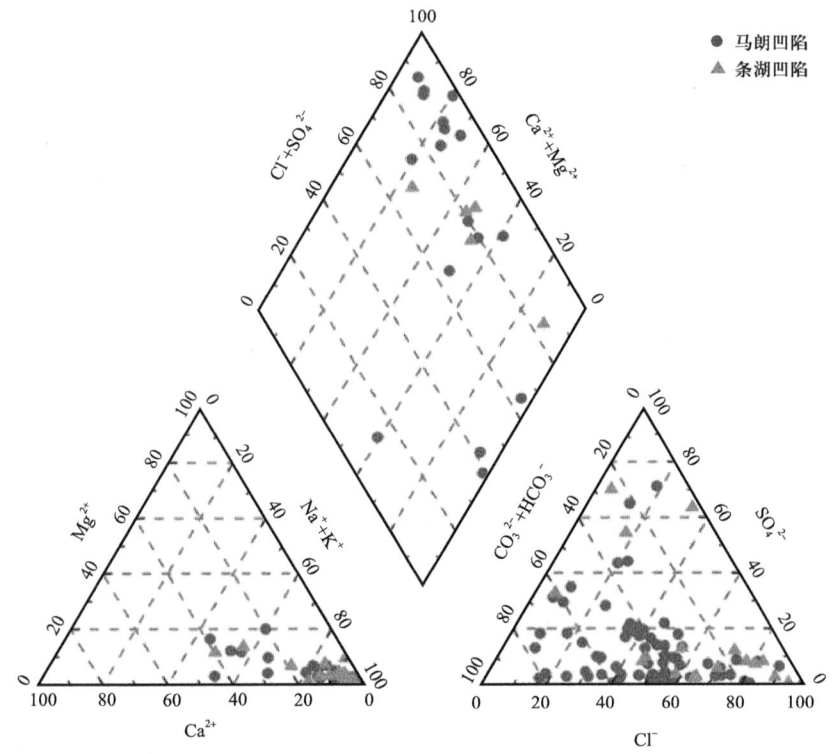

图 3 三塘湖盆地条湖—马朗凹陷水化学组成 Piper 三线图

2.2.3 矿化度特征

矿化度的大小可以反映地下水的封闭程度，即矿化度越高封闭性越好，则地下水动力越弱[17]。矿化度（TDS）和水化学类型密切相关，通常淡水区的矿化度低，水型为重碳酸盐或硫酸盐型水，咸水区则矿化度高，多为氯化物型和硫酸盐型等溶解性盐类水[18]。

本次研究对水样矿化度结果进行分析（表1），并绘制出矿化度等值线图（图4）。

表1　三塘湖盆地中部地区实验水样矿化度分析结果

位置	矿化度（mg/L）最小～最大/平均值	标准差	变异系数
马朗凹陷	353～67089/4776.77	7656.57	1.60
条湖凹陷	1181～39119/6555.82	8784.54	1.34
岔哈泉凸起	373～11010/4673.18	3329.79	0.71

从测试结果看，三塘湖盆地中部地区煤层水矿化度平均值的大小顺序为：条湖凹陷＞马朗凹陷＞岔哈泉凸起，马朗凹陷的矿化度数据波动性最强，岔哈泉凸起的矿化度数据最为集中。

高矿化度区集中于岔哈泉凸起及条湖凹陷的东南部，靠近东北逆冲推覆隆起带，由东北向西南逐渐降低，说明地下水来自岔哈泉凸起，并向西南部断层流动，在条湖—马朗凹陷西南处形成条带状的滞留区域，矿化度低于岔哈泉凸起及周缘地区。东北部地区局部水动力封闭作用强，且处于由西南、东北逆冲推覆带共同挤压作用下形成的向斜核部地区；西北部地下水动力作用较强，矿化度最小（图4）。

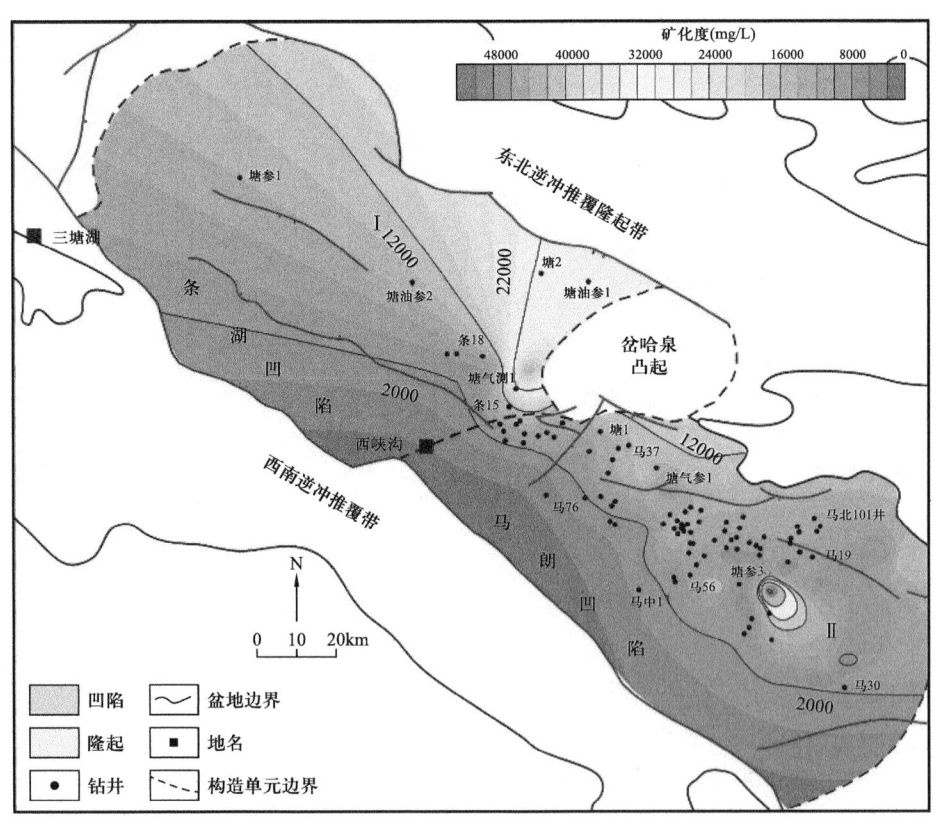

图4　三塘湖盆地条湖—马朗凹陷煤储层水矿化度等值线图

3 水文地质控气作用

大量研究结果显示，地层封闭程度及地下水动力强弱对煤层气的聚集和逸散具有控制作用[19-20]。排采水的离子特征、矿化度、水化学参数反映了地下水动力强弱与煤层气富集关系。本研究首先分析水化学参数对地层封闭性的影响，其次探究排采水化学及其控气作用，最后再通过水化学与水动力强弱相结合进行水动力分区，在此基础上划分控藏模式。

3.1 煤层气井排采水化学特征

现有研究表明钠氯系数[$r(Na^+)/r(Cl^-)$]、脱硫系数[$100×r(SO_4^{2-})/r(Cl^-)$]、碳酸盐平衡系数[$r(HCO_3^-)/r(Ca^{2+})+r(CO_3^{2-})/r(Ca^{2+})$]等水化学参数在一定程度上可以表征地下水的运移规律[21]，并对储层的性质和保护环境具有重要的意义。

钠氯系数整体上呈现西南高东北低的特征，西峡沟地区钠氯系数最高；马朗凹陷塘1井及塘气参1井周围系数较低，说明处于还原水体环境，油气保存条件好（图5a）。脱硫系数整体上呈现高低值交替特征，西峡沟地区系数较大；条湖凹陷条15井、马朗凹陷塘1井、塘气参1井和马37井周围系数较低，接近0值，说明还原作用强烈，与钠氯系数有着相同的指示意义（图5b）。碳酸盐平衡系数整体上呈现东南部大部分区域出现较大值；中部及东南部小部分区域值较小，说明储层保存条件好（图5c）。

3.2 水化学特征与产能的关系

封闭的地下水环境有助于煤层气保存[22]。一般认为接近富氧水源的补给区，其Ca^{2+}、Mg^{2+}、SO_4^{2-}富集，代表开放型水文环境；远离水源的补给区，Na^+、K^+、HCO_3^-、Cl^-富集，代表封闭型的还原水文环境。研究区内水离子以Na^+、K^+、HCO_3^-、Cl^-为主，随着矿化度的增加，阴离子的浓度逐渐增加，有由HCO_3^-逐渐转变为Cl^-的趋势（图6）。

煤层气井产出水矿化度是表征水动力活跃程度的重要指标[16]。地下水的矿化度通常受地下水补给、滞留时间等因素影响，远离补给区及滞留时间的增加，矿化度也随之增加。矿化度越高，封闭条件越好，越有利于煤层气的保存。根据水化学封闭指数F^*评价地下水环境封闭性[22]：

$$F^* = \frac{[K^+]+[Na^+]+[HCO_3^-]+[Cl^-]}{[Ca^{2+}]+[Mg^{2+}]+[SO_4^{2-}]} \quad (1)$$

地下水封闭指数与矿化度有着良好的正相关关系（图7），煤系地层封闭指数介于1.48～71.72，平均17.82，矿化度353～7460mg/L，平均3240.92mg/L，显示出较中等的封闭性及较为活跃的水动力条件。

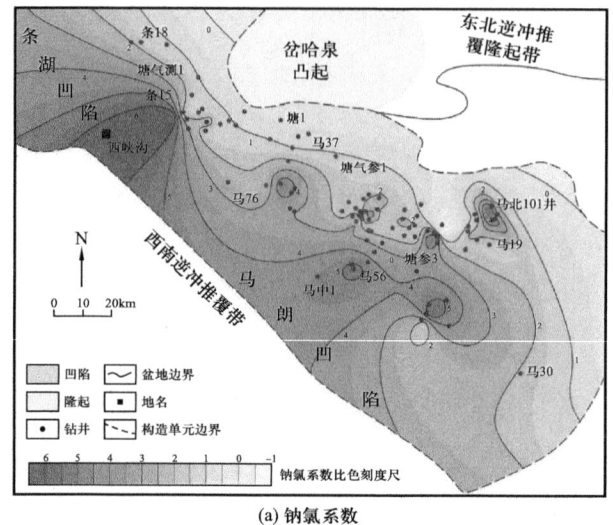

(a) 钠氯系数

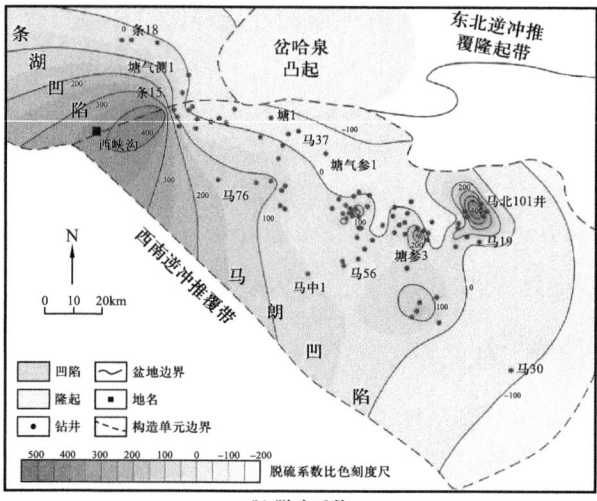

(b) 脱硫系数

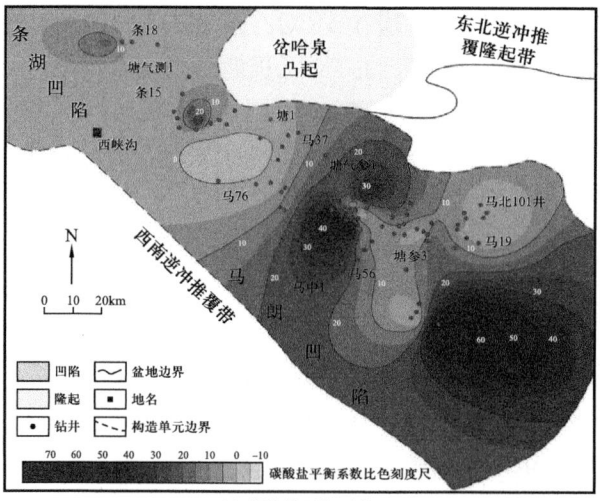

(c) 碳酸盐平衡系数

图 5 三塘湖盆地条湖—马朗凹陷水化学参数等值线

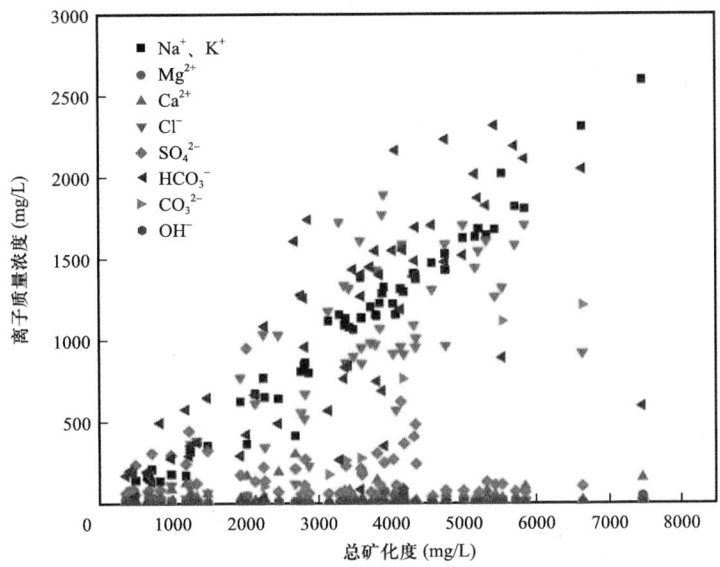

图 6　三塘湖盆地条湖—马朗凹陷离子浓度与矿化度关系

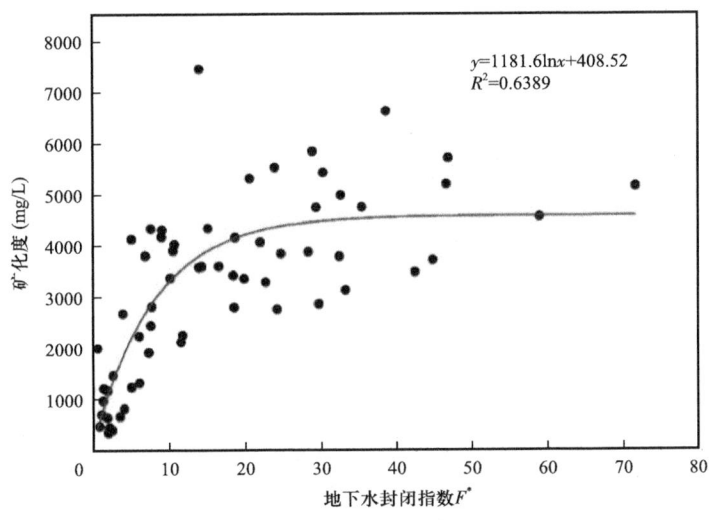

图 7　三塘湖盆地条湖—马朗凹陷地下水封闭指数与矿化度关系

在中低煤阶地区，地下水动力较活跃，地表水易携带产甲烷菌和营养物质进入煤层，为次生生物气的生成创造了条件。三塘湖盆地东北部巴里坤北山年降水量大于200mm，岩石裂隙发育，地下水接受了大气降水的一定的地表水补给，有利于晚期生物气的生成。西山窑组煤层水总矿化度随深度的增加而增大（图8），地表补给水多，地表潜水面高，煤层气风氧化带浅，在径流区形成水力封堵型。

通过分析马朗地区塘1井组总矿化度与日产气量和日产水量的关系（图9），发现其间存在明显的正相关性。一方面日产水量为 5.49～13.86m³，平均 8m³，总矿化度高代表着地层水的水动力条件较差，滞留程度高；另一方面日产气量较高，总矿化度高代表着地层封闭条件较好，有利于煤层气的储存与富集。

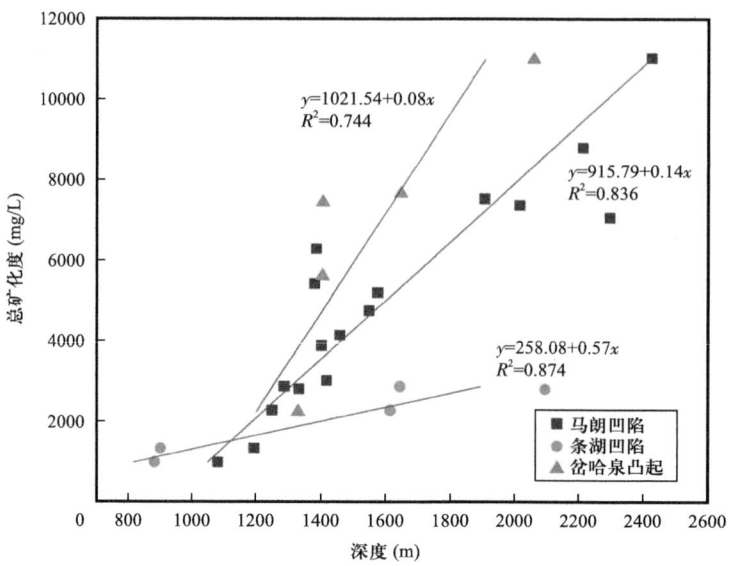

图 8 三塘湖盆地深度与总矿化度关系

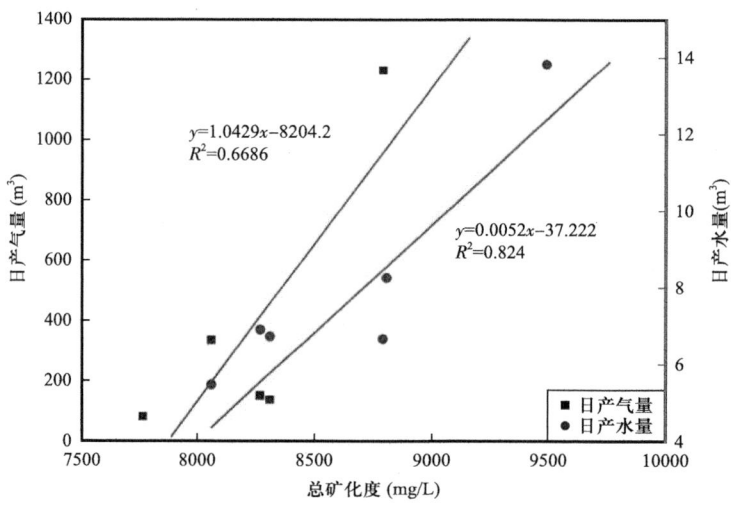

图 9 三塘湖盆地马朗凹陷塘 1 井组总矿化度与含气量关系

煤层的含气性一般受煤层顶底板封盖条件、底层封闭条件、水动力条件等因素综合控制[9, 23]。三塘湖盆地条湖—马朗凹陷煤层顶底板岩性为泥岩,断层发育简单,两个凹陷的煤层顶底板封盖条件和构造条件差异较小。三塘湖盆地煤层水总矿化度与深度呈现正相关性,马朗凹陷地层水矿化度与日产气量相关性明显,据此可推测水动力条件是该地区煤层含气性的主要控制因素。

4 结论

(1) 三塘湖盆地条湖—马朗凹陷煤层气井产出水离子组成以 Na^+,K^+,HCO_3^-、Cl^-

和SO_4^{2-}为主，Ca^{2+}、Mg^{2+}、SO_4^{2-}含量较低，条湖凹陷的阳离子主要为Na^++K^+，阴离子由SO_4^{2-}逐渐变化为Cl^-。马朗凹陷主导阳离子均为Na^+和K^+，阴离子由HCO_3^-演替为Cl^-，产出水呈弱碱性。地层水矿化度由东北逆冲推覆隆起带向西南地区逐渐降低。

（2）三塘湖盆地水化学参数与地层封闭性有相关性，即当钠氯系数、脱硫系数和碳酸盐平衡系数较低时，说明水体处于还原环境，水化学封闭指数指示研究区储层封闭性较好。条湖凹陷条15井、马朗凹陷塘1井组、塘气参1井和马37井周围地区储层保存条件较好。

（3）三塘湖盆地西山窑组煤层水总矿化度与深度、日产气量和日产水量之间有正相关性。随着矿化度的增加，阴离子的浓度逐渐增加且由HCO_3^-逐渐转变为Cl^-，马朗凹陷塘1井组井深929～1182m，总矿化度高的层位水动力强度较小，流体滞留性强，水力封堵作用使煤层气相对富集。

参 考 文 献

[1] Meng Y, Tang D, Xu H, et al. Division of coalbed methane desorption stages and its significance [J]. Petroleum Exploration and Development, 2014, 41（5）: 671-677.

[2] 卫明明，琚宜文. 沁水盆地南部煤层气田产出水地球化学特征及其来源 [J]. 煤炭学报, 2015, 40（3）: 629-635.

[3] 赵馨悦，韦波，袁亮，等. 煤储层水文地质特征及其煤层气开发意义研究综述 [J]. 煤炭科学技术, 2023, 51（4）: 105-117.

[4] Kaiser W R, Hamilton D S, Scott A R, et al. Geological and hydrological controls on the producibility of coalbed methane [J]. Journal of the Geological Society, 1994, 151（3）: 417-420.

[5] 刘洪林，李景明，王红岩，等. 水文地质条件对低煤阶煤层气成藏的控制作用 [J]. 天然气工业, 2008（7）: 20-22, 131-132.

[6] Scott A R. Hydrogeologic factors affecting gas content distribution in coal beds [J]. International Journal of Coal Geology, 2002, 50（1）: 363-387.

[7] Ayers W. Coalbed gas systems, resources, and production and a review of contrasting cases from the San Juan and Powder River basins [J]. AAPG Bulletin, 2002, 86: 1853-1890.

[8] 刘洪林，李景明，王红岩，等. 水动力对煤层气成藏的差异性研究 [J]. 天然气工业, 2006（3）: 35-37, 158-159.

[9] 田文广，邵龙义，孙斌，等. 保德地区煤层气井产出水化学特征及其控气作用 [J]. 天然气工业, 2014, 34（8）: 15-19.

[10] Yao Y, Liu D, Yan T. Geological and hydrogeological controls on the accumulation of coalbed methane in the Weibei field, southeastern Ordos Basin [J]. International Journal of Coal Geology, 2014, 121: 148-159.

[11] 李志军，李新宁，梁辉，等. 吐哈和三塘湖盆地水文地质条件对低煤阶煤层气的影响 [J]. 新疆石油地质, 2013, 34（2）: 158-161.

[12] 梁辉，李新宁，常玉琴. 条湖—马朗凹陷煤层气富集规律及开发潜力评价 [J]. 中国煤层气, 2016, 13（1）: 13-17.

[13] 黄大友，徐伟，陈玉梁，等. 新疆三塘湖盆地水文地质条件及铀成矿前景分析 [J]. 铀矿地质,

2012, 28 (4): 227-232.

[14] 吴晓智, 郎风江, 李伯华, 等. 三塘湖盆地构造演化与油气聚集[J]. 地质科学, 2011, 46 (3): 808-825.

[15] 刘兴旺, 郑建京, 杨鑫, 等. 三塘湖盆地及其周缘地区古生代构造演化及原型盆地研究[J]. 天然气地球科学, 2010, 21 (6): 947-954.

[16] 李洋阳. 雨旺区块煤层气水文地质特征及开发潜力评价[J]. 煤, 2021, 30 (8): 22-26.

[17] 高玉巧, 李鑫, 何希鹏, 等. 延川南深部煤层气高产主控地质因素研究[J]. 煤田地质与勘探, 2021, 49 (2): 21-27.

[18] 华明国, 田林, 张燕, 等. 潞安矿区煤层气井产出水地球化学特征及意义[J]. 煤田地质与勘探, 2022, 50 (2): 65-71.

[19] 王文升, 张亚飞, 杜丰丰, 等. 寿阳地区 15 号煤层地下水动力场特征及控气作用[J]. 油气藏评价与开发, 2022, 12 (4): 643-650.

[20] 杜丰丰, 倪小明, 张亚飞, 等. 寿阳区块煤层气田的水文控藏模式及控产特征[J]. 煤炭科学技术, 2023, 51 (10): 177-188.

[21] 张治波, 刘腾, 李丽荣, 等. 鄂尔多斯盆地 CD 区块长 6 地层水化学性质及其地质意义[J]. 矿物岩石, 2017, 37 (3): 61-68.

[22] 吴丛丛, 杨兆彪, 秦勇, 等. 贵州松河及织金煤层气产出水的地球化学对比及其地质意义[J]. 煤炭学报, 2018, 43 (4): 1058-1064.

[23] 刘燕红, 李梦溪, 杨鑫, 等. 沁水盆地樊庄区块煤层气高产富集规律及开发实践[J]. 天然气工业, 2012, 32 (4): 29-32, 120.

低煤阶煤储层水地球化学特征及控气机理
——以吉尔嘎朗图凹陷为例

杨敏芳[1]，田文广[1]，鲁静[2]，孙斌[1]，李亚男[1]，孙钦平[1]

（1. 中国石油勘探开发研究院，北京 100083；2. 中国矿业大学（北京）煤炭资源与安全开采国家重点实验室，北京 100083）

摘 要：水文地质特征是影响低煤阶生物气富集的关键因素，煤层水的地球化学特征能够反映煤储层水的径流情况。以低煤阶勘探程度相对较高的吉尔嘎朗图为例，系统分析了煤层气井产出水的阴阳离子、矿化度及氢氧同位素等特征，探讨了水文特征对煤层含气量的控制作用。结果表明：吉尔嘎朗图煤层水阴、阳离子以 Na^+、HCO_3^- 为主，水型为 $NaHCO_3$ 型，呈中性或弱碱性，Na^+、K^+、Cl^- 浓度高于地表水；煤层水矿化度介于 3287.33～6075.44mg/L，钠氯比为 1.77～4.96，在凹陷断块内矿化度、钠氯比值较高；煤层水 δD 为 $-110.9‰$～$-106.4‰$，$\delta^{18}O$ 为 $-15.8‰$～$-14.4‰$，氢氧同位素分布在二连盆地大气降水线附近，具有 D 漂移特征，氧同位素偏轻；甲烷碳同位素 $\delta^{13}C_1$ 为 $-67.9‰$～$-56.5‰$，为生物成因气。研究认为：推测大气降水通过吉尔嘎朗图凹陷同沉积断层补给煤层，煤层水处于弱流动状态，为生物气的生成创造了适宜条件，促使生物气在弱还原环境、水动力弱的断层控制区内富集成藏。

关键词：吉尔嘎朗图凹陷；低煤阶；煤层气；水文特征；控气作用；富集模式

我国低煤阶（镜质组反射率 $R_o<0.65\%$）[1-2]煤层气资源丰富，煤层气地质资源量为 $10.3×10^{12}m^3$，约占煤层气总资源量的 1/3，开发潜力大，主要分布在我国东北二连盆地和西北三塘湖、吐哈等地区，但勘探开发程度低，研究进度慢。受美国粉河盆地、加拿大阿尔伯塔盆地、澳大利亚苏拉特盆地等低煤阶煤层气的成功开发的影响[3-5]，我国加大对低煤阶煤层气的研究力度，依托"十三五"科技重大专项，经过多轮评价，优选二连盆地吉尔嘎朗图凹陷自主研发设计实施 4 口煤层气井，于 2016 年对吉煤 3 井、吉煤 4 井压裂排采后，最高日产气量突破 $2000m^3$，首次获得低煤阶煤层气勘探突破，引起学者广泛关注。目前对低煤阶煤层气的研究主要集中在成藏条件、煤储层特征、资源潜力等方面[6-9]，而研究水文条件对低煤阶煤层气的富集的影响相对较薄弱。因此笔者以具有一定低煤阶煤层气开发程度的吉尔嘎朗图凹陷为研究对象，深入研究低煤阶煤层气井产出水地球化学特征，揭示低煤阶煤储层水文特征对煤层气富集的控制机制，为低煤阶煤层气勘探开发提供参考。

基金项目："十四五"中石油股份重大科技项目（2021DJ2303）；国家自然科学基金（421721961；417721611），中国石油股份公司超前基础研究项目（2019B-4910）。

第一作者：杨敏芳（1979-），女，河北保定，高级工程师，博士，主要从事煤层气勘探评价研究工作，E-mail：yangmf69@petrochina.com.cn。

1 地质概况

吉尔嘎朗图凹陷位于二连盆地乌尼特坳陷西南端，长约67km，宽7～20km，面积约1100km²[10]。凹陷基底为古生界轻变质岩，地层自下而上发育中下侏罗统阿拉坦合力群、上侏罗统兴安岭群、下白垩统巴彦花群、古近系、新近系和第四系。下白垩统巴彦花群是主要的沉积地层，自下而上包括阿尔善组、腾格尔组，以及赛汉塔拉组（图1a）。赛汉塔拉组为主要的含煤地层，处于凹陷演化后期的隆升萎缩阶段，沉积环境稳定，广泛发育湖泊相沉积，发生了强烈的聚煤作用，在中部和中南部发育两大聚煤中心，形成了巨厚煤层[11]（图1b）。吉尔嘎朗图凹陷具有中新生代断陷盆地所发育的典型断槽结构，正断裂十分发育且分布复杂，断裂多发育在洼槽两侧的陡坡带和洼槽内部，主断裂走向多沿NE向与洼槽长轴方向大致平行，主断裂发育时间早，断距规模大，平面延伸距离长，主要在近邻洼槽的南北两侧分布，这些主断裂确定了该区基本构造单元，控制了地层沉积格局，如图1b、图1c所示。

吉尔嘎朗图凹陷赛汉塔拉组煤层具有层数多、厚度大的特征，含有6个煤组，其中Ⅲ#煤和Ⅳ#煤为主力煤层，煤层总厚度介于60～220m，最大累计厚度391m；煤层埋深较浅，一般100～800m，最深不超过900m；煤层热演化程度较低，镜质组反射率R_{omax}为0.28%～0.60%，以褐煤为主；实测含气量为0.97～3.83m³/t，平均为1.75m³/t，煤层含气量在凹陷中部较高向盆地边缘逐渐降低[2]；甲烷碳同位素$\delta^{13}C_1$为−65.3‰～−60.3‰，为生物成因气。注入压降方法测试煤储层压力为4.15～4.74MPa，渗透率为0.28～4.03mD。目前共钻17口煤层气井，投产13口，主要开发Ⅳ#煤层，平均单井产气量600m³/d，平均单井产水量34.2m³/d。

2 样品采集及测试方法

2017—2018年，采集12口煤层气井排出水样，均在钻井液、压裂液大量排出后采集，避免测试结果受排采初期钻井液、压裂液的影响。为了与地表水地球化学特征对比，在吉煤1井组西边的河流里采集水样品1份。所有样品采集后均盛放在容量500mL的聚乙烯塑料瓶密封，放至备好的冰盒里保存，随后送至实验室开展水组成和同位素分析。

阴阳离子、氢氧同位素、pH值、矿化度测试在中国海油能源发展股份有限公司非常规实验中心完成。样品送回实验室后，用循环水多用真空泵和孔径0.45μm、直径50mm的微孔滤膜过滤水样，过滤后滤液用于阴、阳离子的测定，测试所用仪器为美国戴安（DIONEX）公司生产的ICS-1100离子色谱仪；氢氧同位素测试所用仪器为MAT-253同位素质谱计；pH值、矿化度测试所用仪器为AT-510全自动滴定分析仪。对样品进行了多次重复测试，测量结果误差小于±1‰，数据精度和准确度均符合国家水质检测方法标准要求。

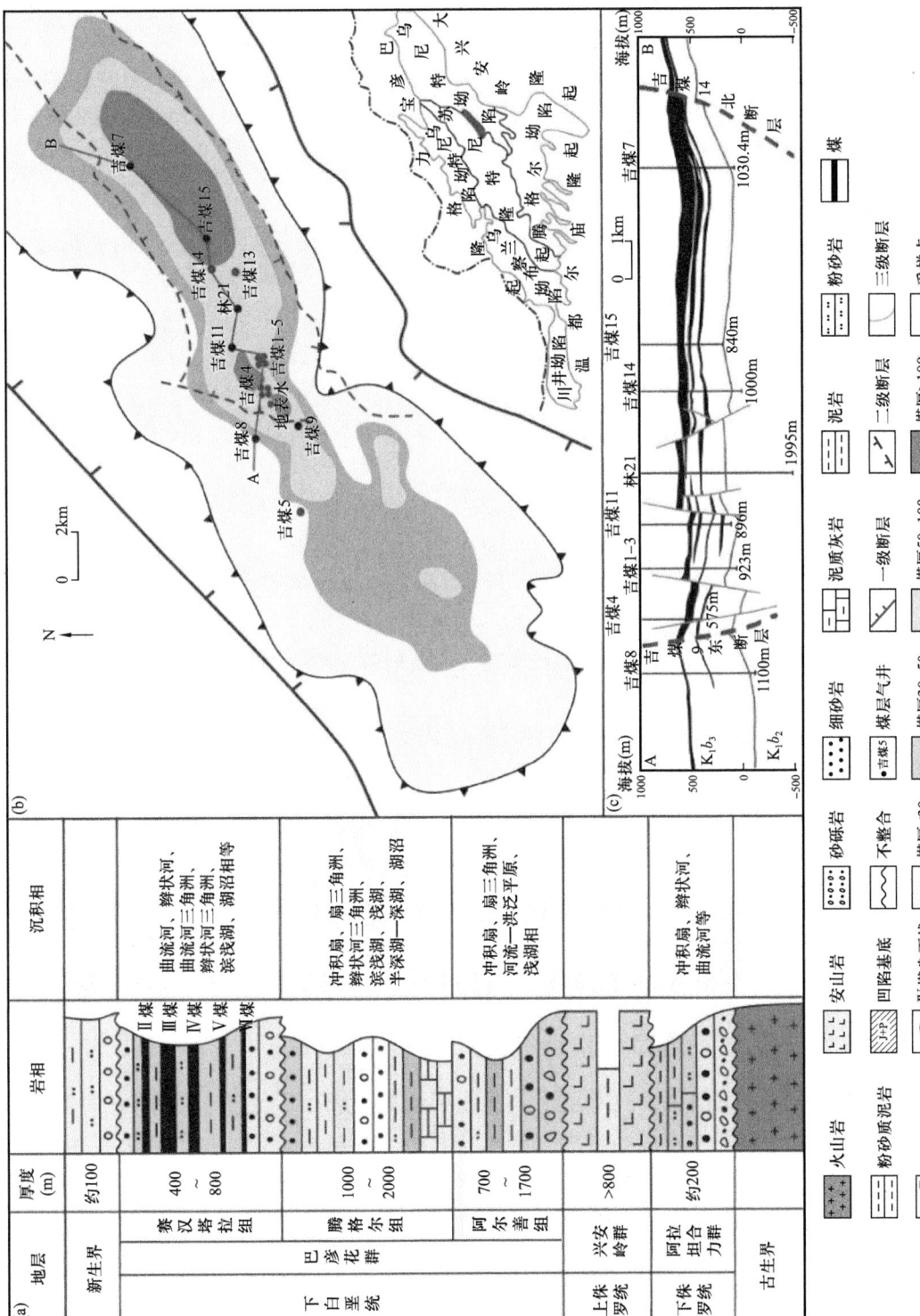

图 1 吉尔嘎朗图凹陷地质图

3 实验结果

对吉尔嘎朗图凹陷煤层气井产出水样品开展了水离子、pH 值、矿化度和氢氧同位素实验，测试化验结果见表 1。多数学者认为煤层气井产出水 Cl^- 质量浓度在 1000mg/L 以下时产出水来自煤层水[12-14]，本次测试结果 Cl^- 浓度为 184.32~997.03mg/L，表明采集的水样品不受压裂液的影响，均来自煤储层。

3.1 煤层气井产出水常规离子特征

由表 1 可知，吉尔嘎朗图凹陷煤层水阳离子以 Na^+ 为主，含量为 913.6~1676.8mg/L，占阳离子总量的 90% 以上，K^+ 含量为 14.3~91.3mg/L，Mg^{2+} 含量为 6.3~14.4mg/L，Ca^{2+} 含量为 8.6~39.3mg/L，Mg^{2+}、Ca^{2+} 含量较少，占阳离子总量的 5% 以下；煤层水阴离子以 HCO_3^- 为主，含量为 2106.2~3502.1mg/L，Cl^- 含量为 184.3~925.7mg/L，SO_4^{2-} 含量极少，为 0~41.8mg/L，平均为 8.07mg/L，煤层水水型为 $NaHCO_3$ 型。pH 值 7~8，中性或弱碱性，属于弱还原环境。

地表水阳离子 Na^++K^+ 含量为 344.8mg/L，Mg^{2+} 含量为 194.6mg/L、Ca^{2+} 含量为 244.5mg/L，Mg^{2+}、Ca^{2+} 和 Na^+ 含量相当，阴离子以 HCO_3^- 为主，含量为 2288.3mg/L，地表水水型为 $NaHCO_3$ 型，pH 值 6.8，偏酸性，属于氧化环境（图 2）。

从煤层水和地表水阴阳离子含量对比看，煤层水 Ca^{2+}、Mg^{2+}、SO_4^{2-} 含量远远小于地表水的 Ca^{2+}、Mg^{2+}、SO_4^{2-} 含量，煤层水 Na^+、K^+、Cl^- 浓度高于地表水的 Na^+、K^+、Cl^- 浓度。

3.2 煤层气井产出水矿化度特征

矿化度是表征水动力活跃程度的重要参数之一，矿化度越高，地下水活跃程度越差，封闭条件越好，越有利于煤层气的保存[15-16]。吉尔嘎朗图采样点主要分布在凹陷的中部，测试煤层气井产出水矿化度介于 3287.3~6075.4mg/L，平均为 4836.12mg/L，凹陷中部矿化度整体偏高，向四周矿化度呈逐渐降低的趋势，矿化度高值分布在吉煤 3 井区断块内（图 3），中部矿化度高表明煤层水活跃度较弱，对煤层气的保存有利。

3.3 煤层气井产出水氢氧同位素特征

地层水同位素组成可用来研究地层水的成因和演化过程[17-18]，其研究方法通常以大气降水线为参考，氢氧同位素分布在大气降水线附近，且普遍呈明显的 D 漂移特征，少数呈 O 漂移，属于大气降水来源[19-21]；氢氧同位素值位于大气降水线以下，属于地表水来源，因为地表水受蒸发作用较为强烈，较轻的 $\delta^{16}O$ 比 $\delta^{18}O$ 更易被蒸发，使得地表水具有 O 漂移特征[22]。

表 1 吉尔嘎朗图凹陷煤层水、地表水地球化学特征及含气性特征

采样点	Na^+ (mg/L)	K^+ (mg/L)	Mg^{2+} (mg/L)	Ca^{2+} (mg/L)	Cl^- (mg/L)	SO_4^{2-} (mg/L)	HCO_3^- (mg/L)	矿化度 (mg/L)	pH值	水型	$r(Na^+)/r(Cl^-)$	含气量 (m^3/t)	甲烷碳同位素 (‰)	δD (‰)	$δ^{18}O$ (‰)
吉煤 1-1	1324.4	25.7	6.3	8.6	573.4	26.1	2519.0	4536.4	8.0	$NaHCO_3$	2.3			-106.4	-14.7
吉煤 1-2	1584.2	30.2	12.6	22.4	527.7	2.6	3407.7	5656.5	7.6	$NaHCO_3$	3.0			-107.7	-15.1
吉煤 1-3	1439.5	26.6	11.0	22.3	491.9	1.6	3029.7	5108.1	7.6	$NaHCO_3$	2.9	1.57	-58.5	-106.6	-14.8
吉煤 1-4	1266.5	21.8	9.1	17.2	423.1	2.8	2726.9	4493.2	7.7	$NaHCO_3$	3.0			-106.6	-14.8
吉煤 1-5	1191.3	21.5	7.3	13.9	368.9	0	2558.0	4213.6	7.9	$NaHCO_3$	3.2			-107.7	-15.4
吉煤 1	1650.0	53.4	11.0	18.0	780.8	41.8	3234.1	5789.1	7.0	$NaHCO_3$	2.1	1.95	-59.5	-106.0	-14.4
吉煤 2	1676.8	47.8	14.4	39.3	715.4	6.0	3502.1	6075.4	7.5	$NaHCO_3$	2.3	2.08	-59.6	-106.7	-14.4
吉煤 3	1276.0	59.6	7.8	20.5	634.2	4.2	2403.3	4472.6	7.8	$NaHCO_3$	2.0			-110.9	-15.7
吉煤 4	1636.6	91.3	9.1	16.7	925.7	1.1	3155.5	5939.3	7.6	$NaHCO_3$	1.8			-110.2	-15.8
吉煤 5	1232.7	15.5	7.2	15.4	275.2	1.7	2875.9	4471.5	8.0	$NaHCO_3$	4.5	1.12	-67.9		
吉煤 13	913.6	14.3	8.0	11.5	184.3	7.0	2106.2	3287.3	7.8	$NaHCO_3$	5.0	0.86	-56.5		
吉煤 14	1067.3	25.5	14.5	35.7	249.4	2.0	2543.3	3995.2	7.5	$NaHCO_3$	4.3	1.48	-59.7		
地表水	332.3	12.5	194.6	244.5	124.1	105.7	2288.3	3302.0	6.8	$NaHCO_3$					

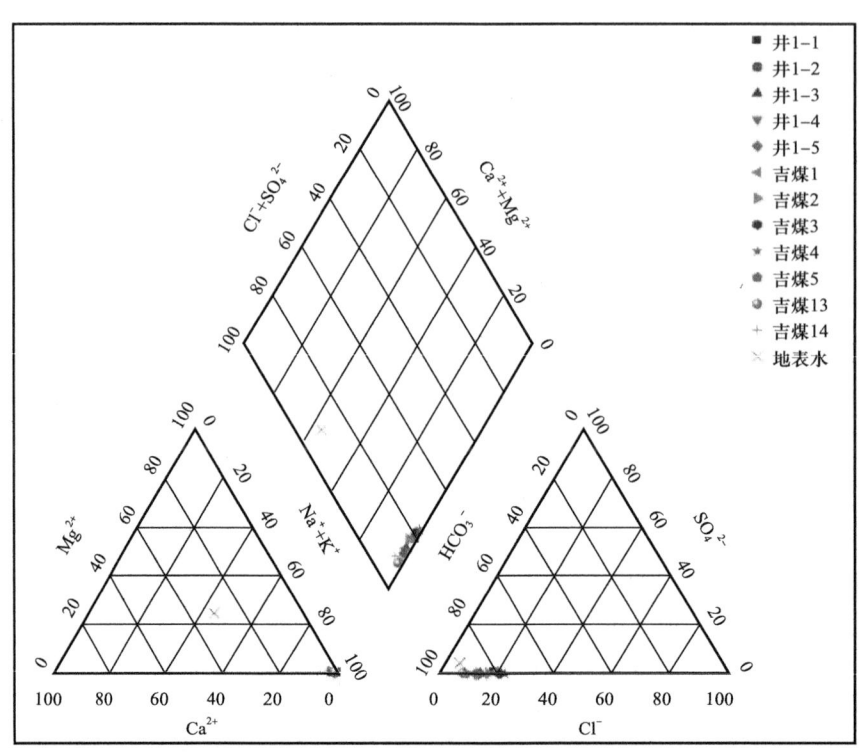

图 2 吉尔嘎朗图凹陷煤层水及地表水的常规离子分布

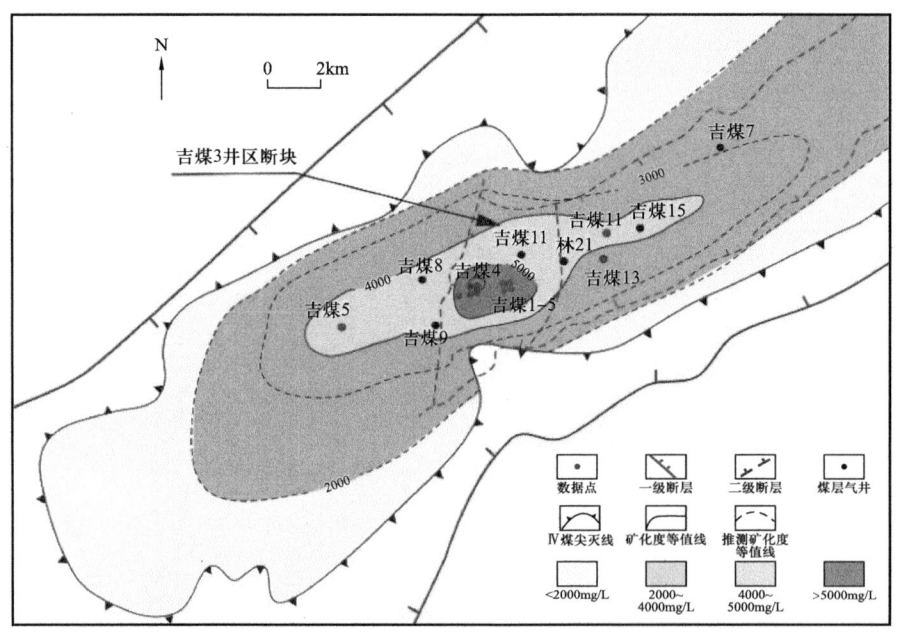

图 3 吉尔嘎朗图凹陷煤层水矿化度分布图

由表 1 可知，吉尔嘎朗图煤层气井产出水 δD 为 −110.9‰～−106.4‰，$δ^{18}O$ 为 −15.8‰～−14.4‰，氢氧同位素分布在二连盆地大气降水线附近，具有明显的 D 漂移特征（图 4），表明吉尔嘎朗图凹陷煤层水补给水源为大气降水[23]。

4 讨论

世界各地的煤层气井产出水具有相似的离子特征，相对地表水而言，Na^+、K^+、Cl^- 和 HCO_3^- 浓度较高，Ca^{2+}、Mg^{2+}、SO_4^{2-} 含量较低[24-26]。Ca^{2+}、Mg^{2+}、SO_4^{2-} 富集意味着接近富氧水源补给区，而 Na^+、K^+、Cl^- 和 HCO_3^- 富集意味着远离富氧水源补给区，地层水处于还原环境[27-28]。吉尔嘎朗图煤层水 Ca^{2+} 浓度 8.6～39.3mg/L，Mg^{2+} 浓度 6.3～14.4mg/L，SO_4^{2-} 浓度 0～41.8mg/L，SO_4^{2-} 浓度一般小于 10mg/L，煤层水 Ca^{2+}、Mg^{2+}、SO_4^{2-} 含量小于地表水的

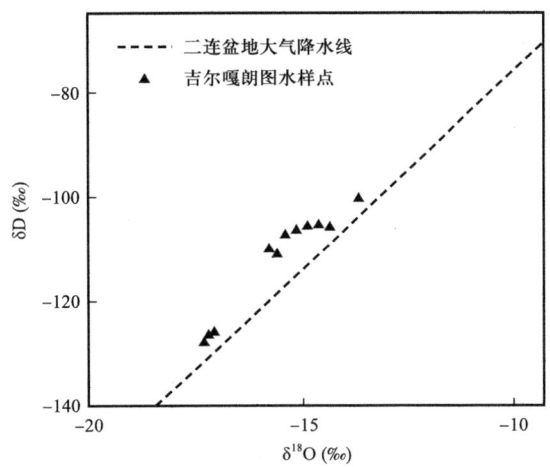

图 4 吉尔嘎朗图凹陷煤层水氢氧同位素关系图

Ca^{2+}、Mg^{2+}、SO_4^{2-} 含量，pH 值为 7～8，说明吉尔嘎朗图凹陷煤层水处于弱还原环境。钠氯比 $[r(Na^+)/r(Cl^-)]$ 是水中 Na^+、Cl^- 的当量数比，反映地层水的浓缩变质作用程度和水文地球化学环境，一般认为其值越小，地层水封闭性越好[29]。博雅斯基指出，钠氯比大于 0.85 为流动水特征，钠氯比小于 0.5 为滞留环境。吉尔嘎朗图煤层水的钠氯比为 1.8～5.0，煤层水处于流动状态，在吉煤 3 井区断块内钠氯比一般小于 3，其他地区钠氯比一般大于 4，表明吉煤 3 井区断块内煤层水的流动状态较其他地区弱，封闭性要好于其他地区（图 5c）。

吉尔嘎朗图凹陷煤层含气量 0.86～2.08m³/t，其高值主要分布在吉煤 3 井区断块内，一般大于 1.5m³/t，在平面上变化趋势与煤层水矿化度、钠氯比值有很好的相关性，与矿化度呈正相关，与钠氯比值呈负相关，即随煤层水矿化度增高、钠氯比值降低，煤层含气量呈增大趋势（图 5a，图 5b）。

吉尔嘎朗图煤层水的 δD 为 -110.9‰～-100.6‰，$δ^{18}O$ 为 -15.8‰～-14.4‰，从氢氧同位素分布与二连大气降水线对比上看，氢氧同位素分布在大气降水线附近，大气降水为直接来源，具有 D 漂移、氢同位素变重、氧同位素偏轻特征。吉尔嘎朗图甲烷碳同位素为 -67.9‰～-56.5‰，是生物成因气，促使煤层水氢同位素变重。氧同位素偏轻，表明大气降水补给煤层的过程中没有发生分馏作用，较轻的 $δ^{16}O$ 没有被交换，大气降水补给煤层的速度相对较快，推测通过同沉积断层快速补给煤层。

综上分析，吉尔嘎朗图凹陷厚煤层主要发育在同沉积断层控制区域内，盆地边缘煤层不太发育或呈尖灭状态；大气降水主要通过同沉积断层补给煤层而非从盆地边缘侧向补给；大气降水沿着同沉积补给煤层后，为生物气的生成创造了适宜的环境，促使甲烷菌活跃生产大量生物气，在弱还原环境、水动力弱的断层控制区内富集成藏（图 6）

(c) 综合评价图

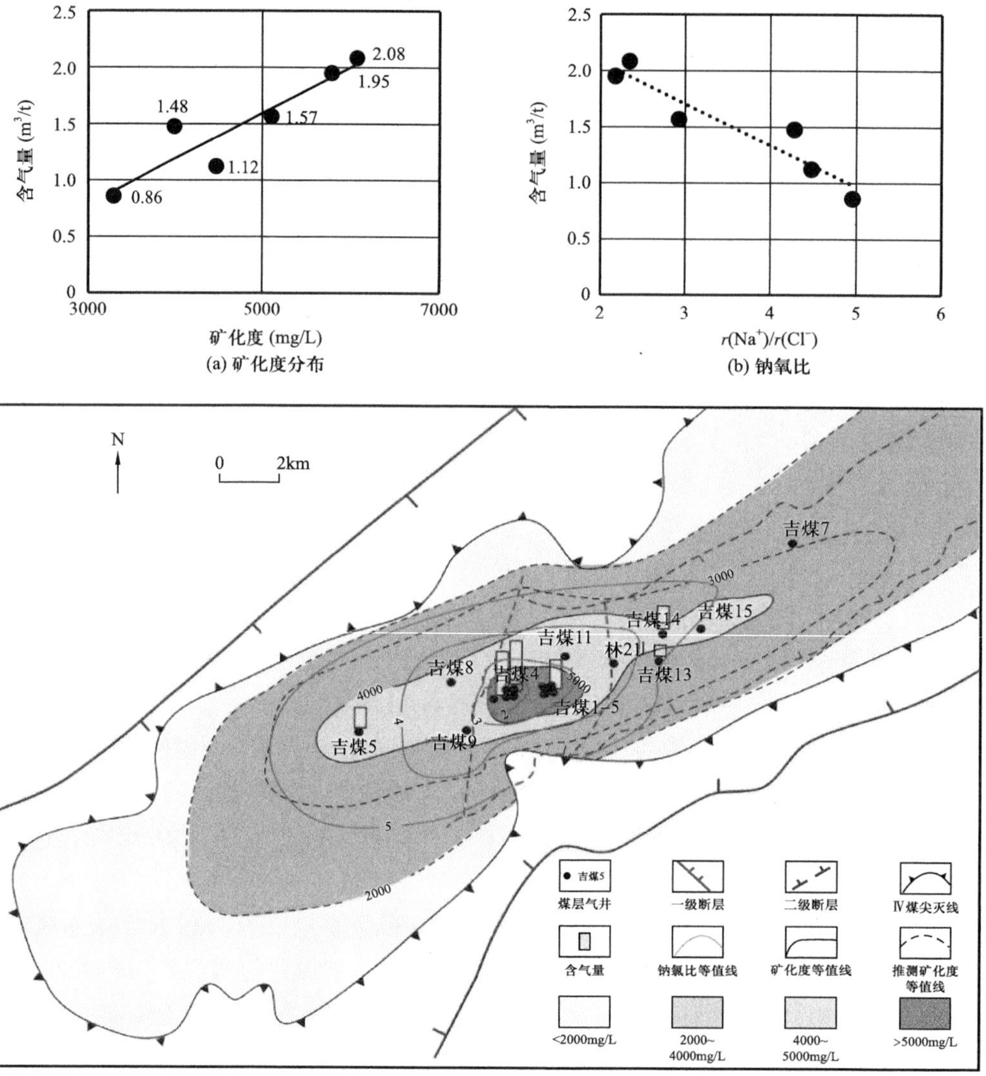

图 5　吉尔嘎朗图凹陷煤层水矿化度、钠氯比与含气量关系及综合评价图

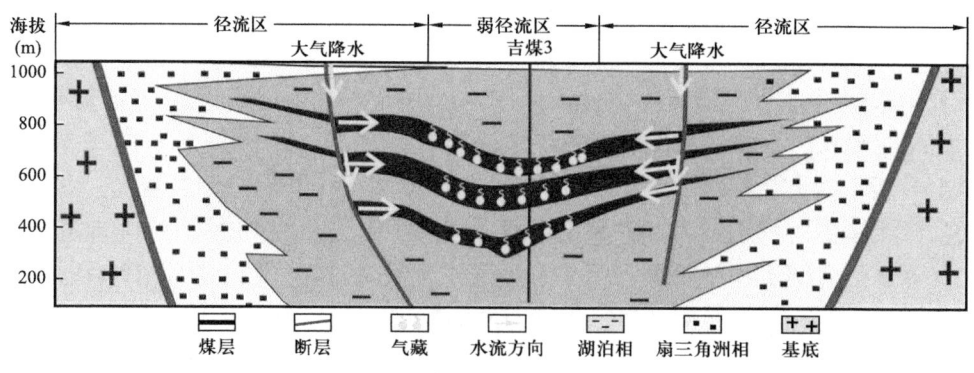

图 6　吉尔嘎朗图凹陷煤层气富集成藏模式图

5 结论

(1) 吉尔嘎朗图凹陷煤层水阴阳离子以 Na^+、HCO_3^- 为主，Na^+ 含量为 913.6~1676.8mg/L，HCO_3^- 含量为 2106.2~3502.1mg/L，水型为 $NaHCO_3$ 型；pH 值 7~8，属于弱还原环境；地表水水型为 $NaHCO_3$ 型，pH 值 6.8，属于氧化环境；煤层水 Ca^{2+}、Mg^{2+}、SO_4^{2-} 含量小于地表水的 Ca^{2+}、Mg^{2+}、SO_4^{2-} 含量，而 Na^+、K^+、Cl^- 浓度高于地表水。

(2) 煤层水矿化度介于 3287.3~6075.4mg/L，平均为 4836.12mg/L，凹陷中部矿化度整体偏高，向四周矿化度呈逐渐降低的趋势；煤层水 δD 为 $-110.9‰$~$-106.4‰$，$\delta^{18}O$ 为 $-15.8‰$~$-14.4‰$，氢氧同位素分布在二连盆地大气降水线附近，煤层水的补给来源为大气降水。

(3) 吉尔嘎朗图凹陷吉煤 3 井区断块内矿化度相对高、大于 4000mg/L，钠氯比低、为 1.77~3，煤层水处于弱流动状态；甲烷碳同位素为 $-67.9‰$~$-56.5‰$，为生物成因气，煤层水的氧同位素偏轻，推测大气降水通过同沉积断层补给煤层，为生物气的生成创造适宜条件，促使生物气在弱还原环境、水动力弱的断层内富集成藏。

参 考 文 献

[1] 邹才能, 张国生, 杨智, 等. 非常规油气概念、特征、潜力及技术—兼论非常规油气地质学 [J]. 石油勘探与开发, 2013, 40 (4): 385-399.

[2] 孙粉锦, 李五忠, 孙钦平, 等. 二连盆地吉尔嘎朗图凹陷低煤阶煤层气勘探 [J]. 石油学报, 2017, 38 (5): 485-492.

[3] 刘洪林, 李景明, 王红岩, 等. 浅议我国低煤阶地区的煤层气勘探思路 [J]. 煤炭学报, 2006, 1 (1): 50-53.

[4] 叶欣. 中国西北低煤阶煤层气成藏地质特征研究 [D]. 成都: 成都理工大学, 2007.

[5] 孙平, 刘洪林, 巢海燕, 等. 低煤阶煤层气勘探思路 [J]. 天然气工业, 2008, 28 (3): 19-22.

[6] 孙斌, 邵龙义, 赵庆波, 等. 二连盆地煤层气勘探目标评价 [J]. 煤田地质与勘探, 2008, 36 (1): 22-26.

[7] 雷怀玉, 孙钦平, 孙斌, 等. 二连盆地霍林河地区低煤阶煤层气成藏条件及主控因素 [J]. 天然气工业, 2010, 30 (6): 26-30.

[8] 张松航, 唐书恒, 李忠城, 等. 煤层气井产出水化学特征及变化规律：以沁水盆地柿庄南区块为例 [J]. 中国矿业大学学报, 2015, 44 (2): 292-299.

[9] 杨兆彪, 吴丛丛, 朱杰平, 等. 中国煤层气井产出水地球化学研究进展 [J]. 煤炭科学技术, 2019, 47 (1): 11-117.

[10] 费宝生, 祝玉衡, 邹伟宏, 等. 二连裂谷盆地群油气地质 [M]. 北京: 石油工业出版社, 2001.

[11] 王帅, 邵龙义, 闫志明, 等. 二连盆地吉尔嘎朗图凹陷下白垩统赛汉塔拉组层序地层及聚煤特征 [J]. 古地理学报, 2015, 17 (3): 393-403.

[12] 郭晨, 秦勇, 韩冬. 黔西比德—三塘盆地煤层气井产出水离子动态及其对产能的指示 [J]. 煤炭学报, 2017, 42 (3): 680-686.

[13] 杨兆彪, 吴丛丛, 张争光, 等. 煤层气产出水的地球化学意义—以贵州松河区块开发试验井为例

[J]. 中国矿业大学学报, 2017, 46 (4): 1-8.

[14] 王善博, 唐书恒, 万毅, 等. 山西沁水盆地南部太原组煤储层产出水氢氧同位素特征[J]. 煤炭学报, 2013, 38 (3): 448-454.

[15] 叶建平, 武强, 王子和. 水文地质条件对煤层气赋存的控制作用[J]. 煤炭学报, 2001, 26 (5): 459-462.

[16] 刘洪林, 李景明, 王红岩, 等. 水动力对煤层气成藏的差异性研究[J]. 天然气工业, 2006, 26 (3): 35-37.

[17] Rice C A, Flores R M, Stricker G D, et al. Chemical and stable isotopic evidence for water/rock interaction and biogenic origin of coalbed methane, Fort Union Formation, Powder River Basin, Wyoming and Montana, U. S. A.[J]. International Journal of Coal Geology, 2008, 76 (1/2): 76-85.

[18] Rice C A. Production waters associated with the ferro coaled methane fields, central Utah: Chemical and isotopic composition and volumes[J]. International Journal of Coal Geology, 2003, 56: 141-169.

[19] Craig H. Isotopic variation in meteoric waters[J]. Science, 1961, 133: 1702-1703.

[20] Dansgaard W. Stable isotopes in precipitation[J]. Tellus, 1984, 16: 436-468.

[21] 张晓敏. 沁水盆地南部煤层气产出水化学特征及动力场分析[D]. 焦作: 河南理工大学, 2012.

[22] 时伟, 唐书恒, 李忠城, 等. 沁水盆地南部山西组煤储层产出水氢氧同位素特征[J]. 煤田地质与勘探, 2017, 45 (2): 62-68.

[23] 田文广, 邵龙义, 孙斌, 等. 保德地区煤层气井产出水化学特征及其控气作用[J]. 天然气工业, 2014, 34 (8): 15-19.

[24] Van Voast W A. Geochemical signature of formation waters associated with coalbed methane[J]. AAPG Bull, 2003, 87: 667-676.

[25] Taulis M, Milke M. Chemical variability of groundwater samples collected from a coal seam gas exploration well, Maramarua, New Zealand[J]. Water Res, 2013, 47: 1021-1034.

[26] Yang M, Ju Y W, Liu G J, et al. Geochemical characters of water coproduced with coalbed gas and shallow groundwater in Liulin Coal field of China[J]. Acta Geologica Sinica: English Edition, 2013, 87 (6): 1690-1700.

[27] Van Wast W A. Geochemical signature of formation waters associated with coalbed methane[J]. AAPG Bulletin, 2003, 87 (4): 667-676.

[28] 李忠城, 唐书恒, 王晓峰, 等. 沁水盆地煤层气井产出水化学特征与产能关系研究[J]. 中国矿业大学学报, 2011, 40 (3): 424-429.

[29] Wang B, Sun F J, Tang D Z, et al. Hydrological control rule on coalbed methane enrichment and high yield in Fanzhuang block of Qinshui Basin[J]. Fuel, 2015, 140: 568-577.

急倾斜煤储层气/水分异规律研究

——以准噶尔盆地阜康西区为例

康俊强[1]，傅雪海[1]，王一兵[2]，段超超[1]

（1. 中国矿业大学煤层气资源与成藏过程教育部重点实验室，江苏 徐州 221116；2. 新疆亚新煤层气投资开发（集团）有限责任公司，新疆 乌鲁木齐 830011）

摘　要：准噶尔盆地南缘煤层气资源丰富，且大多赋存在急倾斜煤储层中。急倾斜储层气/水受浮力和重力作用，气/水分布与近水平储层不同。阐明地质演化过程中的气/水动态分异过程有利于理解急倾斜储层的流体运移规律。以阜康西区为研究对象，基于现场测试和煤层气排采成果，结合有限元数值分析，模拟研究了地质演化过程中气/水动态分异过程，阐明了急倾斜储层压力和气/水饱和度分布规律，揭示了急倾斜储层气/水分异机制。结果表明地质演化过程中，地层的非均匀抬升使水在重力作用下向深部运移，气在浮力作用下向浅部聚集，呈现气水分异现象，分异程度随倾角增大先慢后快；储层渗透率是影响气/水分异程度的关键因素，渗透率越大分异越明显。气/水分异引起的储层压力和气/水饱和度差异是控制煤层气/水产能的关键要素，急倾斜储层浅部仰起端呈高含气饱和度和欠压特征，而深部则出现低含气饱和度和超压特征，致使浅部煤层气井高产气低产水而深部高产水较高产气。研究成果对急倾斜储层煤层气开发具有指导作用。

关键词：煤层气；气/水分异；构造演化；急倾斜储层；准噶尔盆地

受构造影响，我国煤储层倾角变化较大，其中沁水盆地和鄂尔多斯盆地储层倾角一般在 $10°\sim20°$ [1-2]，四川盆地为 $20°\sim40°$ [3]，而新疆准噶尔盆地从水平（$0°$）到垂直储层（$90°$）均有分布[4]。随着准噶尔盆地南缘（下称"准南"）急倾斜储层煤层气先导性开发试验顺利开展，急倾斜（大于 $45°$）煤层气开发引起广泛重视[5]，探明气/水分布规律有利于急倾斜储层"甜点"区定位和排采策略制定。

受燕山与喜马拉雅山前构造运动的影响，准南地层发生挤压抬升，形成急倾斜储层[4]。倾角大部分超过 $50°$，甚至达到 $90°$。气/水分布是评估煤层气高效产出的重要前提[6]。地层挤压抬升过程中，储层压力和地应力降低，吸附气逐渐解吸为游离态进入裂隙，储层倾斜条件下，游离气在浮力作用下向高部位聚集，水在重力作用下向低部位汇聚，形成气/水分异现象[7-8]。数值研究也表明气/水在压差驱动下发生流动，同时气体也额外承受浮力作用并向上运动，在距离井筒较远的位置浮力大于压差，存在向上运动轨迹[9]。储层气/水分异影响煤层气的产出特征。急倾斜煤层气井产气量与产水量呈显著负

基金项目：国家自然科学基金（42202198，42072190），新疆维吾尔自治区重大科技专项项目（2023A01004-3-2、2023A01004-3-3、2022A03015-3-3）。

第一作者：康俊强（1993-），男，副教授，博士，从事煤层气地质研究，E-mail：kshif@cumt.edu.cn。

相关，高产井产水量较低甚至不产水[10]。同时倾斜引起重力/浮力作用也导致产气量在不同方向也存在差异，且差异随倾角增大而更加明显[11-12]。

已有研究成果表明急倾斜储层存在气/水分异现象，但对急倾斜储层形成过程中气/水动态分异过程未展开深入研究。基于此本研究以准南阜康西区为研究区，分析了急倾斜储层煤层气气/水分布特征及对煤层气气/水产出的差异性影响。同时利用有限元分析模拟阜康西区急倾斜储层形成过程，研究气/水饱和度的动态演化，阐明影响气/水分异程度的关键因素，厘清气/水分异对煤层气产出的影响，为急倾斜储层煤层气高效开发提供理论指导。

1 地质背景

阜康西区块位于准南阜康矿区西部，是准南煤层气主产区[13]。受南部博格达逆冲推覆断层的影响，断层和褶皱较为发育。断层为一系列高角度仰冲逆断层、小规模层间断层及小型平移断层，褶皱以紧密背斜和向斜为主，两翼倾角变化大，轴长十至几十千米，轴宽仅2~3km。阜康西区块主体构造为阜康向斜，从西向东抬升（图1）。煤层倾角较大，介于30°~60°。主要含煤地层为西山窑组和八道湾组，其中八道湾组42#为煤层气主采层，厚度介于10~35m，平均约为20m。煤类为长焰煤和气煤。受急倾斜影响，储层埋深变化大，介于500~2000m。

阜康西区现有煤层气开发井41口，主要分布在阜康向斜东段仰起端及两翼，煤层气开发最深已达2086m（CS16-X4井），其中CSD01井（直井）最高产气量达17123m³/d。

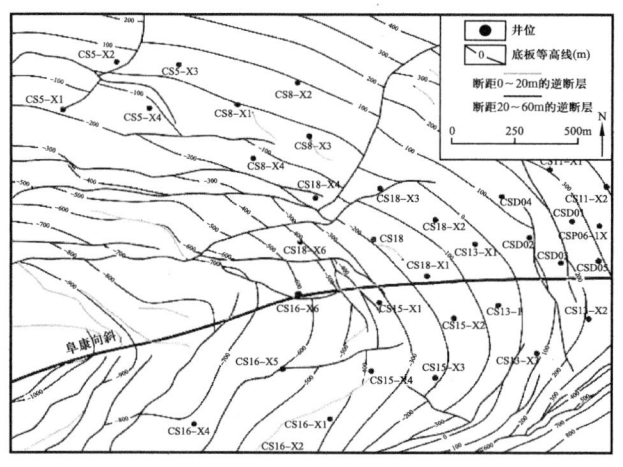

图1 阜康西区构造纲要图

2 急倾斜储层气/水分布及产出特征

2.1 储层压力分布特征

煤层气井通过试井获得的储层压力，主要反映水压。储层急倾斜引起的重力作用导致压力梯度由浅至深呈现动态变化。阜康西区42#煤埋深500~2000m的37口煤层气井的储层压力及压力梯度统计表明,急倾斜储层储层压力随埋深呈线性增大趋势(图2a),平均压力梯度为0.85MPa/100m,为整体欠压储层(图2b)。但不同埋深范围压力梯度特征不同(图2b)。埋深小于1100m,压力梯度介于0.4~0.8MPa/100m,平均为0.67MPa/100m,为显著欠压储层;埋深大于1100m,压力梯度介于0.8~1.0MPa/100m,平均为0.90MPa/100m,为略微欠压储层(图2b)。显著特征是压力梯度随埋深呈阶段性变化:小于1100m时压力梯度随埋深增大,大于1100m压力梯度变化较小(图2b)。对比沁水盆地南部和鄂尔多斯东缘近水平储层的储层压力分布发现,储层压力随埋深线性增大,与阜康急倾斜储层一致(图3a),但储层压力梯度随埋深呈现离散分布,无相关性(图3b)。

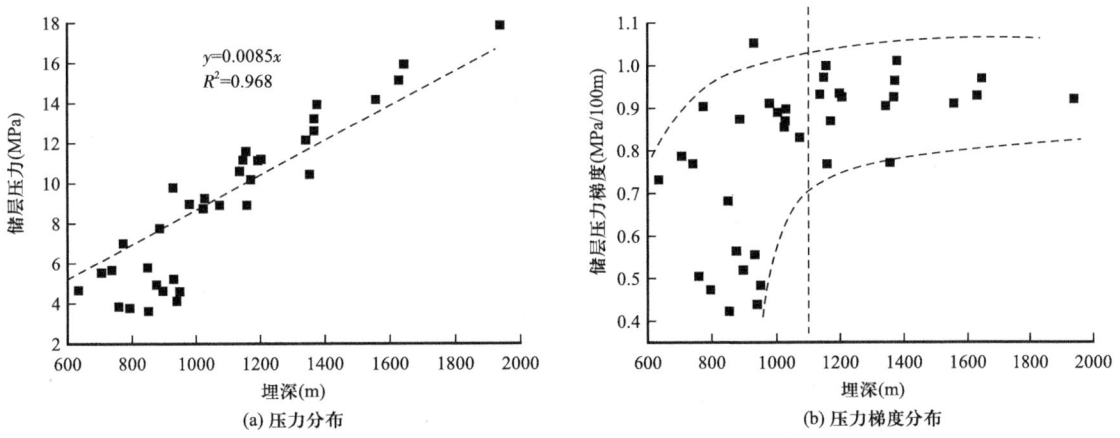

图2 急倾斜储层不同埋深下的储层压力及压力梯度分布

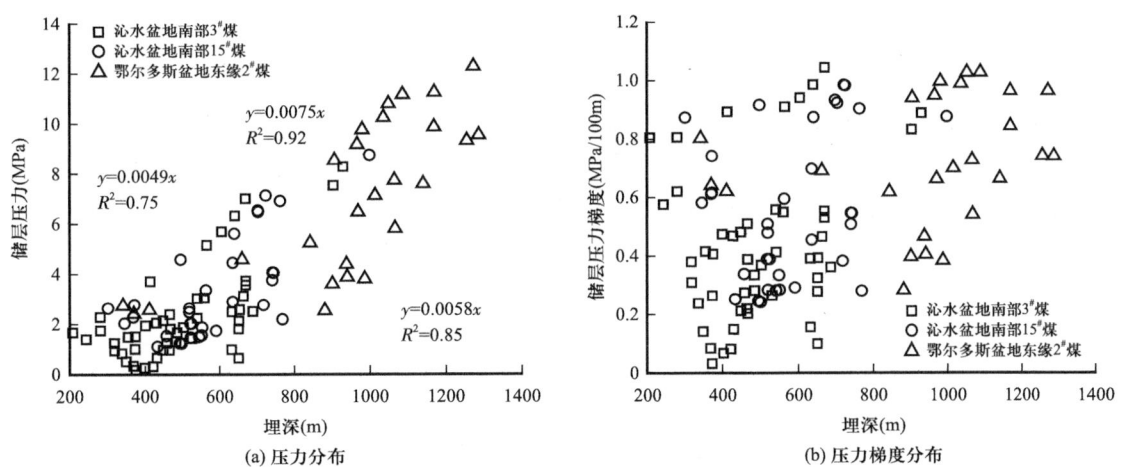

图3 沁水盆地南部与鄂尔多斯盆地东缘近水平储层储层压力及压力梯度分布[14-15]

急倾斜储层水在重力作用下向深部移动,形成更高的压力梯度。水向深部移动反作用于游离气形成向上浮力,致使浅部储层含水饱和度低。埋深增大,渗透率降低,导致重力作用效果降低。储层埋深超过 1100m，垂向应力一般超过 18MPa，渗透率更低，重力作用不显著。

断层及伴生的裂隙为影响渗透率的重要因素。基于研究区的井位分布绘制了压力梯度等值线图。结果显示低压力梯度区分布在区域 A 和区域 B，其上部均存在断距大于 20m 的逆断层（图 4）。逆断层阻断了储层的连续性，导致气体在浮力作用下运移至区域 A 和 B，但无法继续向上移动而富集，形成较高的含气饱和度和较低的压力梯度[16]。而深部压力梯度区断层与压力梯度之间的相关性较弱（图 4）。埋深大于 1100m 的高压力梯度区为重力作用下的水富集区，该区断层的断距范围为 20~65m。42#煤位于 H_2 含水层，厚度超过 80m，断层作用未能完全阻碍水的持续运移。等值线图呈现的压力梯度为地质历史持续演化后的结果，断层对水运移影响随时间的变化逐渐减弱，因此呈现断层对深部压力梯度较小的影响。

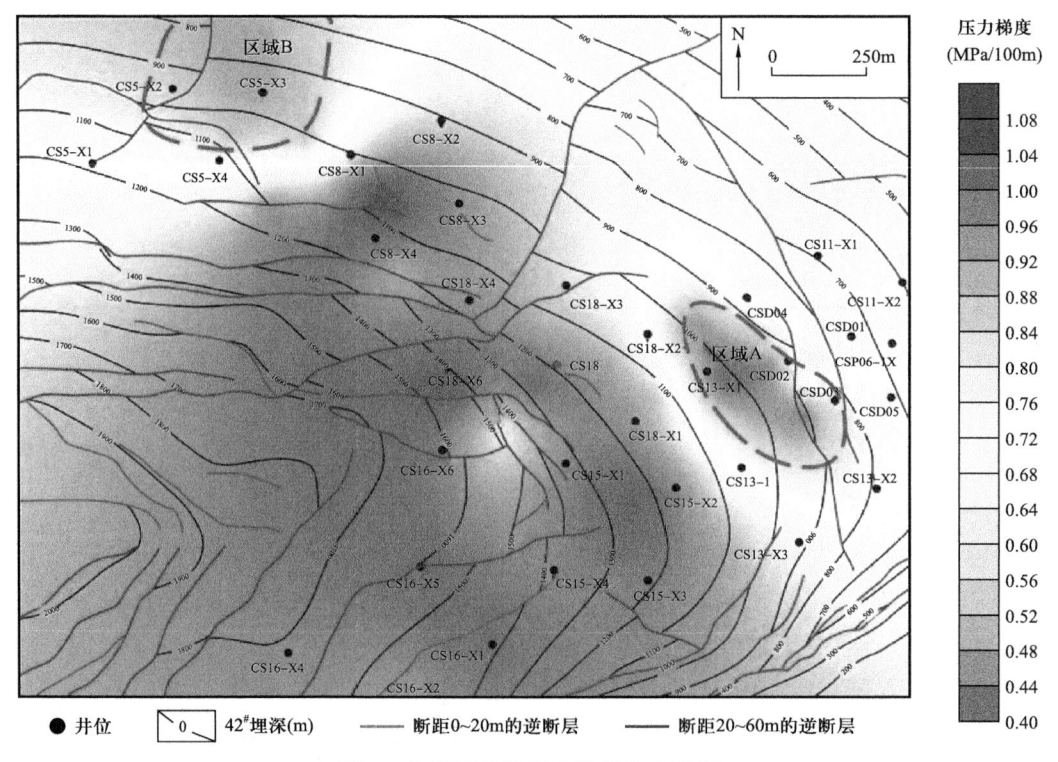

图 4　急倾斜储层压力梯度分布特征

2.2　游离气分布特征

水重力反作用于气体形成浮力[17]，体现在游离气饱和度上。对阜康西区 14 个实测含气量和等温吸附数据分析表明，随急倾斜储层埋深增大，含气饱和度呈下降趋势（表 1，图 5），但变化趋势不显著。一是埋深相差小于 600m，区分度低；二是实测含气量大部分为吸附气，而浮力主要作用于游离气。

表 1 急倾斜储层含气饱和度计算成果表

井名	埋深（m）	V_{ad}（m³/t）	$V_{L,ad}$（m³/t）	$p_{L,ad}$（MPa）	储层压力（MPa）	理论吸附气含量（m³/t）	含气饱和度（%）
CS8-X4	1173.45	9.37	17.66	2.91	10.17	13.73	68.24
CSD01	759.90	11.65	25.23	3.41	3.82	13.33	87.39
CSD03	970.90	11.24	37.18	3.75	5.04	21.32	52.73
CS13-1	988.83	7.19	16.58	2.79	8.85	12.61	57.03
CS13-1	1028.93	12.35	21.02	3.49	9.22	15.25	80.96
CS13-1	1076.75	5.58	14.03	3.33	9.64	10.43	53.50
CS13-1	1123.98	8.97	19.81	2.91	10.07	15.37	58.37
CS13-1	1129.69	6.46	16.42	2.74	10.12	12.92	49.99
CS13-1	1159.67	7.37	17.98	2.91	10.39	14.04	52.47
FK16	820.39	9.02	15.37	2.91	6.97	10.84	83.18
FK16	853.50	7.43	14.12	2.65	7.25	10.34	71.84
FK16	873.94	10.79	25.20	2.80	7.43	18.30	58.96
FK16	922.17	12.41	22.58	2.79	7.84	16.65	74.52
FK18	575.45	11.73	20.66	2.59	4.89	13.51	86.84

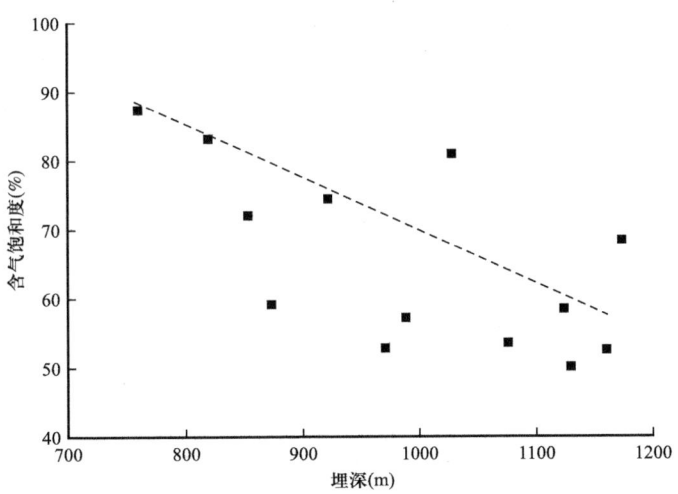

图 5 急倾斜储层不同埋深下的含气饱和度分布

煤层气井初始产出特征可反映储层游离气分布。阜康西区储层压力大于临界解吸压力，排采初期产气和套管压力变化主要来自游离气[18]。基于井位分布选择 CS11-X1 和 CSD16-X4 井连线上的 4 口井（图 1b），分析初始排采时的套压曲线特征发现，埋深较浅的 CSD03 井和 CS11-X2 井见气后套压快速上升，分别为 3.5MPa 和 2.9MPa（图 6）；较深的 CS16-X4 井和 CS16-X5 井套压较低，分别为 1.7MPa 和 0.75MPa。基于四口井对应压力时液面高度至井口的距离，换算了百米环空长度下的套管压力 p_{cb}，表示为：

$$p_{cb} = \frac{p_c}{L} \times 100 \qquad (1)$$

式中：p_c 为套管压力，MPa；L 为液面到井口的距离，m。CSD03 井、CS11-X2 井和 CS16-X4 井、CS16-X5 井百米环空套压分别为 0.47MPa/100m、1.06MPa/100m 和 0.32MPa/100m、0.22MPa/100m。埋深浅的 CSD03 井、CS11-X2 井的百米环空套压约为埋深较深的 CS16-X4 井、CS16-X5 井的 3 倍，说明浅部储层游离气含量更高。该特征也可从见套压时间和对应的套压来体现（图7）。随埋深增大见套压时间逐渐延长，套压逐渐降低。结合套压变化曲线，说明急倾斜储层浅部储层存在较高的游离气而深部较低，存在不同于水平储层的分异现象。

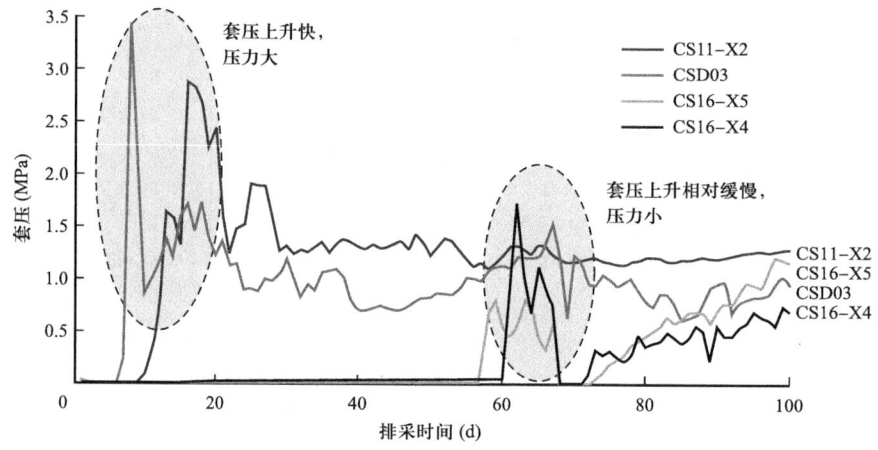

图 6　急倾斜储层不同埋深煤层气井初始产出套压曲线

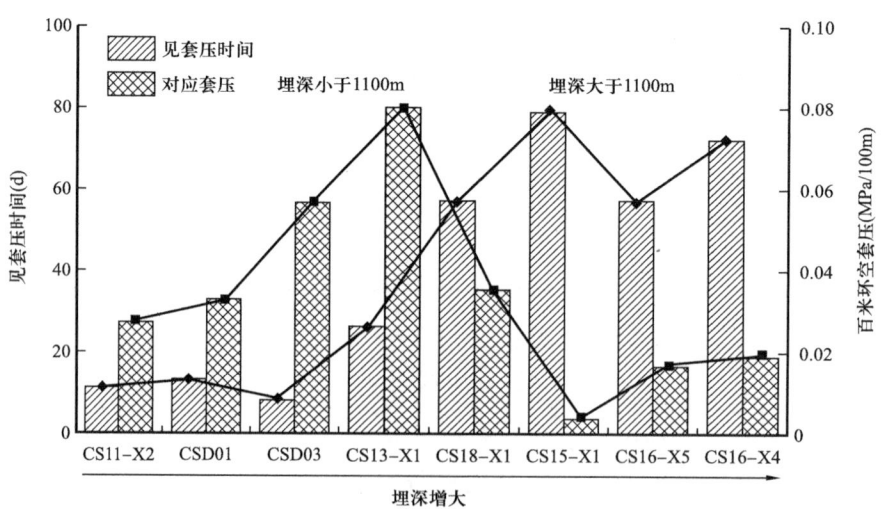

图 7　不同埋深急倾斜储层煤层气产出见套压时间和对应百米环空套压

2.3 储层气/水产出特征

气/水差异分布影响煤层气的产出。阜康西区同时间排采的18口煤层气井的气/水产出表明日均产气量随埋深降低逐渐上升,而日产水量逐渐下降,气/水产量呈负相关关系(图8)。煤层气产出是排水降压引起煤层气解吸的结果,相同研究区块煤层气气/水产出多呈正相关[19-20]。而急倾斜储层引起的重力作用促进了水向深部运移,导致深部储层产水增大,产气受到抑制,而浅部储层则相反。

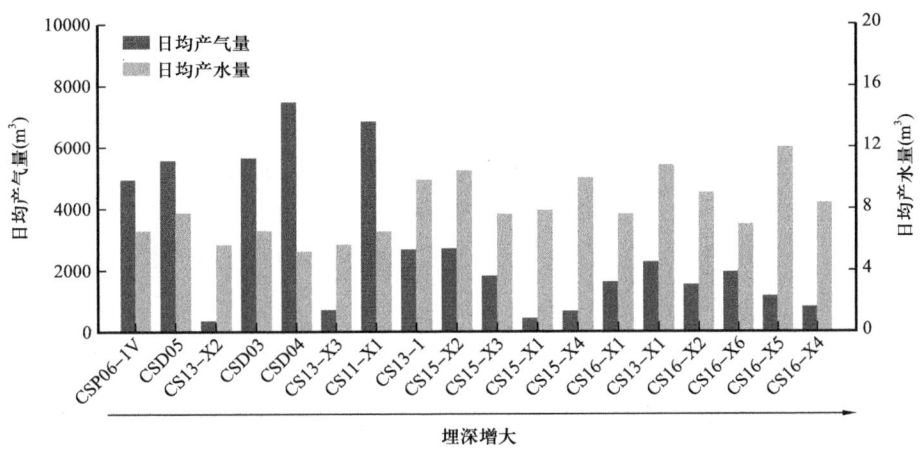

图8 煤层气井日均产气量和产水量分布

分析井底压力动态恢复曲线发现,煤层气井排采过程中若停工检修,井底压力随地层水的补给逐渐抬升,压力上升速度可反映水的流动特征。排采初期短时间的停产,埋深大于1100m的CS15-X1井和CS16-X4井井底压力抬升幅度和速率大于埋深小于1100m的CSD03井(图9)。当井较长时间停止生产时,较深的煤层气井井底压力增幅更加显著,表明急倾斜储层深部位置地层水更加富集。

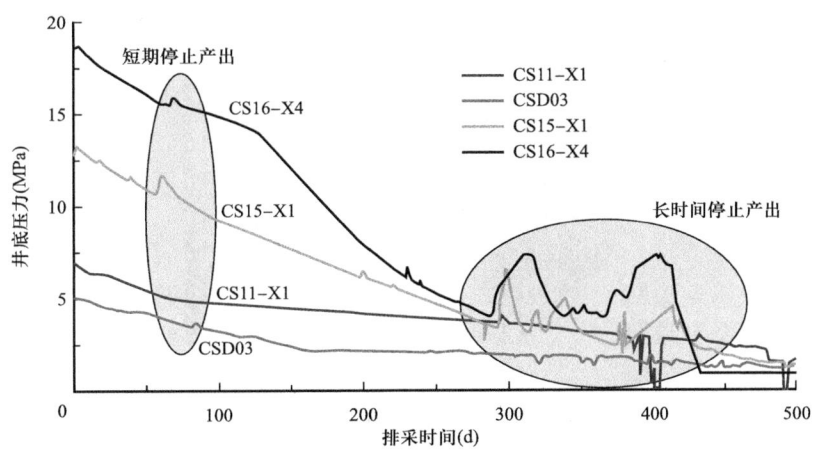

图9 急倾斜煤层气井产出初期井底压力波动曲线

3 急倾斜储层历史演化中的气/水分异规律

采用有限元数值模拟方法研究储层从水平演化至急倾斜过程中的压力和气/水饱和度的动态分布，阐述地质历史过程中的急倾斜储层气/水分异。

3.1 数值方法

急倾斜储层形成过程中，地层非均匀抬升引起储层压力和垂向应力改变（孔隙度和渗透率改变），导致储层压力和气/水重新分配[21]。地层抬升重要影响之一是储层压力改变，本研究采用三个基本假设：（1）地层抬升过程中仅考虑弹性变形；（2）地层抬升引起的流体压力变化遵循静水压力梯度；（3）忽略地质历史演化过程中气体生成过程。

构造运动为缓慢的演化过程，因此分段模拟地层的缓慢抬升（图10）。阜康西区急倾斜储层是构造挤压引起的非均匀抬升导致的，因此模拟过程以最深点保持不变，地层逐渐抬升至当前地层。

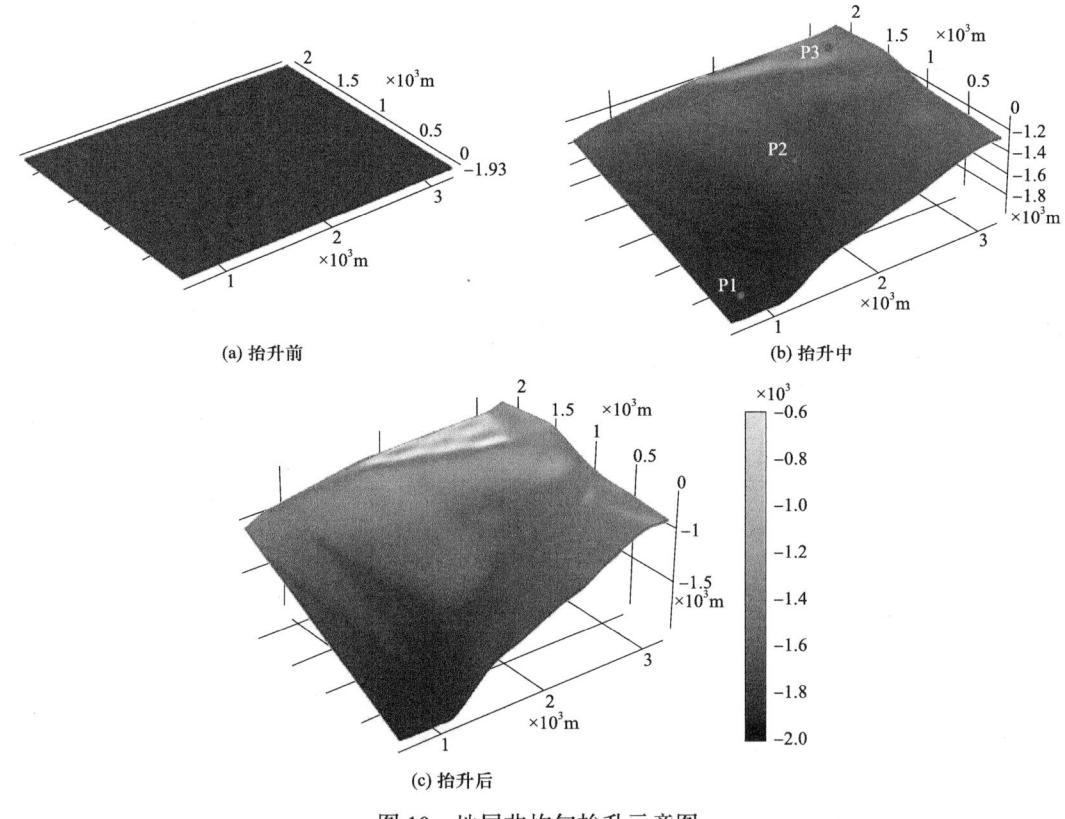

图10 地层非均匀抬升示意图

抬升时储层压力为对应抬升高度变化：

$$p_{n0}=p_0-\rho_w g\Delta d \tag{2}$$

式中：p_{n0} 为抬升 n 次时的初始储层压力，MPa；p_0 为抬升前初始储层压力，MPa；ρ_w 为水的密度，kg/m³；g 为重力加速度，m/s²；Δd 为储层埋深变化，m。地层抬升引起垂向应力降低，导致孔隙度和渗透率增大[22]，储层压力降低引起吸附气解吸进一步促进孔隙度和渗透率的提升。本研究选择 S&D 模型计算抬升过程中应力和解吸引起的孔渗变化：

$$\begin{cases} K = K_0 \left\{ 1 + \left[\dfrac{(1-2\nu)(1+\nu)}{E(1-\nu)\phi_0}\right](p-p_0+\Delta\sigma) + \dfrac{1}{\phi_0}\left[\dfrac{1}{3}\left(\dfrac{1+\nu}{1-\nu}\right)-1\right]\left(\dfrac{\varepsilon\beta p}{1+\beta p}-\dfrac{\varepsilon\beta p_0}{1+\beta p_0}\right) \right\}^3 \\ \phi = \phi_0 \left\{ 1 + \left[\dfrac{(1-2\nu)(1+\nu)}{E(1-\nu)\phi_0}\right](p-p_0+\Delta\sigma) + \dfrac{1}{\phi_0}\left[\dfrac{1}{3}\left(\dfrac{1+\nu}{1-\nu}\right)-1\right]\left(\dfrac{\varepsilon\beta p}{1+\beta p}-\dfrac{\varepsilon\beta p_0}{1+\beta p_0}\right) \right\} \end{cases} \quad (3)$$

式中：K 为第 n 次抬升时的实时渗透率，mD；K_0 为第 $n-1$ 次结束后的渗透率；p_0 为第 $n-1$ 次结束后的储层压力，MPa；p 为第 n 次抬升的实时储层压力，MPa；ϕ 为第 n 次抬升时的实时孔隙度；ϕ_0 为第 $n-1$ 次抬升结束后的孔隙度；$\Delta\sigma$ 为垂向应力变化，MPa；E 为杨氏模量，MPa；ν 为泊松比；ε 为吸附变形参数；β 为吸附变形压力，MPa⁻¹。地层抬升引起的垂向应力变化 $\Delta\sigma$ 为：

$$\Delta\sigma = \rho_r g \Delta d \quad (4)$$

式中：ρ_r 为垂向岩层平均密度，kg/m³，取 2700 kg/m³。

数值模拟包括气/水流动质量守恒方程和描述渗透率演化的状态方程，基质中煤层气向裂隙流动遵循 Fick 扩散定律，裂隙中的气/水流动遵循达西定律[23]。总共设置 50 次抬升，每次抬升后压力和流体重新分布，待压力平衡后进行下一次抬升，前一次储层抬升后的基质压力、裂隙压力、渗透率、孔隙度和气/水饱和度作为下一次抬升的初始值（图 11）。模拟参数见表 2。

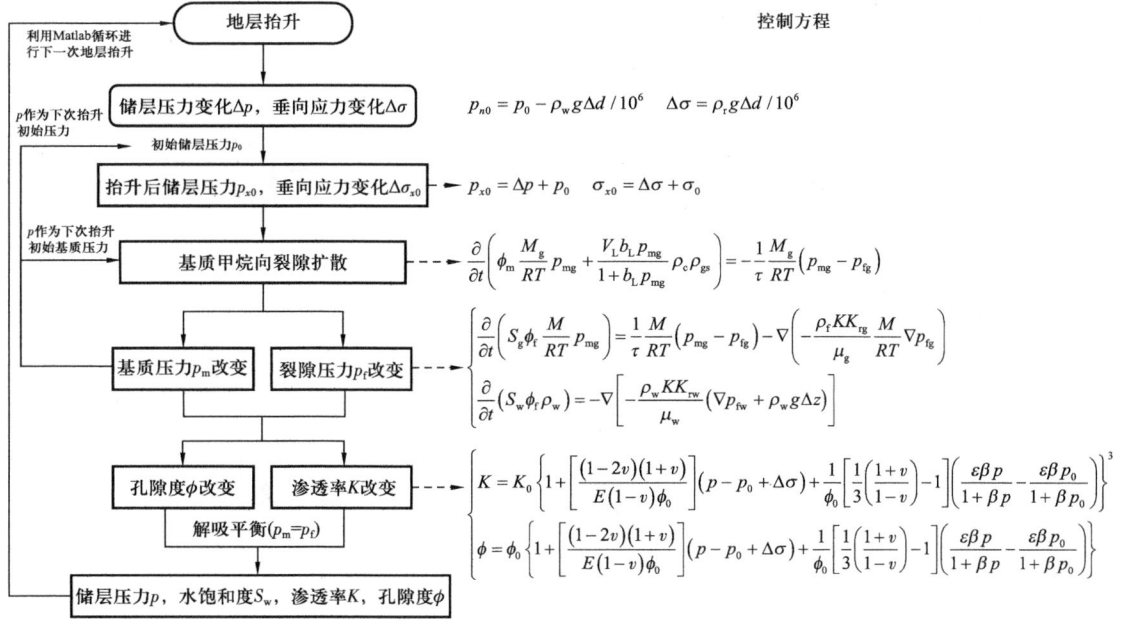

图 11 非均匀抬升气/水重新分布模拟步骤

表 2 数值模拟参数

参数	数值	参数	数值
初始裂隙压力（p_{fg0}，MPa）	19.2	解吸时间（τ_1）	4.34
初始基质压力（p_{mg0}，MPa）	19.2	吸附时间（τ_2）	4.34
甲烷的 Langmuir 体积（V_L，m³/kg）	0.0196	煤密度（ρ_c，kg/m³）	1350
甲烷的 Langmuir 压力（p_L，MPa）	1.32	岩层密度（ρ_r，kg/m³）	2700
甲烷的动力黏度（μ_g，Pa·s）	1.03×10^{-5}	水密度（ρ_w，kg/m³）	1000
水的动力黏度（μ_w，Pa·s）	1.01×10^{-3}	甲烷密度（ρ_g，kg/m³）	0.70
裂隙的初始渗透率（K_0，mD）	0.10	杨氏模量（E，MPa）	1498
裂隙初始孔隙度（ϕ_f）	0.02	泊松比（ν）	0.39
基质初始孔隙度（ϕ_m）	0.001	吸附变形参数（ε）	0.0054
初始含水饱和度（S_w）	0.50	吸附变形压力（β，MPa^{-1}）	0.15

3.2 储层压力和含水饱和度的动态演化

阜康西区地层形态为沿阜康向斜轴部内凹，并一端逐渐抬升（图 1b）。研究区中部陡峭，倾角约为 50°，深部与浅部两端倾角较低，平均倾角约为 40°。地质历史演化过程中，随地层挤压抬升储层压力逐渐降低（图 12），降低幅度与埋深变化趋势相同。含水饱和度随地层抬升呈现缓慢上升和快速下降两个过程（图 13）。倾角小于 30°前含水饱和度呈略微增大的趋势，随后快速下降。从储层压力和含水饱和度分布看，流体的空间分布与储层埋深存在显著相关性。

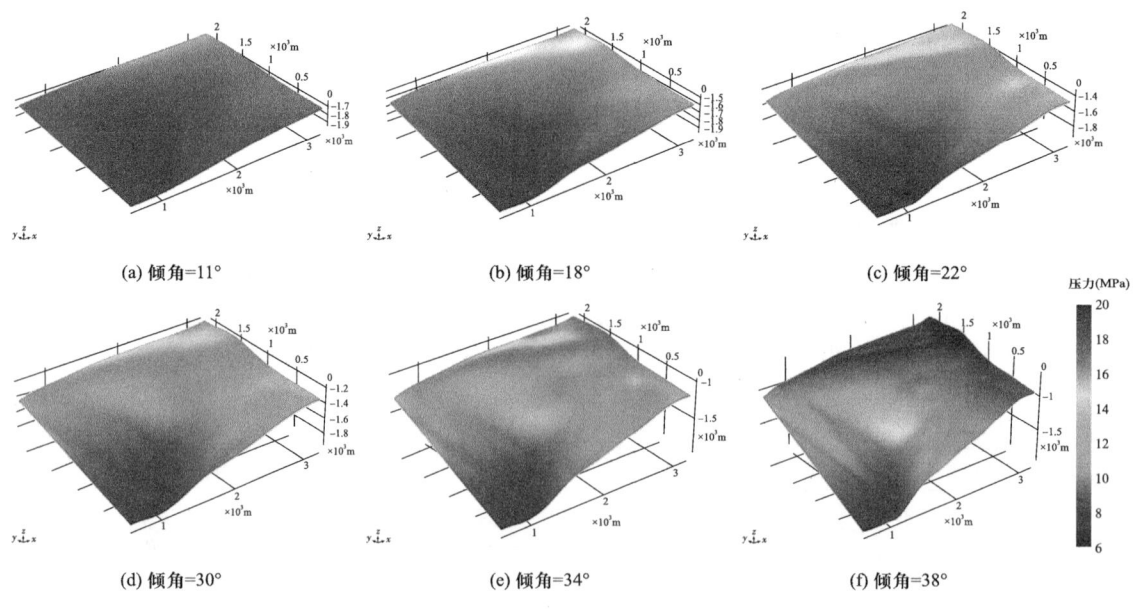

图 12 地层非均质抬升过程中储层压力变化

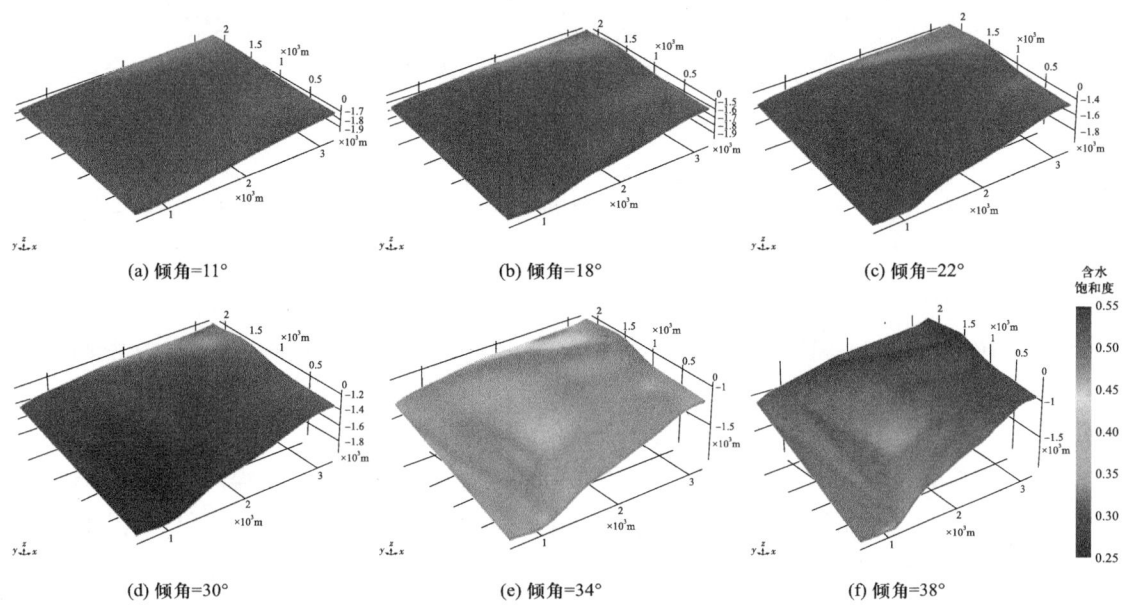

图 13 地层非均质抬升过程中含水饱和度变化

为精确表征压力和含水饱和度变化，选择研究区三个不同埋深位置点的压力和含水饱和度（图 10）。随倾角增大储层压力线性下降（图 14a）。0°～40°，P1 点储层压力从 19.40MPa 下降至 18.52MPa，降幅为 4.55%；P2 点下降至 12.92MPa，降幅为 33.42%；P3 下降至 7.30MPa，降幅为 62.39%。地层抬升导致储层压力降低，引起吸附态甲烷解吸并扩散至裂隙。压力平衡后储层压力则低于未抬升时。与储层压力相似，含水饱和度呈现下降趋势（图 14b）。0°～16°时含水饱和度几乎无变化，16°～28°含水饱和度出现略微上升，随后快速下降。对比 0°下的 0.50，40°下 P1、P2 和 P3 含水饱和度分别为 0.33、0.32 和 0.28。含水饱和度受压力和重力变化引起的含气饱和度变化影响。储层倾角较小时，压力波动和重力效应微弱，含水饱和度变化较小。随着倾角增大，重力效应开始显著，导致 P1 和 P2 点含水饱和度出现微弱上升。但随着储层倾角继续增大，吸附态气体解吸为游离态，含气饱和度增大，引起含水饱和度降低。

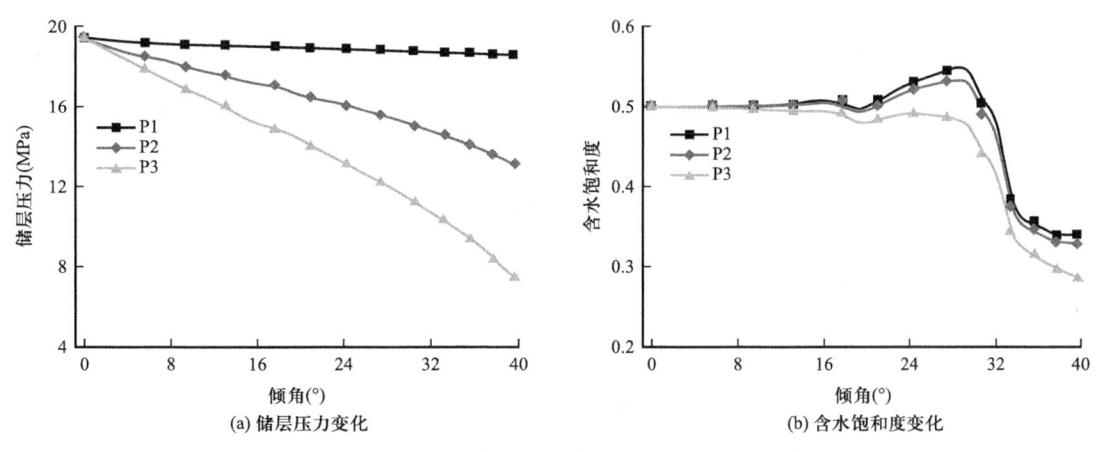

图 14 不同深度位置点储层压力和含水饱和度的动态演化

地层非均匀抬升的重要结果是气/水分异。沿研究区对角线绘制含水饱和度的变化特征。发现随倾角增大，深浅两侧含水饱和度差异逐渐增大（图15）。定义气/水分异指数 d 来反映急倾斜储层气/水分异程度，表示为不同倾角最浅与最深的饱和度之差：

$$d=(S_{wh}-S_{wl})/S_{wh} \tag{5}$$

式中：S_{wh} 为深部最高含水饱和度；S_{wl} 为浅部最低含水饱和度。随倾角增大，分异指数逐渐上升，增幅逐渐增大（图15）。表明急倾斜储层历史演化过程中，储层气/水分异也呈非均质性，其中浅部气分异更显著。

地层抬升过程中，储层裂隙中的水运移存在重力效应，倾向深部运移，形成倾斜储层深部更高的水饱和度和更低的气饱和度（图14b）。随地层继续抬升，储层压力和垂向应力继续下降，渗透率的提高引起气体更快解吸，导致含气饱和度增大，促使含水饱和度降低。相对渗透率大小与饱和度有关，向浅部运移时高含气和低含水使得液相渗透率更低，气相渗透率更高，进而导致更大的含气饱和度。但深部储层整体渗透率较低，相同含气/水饱和度下，重力效应不明显，最终体现为越向浅部，气/水分异程度越高。

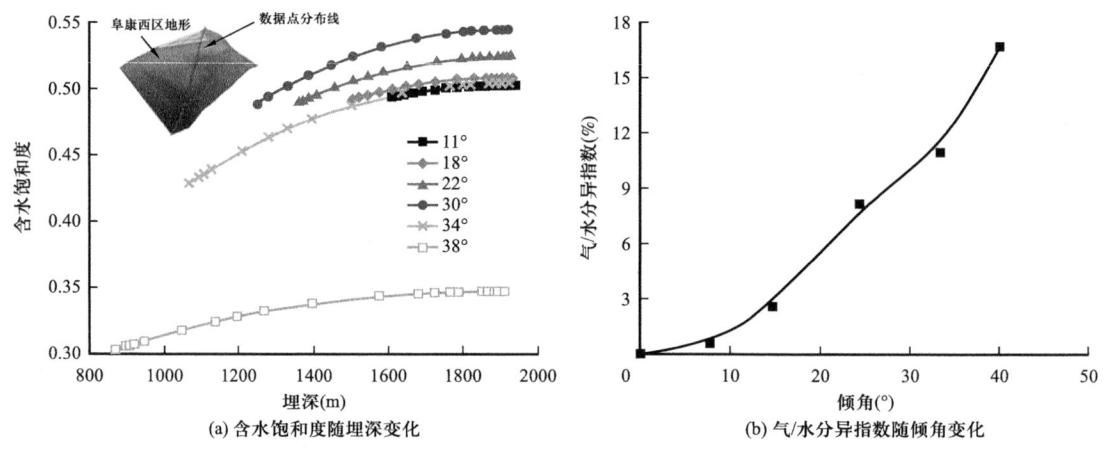

图15 不同倾角和不同埋深下含水饱和度分布

3.3 流体饱和度分布的影响因素

气/水分异是气水差异流动的结果，影响气/水流动的重要指标是裂隙孔隙度，裂隙渗透率、储层压力、孔隙度影响水分总量，渗透率和压力控制气/水流速[24]。因此分别研究了不同初始裂隙渗透率、储层压力和裂隙孔隙度下地层抬升过程中气/水饱和度变化。

随裂隙渗透率增大，倾斜储层深部含水饱和度逐渐增大，浅部储层逐渐降低（图16a）。但当渗透率大于 0.01mD 时，整体饱和度呈下降趋势；含水饱和度则随储层压力呈先降后增的趋势（图16b），随裂隙孔隙度呈先增后降的变化特征（图16c）。基于公式（5）计算的气/水分异指数表明随渗透率增大分异指数逐渐增大，但增速放缓；而随储层压力和孔隙度变化分异指数变化较小（图16d）。从平均值看渗透率变化整体气/水分异指数为

54.06%，而储层压力和孔隙度引起的分异指数平均值分别为 38.51% 和 20.14%，说明影响急倾斜储层气/水分异程度的关键参数为储层裂隙渗透率，其次为储层压力，而裂隙孔隙度影响相对较小。

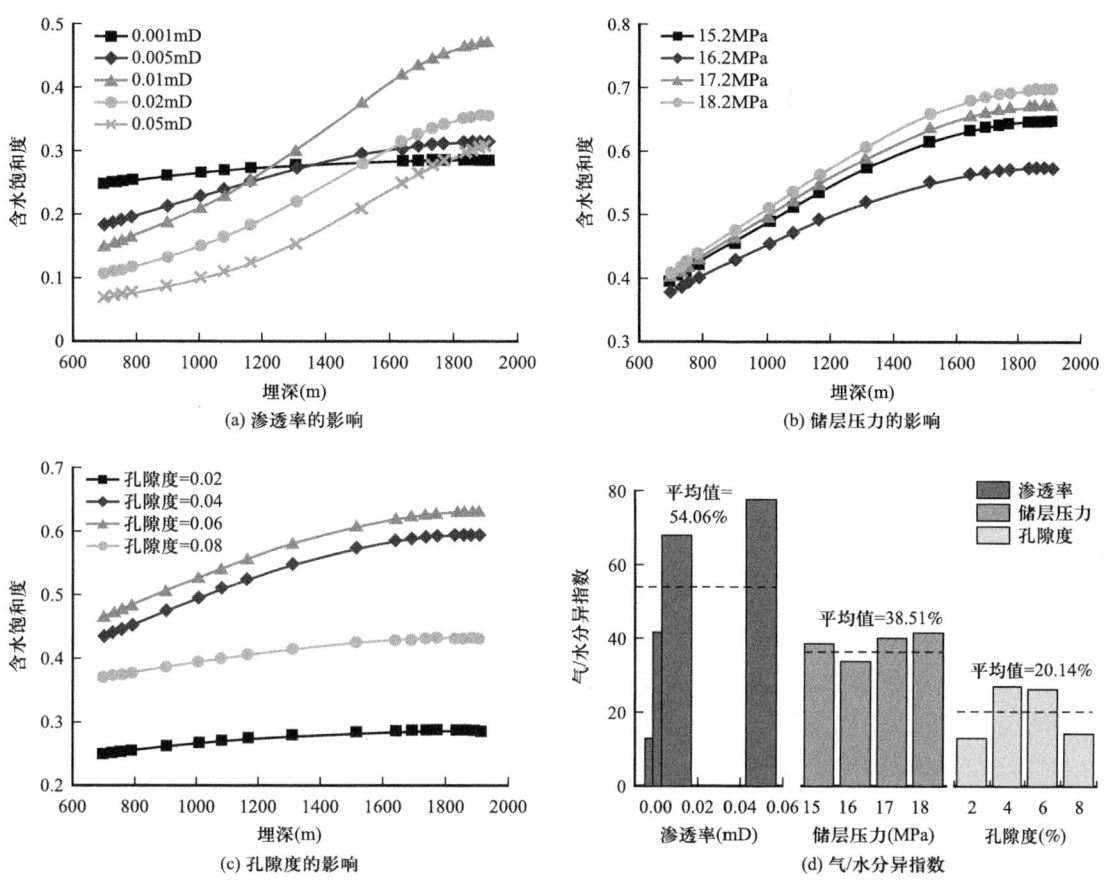

图 16 不同参数条件下的急倾斜储层含水饱和度及气/水分异指数变化

达西定律表明流体运移过程中的流速与渗透率呈线性相关，不同储层渗透率大小影响水向下运移的能力，进而影响气/水分异程度。这也解释为何深部储层的气/水分异程度较低，以及断层位置存在更高的含气饱和度（图 4）。储层压力不是影响气/水分异程度的直接因素。相同倾斜程度的储层，重力作用已被确定，压力通过流体运移改变储层渗透率和饱和度来间接影响重力作用。储层孔隙度因无法直接参与流体流动的控制而对气/水分异的影响更弱。

3.4 倾斜储层气/水分异模式

急倾斜储层气/水分异是地质历史演化过程中，受地层非均匀抬升引起的重力作用形成的浅部高含气和深部高含水的地质特征（图 17）。地层缓慢抬升导致储层压力和垂向应力降低，引起吸附气解吸并运移至储层裂隙。在储层压差的作用下，气/水向低压区流动。而储层倾斜引起的重力效应导致裂隙水存在向深部运移的趋势，当储层倾角较小时，重力作用不显著。随着储层倾角的增大，重力效应逐渐体现，最终引起深部储层更高的含水饱和度，而浅部区域形成更高的含气饱和度。

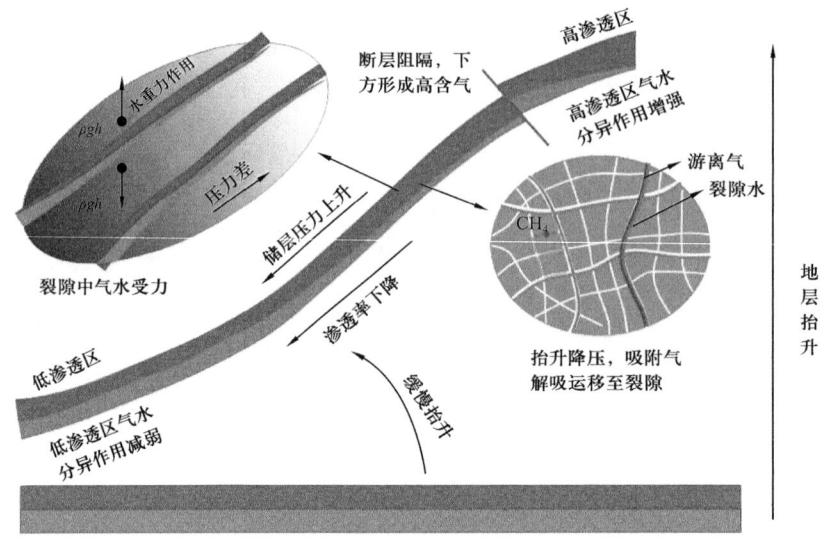

图 17　急倾斜储层历史演化过程中气/水分异演化模式

气/水分异过程中重力的作用机制为重力势能，仅与结束的位置有关。储层渗透率是影响气/水分异程度的关键参数，意味着急倾斜储层浅部的气/水分异程度更大，而深部更低。同时更高的液相渗透率和含水饱和度均可促进气/水分异程度增大。而渗透率更低的逆断层则阻碍气/水分异过程，形成局部含气饱和度增高。储层压力和含水饱和度等参数对气/水分异程度影响较弱。因此在实际急倾斜储层气/水饱和度分析过程中，判断气/水分异程度需重点考虑储层埋深、倾角、储层压力、游离气占比等影响储层渗透率变化的关键参数。

4　结论

基于急倾斜储层现场测试和煤层气排采数据，并结合有限元数值模拟成果，对急倾斜储层地层抬升过程中的气/水分异进行了研究，取得以下结论：

（1）急倾斜煤储层在地史演化过程中出现水由浅部向深部运移、气由深部向浅部运移的气/水分异现象，体现为储层压力梯度和气水饱和度的差异。气/水分异引起深部储层煤层气井高产水，而浅部高产气。

（2）在相同埋深和渗透率下，急倾斜储层含水饱和度随倾角增大呈稳定—小幅增大—大幅降低的变化趋势，随倾角增大呈储层压力线性降低，气/水分异程度随储层倾角增大呈先缓慢后快速增加的变化特征，倾角超过 40°时，分异指数超过 20%。

（3）渗透率是影响气/水分异程度的关键参数，渗透率越高气/水分异程度越高，表现为急倾斜储层深部低渗透区气/水分异程度低，而浅部高渗透区气/水分异程度高。因此判断气/水分异程度需重点考虑储层埋深、倾角、储层压力、游离气占比等关键参数。

参 考 文 献

［1］吕玉民，柳迎红，陈桂华，等．沁水盆地南部煤层气水平井产能影响因素分析［J］．煤炭科学技术，2020，48（10）：225-232.

［2］田文广，汤达祯，王志丽，等．鄂尔多斯盆地东北缘保德地区煤层气成因［J］．高校地质学报，2012，18（3）：479-484.

［3］鲜保安，夏柏如，张义，等．应用U型井开采倾斜构造煤层气的钻采技术研究［J］．探矿工程（岩土钻掘工程），2010，37（8）：1-4.

［4］李勇，曹代勇，魏迎春，等．准噶尔盆地南缘中低煤阶煤层气富集成藏规律［J］．石油学报，2016，37（12）：1472-1482.

［5］李瑞明，周梓欣．新疆煤层气产业发展现状与思考［J］．煤田地质与勘探，2022，50（3）：23-29.

［6］许浩，汤达祯，陶树，等．深部和浅部煤层气地质条件差异及其形成机制［J］．煤田地质与勘探，2024，52（2）：33-39.

［7］王生维，王峰明，侯光久，等．新疆阜康白杨河矿区急倾斜煤层的煤层气开发井型［J］．煤炭学报，2014，39（9）：1914-1918.

［8］王洪利，张遂安，黄红星，等．大倾角煤层浅部露出区煤层气溢出问题数值仿真模拟［J］．煤炭科学技术，2022，50（10）：143-150.

［9］王超文，彭小龙，朱苏阳，等．大倾角厚煤层煤层气开采井型优化及布井方法［J］．岩石力学与工程学报，2019，38（2）：313-320.

［10］陈立超，王生维，何俊铧，等．煤层气藏非均质性及其对气井产能的控制［J］．中国矿业大学学报，2016，45（1）：105-110.

［11］傅雪海，康俊强，梁顺，等．阜康西区急倾斜煤储层排采过程中物性及井型优化［J］．煤炭科学技术，2018，46（6）：9-16.

［12］Kang J，Fu X，Liang S，et al. A numerical simulation study on the characteristics of the gas production profile and its formation mechanisms for different dip angles in coal reservoirs［J］. Journal of Petroleum Science and Engineering，2019，181：106198.

［13］曹运兴，石玢，田林，等．大倾角厚煤层煤层气开发水平井方位优化和实践——以新疆阜康矿区为例［J］．煤田地质与勘探，2018，46（2）：90-96.

［14］景兴鹏．沁水盆地南部储层压力分布规律和控制因素研究［J］．煤炭科学技术，2012，40（2）：116-120，124.

［15］孟召平，蓝强，刘翠丽，等．鄂尔多斯盆地东南缘地应力，储层压力及其耦合关系［J］．煤炭学报，2013，38（1）：122-128.

［16］石军太，李相方，徐兵祥，等．煤层气解吸扩散渗流模型研究进展［J］．中国科学：物理学·力学·天文学，2013，43（12）：1548-1557.

［17］梁宏斌，林玉祥，钱铮，等．沁水盆地南部煤系地层吸附气与游离气共生成藏研究［J］．中国石油勘探，2011，16（2）：72-78，88.

［18］杨晓盈，李玉魁，王理国，等．贵州省过饱和煤层气藏产气规律研究［J］．煤炭科学技术，2019，47（4）：181-186.

［19］Zhao J，Tang D，Xu H，et al. High production indexes and the key factors in coalbed methane production：A case in the Hancheng block，southeastern Ordos Basin，China［J］. Journal of Petroleum Science and Engineering，2015，130：55-67.

[20] Lv Y, Tang D, Xu H, et al. Production characteristics and the key factors in high-rank coalbed methane fields: A case study on the Fanzhuang Block, Southern Qinshui Basin, China [J]. International Journal of Coal Geology, 2012, 96: 93-108.

[21] 傅雪海, 秦勇, 王文峰, 等. 沁水盆地中—南部水文地质控气特征 [J]. 中国煤田地质, 2001, 13 (1): 31-34.

[22] 孟召平, 侯泉林. 煤储层应力敏感性及影响因素的试验分析 [J]. 煤炭学报, 2012, 37 (3): 430-437.

[23] Fan C, Elsworth D, Li S, et al. Modelling and optimization of enhanced coalbed methane recovery using CO_2/N_2 mixtures [J]. Fuel, 2019, 253: 1114-1129.

[24] 张遂安, 杜彩霞, 刘程. 规模开发条件下煤层气相态变化规律与开发方式 [J]. 煤炭科学技术, 2015, 43 (2): 119-122.

博文区块 MCM 煤组富集高产因素分析

杨勇[1]，许文国[2]，段利江[1]，曲良超[1]，黄文松[1]

（1. 中国石油勘探开发研究院；2. 中国地质大学）

摘 要：博文盆地是澳大利亚煤层气潜力巨大的战略天然气盆地之一，研究该盆地煤层气富集和高产因素对煤层气勘探开发至关重要。基于钻井、测井、岩心、露头、地震及生产动态等资料，系统研究博文区块 MCM 煤组构造特征、沉积特征、应力特征，以及煤层含气性和渗透率等物性参数特征，明确了 MCM 煤组富集主控因素和高产主控因素，建立了有利区评价指标体系，划分了"甜点"区、潜力区和风险区。研究认为：MCM 煤组沉积相控制煤储层分布、煤质及储层物性，水文地质控制煤层气成藏，构造控制含气量和渗透率分布，特殊岩性影响和改造了成藏及富集带。应力、地层综合系数、割理与井轨迹有利匹配是高产主控因素。位于西部边缘中部斜坡带相对高部位的"甜点"区为北博文盆地煤层气勘探开发的优先目标。

关键词：煤层气；三角洲；含气量；渗透率；有利区

博文盆地是澳大利亚昆士兰州东部重要的含煤沉积盆地，面积约 $20 \times 10^4 \text{km}^2$，二叠系的 Blackwater 群 Moranbah Coal Measure（MCM）中煤阶煤层组煤层厚度大、煤质较好，为煤层气的生成与富集创造了有利的地质环境。根据地质评估，该地区煤层气资源蕴藏量丰富，具有巨大的开发潜力[1-2]，自 1996 年商业开发以来，针对博文盆地的煤层气勘探工作取得了积极进展，通过地面勘探、钻井测试等一系列技术手段，发现了一些具有商业开发价值的煤层气富集区域。截至 2019 年博文盆地煤层气 2P 储量约 $5700 \times 10^9 \text{ft}^3$，生产井 1000 余口，年产气 $300 \times 10^9 \text{ft}^3$[3-4]。但同时博文区块煤层气开发也面临着诸多难题，其中涉及的地质因素（煤层非均质性强、空间厚度变化快、煤层结构复杂、断层和特殊岩性发育、渗透率低等）极大影响了煤层气的富集和高产。鉴于煤层气勘探开发工程技术的进步和不断高涨的市场需求，明确煤层气富集发育的有利区域，落实煤层气储量日益迫切。本文在前人研究的基础上，基于钻井、测井、岩心、露头、地震及生产动态等资料，系统研究博文区块 MCM 煤组构造特征、沉积特征、应力特征，以及煤层物性参数特征，综合开展煤层气富集规律研究，为该区块滚动勘探开发提供下一步的策略和建议。

基金项目：中国石油天然气股份有限公司重大科技专项课题"非常规油气技术可采资源差异化评价技术研究（2023ZZ0703）"。

第一作者：杨勇，男，中国石油勘探开发研究院高级工程师，长期从事中国石油海外油气开发地质及储层建模研究。

1 区域地质背景

博文盆地是在早古生代变质岩与沉积岩基底上发展起来的弧后前陆盆地,其形成始于泥盆纪的洋壳俯冲,经历了早二叠世快速沉降和中二叠世热沉降。在晚二叠世,东部古太平洋板块向西俯冲泛大陆的澳大利亚板块,东侧岛屿持续隆升,该阶段盆地为半封闭局限海前陆盆地,沉积了巨厚的海陆过渡相—陆相地层,是盆地煤系地层发育的鼎盛时期,主要发育与海相三角洲相、河流三角洲平原等相关的煤系地层。在中—晚三叠世盆地经历了一次大的压缩变形和隆起,部分煤层遭受剥蚀,随后白垩纪火成岩体的侵入进一步改造了煤的保存、分布、等级和含气量等属性,进入新近纪后,盆地进入构造运动相对稳定期[5-6]。

研究区博文区块位于盆地北部 Comet 脊,面积约 $6\times10^4 km^2$,二维地震约 1300km,三维地震 $120km^2$,有密度和伽马曲线的各类钻井 2425 口(图 1)。研究目的层 MCM 煤层组整体构造为一个被断层复杂化的向斜,两翼不对称,东翼较陡,

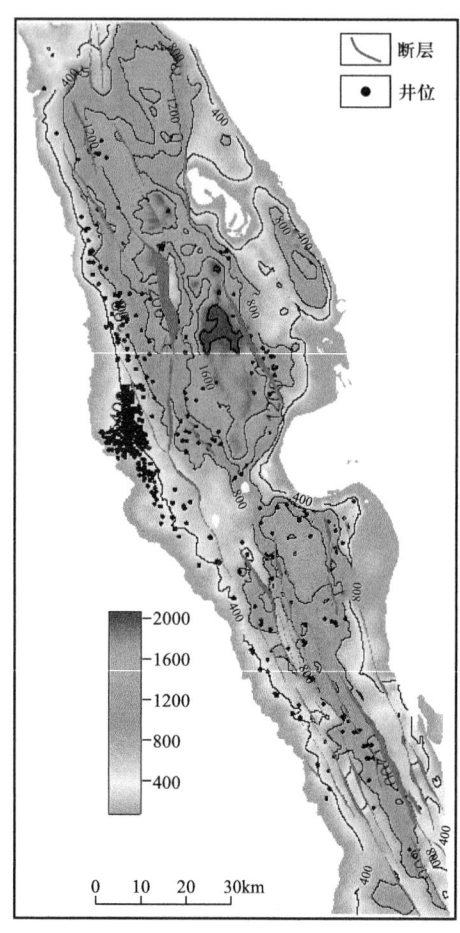

图 1 MCM 构造分布

西翼较缓,东西两翼地层出露地表遭受剥蚀[7-8]。工区内发育一系列 NNW-SSE 走向的逆冲断层,倾向北东,最长延伸约 50km,断距最大近千米,派生断层发育。

MCM 煤层组由下至上可划分为 GL、GM、P 和 GU 煤层,单煤层多达 27 个,厚度平均 0.81m,最大 8.94m,岩性以中—细砂岩和粉砂岩为主,中间发育碳质泥岩、煤和泥岩。中—细砂岩主要成分为石英和岩屑,颜色以灰色为主,中等粒度,分选中等—良好,磨圆度较好;粉砂岩主要为灰色、深灰色中粉砂和细粉砂,磨圆度中等。

2 富集因素

2.1 沉积相对煤层分布的控制

2.1.1 煤层厚度

博文区块 MCM 煤组是在三角洲沉积环境中发育的一套煤层组[9-10]。早期海退阶段 GL 煤层沉积时期三角洲分支河道规模较小,岩性以粉细砂岩为主,河流作用相对较弱,

潮汐作用较强，潮汐沉积构造较发育，泥炭坪厚度和面积较大（图2）。中期加积阶段 GM 煤层沉积时期三角洲河流作用变强，表现为岩性变为中细砂岩，河道砂体变厚，潮汐沉积构造也比较发育，泥炭坪厚度和面积明显增大，整体上该时期沉积环境对聚煤非常有利。晚期海进阶段 P 煤层和 GU 煤层沉积时期三角洲分支河道被强烈改造，表现为岩性明显变粗，出现厚层中粗砂岩和含砾砂岩，水道砂体厚度明显增大，潮道比较发育，以潮控三角洲沉积为主，泥炭沼泽主要发育于河道带及河道带两侧附近，煤层发育具有薄、散、相对不连片特征。

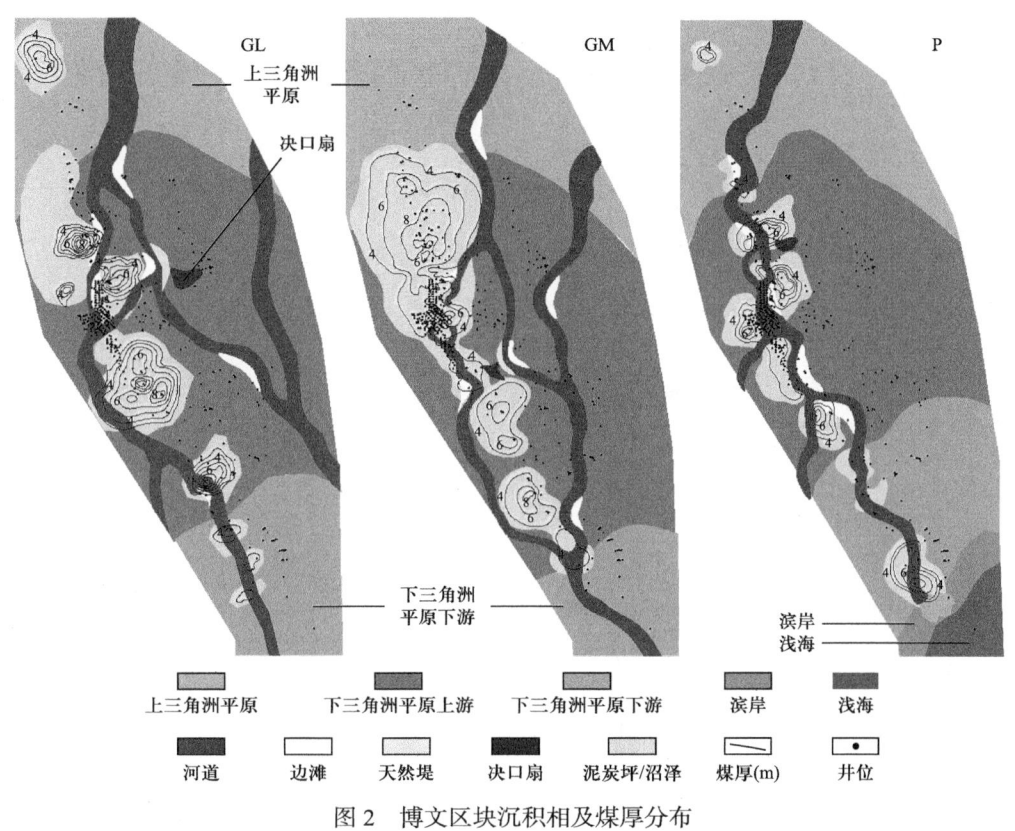

图2 博文区块沉积相及煤厚分布

由图2可见，MCM 煤组下三角洲平原上游由于淡咸水混合，植被和有机物丰富，有利于森林沼泽生长，煤层分布广、厚度大，下三角洲平原下游较上游咸度大，草本沼泽发育，煤层薄、分布局限。厚煤区主要发育在远离河道的河漫沼泽或泥炭坪中，河道附近煤层薄。

2.1.2 煤层尖灭与分叉

MCM 煤组煤层空间变化剧烈，煤层的分叉、尖灭和合并现象与砂体之间的关系体现了沉积环境的动态变化和构造活动对煤层发育的直接影响。沉积物分布不均、河流的频繁分叉与汇合和砂体的入侵导致煤层的分支形成；当砂体不再覆盖煤层区域时，煤层可以在不受砂体分割的情况下连续沉积，实现不同小煤层的合并，形成更连续、更厚的煤层；砂质沉积物的快速堆积可以覆盖或中断煤层的沉积，导致煤层在某一区域"尖灭"，即该区域煤层变薄直至消失[11-12]。

图 3 中 M099V 井埋深 370m 处煤层被上覆河道冲刷，导致 M100V 井和 GR076 井中相应煤层截断。M099V 井埋深 470m 的沼泽沉积相变为 GR076 井埋深 440m 的河道沉积，使得 M099V 井中的煤层在 GR076 井方向尖灭。M101V 井埋深 360m 的 GU 煤层的三个单煤层和 450m 的 P 煤层的两个单煤层在 M100V 井和 M099V 井方向逐渐合并为 2 层和 1 层。煤层分叉、合并和尖灭的空间变化特征反映了沉积环境决定了煤层和砂体的接触关系。

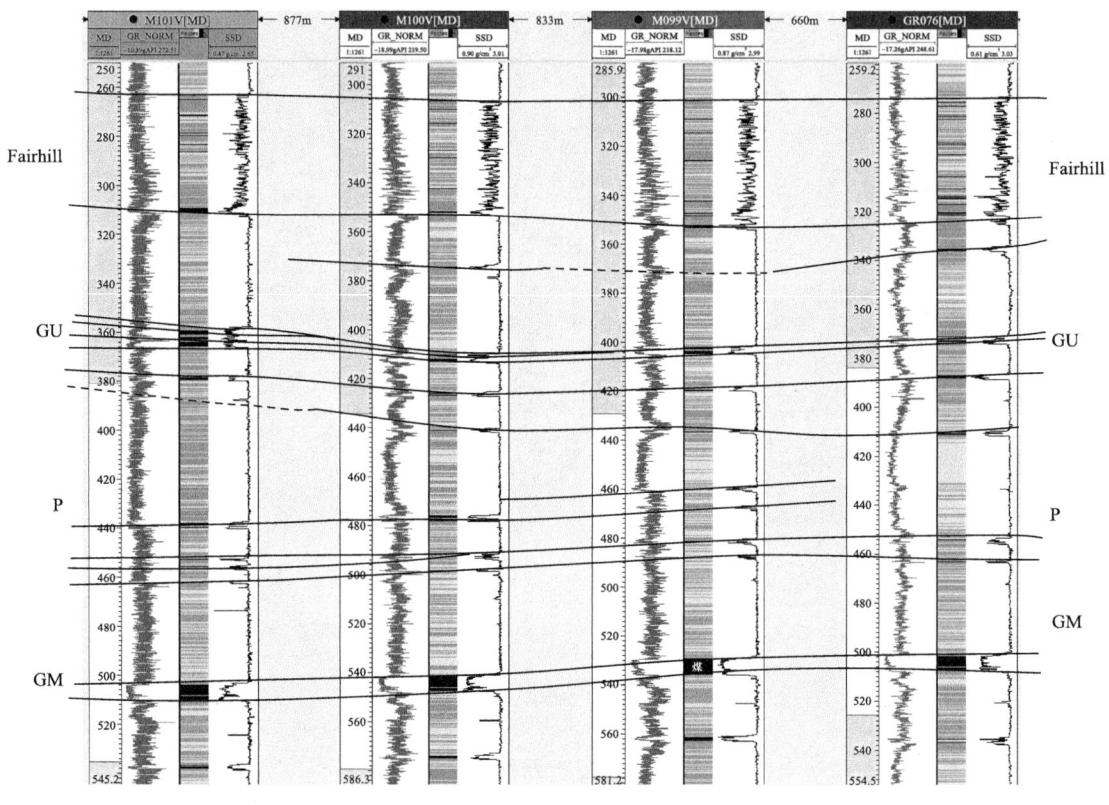

图 3　煤层空间分布变化

2.1.3　物性特征

沉积相与煤层的灰分、含气量、渗透率等参数之间存在密切关系。灰分主要由无机矿物质组成，其含量受沉积环境的控制。在陆相沉积环境中，如淡水沼泽、湖泊和河流，植物遗骸沉积形成煤层，若环境中含有较多的矿物质输入（如河流携带的泥沙），则煤层中的灰分会相应增加。相比之下，封闭的淡水沼泽环境由于水动力较弱，矿物质输入少，通常形成的煤层灰分较低[13-14]。图 4 为 P 煤组 PL486 区块上覆砂体厚度及灰分分布，图中粗线标识为河道，在河道及边缘煤层灰分明显高于远离河道地区，一般大于 25%。

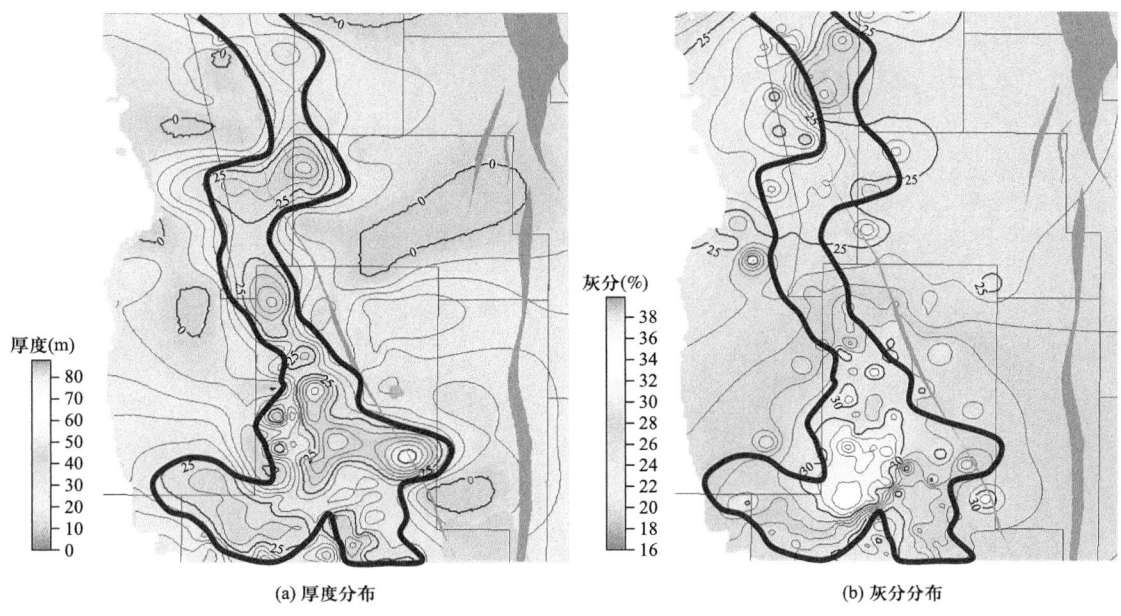

图 4 P 煤层上覆砂体厚度和灰分分布

2.2 水文控藏因素

煤层气的水动力控藏机制中,地表径流方向与地层倾向一致时,地层超压或水动力封堵,成藏条件有利,且该水流方向有利于产甲烷菌群携入煤层从而产生生物气,增大含气量。地表径流方向与地层倾向相反时,地层欠压或水动力冲刷致使煤层气散失,成藏条件不利,且不利于产甲烷菌携入,无生物气补给[15-16]。

博文区块开发井区现今地表水文地质单元包含三大河流体系(图 5):流向西南的东北部河流体系,流向东南的西北部河流体系和流向东部的西部河流体系。图 5 中背景颜色为 GM 煤组埋深,该区域构造为向东倾的斜坡,西部空白区域为剥蚀区。井位泡泡图为 GM 煤层峰值产量,半径越大产量越高。煤组水头高度西高东低,即静水压力向东增大,西北部河流体系地表径流方向与地层倾向一致,有利于煤层气成藏富集,高产井主要分布在该河流体系附近。

2.3 构造与含气量

随着深度增加,温度上升,煤的热成熟度增加。在一定深度范围内,热成熟度的增加有利于有机质向甲烷气的转化,这时煤层往往具有较高的含气量。此外,深度增加意味着压力增加,这有助于煤层气的保存,尤其是在形成有效圈闭的情况下,深层的高压环境可以成为良好的天然气储层。博文区块 MCM 煤组的含气量总体上具有随埋深增大而变大的变化趋势(图 6),因此,区块向斜深部可能具有较高的含气量,结合向斜内部局部构造高点,可以成为煤层气富集区域。

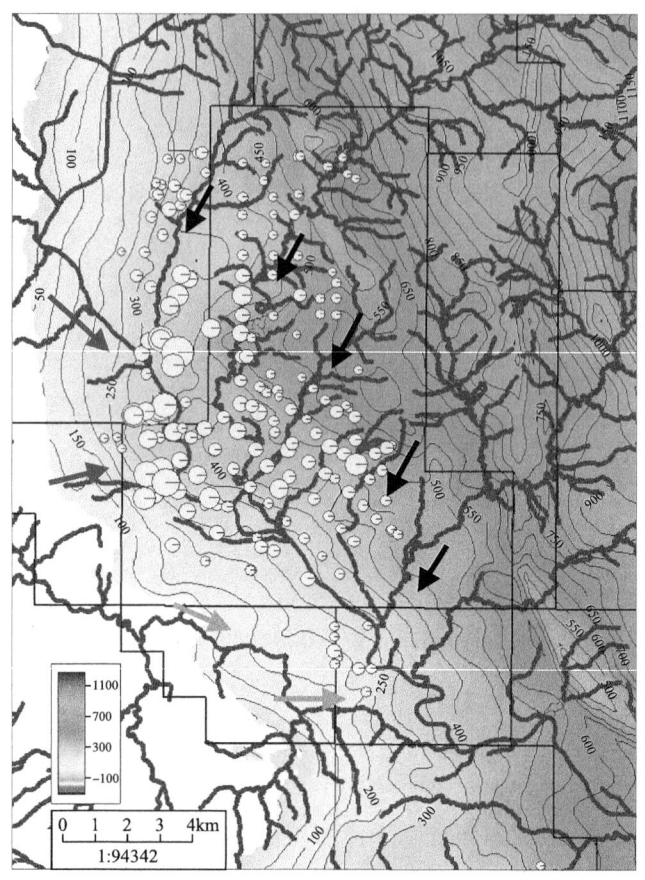

图 5 地表河流体系及 GM 煤组埋深图

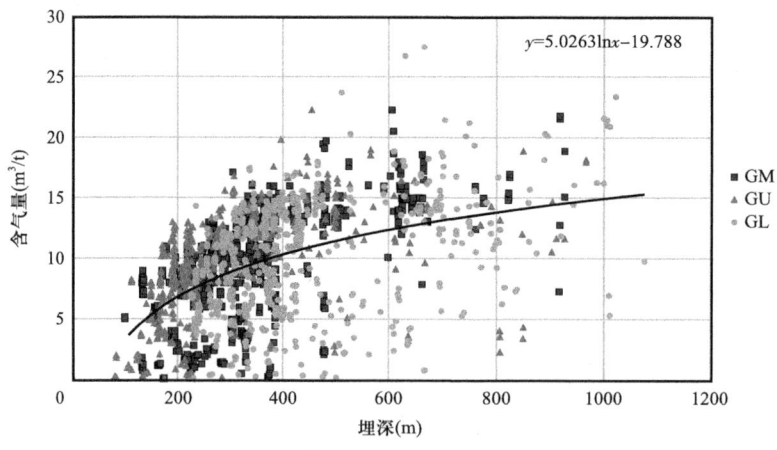

图 6 埋深与含气量交会图

断层对煤层气成藏具有双重作用。断层可导致煤层气逸散,降低含气量,同时断层也可促进次生裂缝生成,提高煤储层渗透性。Byerwen-1 井含气量在 GL 煤组出现异常,图 6 中埋深 1009m（-780m SSTVD）附近测试含气量为 5.33m³/t 和 6.96m³/t,明显偏离趋势线,地质分析表明，该井在 GL 煤层钻遇断层（图 7），断层的存在致使煤层气逸散，降低了含气量。

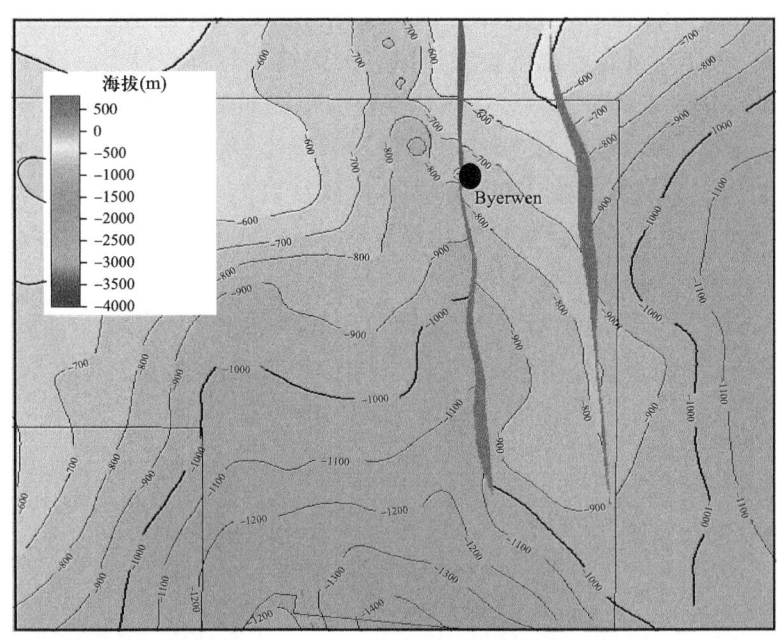

(a) GL 煤组构造图

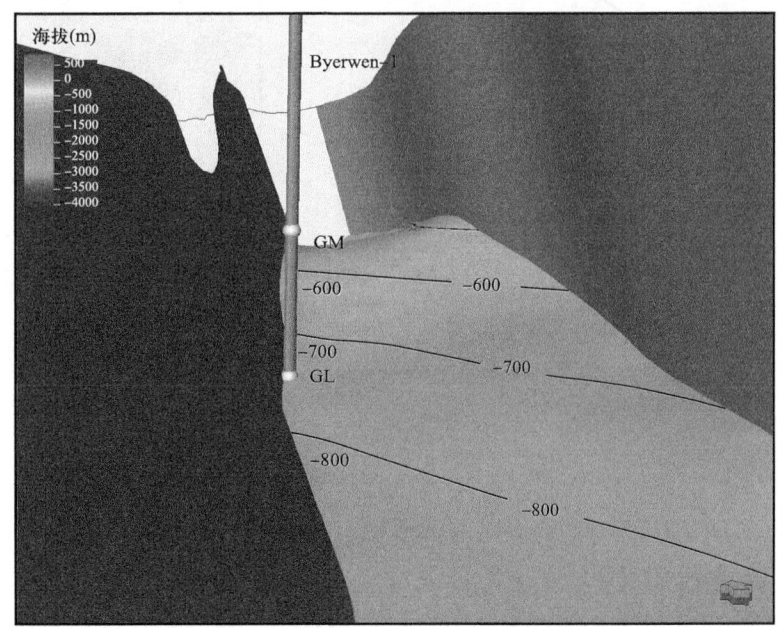

(b) Byerwen-1 井附近三维构造分布

图 7　GL 煤组构造图及 Byerwen-1 井附近三维构造分布

2.4　特殊岩性

火山活动、侵入体等特殊岩性也影响了煤层气的富集。火山活动喷出岩风化形成的土壤养分高，有利于植物大量生长，为煤形成提供物质基础；火山灰混入泥炭沼泽，灰分含量增高，生烃能力及吸附能力降低，导致含气量和渗透率降低。岩浆侵入的热效应会导致周围岩体的温度升高，高温可以加剧煤层有机质的热解作用，理论上可能促进部分煤生成更多气体[17-18]。然而，过高的温度会促使原有的天然气分解或逃逸，减少煤层的直接含气量。随着岩浆入侵带来的岩体热胀冷缩，以及岩浆冷却和固化的物理作用，煤层可能经历局部的压实，这将导致煤层的孔隙度和渗透率下降，进而影响气体的存储和迁移能力，可能降低其含气量。另外，岩浆活动伴随的热液系统可能会与煤层接触，发生化学交换。这可能导致煤成分的改变，包括煤的孔隙结构的改变，以及可能的硫化物和矿物质的沉淀，这些均可以间接影响气体的存留。

博文区块Redhill地区GM煤层含气量存在高低两个含气量区域（图8），低含气量区受岩浆侵入（图8b中网格区域）影响，煤层焦化，干燥无灰基含气量小于6m³/t，高含气量区远离岩浆侵入区域，未发生焦化，干燥无灰基含气量6～18m³/t。

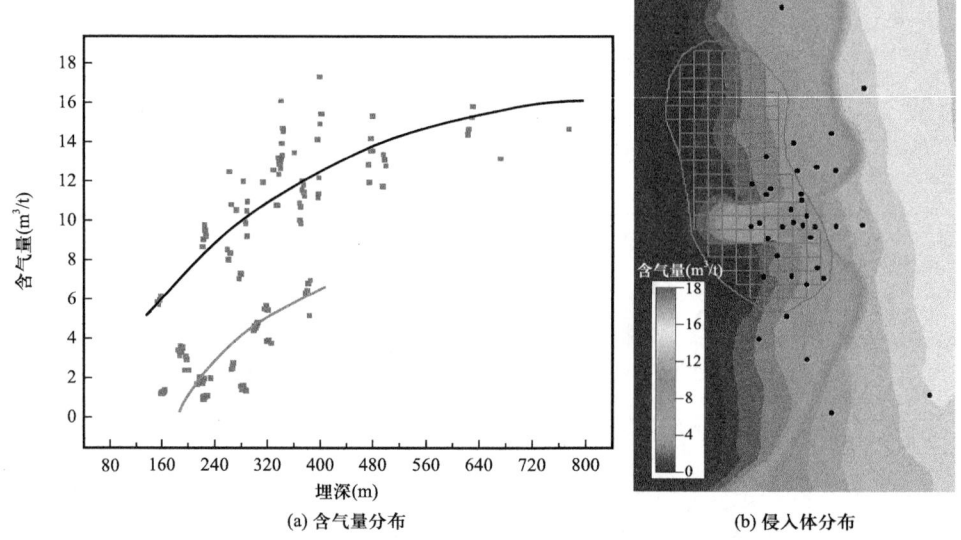

(a) 含气量分布　　(b) 侵入体分布

图8　Redhill地区GM煤层含气量与埋深交会图及侵入体分布

3 高产因素

3.1 应力（曲率）

博文盆地处于逆冲断裂应力机制下，挤压方向为NNE-SSW。根据博文区块煤层气井渗透率、有效应力及深度的统计分析发现，有效应力与埋深呈正相关，煤层渗透率与有效应力呈负相关，埋深与渗透率呈负相关。埋深决定煤层所处的现今应力环境，MCM煤层面割理平行最大水平主应力方向，当割理裂缝与现今最大主应力方向一致时，裂缝受到张应力的作用宽度增大，渗透率增高，方向垂直时，裂隙受到压应力的作用，宽度减小，渗透率降低[19-20]。图9中最大水平主应力和割理均为北东向,黄色箭头为局部挤压应力方向,据此可将开发区块分为上下二个应力区,上部应力区的近北东向应力与割理方向接近平行,高产井主要分布在该区域,下部应力区的近东西向应力对煤层割理造成封闭,该区域产能相对较低。

3.2 地层综合系数

剔除工程、排采等因素影响,煤层气生产受多种地质因素影响,单井峰值产量与单因素相关性不是太强,为定量表征产气量与煤层渗透率、厚度和含气量关系,引入地层综合系数,该系数是渗透率、厚度与含气量三者的乘积。图10为GM煤层峰值产气量与地层综合系数相关分析,可以看出峰值产气量与地层综合系数具有较好的相关性,地层综合系数越大,代表煤层气可动用的资源潜力越大,产能越高。

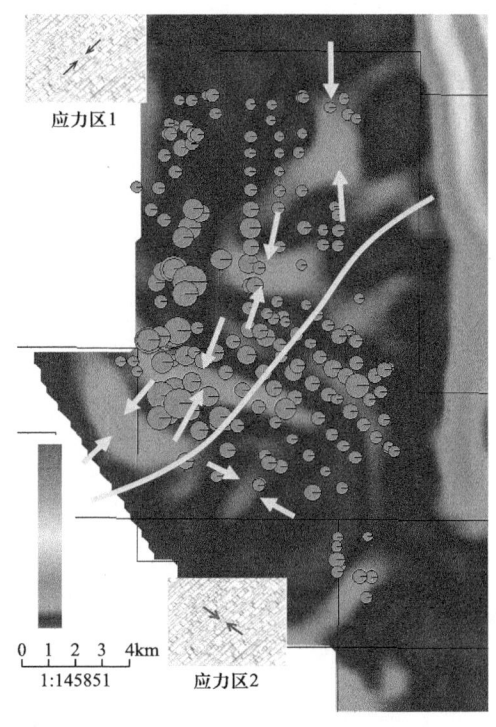

图9 GM煤组局部应力分布

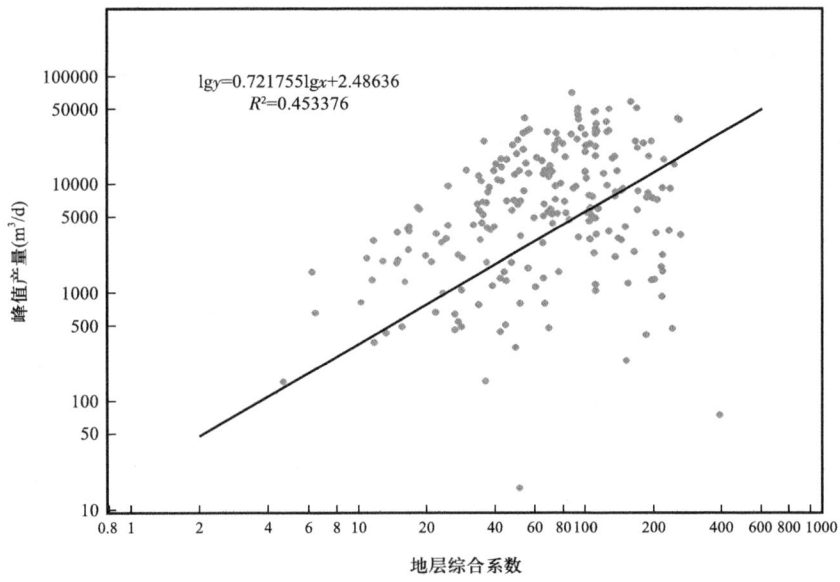

图10 地层综合系数与峰值产量交会图

3.3 井轨迹和割理关系

煤层气水平井轨迹设计,或者说其开采方向和布局,对煤层气产量有着直接影响。应力、割理、井轨迹有利匹配是煤层气高产的必要条件。

当煤层发育多组割理时,水平井轨迹与最大水平主应力垂直或高角度斜交时产气效果较好,两者平行时效果差。图11中RH022,RH023,RH024井组和RH013,RH014,RH015井组煤层厚度、埋深、含气量、渗透率非常接近,但产量差别大,该地区主应力和割理均为北东向,但两组井的井轨迹方位不同,RH023井组与主应力方向的夹角为15°,而RH013井组为75°,后者井轨迹大角度贯穿割理,煤层气动用面积大,产量高(表1)。

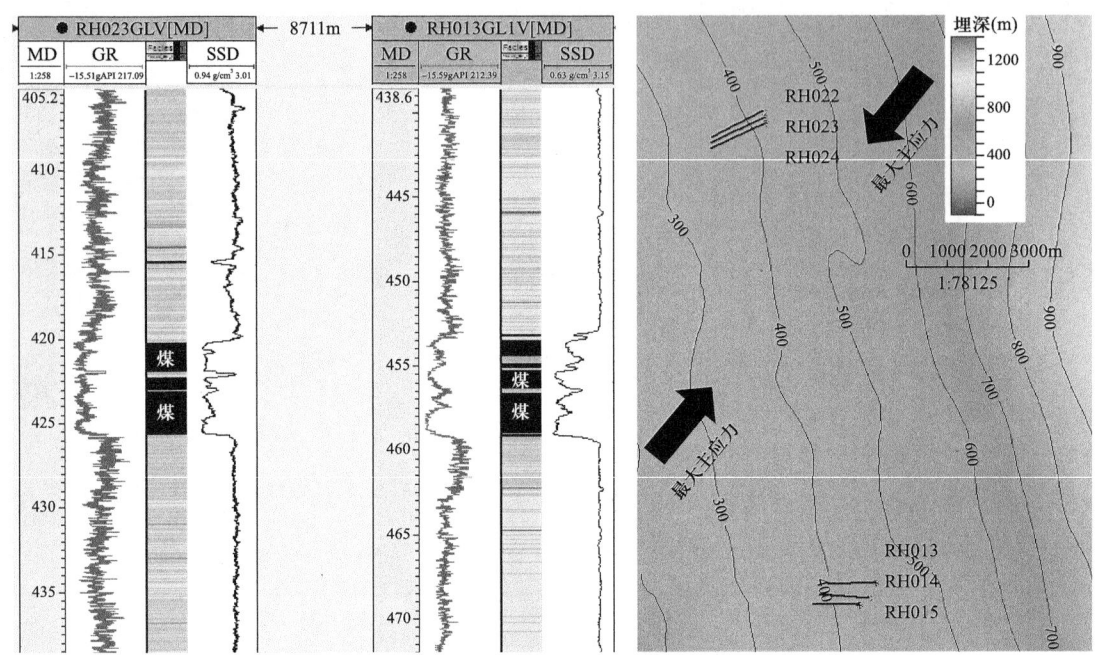

图11 连井剖面、井轨迹、构造和应力示意图

表1 RH023和RH013井组属性及产量表

井名	目的层	埋深 (m)	厚度 (m)	含气量 (m³/t)	渗透率 (mD)	井轨迹与主应力夹角 (°)	产量 (m³/h)
RH022	GL	421.2~427.5	6.3	10.2	3.29	15	19
RH023	GL	420.1~425.7	5.6	10.0	3.24		13
RH024	GL	418.5~424.2	5.7	9.4	3.18		16
RH013	GL	457.3~465.0	7.8	12.1	2.33	75	256
RH014	GL	446.5~453.5	7.0	12.6	2.70		201
RH015	GL	431.1~437.8	6.7	11.0	3.39		201

4 有利区预测

通过煤层气富集主控因素及高产富集规律研究,结合博文区块煤层气勘探开发实践,综合资源因素(煤层厚度、含气量、饱和度、煤质、丰度等)、富集因素(埋深、微构造、

沉积、水文等）和高产因素（渗透率、断层、曲率等）三大类参数，进行相关降维分析，确定了博文区块的有利区评价指标（表2），将工区分为三区7类（图12）。

表 2 有利区评价指标

评价指标	"甜点"区		潜力区		风险区		
	Ⅰ1	Ⅰ2	Ⅱ1	Ⅱ2	Ⅲ1	Ⅲ2	Ⅲ3
埋深（m）	150~400	150~450	150~500	150~550	350~650	350~600	150~400
渗透率（mD）	>1.50	>0.50	>0.25	>0.20	<1.00	>0.10	>1.00
煤厚（m）	>4.5	>4.5	>4.0	>3.0	>2.5	>1.5	>2.0
含气饱和度	>0.6	>0.6	>0.6	>0.5	>0.7	>0.2	>0.2

"甜点"区：地质储量丰度高（大于$0.7\times10^8m^3/km^2$），峰值平均产气量大于30000m^3/d，具有显著经济效益的煤层气可开发区。分布于博文区块西部斜坡带高部位，毗邻剥蚀区，埋深相对较浅，一般小于450m，煤层厚度大于4.5m，含气饱和度大于60%。可以进一步分为Ⅰ1类高渗透"甜点"区和Ⅰ2类中渗透"甜点"区。

潜力区：地质储量丰度较高（0.4×10^8~$0.8\times10^8m^3/km^2$），工程技术措施后峰值平均产气量大于6000m^3/d，具有较高经济效益的煤层气可开发区。一般毗邻"甜点"区，主要位于博文区块西部斜坡带相对低部位，埋深小于550m，煤厚大于3m，渗透率大于0.3mD，峰值平均产气量为6000~30000m^3/d。可以进一步分为Ⅱ1类高饱和度潜力区和Ⅱ2类中饱和度潜力区。

风险区：地质储量丰度较高，具有较大资源规模，工程技术措施有一定效果，生产井峰值平均产气量小于6000m^3/d的区域。可以进一步分为Ⅲ1类低渗透区、Ⅲ2类高含水中渗透区和Ⅲ3类高含水低渗透区。Ⅲ2类高含水中渗透区主要与潜力区紧邻，构造位置相对较高，埋深较浅；Ⅲ3类高含水低渗透区位于斜坡带更低的区域；Ⅲ1类低渗透区零星分布在Ⅲ3类高含水低渗透区附近。

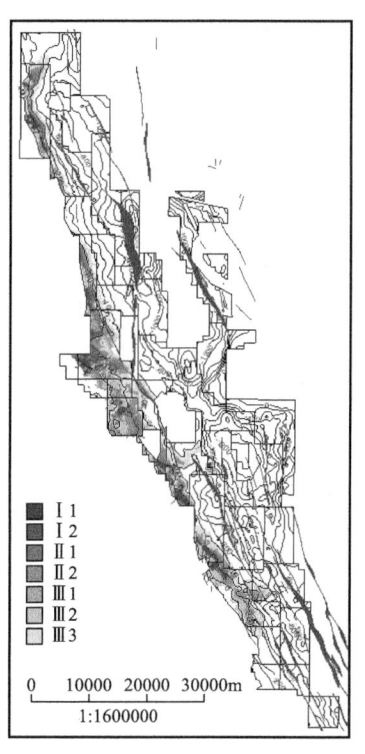

图 12 北博文区块有利区分布

根据有利区评价标准，Ⅰ1类高渗透"甜点"区和Ⅰ2类中渗透"甜点"区储量丰富，含气量和渗透率高，高产且稳产期长，是博文区块产能的主要贡献者和水平井产能建设的优先地质选区，可进一步优化排采制度，确保高产和稳产；Ⅱ1类高饱和度潜力区和Ⅱ2类中饱和度潜力区面积广，资源大，为"甜点"区开发中后期接替补充，需针对性地开展储层改造和工程技术措施，力争稳产和高产；风险区渗透率较低，地质条件相对复杂，并且相邻的中深层（600~1500m）低渗透煤层气资源量巨大，可酌情选取含气饱和度较高、煤层较厚、断层及顶底板岩性适宜的地区进行水平井或丛式井煤层压裂改造增产技术攻关，提产增效，尝试中深层低渗透煤层气资源开发，探索一套经济适用的中深层低渗透煤层压裂开发技术。

5 结论

基于博文区块煤层气富集和高产规律研究，确定了有利区评价标准，提出了下一步的研究策略。

（1）富集因素主要为沉积、水文、构造和特殊岩性。沉积环境控制了煤层厚度、空间变化和物性参数分布，水文因素是成藏的主要因素，断层和特殊岩性影响了含气量和渗透率。煤层气高产因素主要为应力、地层综合系数、井轨迹与割理空间匹配关系。应力决定了割理方向、发育程度及开合，直接关系到渗透率的大小，地层综合系数决定了资源量动用潜力，井轨迹与割理的方位关系对煤层气生产影响明显。

（2）建立了博文区块定量有利区指标评价标准，圈定了博文区块"甜点"区、潜力区和风险区三区七类分布。"甜点"区主要位于区块西部斜坡带高部位，毗邻剥蚀区，埋深小于450m，煤厚大于4.5m，含气饱和度大于60%，峰值平均产气量大于30000m^3/d。潜力区一般毗邻"甜点"区，埋深小于550m，煤厚大于3m，渗透率大于0.3mD，峰值平均产气量为6000~30000m^3/d。风险区主要位于斜坡带构造低部位，埋深300~650m，渗透率小于0.2mD，峰值平均产气量一般小于6000m^3/d。

（3）根据潜力分析，"甜点"区是博文区块产能的主要贡献者和水平井产能建设的优先地质选区，可进一步优化排采制度，确保高产和稳产；潜力区为"甜点"区开发中后期接替补充，需针对性地开展储层改造和工程技术措施，力争稳产和高产；风险区及相邻的中深层（600~1500m）低渗透煤层气资源量巨大，可酌情进行水平井或丛式井煤层压裂改造增产技术攻关，探索一套经济适用的中深层低渗透煤层压裂开发技术。

参 考 文 献

[1] Towler B, Firouzi M, Underschultz J, et al. An overview of the coal seam gas developments in Queensland [J]. Journal of Natural Gas Science and Engineering, 2016, 31: 249-271.

[2] Miyazaki S. Coal seam gas exploration, development and resources in Australia: A national perspective [J]. Aust Petrol Prod Explor Assoc J, 2005, 45 (1): 131-142.

[3] Darren W, Hansen L. Discovery Through the ages-A journey of coal resource discovery in Queensland's Bowen basin from the 1960's and the 2000's [J]. ASEG Extended Abstracts, 2018, 1: 1-8.

[4] Golding S D, Collerson K D, Uysal I T, et al. Nature and source of carbonate mineralization in Bowen Basin coals, Eastern Australia [M]. New York: Kluwer Academic Publishers, 2000.

[5] Babaahmadi A, Sliwa R Esterle J, et al. The development of a Triassic fold-thrust belt in a synclinal depositional system, Bowen Basin (eastern Australia) [J]. Tectonics, 2017, 36 (1): 51-77.

[6] Klootwijk C T. Sedimentary basins of eastern Australia: paleomagnetic constraints on geodynamic evolution in a global context [J]. Australian Journal of Earth Sciences, 2009, 56 (3): 273-308.

[7] Yang Y, Bie A F, Bie H Y, et al. Geological influential factors on the SIS well productivity in Teviot-Brook block, Moranbah gas field [C]. In: Lin, J. (eds) Proceedings of the International Field Exploration and Development Conference 2019. 794-808, Springer, Singapore, 2020.

[8] Yang Y, Bie A F, Li Y G, et al. Sensitivity and uncertainty analysis of volumetric estimation in a CBM reservoir, Bowen basin [C]. In: Lin, J. (eds) Proceedings of the International Field Exploration and Development Conference 2022. IFEDC 2022, 6863-6873, Springer, Singapore, 2023.

[9] Michaelsen P, Henderson R. Facies relationships and cyclicity of high-latitude, Late Permian Coal Measures, Bowen Basin, Australia [J]. International Journal of Coal Geology, 2000, 44 (1): 19-48.

[10] Totterdell J M, Moloney J, Korsch R J, et al. Sequence stratigraphy of the Bowen-Gunnedah and Surat Basins in New South Wales [J]. Australian Journal of Earth Sciences, 2009, 56 (3): 433-459.

[11] Jennifer Y, Nigel P, William D, et al. Prediction of channel connectivity and fluvial style in the flood-basin successions of the Upper Permian Rangal coal measures (Queensland) [J]. AAPG Bulletin, 2014, 98 (2): 191-212.

[12] Yang Y, Bie A F, Bie H Y, et al. Coal Play Distributions and Quantitative Prediction in Tipton Gas Field [C]. In: Lin, J. (eds) Proceedings of the International Field Exploration and Development Conference 2020. Springer, Singapore, 2021.

[13] Dai S F, Colin R W, Ian T G, et al. Altered volcanic ashes in coal and coal-bearing sequences: A review of their nature and significance [J]. Earth-Science Reviews, 2017, 175: 44-74.

[14] Ayaz A, Rodrigues S, Golding, et al. Compositional variation and palaeoenvironment of the volcanolithic Fort Cooper Coal Measures, Bowen Basin, Australia [J]. International Journal of Coal Geology, 2016, 166: 36-46.

[15] Wang B, Sun F J, Tang D Z, et al. Hydrological control rule on coalbed methane enrichment and high yield in FZ Block of Qinshui Basin [J]. Fuel, 2015, 140: 568-577.

[16] Scott, Andrew. Hydrogeologic factors affecting gas content distribution in coal beds [J]. International Journal of Coal Geology, 2002, 50: 363-387.

[17] Hamed A, Lila W G, Colin R W, et al. Effects of igneous intrusions on thermal maturity of carbonaceous fluvial sediments: A case study of the Early Cretaceous Strzelecki Group in west Gippsland, Victoria, Australia [J]. International Journal of Coal Geology, 2015, 152: 68-77.

[18] Jiang J Y, Zhang Q, Cheng Y P, et al. Influence of thermal metamorphism on CBM reservoir characteristics of low-rank bituminous coal [J]. Journal of Natural Gas Science and Engineering, 2016, 36: 916-930.

[19] Laubach S E, Marrett R A, Olson J E, et al. Characteristics and origins of coal cleat: A review [J]. International Journal of Coal Geology, 1998, 35 (1-4): 175-207.

[20] Peyman M, Ryan T A, Alireza G, et al. Cleat-scale characterisation of coal: An overview [J]. Journal of Natural Gas Science and Engineering, 2017, 39: 143-160.

煤变质过程中水化学特征及演化规律研究

——基于水热模拟实验

张珂[1],张松航[1],唐书恒[1],张守仁[2],翟佳宇[2],贾腾飞[1],颜志丰[3]

(1.中国地质大学(北京)能源学院,北京 10083;2.中联煤层气股份有限公司,北京 100015;3.辽宁工程技术大学辽宁省矿产资源开发重点实验室,辽宁 阜新 123032)

摘 要:煤层水的水化学组成和稳定同位素特征在煤层气勘探开发和煤层气井采出水管理中起着重要作用。然而,目前研究多基于煤层气采出水,缺乏通过水热模拟实验对煤成烃过程中煤层水化学成分和稳定同位素演化机制进行深入了解。本研究以鄂尔多斯盆地东缘河东煤田低阶烟煤为研究对象,进行大型封闭系统水热模拟实验(250~550℃,间隔50℃)。主要目的是研究煤成烃过程中气产物和水产物的特征,特别是水产物的常规离子、微量元素和稳定同位素。结果表明:在250~500℃时,CO_2的产率高于CH_4,550℃时CH_4产率显著增加。250~450℃的水离子受溶滤作用影响,以Ca^{2+}为主。由于硫酸盐的溶解和脱硫作用,250~350℃的阴离子为SO_4^{2-},400℃和450℃的阴离子为HCO_3^-。水产物中稳定氢氧同位素分别与R_o具有很好的相关性。250~350℃时,去离子水溶解含氧矿物,水与煤中氧原子交换,导致$δ^{18}O$漂移。$δD$的增加是由于煤中烃与去离子水之间的$δD$交换所致。在400℃和450℃时,$δ^{18}O$值的增长速度减慢,大量气态产物(H_2S和CH_4)与水反应,导致D漂移。本研究阐明了热变质作用驱动下的煤层水化学及同位素演化机制,使煤层水化学在支持热成因煤层气勘探开发中的适用性得到验证。

关键词:水热模拟实验;气体组分;水化学特征;氢氧同位素

煤层水参与煤层气的生成,深刻影响煤层气运移和保存,并表现出特定的水化学特征[1-7]。研究煤层水,获取常规离子、稳定同位素、微量元素等化学信息,是认识煤层气形成环境和成藏机制,解决煤层气生产问题的"有效钥匙"。煤层水的水化学性质首先可以确定煤层气的生成和储存,从而确定一个区块的勘探潜力[2,8]。其次还可以建立煤层水的排采机理[9-13],进而评价煤层气井的产气和压裂效果[14],为储层改造和排水优化提供依据[15]。此外,煤层水化学也可为煤层气采出水的管理和利用提供基础数据支持。

前人研究表明,世界范围内煤层水化学基本相似,其特征是几乎不含硫酸盐,钙、镁浓度低,钠、碳酸氢盐和氯化物浓度高[2,4,8,11,16-18]。根据煤层水化学特征与煤层气生成

基金项目:热成因煤层气区煤层水同位素分异演化研究(41872178),沁水盆地高煤阶煤层气井产能控制因素与增产机理研究(U1910205)。

第一作者:张珂,女,1995年生,博士研究生,从事煤层气地质研究工作,E-mail:zhangke9801@163.com。

通讯作者:张松航,男,1982年生,教授,从事煤层气地质研究工作,E-mail:zhangsh@cugb.edu.cn。

的关系，认为水化学特征分别与生物成因气和热成因气有关。近年来，国内外针对含煤盆地生物成因气和混合成因气（生物成因气和热成因气）的水化学特征进行研究[19-22]，研究多集中于常规离子[4, 8, 19, 23-24]、稳定氢氧同位素[7, 21, 25-26]，然而，对热成因煤层水化学特征缺乏系统分析。此外，煤层水中稳定同位素漂移模式可以有效推断水—煤反应的化学机理。以往的研究多集中在浅层煤储层的煤层水中，多数观点认为煤层水中氢氧同位素的漂移与生物成因气有关[20, 27-28]。但在沁水盆地南部煤层气田研究发现，产热煤层气高产井产出水呈现氢同位素正漂移特征[7, 21, 25]。目前，煤层水的氢同位素在生烃过程中是否出现正漂移，以及煤热变质过程中漂移的原因仍是研究的重点。

热模拟和水热模拟实验是研究煤生烃及其各产物的常用方法[29-33]。这些研究主要集中于煤的生烃过程、生烃量、烃产物碳、氢同位素特征，以及煤不同成熟阶段的二次生烃等方面[30, 34-36]。一系列水热模拟实验结果表明，水参与烃源岩演化，影响热模拟气产物产率、碳氢同位素，以及煤产物中生物标志物和显微组分的组成[32-33, 37-38]，但对水产物中水化学特征和氢氧同位素演化的研究还存在明显空白。以水产物为研究对象的水热模拟实验的挑战在于如何获得足够数量的热模拟水产物进行水化学组成和同位素特征的分析。水热模拟实验中对水体的研究可以揭示煤生烃过程中煤层水的水化学演化特征，阐明水文地球化学特征和同位素演化机制，为煤层气勘探开发和煤层气采出水管理提供基础支撑。

利用中国地质大学（北京）研制的大容量热模拟实验装置，对鄂尔多斯盆地低煤阶烟煤进行封闭水热模拟实验，研究了煤生烃不同阶段气产物的成因和水产物的常规离子和氢氧同位素特征。本研究全面分析了气与水在热变质过程中的反应过程，揭示煤生烃过程中煤层水化学特征的演化机制，可进一步指导煤层气勘探开发实践。

1 实验与方法

1.1 样品和仪器

在鄂尔多斯盆地东部河东煤田河曲露天煤矿采集样品，采集后的样品用聚乙烯薄膜包裹，防止污染和氧化，送至实验室。将煤样破碎成直径为1cm的小块，混合均匀，煤样分成8份，每份质量约为400g，密封保存在塑料袋中。一部分用于原煤性质的基础实验，另一部分用于水热模拟实验。密闭模拟实验在中国地质大学（北京）研制的大容量热模拟实验装置上进行（图1），其中，高温反应器是热模拟实验的主要容器，反应器的压力为30MPa，容积为4L，实验最高温度为650℃。

1.2 实验程序

水煤比是根据压力表和测得的煤密度计算得出，以保证煤样在整个实验过程中与去离子水保持接触[39]。在所有温度下，煤与去离子水的比例保持在1∶1.5。值得注意的是，在500℃和550℃，当进样量设定为400g时，反应器压力在达到设定温度前已接近设计极限30MPa，导致实验失败。为保证实验的安全性，将样品质量调整为100g，实验在相同温度下进行两次。同时，由于初始实验失败，导致原始平行样本不足。为了弥补错误、完成实验室设计，从同一地点和煤层重新准备了两个样品，分别在500℃和550℃进行实验。这虽然保证了实验的完整性和可比性，但也导致了煤样成分的变化。同时，由于未能在这两个温度点采集足够水样，所以没有在500℃和550℃进行水样实验。

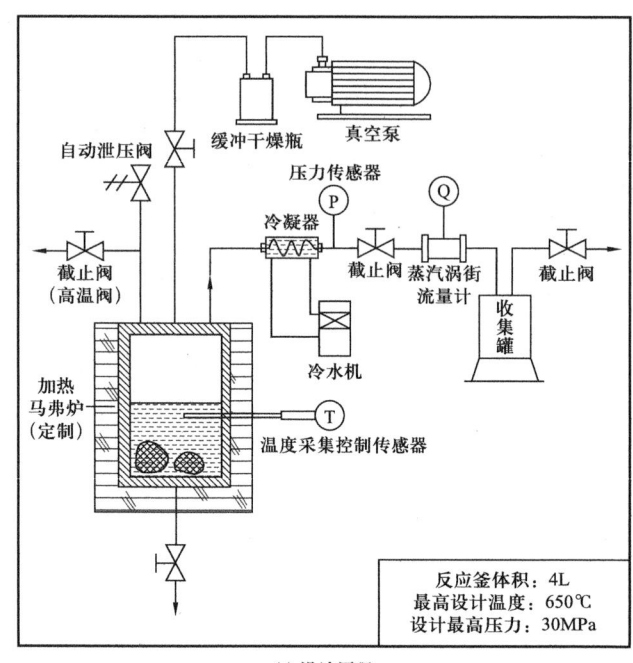 

(a) 设计原理　　　　　　　　　　　　　　　(b) 物理安装图

图1　实验装置对高温煤加热

（1）反应器；（2）液体取样口；（3）真空系统；（4）冷凝器；（5）气体取样口；（6）高精度气体流量计；（7）温度和压力控制系统；（8）冷却系统

在每个温度点，将含有一定比例煤样和去离子水的反应器用橡胶圈和螺钉密封，并抽真空几分钟。当真空表降至 -0.1MPa 时，反应器完全关闭。达到真空后，加热过程继续进行。反应器在250～550℃时保持目标温度24h，温度间隔设定为50℃。加热完成后，打开水循环系统。根据温度下降的速度，检查水循环管道是否泄漏。随后，将反应器壁温度逐渐调整至室温，进行二次冷却。当反应器内压力降至1.0MPa时，气体产物缓慢流入已知容积的进气系统。反应器温度降至60℃后，收集煤和水产物。煤样在各温度点进行水热模拟后，将收集到的气体、煤和水分别储存在铝塑复合膜收集袋、密封袋和高密度聚乙烯瓶中。

1.3　实验产物分析方法

将收集到的煤、水和气产物送至 Societe General de Surveillance（SGS）进行测试，以获得每种产物的地球化学数据。烃类气体（CH_4，C_3H_8，iC_4H_{10}，nC_4H_{10}，iC_5H_{12}，nC_6H_{14}）和非烃类气体（CO_2，O_2，H_2，N_2）的地球化学分析使用两台 Agilent 7890A 气相色谱仪（GC）进行。采用酸滴定法（AT）测度 HCO_3^-，利用离子色谱法（IC）测定 Cl^-、SO_4^{2-}、

$Na^+ + K^+$、Ca^{2+}和Mg^{2+}，水离子检测仪器为Metrohm 930 Basic IC plus。依据中华人民共和国地质矿业行业标准《水质pH值的测定 玻璃电极法》（GB/T 6920—1986）和《地下水质分析方法 第9部分：溶解性固体总量的测定 重量法》（DZ/T 0064.9—2021），分别采用玻璃电极法和180℃干燥法测定pH值和总溶解度（TDS）。采用电感耦合等离子体原子发射光谱（ICP-OES，Perkin Elmer Avio 550）分析了水中溶解微量元素的浓度。水产物的$δ^{18}O$和$δD$值采用Thermo Scientific MAT253质谱仪测量，测量精度小于0.013。测定方法参照中国地质矿产行业标准《水的氢同位素分析 锌还原和高温裂解法》（SY/T 5237—2019）和《地下水质分析方法 第77部分：$δ^{18}O$的测定 CO_2-H_2O平衡—气体同位素质谱法》（DZ/T 0064.77—2021）。

2 结果及讨论

2.1 气体产物的地球化学响应

2.1.1 气体组分

250~550℃的总产气量分别为6.48mL/g、12.0mL/g、27.0mL/g、36.8mL/g、46.0mL/g、56.0mL/g和81.4mL/g（表1）。不同温度下气体组成不均匀，烃类气体以CH_4为主，产气量为0.08~46.3mL/g，非烃类气体CO_2的产率为6.15~54.6mL/g（表1，图2）。CH_4产率随温度升高而升高，在550℃达到最高值。250~550℃的CO_2总产率先升高后降低，且CO_2产率高于CH_4；当反应温度超过500℃时，CO_2产率显著降低，CH_4产率显著提高。H_2仅在250℃和300℃有检测到，产率均低于1mL/g，均为0.24mL/g。C_{2+}产率为0.01~0.94mL/g，均小于1mL/g，产率在350℃时达到峰值，在高温高压条件下因二次裂解而逐渐降低。

表1 不同模拟温度下气体组分及产率

模拟温度（℃）	气体组分产率（mL/g）				总气体产率（mL/g）
	CH_4	CO_2	H_2	C_{2+}	
250	0.08	6.15	0.24	0.01	6.48
300	0.34	11.40	0.24	0.09	12.00
350	3.23	22.80	0	0.94	27.00
400	6.34	35.70	0	0.65	36.80
450	12.60	32.70	0	0.61	46.00
500	21.40	54.60	0	0.09	56.00
550	46.30	35.10	0	0.05	81.40

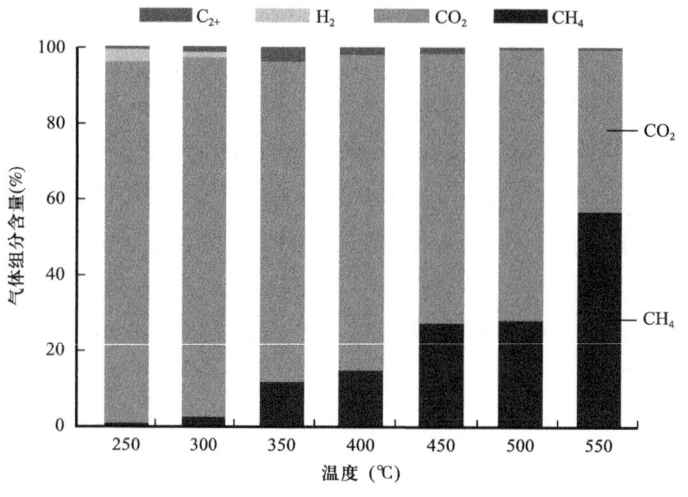

图 2 气体产物的组成图

2.1.2 气体产物的成因及演化

水作为生烃介质，在生气过程的化学反应中起着至关重要的作用[39-41]，在一定程度上能够提高产气量。水热模拟实验的温度过高（250～550℃），细菌无法生存（大于105℃）[42]，所以实验中的 CH_4 是由有机分子在高温下分解产生的。产热甲烷（CH_4）是由低温（250℃）时官能团（甲基和羧基）的分解和温度升高（不小于300℃）时长链烃裂解产生的[43-44]。根据以往的研究，煤层气产出水的水化学在很大程度上受甲烷生成程度的影响，高浓度的氯化物和硫酸盐会抑制甲烷生成[45]。水热模拟实验模拟的是深层停滞水的封闭环境，不考虑地下水运动。因此，在250℃和300℃时，水体中高浓度的氯化物和硫酸盐会影响 CH_4 的生成。水显著提高 CO_2 产率[37]，CO_2 主要由热演化过程中可溶有机物的脱羧作用产生，少量来源于碳酸盐矿物的分解[29]。Kotarba 等[37] 推测加水热解过程中 CO_2 产率的下降与 CO_2 在水中溶解或 CO_2 与 H_2 反应合成烃有关 [式（1），式（2）]。当温度超过450℃时，CO_2 产率降低，CH_4 产率增加，这与 Kotarba 等[37] 的推测结果一致。研究发现，在水热模拟过程中，有机物的分解是分子氢的主要来源[38]，在250℃和300℃检测到 H_2 产率，但 H_2 产率极低。在以往水热模拟实验中，大量的硫化氢（H_2S）主要来自硫醇和硫化物[32]。但在本次模拟实验中生成的气态产物并未检测到 H_2S。由于大量 H_2S 可以作为溶解的水相存在[39]，并且 H_2S 与煤产物中 Fe、Cu、Pb 和 Zn 具有很高的反应活性，因此 H_2S 可以溶解于水产物中。此外，H_2S 的高溶解度导致水产物中氢同位素（δD）值升高[21]。δD 漂移的具体原因将在2.3节中讨论。

$$CO_2 + H_2O \rightleftharpoons H_2CO_3 \quad (1)$$

$$H_2CO_3 \rightleftharpoons HCO_3^- + H^+ \quad (2)$$

2.2 水产物的地球化学响应

2.2.1 水产物的地球化学成分

水产物的离子浓度、总矿化度（TDS）和pH值见表2。水产物中含有钙离子（Ca^{2+}）、镁离子（Mg^{2+}）、钠离子和钾离子（Na^++K^+）等，以及氯离子（Cl^-）、硫酸根离子（SO_4^{2-}）和碳酸氢根离子（HCO_3^-）等。Ca^{2+}、Mg^{2+}和Na^++K^+的浓度分别为0.2~191mg/L、0.04~120mg/L和0.7~87mg/L。Cl^-、SO_4^{2-}和HCO_3^-的浓度为0.1~165mg/L，0~1228mg/L，7.7~1237mg/L。250~350℃时，阳离子以Ca^{2+}为主，阴离子以SO_4^{2-}为主，400~450℃以HCO_3^-为主。Ca^{2+}、Mg^{2+}和SO_4^{2-}含量随温度升高先增加后降低，在300℃时达到最大值。HCO_3^-浓度随温度升高逐渐增加，在400℃和450℃时迅速增加。Na^++K^+和Cl^-的浓度在250℃时达到最大值，随着温度的升高而逐渐降低。原水样的水型为$Na-HCO_3$，250~450℃时水型分别为$Ca·Mg-Cl·SO_4$、$Ca·Mg-SO_4$、$Ca·Mg-HCO_3·Cl$、$Ca·Mg-HCO_3$、$Ca·Mg-HCO_3$。水产物中TDS含量为9.3~2946mg/L（表2），TDS值先快速上升后逐渐下降，在300℃时达到最大值。pH值为3.9~6.7，均小于7。煤产物的$\delta^{18}O$值为-5.0‰~-2.8‰，δD值为-34.3‰~-6.7‰。

表2 不同温度下水热模拟过程中水产物的地球化学特征

模拟温度 (℃)	主要离子浓度（mg/L）						水类型	TDS (mg/L)	pH值	同位素值（‰）	
	Ca^{2+}	Mg^{2+}	Na^++K^+	Cl^-	SO_4^{2-}	HCO_3^-				$\delta^{18}O$	δD
原水样	0.2	0.04	0.7	0.1	0	7.7	$Na-HCO_3$	9.3	6.7	-4.7	-30.1
250	127	55	87	165	360	85	$Ca·Mg-Cl·SO_4$	1405	4.6	-5.0	-34.3
300	191	120	61	145	1228	140	$Ca·Mg-SO_4$	2946	3.9	-4.6	-30.4
350	163	98	55	144	1113	265	$Ca·Mg-HCO_3·Cl$	2711	4.7	-4.2	-27.5
400	106	48	38	98	102	1062	$Ca·Mg-HCO_3$	2131	5.3	-3.8	-16.9
450	38	24	15	65	47	1237	$Ca·Mg-HCO_3$	1948	5.7	-2.8	-6.7

2.2.2 水产物的水化学演化

在水热模拟实验中，通过变温加热模拟煤中有机质的演化，以反映实际地质条件。水溶液的离子组成是地球化学演化过程中煤与水介质发生溶滤作用、氧化作用、脱硫酸作用、离子交换等水岩作用的结果[4]。在250~450℃时，产物中离子浓度远高于原水样（去离子水），说明水离子形成以溶滤作用为主。在400℃和450℃时，SO_4^{2-}浓度降低，HCO_3^-和pH值升高。如图3a所示，脱硫系数降低，HCO_3^-的浓度明显增加，说明该阶段水产物中HCO_3^-主要来源于脱硫酸作用，见公式（3）。离子交换吸附的特征为$Ca^{2+}+Mg^{2+}-SO_4^{2-}-HCO_3^-$与$Na^++K^+-Cl^-$呈线性相关关系，相关性较弱，无交换吸附（图3b）。

$$SO_4^{2-} + C + H_2O \longrightarrow HCO_3^- + H_2S \tag{3}$$

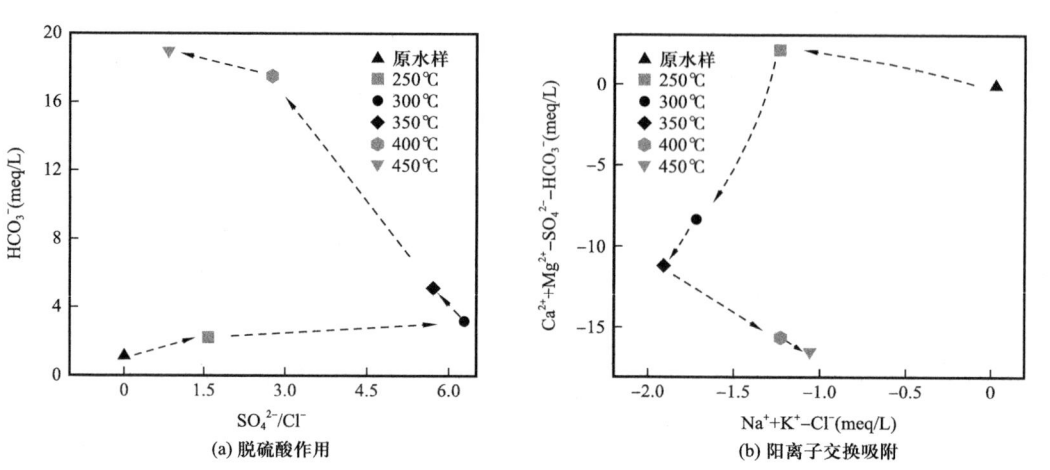

图3 脱硫酸作用和阳离子交换吸附

Piper图为研究水化学组成和水类型变化提供了有效方法（图4）[5]。在菱形区域，250～450℃的水产物中$Ca^{2+}+Mg^{2+}$的含量始终较高。$Cl^-+SO_4^{2-}$的浓度分布集中于250～350℃，400℃和450℃时浓度均显著降低。同样，在阴离子三角形中，250～350℃时阴离子以SO_4^{2-}为主，而原水样和400℃、450℃的阴离子以HCO_3^-为主。在真空条件下，黄铁矿并未氧化生成硫酸盐，表明250～350℃的SO_4^{2-}含量来源于硫酸盐的溶解。在阳离子三角形中，除原水样外，其他的水产物分布集中，主要是Ca^{2+}和Mg^{2+}。

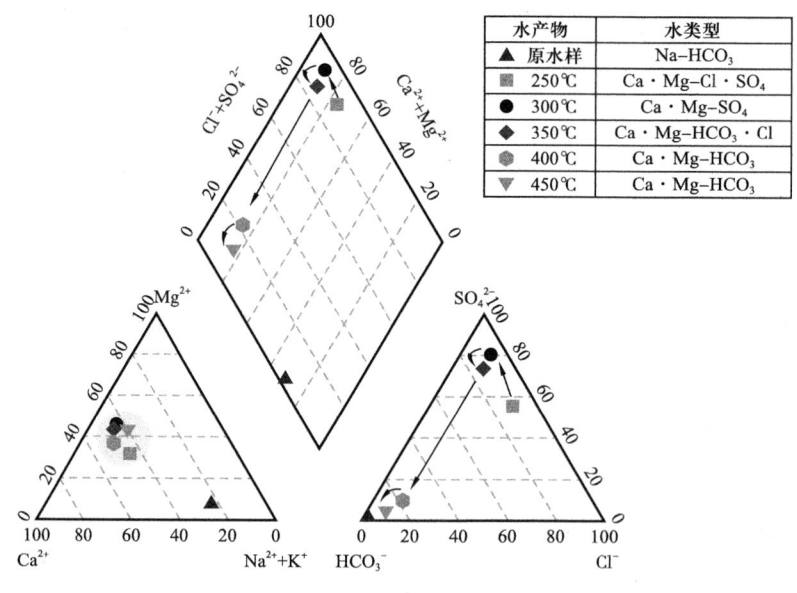

图4 水产物中的水化学组成图

2.2.3 水离子来源及离子间的关系

了解煤层水中主要离子之间的关系，对于准确评价水化学组成和离子来源至关重要，有利于煤层气勘探开发和煤层水抽采[8]。Ca^{2+} 和 Mg^{2+} 在图 5a 中具有很强的正相关性，表明这两种阳离子的来源相似。在 250 ℃、400 ℃和 450 ℃时，[($Ca^{2+}+Mg^{2+}$)/SO_4^{2-}] 的比值均大于 1（图 5b），表明 Ca^{2+}、Mg^{2+} 和 SO_4^{2-} 均来源于硫酸盐和碳酸盐的溶解[46]。其他温度点（300 ℃和 350 ℃）的 [($Ca^{2+}+Mg^{2+}$)/SO_4^{2-}] 比值小于 1，表明 SO_4^{2-} 可能来源于盐岩溶解[47]。此外，通过分析 ($Ca^{2+}+Mg^{2+}$)/($HCO_3^-+SO_4^{2-}$) 的比率，可以识别水产物中主要的矿物来源（图 5c）。250 ℃时原煤与水的比例接近 1∶1，表明存在碳酸盐和硫酸盐的溶解。水产物在 300～450 ℃时明显偏离 1∶1 线，$HCO_3^-+SO_4^{2-}$ 的含量已超过 $Mg^{2+}+Ca^{2+}$，说明 $HCO_3^-+SO_4^{2-}$ 主要来源于脱硫酸作用。HCO_3^- 的增加使煤层水 pH 值升高，从而降低了镁和钙的溶解度[48]。高 HCO_3^- 浓度会使煤层水中钙镁消耗，导致方解石（$CaCO_3$）和白云石[$CaMg(CO_3)_2$]析出[2-3]。因此，在 400 ℃和 450 ℃时，较高的 HCO_3^- 浓度降低 Mg^{2+} 和 Ca^{2+} 的溶解度，Ca^{2+} 和 Mg^{2+} 的含量降低，使碳酸盐矿物沉淀。除原水样外，水产物中（Na^++K^+）/Cl^- 的比值均小于 1（图 5d），即 Cl^- 浓度高于 Na^++K^+，Cl^- 与 Na^++K^+ 呈正相关关系。这一现象说明 Cl^- 与 Na^++K^+ 有相似来源，煤层水中 Cl^- 主要来源于有机络合物和含 Cl^- 的无机盐[47]，Na^++K^+ 也主要来源于岩盐的溶蚀作用。

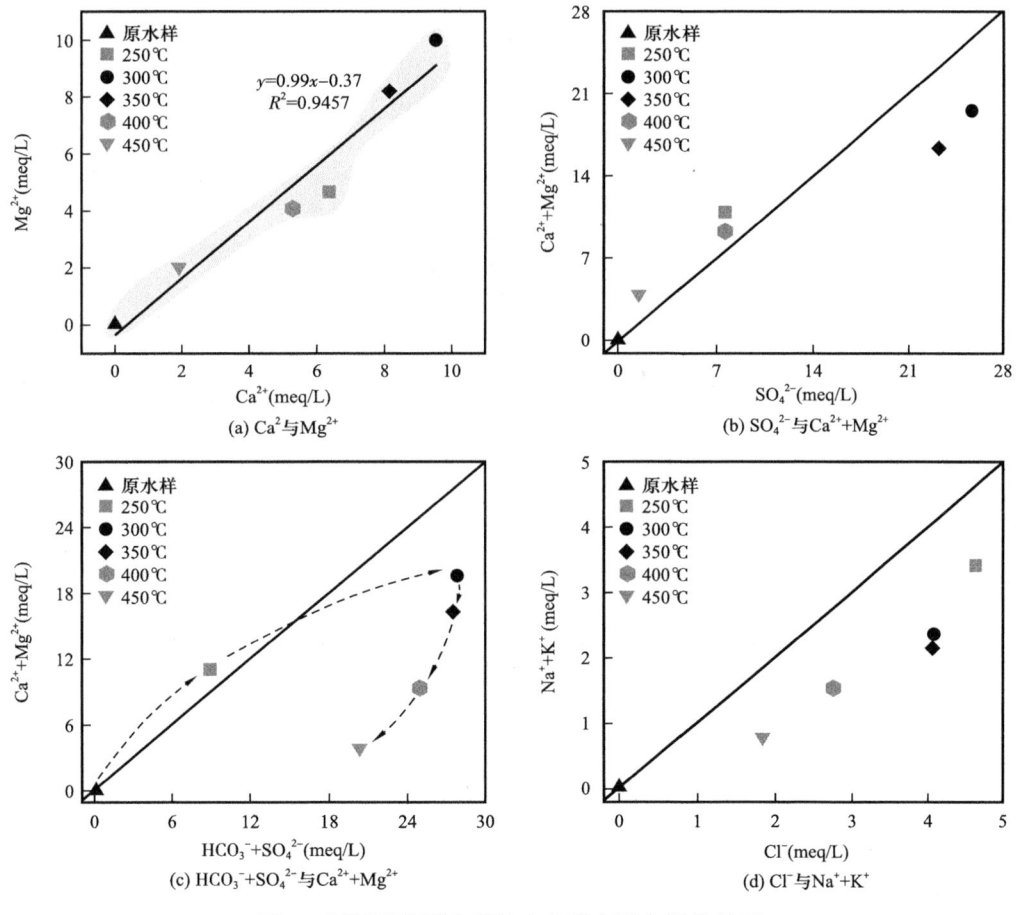

图 5　不同温度下水产物中主要离子之间的关系

2.3 水产物中稳定氢氧同位素组成（δD-H$_2$O 和 δ^{18}O-H$_2$O）

以往的研究强调了生物成因或混合成因（热成因和生物成因气体）采出水中 δ^{18}O 和 δD 之间的关系[21-22, 25]。不同成因煤层气井采出水中 δ^{18}O 和 δD 的漂移规律不同[7, 10, 26]。例如，生物成因气产出水的 δ^{18}O 和 δD 位于全球大气降水线（Global Meteoric Waterline，GMWL）沿线或左侧[17, 20]，混合成因气的产出水 δ^{18}O 和 δD 则向 GMWL 右侧偏移[16]。然而，热成因气采出水中 δ^{18}O 和 δD 漂移的原因尚未得到明确研究。水热实验被认为是研究煤层采出水过程中同位素分馏机理最有效的手段。因此，本文首次通过大水量水热模拟实验，系统研究了煤变质生烃过程中煤层水的 δ^{18}O 和 δD 漂移内部机制。实验揭示了热成因气的化学反应，探讨了水煤相互作用对煤层气生成的影响。

水作为氢的来源已经被烃类热解实验证明[39]。250℃时，δ^{18}O 和 δD 值最轻且低于原水样，说明该温度点 δ^{18}O 和 δD 的来源有别于其他温度。随着温度的升高，水体 δ^{18}O 和 δD 值均呈上升趋势。水产物的 δ^{18}O 和 δD 与 R_o 具有良好的相关性（图6a），表明 H 和 O 同位素组成与有机质演化密切相关。在有机质热演化早期，低温条件下发生弱水煤反应，生成的 CO_2 和 H_2 携带的 δ^{18}O 和 δD 优先与水中的 δ^{18}O 和 δD 交换，导致水中 δ^{18}O 和 δD 减少。随着热演化的加剧，高温条件下水煤反应过程加剧，水煤之间的 δ^{18}O 和 δD 不断交换，水中稳定同位素值增加。郑淑蕙等[49]将水产物中 δ^{18}O 和 δD 值与中国大气降水线[CMWL，公式（4）]进行比较。水体中 δ^{18}O 和 δD 的组成特征如图6b所示。δ^{18}O 和 δD 值分布在 CMWL 线附近。在 250~350℃时，水产物位于 CMWL 的下方和右侧，即"δ^{18}O 漂移"，而水产物的 δD 值位于 CMWL 的上方和左侧，即"δD 漂移"。随着温度的升高，去离子水持续溶解含氧矿物，这些含氧矿物中较重的氧原子很容易与去离子水中较轻的氧原子发生交换，导致水产物中 δ^{18}O 发生漂移 [公式（5）][41]。在以往的研究中，同位素组成向左移动的含水层相对较少。水产物 δD 值的增加是由于去离子水被氘富集，在产热过程中去离子水与煤中烃进行 δD 交换导致 δD 值增加 [公式（6）][27]。400℃ 和 450℃时，煤产物中碳酸盐和黏土的沉淀导致水产物 δ^{18}O 值的增长速度相对慢于 δD 值[17]。此外，生成的大量气体产物（如 CH_4 和 H_2S）易溶于水，导致 H_2S-H_2O 和 CH_4-H_2O 体系中 D 富集 [公式（7）][21]，δD 漂移明显。

$$\delta D = 7.90 \delta^{18}O + 8.20 \quad (4)$$

$$MO_x{}^{18}O（含氧矿物）+ H_2{}^{16}O \rightarrow M^{16}O_x + H_2{}^{18}O \quad (5)$$

$$H_2O + D（煤）— HDO + H（煤） \quad (6)$$

$$HDS + H_2O = H_2S + HDO \quad (7)$$

在实际地质过程中，大多数学者认为高温下的水岩相互作用、蒸发，以及与海水或盆地盐水的混合[50-51]导致 ^{18}O 漂移。δD 增加与低温水岩相互作用、微生物 CO_2 还原成甲烷、还原性环境中烃类与水的交换有关[52-53]。热模拟实验过程中，煤中含氧矿物与水之间的 δ^{18}O 交换，以及水与气态产物之间的 δD 交换与前人在水岩相互作用中观察到的 δ^{18}O

和 δD 交换一致[16, 21, 27]。因此，水热模拟实验可为不同热演化阶段煤层水稳定同位素地球化学特征提供新的线索。

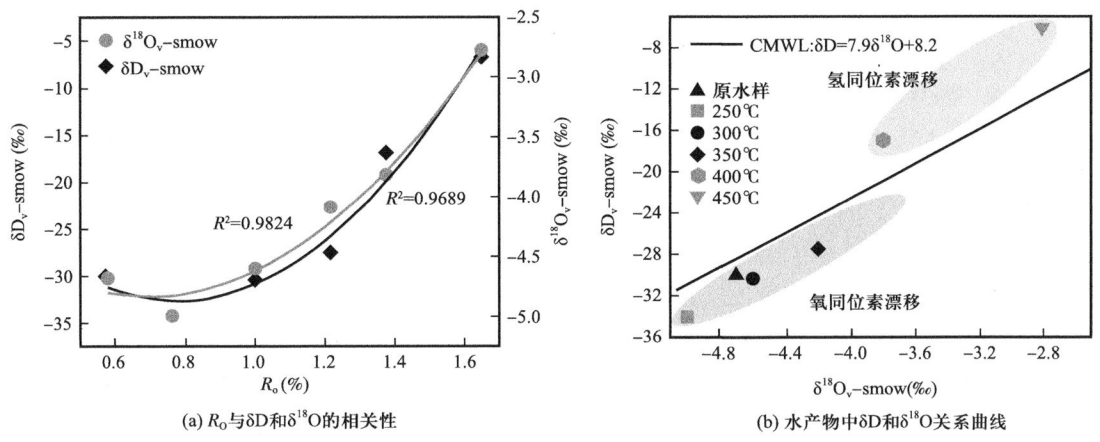

图 6　R_o 与 δD 和 $δ^{18}O$ 的相关性和水产物中 δD 和 $δ^{18}O$ 曲线图

3　结论

本研究通过大水量的水热模拟实验对生烃阶段气、水之间的相互作用有了新的认识，特别是对常规离子、水产物中 $δ^{18}O$、δD 的研究，为热成因气的水化学特征提供依据。了解热成因条件下 ^{18}O 和 D 漂移规律，将为煤层气资源评价和开发提供科学依据。主要结论如下：

（1）在 250～550℃时，CO_2 主要来源于可溶性有机物的脱羧作用和碳酸盐矿物的溶解作用。CH_4 主要来源于低温（250℃）官能团的分解和高温（不小于 300℃）长链烃的裂解。250～450℃的气体成分以 CO_2 为主。在 500℃和 550℃时，CH_4 产率显著增加，CO_2 产率降低，其原因是 CO_2 在水中溶解，CO_2 与 H_2 反应生成 CH_4。

（2）热模拟过程中，由于溶滤作用原水样中的离子浓度低于其他水产物的离子浓度。水产物中的阳离子主要为 Ca^{2+} 和 Mg^{2+}，来源于硫酸盐矿物的溶解。阴离子 SO_4^{2-} 在 250～350℃由硫酸盐溶解产生。HCO_3^- 的存在主要受 400℃和 450℃脱硫酸作用的影响。

（3）250～350℃的去离子水连续溶解煤中含氧矿物，导致 ^{18}O 漂移。煤中烃与水中 δD 的交换导致氘富集。400℃和 450℃时碳酸盐和黏土矿物的析出导致水中 $δ^{18}O$ 值的增长速度慢于 δD 值。400℃和 450℃，生成的气态产物（CH_4 和 H_2S）导致 H_2S-H_2O 和 CH_4-H_2O 中的 D 富集，使 D 发生漂移。

（4）水热模拟实验作为探索煤成烃过程的重要工具，可以进一步加深对煤层水化学、稳定同位素特征和水煤反应机理的认识。但实验样本数量有限、实验方法不完善等问题使得该研究仍存在挑战。因此，进一步研究主要通过优化实验方法和增加样本量，更准确地模拟热演化过程中水和气的相互作用，为煤层气勘探和采出水资源利用提供科学依据。

参 考 文 献

[1] 郭晨，秦勇，易同生，等．基于生产特征曲线的煤层气合采干扰判识方法——以黔西地区织金区块为例[J]．石油勘探与开发，2022，49（5）：977-986．

[2] Van Voast W A. Geochemical signature of formation waters associated with coalbed methane[J]. AAPG Bulletin, 2003, 87（4）: 667-676.

[3] Taulis M, Milke M. Coal seam gas water from Maramarua, New Zealand: characterisation and comparison to United States analogues[J]. Journal of Hydrology (New Zealand), 2007, 46（1）: 1-17.

[4] Zhang S H, Tang S H, Li Z, et al. Study of hydrochemical characteristics of CBM co-produced water of the Shizhuangnan Block in the southern Qinshui Basin, China, on its implication of CBM development[J]. International Journal of Coal Geology, 2016, 159: 169-182.

[5] Singh A P, Gupta S K, Mendhe V A, et al. Variations in hydro-chemical properties and source insights of coalbed methane produced water of Raniganj Coalfield, Jharkhand, India[J]. Journal of Natural Gas Science and Engineering, 2018, 51: 233-250.

[6] 李忠城，唐书恒，王晓锋，等．沁水盆地煤层气井产出水化学特征与产能关系研究[J]．中国矿业大学学报，2011，40（3）：424-429．

[7] 时伟，唐书恒，李忠城，等．沁水盆地南部山西组煤储层产出水氢氧同位素特征[J]．煤田地质与勘探，2017，45（2）：62-68．

[8] Owen D D R, Raiber M, Cox M E. Relationships between major ions in coal seam gas groundwaters: Examples from the Surat and Clarence Moreton basins[J]. International Journal of Coal Geology, 2015, 137: 77-91.

[9] 刘会虎．沁南地区煤层气排采井间干扰的地球化学约束机理[D]．徐州：中国矿业大学，2011．

[10] 秦勇，张政，白建平，等．沁水盆地南部煤层气井产出水源解析及合层排采可行性判识[J]．煤炭学报，2014，39（9）：1892-1898．

[11] Tualis M, Milke M. Chemical variability of groundwater samples collected from a coal seam gas exploration well, Maramarua, New Zealand[J]. Water Research, 2013, 47（3）: 1021-1034.

[12] Guo C, Qin Y, Xia Y, et al. Geochemical characteristics of water produced from CBM wells and implications for commingling CBM production: A case study of the Bide-Santang Basin, western Guizhou, China[J]. Journal of Petroleum Science and Engineering, 2017, 159: 666-678.

[13] Salmachi A, Karacan C. Cross-formational flow of water into coalbed methane reservoirs: controls on relative permeability curve shape and production profile[J]. Environmental Earth Sciences, 2017, 76.

[14] 李传亮，彭朝阳．煤层气的开采机理研究[J]．岩性油气藏，2011，23（4）：9-11，19．

[15] Brinck E L, Drever J I, Frost C D. The geochemical evolution of water coproduced with coalbed natural gas in the Powder River Basin, Wyoming[J]. Environmental Geosciences, 2008, 15（4）: 153-171.

[16] Golding S, Boreham C, Esterle J. Stable isotope geochemistry of coal bed and shale gas and related production waters: A review[J]. International Journal of Coal Geology, 2013, 120: 24-40.

[17] Kinnon E C P, Golding S D, Boreham C J, et al. Stable isotope and water quality analysis of coal bed methane production waters and gases from the Bowen Basin, Australia[J]. International Journal of Coal Geology, 2010, 82（3）: 219-231.

[18] Yao Y, Liu D, Yan T. Geological and hydrogeological controls on the accumulation of coalbed methane in the Weibei field, southeastern Ordos Basin[J]. International Journal of Coal Geology, 2013, 121.

[19] 焦雯, 唐书恒, 张松航, 等. 煤层气井产出水离子及同位素演化特征研究[J]. 煤炭科学技术, 2019, 47(12): 168-176.

[20] Rice C A, Flores R M, Stricker G D, et al. Chemical and stable isotopic evidence for water/rock interaction and biogenic origin of coalbed methane, Fort Union Formation, Powder River Basin, Wyoming and Montana U. S. A[J]. International Journal of Coal Geology, 2008, 76(1): 76-85.

[21] Zhang S, Tang S, Li Z, et al. Stable isotope characteristics of CBM co-produced water and implications for CBM development: The example of the Shizhuangnan block in the southern Qinshui Basin, China[J]. Journal of Natural Gas Science and Engineering, 2015, 27: 1400-1411.

[22] 杨兆彪, 吴丛丛, 张争光, 等. 煤层气产出水的地球化学意义——以贵州松河区块开发试验井为例[J]. 中国矿业大学学报, 2017, 46(4): 830-837.

[23] Zhang B, Fu X, Wang Y, et al. Geochemical characteristics of gas/water in mixed genesis coalbed methane reservoirs and their application for gas production prediction[J]. Journal of Cleaner Production, 2023, 418: 138129.

[24] 郭晨, 秦勇, 韩冬. 黔西比德—三塘盆地煤层气井产出水离子动态及其对产能的指示[J]. 煤炭学报, 2017, 42(3): 680-686.

[25] 王善博, 唐书恒, 万毅, 等. 山西沁水盆地南部太原组煤储层产出水氢氧同位素特征[J]. 煤炭学报, 2013, 38(3): 448-454.

[26] Ghosh S, Golding S D, Varma A K, et al. Stable isotopic composition of coal bed gas and associated formation water samples from Raniganj Basin, West Bengal, India[J]. International Journal of Coal Geology, 2018, 191: 1-6.

[27] Zhang Z, Qin Y, Bai J, et al. Hydrogeochemistry characteristics of produced waters from CBM wells in Southern Qinshui Basin and implications for CBM commingled development[J]. Journal of Natural Gas Science and Engineering, 2018, 56: 428-443.

[28] Cortes J, Castro Rodriguez A, et al. Hydrogeological and hydrogeochemical evaluation of groundwaters and surface waters in potential coalbed methane areas in Colombia[J]. International Journal of Coal Geology, 2022, 253: 103937.

[29] Lewan M D, Kotarba M J. Thermal-maturity limit for primary thermogenic-gas generation from humic coals as determined by hydrous pyrolysis[J]. AAPG Bulletin, 2014, 98(12): 2581-2610.

[30] Duan Y, Duan M, Sun T, et al. Thermal simulation study on the influence of coal-forming material on the isotopic composition of thermogenic coalbed gas[J]. Geochemical Journal, 2016, 50(1): 81-88.

[31] Duan Y, Wu Y, Xing L, et al. Experimental simulation study on the influence of diagenetic water medium on sedimentary n-alkanes and their respective hydrogen isotopes[J]. Fuel, 2020, 272: 117704.

[32] Kotarba M J, Bilkiewicz E, Jurek K, et al. Thermogenic gases generated from coals and carbonaceous shales of the Upper Silesian and Lublin Coal basins: a hydrous pyrolysis approach[J]. Geological Quarterly, 2021, 65(2).

[33] Kotarba M J, Slowakiewicz M, Misz-Kennan M, et al. Simulated maturation by hydrous pyrolysis of bituminous coals and carbonaceous shales from the Upper Silesian and Lublin basins (Poland): Induced compositional variations in biomarkers, carbon isotopes and macerals[J]. International Journal of Coal Geology, 2021, 247: 103856.

[34] Kotarba M J, Lewan M D. Characterizing thermogenic coalbed gas from Polish coals of different ranks by hydrous pyrolysis [J]. Organic Geochemistry, 2004, 35（5）: 615-646.

[35] Susilawati R, Golding S D, Baublys K A, et al. Carbon and hydrogen isotope fractionation during methanogenesis: A laboratory study using coal and formation water [J]. International Journal of Coal Geology, 2016, 162: 108-122.

[36] Liu P, Wang L, Zhou Y, et al. Effect of hydrothermal treatment on the structure and pyrolysis product distribution of Xiaolongtan lignite [J]. Fuel, 2016, 164: 110-118.

[37] Kotarba M J, Bilkiewicz E, Bajda T, et al. Variations of yields and molecular and isotopic compositions in gases generated from Miocene strata of the Carpathian Foredeep（Poland）as determined by hydrous pyrolysis [J]. International Journal of Earth Sciences, 2022, 111（6）: 1823-1858.

[38] Kotarba M J, Wieclaw D, Jurek K, et al. Variations of bitumen fraction, biomarker, stable carbon isotope and maceral compositions of dispersed organic matter in the Miocene strata（Carpathian Foredeep, Poland）during maturation simulated by hydrous pyrolysis [J]. Marine and Petroleum Geology, 2022, 137: 105487.

[39] Lewan M D. Experiments on the role of water in petroleum formation [J]. Geochimica et Cosmochimica Acta, 1997, 61（17）: 3691-3723.

[40] Schimmelmann A, Boudou J P, Lewan M D, et al. Experimental controls on D/H and $^{13}C/^{12}C$ ratios of kerogen, bitumen and oil during hydrous pyrolysis [J]. Organic Geochemistry, 2001, 32（8）: 1009-1018.

[41] Seewald J S. Organic-inorganic interactions in petroleum-producing sedimentary basins [J]. Nature, 2003, 426（6964）: 327-333.

[42] Thiagarajan N, Kitchen N, Xie H, et al. Identifying thermogenic and microbial methane in deep water Gulf of Mexico Reservoirs [J]. Geochimica et Cosmochimica Acta, 2020, 275: 188-208.

[43] Gao L, Mastalerz M, Schimmelmann A. Chapter 2-The Origin of Coalbed Methane [M] //Thakur P, Schatzel S, Aminian K. Coal Bed Methane. Oxford: Elsevier. 2014, 7-29.

[44] Stolper D A, Lawson M, Davis C L, et al. Formation temperatures of thermogenic and biogenic methane [J]. Science, 2014, 344（6191）: 1500-1503.

[45] Lovley D R, Klug M J. Intermediary Metabolism of Organic Matter in the Sediments of a Eutrophic Lake [J]. Applied and Environmental Microbiology, 1982, 43（3）: 552-560.

[46] Mi J, Zhang S, Su J, et al. The upper thermal maturity limit of primary gas generated from marine organic matters [J]. Marine and Petroleum Geology, 2018, 89: 120-129.

[47] Chaffee A L, Lay G, Marshall M, et al. Structural characterisation of Middle Jurassic, high-volatile bituminous Walloon Subgroup coals and correlation with the coal seam gas content [J]. Fuel, 2010, 89（11）: 3241-3249.

[48] Zhang Z, Yan D, Zhuang X, et al. Hydrogeochemistry signatures of produced waters associated with coalbed methane production in the Southern Junggar Basin, NW China [J]. Environmental Science and Pollution Research, 2019, 26.

[49] 郑淑蕙, 侯发高, 倪葆龄. 我国大气降水的氢氧稳定同位素研究 [J]. 科学通报, 1983（13）: 801-806.

[50] Sheppard S M F. Characterization and isotopic variations in natural waters [J]. Reviews in mineralogy, 1986, 16: 165-183.

[51] Taylor H P J. Oxygen and hydrogen isotope relationships in hydrothermal mineral deposits [C] //Barnes H L. Geochemistry of hydrothermal deposite. The 3rd Edition. New York: John Wiley and Sons, 1997.

[52] Kloppmann W, Girard J P, Négrel P. Exotic stable isotope compositions of saline waters and brines from the crystalline basement [J]. Chemical Geology, 2002, 184 (1): 49-70.

[53] Gui H, Chen L, Song X. Drift features of oxygen and hydrogen stable isotopes in deep groundwater in mining area of northern Anhui [J]. Journal of Harbin Institute of Technology, 2005, 37 (1): 111-114.

煤系地层细粒岩性特征及对煤系天然气综合开发的启示

——以鄂尔多斯盆地东缘临兴区块二叠系为例

高丽军[1]，臧晓琳[1]，吴鹏[2]，胡家晨[1]，逄建东[1]，孔为[1]，康弘男[1]

（1.中海油能源发展股份有限公司工程技术分公司，天津 300457；2.中联煤层气股份有限公司，北京 100011）

摘　要：海陆过渡相煤系地层中细粒岩性复杂，对于煤系天然气综合开发的影响至关重要。以鄂尔多斯盆地东缘临兴区块二叠系为例，精细选取近煤段不同细粒岩性进行薄片鉴定、地化、低温液氮比表面积等实验测试，分析不同细粒岩性及储层地质特征，并结合现生产资料，探讨煤系地层不同细粒岩性特征对煤系天然气综合开发的影响。研究表明：煤系地层细粒岩性可划分为岩性突变—夹层型、薄煤/砂岩—互层型、泥页岩/碳质泥岩—块状/层理型、多岩性—复合型4大类组合；不同细粒岩性有机质丰度、孔隙结构、吸附能力、层理缝不同，其中煤岩、碳质泥岩具有高有机质丰度、高吸附能力、高比表面积特征，泥岩、粉砂质泥岩、粉砂岩的有机质丰度、吸附能力较低，但层理缝相对发育。含生物碎屑灰质泥岩、泥质粉砂岩有机质丰度、吸附能力较低；现今生产资料表明煤层上下近10m内的煤层段细粒岩性烃类显示异常，尤其近煤层段孔缝型砂岩细粒岩、孔隙型灰质细粒岩段为有利富气的"源储"层段。现场对该类型细粒岩性、薄煤层与砂岩层段压裂显示生产井气产量呈多峰趋势，产量较高，揭示了该类细粒岩性可作为广义页岩气储层，为海陆过渡相煤系天然气多气合采的重点补充层段。

关键词：海陆过渡相页岩；页岩气；地质条件；评价指标

煤系地层岩性复杂，涵盖以吸附相为主的煤层气、以游离相为主的致密砂岩气、吸附相—游离相共存的页岩气，其中煤系地层中致密砂岩气、煤层气均已取得一定勘探成果，且煤系页岩气逐渐成为国内海陆过渡相页岩气勘探开发的突破口[1-3]。国内外关于煤系气的开发经验表明，煤系地层细粒岩性对于煤系气/煤系页岩气的开发尤为重要[4-5]，例如澳大利亚苏拉特盆地煤系气开发成功关键在于薄煤层与碎屑岩类频繁互层的成藏地质条件，其实质在于：（1）该类煤系中单一含气层（各类岩性天然气储层）较薄，但累积生烃潜力巨大，且可构成天然气优质复合储集体；（2）薄互层储层更有利于天然裂隙发育，为高渗透复合储层的发育奠定了关键的基础。近年来，中国地质调查局油气中心依托"页岩气勘查试验工程"子项目，在对贵州复杂含煤构造区上二叠统龙潭组进行油气评价过程

第一作者：高丽军，男，1986年生，高级工程师，从事煤层气、页岩气勘探开发工作，E-mail：gaolj8@cnooc.com.cn。

中，考虑到煤系地层中煤层、砂岩、泥页岩呈薄互层共生关系，并将煤系天然气勘查开发从以往单纯的煤储层研究扩展到煤与泥页岩、砂岩复合储层的综合研究[6-7]。同时诸多学者指出夹层状的粉砂岩、粉砂质泥岩、泥质粉砂岩可为天然气生成之后在烃源岩层内就近聚集提供储集空间并原地成藏[8-11]，但考虑到煤系地层多发育于海陆过渡相的沉积环境，不同细粒岩性的沉积环境、岩性组合、有机质类型及丰度、生烃、排烃特点及保存条件等存在诸多差异，评价煤系地层细粒岩性相关储层参数，判断细粒岩性作为煤系气富集层段的潜力，对于煤系天然气的综合开发意义重大。

近几年，中海油中联公司在临兴区块相继开展了煤系气共采先导性试验、部署了页岩气参数井并对二叠系海陆过渡相页岩层段系统取心，为煤系地层细粒岩性赋存煤天然气的研究提供了资料基础。鉴于此，笔者在对海陆过渡相煤系地层岩心观察描述基础上，对煤系地层不同细粒岩性进行系统采样，进行全岩光片鉴定（岩矿组成）、岩石热解、氩离子抛光—扫描电镜分析及孔隙度、等温吸附测试等多种实验测试，系统分析了海陆过渡相煤系地层不同细粒岩性的地质参数特征，初步划分了煤系地层细粒岩性组合、煤系页岩气"源储"类型，探讨了近煤段细粒岩性整体压裂的生产特征，以便为煤系天然气综合勘探开发提供科学依据。

1 研究区概况

鄂尔多斯盆地东缘临兴区块位于晋西挠褶带，整体构造简单，单斜西倾。石炭系—二叠系广泛沉积了一套海陆过渡相的煤系地层[9]，具体包括上石炭统本溪组、下二叠统太原组和山西组。晚古生代海侵急剧萎缩、海水朝着研究区东南方向逐渐撤离，为区内提供了有利的成煤环境（图1a），形成了煤层及诸多细粒岩性。其中二叠系形成的煤层累计厚度最厚可达11.13m，平均煤厚5.87m，煤层层数较多，最大可达10层。太原组在滨岸沉积体系下，除顶部发育一套厚煤层外，下部普遍发育大套的泥质、碳质粉砂质、灰质细粒沉积物，局部见石灰岩。山西组在三角洲体系向海推进的沉积环境中，上部发育上三角洲平原限定的河道或分流河道、岸后泛滥平原，岩性以薄煤层、厚砂体为主；下部发育受海湾或淡化潟湖影响的下三角洲平原—前缘沉积，其沉积的煤层薄且分布不稳定、水下分流河道砂体减薄、三角洲前缘部分的泥质—粉砂质沉积物明显增厚（图1b）。

2 煤系地层细粒岩性特征

2.1 岩性组合特征

受河流、海水等多种水动力体系的综合影响，二叠系成煤时期水动力变化相对频繁，煤系沉积具有"沉积相变快、细粒岩性复杂、岩性垂向组合多样"的特征[12-16]。近20口探井的岩心揭示二叠系煤系地层的细粒岩性涵盖了煤、碳质泥岩、泥岩、粉砂质泥岩、泥质粉砂岩、粉砂岩/细砂岩、灰质泥岩、泥灰岩等多种岩性。从垂向岩性分布、接触关系、层理构造三个方面将岩性组合划分出岩性突变—夹层型、薄煤/砂岩—互层型、泥页岩/碳质泥岩—块状/层理型、多岩性—复合型4大类型。其中山西组上部地层主要发育岩性突变—夹层型，岩性以中细粒砂体沉积为主，垂向上砂煤突变接触，局部细粒砂体中可见粗砂岩夹层条带（图2a）；山西组下部地层主要发育薄煤/砂岩—互层型，岩性以薄煤层、泥岩和粉细砂沉积为主，垂向上呈薄煤层与粉细砂岩互层状叠置（图2b）；太原组主要为泥页岩/碳质泥岩—块状/层理型，岩性以厚煤层、碳质泥岩、大套泥岩、粉砂质泥岩沉积为主，整体以块状为主，局部呈层理状（图2c）；太原组下部以多岩性—复合型为主，岩性除薄煤层、碳质泥岩外，开始发育泥灰岩、灰质泥岩/粉砂岩，局部见少量碳酸盐和大量的黄铁矿。垂向上整体以薄砂层、薄煤层、大套泥页岩、泥灰岩相间分布，但细粒岩性内部结构相对复杂，多见泥页岩、碳质泥岩与透镜砂岩体、泥灰岩呈突变接触关系（图2d）。

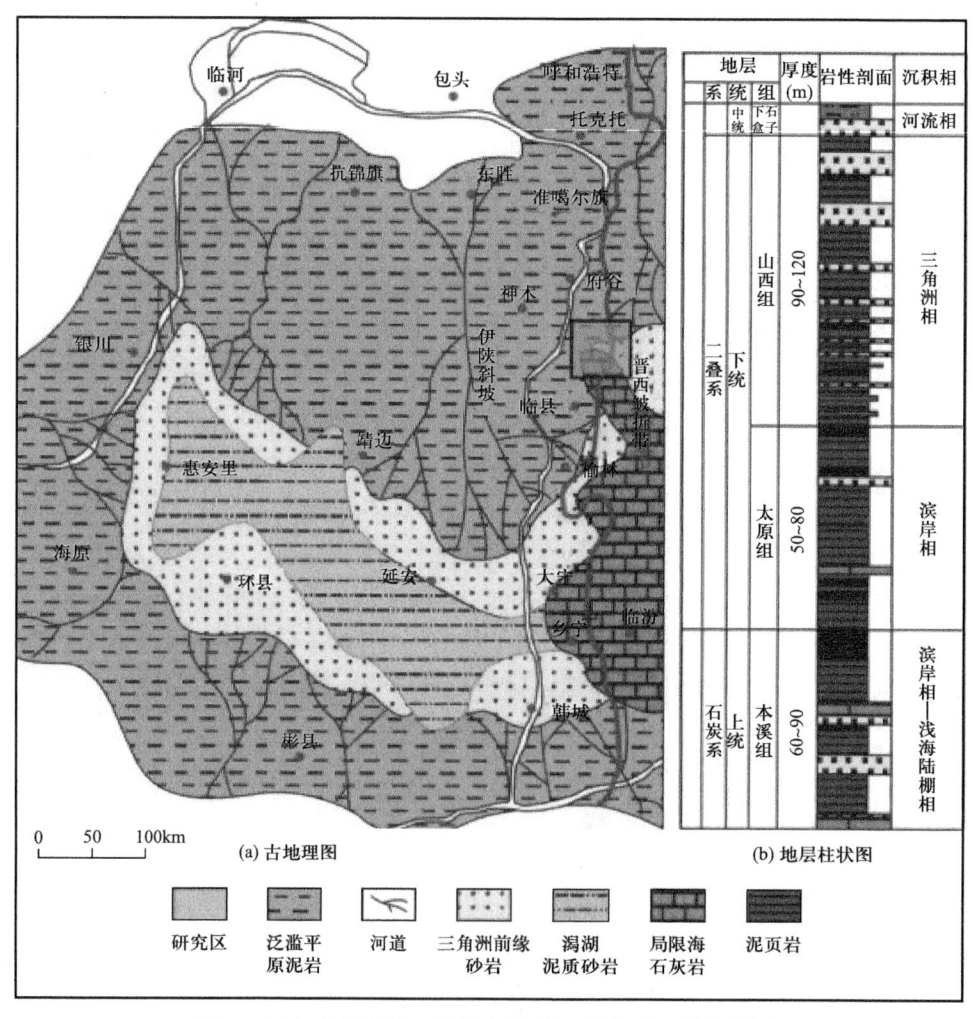

图1 鄂尔多斯盆地二叠系古地理、研究区地层柱状图

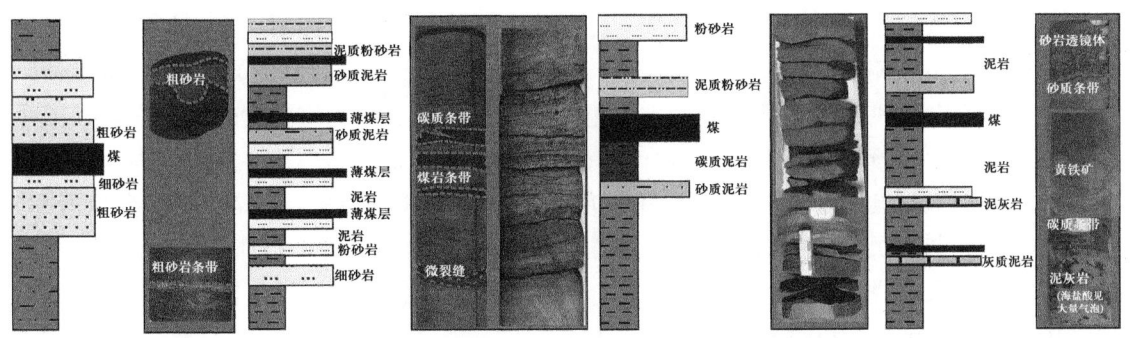

(a) 岩性突变—夹层型　　(b) 薄煤/砂岩—互层型　　(c) 泥页岩—块状/层理型　　(d) 多岩性—复合型

图 2　煤系地层细粒岩性组合特征图

薄片鉴定、X 衍射全岩测试、黏土矿物测试结果得出：泥质细粒岩可细分为泥岩、含生物碎屑含灰泥岩、粉砂质泥岩，其中泥岩的石英、长石平均含量小于 4%，黏土矿物平均含量大于 90%，类型以高岭石为主；含生物碎屑含灰泥岩、粉砂质泥岩的石英含量基本一致，平均 30% 以上。黏土平均含量 30%～60%，且粉砂质泥岩黏土矿物含量相对较高，以伊利石为主；砂质细粒岩可细分为泥质粉砂岩、含泥碳酸盐质粉砂岩，其石英平均含量分别为 55%、37%，其中含泥碳酸盐质粉砂岩含少量白云石。黏土矿物平均含量小于 35%，以伊利石为主；灰质细粒岩主要为泥灰岩，其方解石含量可达到 60%。黏土矿物以伊利石为主，含量小于 5%（表 1）。

表 1　煤系地层细粒岩性全岩矿物、黏土矿物统计表

岩性定名	全岩矿物含量（%）							黏土矿物含量（%）			
	石英	钾长石	斜长石	方解石	白云石	黄铁矿	黏土矿物	伊利石	高岭石	绿泥石	伊/蒙混层
泥岩	$\frac{1\sim12}{4}$	0	0	0	0	0	$\frac{87\sim98}{93.75}$	$\frac{5\sim34}{18}$	$\frac{41\sim75}{63}$	$\frac{9\sim15}{11.75}$	$\frac{0\sim16}{7.25}$
含生物碎屑含灰泥岩	$\frac{29\sim44}{35.80}$	$\frac{0\sim1}{0.2}$	$\frac{0\sim1}{0.4}$	$\frac{13\sim35}{24.4}$	$\frac{0\sim1}{0.4}$	$\frac{0\sim4}{1.8}$	$\frac{25\sim44}{34.2}$	$\frac{36\sim60}{48.8}$	$\frac{34\sim50}{39.4}$	$\frac{5\sim17}{9}$	$\frac{0\sim6}{2.8}$
粉砂质泥岩	$\frac{25\sim45}{34.9}$	$\frac{0\sim6}{1.05}$	$\frac{0\sim4}{0.8}$	0	$\frac{0\sim6}{0.46}$	$\frac{0\sim5}{0.35}$	$\frac{48\sim74}{58.9}$	$\frac{22\sim62}{43.8}$	$\frac{23\sim61}{36.05}$	$\frac{4\sim34}{10.95}$	$\frac{0\sim23}{9.20}$
泥质粉砂岩	$\frac{47\sim65}{54.86}$	$\frac{0\sim9}{4.14}$	$\frac{0\sim5}{1.86}$	$\frac{0\sim4}{0.71}$	$\frac{0\sim3}{0.86}$	$\frac{0\sim3}{0.71}$	$\frac{27\sim45}{34.57}$	$\frac{22\sim60}{41.71}$	$\frac{10\sim63}{36.29}$	$\frac{4\sim44}{14}$	$\frac{0\sim15}{8.00}$
含泥碳酸盐质粉砂岩	$\frac{28\sim46}{37.33}$	0	0	$\frac{0\sim15}{5.0}$	$\frac{0\sim23}{13.0}$	$\frac{0\sim2}{1.0}$	$\frac{25\sim37}{31.67}$	$\frac{45\sim65}{58}$	$\frac{25\sim39}{29.67}$	$\frac{9\sim11}{10.0}$	$\frac{0\sim7}{2.33}$
泥灰岩	25.5	0	0	66.5	0	3.5	4	$\frac{43\sim75}{59}$	$\frac{20\sim50}{35}$	$\frac{5\sim7}{6.0}$	0

注：表中数据格式为 $\frac{最小值\sim最大值}{平均值}$。

借鉴硅质矿物（石英＋长石，QF）—碳酸盐矿物—黏土矿物三端元页岩岩相分类方案、高岭石＋绿泥石—伊利石—伊/蒙混层三端元的黏土矿物图解，进一步分析海陆过渡相煤

系地层中不同细粒岩性矿物、黏土类型（图3a，图3b）。得出：煤系地层细粒岩性中硅质含量总体上低于海相页岩相（以南方涪陵气田龙马溪组页岩为主[17-19]），硅质含量、碳酸盐和黏土矿物含量投影点多数落在含硅黏土质页岩相区域。不同细粒岩性硅质含量、碳酸盐和黏土矿物含量投影点与不同页岩岩相有一定的对应关系。其中粉砂质泥岩与含硅黏土质页岩相、粉砂岩与含黏土硅质页岩相、灰质泥岩与混合质—含黏土/硅质混合页岩相、泥灰岩与含硅灰质页岩相的硅质含量、碳酸盐和黏土矿物含量投影点相一致（图3a）。相比于南方海相页岩黏土矿物以伊/蒙混层、伊利石为主的特点，海陆过渡相煤系地层细粒岩性中所含的黏土矿物以高岭石、伊利石为主。

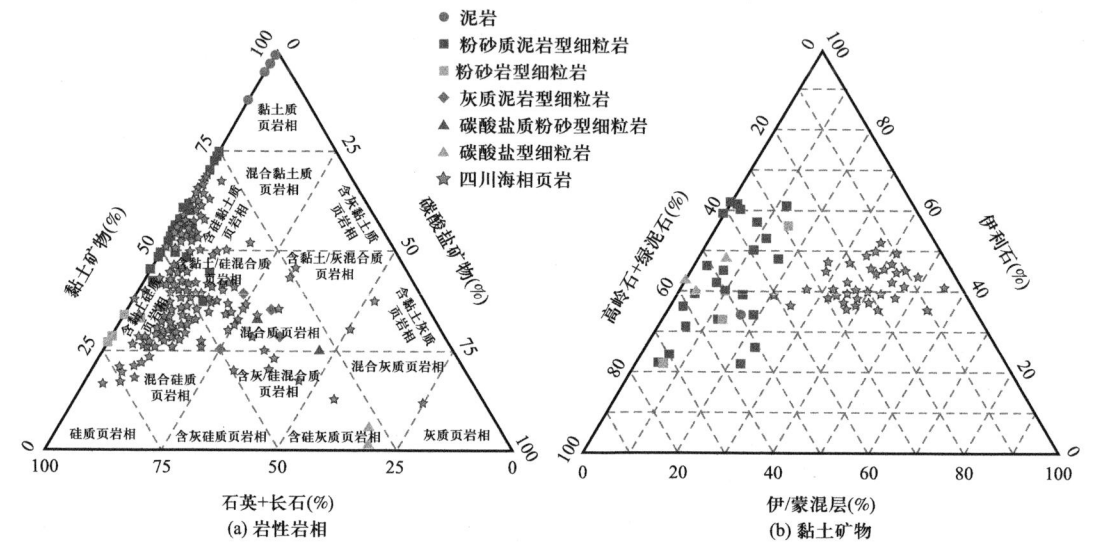

图3 不同细粒岩性岩相、黏土矿物对比图

2.2 有机质特征

近50块细粒岩性样品的热解实验显示，煤岩有机碳含量为54.9%～62.6%；碳质泥岩为7.87%～25.15%，平均13.88%；其他细粒岩性有机碳含量介于0.09%～5.5%，平均1.6%（图4）。其中泥岩为0.27%～5.03%，平均2.2%；含生物碎屑灰质泥岩为0.82%～5.55%，平均2.51%；粉砂质泥岩0.09%～4.47%，平均1.88%；粉砂岩为0.33%～2.72%，平均1.64%；含碳酸盐质粉砂岩0.96%～2.34%，平均1.61%；泥灰岩为0.51%～2.93%，平均1.72%。

2.3 孔隙结构特征

煤系地层细粒岩性低孔隙低渗透，泥岩孔隙度0.2%～1.8%，平均0.8%，渗透率基本小于0.0001mD；粉砂质泥岩孔隙度1.15%～3.1%，平均2.0%，渗透率0.001～0.08mD，平均0.03mD；灰质泥岩孔隙度0.83%～5.2%，平均2.2%，渗透率0.02～0.08mD，平均0.05mD；碳质泥岩孔隙度2%～5%，平均3%，渗透率0.02mD；粉砂岩孔隙度1.1%～

9.1%，平均 4.9%，渗透率 0.02～0.26mD，平均 0.1mD。低温液氮比表面积测试结果进一步揭示近煤段的泥岩、粉砂质泥岩的比表面积最大，基本大于 5m^3/g（图 5a），平均孔径大于 5nm（图 5b）。

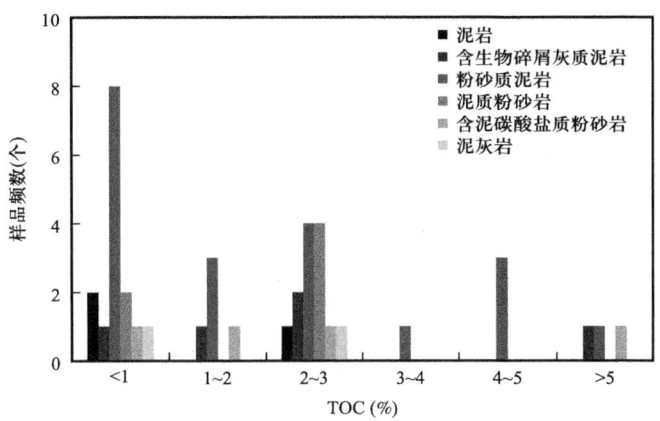

图 4 煤系地层不同细粒岩性 TOC 含量对比图

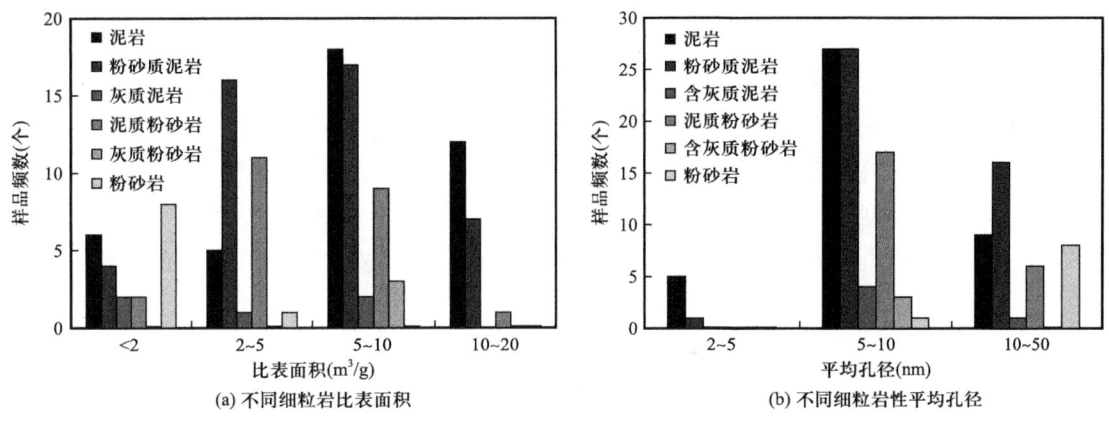

图 5 煤系地层不同细粒岩性微孔隙对比图

2.4 吸附能力特征

等温吸附实验能够有效反映泥页岩的吸附能力，饱和吸附气量大小是一个最直观的指标，饱和吸附气含量越大表明泥页岩的吸附性能越强，页岩气富集潜力越大。早期煤层气勘探研究表明，区内煤层的等温吸附兰氏体积 V_L 为 7.81～25.14cm^3/g，平均 15.5cm^3/g，兰氏压力 p_L 为 3.11～4.53MPa，平均 4.03MPa。太原组 1870.53～1870.79m 及 1871.18～1871.45m 泥页岩段实测含气量分别为 2.10m^3/t 和 2.51m^3/t。选取该层段不同细粒岩性进行吸附等温实验，实验结果显示，相比于其他细粒岩性，碳质泥岩的最大吸附能力最高，兰氏体积（V_L）为 3.55～6.0m^3/t，兰氏压力（p_L）为 1.95～2.30MPa，推测该层段含气量主要来自碳质泥岩（图 6）。

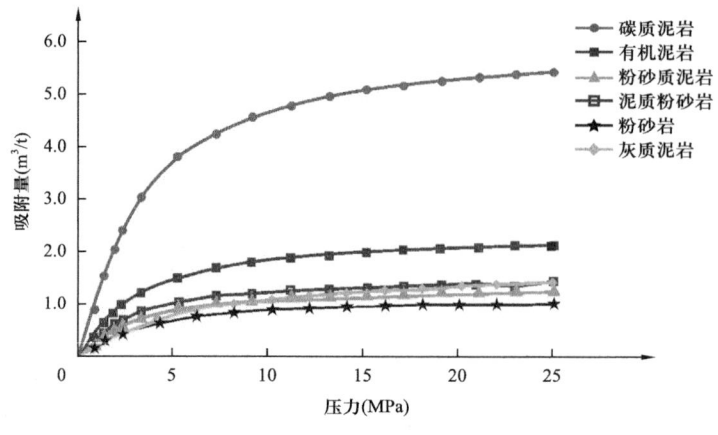

图 6 煤系地层不同细粒岩性等温吸附曲线

2.5 层理裂缝特征

通过岩心裂缝观察、成像测井相互标定，重点识别不同细粒岩性的层理裂缝特征。岩心裂缝观测表明发育层理缝的细粒岩性主要为碳质泥岩、泥岩、粉砂质泥岩、粉砂岩（表2）。电成像测井显示，海陆过渡相煤系中薄煤层总体频繁发育，其受构造、沉积影响易形成构造裂缝和层理裂缝，导致不同细粒岩性层段呈现裂缝相对发育的假象。在排除薄煤层裂缝影响外，典型井显示不同类型的细粒岩性段裂缝特征不同（图7）：夹层型细粒岩性段主要发育垂向构造缝、含气量高值层段对应砂岩夹层，其构造缝密度较高、层理缝相对不发育；层理型细粒岩性段，含气量高值层段对应的层理缝相对发育；复合/混积型细粒岩性层段，灰质层段相对富气，其构造缝、层理缝均不发育，仅在镜下或者成像测井局部可见溶蚀孔缝。

表 2 煤系地层不同细粒岩性裂缝相划分

裂缝相划分	层理缝发育岩性	裂缝密度（条/m）
裂缝发育相	碳质泥岩	2.215
	泥岩	0.804
	粉砂质泥岩	0.206
	粉砂岩	0.205
裂缝较发育相	泥质粉砂岩	0.066
	煤	0.047
	石灰岩	0.037
	细砂岩	0.036

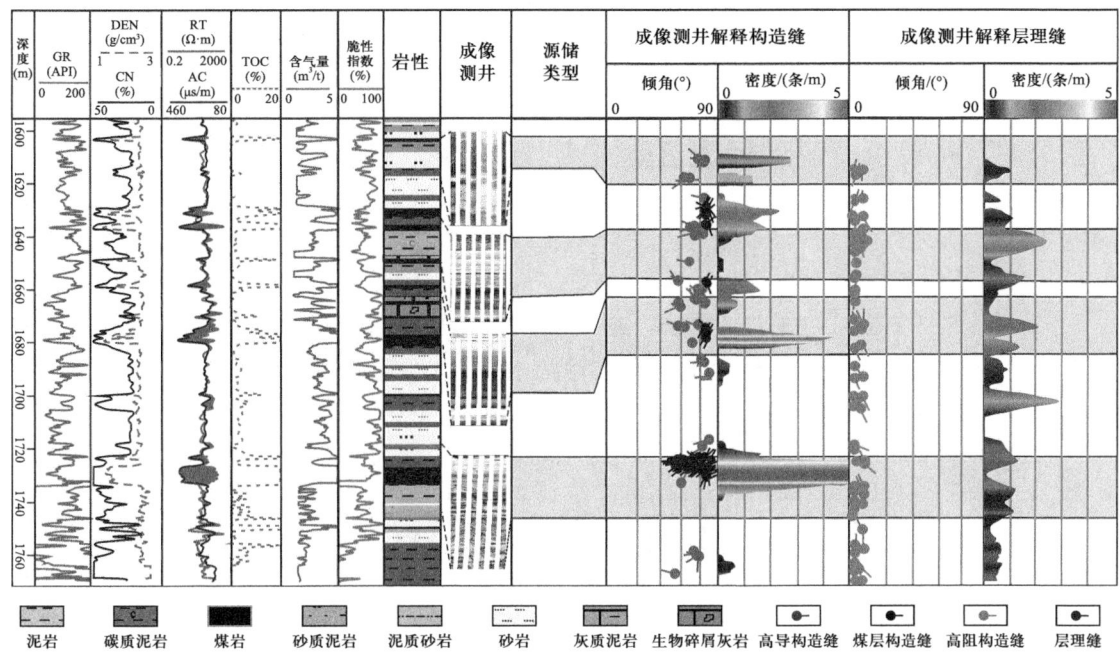

图 7 煤系地层不同细粒岩性裂缝特征

3 细粒岩性对煤系天然气勘探开发的启示

3.1 近煤段烃类显示特征

近煤段烃类显示异常，尤以薄煤层、碳质泥岩段突出。太原组煤系地层累计厚度最厚可达 11.13m，平均煤厚 5.87m，煤层层数最大可达 10 层，平均层数约 5 层；煤层气测全烃值最大可达 36.85‰，平均 12.95‰。山西组煤系地层薄煤层累计厚度最厚可达 9.36m，平均煤厚 2.35m，煤层层数最大可达 7 层，平均层数约 2 层；煤层气测全烃值最大可达 23.25‰，平均 5.39‰（图 8）。除此之外，近煤层段的砂岩和碳质泥岩均有可能发育气层，因此随着深部煤层气的勘探开发，近厚煤层段的薄煤层、碳质泥岩和砂岩薄层均有产气潜力，可作为广义页岩气储层进行煤系天然气层段式的勘探开发。

3.2 近煤段"源储"类型特征

岩性组合的多旋回性是煤系沉积的一个重要特点[20-21]，其中煤、泥页岩、砂岩是煤系中最常见的 3 种主要岩性，煤系岩性组合多旋回性导致煤系细粒岩性具有"多源、多储、多盖"的特征，进而会进一步影响煤系细粒岩性段天然气的生、排烃与保存[22]。通过对近煤层段细粒岩性实测含气量和镜下薄片观察，分析认为，煤系层段孔缝型砂质细粒岩、孔隙型灰质细粒岩提供了有利富气的"源储"条件。其中孔缝型砂质细粒岩多为"外源内储型"煤系天然气藏的储层，孔隙较好的夹层和层理缝为有利的储气空间（图 9b，

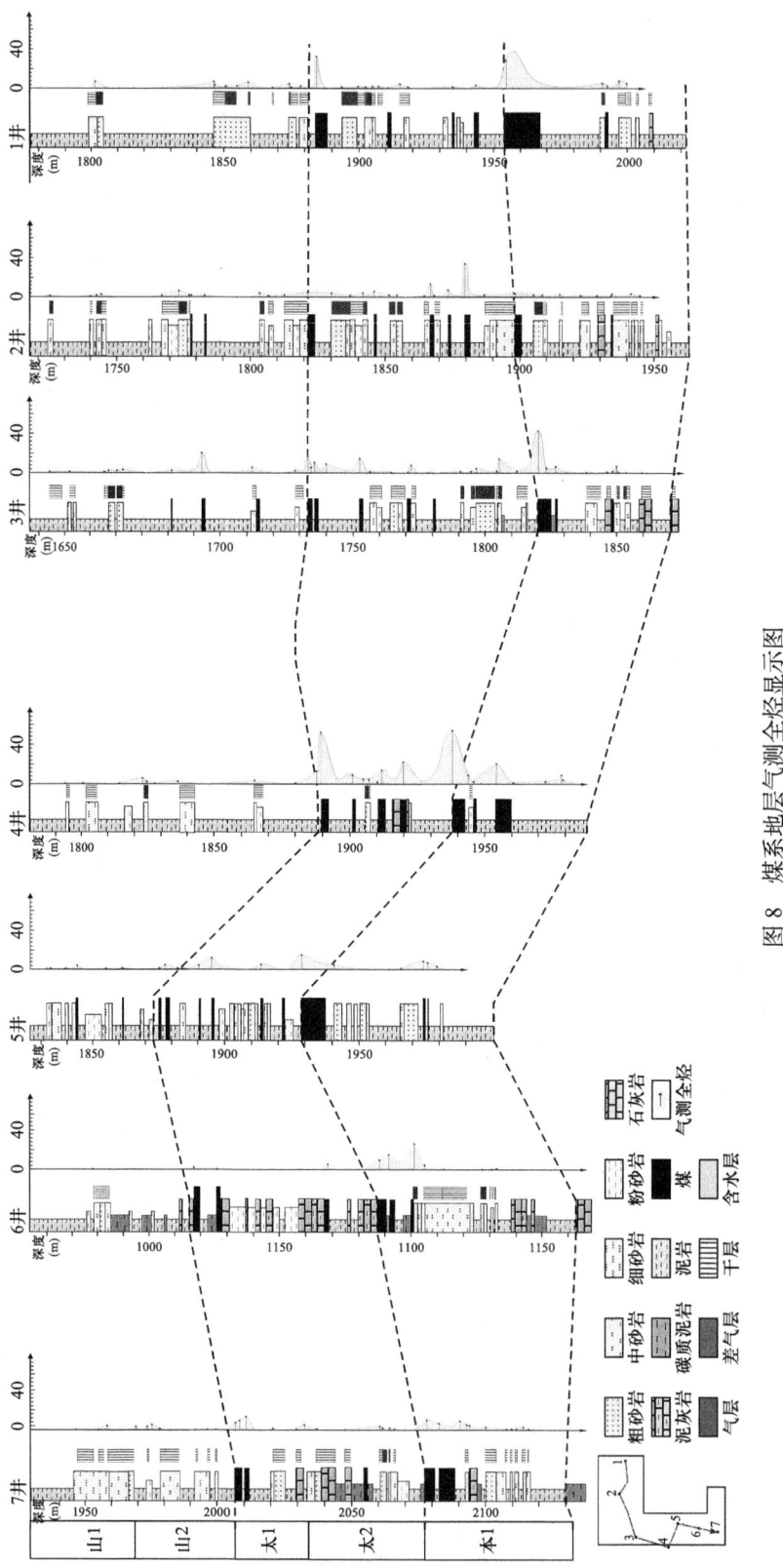

图 8 煤系地层气测全烃显示图

图 9e）；孔隙型灰质细粒岩多为"自生自储型"煤系天然气藏，其灰质主要包含生物碎屑等有机灰，其孔隙多为溶蚀孔隙，类似于海相页岩储层（图 9d，图 9e）。

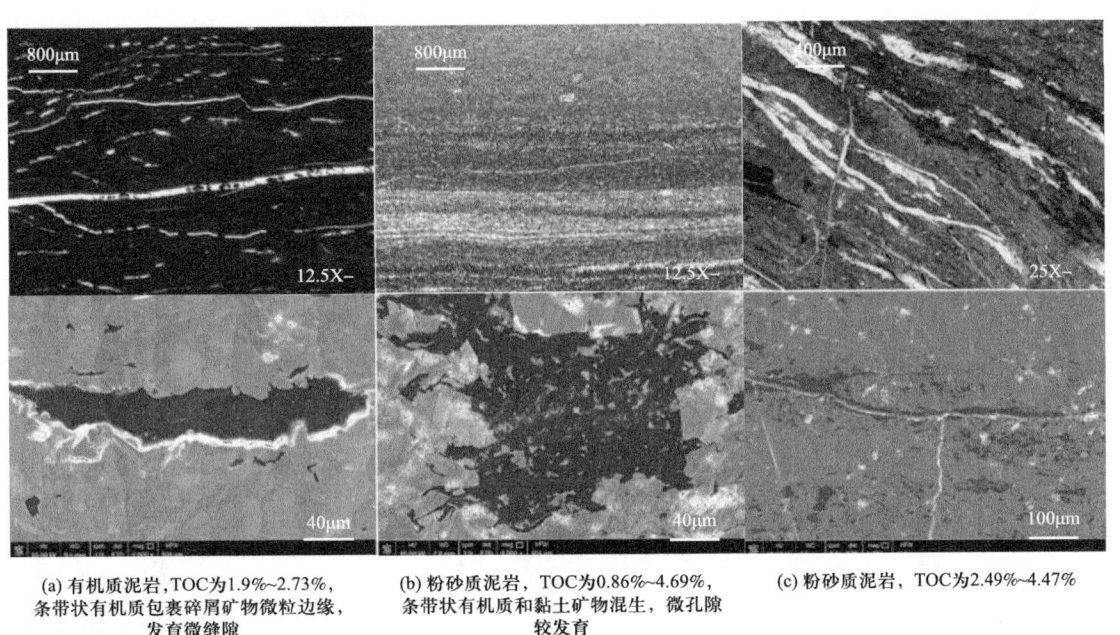

(a) 有机质泥岩，TOC为1.9%~2.73%，条带状有机质包裹碎屑矿物微粒边缘，发育微缝隙

(b) 粉砂质泥岩，TOC为0.86%~4.69%，条带状有机质和黏土矿物混生，微孔隙较发育

(c) 粉砂质泥岩，TOC为2.49%~4.47%

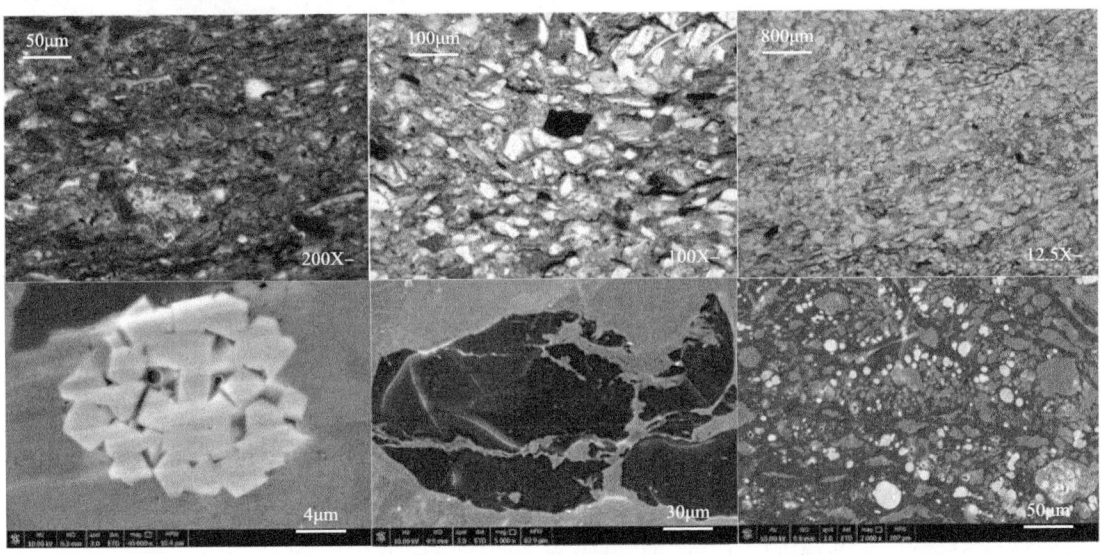

(d) 含生物碎屑灰质泥岩，TOC为2.16%~2.12%，莓粒状黄铁矿晶间孔隙部分被有机质充填

(e) 含泥凝灰质中—细粒长石岩屑砂岩，TOC为1.28%，不规则有机质内部发育微裂隙，孔隙不发育

(f) 泥质粉砂岩，TOC为0.63%~1.6%，有机质和黄铁矿伴生，发育较多有机质孔

图 9 煤系地层不同"源储"细粒岩性镜下特征图

3.3 近煤层段压裂产气特征

研究区曾对区内煤系地层不同气藏（煤层气、致密气）综合开发进行了相关生产测试，揭示煤系层段中有利细粒岩性层段整体压裂效果逐步凸显。其中测试井太 2 段射孔段

- 187 -

为 1955～1959m，压裂缝高 47m，向上 30m，向下 13m，压裂波及砂岩层总厚 6.3m，煤层 6 层，煤层总厚度 4.7m，解吸产气峰 6 个，造成产气曲线波动变化（图 10）。生产多波峰解吸特性显示，不同类型煤系天然气之间存在差异产出的特征，且说明煤系层段中的薄煤层、致密砂岩气层，以及含气细粒岩性对于气体产出均有一定的贡献，目前虽尚无法很好地判断不同细粒岩性产气的贡献率，但近煤层段整体细粒岩性整体压裂开发的潜力巨大。

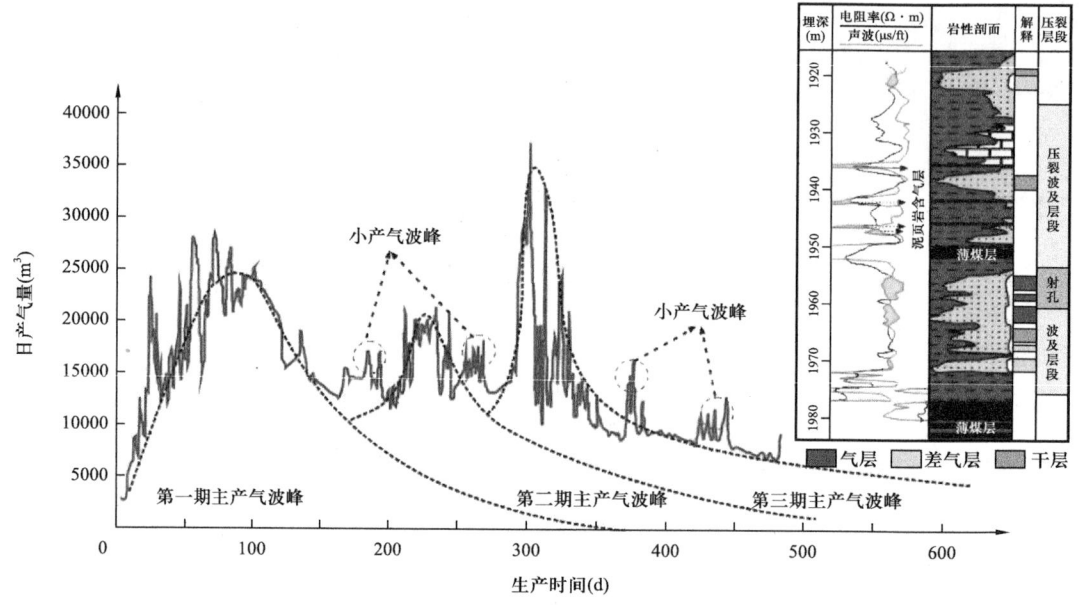

图 10　煤系地层气井生产曲线及压裂射孔层段图

4　结论

（1）煤系地层具有"沉积相变快、细粒岩性复杂、岩性垂向组合多样"的特征。涵盖了煤、碳质泥岩、泥岩、粉砂质泥岩、泥质粉砂岩、粉砂岩/细砂岩、灰质泥岩、泥灰岩等多种岩性，其中煤岩、碳质泥岩具有高有机质丰度、高吸附能力、高比表面积特征，泥岩、粉砂质泥岩、粉砂岩的有机质丰度、吸附能力较低，但层理缝相对发育。含生物碎屑灰质泥岩、泥质粉砂岩有机质丰度、吸附能力较低，层理缝不发育。

（2）煤系岩性组合旋回性强，从垂向岩性分布、接触关系、层理构造三个方面，可划分出岩性突变—夹层型、薄煤/砂岩—互层型、泥页岩/碳质泥岩—块状/层理型、多岩性—复合型 4 大类不同岩性组合。其中近煤层段孔缝型夹层砂质细粒岩、孔隙型灰质复合细粒岩为有利富气的细粒岩性。

（3）煤系细粒岩层段具有"多源、多储、多盖"的特征，近厚煤段的薄煤层、碳质泥岩段气测明显。"外源内储型"富气的孔缝型砂质细粒岩、"自生自储型"的溶蚀孔隙型灰质细粒岩具有含气潜力，该类型细粒岩性可作为广义页岩气储层，为海陆过渡相煤系天然气多气合采的重点补充层段，但受气体赋存机理差异的影响，煤系细粒层段整段开发产气易呈多波峰的特征，不同类型煤系天然气共采贡献率及排采制度合理性有待随勘探开发进展予以补充、修正和完善。

参 考 文 献

[1] Jarvie D M, Hill R J, Ruble T E, et al. Unconventional shale-gas systems: The Mississippian Barnett shale of north-central Texas as one model for thermogenic shale-gas assessment [J]. AAPG Bulletin, 2007, 91（4）: 475-499.

[2] 易同生, 周效志, 金军. 黔西松河井田龙潭煤系煤层气-致密气成藏特征及共探共采技术 [J]. 煤炭学报, 2016, 41（1）: 212-220.

[3] 穆福元, 仲伟志, 赵先良, 等. 中国煤层气产业发展战略思考 [J]. 天然气工业, 2015, 35（6）: 110-116.

[4] 孙杰, 王佟, 赵欣, 等. 我国煤层气地质特征与研究方向思考 [J]. 中国煤炭地质, 2018, 30（6）: 30-34.

[5] 朱彤, 曹艳, 张快. 美国典型页岩气藏类型及勘探开发启示 [J]. 石油实验地质, 2014, 36（6）: 718-724.

[6] 谢军. 关键技术进步促进页岩气产业快速发展——以长宁—威远国家级页岩气示范区为例 [J]. 天然气工业, 2017, 37（12）: 1-10.

[7] 雷丹凤, 李熙喆, 位云生, 等. 海相页岩有效产气储层特征——以四川盆地五峰组—龙马溪组页岩为例 [J]. 中国矿业大学学报, 2019, 48（2）: 333-343.

[8] 郭本广, 许浩, 孟尚志, 等. 临兴地区非常规天然气合探共采地质条件分析 [J]. 中国煤层气, 2012, 9（4）: 3-6.

[9] 曹代勇, 聂敬, 王安民, 等. 鄂尔多斯盆地东缘临兴地区煤系气富集的构造—热作用控制 [J]. 煤炭学报, 2018, 43（6）: 1526-1532.

[10] 石强, 蒋春碧, 陈鹏, 等. 基于游离气为核心的页岩气层类型划分方法——以川南地区下志留统龙马溪组海相页岩气层为例 [J]. 天然气工业, 2021, 41（2）: 37-46.

[11] 罗群, 吴安彬, 王井伶, 等. 中国北方页岩气成因类型、成气模式与勘探方向 [J]. 岩性油气藏, 2019, 31（1）: 1-11.

[12] 熊亮, 魏力民, 史洪亮. 川南龙马溪组储层分级综合评价技术及应用——以四川盆地咸荣页岩气田为例 [J]. 天然气工业, 2019, 39（S1）: 60-65.

[13] 刘皓天, 李雄, 万云强, 等. 陆相页岩气形成条件及勘探开发潜力——以川东涪陵北地区侏罗系东岳庙段为例 [J]. 海相油气地质, 2020, 25（2）: 148-153.

[14] 邹才能, 董大忠, 王社教, 等. 中国页岩气形成机理、地质特征及资源潜力 [J]. 石油勘探与开发, 2010, 37（6）: 641-653.

[15] 张金川, 金之钧, 袁明生. 页岩气成藏机理和分布 [J]. 天然气工业, 2004, 24（7）: 15-18.

[16] 曹代勇, 王崇敬, 李靖, 等. 煤系页岩气的基本特点与聚集规律 [J]. 煤田地质与勘探, 2014, 42（4）: 25-30.

[17] 郭旭升, 胡东风, 刘若冰, 等. 四川盆地二叠系海陆过渡相页岩气地质条件及勘探潜力 [J]. 天然气工业, 2018, 38（10）: 11-18.

[18] 张吉振, 李贤庆, 王元, 等. 海陆过渡相煤系页岩气成藏条件及储层特征: 以四川盆地南部龙潭组

为例[J].煤炭学报,2015,40(8):1871-1878.

[19] 易同生,包书景,陈捷,等.黔北煤田林华矿煤系气成藏特征及开发方式[J].中国煤炭地质,2017,29(9):23-30.

[20] 邓恩德,易同生,颜智华,等.海陆过渡相页岩气聚集条件及勘探潜力研究——以黔北地区金沙参1井龙潭组为例[J].中国矿业大学学报,2020,49(6):1166-1181.

[21] 匡立春,董大忠,何文渊,等.鄂尔多斯盆地东缘海陆过渡相页岩气地质特征及勘探开发前景[J].石油勘探与开发,2020,47(3):435-446.

[22] 焦方正,邹才能,杨智.陆相源内石油聚集地质理论认识及勘探开发实践[J].石油勘探与开发,2020,47(6):1067-1078.

第二篇
煤层气气藏工程

煤层气藏分类研究及动用潜力分析

赵洋，杨焦生，王玫珠，肖宇航，张学英，卢海兵，李五忠

（中国石油勘探开发研究院，北京 100083）

摘　要：我国煤层气资源总量丰富，产量逐年上升，勘探开发潜力巨大。由于我国煤层气藏分布范围广，煤层气藏类型丰富，储层差异化明显，成藏机理、开发特征存在显著不同。为分析不同煤层气藏特征指标，划分煤层气藏类型，评价动用潜力，通过沉积构造背景评价、富集有利区评价、开发"甜点"区评价3个层次展开研究，厘定关键评价参数，建立评价矩阵，在此基础上采用模糊数学结合聚类分析算法归一化、量化储层差异性，划分煤层气藏类型并分析可动用性。本次研究划分6种典型煤层气藏，认为构造、水文环境、煤岩特征、应力特征、渗透性为主要分类控制因素，通过赋存特征指标、可动用性特征指标标定了开发潜力，为下一步部署勘探开发工作提供了支撑。

关键词：煤层气藏；分类评价；层次分析；聚类分析

我国煤层气资源总量丰富，初步评估我国煤层气资源量超过 $70\times10^{12}m^3$，其中2000m以浅煤层气资源量超过 $30\times10^{12}m^3$，2000m以深的煤层气资源量超过 $40\times10^{12}m^3$。我国煤层气勘探开发潜力巨大，累计探明储量超过 $1\times10^{12}m^3$，随着煤层气产量的逐年上升，煤层气作为重要的非常规能源体现出越来越重要的开发价值[1]。2022年我国煤层气产量达到 $73.3\times10^8m^3$，2023年产量 $117.7\times10^8m^3$；煤层气产量约占国内天然气供应的5%，增量占比达到18%，煤层气已成为国内天然气供应的重要补充。

我国煤层气藏分布范围广，主要的含油气盆地均有煤层气资源显示，主要的含煤层气资源盆地有海拉尔、二连浩特、沁水、鄂尔多斯、滇黔川、准噶尔、吐哈—三塘湖、伊犁等[2-4]。煤层气藏类型丰富，储层差异化明显，成藏机理、开发特征存在显著不同，因此需要开展勘探开发一体化研究，开展煤层气储层综合评价研究，分析我国煤层气藏类型，为下一步评价动用潜力、部署勘探开发工作量提供依据及技术支撑。

1　研究思路

本次研究强调勘探开发一体化，从煤层气储层沉积构造背景评价、富集有利区评价、开发"甜点"区评价3个层次展开研究，厘定关键评价参数，构建多参数评价指标矩阵。针对不同煤层气区块特征指标，通过模糊数学、系统聚类等方法进行数据分析，评价不同

第一作者：赵洋，男，1983年12月生于山东博兴，高级工程师，主要从事煤层气地质工程一体化评价、开发机理研究；工作在中国石油勘探开发研究院，电话：010-83593273，E-mail：zhaoy69@prochina.com.cn。

区块相似程度，划分煤层气藏类型。在此基础上研究不同类型煤层气藏的典型勘探开发特征及关键评价指标，分析开发潜力（图1）。

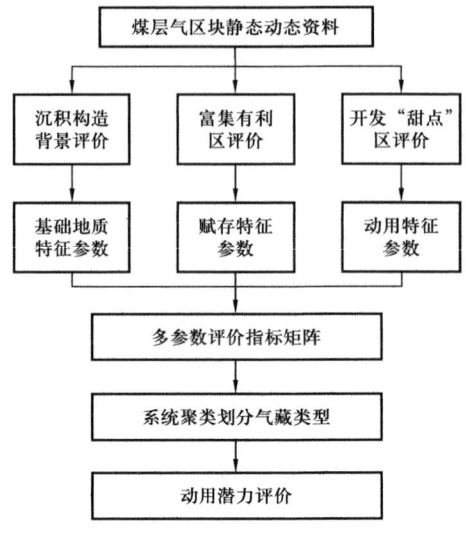

图1 煤层气藏分类评价研究思路

2 分类评价参数

本次煤层气储层综合评价研究主要从基础地质特征、赋存特征、动用特征3个方面细化评价参数，对影响煤层气藏勘探开发的储层特征参数进行一体化表征。

基础地质特征主要包括沉积特征、构造特征、演化特征3个方面的特征指标，可以通过沉积环境、沉积相、顶底板岩性、煤层展布、地层倾角、地层曲率、构造幅差、煤阶、煤质等指标进行量化分析。

赋存特征主要包括含气特征、储层压力、水文环境3个方面的特征指标，可以通过含气量、富集区分布、吸附性、原始地层压力、压力系数、压力系统、含水层、水动力分区等指标进行量化分析。

动用特征主要包括物性参数、应力环境、可改造性、解吸效率4个方面的特征指标，可以通过煤岩渗透率、试井渗透率、应力敏感、裂缝发育、侧压系数、水平主应力、力学参数、煤质特征、构造煤发育程度、压降漏斗形态、地解压差等指标进行量化分析。

3 模糊数学评价

层次分析法提出针对分析工作中的模糊不清的相关关系转化为定量分析的问题的方法，是一种体现了层次权重决策的分析法。它采用将复杂的问题构建成有序的层次结构，通过同层次相对前一层次元素的比较、判断和计算，确定最底层所有元素对总目标的权重[5]。

应用多层次法分析具体问题的步骤如图2所示。

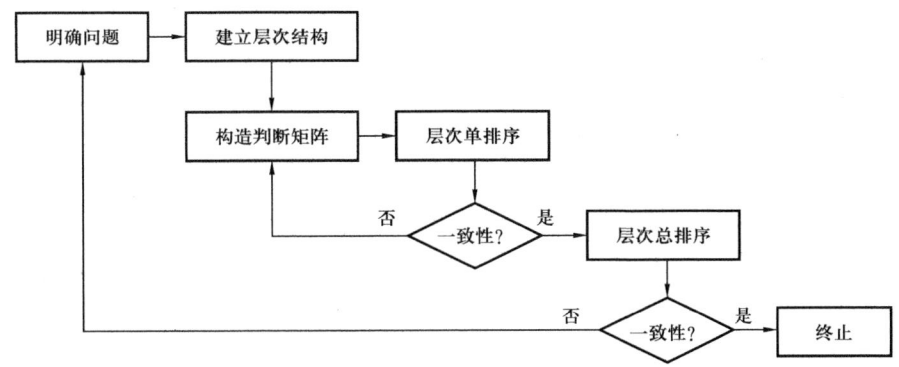

图 2 多层次分析法步骤流程图

（1）建立层次结构：筛选影响综合评价的指标参数，建立目标层与指标层，指标层分为一级指标层、二级指标层等延展分类（图 3）。

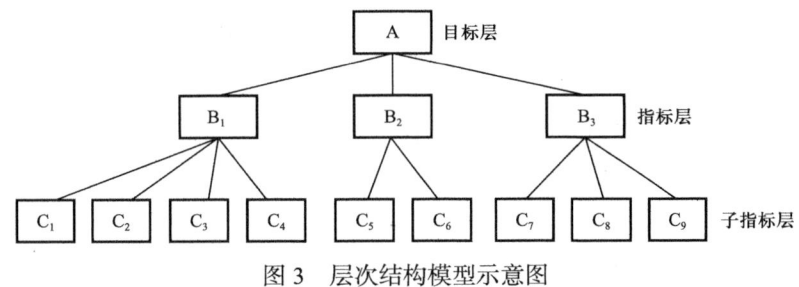

图 3 层次结构模型示意图

（2）构造判断矩阵：为了能定量地确定各因素的权重，需要构造相关指标的判断矩阵，判断矩阵是表示本层所有因素针对上一层某一个因素的相对重要性的比较。两两相比较，重要性标度按照表 1 取值。判断矩阵中的元素具有 $x_{ij}>0$；$x_{ij}=1/a_{ji}$；$x_{ii}=1$ 的性质，构造矩阵为互反矩阵。

表 1 两两判断矩阵构建中相对重要性标度的含义

x_i 相对于 x_j 的重要性	极重要	很重要	稍微重要	两者相当	稍不重要	不重要	极不重要
x_{ij}	≥3	2～3	1～2	1	0.5～1	1/3～0.5	≤1/3

（3）计算权向量：在得到判断矩阵后，采用 Matlab 软件求解矩阵最大特征值和特征向量，得到本层次的元素相对于前层次中某指标的相对重要性权值。分别对一级指标层、二级指标层进行层次单排序和层次总排序，得到各指标权向量。矩阵特征值和特征向量采用 Matlab 软件求解。

（4）一致性检验：为保证计算结果的可信度和相对准确性，需要对矩阵作一致性检验。本次采用 T.L.Saaty 提出的用一致性指标 CI 与同阶随机一致性指标 RI 的比值，即随机一致性比率 CR 来判别矩阵的一致性。

$$CI=(\lambda_{max}-n)/(n-1) \tag{1}$$

$$CR=CI/RI \tag{2}$$

式中：λ_{max} 为矩阵最大特征根；n 为矩阵的阶数。RI 从表 2 中查询取值。

如果 CR<10%，则认为判别矩阵具有可接受的不一致性，如果 CR>10%，则需要重新赋值和修正计算，直至一致性通过为止。

表 2 RI 查询表

阶数	1	2	3	4	5	6	7	8	9
RI	0	0	0.58	0.90	1.12	1.24	1.32	1.41	1.42

通过评价典型区块基础地质特征、赋存特征、动用特征评价特征参数，建立评价系数矩阵，见表 3。

4 系统聚类划分气藏类型

聚类分析是煤层气储层分类评价的重要手段，通过聚类分析算法进行的储层分类研究可以分析不同地区煤层气储层的内在特征，找出不同评价参数之间的内在联系，从而根据物以类聚的原则按照不同地区煤储层之间不同相关性进行分类，进一步提高煤储层研究的针对性，为不同类型煤层气储层的精确细致研究提供理论基础和划分标准。在前期模糊评价的基础上开展精细的聚类分析研究，能更有效地分析内在规律、优选有利储层，达到优中选优的目的，为进一步的储层地质和开发的综合研究建立基础[6]。

聚类分析是根据对象间的相关性进行分类聚合的一种多元统计分析方法。其原理是通过分析数据相互间的相似性，将相似度高的聚合为一小类，相似度低的聚合为一大类，通过逐次合并类的方法最终将所有的数据聚合为唯一的类别。可以根据数据相互之间的相似性，利用聚类分析法完成对事物的分类。数据相互之间的相似程度分析主要是通过计算数据之间的距离来实现的。目前，比较常用的距离计算方法主要有明考斯基距离、欧氏距离、切比雪夫距离、绝对值距离等。本次煤层气储层分类计算的分析通过试算发现欧氏距离在实际应用中可以更为合理地进行分类，在本次研究中的应用效果较好。欧式距离的计算原理是根据变换矩阵计算观测数据之间的距离，公式为：

$$d_{jk} = \sqrt{\frac{1}{m}\sum_{i=1}^{m}\left(x_{ij}-x_{ik}\right)^2} \quad (3)$$

将所有行之间的欧氏距离都算出之后得到一个 $n \times n$ 的欧氏距离矩阵：

$$\boldsymbol{D} = \begin{bmatrix} d_{11} & d_{12} & \cdots & d_{1n} \\ d_{21} & d_{22} & \cdots & d_{2n} \\ \vdots & \vdots & \vdots & \vdots \\ d_{n1} & d_{n2} & \cdots & d_{nn} \end{bmatrix} \quad (4)$$

式中：d_{ij}（$i=1, 2, \cdots, n$；$j=1, 2, \cdots, n$）表示数据矩阵第 i 行和第 j 行之间的欧氏距离。即把每个单位看成是多维空间的一个点，通过计算在多维坐标系中点与点之间的距离来反映事物之间的相关程度。

表 3 主要煤层气区块评价系数矩阵

区块	基础地质特征				赋存特征						动用特征				
	沉积	层系	构造	埋深	煤阶	含气量	厚度	地层压力	水文环境	渗透性	敏感性	裂缝发育	应力	可改造性	煤岩	构造煤	解吸效率
樊庄	0.78	0.5	0.43	0.78	0.6	0.77	0.38	0.61	0.66	0.59	0.86	1.0	0.50	0.81	0.73	0.58	0.66
郑庄	0.78	0.5	0.66	0.32	0.7	0.87	0.44	0.82	0.66	0.47	0.70	0.5	0.64	0.68	0.46	0.60	0.42
马必东	0.70	0.5	0.44	0.64	0.7	0.33	0.38	0.68	0.58	0.31	0.39	0.9	0.83	0.53	0.75	0.43	0.51
沁南	0.55	0.5	0.37	0.52	0.6	0.36	0.38	0.37	0.43	0.85	0.67	0.7	0.64	0.75	0.62	0.34	0.54
韩城	0.62	0.2	0.61	0.33	0.5	0.43	0.56	0.66	0.50	0.38	0.35	0.7	0.63	0.38	0.65	0.85	0.42
大宁吉县	0.62	0.5	0.72	0.76	0.5	0.52	0.46	0.62	0.50	0.33	0.83	0.5	0.61	0.53	0.49	0.88	0.53
保德	0.62	0.5	0.56	0.87	0.5	0.66	0.37	0.46	0.50	0.75	0.85	1.0	0.74	0.43	0.80	0.72	0.85
筠连	0.78	0.5	0.79	0.50	0.6	0.43	0.38	0.60	0.66	0.49	0.57	0.8	0.46	0.59	0.47	0.88	0.66
马必合作	0.70	0.5	0.56	0.84	0.7	0.40	0.68	0.81	0.58	0.63	0.62	0.9	0.40	0.50	0.80	0.75	0.69
成庄合作	0.78	0.5	0.77	0.74	0.6	0.68	0.75	0.55	0.66	0.41	0.77	1.0	0.81	0.62	0.88	0.74	0.70
三交合作	0.70	0.5	0.76	0.86	0.5	0.44	0.69	0.80	0.58	0.82	0.31	0.7	0.32	0.85	0.38	0.78	0.45
里必合作	0.78	0.5	0.53	0.80	0.7	0.37	0.85	0.71	0.66	0.47	0.84	0.6	0.37	0.89	0.66	0.72	0.42
韩城合作	0.62	0.2	0.61	0.33	0.5	0.43	0.56	0.66	0.50	0.38	0.35	0.7	0.63	0.38	0.65	0.85	0.42

本次聚类方法选择离差平方和法，该方法是 Ward 根据方差分析的原理推导出的，如果分类比较合理，则同类观测值之间的离差平方和较小，而类与类之间的离差平方和则较大。假设类 G_p 与类 G_q 合并成新类 G_r，那么 G_r 与任一类 G_i 的距离递推公式为：

$$D_{ir}^2 = \frac{n_i + n_p}{n_r + n_i} D_{ip}^2 + \frac{n_i + n_q}{n_r + n_i} D_{iq}^2 - \frac{n_i}{n_r + n_i} D_{pq}^2 \tag{5}$$

式中：D 为类之间的距离；n 为每一类样本数。

在进行聚类分析之前，为了使聚类的结果更加符合实际情况，首先需要对原始定量观测数据进行标准化，即消除每项数据的值域范围不同带来的误差，数据标准化的方法有很多种，本次研究采用的是总和标准化。它的基本原理是将变量的每个观测值变换为它与该项变量所有观测值总和的比值。在变换后，数据矩阵的元素值在 [0，1] 之间，并且通过变换每个变量，所有观测值之和等于 1。变换公式如下：

$$x'_{ij} = \frac{x_{ij}}{x_{\cdot j}}, \quad i = 1, 2\cdots, n; \quad j = 1, 2\cdots, m \tag{6}$$

式中：x'_{ij} 为变换后的数据；x_{ij} 为变换前的数据；$x_{\cdot j}$ 为第 j 个变量观测值总和，$x_{\cdot j} = \sum_{k=1}^{n} x_{kj}$；$n$ 为样品总数。

通过计算不同煤层气区块的特征参数之间的向量距离就可以分析不同区块之间的相关性，最终通过相关性进行分类，达到煤层气储层分类评价的目的（图 4）。

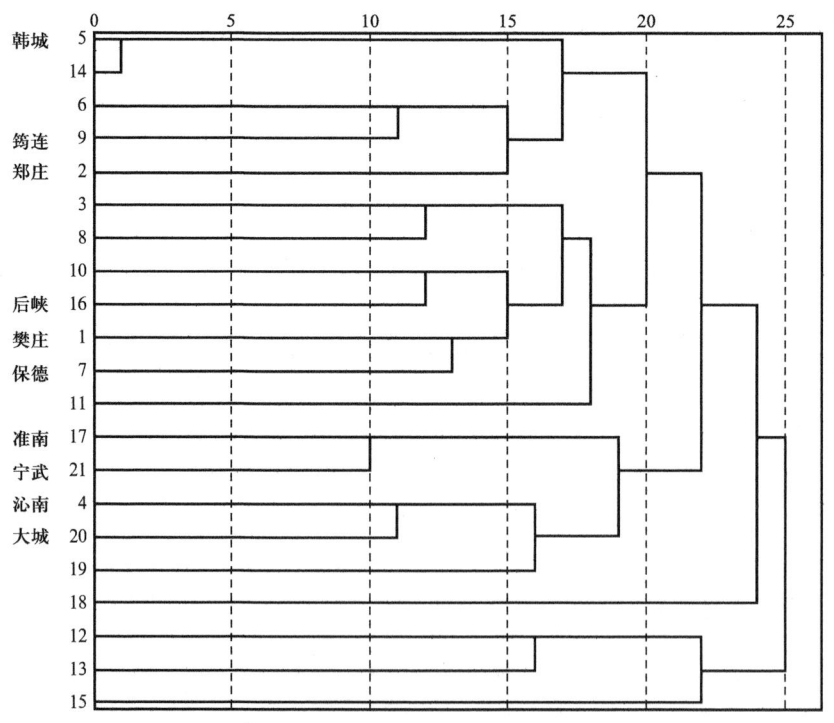

图 4　煤层气区块聚类分析树状图

利用聚类分析对煤层气区块分类研究，厘定构造、水文环境、煤岩特征、应力特征、渗透性为主要控制因素，按不同煤阶划分典型煤层气藏类型（表4）。

表4 煤层气藏分类评价表

煤阶	类型	构造	水文环境	煤岩特征	应力特征	渗透性	区块
高煤阶	浅层低应力高含气高渗透煤层气藏	平缓	滞留区	碎裂煤	低地应力	中高渗透	樊庄、成庄合作
	中深层高应力高含气中低渗透煤层气藏	斜坡带、鼻状构造、宽缓向斜	弱径流区	原生结构煤	应力转换带	中低渗透	马必东、里必、马必合作、郑庄、筠连
	中浅层低含气低渗透构造调整煤层气藏	断层、陷落柱发育	强径流区	碎粒煤	挤压应力带	低渗透	沁南
中煤阶	中浅层低应力高含气高渗透煤层气藏	斜坡带	弱径流区	碎裂煤	低地应力	高渗透	保德
	中浅层中应力高含气中渗透煤层气藏	斜坡带	弱径流区	原生结构煤、碎粒煤	应力转换带	中渗透	三交
	中浅层中低含气低渗透构造调整煤层气藏	断裂带	强径流区	糜棱煤	应力集中	低渗透	韩城、大宁吉县

5 动用潜力分析

进一步对评价参数进行细化分类表征，其中与含气性、保存性等有关的关键成藏参数综合厘定为赋存特征系数，与渗透性、应力、煤质等有关的关键可动用性参数综合厘定为可动用性系数。通过综合评价赋值，将主要煤层气开发区块分为4类（表5，图5）。

表5 煤层气区块赋存特征、可动用性综合评价表

气田	区块	气藏类型	赋存特征系数	可动用性特征系数
沁水	樊庄	高煤阶浅层低应力高渗透煤层气藏	0.82	0.75
	郑庄	高煤阶中深层高应力高含气中低渗透煤层气藏	0.85	0.32
	马必东	高煤阶中深层高应力高含气中低渗透煤层气藏	0.72	0.68
	沁南	高煤阶中浅层低含气低渗透构造调整煤层气藏	0.34	0.37
	马必合作	高煤阶中深层高应力高含气中低渗透煤层气藏	0.72	0.62

续表

气田	区块	气藏类型	赋存特征系数	可动用性特征系数
鄂东	韩城	中煤阶中浅层中低含气低渗透构造调整煤层气藏	0.32	0.30
	保德	中煤阶中浅层低应力高含气高渗透煤层气藏	0.51	0.82
	三交	中煤阶中浅层中应力高含气中渗透煤层气藏	0.37	0.45
	大宁吉县东	中煤阶中浅层中低含气低渗透构造调整煤层气藏	0.35	0.40
	大宁吉县深层	高煤阶深层高含气低渗透煤层气藏	0.90	0.63

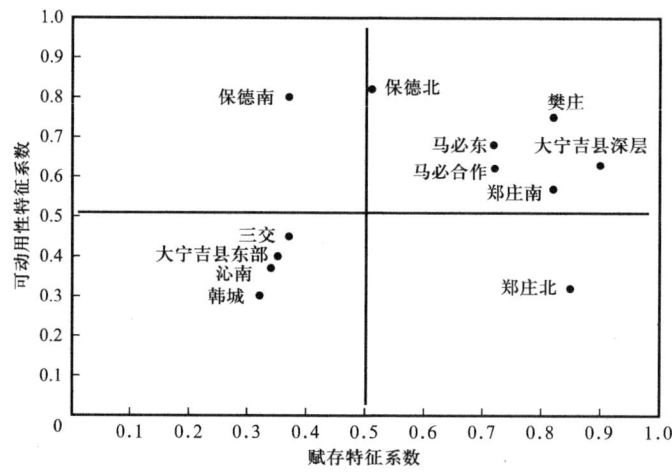

图 5 煤层气区块赋存特征、可动用性综合分类图

赋存条件好、可动用性好的为Ⅰ类储层，赋存条件相对差、动用性难度大的为Ⅲ类储层，介于两者之间的为Ⅱ类储层。Ⅱ类、Ⅲ类储层需要对开发技术政策及工艺方法做针对性优化研究，提升动用效果及采收率。

6 结论

（1）从煤层气储层沉积构造背景评价、富集有利区评价、开发"甜点"区评价3个层次厘定关键特征参数，可以较好地表征煤层气藏特征，分析煤层气储层差异性。

（2）采用模糊数学结合聚类分析算法可以建立评价标准，归一化、量化储层差异性，为煤层气藏分类提供依据。

（3）通过赋存特征指标、可动用性特征指标综合分析可以厘定煤层气储层开发难易程度，评价动用潜力。

参 考 文 献

[1] 孙钦平,赵群,姜馨淳,等.新形势下中国煤层气勘探开发前景与对策思考[J].煤炭学报,2021,46(1):65-76.

[2] 孙钦平,王生维.大宁—吉县煤区含煤岩系沉积环境分析及其对煤层气开发的意义[J].天然气地球科学,2006,17(6):874-879.

[3] 赵洋,杨焦生,王玫珠,等.筠连区块煤层气富集高产规律认识[C]//2017年天然气学术交流论文集,2017:200-207.

[4] 庚勐,陈浩,陈艳鹏,等.第4轮全国煤层气资源评价方法及结果[J].煤炭科学技术,2018,46(6):64-68.

[5] 王玫珠,王勃,孙粉锦,等.沁水盆地煤层气富集高产区定量评价[J].天然气地球科学,2017,28(7):1108-1114.

[6] 宁正福,赵洋,程林松.基于因子分析的流动单元研究[J].中国石油大学学报(自然科学版),2012,36(4):107-111,117.

煤层气井产量递减与 EUR 预测方法的评价

张群霞,张聪,毛崇昊,刘展,樊彬,吴定泉,覃蒙扶,雷兴龙,陈翔羽

(中国石油华北油田山西煤层气勘探开发分公司,山西 长治 046000)

摘 要:煤层气作为一种非常规天然气,其具有特殊的成藏模式和渗流机理,随着当前煤层气开发工作的不断深入,煤层气井控压生产制度得到广泛认可,控压生产可降低储层应力敏感效应,明显提高生产井的 EUR,从而提高经济效益。但是控压生产时,气井工作制度频繁变化,会导致气量剧烈波动,为准确预测其单井 EUR 带来新的挑战。为揭示煤层气井产量递减规律、解决 EUR 预测时的不确定性问题,以实际生产数据为例,采用 PEWorks 软件预测和经验式递减模型计算 EUR。研究结果表明:PEWorks 软件预测方法简便高效,但是对同一口井的不同生产区间进行预测,预测结果不同,增加了 EUR 预测的不确定性;经验式递减模型分别利用 Arps 产量递减模型和泛指数递减模型进行计算,分别确认泛指数 n 与 m 的值,从而确认最佳线性关系,提高了模型预测的准确性。综合分析认为,当 $n=0.5$,$m=0.5$ 时,两种递减模型均获得最佳线性关系,此时的 EUR 预测更具有实用价值。

关键词:煤层气;递减规律;EUR;PEWorks;产量递减模型

我国煤层气储层具有渗透率低、孔隙率低和含气饱和度低的特征[1]。基于煤储层气、水渗流规律及相对渗透率的大小,将煤层气井的排采过程划分为排水降液面阶段、憋压阶段、产气量上升阶段、阶段稳产阶段及产气量递减阶段[2]。其中产气量递减阶段作为油气田开发必经的开采阶段,是一个不需要其他因素作用的阶段,多呈初期递减幅度较大,中后期递减幅度随时间的推移逐渐减小,并以此递减幅度维持较长时间开发的特征[3]。

为分析煤层气井递减规律并进行产能预测,国内外学者开展了以生产数据和储层参数为依据的大量的产量递减的分析方法,主要有数据驱动类(利用计算机分析、神经网络算法建模)、经验产量递减法(利用经验递减模型),以及理论类(生产数据分析)[4]。贾慧敏等[5]从煤层气井递减点和递减类型入手,并对递减影响因素分析,揭示递减规律;苗耀等[6]从不同井型入手,对产量递减及采收率进行预测,认为煤层气井递减符合指数递减;肖翠[7]从煤储层动态参数入手,进行产量递减分析;Clarkson[8]则认为就当前的众多的产量递减分析及最终可采储量(EUR)预测方法来看,预测方法的理论不同,数据要求差异化明显,盲目使用,会极大增加产量递减分析预测的不确定性。因此,针对上述方法进行原理、适用性等综合评价具有重要意义,可为以后在现场实践应用作出有效指导。本文基于前人的分析,首先对生产数据进行降噪处理,然后,基于降噪处理后的生产数

第一作者:张群霞,1997年生,女,工程师、硕士;从事煤层气开发及动态分析等方面的研究,E-mail:1253630833@qq.com。

据，对当前的煤层气井产量递减预测方法进行选择性评价，并结合实际典型煤层气井生产数据进行分析验证，计算煤层气井 EUR，以期更深入地认识递减规律，并能高效预测煤层气井的 EUR 值。

1 各类煤层气井产量递减预测方法

1.1 PEWorks 软件预测法

PEWorks 软件是一套以油气藏工程理论、经验为依据的"动态分析工程师"，主要以油气田开发生产数据为基础，从油气田、区块、层位、井别、时间等不同维度对油气藏进行分析，从而快速获取油气田或单井的产量，了解油气田的开发现状，及时掌握生产中出现的矛盾和问题。

该软件系统通过加入大量的油藏工程方法，将理论曲线与实际生产曲线进行快速对比，对油藏开发效果进行评价，同时可进行油气田及单井产量、累计产量、含水率等开发指标的预测。

PEworks 软件预测法包括水驱特征曲线、Arps 递减分析、模型法和联解法，本文利用 Arps 递减分析的指数递减、双曲递减、调和递减、直线递减和衰竭递减 5 种内置预测方法开展预测工作，并进行分析评价，通过其预测的未来产量计算总体 EUR 值。

1.2 经验式产量递减模型预测法

产量递减模型的原理是回归历史生产数据。实际应用时，根据实测数据利用各种优化算法，获得最优拟合效果（即优选最"好"模型），通过反演计算模型参数（向量）以获得确定性的预测结果。

经验式产量递减模型是建立在同一种或几种流动状态下动态分析基础上的，即每种模型对应特定的流动状态[9]。本文给出了双曲递减模型和泛指数递减模型[10]进行预测，根据量纲一致性原理将模型转化为无量纲形式，以便使用典型图版拟合法进行数据分析。相应模型数学表达式见表 1。

表 1 经验式产量递减模型公式表

递减模型	递减率	产量	累计产量	可采储量
Arps 双曲递减模型	$D = \dfrac{D_i}{1+nD_i t}$	$q = \dfrac{q_i}{(1+nD_i t)^{\frac{1}{n}}}$	$G_p = \dfrac{q_i}{(1-n)D_i}\left[1-\left(\dfrac{1}{1+nD_i t}\right)^{\frac{1-n}{n}}\right]$	$G_R = \dfrac{q_i}{(1-n)D_i}$
泛指数递减模型	$D = \dfrac{m}{ct^{1-m}}$	$q = q_i e^{\frac{-t^m}{c}}$	$G_p = \dfrac{q_i c^{\frac{1}{m}}}{m}\left[1-\Gamma\left(\dfrac{1}{m},\dfrac{t^m}{c}\right)\right]$	$G_R = \dfrac{q_i c^{\frac{1}{m}}}{m}\Gamma\left(\dfrac{1}{m}\right)$

本文在应用过程中，对递减模型的参数求解运用线性迭代试差法求解[11]，具体参数计算及产量预测公式如下：

（1）为了利用线性迭代试差法求解双曲递减模型，将产量（q）公式代入累计产量（G_p）公式得到的直线关系式为：

$$q^{n-1}=A-BG_p \tag{1}$$

其中：

$$A=q_i^{1-n} \tag{2}$$

$$B=(1-n)D_i/q_i^{1-n} \tag{3}$$

（2）利用线性迭代试差法求解泛指数递减模型，将产量公式改写为：

$$\ln q=\alpha-\beta t^m \tag{4}$$

其中：

$$\alpha=\ln q_i \tag{5}$$

$$\beta=1/c \tag{6}$$

2 各类煤层气井 EUR 预测方法评价

以沁水盆地樊庄区块固 8-9 井为例进行产量递减与 EUR 预测方法评价。该井于 2007 年 6 月投产，于 2008 年 5 月进入稳产期，至 2010 年 8 月结束，随之进入递减阶段。

2.1 PEworks 产量预测法

PEworks 软件作为日常预测产量的工具，简便高效，然而，采取不同时间段进行可采储量预测可能呈现不同结果。

本次预测分别对递减期全阶段（图 1）和局部阶段（图 2）进行拟合预测，其结果及 EUR 值差距明显。递减期全阶段拟合符合衰竭递减模型，与衰竭递减的相关性为 0.9714（表 2），该模型的 EUR 预测值为 $2789\times10^4\text{m}^3$；截取局部阶段拟合则符合指数递减模型，与指数递减的相关性为 0.9823（表 3），该模型的 EUR 预测值为 $2084\times10^4\text{m}^3$。

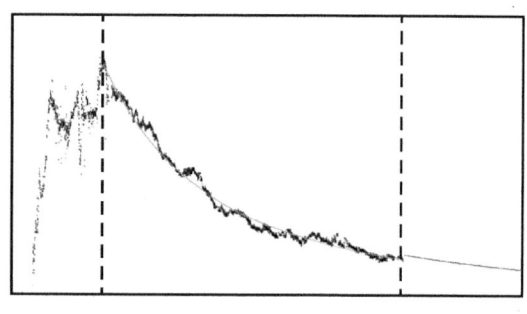

图 1　全递减阶段拟合

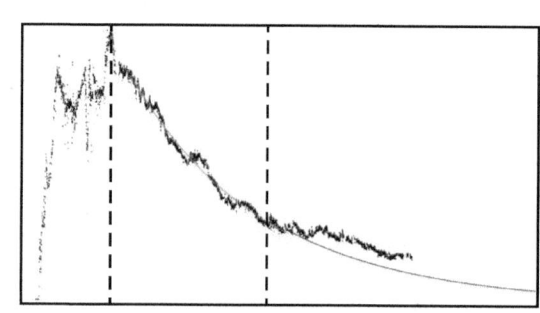

图 2　局部递减阶段拟合

表 2　全递减阶段拟合递减参数表

参数	指数递减	调和递减	双曲递减	直线递减	衰竭递减
递减指数（n）	0	1	1.8084	−1	0.5
递减初期初始产量（q_i）	6351.87	8980.49	13982.41	5781.26	7080.14
初始递减率（D_i）	0.00039	0.00118	0.00553	0.00022	0.00059
相关系数（R）	0.9591	0.971	0.9009	0.898	0.9714

表 3　局部阶段拟合递减参数表

参数	指数递减	调和递减	双曲递减	直线递减	衰竭递减
递减指数（n）	0	1	2.2629	−1	0.5
递减初期初始产量（q_i）	6213.68	7735.22	9802.36	5743.51	6713.01
初始递减率（D_i）	0.00048	0.00113	0.00442	0.0003	0.00068
相关系数（R）	0.9823	0.9642	0.8698	0.9586	0.9783

通过该井整个生产周期及产量预测结果来看，虽然该井生产周期长且生产制度稳定，利用不同生产阶段也获得了最优的历史拟合，但是通过该软件预测的 EUR 值仍有较大不确定性。因此，采用 PEworks 进行 EUR 预测仍需结合多种方法进行具体分析。

2.2　经验式产量递减模型预测法

对固 8-9 井递减阶段的产量和累计产量的数据进行整理，如图 3 所示。

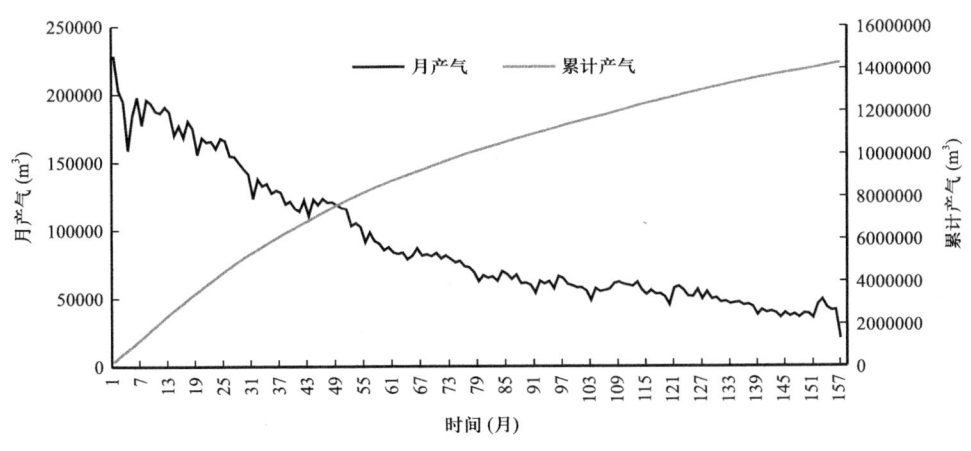

图 3　固 8-9 井递减期生产曲线

2.2.1　双曲递减模型预测法

根据双曲递减模型公式，利用线性迭代法［公式（1）］，试验可知，当 $n=0.5$ 时为最佳线性关系（图 4），从而计算出该模型预测的最终可采储量 EUR 为 $2.4 \times 10^7 m^3$。

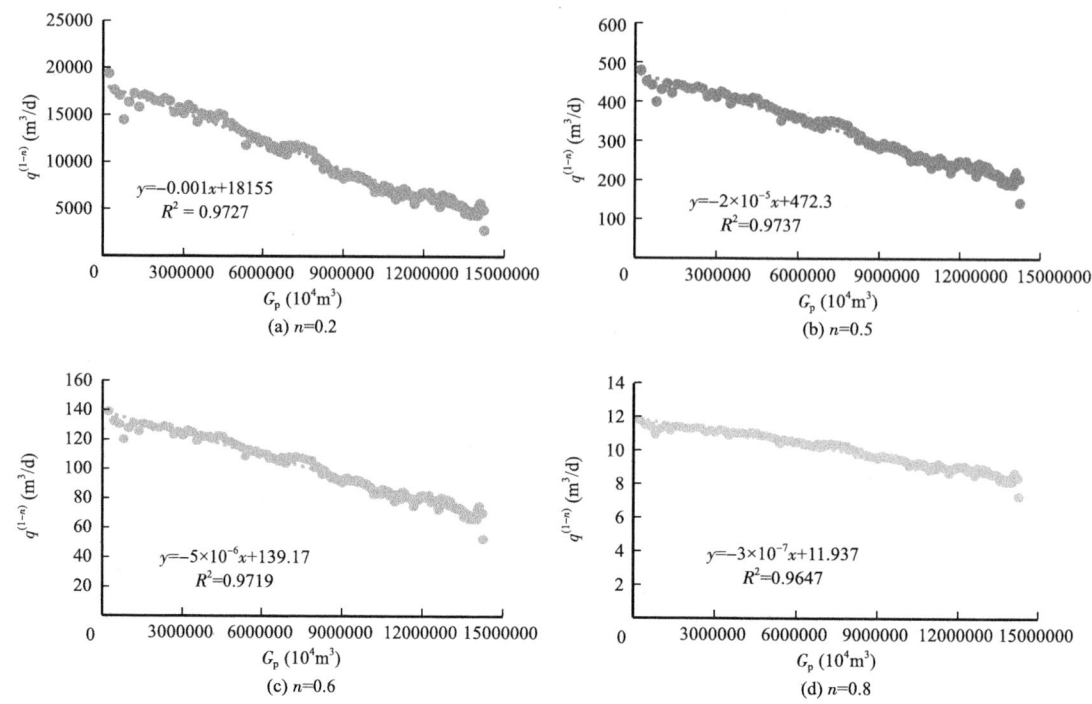

图 4 试验最佳线性关系

由图 4 中线性关系可知，当 $n=0.5$ 时，该直线的截距 $A=472.3$，斜率 $B=1.958\times10^{-5}$，相关系数 $R^2=0.9737$。将 A、B、n 值分别代入式（2）、式（3），得煤层气井初始理论产量、初始递减率和模型预测可采储量为：

$$q_\text{i} = 472.3^{\frac{1}{1-0.5}} = 223067.29 \text{m}^3 / 月 \tag{7}$$

$$D_\text{i} = \frac{472.3\times 0.00001958}{1-0.5} = 0.0185 \tag{8}$$

$$G_\text{R} = \frac{223067.29}{(1-0.5)\times 0.0185} = 2.4\times 10^7 \text{m}^3 \tag{9}$$

将 q_i、D_i 和 n 值分别代入递减率、产量和累计产量公式得如下表达式：

$$D = \frac{0.0185}{1+0.0925t} \tag{10}$$

$$q = \frac{223067.29}{(1+0.0925t)^2} \tag{11}$$

$$G_\text{p} = \frac{223067.29}{0.0925}\left[1-\left(\frac{1}{1+0.0925t}\right)\right] \tag{12}$$

利用式（10）、式（11）和式（12）预测得到的煤层气井的产量、累计产量和递减率值分别绘于图 5 至图 7 中。

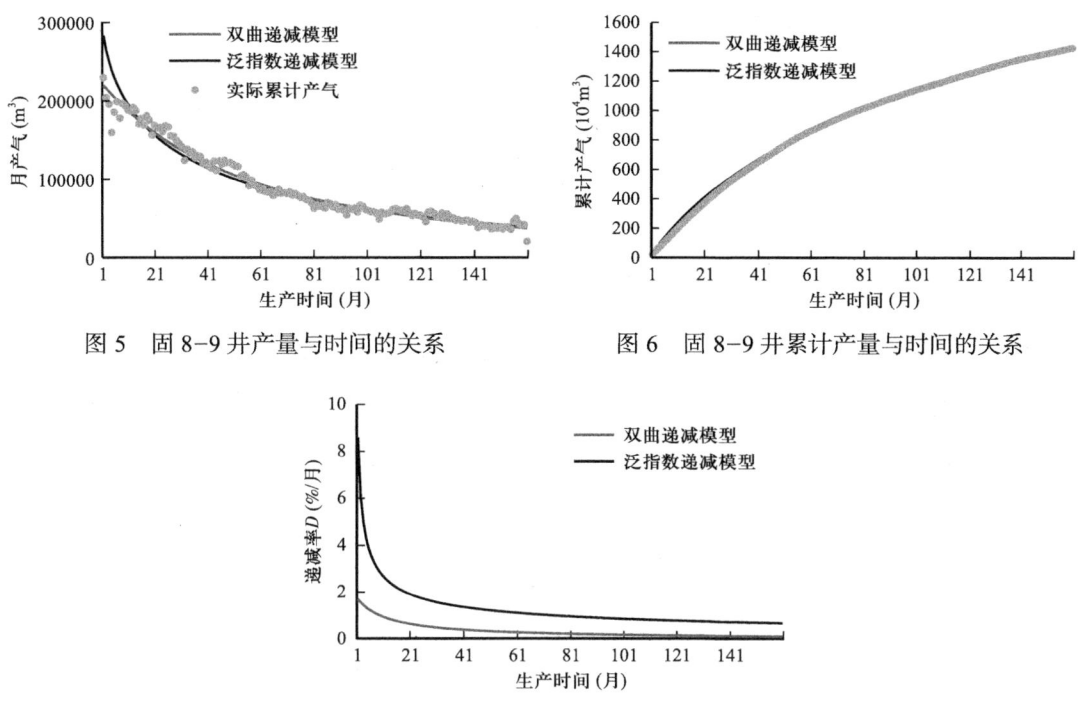

图 5 固 8-9 井产量与时间的关系　　图 6 固 8-9 井累计产量与时间的关系

图 7 固 8-9 井递减率与时间的关系

2.2.2 泛指数递减模型预测法

根据泛指数递减模型公式，利用线性迭代法［公式（4）］，试验可得，当 $m=0.5$ 时为最佳线性关系（图 8），从而计算出该模型预测的最终可采储量 EUR 为 $2.3\times10^7\mathrm{m}^3$。

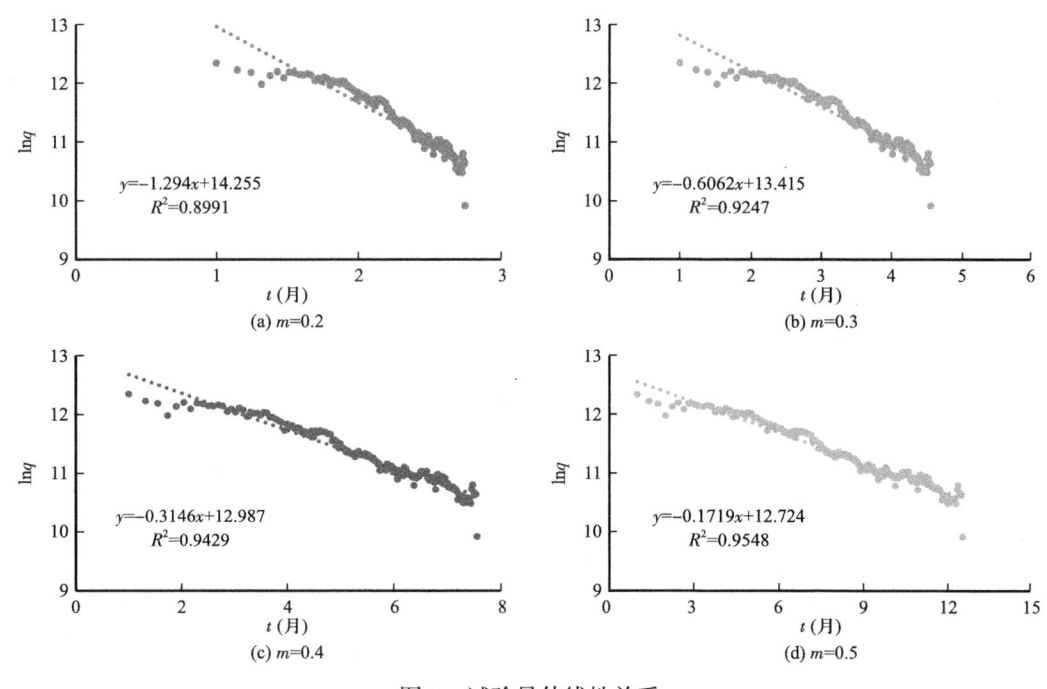

图 8 试验最佳线性关系

当 $m=0.5$ 时，该直线的截距 $\alpha=12.724$，斜率 $\beta=0.1719$，$\Gamma(2)=1$（伽马函数表），相关系数 $R^2=0.9548$。将 α、β 值分别代入式（5）、式（6），得煤层气井初始理论产量、c 值和模型预测可采储量：

$$q_i = e^{12.724} = 335709 \text{m}^3/\text{月} \tag{13}$$

$$c = 1/0.1719 = 5.817 \tag{14}$$

$$G_R = \frac{q_i c^{\frac{1}{m}}}{m}\Gamma\left(\frac{1}{m}\right) = \frac{335709 \times 5.817^2}{0.5}\Gamma(2) = 22719099.2 = 2.3 \times 10^7 \text{m}^3 \tag{15}$$

将 q_i、c 和 m 值分别代入递减率、产量和累计产量公式，得如下表达式：

$$D = \frac{0.5}{5.817 \times t^{0.5}} \tag{16}$$

$$q = 335709 e^{\frac{-t^{0.5}}{5.817}} \tag{17}$$

$$G_p = \frac{335709 \times 5.817^2}{0.5}\left[1 - \Gamma\left(2, \frac{t^{0.5}}{5.817}\right)\right] \tag{18}$$

利用式（16）、式（17）和式（18）预测得到的煤层气井的产量、累计产量和递减率值分别绘于图 5 至图 7 中。

通过图 5 和图 6 对比看出，双曲递减模型比泛指数递减模型的预测结果更接近实际生产值，两类模型预测的最终可采储量（EUR）值基本相近。由图 7 看出，当 t 小于 27 月时两种模型预测的递减率差异较大，随着时间的推移递减率预测逐渐接近。

2.3 煤层气井 EUR 预测方法的应用

根据上述 EUR 预测方法的评价，利用经验式产量递减模型对樊庄区块的 20 口井进行产量预测。

3 结论

（1）通过本文实际研究表明，PEworks 软件利用油藏工程的理论，预测方法简洁高效，但是通过对同一口井的不同生产阶段进行预测，预测结果分别呈衰竭递减和指数递减，EUR 值分别预测为 $2789 \times 10^4 \text{m}^3$ 和 $2084 \times 10^4 \text{m}^3$，预测结果差异性较大，适用性较差。

（2）对于经验式产量递减模型预测法，本文分别利用双曲递减模型与泛指数递减模型，对煤层气井递减率、产量、累计产量和最终可采储量进行预测。通过预测表明，双曲递减模型与泛指数递减模型的 EUR 值基本接近，分别为 $2.4 \times 10^7 \text{m}^3$ 和 $2.3 \times 10^7 \text{m}^3$，但是两者预测的递减率模型受模型参数的影响，在初期差异明显，不确定性较高，后期具有可借鉴性。

符号说明

A,B——双曲递减模型最佳直线的截距和斜率；
c——泛指数递减模型的时间常数，月或 d；
D_i——初始理论递减率，月$^{-1}$ 或 d^{-1}；
G_p——t 时间的累计产量，m^3；
G_R——最终可采储量，m^3；
m,n——泛指数；
q——产量，m^3/月；
q_i——初始理论产量，m^3/月；
t——生产时间，月；
α,β——泛指数递减模型最佳直线的截距和斜率；
$\Gamma(1/m)$——完全伽马函数；
$\Gamma(1/m, t^m/c)$——上不完全伽马函数。

参考文献

[1] 贾慧敏，胡秋嘉，毛建伟，等.高阶煤煤层气井产量递减规律及影响因素[J].煤田地质与勘探，2020，48（3）：59-64，74.

[2] 刘世奇，赵贤正，桑树勋，等.煤层气井排采液面—套压协同管控——以沁水盆地樊庄区块为例[J].石油学报，2015，36（S1）：97-108.

[3] 崔英敏，郭红霞，陆建峰，等.非常规气井产量递减与 EUR 预测方法评述[J].特种油气藏，2022，29（6）：119-126.

[4] 赵玉龙，梁洪彬，井翠，等.页岩气井 EUR 快速评价新方法[J].西南石油大学学报（自然科学版），2019，41（6）：124-131.

[5] 贾慧敏，胡秋嘉，祁空军，等.高阶煤煤层气直井低产原因分析及增产措施[J].煤田地质与勘探，2019，47（5）：104-110.

[6] 苗耀，牛绪海，左银卿.沁水盆地樊庄区块煤层气高产井递减特征及采收率预测[J].煤炭技术，2014，33（9）：318-320.

[7] 肖翠.现代产量递减分析法在鄂尔多斯盆地延川南煤层气田中的应用[J].天然气工业，2018，38（S1）：102-106.

[8] Clarkson C. Production data analysis of unconventional gas wells: Review of theory and best practices[J]. International Journal of Coal Geology，2013，109-110.

[9] 王军磊，位云生，齐亚东，等.基于贝叶斯推断的产量递减综合预测新模型[J].天然气工业，2022，42（11）：77-87.

[10] 陈元千，傅礼兵，徐佳倩.两类产量递减模型在预测页岩气井和致密气井中的应用与对比[J].油气地质与采收率，2021，28（3）：84-89.

[11] 刘贵红.页岩气藏气井产量递减模型分析及应用研究[D].成都：西南石油大学，2020.

考虑储层伤害的煤层气藏不同阶段排采制度分析

——以寿阳区块为例

李陈，孙立春，赵志刚，王海侨，张健，冯汝勇

（中海油研究总院有限责任公司，北京 100028）

摘　要：煤层气井的排采一直以来遵循"连续、稳定、缓慢"的基本原则。在实际排采生产管理和排采制度的制定时，什么样的排采制度是"缓慢的"一直是一个技术难点：降速偏快，可能放大应力敏感的负面效应甚至造成储层内部失稳而导致裂隙系统失效；降速偏慢，无法有效地携带出煤粉致使裂隙无法有效疏通，或者造成采气速度过慢而影响经济性。本次工作以"储层条件允许的情况下尽量快"为排采的基本原则，以大量的数值模拟分析等工作为基础，通过寻找与储层状态相匹配的合理的流压降速，实现在不伤害储层的前提下尽可能快地排采，发挥出储层的最大产气速度与产气潜力。该方法能够指导现场煤层气井生产制度的制定，也能为煤层气田的开发方案中的生产制度优化奠定基础。

关键词：煤层气；储层伤害；应力敏感；煤粉；排采制度；基质收缩

与常规气藏不同，在煤层气的生产过程中，其储层会受到应力敏感、煤粉沉淀的影响，这两种情况导致储层中的渗透率降低，影响气井生产效果[1]。另外，煤层气井在生产初期为单相的水流动，但是在后期，当储层压力降低至临界解吸压力之后，储层中的吸附气会解吸到孔隙空间并参与流动，储层中的流动状态由单相流变为两相流，储层渗透率降低[2]。这三种伤害机理的出现与储层中流体的流动速率相关[3]。目前缺乏考虑煤储层伤害机理的排采制度优化研究。本次研究综合考虑在生产过程中煤储层受到应力敏感、煤粉沉淀，以及两相流动影响下如何优化生产速率，达到在储层伤害最小的情况下进行生产的目的。

煤层气在储层中的赋存状态主要有两种形式：吸附状态及游离状态。储层压力高于临界解吸压力时，储层中为单相水的流动。储层压力低于临界解吸压力时，吸附状态的气体开始解吸为游离状态并参与流动。储层中的流动变为两相流。两相流动的渗透率之和小于煤储层的绝对渗透率[4]。所以，适当延长单相流阶段的时间，可以有效地增加煤储层的压降程度，更加有利于煤层气的解吸。煤储层由于质地较软，存在大量煤粉，在储层流体流动的过程中会出现两种情况：（1）流体会带动煤粉一起流动，（2）流体会剥落储层中的

第一作者：李陈（1986-），男，博士研究生，高级工程师，主要研究方向为非常规气藏的开发及机理研究，就职于中海油研究总院。通讯地址：北京市朝阳区太阳宫南街6号，100028；电话：89913694，18601088050；E-mail：lichen17@cnooc.com。

煤粉，这两种情况都会降低储层的渗透率。合适的排采速度能够带动煤粉流动，同时又不会剥落储层中的煤粉，达到增加储层渗透率的效果[5]。在煤层气的开发过程中，储层会受到应力敏感和基质收缩效应的影响，导致储层渗透性发生变化。开发初期主要受应力敏感效应的影响，基质收缩效应影响较小，煤储层的渗透率随着储层压力的降低而降低，在开发后期，随着吸附气的大量解吸，基质收缩效应越来越明显并占据主导，应力敏感效应变弱，煤储层的渗透率随着储层压力的降低而增大[6]。目前表征煤储层孔隙度、渗透率随压力变化的方程主要有四个：Seidle and Huitt 模型，Palmer and Mansoori 模型，Shi and Durucan 模型，常指数渗透率模型。Seidle and Huitt 模型由 Seidle 和 Huitt（1995）年提出，该模型来自他们对圣胡安盆地高挥发性的沥青质煤层的实验分析研究。通过研究，Seidle 和 Huitt 提出了煤层在生产过程中由于气体的解吸、吸附，以及扩散过程而产生的孔隙度、渗透率变化情况[7]。Palmer and Mansoori 模型由 Palmer 和 Mansoori（1998）年提出，该模型主要描述煤层气藏孔隙度和渗透率随压力变化。Palmer and Mansoori 模型通过作用于基质的有效应力来计算煤层中孔隙的体积压缩系数和渗透率，比较适合于单轴向应变的情况，也适合于孔隙度变化率小于 30% 的情况[8]。Shi and Durucan 模型由 Shi 和 Durucan（2004 年）提出，该模型主要表征体积张应变与解吸气体总体积的关系。Shi and Durucan 模型可以用来计算含有吸附现象的基质膨胀量，以及通过诸如注入气体等提高采收率方法后引起的基质收缩量。因此，Shi and Durucan 模型更加适用于有气体注入的地层。Shi and Durucan 模型所使用的压缩参数与 Palmer and Mansoori 模型类似。但是 Shi and Durucan 模型运用了一个更加敏感的基质压缩参数[9]。在开发的过程中，随着地层能量的消耗，基质压缩参数会产生更加明显的渗透率增加。常指数渗透率模型是一种经验模型，该模型是由英国石油公司和加拿大 Fekete 公司在观察圣胡安盆地煤基质收缩效应的基础上总结出来，后来被广泛应用于其他煤层气盆地及其他类型储层[10]。

1 区块概况

寿阳区块位于沁水盆地北部，行政区划隶属于山西省榆次市管辖。区内主要发育 3#、9#、15# 煤，其中 15# 煤为主力开发层位。构造总体相对简单，发育小规模断层；受东西向挤压而形成小型鼻状构造。含气量高值区主要分布在寿阳东部和中西部，平面非均质性强。含气低值区受构造和沉积影响。截至目前，寿阳区块排采井 378 口，其中 A1 区 66 口，A2 区 153 口，B 区 159 口；开井数 277 口，其中 A1 区 49 口，A2 区 93 口，B 区 135 口。区块日产气 $8.7 \times 10^4 m^3$，其中 A1 区 $3.2 \times 10^4 m^3$，A2 区 $3.1 \times 10^4 m^3$，B 区 $2.4 \times 10^4 m^3$。全区累计产气 $17637 \times 10^4 m^3$，全区累计产水 $464 \times 10^4 m^3$。2022 年累计产气 $2736 \times 10^4 m^3$，为 2021 年产量的 102%（图 1）。寿阳区块目前单井平均日产气 $328m^3$，单井平均日产水 $5.7m^3$（图 2）。

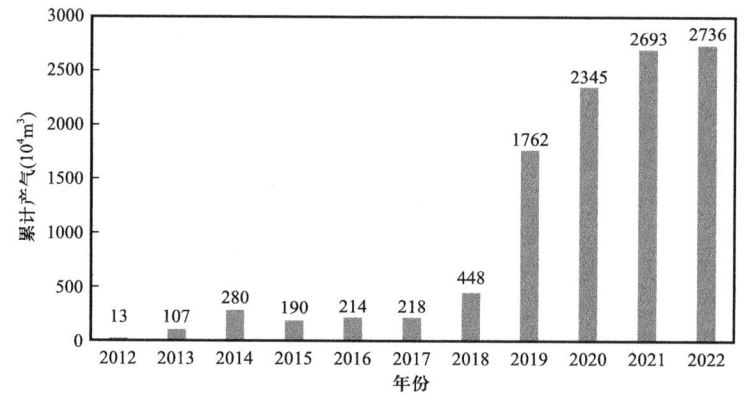

图 1　寿阳区块分年累计产量柱状图

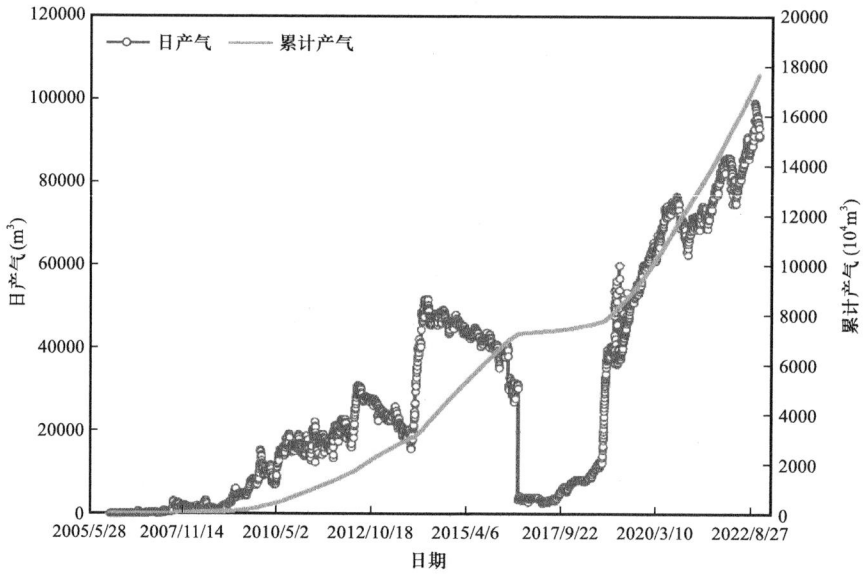

图 2　寿阳区块日产气及累计产气曲线

2　区块排采阶段划分

按照煤层气井的排水降压的一般规律及松塔区的排采过程特点[11]，将寿阳区块的煤层气井排采划分为 4 个阶段。

（1）排水降压阶段。

本阶段为见套压前的排水降压阶段，井底压力高于临界解吸压力，煤层气尚未解吸，环空套压表没有压力显示，此时储层中的流体为单相流。

本阶段可细分为 3 个次级阶段：

① 试抽阶段：投产初期，通常为 10d，主要目的为设备试运行，查看设备流程是否存在问题，运行是否顺畅，并根据压降和产水情况评价地层的供液能力。

② 排水降压阶段：开始按照设计进行排水降压，控制原则为连续稳定降压，在见气

之前尽量多排水，尽量扩展压降范围。

③ 慢速降压阶段：本阶段为井底压力已经接近预测的临界解吸压力，为防止井底流压快速降至解吸压力以下，考虑到对临界解吸压力的预测可能存在一定范围的误差，因此提前将流压降速进行控制，避免流压快速降至解吸压力之下而导致近井筒附近的煤层气快速解吸造成水锁伤害。

（2）控压提产阶段。

本阶段的井底流压下降至临界解吸压力以下，储层中开始出现两相流，本阶段应缓慢降压，避免压力波动，避免煤粉堵塞，控制套压缓慢上涨。逐步稳定提产，避免套压下降过快，产气量在超过 500m³/d 后每升高 200m³/d 需稳产观察一个周期（按现场排采制度管理采用的 15d 周期执行）。

（3）稳产阶段。

煤层气井的产气量达到设计稳定产气量之后，开始进入稳产阶段，本阶段的排采制度以定产为主，并时刻跟踪每天的压降速度。当维持稳产需要的压降速度超过设计稳产压降的 30% 以上时，需要分析稳产是否合理，及时适当调整/降低稳产产量，避免流压过快耗尽。

（4）递减阶段。

本阶段的井底流压通常接近 0MPa（本区压力值均使用相对压力值，下同），储层能量基本用尽，井筒中的液面开始下降到煤层以下，产气量开始自然衰减。本阶段不需配置排采制度，根据储层的产气能力自然衰减。

3 不同生产阶段排采制度优化

3.1 排水阶段排采制度优化

排水阶段排采制度定量优化的方法为：根据现场排采中采用的压降制度的区间，按照不同的日降压速度序列，模拟单井的压降漏斗传播范围（图3）。

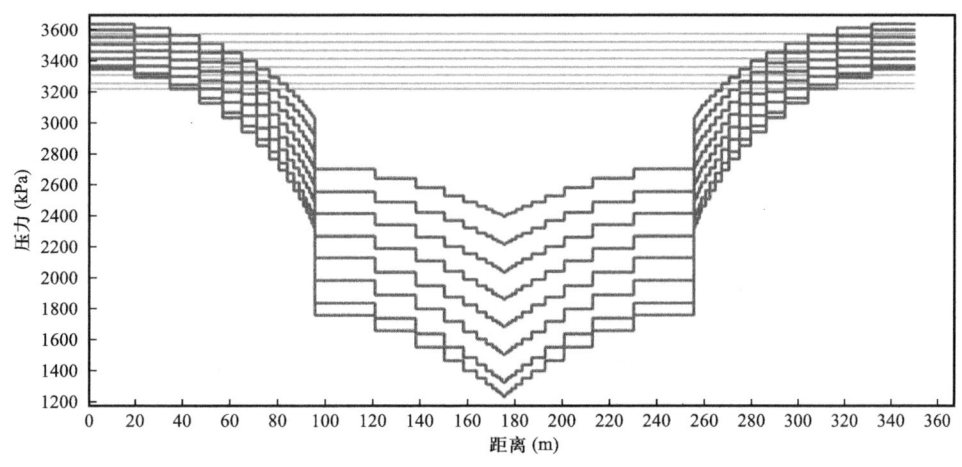

图 3 不同日降压速度对应的压降漏斗及平均地层压力剖面图

找到压降速度与漏斗传播关系的拐点（图4），理论上该速度为最有利于漏斗扩展的压降速度，将该速度作为建议的流压降速。

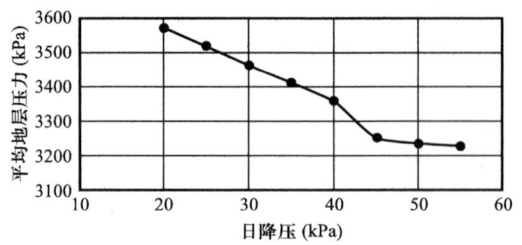

图4 不同日降压速度对应的平均地层压降

3.2 控压阶段的排采制度优化

采用数值模拟技术，通过大量数值模拟案例模拟控压时间的长短对产气量的影响。模拟结果显示，受地层多相流的影响，在不同的控压时间下，气井稳产时间不同，随着控压时间的增加，气井稳产时间先增加后降低。控压时间在3~12个月之间时稳产时间最长（图5，图6）。

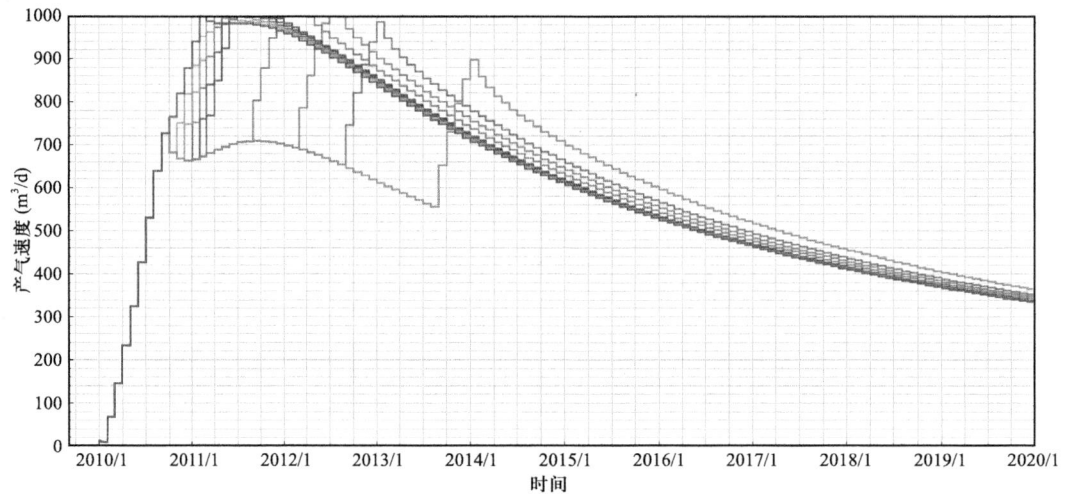

图5 不同控压时间下煤层气生产曲线

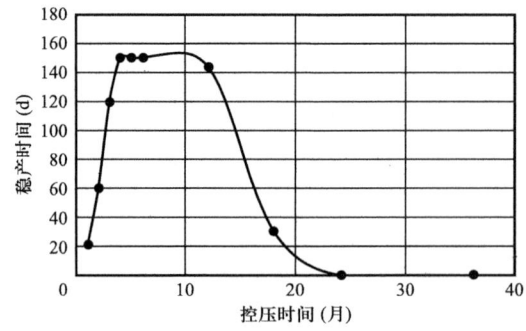

图6 不同控压时间下煤层气稳产时间

3.3 排采后期的控压措施

煤层气解吸曲线上存在 3 个关键点，对应的压力分别为：启动压力、转折压力和敏感压力，不同煤样解吸曲线上关键点对应的压力数值不同，但对应的解吸效率是定值，分别为 $0.55m^3/(t \cdot MPa)$、$1.00m^3/(t \cdot MPa)$ 和 $2.59m^3/(t \cdot MPa)$，以这些关键点为分界点，可将等温吸附/解吸曲线划分为：低效解吸、缓慢解吸、快速解吸与敏感解吸 4 个阶段。解吸曲线本身的特征决定了解吸后期的解吸速率大幅度高于排采初期，寿阳区块的煤储层的末期解吸速率是解吸初期的 3~4.5 倍。

4 寿阳区块不同生产阶段排采制度优化及效果分析

4.1 排采制度措施建议

根据排采阶段划分及各阶段的数值模拟序列分析方法，对松塔区现场排采生产重点关注的井进行了连续的模拟分析及排采制度优化建议。为现场提供排采制度的同时，将数值模拟的结果参数一并提供，以便为现场技术人员的技术分析提供依据。单批次的排采制度建议成果见表 1。

累计提供的 62 井次排采制度建议中，现场共应用 54 井次，另有 8 井次因计划作业或暂时稳产未直接采用建议的排采制度。从实际使用的压降速度与排采建议的压降速度的对比来看，在 62 井次排采制度优化调整建议中，共有 54 井次建议加快流压降速，8 井次建议放慢流压降速（图 7）。现场实际压降速度平均 10.3kPa/d，分析的最优平均压降速度为 13.1kPa/d，整体快约 27.2%。从分析结果来看，目前松塔区煤层气井的排采速度普遍偏慢。

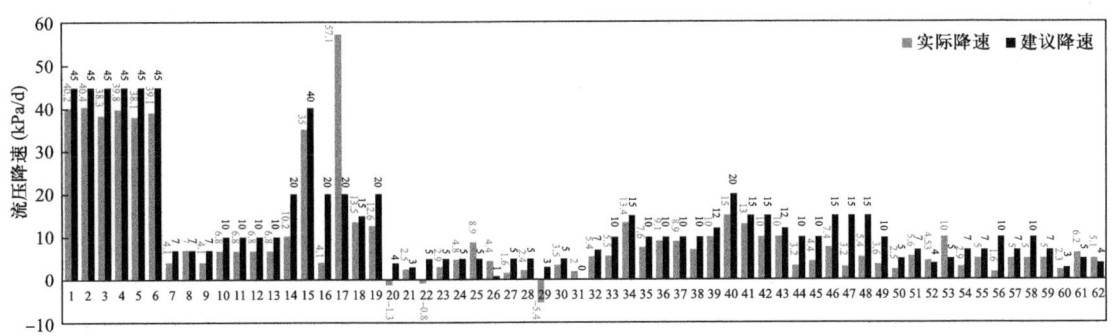

图 7 62 井次建议流压降速与实际流压降速对比直方图

4.2 未产气井排采制度效果

对未产气井的排采制度的效果验证采用两种方式：见气时间对比和压降漏斗对比。
（1）见气时间对比。
采用相邻井的执行建议与未分析井的见气时间进行对比，本次对比制度优化的

表 1 排采制度建议表

井组	井号	泄压半径 (m)	产气半径 (m)	渗透率 (mD)	目前降速 (kPa/d)	建议降速 (kPa/d)	外来水 (%)	备注
SYE-28	SYE-28X	36.20		0.304	10.2	20		近10d流压降速 -3~68kPa/d，平均10.2kPa/d，压力有波动；建议稳定流压降速至20kPa/d，避免压力波动；本周期较14d，根据储层表现分析后决定下一周期的制度
	SYE-28X1	38.30		0.219	35.0	40		7月20日停机作业数据中断干扰分析，目前压力尚未恢复至作业前；近10d流压降速 -30~100kPa/d，平均75kPa/d，降速从目前降速逐步下调至50kPa/d
	SYE-28X2	49.10		0.445	4.1	20		近10d流压降速 -4~10kPa/d，平均4.1kPa/d；储层渗流性能较高，建议提高降速至20kPa/d
	SYE-28X3	44.28		0.271	57.1	20		近10d流压降速 34~85kPa/d，平均57.1kPa/d；中断作业后流压未恢复至作业前。建议逐步降低压降速度至20kPa/d
	SYE-28X4	51.67		1.380	13.5	15		近10d流压降速 8~46kPa/d，平均13.5kPa/d；目前压降半径的扩展与储层渗透率均较为稳定，建议保持目前的压降速度稳定生产
	SYE-28X5	52.25		1.010	12.6	20		近10d流压降速 4~25kPa/d，平均12.6kPa/d；目前压降半径的扩展与储层渗透率均较为稳定，建议提高降速至不超过20kPa/d
SYE21	SYE21	24.30	9.7	0.340	-1.3	4	68	近10d流压降速 -4~3kPa/d，平均-1.3kPa/d；建议提高降速至不超过4kPa/d
	SYE21X1	23.30	8.1	0.430	2.5	3	71	近10d流压降速 -22~19kPa/d，平均2.5kPa/d；注意控制流压稳定，保持均匀降压
	SYE21X2	48.10	22.5	1.540	-0.8	5	0	近10d流压降速 -20~10kPa/d，平均-0.8kPa/d；建议提高降速至不超过5kPa/d
	SYE21X3	69.50	17.5	1.030	2.9	5	46	近10d流压降速 0~10kPa/d，平均2.9kPa/d；建议提高降速至不超过5kPa/d
	SYE21X4	67.50	20.1	0.620	4.8	5	40	近10d流压降速 -65~36kPa/d，平均4.8kPa/d；注意控制流压稳定，保持均匀降压
	SYE21X5	24.90	9.7	0.240	8.9	5	76	近10d流压降速 2~19kPa/d，平均8.9kPa/d；建议降低降速至不超过5kPa/d
	SYE21X6	69.00	8.5	0.450	4.4	1	28	近10d流压降速 -6~10kPa/d，平均4.4kPa/d；建议降低降速至1kPa/d。产气范围扩展困难，稳定流压保持微降压观察

SYE28 井组和未分析优化的 SYE27 井组。SYE28 井组连续进行模拟分析与排采制度优化，见气时间在 111～169d 之间，平均见气天数为 141d。相邻的 SYE27 井组未进行排采制度优化，按现场原有排采制度进行生产，见气时间在 161～202d 之间（部分井目前仍未见气），平均见气天数为 197d（图 8）。从对比来看，排采制度优化井的见气时间明显缩短，效率更高。

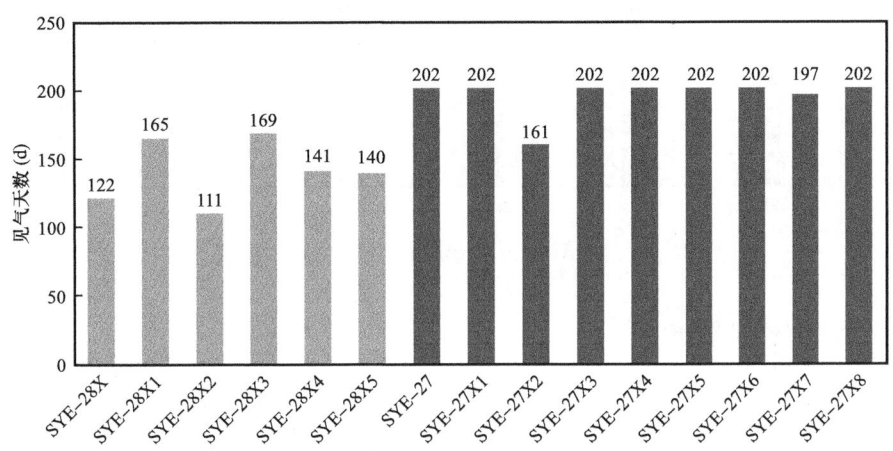

图 8　SYE28 和 SYE27 井组见气天数直方图

（2）压降漏斗对比。

判断排采制度效果的另一种方式为采用泄压半径（压降漏斗）对比方式对排采制度的效果进行评估。SYE21 井组在调整排采制度后，在 2022 年 7—10 月平均泄压半径由调整前的 61.7m（按照原有排采制度进行预测）增加至调整后的 68.5m，泄压半径增加 6.8m（图 9）。

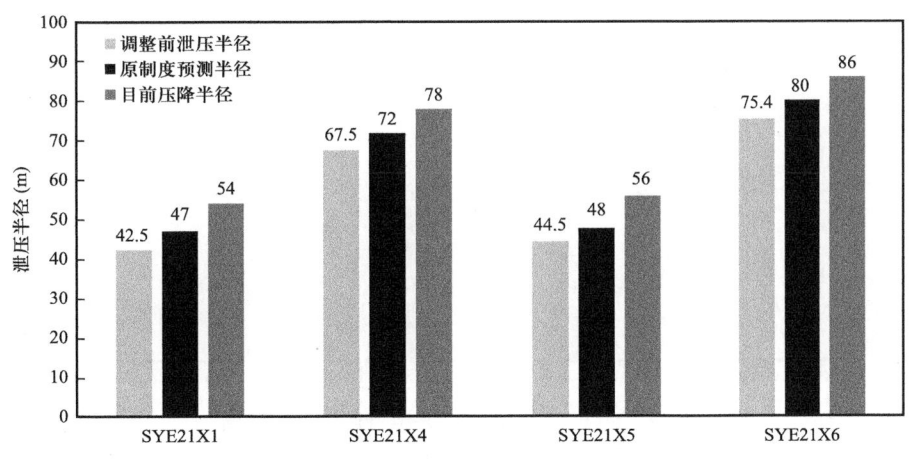

图 9　SYE21 井组压降漏斗效果分析对比图

SYE28 井组在调整排采制度后，在 2022 年 7—10 月平均泄压半径由调整前的 34.5m（按照原有排采制度进行预测）增加至调整后的 40.9m，泄压半径增加 6.4m（图 10）。

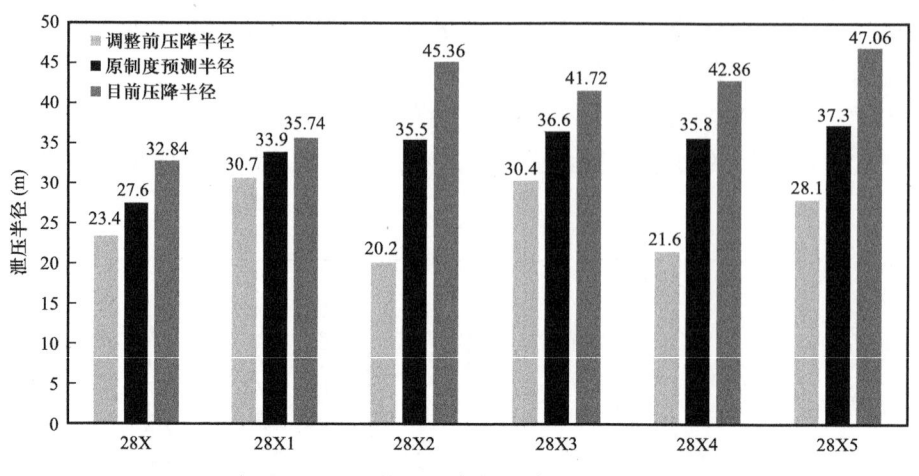

图 10　SYE28 井组压降漏斗效果分析对比图

4.3　产气井排采制度效果

对产气井的排采制度效果分析,主要采用产气量和产气量增速两个参数进行对比。

(1) 产气量。

通过对 SYE23 井组(排采制度优化)和相邻的 SYE24 井组(无排采制度优化)在 2022 年 7 月 1 日至 12 月 5 日之间的产气量进行对比,SYE23 井组的平均产气量由 279m³/d 上升至 699m³/d,SYE24 井组的平均产气量由 197m³/d 上升至 356m³/d,SYE23 井组的单井产气量明显高于 SYE24 井组,最高单井产气量达到了 954m³/d(图 11),表明排采制度优化能够更加有效地释放单井产能。

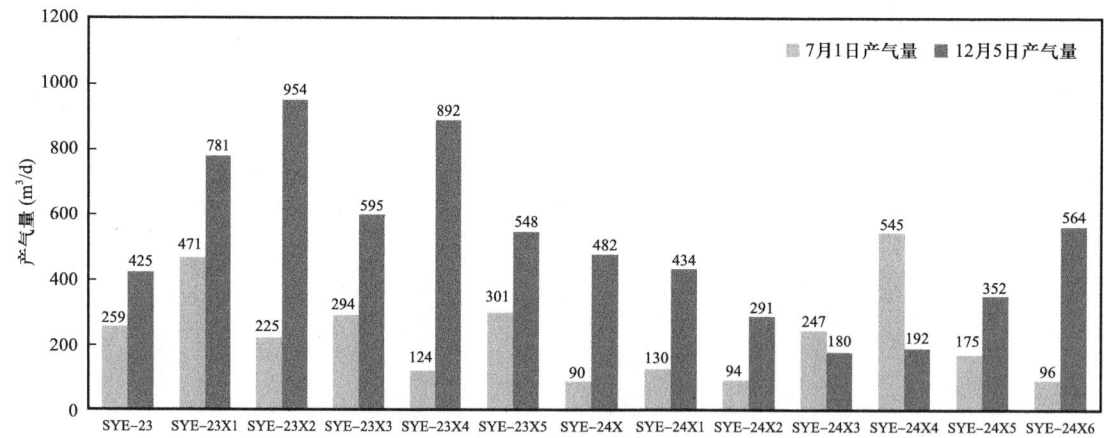

图 11　SYE23 和 SYE24 井组日产气量对比图

(2) 产气量增速。

按照产气量的增量进行统计和对比,在同样的分析周期内(2022 年 7 月 1 日至 12 月 5 日),SYE23 井的产气量增量为 2.80m³/d²,半年的产气增幅为 150.5%;而 SYE24 井的产气量增量为 1.06m³/d²,半年的产气增幅为 80.7%,排采制度优化可明显提高产气量增速。

4.4 排采中断的量化分析

根据现场提出的技术需求，为明确不同情况下的水平井排采中断对储层造成的影响，共对 2 批次 18 井次排采中断进行储层伤害定量化分析。通过对中断前后的储层渗透率的拟合与对比，定量计算中断后渗透率的下降程度，依次对排采中断的储层伤害进行定量化表征[12]。

18 次排采中断之前的储层渗透率在 0.44～3.82mD 之间，平均 1.61mD；中断之后的储层渗透率在 0.45～2.36mD 之间，平均 1.13mD（图 12），所有排采中断之后的渗透率均低于中断之前。

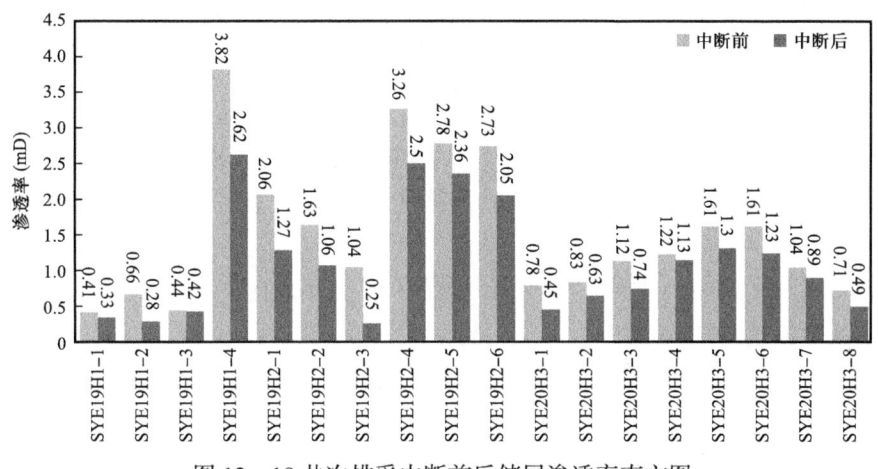

图 12　18 井次排采中断前后储层渗透率直方图

通过排采中断前后的渗透率对比可知，排采中断的储层伤害率在 4.55%～75.96% 之间，平均伤害率 28.9%（图 13），从该结果来看，松塔区煤层气井排采中断对储层的伤害较为明显。

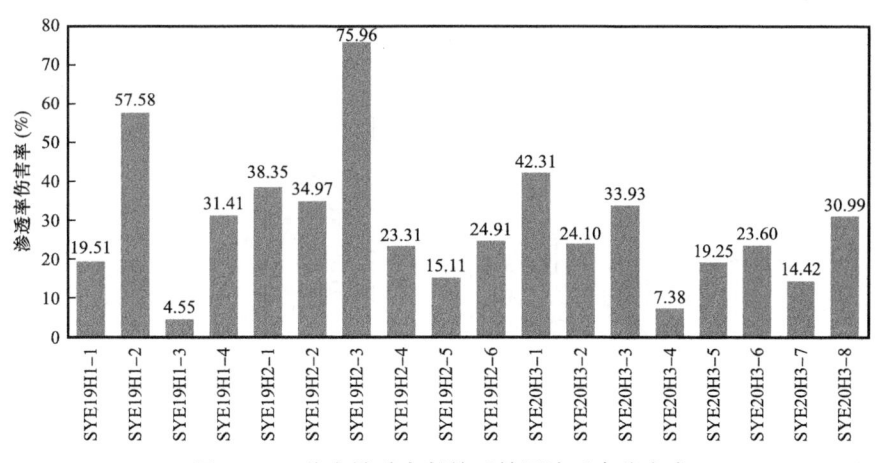

图 13　18 井次排采中断前后储层渗透率伤害率

通过对排采中断的伤害率与中断天数及流压恢复的关联分析可知，排采中断的伤害率与排采中断天数的正相关关系明显（图 14）。

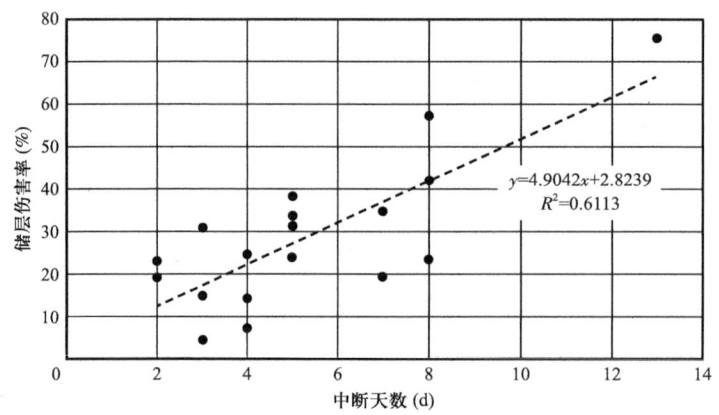

图 14 排采中断伤害率与中断天数交会关系图

基于上述定量分析结果，建议排采过程尽量避免中断，如必须中断排采进行作业，建议根据作业任务提前做好充分准备，将作业的时间尽量压缩。根据中断伤害程度与中断时间的对应关系，建议将每次排采中断的储层伤害率控制在 20% 以内，对应的作业时间不要超过 4d。

18 次排采中断共涉及 3 口井，分别为 SYE19-H1 井、SYE19-H2 井和 SYE20-H3 井，按单井统计其中断的储层伤害率平均分别为 25.26%、35.43% 和 24.50%，井间存在较为明显的差异，尤其是 SYE19-H2 井，平均伤害率明显高于其他两口井，显示出煤储层的非均质性较为明显。

按照 3 口井的排采中断天数与储层伤害率的对应关系，将排采中断的储层伤害率控制在 20% 以内所对应的中断时间分别为 4.7d、2.7d、3.0d（图 15），这一井间差异反映了不同井储层内部稳定性的差异，这一差异由储层自身的结构及储层改造的效果共同决定。3 口井中 SYE20-H3 井的中断时间与伤害率的关联关系比较弱，分析原因可能为该井的排采中断较为频繁（该井在 2021 年 10 月至 2022 年 6 月之间共发生了 8 次排采中断），导致储层始终未形成稳定的演化过程，分析失去规律性。

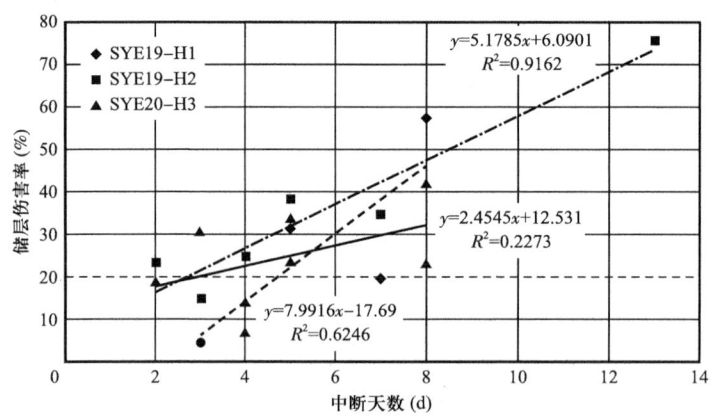

图 15 不同井中断伤害率与中断天数交会关系对比图

5 结论

(1)通过对 11 批次 62 井次的排采模拟分析,发现目前松塔区煤层气井的排采强度略偏低,现场实际压降速度平均 10.3kPa/d,建议平均压降速度提高到 13.1kPa/d,排采强度整体提高约 27.2%,根据该规律,建议松塔区适当提高排采强度,具体单井排采制度根据其储层动态特征分析后确定。

(2)松塔区煤层气水平井排采中断的伤害较为明显,建议尽量保持排采过程的连续稳定,作业时间尽量控制在 4d 以内(储层伤害低于 20%)。

参 考 文 献

[1] 肖富强,邹勇军,章双龙,等.丰城矿区乐平组煤层 CH_4 和 CO_2 吸附特征及吸附模型研究[J/OL].煤矿安全,[2024-07-10].

[2] 鲜保安,高德利,徐凤银,等.中国煤层气水平井钻完井技术研究进展[J].石油学报,2023,44(11):1974-1992.

[3] 马雄强,余莉珠,王大猛,等.中浅层煤层气井定量化排采制度[J].大庆石油地质与开发,2024,43(2):168-174.

[4] 魏迎春,孟涛,张劲,等.不同煤体结构煤储层与煤层气井产出煤粉特征的关系——以鄂尔多斯盆地东缘柳林区块为例[J].石油学报,2023,44(6):1000-1014.

[5] 朱苏阳,彭小龙,李传亮,等.一种煤层气藏相渗的获得方法及曲线形态讨论[J].岩石力学与工程学报,2019,38(8):1659-1666.

[6] 万军凤,李凯,冉超,等.考虑应力敏感的煤层气产能模型研究[J].煤炭技术,2016,35(8):311-313.

[7] Seidle J, Huitt L. Experimental Measurement of Coal Matrix Shrinkage Due to Gas Desorption and Implications for Cleat Permeability Increases [C] // International Meeting on Petroleum Engineering. Bei Jing: Society of Petroleum Engineers, 1995, 575-582.

[8] Palmer I, Mansoori J. How Permeability Depends On Stress and Pore Pressure In Coalbeds: A New Model [J]. SPE Reservoir Evaluation & Engineering, 1998, 1(6): 539-544.

[9] Shi J Q, Durucan S. Drawdown Induced Changes in Permeability Of Coalbeds: A New Interpretation Of The Reservoir Response To Primary Recovery [J]. Transport in Porous Media, 2004, 56(1): 1-16.

[10] Pedrosa O A. Pressure Transient Response in Stress-Sensitive Formations [C] //SPE California Regional Meeting Society of Petroleum Engineers. California: Society of Petroleum Engineers, 1986, 203-214.

[11] 柳迎红,房茂军,廖夏.煤层气排采阶段划分及排采制度制定[J].洁净煤技术,2015,21(3):121-124,128.

[12] 熊先钺.韩城区块煤层气连续排采主控因素及控制措施研究[D].北京:中国矿业大学(北京),2014.

临兴区块深部煤层气井产能控制因素探析

郭广山[1]，白玉湖[1]，房茂军[1]，刘彦成[2]，赵刚[2]，陈朝晖[1]，李利[1]

（1.中海油研究总院，北京100028；2.中联煤层气有限责任公司，北京100015）

摘　要：随着鄂尔多斯盆地东缘大吉区块深部煤层气勘探开发取得成功，深部煤层气已成为我国煤层气快速增储上产的重要领域。但是随着深部煤层气资源勘探开发进程的推进，部分地区煤层气井产能差异大，递减速度快等难题日益显现。本文以鄂尔多斯盆地东缘临兴区块为研究对象，建立地质、钻井、压裂和生产等动静态资料库，从深部煤层气富集成藏规律出发，基于煤层气"一井一策"产能评价技术，筛选出典型井实施地质诊断技术、工程工艺诊断技术和排采诊断技术。评价结果显示，过井十字地震剖面能有效显示煤层气井所在的区域构造背景和煤层发育情况；游离气含量、煤体结构、煤岩类型、顶底板组合及应力特征是控制深部煤层气产能的主要地质因素；较好井身结构、低伤害钻井液、大规模压裂技术是与深部煤层气相匹配的工程工艺；与深部煤层气地质相适应的全生命周期分阶段精细化排采制度是最有效的生产管理。该研究成果进一步丰富了深部煤层气产能评价体系，对鄂东缘深部煤层气勘探开发实践具有重要指导意义。

关键词：深部煤层气；产能；一井一策；临兴区块；鄂尔多斯盆地

我国煤层气行业历经二三十年勘探开发历程，已建成以沁水盆地、鄂尔多斯盆地东缘为主的煤层气产业基地，形成一批相对成熟的煤层气田。在煤层气富集成藏理论和工程工艺方面不断创新和突破，开采技术逐渐成熟。煤层气水平井技术、体积压裂技术、分段控压精细排采制度等一系列技术极大推动煤层气行业快速发展。截至2023年12月，估算我国已完钻煤层气井数达到22000口之多，且开发井型由最初的直井、定向井井组逐渐转变为以水平井开发为主。2023年全年煤层气总产量为$117.7 \times 10^8 m^3$，呈现逐年稳步增长的趋势[1-3]。对比国内开发程度相对较高的煤层气区块，发现煤层气产量呈现出：整体产量差异大，达产率整体偏低，井间产量差异大等特征。煤层气井产量受到诸多因素的影响，前人在地质因素、开发技术和生产管理等方面进行了大量的研究，认为地质因素是影响煤层气井产量的内在因素，开发技术和生产管理是基于煤层气地质特征基础上的人为因素[4-6]。近年来深部煤层气开发成为行业热点，煤层气井产量影响因素更加复杂，目前尚未形成较为系统的评价体系[7-8]。

本文以鄂东缘临兴区块深部煤层气田为研究对象，基于深部煤层气"一井一策"产能评价技术，选取典型深部煤层气井LX-001井，重点结合地质条件、钻完井质量、层压裂参数和排采管理，探讨影响研究区煤层气水平井产能的影响因素，针对性提出煤层气水平

第一作者：郭广山（1982-），男，河北沧州人，高级工程师，硕士，主要从事非常规油气地质方面的研究，E-mail：guogsh2@cnooc.com.cn。

井钻探的地质条件、钻完井设计参数、压裂参数和排采管理合理化建议，为研究区煤层气高效开发提供决策依据。

1 地质背景及勘探现状

1.1 地质背景

临兴地区位于鄂尔多斯盆地东缘的次级构造单元晋西挠褶带上，覆盖山西省吕梁市临县北部及兴县南部，地势整体呈现东高西低的特征。临兴地区中部受紫金山岩体侵入，断裂发育，区域内广泛发育石炭系—二叠系煤系地层，煤岩发育条件良好。

受晋西挠褶带区域构造的影响，临兴地区整体表现为向西倾斜的单斜构造，地层倾角较小，一般小于 5°，东部较陡西部较缓。随断裂强度的减弱临兴地区的构造格局总体上可分为紫金山隆起区、环紫金山向斜区、平缓构造区三个次级构造区。

1.2 地层及煤层

临兴地区煤系地层包括山西组、太原组及本溪组，层内共发育 10 多套煤层，其中山西组发育 $1\sim5^{\#}$ 煤层，太原组发育 $6\sim7^{\#}$ 煤层，本溪组发育 $8\sim13^{\#}$ 煤层，主力煤层为山西组 $4+5^{\#}$ 及本溪组 $8+9^{\#}$ 两套煤层。

1.3 勘探现状

2022 年，中联煤层气公司在致密气开发的基础上，提出致密气、煤层气全链条立体勘探开发。通过深部煤层气地质条件、煤储层特征、资源潜力和地质—工程双"甜点"的评价，逐步开展深部煤层气勘探开发工作，并进行生产试采，取得显著的效果（图 1）。截至 2023 年 12 月，共完钻 150 余口井，累计投产 85 口，目前日产气总量 $31\times10^4 m^3$，表现出较好的产气潜力。

2 评价流程与典型井筛选

2.1 评价流程

深部煤层气产能影响因素复杂，井组之间或相邻井之间产气效果差异明显，为能高效地生产和为下一步提供技术支撑，在收集整理动静态基础资料的基础上，从煤层气井所在井点的构造特征、沉积环境、煤层气地质条件、储层含气性、顶底板组合及应力特征入手，找出地质主控因素，进而对钻井、压裂进行分析，梳理不同阶段生产动态参数变化，提出优化建议，最终形成深部煤层气"一井一策"产能诊断技术[9-11]（图 2）。

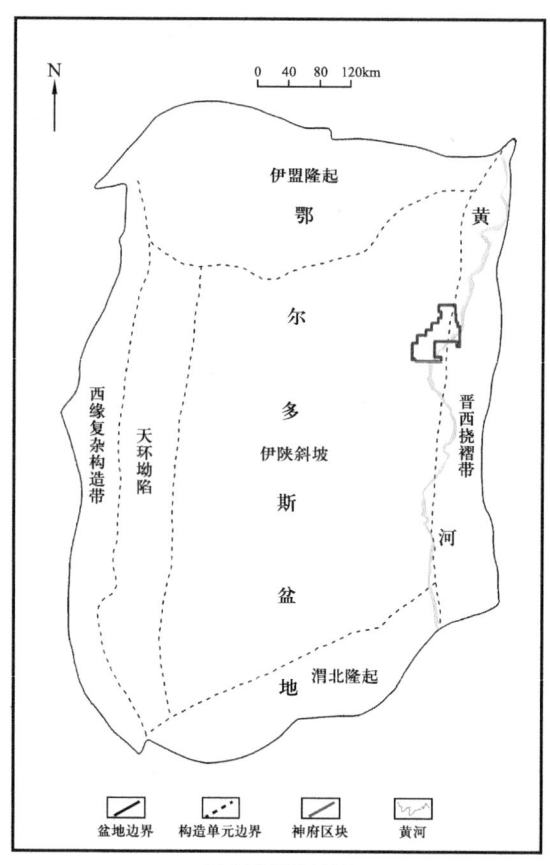 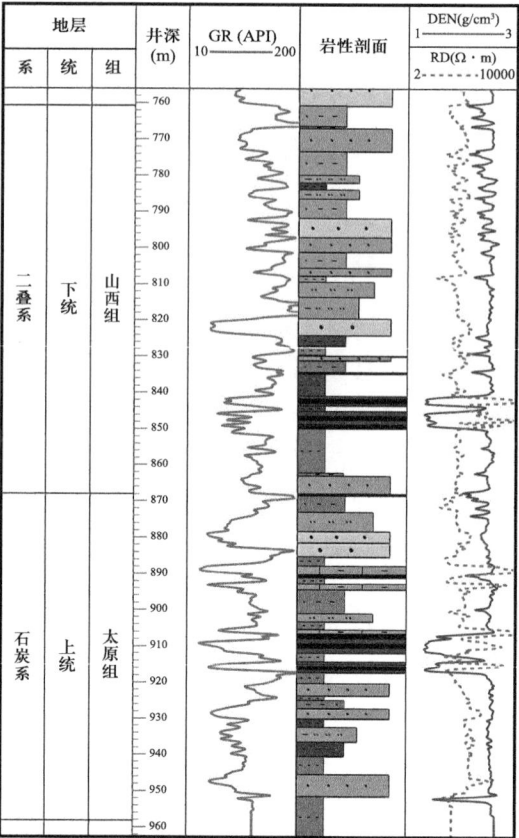

(a) 研究区位置图　　　　　　　　　　　(b) 综合柱状图

图 1　研究区位置及综合柱状图

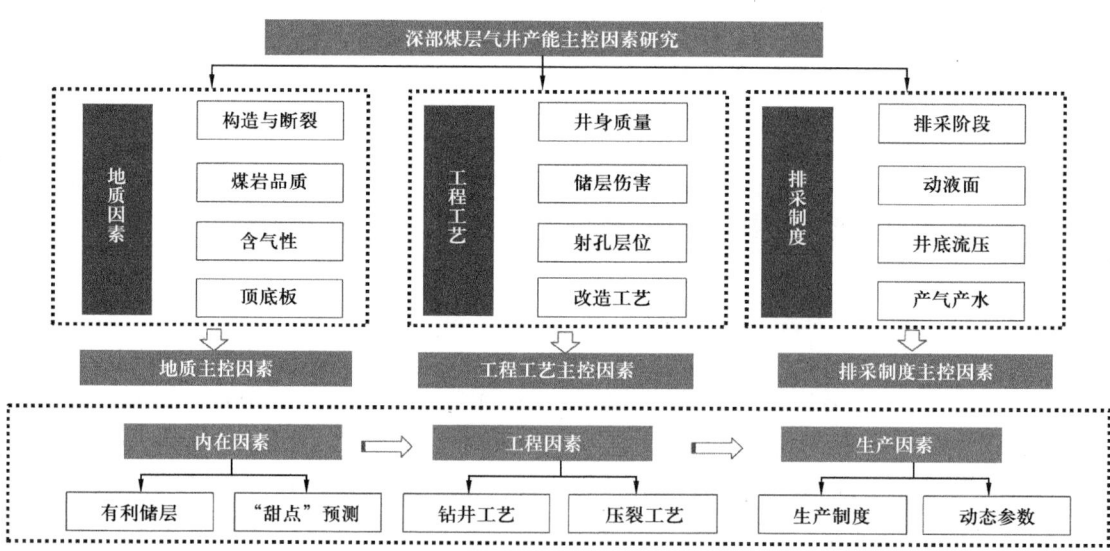

图 2　深部煤层气产能评价流程图

2.2 典型井筛选

本文选取典型井为 LX-001 井，该井位于临兴中区块东北部，开发煤层为本溪组 8+9# 煤层。该井井史主要为 2022 年 5 月 6 日开钻，5 月 25 日完钻，完钻深度 2186.0m，完钻层位本溪组；2022 年 9 月 29 日射孔作业，9 月 30 日进行压裂改造；2022 年 11 月 21 日投产，单产水 25d 后，见套产气，目前产气量 5600m³/d，产水量 7.66m³/d。

3 地质主控因素

3.1 地球物理特征

通过过井主测线可以看出该井位于地层相对平缓的区域，地层倾角小于 2°，煤层反射特征呈强振幅强连续特征。该井附近反射轴出现了地层起伏的特征，在井的西侧地层下倾，同时反射轴减弱，分析其原因主要是煤层受到地层起伏和厚度变化引起反射轴减弱，对井控范围内煤层气富集成藏起到一定的影响（图 3）。

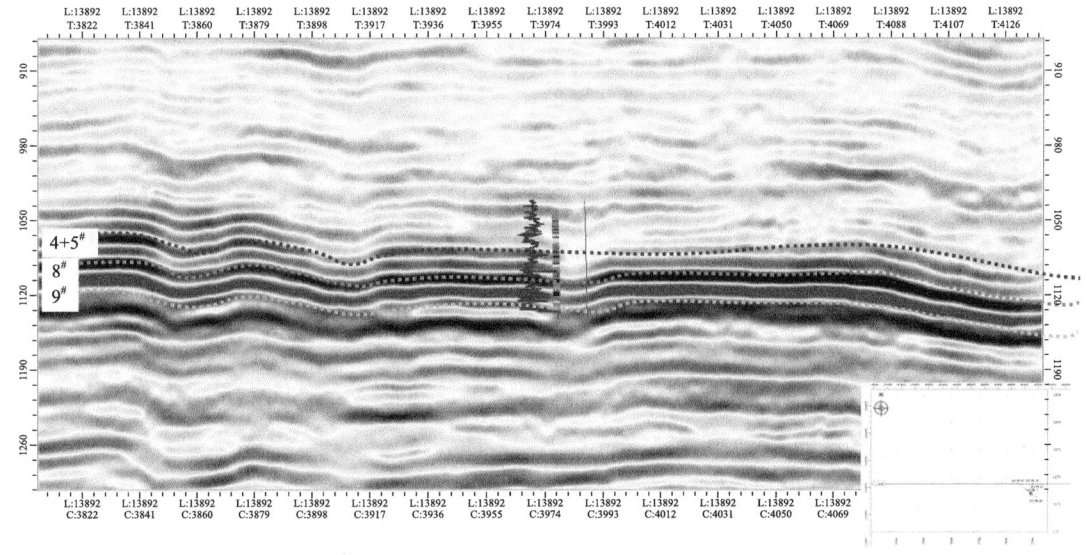

图 3 过井主测线

通过过井联络测线可以看出 8# 煤层反射相对较弱，连续性一般；9# 煤层强反射且连续性好。距离该井南边 800m 的位置发育一条规模较小的正断层，对含气性会造成一定的影响（图 4）。

3.2 沉积控煤作用

该井开发目的煤层为本溪组 8+9# 煤层，位于本一段中部，本溪组主要发育障壁海岸相，本一段以潮坪亚相为主，主要成煤环境是泥炭坪和泥坪，稳定的还原环境为成煤提供了良好的环境，造就了发育稳定且厚度较大的开发目的煤层（图 5）。

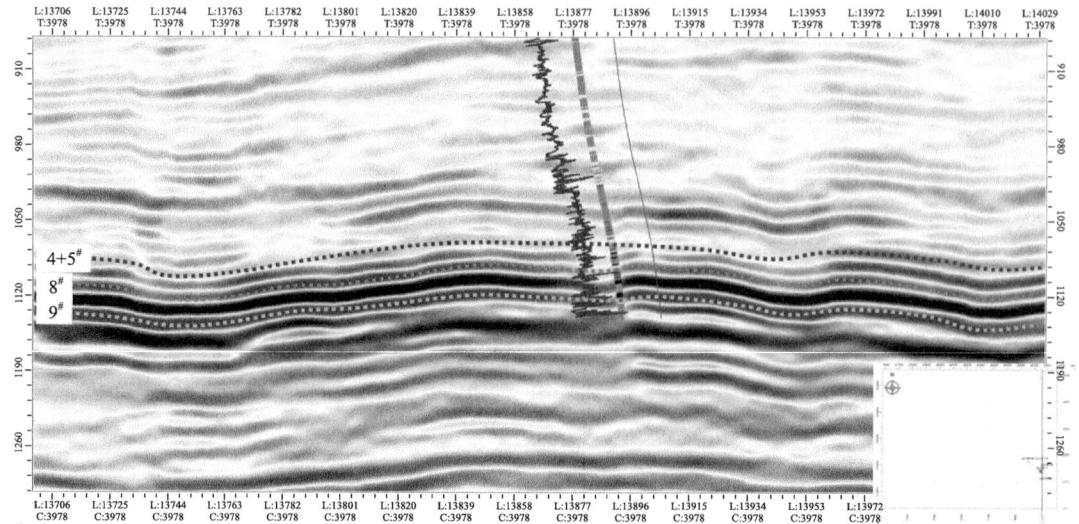

图 4 过井联络测线

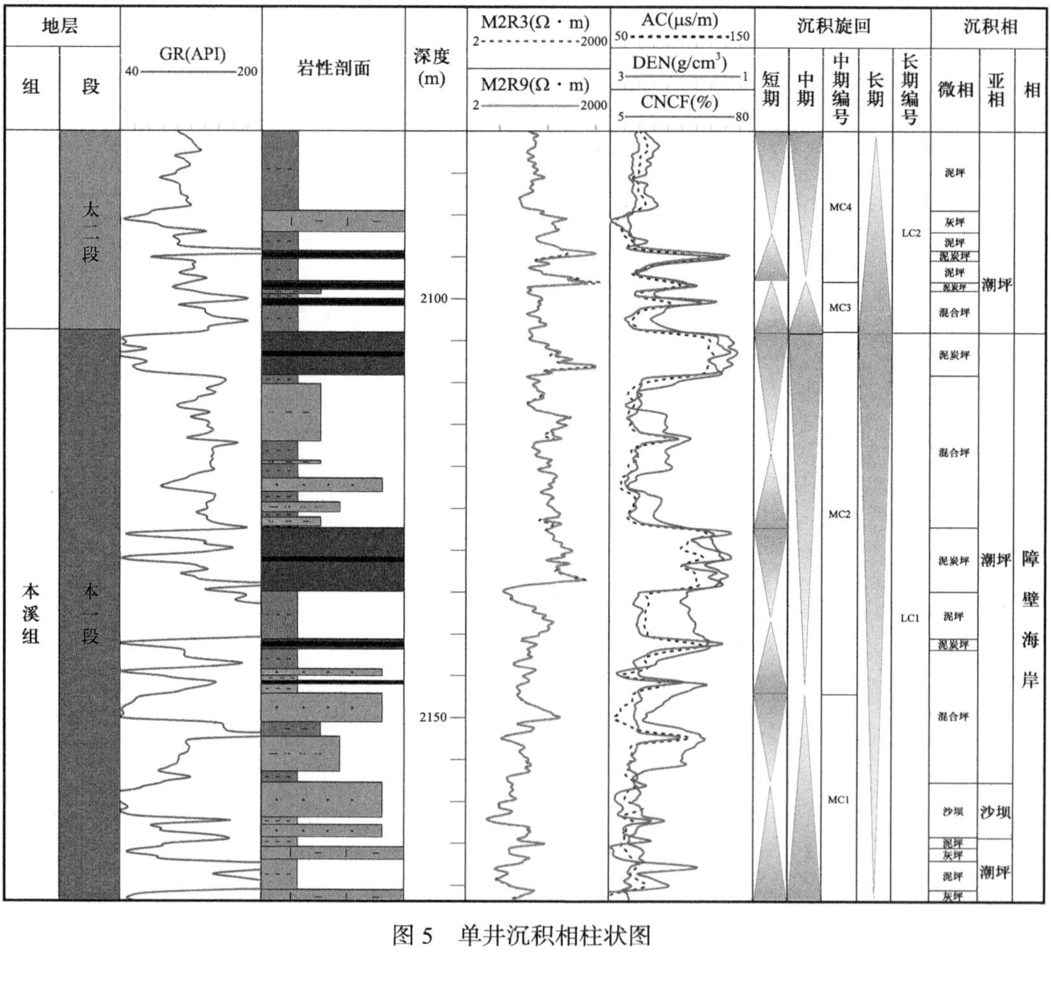

图 5 单井沉积相柱状图

- 226 -

3.3 煤岩特征

不同煤岩特征在甲烷吸附性、可压性，以及渗流条件等方面有所差异，这些差异也直接影响到煤层气富集成藏。通过对现场煤岩样品进行描述，8#煤层宏观煤岩类型以半暗煤和暗淡煤为主，9#煤层以半亮煤和半暗煤为主，从吸附能力、内生裂隙发育程度、可压裂方面分析，9#煤层整体优于8#煤层。

对现场煤样进行煤体结构描述，发现8#煤层以原生—碎裂结构为主，9#煤层以碎裂结构为主，原生结构—碎粒结构次之，煤体结构整体有利于后期工程工艺实施（图6）。

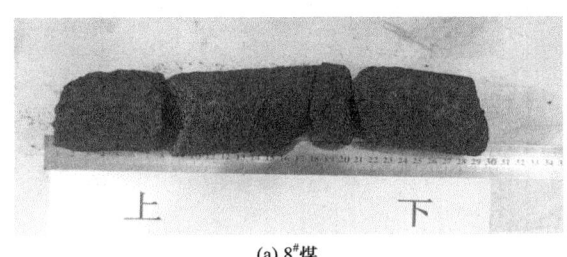

(a) 8#煤　　　　　　　　　　　　　　　(b) 9#煤

图6　开发煤层煤岩照片

3.4 储层含气性

通过绳索取心解吸实验测试，8#煤层含气量为12.14～25.44m³/t，平均18.61m³/t；9#煤层含气量为10.26～22.34m³/t，平均15.91m³/t。

游离气含量也是评价深部煤层气潜力的主要参数。通过对比含游离气井和不含游离气井测井曲线，通过多参数交会确定波阻抗、中子密度比和密度中子差三参数，可以有效判断是否含游离气。8#煤层声波时差高、体积密度小、中子密度比、密度中子差、波阻抗显示均较好，综合判断为优质的含游离气层；9#煤层低声波时差、高体积密度、中子密度差比小、波阻抗小，综合判断为不含游离气（图7）。整体来看，该井开发目的煤层属于中—高含气特征，且8#煤层部分层段含有游离气，地层能量较足，有利于深部煤层气勘探开发。

3.5 顶底板岩性组合和力学性质

8#煤层顶底板组合表现出"上泥下砂"组合，9#煤层顶底板组合表现出"上砂下泥"组合。将8+9#煤层作为一套整体开发层系，对上隔层和下隔层进行力学特征评价，上隔层杨氏模量为32.0GPa，泊松比0.28，地应力29.1MPa，与煤层应力差为3.9MPa；下隔层杨氏模量为24.0GPa，泊松比0.27，地应力29.01MPa，与煤层应力差为4.0MPa（表1，表2）。整体表现为顶底板组合条件较好，且双煤+双砂组合更有利于深部煤层气开发[12]。

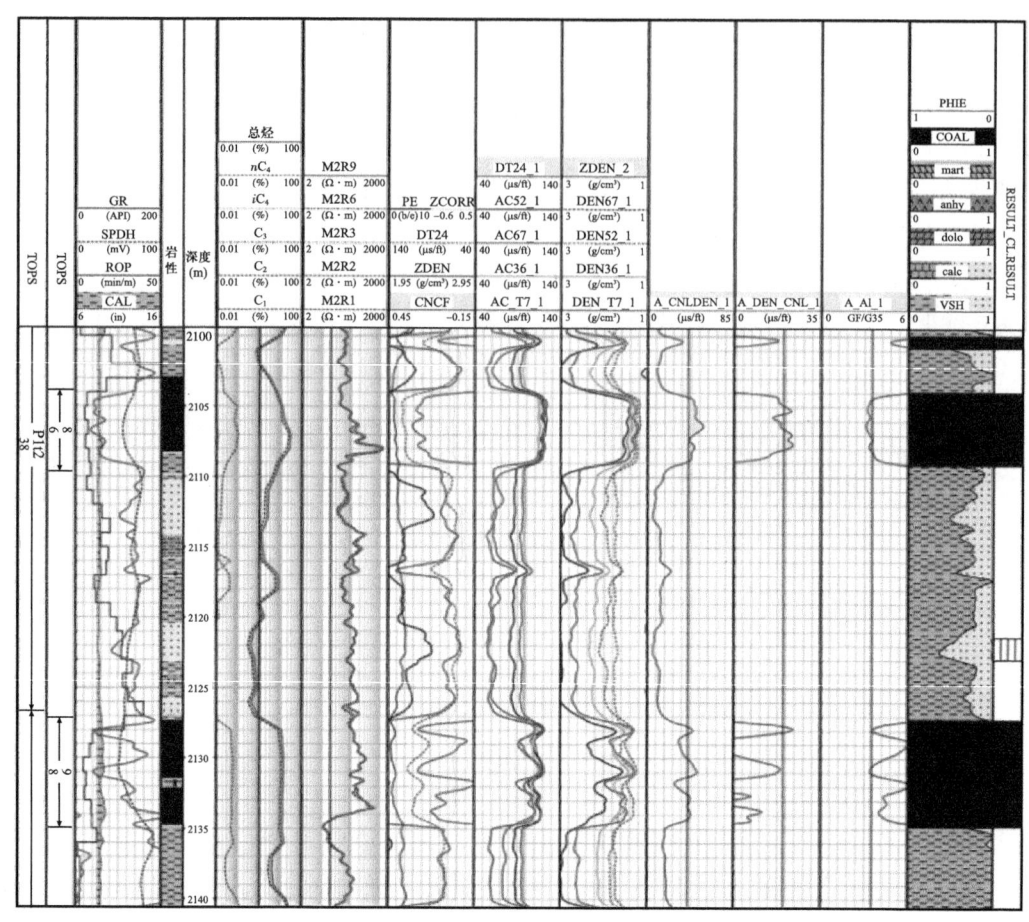

图 7 测井游离气评价曲线图

表 1 顶底板岩性发育及特征统计表

层位	顶斜深（m）	底斜深（m）	厚度（m）	岩性	含水性	渗透性
8# 煤顶板	2100.60	2102.90	2.30	泥岩	弱	差
8# 煤	2104.00	2109.10	5.10	煤层	弱	中
8# 煤底板	2110.30	2114.15	4.15	砂岩	弱	中
9# 煤顶板	2125.80	2126.85	1.05	砂岩	弱	中
9# 煤	2127.20	2134.80	7.60	煤层	弱	中
9# 煤底板	2136.00	2140.00	4.00	泥岩	弱	差

表 2 顶底板岩石力学及应力统计表

层位	隔层	应力（MPa）	应力差（MPa）	杨氏模量（GPa）	泊松比
8+9# 煤	上隔层	29.1	3.9	32.3	0.28
	煤层	33.0	—	9.6	0.35
	下隔层	29.0	4.0	24.0	0.27

4 工程工艺主控因素

4.1 钻井工程与产能关系

LX-001 井为一口典型定向井，一开采用 311.15mm 钻头，227.00mm 表层套管，二开采用 244.50mm 钻头，226.55mm 的套管，采用全井段固井完井方式。二开钻进过程中采用清水聚合物，钻井液密度为 1.12g/cm³，黏度为 40～50s（图 8），钻井过程中未出现井漏和复杂情况，井身结构较好，储层伤害较小[13-14]。

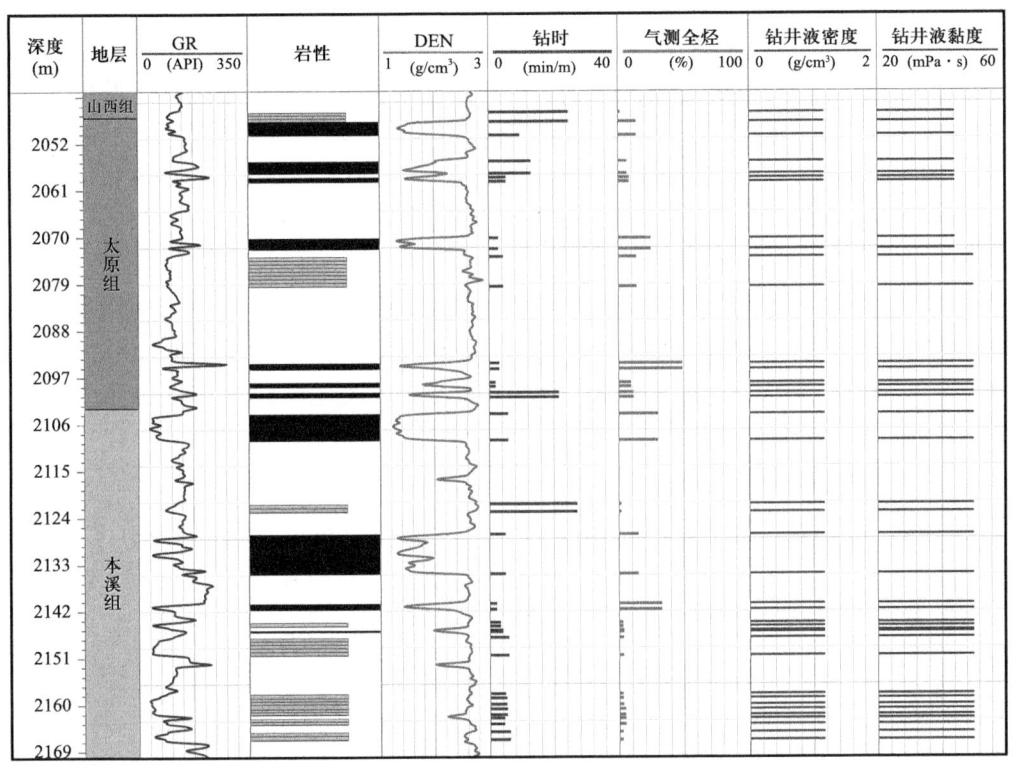

图 8 钻井施工参数图

4.2 压裂工程与产能关系

LX-001 井采用投球暂堵分层压裂工艺，压裂目的层为 8# 和 9# 煤层，采用"大排量+前置酸+高黏液+多级粉砂段塞"工艺，压裂液为变黏滑溜水，支撑剂为 70～140 目+40～70 目+30～50 目石英砂体系。压裂施工曲线表明裂缝延伸正常，投球暂堵存在暂堵升压，暂堵前后施工压力存在一定的差异，表明 8# 和 9# 煤层完成了有效储层改造。

筛选出 5 个压裂评价参数，分别为单位加砂量、前置液占比、携砂液占比、返排液总量和返排率，对压裂效果进行分析。分析结果显示，该井单位加砂量为 50.05m³，前置液占比为19.80%，携砂液占比77.60%，返排液总量687.18m³，返排率为34.15%。结果显示，该井采用了大规模体积压裂，整体改造效果较好，且裂缝得到有效开启；同时返排率较高，煤层气生产机制为排水降压、解吸生产，在压裂过程中向地层中注入大量的压裂液，对煤层进行了增压，返排量和返排率的大小能直接反映地层能量的大小，随着返排率的增加，煤储层能量逐渐向远端释放，形成压降范围，有利于后期煤层气稳定生产[7, 15-16]。

5 排采制度与产能关系

该井采用全生命周期分阶段精细化排采制度，由于深部煤层气地质条件和富集成藏的特殊性，单相水排采阶段相对较短，部分井开井即见气，同时由于煤储层属于高压储层，地层能量足，产气上升阶段相对较快，同时稳定产气阶段受到气水两相、储层伤害、压敏、气锁等多种因素的影响，因此结合该井生产特征，划分出"单相水降压阶段、产气上升阶段、稳定产气阶段"三个阶段分别制定不同的生产参数[17]。

单相水阶段：生产天数为25d，动液面下降速率为13.04m/d，井底流压下降速率0.14MPa/d，平均产水量为6.83m³/d。

产气上升阶段：生产天数24d，动液面下降速率为33.83m/d，井底流压下降速率0.24MPa/d，套压变化0.10MPa/d，平均产水量16.78m³/d，增气量168.58m³/d。

稳定产气阶段：投产到稳产阶段天数为59d，井底流压下降速率0.127MPa/d，套压变化0.028MPa/d，平均产水量10.78m³/d，平均产气量5806m³/d，最大产气量6800m³/d（图9）。

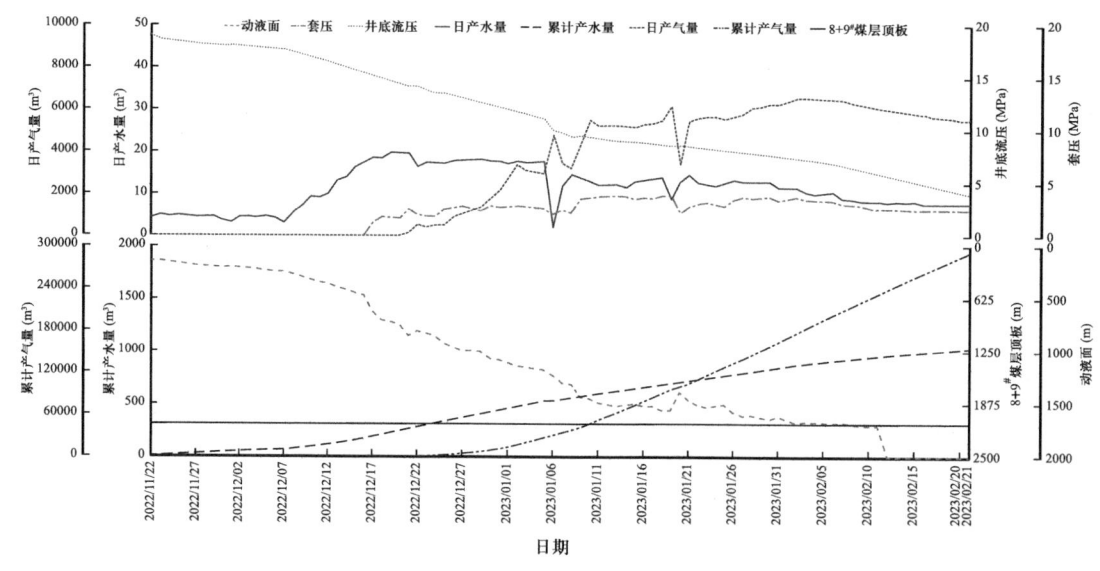

图9 生产曲线图

6 结论

（1）过井地震剖面能够较好地指示开发目的煤层所在区域地层起伏变化情况和煤层发育情况，一般选取强反射强连续的位置为相对有利井位。

（2）井控范围内煤层厚度、煤储层含气性、煤岩煤质特征、煤体结构和顶底板组合及应力情况是影响深部煤层气井主控地质因素。

（3）较好的井身结构、匹配性较好的低伤害钻井液、大规模体积压裂是深部煤层气井高产稳产必要的工程工艺需求。

（4）精细排采管理可有效避免煤储层伤害和贾敏效应引起的气锁；管理的关键在于精细划分排采阶段，制定不同排采阶段生产制度，同时要结合不同井地质条件和储层特征，对不同阶段生产制度进行优化和调整。

参 考 文 献

[1] 徐凤银，王勃，赵欣，等."双碳"目标下推进中国煤层气业务高质量发展的思考与建议[J].中国石油勘探，2021，26（3）：9-18.

[2] 徐凤银，侯伟，熊先钺，等.中国煤层气产业现状与发展战略[J].石油勘探与开发，2023，50（4）：669-682.

[3] 朱庆忠，杨延辉，左银卿，等.中国煤层气开发存在的问题及破解思路[J].天然气工业，2018，38（4）：96-100.

[4] 陶树，汤达祯，许浩，等.沁南煤层气井产能影响因素分析及开发建议[J].煤炭学报，2011，36（2）：194-198.

[5] 常会珍，郝春生，张蒙，等.寺河井田煤层气产能分布特征及影响因素分析[J].煤炭科学技术，2019，47（6）：171-177.

[6] 任建华，张亮，任韶然，等.柳林煤层气区块不同井型产能分析研究[J].煤炭学报，2015，40（S1）：158-163.

[7] 秦鹏，朱建英，刘世界，等.煤层气分段压裂水平井产能主控因素研究[J].煤，2021，31（4）：28-31.

[9] 吕玉民，柳迎红，陈桂华，等.沁水盆地南部煤层气水平井产能影响因素分析[J].煤炭科学技术，2020，48（10）：225-232.

[10] 王维旭，贺满江，王希友，等.筠连区块煤层气产能主控因素分析及综合评价[J].煤炭科学技术，2017，45（9）：194-200.

[11] 邵先杰，王彩凤，汤达祯，等.煤层气井产能模式及控制因素：以韩城地区为例[J].煤炭学报，2013，38（2）：271-276.

[12] 李俊，崔新瑞，张聪，等.影响煤层气井产能差异的主控地质因素分析：以樊庄区块北部为例[J].中国煤层气，2019，16（1）：13-16.

[13] 刘世奇，桑树勋，李梦溪，等.钻井/固井工艺对煤层气直井产能的控制研究[J].煤炭科学技术，2016，44（5）：89-94.

[14] 贾宗文，刘书杰，耿亚楠，等.柿庄区块钻完井工程对煤层气井产能的影响研究[J].煤炭科学技

术，2017，45（12）：182-188.

［15］王国义，卫强强，宋晓夏，等.太原西山古交区块煤层气井水力压裂效果评价［J］.煤炭科学技术，2018，46（6）：155-159.

［16］刘天授，张晓飞，王德贵.沁水盆地北部古交区块煤层气压裂工程属性评价［J］.煤炭技术，2021，40（2）：40-42.

［17］张晓飞，刘天授，王秀海，等.古交区块煤层气L型水平井排采工艺及配套技术研究［J］.煤炭技术，2021，40（9）：51-54.

低煤阶煤层气井产气规律及影响因素研究

王建俊，黄文松，刘玲莉，崔泽宏，卫晓怡，段利江，李铭

（中国石油勘探开发研究院，北京 100083）

摘　要：与中高阶煤相比，低阶煤煤层气藏成熟度低，含气量低，但埋藏相对浅，其孔隙度和渗透率好于中高阶煤。以澳大利亚苏拉特盆地 D 开发区为例，煤储层镜质组反射率为 0.6%，属于低煤阶煤层气藏，平均埋深 426m，平均渗透率约 645mD，平均含气量 4.2m³/t。以 D 开发区 200 余口合采井日产数据为基础，依据储量丰度划分为五类储量区域，得到产气峰值、EUR、动用半径、递减等低煤阶煤层气井产气规律。采用数值模拟方法，动静态参数相结合，对影响产能因素进行研究，结果表明储量丰度、渗透率、井距、最大生产压差是影响产能的主要因素，同时确定各因素影响程度，建立产能表征公式。研究结果为新井产能预测与生产评价提供了有效的方法。

关键词：低煤阶；产气峰值；递减；影响因素；产能表征

煤层气作为一种非常规能源，与常规气藏相比，生储均在同一地层空间中，且主要以吸附气为主，另外有少量的游离气，这也决定了其开发方式的特殊性。世界煤层气资源分布前五的国家分别是俄罗斯、美国、中国、加拿大、澳大利亚，其煤层气地质资源量占世界的 90%。中国煤层气资源丰富，东北、华北、西北和南方四大煤层气聚集区共有 40 余个含煤层气盆地[1]，地质年代以早中侏罗世煤系和石炭—二叠纪煤系为主，分布着高、中、低煤阶煤层气。目前规模开发的代表包含：高煤阶的沁水盆地南部地区、中高煤阶的鄂尔多斯盆地韩城地区、中低煤阶的鄂尔多斯盆地保德地区、低煤阶的准噶尔盆地南缘等。本文所研究的澳大利亚苏拉特盆地煤层气为低煤阶，目前主要由 APLNG、GLNG、QCLNG，以及 ARROW 四大公司开发，开发井总井数 6000 余口，年产气量 $400 \times 10^8 m^3$ 左右。

针对煤层气产能影响因素的研究，国内外许多学者利用实验、数值模拟，以及解析方法进行了相关研究[2-8]，针对低煤阶煤层气且渗透率高达上百个毫达西的区块，产能主要影响因素及其影响程度有待于进一步研讨。笔者选择苏拉特盆地 D 开发区作为研究对象，采用数值模拟手段，对产能影响因素及其影响程度进行研究。

基金项目：中国石油天然气股份有限公司"十四五"前瞻性基础性科技项目"澳大利亚低煤阶煤层气高效开发关键技术研究"（2021DJ3304）。

第一作者：王建俊（1985–），女，高级工程师，主要从事油气田开发、煤层气开发等方面的研究工作。

地址：北京市海淀区学院路 20 号中国石油勘探开发研究院亚太研究所，E-mail：wangjianjun2018@petrochina.com.cn。

1 地质特征

D开发区目标煤层组属于中侏罗统 Injune Creek 群 Walloon 亚群，划分为 Juandah 和 Taroom 两套煤层组，进一步细分为 6 个亚层组。关于苏拉特盆地的沉积、构造，以及水文地质条件，国内外学者进行了大量研究[9-14]。研究区域埋深 360~515m，平均埋深 426m，为东北—东南高、西南低的单向斜构造。煤层组平均厚度 18.4m，渗透率 645mD，含气量 $4.2m^3/t$，见表 1。同时为便于生产规律及产能影响因素研究，依据储量丰度将开发区划分为五类储量区带，储量丰度跨度在 $(1.6~5.7)×10^9ft^3/km^2$。高储量丰度 I 类区，煤层组埋藏深、厚度大、含气量高，渗透率低。区域地质因素的差异也导致了生产井开发效果的差异。

表 1 D开发区储量丰度分区对应的含气量与渗透率

分区	储量丰度分区标准 ($10^9ft^3/km^2$)	储量丰度 ($10^9ft^3/km^2$)			含气量 (m^3/t)			渗透率 (mD)		
		最小值	最大值	平均值	最小值	最大值	平均值	最小值	最大值	平均值
I	≥5.0	5.0	7.2	5.7	4.4	5.7	5.1	157	463	330
II	4.0~5.0	4.0	5.0	4.5	4.4	5.3	4.9	202	731	363
III	3.0~4.0	3.0	4.0	3.4	3.5	5.0	4.5	265	958	602
IV	2.0~3.0	2.0	3.0	2.5	3.2	5.0	4.1	346	979	678
V	<2.0	0.7	2.0	1.6	3.1	4.9	3.6	470	1000	837
平均			2.9			4.2			645	

2 煤层气井产气规律

D开发区合采井200余口，占比75.1%，合采井日产气量占到全区的95.5%。已投产合采井主要位于IV类、I类储量区域，合计占比53.5%；其次位于II类、III类储量区域，占比37.4%；V类储量区域井数最少，占比9.1%。合采井渗透率主要分布在300~600mD区域，占比71.2%；600mD以上区域占比16.2%，300mD以下区域占比12.6%。合采井原始地层压力主要分布在4~4.5MPa区域，占比46%；其次为3.5~4MPa区域，占比30.8%。从产气峰值上来看，合采井归一化后产气峰值$2.3×10^4m^3/d$，单采J煤层组井产气峰值为$1.1×10^4m^3/d$，单采T煤层组井产气峰值为$1.2×10^4m^3/d$，合采井产气峰值是单采井的2倍左右。

煤层气主要以吸附态赋存于基质孔隙中，游离气和溶解气量少，因此其生产过程要通过排水降低割理系统压力，使吸附气从基质微孔的内表面解吸，然后在浓度差的作用下扩散到孔隙、裂缝运移流向生产井。因此煤层气生产过程有其特殊性，可划分为四个生产阶段，即排水降压期、产量上升期、产量稳定期、产量递减期，如图1所示。

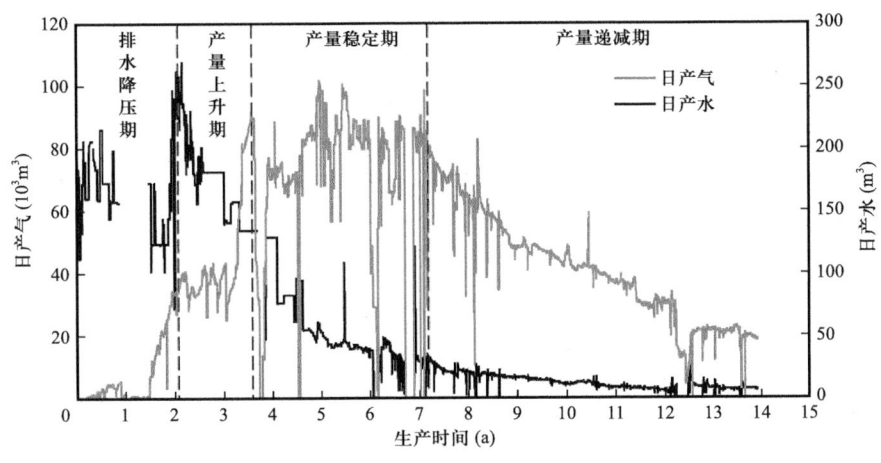

图 1 D 开发区单井产气产水曲线

2.1 储量丰度与产气峰值、EUR 呈正相关关系

为便于合采井生产规律研究，按照储量丰度、渗透率、开泵生产率、投产时间、产能高低进行分类，同时排除开泵生产率低于 80%、受地面设备影响的井，将正常生产井分为高产、中产、低产三大类，三类井所在区域分别对应储量丰度为大于 $4×10^9ft^3/km^2$、$(3～4)×10^9ft^3/km^2$、小于 $3×10^9ft^3/km^2$。高产井产气峰值 $5.2×10^4m^3/d$，EUR 为 $0.76×10^8m^3$；中产井产气峰值 $3.9×10^4m^3/d$，EUR 为 $0.55×10^8m^3$；低产井产气峰值 $2.0×10^4m^3/d$，EUR 为 $0.38×10^8m^3$。不同储量丰度区，生产井的生产效果差异较大，储量丰度越高，生产效果越好；峰值产量和 EUR 呈正相关关系，峰值产量越高，EUR 越大，如图 2 所示。

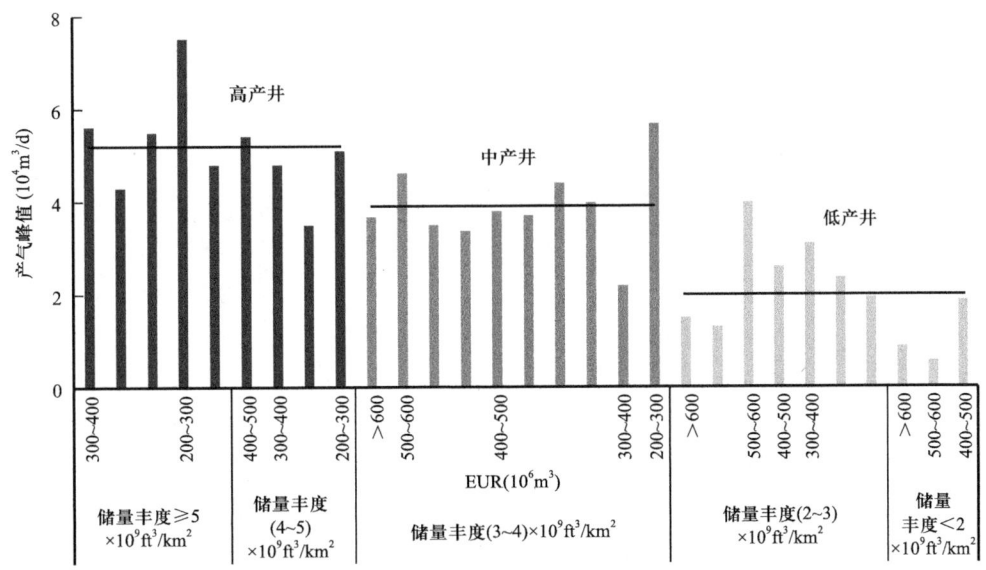

图 2 D 开发区不同类别产气峰值、EUR 与储量丰度对应关系

2.2 产气达峰时间约 1a，归一化产气峰值平均 $2.9 \times 10^4 m^3/d$

储层渗透率越大，越有利于煤层水的产出，排采相同时间内，边界压力变化幅度越大，压降传递速率越快，储层整体降压效果越好[14]，生产井见气越快，归一化产气峰值越高。D 开发区煤层组渗流条件好，位于不同储量区的高中低三类生产井，达峰时间接近，平均 340d，约 1a。高中低产井归一化产气峰值达到（1.8～3.7）$\times 10^4 m^3/d$，平均 $2.9 \times 10^4 m^3/d$，其中，高产井位于高储量丰度区，归一化产气峰值为 $3.7 \times 10^4 m^3/d$，中产井为 $3.2 \times 10^4 m^3/d$，低产井为 $1.8 \times 10^4 m^3/d$，如图 3 所示。

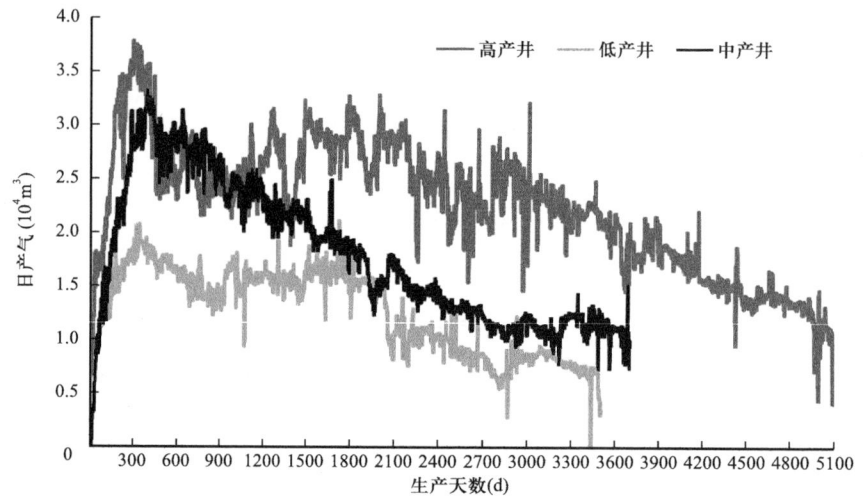

图 3　D 开发区不同类型井日产气归一化曲线图

同时，产气达峰时机出现在井底流压与水气比下降拐点处，如图 4 所示。煤层气依靠天然能量开发，在生产井工作制度不变的情况下，井底流压在一定程度上反映出生产井附近地层压力的变化，生产初期流压迅速下降至 1MPa 以下，在拐点 0.7MPa 后下降幅度变小，气体流动从不稳定流阶段过渡到拟稳定流阶段，日产气量逐渐下降。日产气达到峰值时，水气比也下降至拐点并稳定在 20～30$m^3/10^4 m^3$。

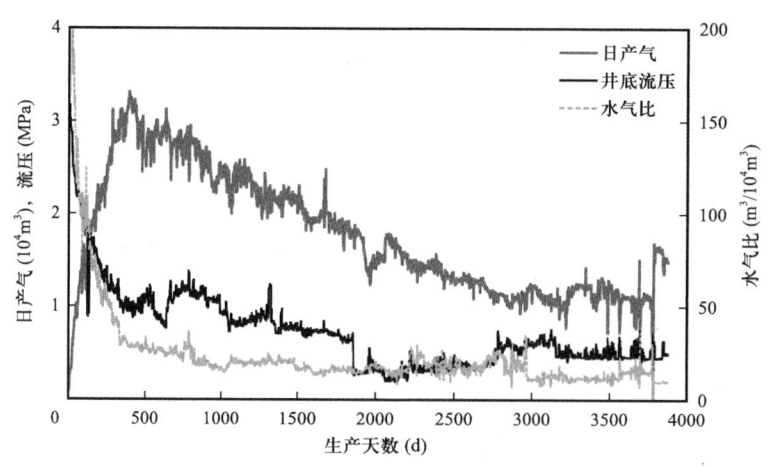

图 4　D 开发区中产井生产归一化曲线图

2.3 单井累计产气与累计产水正相关

煤层水压强能越大,煤储层产水潜力越大,吸附煤层气膨胀能越大,越利于煤层气产出[15-17]。D 开发区无外来水补充能量,因此单井累计产水量可以反映出储层的动用情况,累计产水量越高,累计产气越高,如图 5 所示,同时单井累计产水量与日产气峰值呈一定的正相关关系。

2.4 动用半径与 EUR 正相关,且存在关系拐点

合采井生产进入递减阶段,采用 Arps 方法预测单井 EUR,根据煤层气储量计算公式反求动用半径。通过分析,动用半径越大,EUR 越大,当动用半径大于 400m(拐点)后,EUR 增幅趋缓,如图 6 所示。同时说明本区域最优井距 800m 左右,另需考虑经济性等因素。

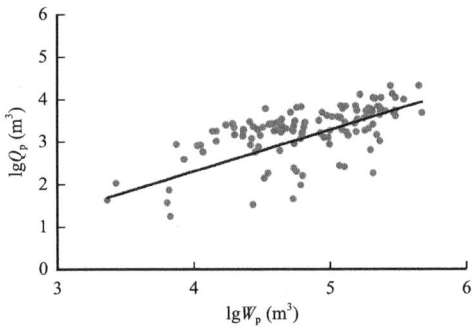

图 5　D 开发区单井累计产气与累计产水关系曲线图　　图 6　D 开发区单井 EUR 与动用半径关系图

2.5 以双曲递减为主,年递减率与储量丰度负相关

煤层气依靠天然能量开发,当产气量达到峰值后,随着煤层组含气量的下降,日产气量下降,进入递减阶段。不同储量丰度区带,开始递减的时间不同,68% 的合采井属于 Arps 双曲递减类型。对归一化日产气曲线进行递减分析,年递减率见表 2,年递减率 14.3%~23.6%,平均 17.2%。储量丰度越高,年递减率越低。

表 2　D 开发区不同储量丰度生产井递减参数统计表

储量区	递减初始时间（d）	递减初始产量（$10^4 m^3/d$）	递减指数 n	年递减率（%）
Ⅰ	3022	2.8	0.2	14.3
Ⅱ	1650	2.1	0.2	14.4
Ⅲ	1100	2.2	0.2	15.3
Ⅳ	2045	1.6	0.2	18.2
Ⅴ	706	1.5	0.2	23.6

2.6 产气受邻近区域生产影响，正负向干扰取决于投产时间

由于 D 开发区煤层组渗流条件好，不同阶段投产的邻近井区存在不同井间干扰。在同一储量丰度区内，晚投产 6a 的井组，与邻近早期投产井组相比，产气峰值相差 2 倍，EUR 相差 1.5 倍；晚投产 2a 以内的井组，排水降压期缩短，投产后日产气迅速上升，且产气峰值高，是早期投产井的 2 倍左右，可见，早期投产井对后期投产井产生正面或者负面影响，与两组井的投产时间有直接关系。机理模型设计 2 个井组，每个井组 9 口井。井组 1 为早期投产井组，井组 2 延迟投产 0.5a、1a、1.5a、2a、3a、4a、5a、6a（分别编号为方案 1 至方案 8），共计 8 个方案。

通过分析方案结果，如图 7 和图 8 所示，投产时间 1.5a 为分界点，即井组 2 在井组 1 投产 1.5a 内投产，井组 2 的产气峰值与累计产气基本优于井组 1，邻近区域生产产生正向干扰；井组 2 在井组 1 投产 1.5a 后投产，井组 2 的产气峰值与累计产气均低于井组 1，邻近区域生产产生负向干扰。

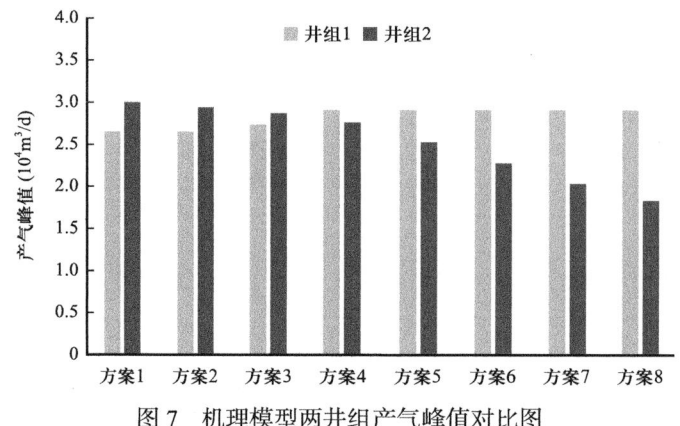

图 7　机理模型两井组产气峰值对比图

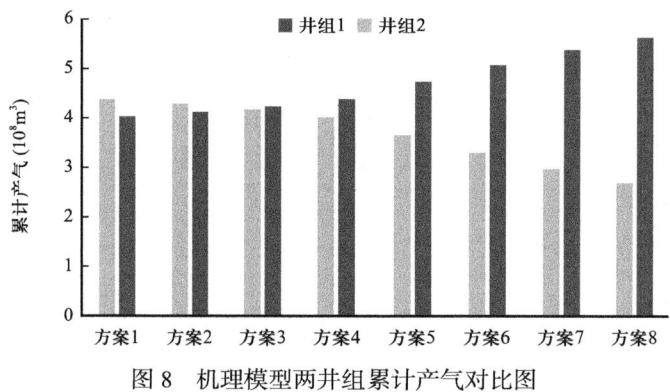

图 8　机理模型两井组累计产气对比图

进一步对正负向干扰的原因进行分析，井间干扰正负效果分界点的决定因素是煤层气解吸压力[18]。机理模型研究表明，仅井组 1 生产时，井区地层压力快速下降，形成压降漏斗，气体解吸，游离气增加；井组外围气体解吸后向井区聚集，形成高饱和度区。井组 1 投产后，地层压力快速下降到解吸点，煤层气解吸后，地层压力下降；井组 2 在晚投产

1.5a 以内时，投产时地层压力在解吸压力值附近，因此井组 2 在投产时，煤层气立即解吸，产量迅速上升，日产气峰值超过井组 1，此阶段为井组 1 对井组 2 正向影响；当井组 2 晚投产 1.5a 以上时，投产时地层压力已经降到解吸压力以下，煤层气早已解吸，并由于压降漏斗流向井组 1，此阶段井组 2 投产，日产气量低于井组 1，井组 1 的投产对井组 2 是负向影响，如图 9 所示。

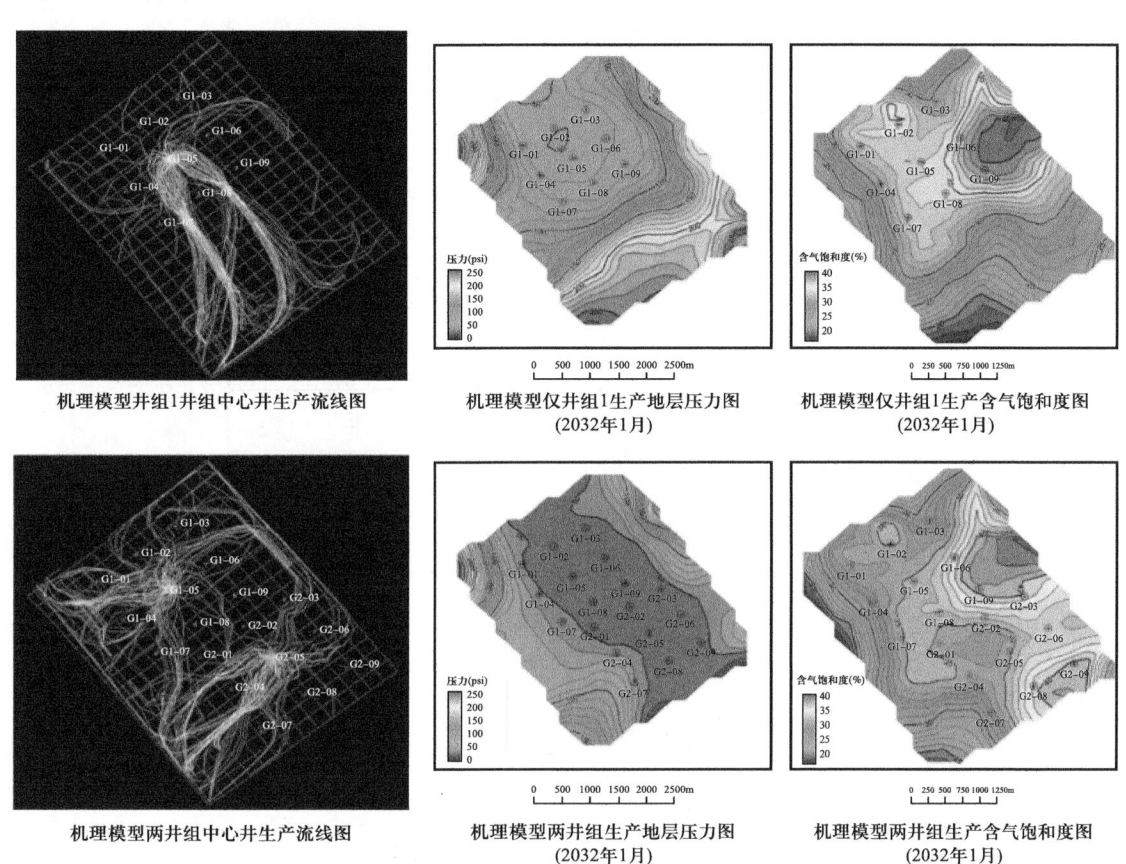

图 9　两井组流线、地层压力、含气饱和度分布图（2032 年 1 月）

3 产能影响因素分析

通常，产能影响因素分为地质因素与开发因素[19-20]。针对所研究的 D 开发区，选择五个关键因素进行分析，地质因素包括储量丰度、渗透率，开发因素包括井距、最大生产压差（原始地层压力与最小井底流压之差）。建立机理模型，包含 9 口井，网格步长 200m×200m。

影响产气峰值的各因素从大到小排序为：储量丰度、渗透率、最大生产压差、井距，权重分别为 0.34、0.25、0.24、0.17，如图 10 所示。对 EUR 的影响从大到小排序为储量丰度、井距、最大生产压差、渗透率，影响程度权重分别为 0.77、0.13、0.07、0.03，如图 11 所示，可见储量丰度与井距是影响 EUR 的主要因素。

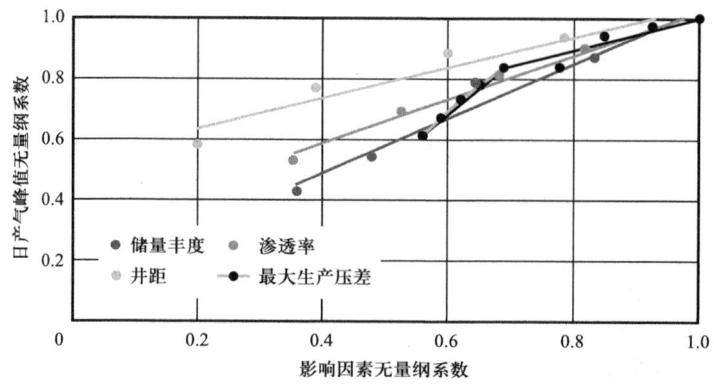

图 10　多因素与产气峰值无量纲图版

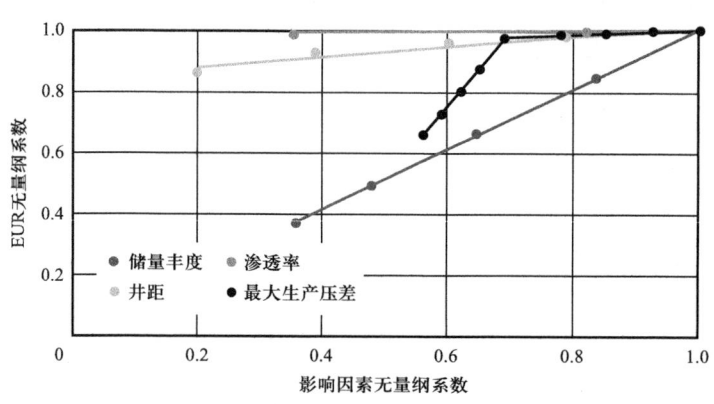

图 11　多因素与 EUR 无量纲图版

4　产能表征公式

根据多因素影响程度研究结果，确定储量丰度、渗透率、最大生产压差作为产气峰值综合评价系数计算的参数。三因素权重分别为：储量丰度 0.5，渗透率 0.15，最大生产压差 0.35。综合评价系数 C_1 如下：

$$C_1 = \frac{储量丰度}{储量丰度最大值} \times 0.5 + \frac{渗透率}{渗透率最大值} \times 0.15 + \frac{最大生产压差}{最大生产压差最大值} \times 0.35 \quad (1)$$

产气峰值 Q_{gmax} 与综合评价系数 C_1 关系如下：

$$Q_{gmax} = -10.494C_1^2 + 24.794C_1 - 7.973 \quad (2)$$

根据研究结果，确定储量丰度、最大生产压差作为 EUR 综合评价系数计算的参数，两因素权重：储量丰度 0.9，最大生产压差 0.1。综合评价系数 C_2 如下：

$$C_2 = \frac{储量丰度}{储量丰度最大值} \times 0.9 + \frac{最大生产压差}{最大生产压差最大值} \times 0.1 \quad (3)$$

EUR 与综合评价系数 C_2 的关系如下：

$$\text{EUR} = -0.544C_2^2 + 2.241C_2 - 0.4393 \tag{4}$$

公式（1）和公式（3）中，储量丰度最大值 $6.23 \times 10^9 \text{ft}^3/\text{km}^2$；渗透率最大值 687mD；最大生产压差最大值 4275kPa。

5 结论

（1）依据储量丰度将开发区划分为五类区带，合采井主要位于Ⅳ类、Ⅰ类储量区带。合采井生产阶段可划分为四个，即排水降压期、产量上升期、产量稳定期、产量递减期。

（2）通过分析 200 余口低煤阶煤层气井产气规律，储量丰度与产气峰值、EUR 呈正相关关系；产气达峰时间约 1a，归一化产气峰值平均 $2.9 \times 10^4 \text{m}^3/\text{d}$；单井累计产气与累计产水正相关；动用半径与 EUR 正相关，且存在关系拐点。单井以 Arps 双曲递减类型为主，五类储量丰度区带年递减率 14.3%～23.6%，平均 17.2%。储量丰度越高，年递减率越低。

（3）产气受邻近区域生产影响，正负向干扰取决于投产时间。研究区域投产时间 1.5a 为正负向干扰分界点。

（4）影响产气峰值的因素从大到小排序为储量丰度、渗透率、最大生产压差、井距，权重分别为 0.34、0.25、0.24、0.17。EUR 的影响从大到小排序为储量丰度、井距、最大生产压差、渗透率，其中储量丰度与井距是影响 EUR 的主要因素。

（5）确定综合评价系数，建立了产气峰值、EUR 与综合评价系数的产能表征公式。

参 考 文 献

[1] 孙赞东，贾承造，李相方，等.非常规油气勘探与开发 [M].北京：石油工业出版社，2011.

[2] 苏朋辉，夏朝辉，刘玲莉，等.澳大利亚 M 区块低煤阶煤层气井产能主控因素及合理开发方式 [J].岩性油气藏，2019，31（5）：121-128.

[3] 贾慧敏，胡秋嘉，毛建伟，等.高阶煤煤层气井产量递减规律及影响因素 [J].煤田地质与勘探，2020，48（3）：59-64.

[4] 刘世奇，桑树勋，李梦溪，等.樊庄区块煤层气井产能差异的关键地质影响因素及其控制机 [J].煤炭学报，2013，38（2）：277-283.

[5] 陶树，汤达祯，许浩，等.沁南煤层气井产能影响因素分析及开发建议 [J].煤炭学报，2011，36（2）：194-198.

[6] 娄剑青.影响煤层气井产量的因素分析 [J].天然气工业，2004，24（4）：62-64.

[7] 康园园，邵先杰，王彩凤.高—中煤阶煤层气井生产特征及影响因素分析：以樊庄、韩城矿区为例 [J].石油勘探与开发，2012，39（6）：728-732.

[8] 张奔，谭成仟，张铭，等.低阶煤层气产能影响因素分析及开采方式优化 [J].重庆科技学院学报（自然科学版），2021，23（2）：55-58.

[9] 淮银超，张铭，谭玉涵，等.澳大利亚东部 S 区块煤层气储层特征及有利区预测 [J].岩性油气藏，

2019, 31(1): 49-56.
[10] Zhou F, Shields D, Titheridge D, et al. Understanding the geometry and distribution of fluvial channel sandstones and coal in the Walloon coal Measures, Surat Basin, Australia[J]. Mar. Petrol. Geol., 2017, 86, 573-586.
[11] Jenkinson L, Flottmann T, Tingay M. Fines Production in the Walloon Subgroup, Surat Basin Queensland. International Conference & Exhibition, Melbourne, Australia[J]. AAPG Datapages/Search and Discovery Article, 2015, 90217.
[12] Ren F, Zhou F, Jeffries M, et al. Affecting factors on history matching field-level coal seam gas production from the Surat Basin, Australia[J]. Energy & Fuels, 2024, 38(4): 3131-3147.
[13] 崔泽宏,苏朋辉,刘玲莉,等.澳大利亚苏拉特盆地Surat区块低煤阶煤层定量表征与区带划分优选[J].中国石油勘探,2022,27(2):108-118.
[14] Scott S, Anderson B, Crosdale P, et al. Coal petrology and coal seam gas contents of the Walloon Subgroup-Surat Basin, Queensland, Australia[J]. Int. J. Coal Geol., 2007, 70(1-3): 209-222.
[15] 肖宇航,朱庆忠,杨延辉,等.煤储层能量及其对煤层气开发的影响——以郑庄区块为例[J].煤炭学报,2021,46(10):3286-3297.
[16] 章朋,孟雅,刘超英,等.煤层气井排采中煤储层稳定性分析方法与应用——以郑庄区块为例[J].煤炭学报,2022,47(4):1620-1628.
[17] 张松航,唐书恒,孟尚志,等.煤储层含水性及其对煤层气产出的控制机理[J].煤炭学报,2023,48(S1):171-184.
[18] 胡秋嘉,毛崇昊,樊彬,等.高煤阶煤层气井储层压降扩展规律及其在井网优化中的应用[J].煤炭学报,2021,46(8):2524-2533.
[19] 罗忠琴,刘鹏,孟凡彬.低阶煤煤层气富集区预测方法研究与应用[J].煤田地质与勘探,2021,49(6):251-257.
[20] 孙泽良.吉尔嘎朗图凹陷低阶煤层气开发技术优化[D].北京:中国矿业大学(北京),2021.

低阶巨厚煤层开发难点与对策

——以二连盆地吉尔嘎朗图凹陷为例

王宁[1,2]，鲁秀芹[1,2]，刘忠[1,2]，李志军[1,2]，杨延辉[2]，高燕[1]，吴浩宇[1]，聂志昆[1]，李江江[1,2]

(1.中国石油华北油田分公司勘探开发研究院，河北 任丘 062552；2.中国石油天然气集团有限公司煤层气开采先导基地，河北 任丘 062552)

摘 要：通过分析二连盆地吉尔嘎朗图凹陷低阶褐煤含气性、渗透率、压裂改造效果等因素对气井产量的影响，明确了平面及纵向富集规律及成因、裂缝扩展机制，以及高效降压机理，综合室内实验、测井等资料优选"甜点"段与数值模拟方法，结果表明：产气量对含气量非常敏感，含气量低于 $2m^3/t$ 后，单井 EUR 对含气量更加敏感，关联度排序表明含气量对吉尔嘎朗图低煤阶产能最为敏感，储层的可改造性由软煤渗透性决定，为产能次要因素，其后影响因素依次是初始渗透率、孔隙度和饱和度。为有效优选"甜点"段，通过核磁测井解释评价了储层物性，建立孔隙结构识别图版和 GR-DEN 包络面筛选地质—工程"甜点"段的综合判识图版，通过压裂工艺评价与优化，优选开发层段，采用大规模、低砂比的压裂方式使改造体积达到老井的 2 倍以上，解决了压裂过程施工压力低、漏失量大、出砂量大的问题。针对煤储层厚度大、高含水和低含气丰度的地质特征，建立三种协同井网模式，形成"立体协同降压"开发技术，总体实现了：(1) 直井单井产气量突破 $2000m^3/d$；(2) 陆续开展钻井、压裂、排采工程技术试验，并取得初步成效；(3) 可规模建产 $2\times10^8m^3/a$ 以上。

关键词："甜点"优选；数值模拟；单井 EUR；判识图版；立体协同压降

我国低煤阶煤层气资源量丰富，达 $10.3\times10^{12}m^3$，占全国煤层气总资源量的 1/3 以上[1-3]，但勘探程度相对较低，二连盆地是重要的低煤阶煤层气区块，其中含煤盆地 13 个，含煤面积 $4618\times10^4km^2$，煤层气资源量 $3264\times10^8m^3$，目前处于研究试验阶段。对比国外低煤阶煤层气现状，美国粉河盆地、澳大利亚 Surat 盆地和加拿大阿尔伯塔盆地的开发过程中采用的裸眼洞穴完井技术和连续油管压裂改造技术对我国煤储层并不适用[4-10]。二连盆地吉尔嘎朗图凹陷是重点先导试验区，首次在褐煤区实现煤层气工业气流，取得突破，开启了我国低煤阶煤层气产业的序幕。与国内低煤阶对比，吉尔嘎朗图凹陷为褐煤，含气量低，为孔隙型煤层，发育层理，不发育割理，煤层单层厚度大，裂缝起裂规律不同

作者简介：王宁，男，1987 年 10 月生，硕士，高级工程师，就职于中国石油华北油田分公司勘探开发研究院，主要从事煤层气藏开发地质、排采动态等相关研究工作。地址：河北省任丘市建设中路 1 号，华北油田勘探开发研究院煤层气研究分院，邮政编码 062552，联系电话：18630757689，E-mail：yjy_wangning@petrochina.com.cn。

于国内低阶煤，不能完全照抄其开发理念及技术。其开发中面临5个主要问题：（1）低煤阶煤层气平面及纵向富集规律及成因不清楚，裂缝扩展机制、高效降压机理不明确，不能指导单井产量提高；（2）前期高产主控因素认识不足，无法有效指导"甜点"区优选，"甜点"段的评价结果、识别标准不精确，"甜点"段优选技术不成熟；（3）厚煤层协同降压井网部署技术不成熟，煤层向南北两侧分叉减薄，多套薄煤层开发技术未形成，未形成针对性的井型、开发层系等开发技术；（4）压裂过程施工压力低，漏失量大，出砂量大，现有压裂技术不能实现高产；（5）低煤阶煤层产水量大，需形成有效降压的排采制度。针对以上问题需形成一系列关键技术：（1）加强低煤阶煤层高产理论，高产机制不同于高煤阶，亟须基于实验研究成果及储层认识，进行裂缝扩展规律、高效降压理论研究，为高效开发提供方向；（2）形成煤层"甜点"区（段）优选技术，煤层内部多种煤岩类型交替出现，解决储层物性、含气性、可改造性非均质性强的问题；（3）高效开发对策及效益方案编制技术，实现区块效益开发；（4）低煤阶储层压裂改造机制不明确，低煤阶煤岩储层及流体赋存特征不同于高阶煤，亟待优选具有适应性的压裂方式；（5）高效排采控制技术，气—水产出机理不同于高煤阶，需优化排采控制方法，实现连续高效排采。"十三五"以来，通过对吉尔嘎朗图凹陷低煤阶褐煤的系统评价，取得三个方面的主要成果：（1）直井单井产气量突破2000m^3/d；（2）陆续开展钻井、压裂、排采工程技术试验，并取得初步成效；（3）可规模建产$2 \times 10^8 m^3$/a以上。笔者通过开展地质综合评价，精细对比划分储层，识别煤层纵向差异，优选有利层段，揭示压降扩散规律，开展立体降压井网优化，明确开发技术对策，建立低阶煤储层适应地质工程的储层评价方法，研究低煤阶煤层气产能主控因素，支撑区块主体开发技术，形成规模建产区，实现效益开发。

1 勘探开发概况

吉尔嘎朗图凹陷处于二连盆地东部乌尼特坳陷西南端中部的中央构造带及东洼槽，垂直凹陷走向可以划分为陡坡带、洼槽带和缓坡带，自西南向东北可依次划分为西洼槽、中央低凸起、东洼槽三个次级构造带，产建区主要位于中部和东部，区内发育两套煤层，侏罗系煤层埋藏深、煤层薄（单层厚3～6m），勘探评价潜力低；白垩系赛汉塔拉组煤层厚度大，是勘探开发的主力煤层组，Ⅳ煤组厚度最大、埋深浅且含气性好（3～4m^3/t），是开发主要目标层位，采出水矿化度为3525～6079mg/L，平均4851mg/L，水型为$NaHCO_3$型。建产区主要位于滞留区，设计直井/定向井17口，单井产能2500m^3/d，解吸压力2.1～2.6MPa，大斜度井5口，单井产能3500m^3/d，水平井2口，单井产能8000m^3/d，压裂方式主要采用桥塞分层大规模压裂方式。通过开展先导试验区，实施不同井型组合试验，增加单井有效储量控制程度，优化升级工程技术，大井组整体排水降压，从而提高单井产量，提升开发效益。

吉尔嘎朗图凹陷含气量主要为1～3m^3/t，煤层具有厚度大、纵向非均质性强的特点，研究储层沉积变化规律，构建了不同煤岩类型的沉积旋回模式，建立低阶巨厚煤岩沉积模式，将赛汉塔拉组共划分11个煤层，根据电性特征、岩性描述和地震相多指标对巨厚煤层划分小层，巨厚煤层具有低伽马（3～30API），低密度（1.15～1.5g/cm^3），以及以巨厚煤层为主，泥岩夹矸较发育，或者煤层泥岩互层，顶板地震相表现为波谷，内部为中频强振幅的反射特征，JM3 和 JM14 两个井区的含气量和含气饱和度具有明显差异性，从而造成两个井区改造规模差异，如图1所示。

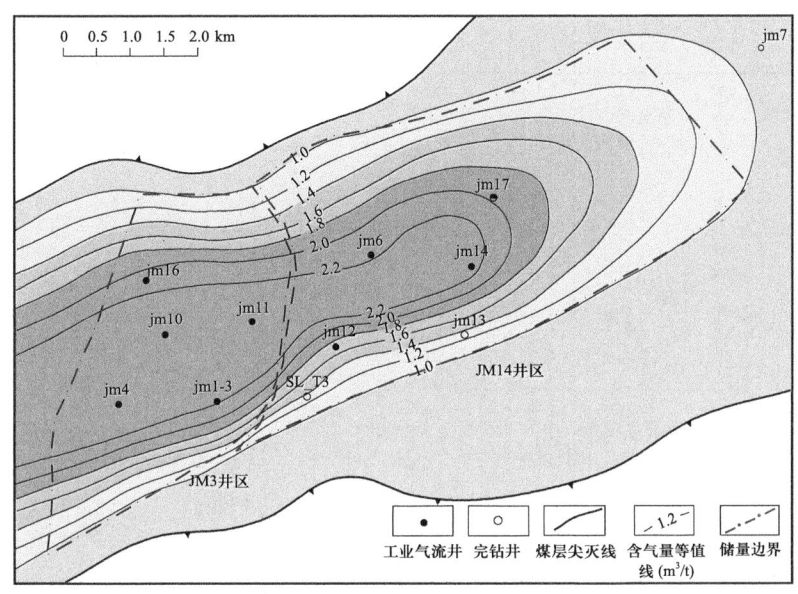

图1　JM3 和 JM14 井区含气量等值线图

2 产能主控因素研究

2.1 含气量对产气量的影响

JM14 井区含气量、含气饱和度低，加大压裂规模后，产气量总体低于 JM3 井区，产气量与含气量（解吸压力）成正比，含气量是影响产能的主控因素，统计表明砂液量存在最优区间，在区间内峰值产气量达到最高，如图2所示。

通过建立单井储层参数建立机理模型，设定符合实际巨厚储层物性和含气量的相关参数，见表1。对结果进行数值模拟评价，结果表明产气量对含气量非常敏感，随含气量增加，产气量大幅增加，含气量低于 $2m^3/t$ 后，单井 EUR 对含气量更加敏感，随含气量降低单井 EUR 骤降，如图3所示。

2.2 储层物性对产气量的影响

通过岩心观察和渗透率实验，排水后渗透率增加有助于产量提升，实验结果表明孔隙度35%、含水量高，含气量低，未失水裂隙不发育，失水风干后裂隙张开，次生裂缝增多，渗透性增大。根据核磁共振测定吉尔嘎朗图低阶煤平均孔隙度为40%，与上述实验结果相近，平均渗透率为 2mD，平均含气量为 $2m^3/t$，表现为水相吸附性强；储层孔渗表现为高孔隙度、中低渗透率，造成"水大气小"的气水产出特征，充分排水后含水减少、渗透率增加有助于产量提升（图4），吉尔嘎朗图低煤阶煤岩具有"高孔隙度、高含水、低含气量"，造成"产水量大、产气量小"的特征。

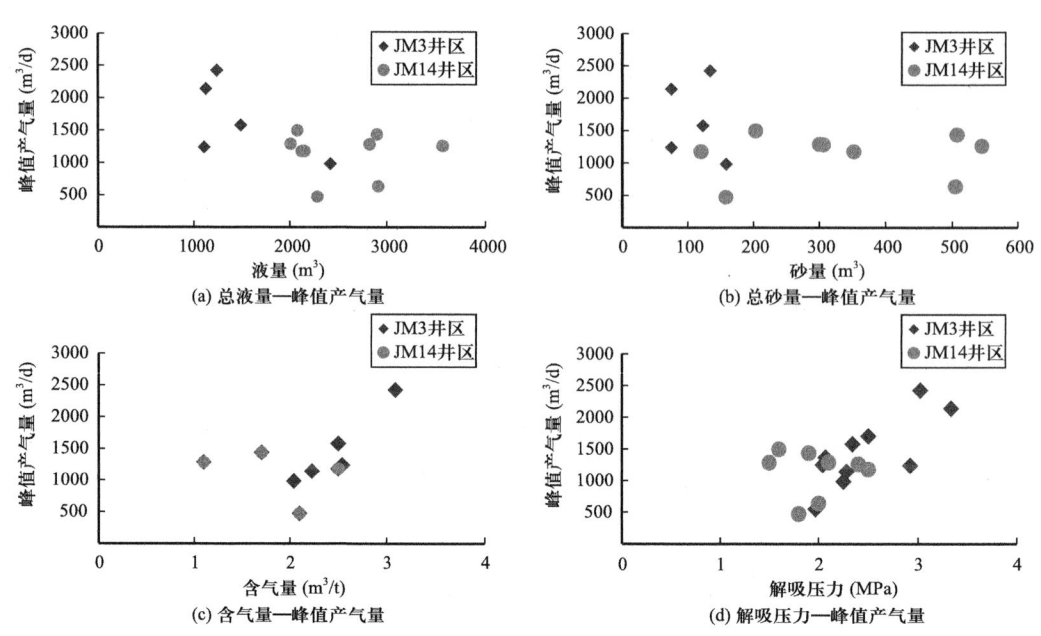

图 2　影响峰值产气量的多因素相关性图

表 1　吉煤 4 井储层物性及改造参数表

煤储层参数	数值	煤储层参数	数值	压裂缝相关参数	数值
煤厚（m）	70	解吸压力（MPa）	3.0	裂隙渗透率（mD）	100
埋深（m）	410	裂隙孔隙度	0.2	压裂裂缝半长（m）	80
层数（层）	14	兰氏体积（m^3/t）	5.5	压裂裂缝高度（m）	10
裂隙渗透率（mD）	0.28	兰氏压力（MPa）	2.5	压裂裂缝宽度（m）	0.03
温度（℃）	25	含气饱和度（%）	80	弹性模量（MPa）	2800
裂隙水饱和度（%）	99.9	含气量（m^3/d）	3	泊松比	0.3
储层压力（MPa）	4.1			扩散系数（m^2/s）	3.5×10^{-5}

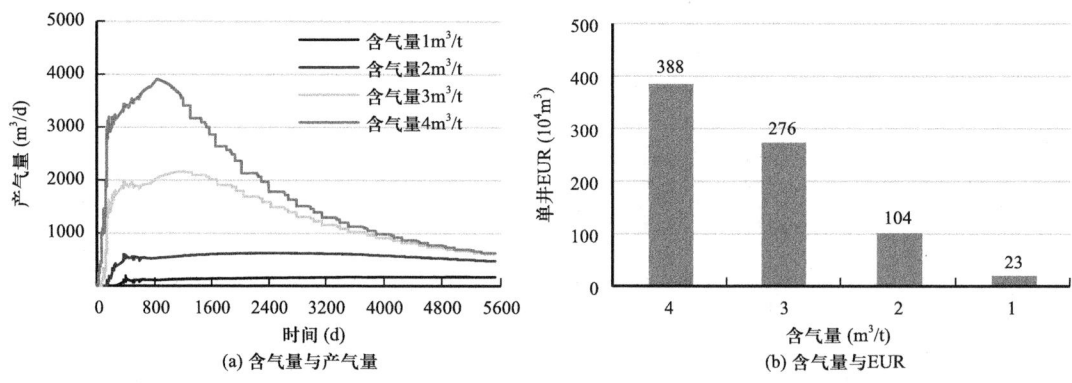

图 3　不同含气量模型的产气及 EUR 关系图

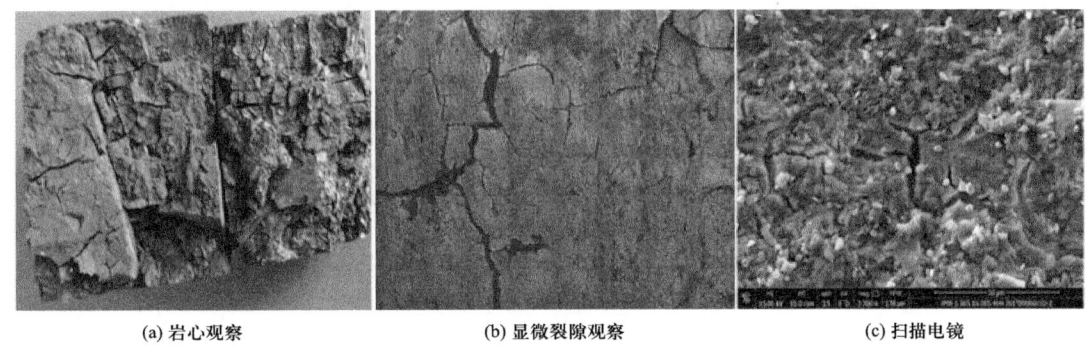

(a) 岩心观察　　　　　　　　　(b) 显微裂隙观察　　　　　　　　(c) 扫描电镜

图 4　吉尔嘎朗图煤岩岩心观察图

依据数模计算结果，随着裂隙孔隙度和含水饱和度的增大，储水量增加，储层降压难度大，且水相渗透率增加，产气量降低，随渗透率增大，产出流体量增大，产气量增大，如图 5 所示。

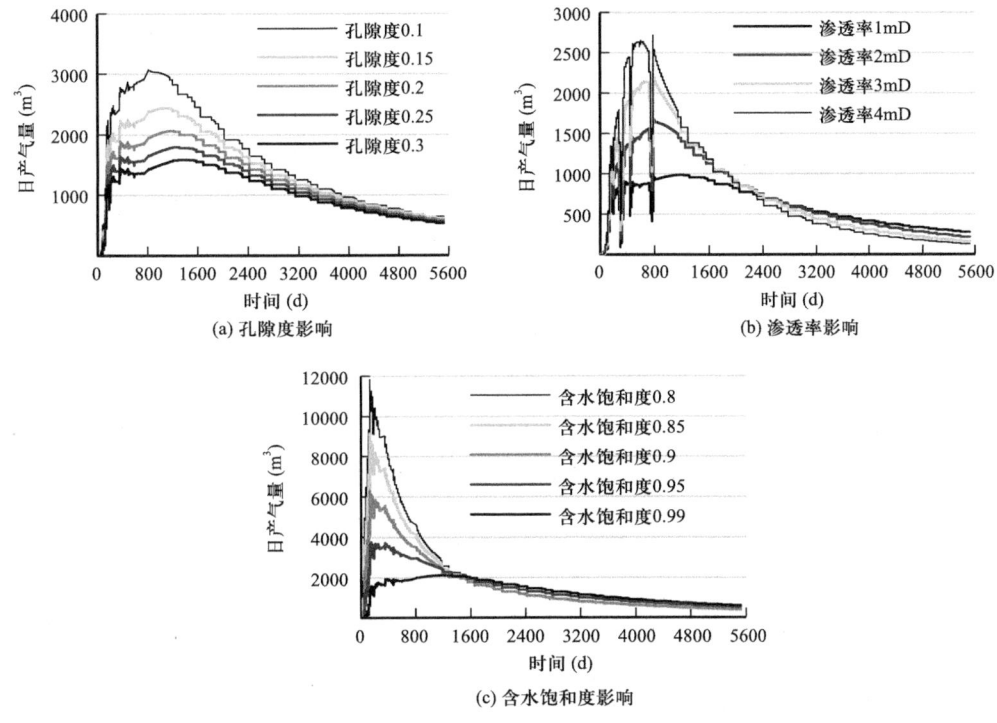

图 5　裂隙孔隙度、渗透率和含水饱和度对产气量影响

实际生产证实，JP1 井附近直井在水平井排水后产量自然上升，根据协同压降机理模型，如图 6 和图 7 所示，直井与水平井相邻，第 1 阶段水平井优先解吸，在排水一定时间后，受协同压降作用，直井开始解吸，后期两者共同解吸，第 2 阶段开始均衡降压；JP1 井附近的直井 JM10 井，水平井生产一段时间后 JM10 井气量明显上升，说明发生协同降压作用，井位优化时，应采用立体井网、井组耦合的方式进行整体降压。

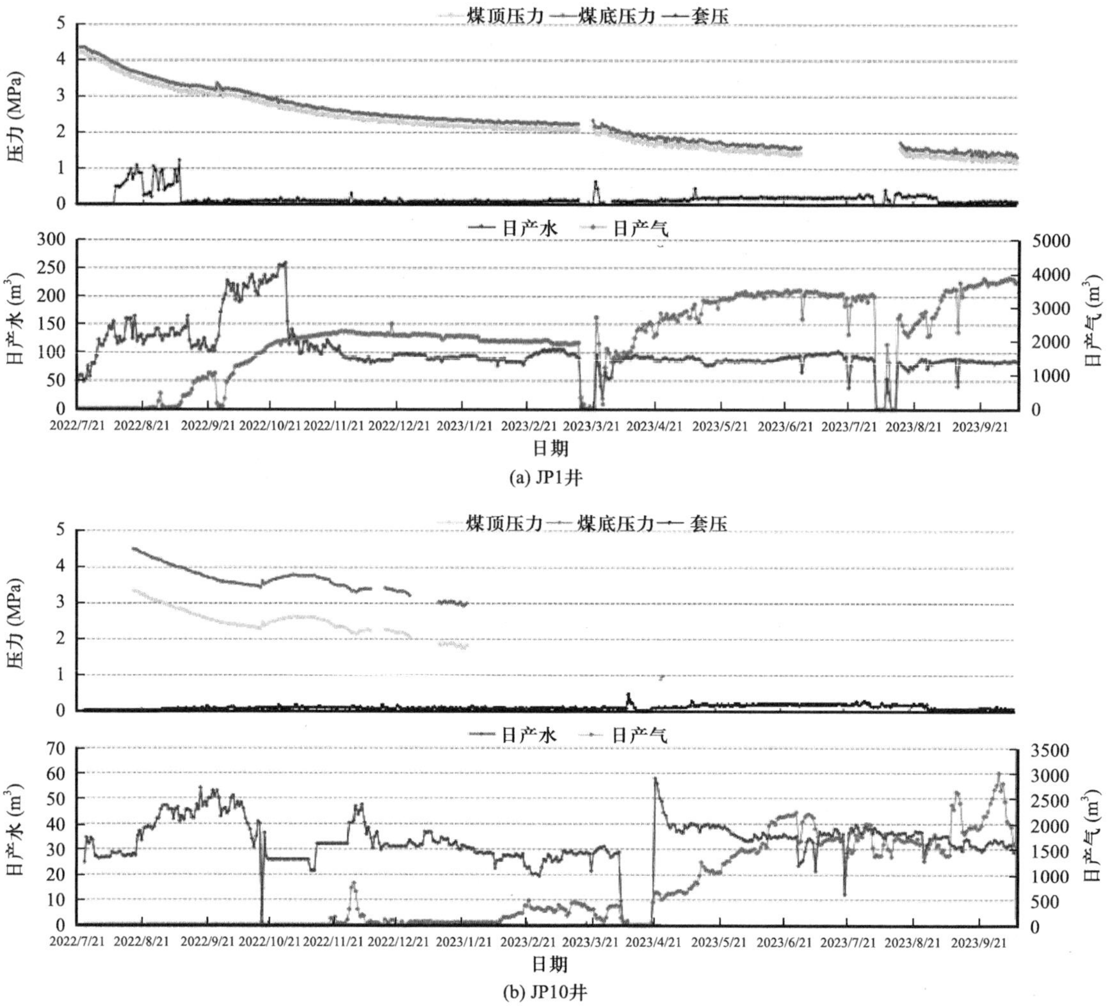

图 6 JP1 井和 JP10 井排采曲线

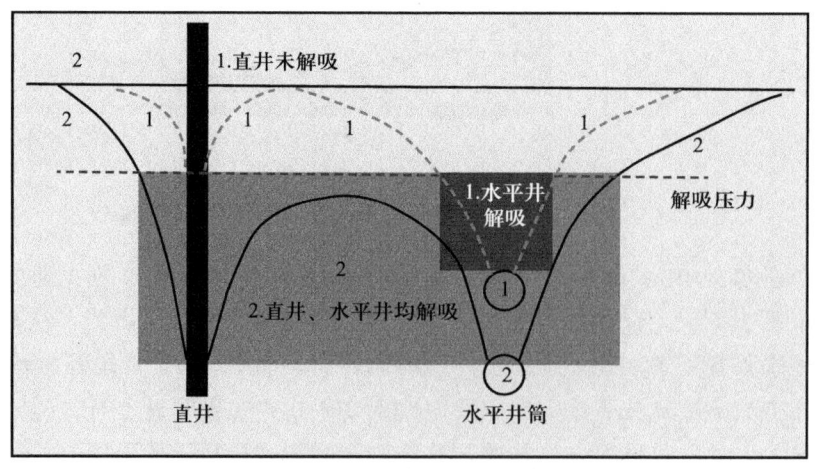

图 7 直井—水平井协同降压机理示意图

2.3 压裂改造对产气量的影响

通过室内实验评价低阶煤的可改造性，和高阶煤相比，低阶煤杨氏模量偏低，泊松比高，硬度低，煤质软，抗拉强度和抗压强度均低于高阶煤，破裂压力梯度远低于高阶煤，闭合压力梯度远低于高阶煤，压裂后不易闭合，木质煤和碎屑煤压后产生微裂缝，延伸短且曲折，不易产生宏观裂缝。矿化煤既无宏观裂缝也无微裂缝，综合考虑不同煤岩类型的裂隙发育、可改造性、占比和含气量等因素，优选木质煤和碎屑煤进行开发。

由于该区储层物性相对较差[11-14]，生产气水比较低，基于物质平衡原理，利用排水阶段的井底流压—累计产水量直线段斜率得到单井的有效控制体积，有效控制体积是影响产能的重要因素，选取可压性好的层段有利于增大改造体积，通过理论计算，有效控制体积减去自然渗流体积得到压裂改造体积，符合微地震监测结果的62%~75%，结果表明：有效控制体积越大，稳产时间越长，累计产气量越大，JM14井区有效控制体积$210×10^4m^3$，千立方米以上稳产时间仅230d（表2），JM3井区含气量高，有效控制体积$120×10^4m^3$，千立方米以上稳产时间430d，为了提高产气能力，先导试验区JM14井区需要增大压裂改造的有效控制体积。

表2 煤层气井计算压裂体积与裂缝监测关系表

井号	有效控制体积（10^4m^3）	计算压裂体积（有效控制体积—自然渗流体积）（10^4m^3）	监测裂缝总体积（10^4m^3）	计算压裂体积与微地震监测体积之比（%）
JM6二次压裂	122	69	92	75
JM12	214	86	120	72
JM14-3	212	140	198	70
JP3	204	177	204	62

有效控制体积反映储层改造效果，其与稳产时间和产气量呈正相关，JM14井区有效控制体积超过$150×10^4m^3$后稳产时间增速变慢，累计产气量达到近$170×10^4m^3$后增速变缓，说明超过一定有效控制体积后，产气和稳产会受到影响，分析为储层含气饱和度和产气通道受限，如图8所示。

优选可压性好的"甜点"段实施压裂，提高压裂液量和砂量可提高有效控制体积，结果表明总液量和总砂量均与控制体积呈正相关，但受不同压裂段改造效果差异较大的影响，相关性不强，如图9所示。

吉尔嘎朗图凹陷煤层气井产能受多因素影响，各因素对产能的影响程度不同，采用灰色关联分析法分析主控因素；依据煤层气井实际产量和数值模拟结果，产能影响因素主要有含气量、压裂可改造性、储层渗透率、孔隙度和饱和度等，见表3。

灰色关联法中确定反映了系统行为特征的数列为参考数列（气井产能），影响系统行为的因素组成的数据序列为比较数列（含气量、渗透率、改造体积、孔隙度和饱和度），通过计算关联度排序，表明含气量对吉尔嘎朗图低煤阶产能最为敏感，储层改造性由软煤渗透性决定因素，为产能次要因素，其后影响因素依次是初始渗透率、孔隙度和饱和度。

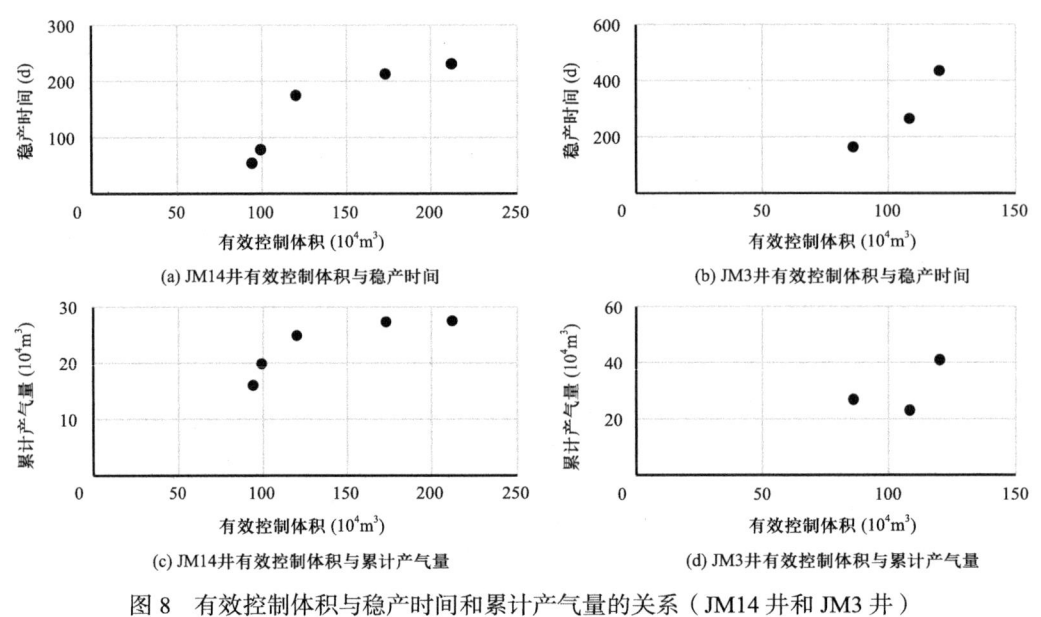

图 8 有效控制体积与稳产时间和累计产气量的关系（JM14 井和 JM3 井）

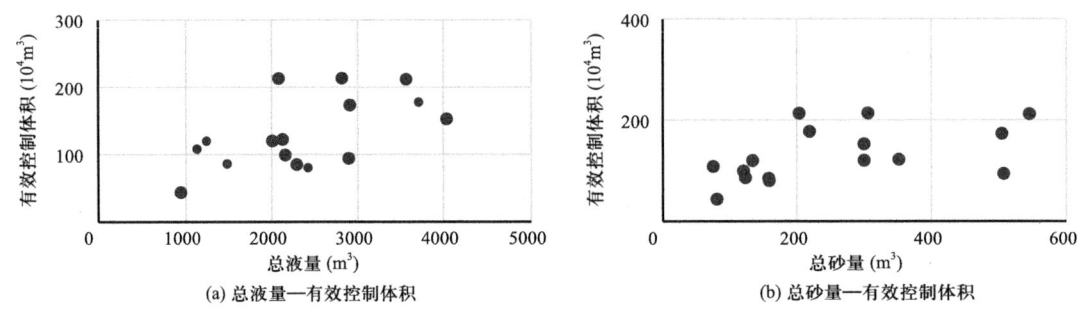

图 9 压裂砂液量与有效控制体积的关系

表 3 煤层气井产能与各影响因素数据表

井号	稳产日产气量 (m³)	含气量 (m³/t)	初始渗透率 (mD)	改造体积 (m³)	孔隙度	饱和度
MN1	3000	4	>4	>350	0.10	0.95
MN2	2500	3~4	4	>300	0.15	0.96~0.98
MN3	2000	3	3	220~300	0.20	0.99
MN4	1500	2~3	2	120~220	0.25	>0.99
MN5	1000	2	1	100~200	0.30	
MN6	500	1	<1	20~100	>0.30	

3 低煤阶巨厚煤层高效开发技术

针对产能影响主要因素,解决低煤阶巨厚煤层3方面难题:(1)增大改造体积提高单井控制储量,通过试验水平井,优化压裂工艺参数;(2)充分排水,提高生产气水比,构建立体降压井网,保障排采的连续稳定;(3)选取"甜点"段实现效益开发,优选煤岩类型、孔隙结构确定"甜点"段,实现低阶巨厚储层煤层气的高效开发。

3.1 "甜点"段的优选技术

低煤阶富集高产规律不同于高煤阶[15-17],通过核磁测井解释评价孔隙结构,建立孔隙结构识别图版,优选吸附孔和渗流孔连通性好的层段,建立平面和纵向上选区选段的标准,筛选含气量高、储层相对较好、压裂易改造的"甜点"区和"甜点"段进行开发,核磁共振实验中可流动峰封闭的面积越大,一般渗流空间越大,微—小孔峰与中—大孔峰相连续,表征吸附孔和渗流孔之间连通性好。

建立孔隙类型测井识别模板,Ⅰ类孔隙结构发育中孔,渗流通道发育,且吸附孔和渗流孔之间连通性好,利于沟通微—小孔,Ⅱ类孔隙结构渗流通道少,Ⅲ类超大孔发育,电阻率低,含水较高,Ⅳ类孔隙结构不发育渗流孔隙,较为致密,如图10所示。

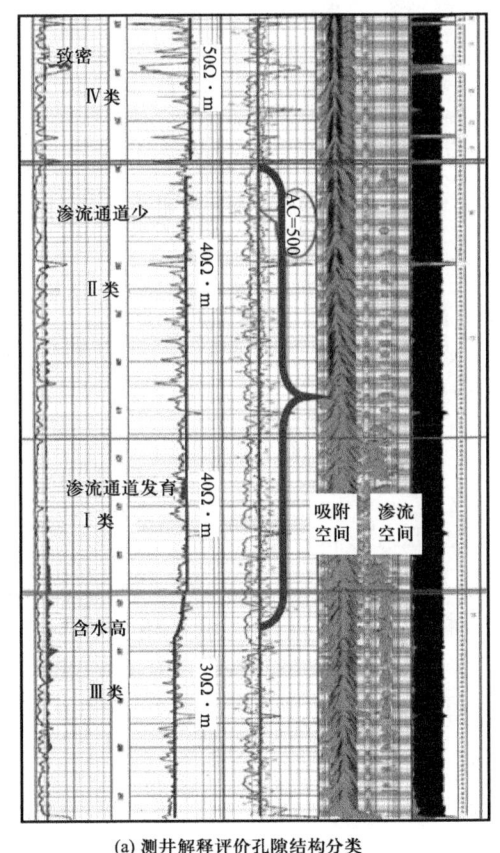
(a) 测井解释评价孔隙结构分类

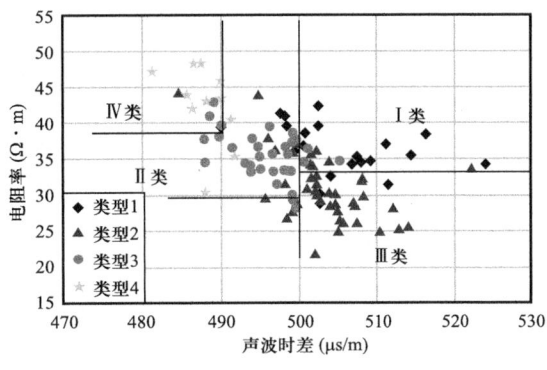
(b) 声波时差与电阻率交会图

图10 测井解释评价孔隙结构分类与声波时差—电阻率交会图

综合考虑含气量、煤岩类型、孔隙结构，建立了GR—DEN包络面筛选地质与工程"甜点"段的综合判识图版，如图11所示，通过精细小层对比和地震标定，落实"甜点"段为6-2煤层，纵向可对比，横向可追踪。

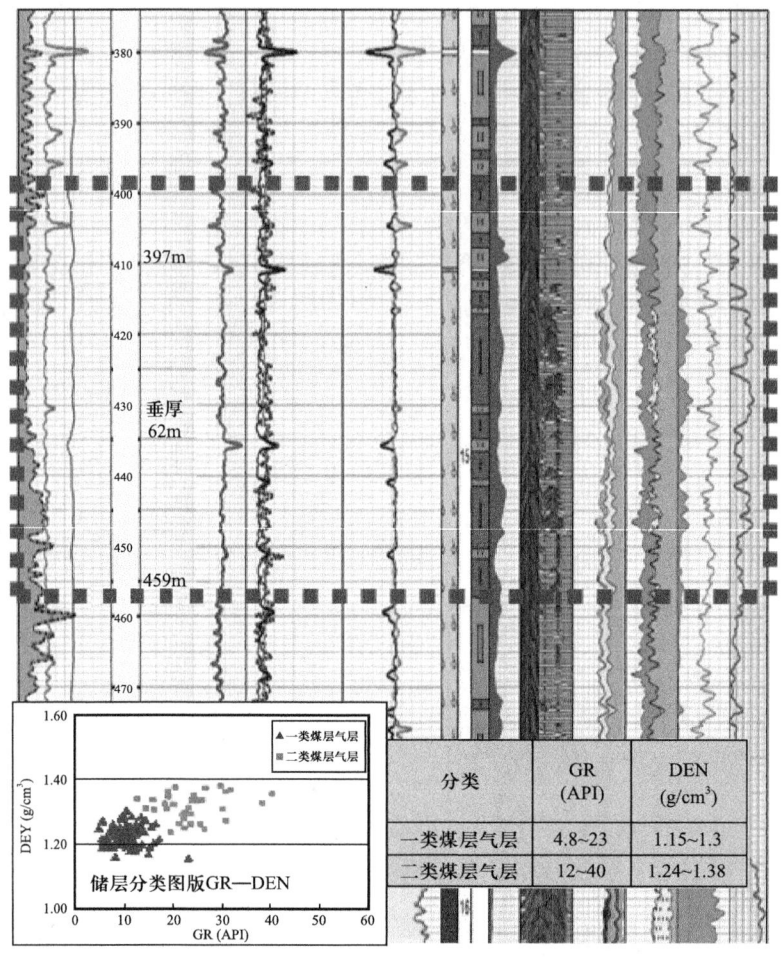

图11 GR—DEN包络面优选"甜点"段（JM14-7）

3.2 压裂工艺评价及优化

吉尔嘎朗图巨厚低煤阶储层含水饱和度高，软煤改造难度大[18-20]，压裂设计中砂量由单一粒径加砂变为组合加砂，根据缝网体积预测公式计算，由60～80m³提升至140～200m³，采用缝内净压力趋势分析与铺砂距离模拟，有效提升排量与输送距离，结合压裂数值模拟优化压裂液量，由800～1200m³增加至2000～2500m³，射孔方式由低排量、多孔数变为少孔数、聚能压裂方式，实现造长缝远支撑，提高缝内净压力增渗增产，通过理论模型计算、数值模拟、基础实验、大数据分析结合现场监测等多手段融合，优化设计压裂液体系，达到定量及半定量化精确设计，见表4。在"甜点"段优选和压裂优化基础上，采用大液量（1900～2500m³）、大砂量（140～160m³）、大排量

（18m³/min）、低砂比（10m³/m³）压裂，裂缝监测显示，本次新压裂井改造体积达到老井的 2 倍以上。

表 4 压裂井微地震监测体积统计表

井号	井段	裂缝长（m）	裂缝宽（m）	裂缝高（m）	微地震监测体积（10⁴m³）
JP1	（6）	288	109	20	63
	（5）	262	89	19	44
	（4）	327	115	19	71
	（3）	280	110	18	55
	（2）	330	105	20	69
	（1）	175	100	19	33
JP6	JM6（2）	230	160	40	56
	JM6（1）	270	120	20	36
JM12		310	130	40	60
JM14-3		370	140	50	99
JM14-12X	（2）	358	116	40	129
	（1）	376	119	40	142

按照"甜点"段优选后压裂投产的 4 口新井，根据生产后计算的单井有效控制体积平均为 $210 \times 10^4 m^3$，为老井的两倍，其中吉煤 18-1X 井控制体积 $290 \times 10^4 m^3$，推算单井 EUR 为 $390 \times 10^4 m^3$，新井投产后的单位压降提产气量平均值 $1200m^3/(d \cdot MPa)$，为老井的 1.5 倍，产气能力明显高于老井。

3.3 立体降压井网优化技术

针对低煤阶巨厚储层，创新井位优化部署设计，实现立体式井网、最大化动储和协同式降压[21-22]，直井水平井立体降压井网直井/定向井在 6-2 煤层中下部优选木质煤发育段射孔压裂，排水采气，水平井部署在 6-2 煤层上部，根据气—水分异特性，在试验区内形成立体降压井网，协同降压，提高单井产能；同部位水平井降压井网 6-2 煤层同部位水平井协同降压，260m 井距交错压裂，如图 12 和图 13 所示。完成 2 类井网设计：（1）直井水平井立体降压井网：直井/定向井在 6-2 煤层中下部射孔压裂，排水采气；水平井部署在 6-2 煤层上部，形成立体降压井网，协同降压。（2）同部位水平井降压井网：6-2 煤层同部位水平井协同降压，260m 井距交错压裂。

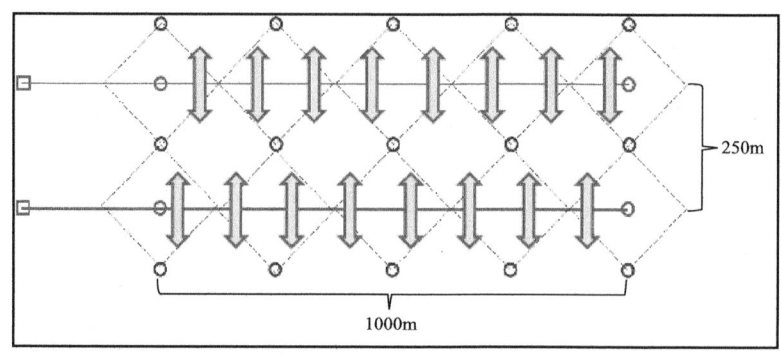

图 12　直井—水平井耦合降压联合部署示意图（俯视图）

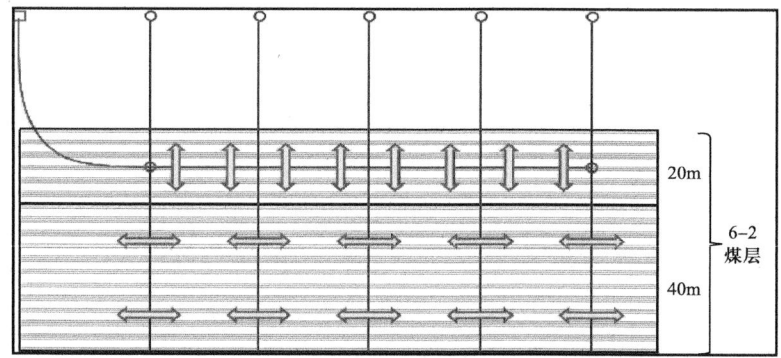

图 13　定向井—水平井耦合降压联合部署示意图（侧视图）

4　结论与讨论

吉尔嘎朗图凹陷为我国典型低煤阶煤层，埋深浅，含气性较好，解吸压力 2~3MPa，根据岩电性和地震相划分巨厚煤层类型，根据建立的孔隙结构识别图版和 GR—DEN 包络面筛选地质—工程"甜点"段，采用灰色关联法分析不同因素对低煤阶井产能的影响，明确了含气量和可改造性为主控因素，采用大规模、低砂比压裂优化方式使改造体积增加，利用协同井网模式，形成"立体协同压降"开发技术。

为进一步开展系统取心和分析化验等基础实验，落实精细构造，综合评价力学性质和储层物性，完善不同煤岩类型的可改造性、储层特征认识，确定最优煤岩类型，通过煤质参数标定结合测井曲线建立不同煤岩类型测井识别标准，完善"甜点"段精细识别，持续完善井型、井网井距设计研究，形成高效开发技术系列，实现"最大控储、高效动储、效益开发"。

参 考 文 献

[1] 陈振宏，孙粉锦，李五忠，等.中国低煤阶煤层气勘探突破及意义——以二连盆地吉尔嘎朗图凹陷为例[C]//煤层气勘探开发技术新进展—2018 年全国煤层气学术研讨会论文集，2018，116-126.

[2] 孙钦平，王生维，田文广，等.二连盆地吉尔嘎朗图凹陷低煤阶煤层气富集模式[J].天然气工业，

2018, 38 (4): 59-66.

[3] 孙粉锦, 李五忠, 孙钦平, 等. 二连盆地吉尔嘎朗图凹陷低煤阶煤层气勘探 [J]. 石油学报, 2017, 38 (5): 485-492.

[4] 桑逢云. 国内外低阶煤煤层气开发现状和我国开发潜力研究 [J]. 中国煤层气, 2015, 12 (3): 7-9.

[5] 叶欣, 陈纯芳, 姜文利, 等. 我国低煤阶煤层气地质特征及最新进展 [J]. 煤炭科学技术, 2009, 37 (8): 111-115.

[6] 崔泽宏, 苏朋辉, 刘玲莉, 等. S 盆地 Surat 区块低煤阶煤层定量表征与区带划分优选 [J]. 中国石油勘探, 2022, 27 (2): 108-118.

[7] 李志华, 李胜利, 于兴河, 等. 澳洲 Bowen-Surat 盆地煤层气富集规律及主控因素 [J]. 煤田地质与勘探, 2014, 42 (8): 29-33.

[8] 冯三利, 胡爱梅, 霍永忠, 等. 美国低煤阶煤层气资源勘探开发新进展 [J]. 天然气工业, 2003, 23 (2): 124-125.

[9] 龙胜祥, 李辛子, 叶丽琴, 等. 国内外煤层气地质对比及其启示 [J]. 石油与天然气地质, 2014, 35 (5): 696-703.

[10] 李铭, 孔祥文, 夏朝辉, 等. 澳大利亚博文盆地煤层气富集规律和勘探策略研究 [J]. 中国石油勘探, 2022, 25 (4): 65-74.

[11] 李晨晨. 二连盆地低阶煤储层孔隙特征研究 [J]. 非常规油气, 2022 (9): 37-45.

[12] 陶俊杰, 申建, 王金月, 等. 二连盆地吉尔嘎朗图凹陷煤层气成因类型及勘探方向 [J]. 高校地质学报, 2019, 25 (2): 295-301.

[13] 王涛, 邓泽, 胡海燕, 等. 二连盆地吉尔嘎朗图凹陷煤储层物性及煤层气资源有利区评价 [J]. 煤矿安全, 2020, 51 (9): 187-191.

[14] 王金月. 巨厚煤层成煤环境及其对储层孔隙特征的控制——以二连盆地胜利煤田为例 [D]. 徐州: 中国矿业大学, 2018.

[15] 姚海鹏, 吕伟波, 王凯峰, 等. 巨厚低阶煤煤层气储层关键成藏地质要素及评价方法 [J]. 煤田地质与勘探, 2020, 48 (1): 85-95.

[16] 刘大锰, 王颖晋, 蔡益栋. 低阶煤层气富集主控地质因素与成藏模式分析 [J]. 煤炭科学技术, 2018, 46 (6): 1-8.

[17] 罗忠琴, 刘鹏, 孟凡彬. 低阶煤煤层气富集区预测方法研究与应用 [J]. 煤田地质与勘探, 2021, 49 (6): 251-257.

[18] 周加佳. 碎软低渗煤层煤层气直井间接压裂技术及应用实践 [J]. 煤田地质与勘探, 2019, 47 (4): 6-11.

[19] Gao Y, Liu Z, Li Z J, et al. Research on Water Invasion Intensity of Coalbed Methane Wells Based on Material Balance Method [C]. IFEDC Organizing Committee, 2023.

[20] Xiao Y H, Dong Q, Yang Y H, et al. Experimental Study on The Influence of Fracturing Fluid on The Wettability of Medium and High Rank Coal [C]. IFEDC Organizing Committee, 2023.

[21] 于姣姣, 张越, 崔景云, 等. 低阶煤层气田排采的问题及对策研究 [J]. 煤炭科学技术, 2018, 46 (S1): 222-226.

[22] 孙钦平. 二连盆地低煤阶煤层气富集特征与开发工艺优选——以霍林河、吉尔嘎朗图凹陷为例 [D]. 徐州: 中国地质大学, 2018.

基于生产特征曲线的煤层气新老煤层气井生产特征对比

——以澳大利亚 D 区块煤层气田为例

卫晓怡，刘玲莉，黄文松，崔泽宏，王建俊

（中国石油勘探开发研究院亚太研究所，北京100083）

摘　要：基于已有煤层气开发井的生产数据和规律的学习，对于校准动态模型、新生产井产量预测有着重要意义。然而，煤层气井产能受地质和工程因素影响，大大增加了产量预测的难度。为了深入剖析煤层气井单井产量差异，本文通过对比澳大利亚 S 盆地新老煤层气井的生产特征，探讨影响煤层气井产量的关键因素和差异原因并提出优化生产策略。本文通过对 S 盆地的煤层气井生产数据、储层物性数据的收集和整理，构建生产指示曲线和单位压降产水量、产气量曲线，分析老煤层气井与新煤层气井的生产特征差异：（1）老煤层气井前期排水期长，爬坡期约12个月，前期产水量高但产气量低，井底流压下降较慢；（2）新煤层气井快速上产，投产即见气，见气即高产，在排水受抑制的情况下仍能在8个月内达产，井底流压下降快，累计产水量小，液面高度降低至目标液面高度快，是受周边井排采影响的结果。结果表明，合理的井位部署和排采策略对于提高低煤阶煤层气井产量至关重要。煤层气井受周边井排采影响大，井底流压下降快，排采高效。可进一步优化生产策略，提升煤层气井的经济效益。

关键词：煤层气；生产指示曲线；低煤阶；澳大利亚

　　基于已有开发井的生产数据和规律的学习，对于校准动态模型并对新生产井产量预测有着非常重要的意义[1]。然而煤层气井产能受地质因素和工程因素影响，导致对煤层气井产能缺乏清晰的认识[2]。多煤层合采技术也广泛地应用于国内外，纵向和横向上的非均质性，煤层间渗透性差异，流体性质及储层压力的差异导致层间流体流动，互相干扰，加剧了对煤层气井产量认识的难度。针对低煤阶煤层气生产数据，国内外学者开展了多种多样的分析，包括数值模拟方法和解析方法等。数值模拟方法可以提供详细的储层和生产动态信息，例如煤层气含量、渗透率、孔隙度和煤层气饱和度、水饱和度等。解析法更加快捷，适用于早期的评价和快速预测，然而分析模型通常依赖于简化的假设，可能在复杂的储存条件下不够准确[3-4]。Zhou 等[1]使用了动态建模、人工神经网络、修改后的摩尔斯势能方程等方式对比了新煤层气井和老煤层气井的生产特征并预测煤层气井的气体生产

第一作者：卫晓怡，出生于1994年，工程师，硕士，目前在中国石油勘探开发研究院从事中国石油海外煤层气开发，电话：（010）83592198，13611200624。

率。郭晨等在文章中引入了包括生产指示曲线、单位降深产水量随时间变化曲线和单位压差产水量随时间变化曲线的生产特征曲线，用于分析合采井干扰在生产特征曲线上的响应特点[5]。

澳大利亚作为液化天然气（LNG）第一大出口国、天然气第七大生产国。拥有着丰富的天然气资源，其中99%的煤层气产自博文和S盆地。S盆地位于澳大利亚东部，是一个中生代大型克拉通盆地。盆地构造相对简单，整体呈近南北向宽缓的向斜构造。盆地内部主要发育三叠系—白垩系，沉积厚度可达2500m。地质因素横向上和纵向上的非均质性导致了煤层气在不同区域的富集和可采性存在显著不同，从而影响了煤层气资源的开发[6]。除了地质因素横向上的变化，周边邻区生产井的影响，开发技术的成熟度也都导致老煤层气井和新煤层气井生产表现不同。本文通过对比老煤层气井和新煤层气井生产表现的差异，分析生产指示曲线，探讨煤层气井产量差异原因。得出周边井提前排采会促进新煤层气井的解吸，使得爬坡时间缩短，提高排采效率。本研究旨在有效识别面积泄压对新煤层气井产量的影响，及时调整开发策略和节奏，对未来煤层气开发具有重要的指导意义。

1 区域地质概况

澳大利亚D区块位于S盆地东缘，具体地理位置在盆地向斜东翼的构造高部位。S盆地是一个中生代克拉通盆地，主要发育的地层为三叠系和白垩系。盆地中的中侏罗统Injune Creek群的Walloon亚群发育有Juandah和Taroom两套煤层组。横向上S盆地有以下几个显著的地质特征差异（表1）：煤层厚度从盆地的西南部向东北部逐渐减薄；煤层的干燥无灰基含气量也表现出从西南向东北逐渐降低的趋势；Juandah和Taroom煤层组的煤层干燥无灰基含气量在西南部较高，平均含气量在$3.8\sim7.8m^3/t$之间，而在东北部则较低，平均含气量在$2.8\sim4.2m^3/t$之间；煤层渗透率也表现出显著的横向变化，西南部的煤层渗透率较高，而东北部则较低。

表1 D区块新老煤层气井储层物性差异

区域	煤层厚度（m）	渗透率（mD）	含气量（m^3/t）	GIIP（$10^9ft^3/km^2$）	含水饱和度（%）（2022年底）
老煤层气井区域	33	400	3.7	5.0	57
新煤层气井区域	31	200	4.2	6.4	76

筛选生产时间超过10年且生产相对连续的多层合采煤层气井10口，尽量排除地面处理设施处理能力局限性等工程因素的干扰，使得选取的单井能够充分表征单井产能。根据相似性原则，新煤层气井选择了跟老煤层气井区域具有相似储层物性的区域，并且生产较为连续的多层合采井31口作为研究对象（图1）。

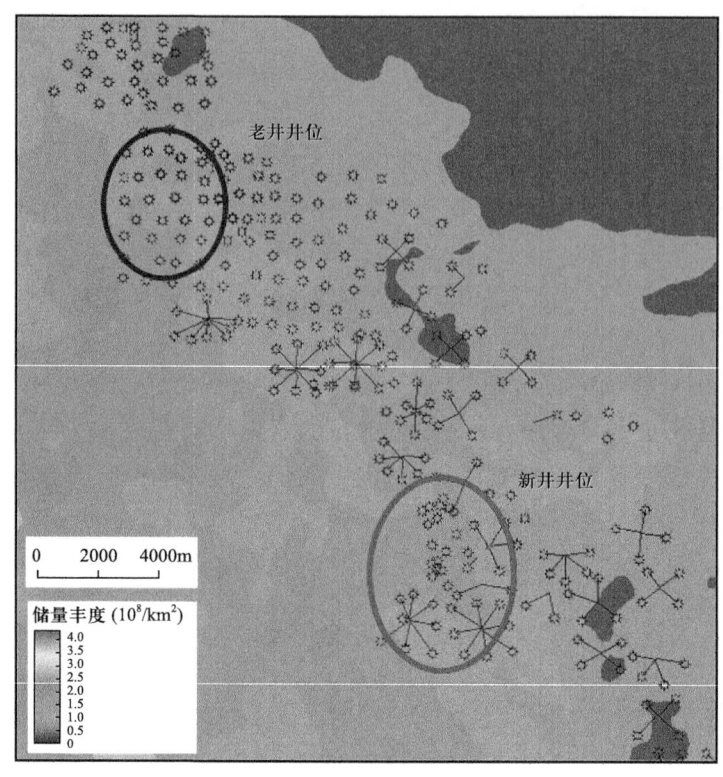

图 1　D 区块新老煤层气井储量分布图

2　低煤阶煤层气老煤层气井与新煤层气井生产特征对比

部分老煤层气井因生产工艺及地面设施的局限导致生产不连续，未能充分释放产能，产量表现不能代表煤层气生产的典型特征。本文整理了该区块煤层气井投产以来的产液量及流压等数据，老煤层气井筛选了生产时间 10a 以上且生产连续的井，该部分井有明显的上产、稳产，以及递减阶段，用于表征单井全生命周期的生产特征。删除噪点数据后取月平均日产气和月平均日产水为产量数据，将日产液量累加获得累计产液量。将单井在产时间做归一化处理后得到归一化日产气和归一化日产水曲线（图 2 至图 5）。

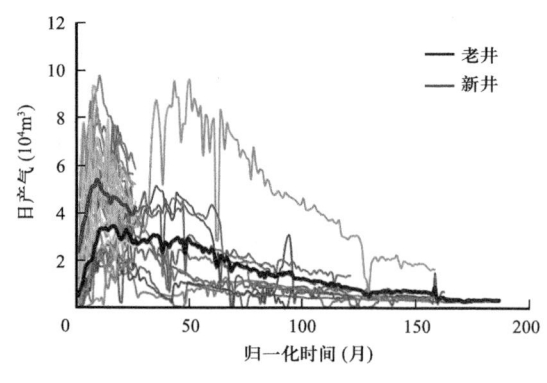

图 2　新老煤层气井单井归一化产气量

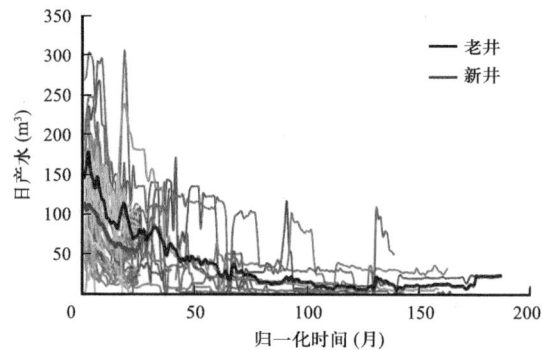

图 3　新老煤层气井单井归一化产水量

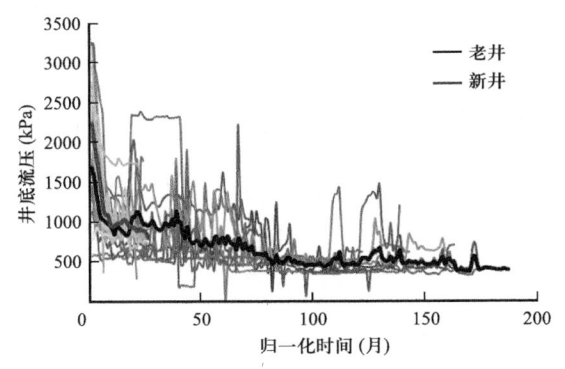
图4 新老煤层气井单井归一化井底流压

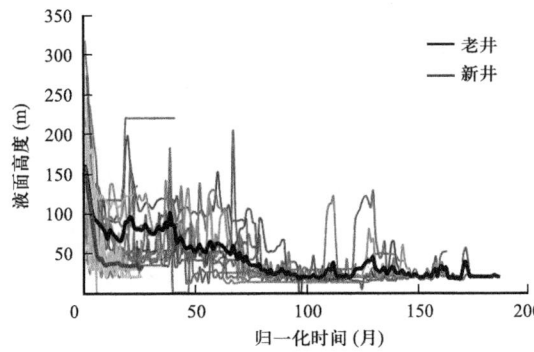
图5 新老煤层气井单井归一化液面高度

10口老煤层气井分别于2009—2012年投产,至今生产时间超过12a。平均峰值产气量$3.4×10^4m^3/d$,爬坡时间约12个月,稳产至第50个月后开始递减,月递减率为2.2%。31口新煤层气井于2022年投产,平均峰值产气量为$5.2×10^4m^3/d$。爬坡时间较短,约8个月,且部分新井在投产第二个月的时候受到地面影响,排采中断或被抑制长达4个月,这表明其实这部分井爬坡期应该更短。新煤层气井目前已有递减趋势,月递减率为6.2%。

新煤层气井同期累计单井产气量是老煤层气井的1.6倍,单井累计产水量是老煤层气井的0.7倍,呈现出新煤层气井产水量低的同时产气量高的特征。同时,新煤层气井井底流压降速也更快,前24个月已由2200kPa下降至800kPa。同时间段老煤层气井井底流压由1700kPa下降至850kPa,相较于新煤层气井少下降400kPa。老煤层气井截至目前井底流压为400kPa,下降了1300kPa。新煤层气井尽管累计产水量较少,但液面高度下降也更为迅速,前24个月已由初始液面高度155m降低至目标高度35m,而老煤层气井用时80个月液面高度才降低至目标高度(图6,图7)。

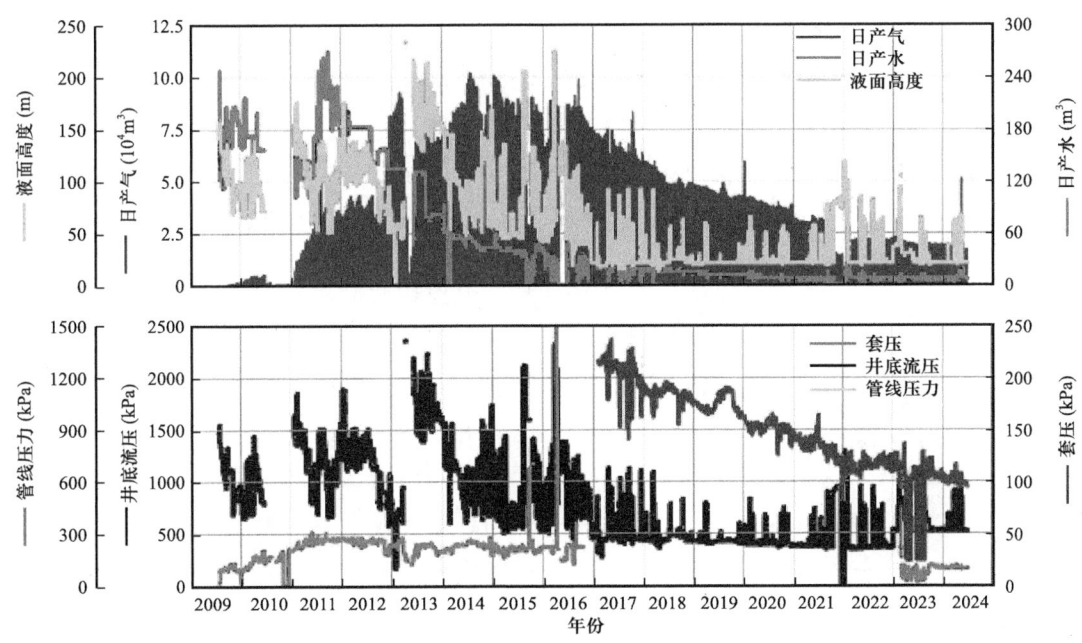
图6 典型老煤层气井单井排采曲线

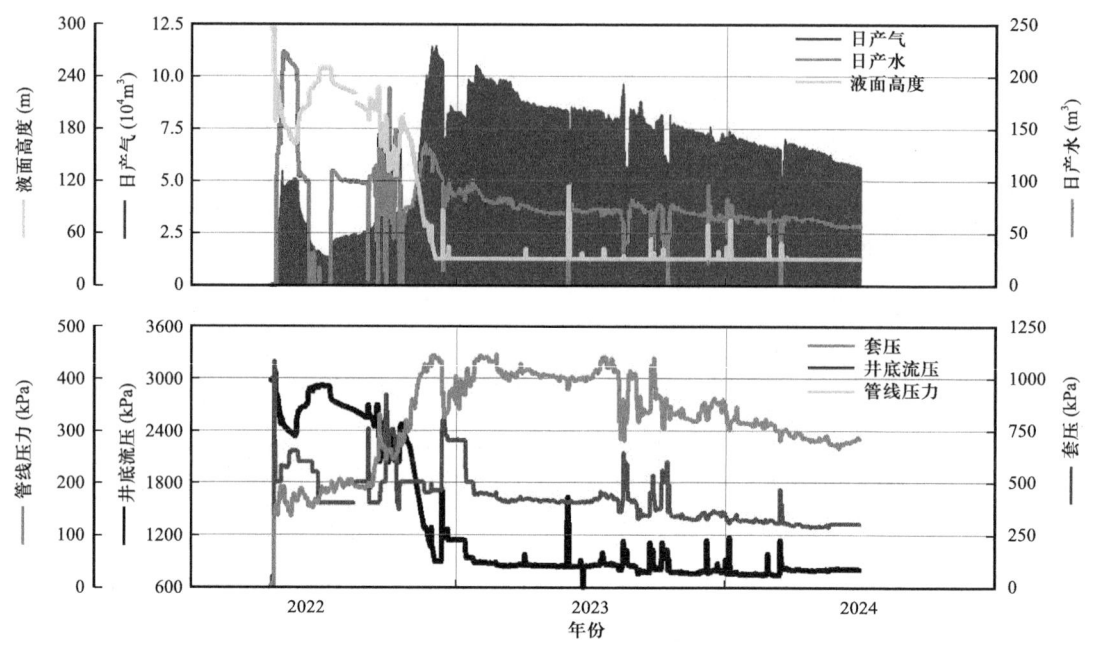

图 7　典型新煤层气井单井排采曲线

对比新老煤层气井中目前产量表现最好的两口井发现，老煤层气井在投产初期有产气量缓慢攀升的过程，上产月递增斜率约16%。而新井在投产初期煤层气产量就达到 $5×10^4 m^3/d$，用时约30d。老煤层气井爬坡期为3a，达到峰值产气量 $9.6×10^4 m^3/d$，液面高度降至目标液面高度用时5a，稳产5a后递减。新煤层气井在受地面设施水处理量抑制影响，排采不充分的情况下爬坡期为6个月，液面高度降低至目标液面高度35m的排采时间仅6个月，但稳产时间短，达峰后立即出现递减。

3　新煤层气井和老煤层气井生产特征曲线对比

新煤层气井和老煤层气井的产水指示曲线如图8所示，新煤层气井和老煤层气井初始生产指示曲线为直线，累计产水和井底流压压降此时呈线性关系，说明该阶段呈现封闭系统弹性产水特征，产出水为煤层内源水，老煤层气井平均单井累计产水和井底流压压降斜率为 $2.7×10^4 m^3/MPa$，新煤层气井斜率为 $1.6×10^4 m^3/MPa$。老煤层气井在压降达到820kPa时曲线出现明显的转折，累计产水比井底流压压降斜率升高，说明此时泄压面积进一步增大，同时因气水两相流导致煤层渗透率上升。该阶段老煤层气井斜率为 $12.5×10^4 m^3/MPa$，单位压降产水量明显高于第一阶段，说明此时水体供给比较充足。

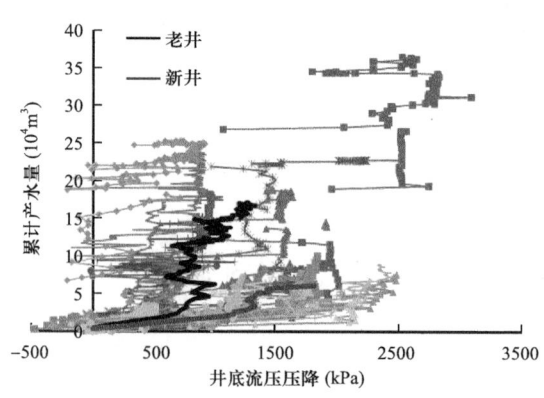

图 8　新老煤层气井产水指标曲线

新煤层气井在压降达到 1500kPa 时也出现上翘，斜率低于老煤层气井，单位压降产水量低于老煤层气井。说明该区域新煤层气井单位压降所需产水量低于老煤层气井区域，泄压排采效果更加明显。

新煤层气井和老煤层气井的产气指示曲线如图 9 所示，压降在低于 800kPa 时，新煤层气井累计产气和井底流压压降斜率高于老煤层气井，为 $5.4 \times 10^8 m^3/MPa$，老煤层气井单位压降产气量为 $2.3 \times 10^8 m^3/MPa$。

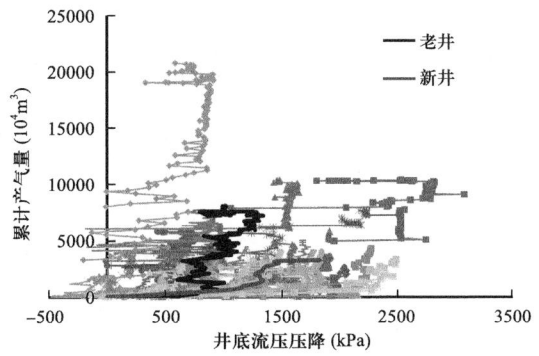

图 9 新老煤层气井产气指标曲线

然而老煤层气井在井底流压下降 800kPa 后出现明显上升趋势，在压降 800～1400kPa 阶段斜率为 $72.7 \times 10^8 m^3/MPa$。新煤层气井在井底流压下降 1200kPa 后才出现上翘，斜率为 $65.6 \times 10^8 m^3/MPa$。前期新煤层气井单位压降产气量高于老煤层气井，后期老煤层气井和新煤层气井若要产出相同量的煤层气，新煤层气井需要降更多压力。

新老煤层气井累计产气和累计产水与井底流压关系如图 10 和图 11 所示。和生产指示曲线表征一致，新老煤层气井在前期排水降压阶段有明显的差异性。井底流压由 2500kPa 降至 1000kPa 时，新煤层气井的产水速率低，产气速率高，指示新煤层气井前期泄压速率快。分析原因可能是因为区块西边邻区有其他公司生产井，该公司生产井已开发超过 10a。周边井的生产导致该区域已部分泄压，在单井累计产水量较小的情况下压力下降迅速。根据该区域 PIBOT 测压显示，该区域出现部分煤层压力低于数模预测压力的情况。证明周边井的生产导致泄压面积波及新煤层气井区域，导致新煤层气井前期排采泄压效率高，产气上升快。井底流压降至 1000kPa 后新煤层气井和老煤层气井斜率基本重合。

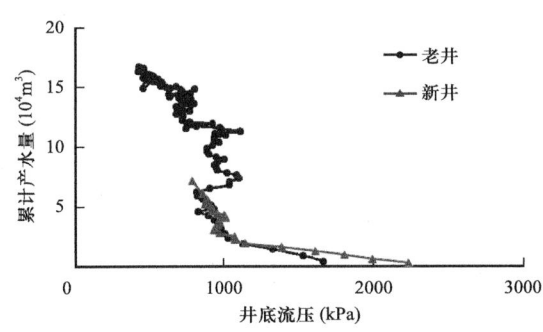 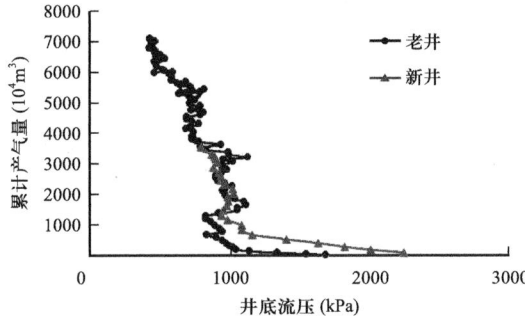

图 10 新老煤层气井累计产水与井底流压曲线　　图 11 新老煤层气井累计产气与井底流压曲线

4 结论

本文构建了产气指示曲线和产水指示曲线，基于同一区块物性相似区域的新老煤层气井的对比，分析新老煤层气井产量差异原因。

（1）根据生产指示曲线分析，新煤层气井前期产水量少但井底流压下降快，液面高度迅速降低至目标高度，这是因为受周边井排采影响，使得该区域已泄压。新井产气速率上升快，是该区域受周边邻区公司生产影响，导致地层压力下降，排采高效，气体解吸迅速。

（2）当井底压力降低至 1000kPa 时，新老煤层气井累计产水和累计产气与井底流压关系相似，指示新老井区域储层物性差异不大。

（3）该研究表明，井位和开采时间对于低煤阶煤层气井面积泄压和排采制度十分关键，合理的井位部署和上产节奏可以促进单井产量，为区块稳步上产作出贡献。

参 考 文 献

［1］Zhou F D, Beaney S, Jeffries M, et al. Benchmarking study of coal seam gas production from Brownfield to Greenfield wells in the Surat basin, Australia［J］. Gas Science and Engineering, 2024, 127: 205348.

［2］苏朋辉, 夏朝辉, 刘玲莉, 等. 澳大利亚 M 区块低煤阶煤层气井产能主控因素及合理开发方式［J］. 岩性油气藏, 2019, 31（5）: 121-128.

［3］Sugiarto I, Kening Z, Mazumder S. Comparative Study of Coal Seam Gas Production Forecasting Methodologies: Detailed Analysis of Benefits and Drawbacks of Numerical Simulation, Analytical Models and a New Hybrid Approach［C］. SPE/AAPG/SEG Asia Pacific Unconventional Resources Technology Conference, 2019.

［4］Howell S, Furniss J, Quammie K, et al. History Matching CSG Production in the Surat Basin［C］. SPE Asia Pacific Oil & Gas Conference and Exhibition, 2014.

［5］郭晨, 秦勇, 易同生, 等. 基于生产特征曲线的煤层气合采干扰判识方法——以黔西地区织金区块为例［J］. 石油勘探与开发, 2022（5）: 977-986.

［6］崔泽宏, 苏朋辉, 刘玲莉, 等. 澳大利亚苏拉特盆地 Surat 区块低煤阶煤层定量表征与区带划分优选［J］. 中国石油勘探, 2022, 27（2）: 108-118.

沁水盆地南部高煤阶煤层气水平井开发实践

周叡[1,2]，刘帅[1,2]，李静雯[1,2]，刘华[1,2]，宋洋[1,2]，周智[1,2]，王津津[1,2]

（1.华北油田公司勘探开发研究院，河北 任丘 062550；2.河北省煤层气资源高效开发重点实验室，河北 任丘 062552）

摘 要：水平井开发技术是提高煤层气采气速度和开发效益的有效途径。华北油田先后试验或推广应用了裸眼多分支水平井、鱼骨状水平井、仿树形水平井、"L"形筛管水平井、"L"形套管分段压裂水平井等5类水平井井型，积累了丰富的应用经验，本文主要从水平井实际开发效果及适应性角度进行总结分析。裸眼多分支水平井单井控制面积大，但井眼易垮塌、钻井施工难度大、单井投资高、排采管控难度大；鱼骨状水平井主支相对稳定支撑，但分支垮塌现象仍然存在，且无法采取有效的措施进行产量恢复；仿树形水平井具有一定产气能力，但钻井周期长、施工难度大、单井投资大，难以规模推广；"L"形筛管水平井便于作业维护，但依赖于储层原始物性，在煤层埋藏较深、地应力发育的区域适应性差；"L"形套管分段压裂水平井具有地质适应性强、单井产量高、便于维护作业的优点，且单井投资相对较低，是以低渗透、特低渗透储层为主的高煤阶煤层气开发的理想井型。

关键词：煤层气；高煤阶；沁水盆地南部；水平井

我国高煤阶煤层气占煤层气资源总量的1/3，沁水盆地是高煤阶煤层气的主要分布区域之一。华北油田2006年在沁水盆地南部启动煤层气规模开发，开发初期井型主要为常规水力压裂直井，其具有工艺简单、单井投资低的优点，但是井控范围小、单井产量低，地面井场占地大，且难以控制森林、水库等复杂地面条件下的储量。水平井开发技术是提高煤层气采气速度和开发效益的有效途径，前人对煤层气水平井开发技术从机理、工程技术等方面进行了深入研究。胡秋嘉等详细论述了各种地质条件下高煤阶煤层气水平井的完井方式[1]；朱庆忠等研究了高阶煤层气开发工程技术不适应性及解决思路[2]；赵凌云等分析煤层气水平井井型结构并优化钻完井技术[3]；吕玉民等对沁水盆地南部煤层气水平井产能影响因素进行分析[4]；秦绍锋等探讨了"L"形水平井排采工艺与配套技术[5]；计勇等从优化压裂设计方面对提高水平井单井产能进行了研究[6]；鲁秀芹等对煤层气水平井耦合降压的原理与方式进行了研究[7]。本文主要对不同类型水平井的井身结构特征、开发实践中的优缺点、开发效果、地质适应性等方面进行分析。

为了探索适应于沁水盆地低渗透高煤阶煤层气开发的水平井技术，华北油田先后试验或推广应用了裸眼多分支水平井、仿树形水平井、鱼骨状水平井、"L"形筛管水平井、"L"形套管分段压裂水平井等5类水平井井型，并深入研究煤层气水平井产能影响因素，

第一作者：周叡（1982-），重庆万州人，高级工程师，电话：0317-2725876，E-mail：yjzx_zhour@petrochina.com.cn。

科学合理控制排采。通过持续的技术迭代升级，完善配套工艺，水平井开发效果大幅提高，确立了以"L"形套管分段压裂水平井为主的井型，构建了分段压裂水平井与疏导排采结合的开采方式，方案产能到位率超过100%，全面实现高效开发，建成我国目前产气规模最大的中浅层煤层气田。

1 裸眼多分支水平井

裸眼多分支水平井是我国煤层气开发初期从美国直接引进的一种煤层气井型，是一种兼具造穴、布缝和导流效果的煤层气开发应用技术[8-9]。一般由2口井组成，分别为1口垂直井，也可称为洞穴井或排采井，用于下泵生产；1口工艺井，也称为H井，与垂直井连通后，在煤层中钻大量水平分支后裸眼完井；水平段设计2个主支、6个分支，主支单支进尺800~1000m，夹角10°~20°；分支单支进尺350~650m，夹角15°~30°；设计单井煤层进尺4500m以上，单井控制面积0.4km²以上；排采主要采用抽油机或电潜螺杆泵。

2006—2013年，沁水盆地樊庄、郑庄等区块实施裸眼多分支水平井120口，平均单井投资约1500万元。在钻完井过程中，发现具有轨迹控制难度大、钻井轨迹易偏移、施工摩阻扭矩大、钻压传输困难、井眼易污染且难以清洁、井眼易坍塌、易发生卡钻事故等常见问题。实际钻井成功率低，事故复杂率高，120口井中90井出现井眼坍塌，68口井未达到设计煤层进尺或控制面积，实际平均单井煤层进尺3600m，井控面积0.31km²。同时在排采过程中由于煤粉聚集、井筒垮塌等原因易发生井眼堵塞，缺乏可监测、维护、增产作业的有效治理措施，管控难度较大。

从开发效果来看，单井产气差距大，日产气0~63000m³，平均稳产气量7800m³/d，产能到位率43%。其中，樊庄南部、郑庄西南部区域构造简单，煤体结构为原生结构煤，埋深400~600m，试井渗透率大于0.5mD，煤层地质条件较好，投产井全部产气，平均稳产气量12000m³/d，产能到位率67%，开发效果相对较好；樊庄中、北部，以及郑庄中、东部等区域构造复杂，埋深500~800m，煤层物性相对樊庄南部较差，试井渗透率0.05~0.2mD，投产井产气比例80%，平均稳产气量2360m³/d，产能到位率仅13%，开发效果较差。

从实际开发效果可以看出，裸眼多分支水平井在钻完井过程中煤层易垮塌，事故复杂率高，在煤层产状变化大及构造复杂的地质条件下成井风险大。开发过程中，单井开发效果差距大，产出与投入不成正比，因井眼重入困难后期维护难度大，难以整体实现效益开发，制约了该类型水平井的推广应用，2013年以后华北煤层气产能建设未再采用该井型。

2 鱼骨状水平井

鱼骨状水平井设计1个主支，采用钢筛管或套管完井，水平段长1000m以上；4~6

个分支，裸眼完井，分支长度 300m 左右，夹角 30° 左右，设计单井煤层进尺 2800m，控制面积 0.3km²（图 1）；排采主要采用抽油机或电潜螺杆泵。

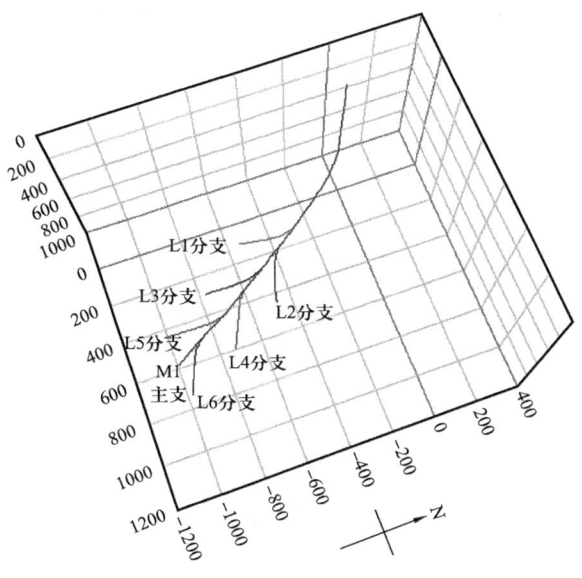

图 1　鱼骨状水平井示意图

2015—2016 年，华北油田试验了鱼骨状水平井 9 口，其中筛管完井 8 口，套管完井 1 口。完钻 9 口，成井率 100%，实钻平均水平主支段长 945m，平均煤层进尺 2430m，单井投资约 1000 万元。开发效果显示，郑庄区块南部井全部产气，平均稳产气量 5000m³/d；马必东区块投产井因煤体结构较破碎，分支均出现垮塌、卡钻等情况，平均产气 800m³/d。

相比裸眼多分支水平井，鱼骨状水平井主支稳定支撑、可重复作业疏通、防垮塌、减少污染。但因分支下入筛管困难，常采用裸眼完井方式，井壁易垮塌，影响产气效果，而且无法采取有效的措施进行产量恢复。在煤层埋藏较深、地应力发育、构造较复杂、煤体结构破碎的地区，适应性较差，难以满足规模推广的要求。

3　仿树形水平井

煤层气仿树形水平井是在普通裸眼多分支水平井基础上创新的一种水平井井型[10]，由 1 口工艺井（即多分支水平井）和 2 口排采井组成，其中，远端排采井也可作为监测井。工艺井直井段位于煤层的低部位，主支在稳定的煤层顶板或底板岩层沿上倾方向钻进，形成稳定的排采通道，在煤层顶板或底板与两口排采井连通。水平段长度一般不小于 800m，在主支两侧钻若干分支，在每个分支上侧钻若干脉支，脉支在煤层内，以沟通煤层内裂隙为主要目的，不求长，但数量尽可能多，以增大煤层气解吸面。排采主要采用水力管式泵。

2011—2015年,华北油田在郑庄区块试验仿树形水平井3口,采用筛管和裸眼完井方式,均顺利完井。产气井2口,平均稳产气量9000m³/d,产能到位率50%。仿树形水平井的主支稳定并可监测和重入维护,也具有一定产气能力,但钻井周期长、钻完井施工难度大、单井投资大,难以实现效益开发,没有进行此类井型的推广。

4 "L"形筛管水平井

"L"形筛管水平井设计主支1个,煤层进尺800~1000m,控制面积0.2km²,一般为二开井身结构,水平段采用大孔径筛管完井(图2),后期可重入进行洗井等作业,解决了井眼稳定和井眼重入的难点;排采主要采用电潜泵或水力管式泵。

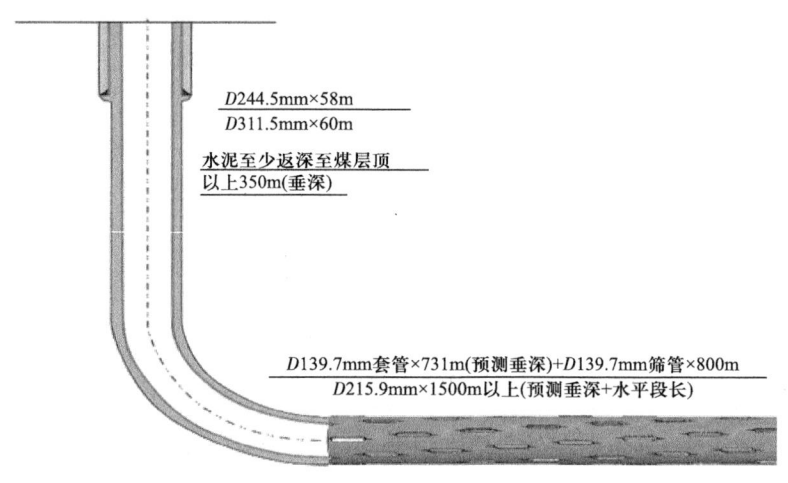

图2 "L"形筛管水平井井身结构

2016—2020年,华北油田在沁水盆地樊庄、郑庄、马必东等区块实施"L"形筛管水平井96口,平均煤层水平段长度968m,平均单井控制面积0.2km²,成井率100%,单井投资约400万元,产气井平均产量4700m³/d,产能到位率80%,整体开发效果较好,但是不同区域、不同层位存在较大差距。如樊庄区块山西组3#煤层埋深约600m,平均厚度6m,含气量20m³/t,试井渗透率0.5mD,部署"L"形筛管水平井61口,平均日产气量5500m³;同区域的樊庄区块太原组15#煤,位于3#煤下100m处,煤层厚度2m,含气量16m³/t,储层渗透率0.1mD,投产"L"形筛管水平井13口,产气井平均日产气仅1900m³。

"L"形筛管水平井在钻井周期、后期维护、改造作业等方面具有一定的优越性,在水平段下入筛管支撑井壁,可以有效防止煤层垮塌,保证气、水通道畅通,且单井投资较小,有利于控制产能建设成本。但是由于"L"形筛管水平井未进行储层改造,仅单井眼与天然裂缝串联,无法有效改善井控周围的储层渗透性,在煤层埋藏较深、地应力发育、储层物性较差的区域适应性差,难以满足规模推广的要求。

5 "L"形套管分段压裂水平井

"L"形套管分段压裂水平井设计主支1个，煤层进尺一般800～1000m，控制面积0.2km^2，一般为二开井身结构，全程或半程固井，完井后下套管，采用活性水、桥射联作方式分段压裂，有效实现改善储层渗透性的目的（图3）；排采主要采用电潜泵或水力管式泵。在一个井场可部署互相平行的3～5口"L"形水平井，形成一个井组，水平段应尽量平行于主应力方向部署[11-12]，以在煤储层中建立多级联动线性缝网体，构建人工气藏，大幅提升单井产量。

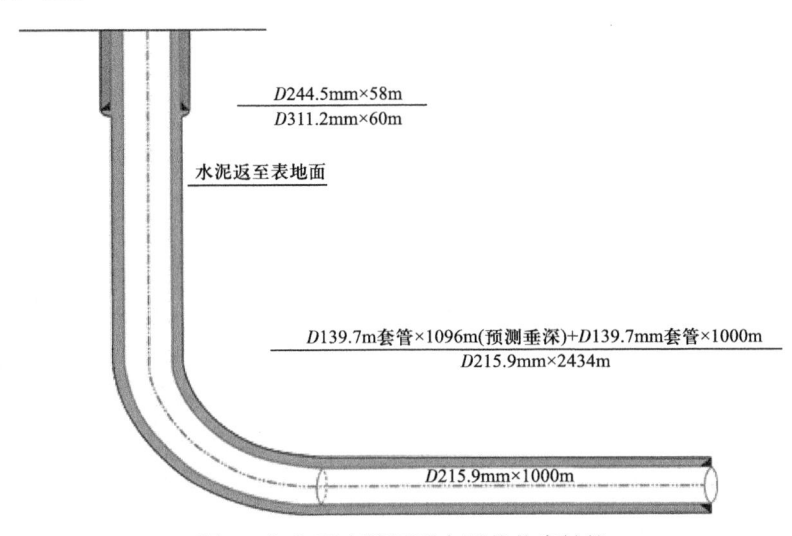

图3 "L"形套管压裂水平井井身结构

2015年以来，华北煤层气公司在沁水盆地南部实施了"L"形套管分段压裂水平井700余口，井位广泛分布于沁水盆地各大区块，煤层埋深600～1500m，构造、地应力、煤体结构复杂多样，单井投资约800万元。见气井比例99%，单井产气4000～30000m^3/d，表现出较强的地质适应性。近年通过持续技术迭代升级，单井产量不断提升，投产新井平均单井产气超10000m^3/d。下步将围绕"最大控储、有效动储"目标，优化一体化压裂设计，进一步提高单井产量。

"L"形套管分段压裂水平井兼具筛管水平井便于维护及改造作业、防止煤层垮塌等优点，同时可以通过压裂有效改造储层物性，单井产量较高，地质适应性强，是目前高煤阶煤层气开发所采用的主要井型。

6 结论

（1）裸眼多分支水平井钻井成功率低、事故复杂率高、单井投资大、产量差距大、维护作业困难，难以整体实现效益开发，不适于高煤阶煤层气推广应用。

（2）鱼骨状水平井主支稳定支撑，可重复作业疏通。但分支采用裸眼完井方式，井壁易垮塌，影响产气效果，而且无法采取有效的措施进行产量恢复，适应性较差，难以规模推广。

（3）仿树形水平井的主支稳定并可监测和重入维护，具有一定产气能力，但钻井周期长、钻完井施工难度大、单井投资大，难以实现效益开发。

（4）"L"形筛管水平井钻井工艺简单、单井投资较小、便于后期维护与改造作业。但未进行储层改造，在煤层埋藏较深、地应力发育、储层物性较差的区域适应性差，规模推广存在风险。

（5）"L"形套管分段压裂水平井兼具地质适应性强、便于维护与改造、投资合理、单井产量高的优点，是目前高煤阶煤层气开发所推广应用的主要井型。

参 考 文 献

[1] 胡秋嘉，李梦溪，贾慧敏，等.沁水盆地南部高煤阶煤层气水平井地质适应性探讨[J].煤炭学报，2019，44（4）：1178-1187.

[2] 朱庆忠，刘立军，陈必武，等.高煤阶煤层气开发工程技术的不适应性及解决思路[J].石油钻采工艺，2017，39（1）：92-96.

[3] 赵凌云，易同生.煤层气水平井井型结构分析及钻完井技术优化[J].煤炭科学技术，2020，48（3）：221-226.

[4] 吕玉民，柳迎红，陈桂华，等.沁水盆地南部煤层气水平井产能影响因素分析[J].煤炭科学技术，2020，48（10）：225-232.

[5] 秦绍锋，王若仪.潘河区块煤层气L型水平井排采工艺及配套技术研究[J].煤炭科学技术，2019，47（9）：132-137.

[6] 计勇，何保生，刘书杰，等.沁水盆地煤层气水平井压裂技术改进术[J].煤炭科学技术，2016，44（12）：173-178.

[7] 鲁秀芹，杨延辉，周睿，等.高煤阶煤层气水平井和直井耦合降压开发技术研究[J].煤炭科学技术，2019，47（7）：221-226.

[8] 崔树清，王凤锐，刘顺良，等.沁水盆地南部高阶煤层多分支水平井钻井工艺[J].天然气工业，2011，31（11）：18-21.

[9] 陈艳鹏，杨焦生，王一兵，等.煤层气羽状水平井井身结构优化设计[J].石油钻采工艺，2010，32（4）：81-85.

[10] 杨勇，崔树清，倪元勇，等.煤层气仿树形水平井的探索与实践[J].天然气工业，2014，34（8）：92-96.

[11] 胡秋嘉，毛崇昊，樊彬，等.高煤阶煤层气井储层压降扩展规律及其在井网优化中的应用[J].煤炭学报，2021，46（8）：2524-2533.

[12] 许江，马天宇，彭守建，等.煤岩体水力压裂动态演化物理模拟试验研究[J].煤炭科学技术，2017，45（6）：9-16，42.

鄂尔多斯盆地东缘深层煤层气水平井钻井提速技术

范志坤[1]，夏忠跃[1]，冯雷[2]，王涛[1]，解健程[1]，纪磊[1]

（1. 中海油能源发展股份有限公司工程技术分公司，天津 300452；2. 中联煤层气有限责任公司，北京 100015）

摘 要：针对深层煤层气地面及地层条件复杂、储层埋藏深度大、地层可钻性差、煤层微裂缝发育等工程难点，开展了深层煤层气水平井高效钻井配套技术研究。（1）通过优化井身结构设计，解决了水平井着陆段定向施工困难，复杂情况频发问题；（2）通过七段制三维水平井轨道设计，实现了深层煤层气"混合井型大井组"的开发模式；（3）基于前期钻井大数据分析，通过精确识别各个井段提速提效重点，引入提速提效工具和近钻头地质导向工具，持续优化改进钻头选型和钻井液性能配置，形成了针对不同井段的"配速式"的高效钻井综合配套技术。现场 75 口井实钻结果表明，在井组三维轨迹复杂程度增加、平均水平段长度增长前提下，水平井全井平均机械钻速达到 18.9m/h，提速幅度达到 83%，平均钻井周期迅速缩短至 24.3d，提效幅度达到 41%。研究结果对于鄂尔多斯盆地东缘深层煤层气钻井提速提效具有较好的借鉴和指导意义，也为同类资源的高效开发提供了技术参考。

关键词：深层煤层气；神府区块；工厂化钻井；三维水平井；定向托压；固井漏失

深层煤层气一般是指埋藏深度大于 1500m 的煤储层中赋存的烃类气体[1]。随着我国首个千亿立方米级别的深层煤层气田——神府深煤层大气田的发现，深层煤层气广阔的开发前景逐渐展示出来[2]。根据不同学者估计，我国 2000m 以深的煤层气资源量为 （18.4~40.71）×$10^{12}m^3$，开发潜力巨大，是未来煤层气产能接替的重要资源[3-5]。深层煤层气也成为继致密油气、页岩油气之后非常规勘探开发的新热点。研究深层煤层气藏的高效开发技术，对于助力我国煤层气行业高质量发展和保障国家能源安全都具有重要意义。

2021 年以来，为加速储量向产能的转化，积极响应国家关于加大油气资源勘探开发和增储上产力度的号召，中国海油大力推进地质工程一体化和勘探开发一体化，加大关键核心技术攻关，在神府区块已部署探井超 100 口。针对深层煤层气地面及地层条件复杂、储层埋藏深度大、煤层微裂缝发育等工程施工难点，通过优化井身结构设计和井眼轨道设计，引入提速提效钻井工具和近钻头地质导向工具，持续优化改进钻头型号和钻井液性能配置，逐渐形成了以二开长裸眼段水平井为主力开发井型的深层煤层气"混合井型大井

作者简介：范志坤，1987 年生，男，高级工程师，硕士；从事非常规油气钻完井设计及研究工作，E-mail：fanzhk@cnooc.com.cn。

组"的开发模式[6-9]。

由于深层煤层气规模化开发仍处于起步阶段，可借鉴的开发经验较少，笔者通过系统总结神府区块深层煤层气二开水平井钻井取得的成果和认识，探索深层煤层气高效钻井开发途径，以期为国内同类型储层的开发提供技术借鉴和支持。

1 神府区块深层煤层气二开水平井钻井难点

神府区块深层煤层气主力煤层为本溪组 $8+9^{\#}$ 煤层，发育稳定，煤层埋深普遍超过2000m。区块钻井自上而下钻遇地层主要为第四系、三叠系（延长组、纸坊组、和尚沟组、刘家沟组）、二叠系（石千峰组、上石盒子组、下石盒子组、山西组、太原组）、石炭系（本溪组）和奥陶系（马家沟组）[10-11]。受区域地形地貌限制、地层岩性复杂等因素影响，开发过程存在井位部署难度高、地层可钻性差、钻头泥包、着陆段导向钻进困难、目的层微裂缝发育引起井壁失稳和井漏等工程技术难点。

1.1 井位部署难度高

区块位于黄土高原腹地，区内地表地形复杂，黄土塬自北向南延伸，黄土厚度在10～150m，起伏剧烈，相对高差达到20～300m，受后期河流侵蚀影响而支离破碎，形成了树枝状冲沟及塬、梁、峁、坡并存的地貌特征。由于区块内前期已完钻了大量致密气开发井，为充分利用老井场，节约土地使用面积，深层煤层气开发部署井水平段在邻井老井间穿梭，防碰风险极高。因此，深层煤层气井位部署需结合地面的地形地貌及新征井场的难易程度，对于井位优选、钻前施工、钻井设备和物资运输，以及后期的大规模压裂施工都带来巨大挑战。

1.2 地层可钻性差

延长组—纸坊组砂泥岩互层严重，软硬地层交互，易造成钻头崩齿。砂岩渗透性好，易形成较厚的砂质滤饼，引起缩径，造成起钻困难。泥岩易吸水膨胀，剥落掉块，造成卡钻事故。刘家沟组地层坚硬，石英含量高，研磨性较强，当转速过高时，会造成钻头先期损坏，影响钻井速度。根据区块内深层煤层气水平井先导试验阶段统计，二开井段单井平均使用钻头 7.2 只，因钻头失效引起的非计划性起下钻趟数多（图 1a），严重制约钻井时效的提高。

1.3 钻头泥包

石千峰组—石盒子组地层岩性主要为泥岩、泥质粉砂岩，泥岩厚度大，单层厚度在15～25m 之间，上部含泥页岩地层存在井径扩大严重现象，下部地层存在硬脆水敏性泥页岩，易发生井壁浸泡垮塌。泥页岩易于水化分散，使井眼内泥质和固相含量增加，吸附于钻头表面造成钻头泥包（图 1b）。部分井钻至石千峰组井段时发生多次钻头泥包复杂情况，严重影响钻井时效。

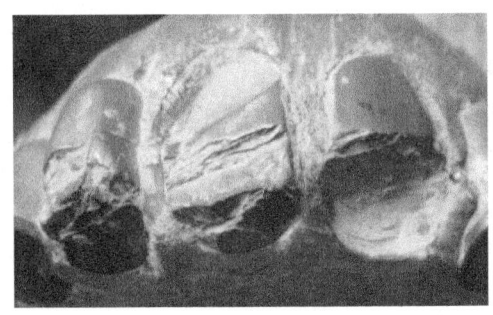  

(a) 钻头切削齿崩齿　　　　　　(b) 钻头泥包　　　　　　(c) 钻头肩部磨损

图 1　现场钻头失效照片

1.4　着陆段托压严重，导向钻进困难

深层煤层气完钻井深、水平段长度及裸眼井段长度与中浅煤层存在较大差别，在地质导向着陆段施工过程中，钻具摩阻高、扭矩大，钻压传递困难，定向钻进效率低，尤其山西组—太原组井段，定向井段与复合井段比率已超过 1∶2，部分井段钻时高达 56min，长时间定向钻进对钻头肩部的定向钻齿磨损较高（图 1c），且长井段的定向钻进降低了井眼的平滑性，进一步增加了钻具的摩阻与扭矩，降低了定向钻进的效率。根据先导试验井实钻统计，着陆井段平均机械钻速仅为 4.71m/h。

1.5　目的层微裂缝发育

深层煤层气目的层以本溪组 8+9# 煤层为主，受沉积环境影响，8#、9# 煤层在区块南部分叉为两套独立煤层，在区块北部多合并为一套，煤层地质结构脆弱，易坍塌，割理发育。钻井过程中钻井液沿着割理间微裂隙侵入地层，使得煤层间混杂的黏土矿物水化膨胀，造成层理面的脱落，引起井下复杂。如果为预防井壁失稳而提高钻井液密度，又容易引起微裂缝的扩张延伸，造成井漏事故。尤其在固井施工过程中，高密度水泥浆沿微裂缝侵入地层，造成水泥浆上返高度未达到设计要求，影响后期储层改造施工规模。根据前期施工统计，多口井在水泥浆顶替过程中发生井下漏失，部分井漏失 10m³，影响水泥浆上返高度达到 350m。

2　水平井钻井关键技术

为了解决深层煤层气水平井钻井工期长，复杂情况多等问题，区块在总结先导试验钻井过程的基础上，通过优化井身结构设计和井眼轨道设计，引入提速提效钻井工具和近钻头地质导向工具，持续优化改进钻头型号和钻井液性能配置，逐步形成了针对不同井段的"配速式"的深层煤层气二开长裸眼段水平井高效钻井综合配套技术。

2.1　井身结构优化

深层煤层气井由于低孔隙低渗透低压力的储层特性，均需要采用大规模加砂压裂工艺才能实现产能释放，为满足大规模压裂施工需求，普遍采用139.7mm套管完井。在先导试验井阶段，深层煤层气水平井为实现"储层专打"，均采用三开井身结构设计，二开井段311.15mm井眼着陆，由于着陆前地层致密、裸眼段长等原因，钻具托压严重，定向施工困难，单只钻头仅能完成150~200m进尺，严重影响施工效率。且大井眼施工排量大，钻井泵负荷高，频繁因钻具、缸套刺漏等停工修理，严重影响作业施工的连续性及井眼清洁程度，给后期完井作业带来较高的施工风险[12]。根据先导试验井经验及区块内大量直井、定向井的钻井实践效果分析，在保证完井管柱尺寸不变的情况下，可以将水平井井身结构优化至二开井身结构，设计一开采用311.15mm井眼，表层套管下入至纸坊组上部，封固上部易漏易垮层，二开采用215.9mm井眼完成直井段、定向段及水平段的整体施工，大大降低了钻井施工难度（图2）。

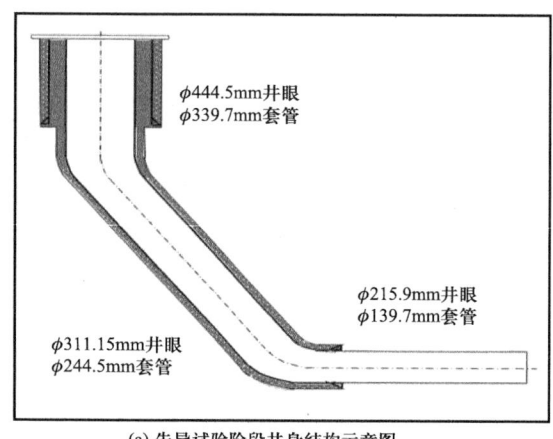

图2 优化前后水平井井身结构示意图

相对于先导试验阶段的311.15mm井眼，二开采用215.9mm井眼着陆可显著降低裸眼井段的暴露面积，进而降低井壁坍塌的概率和风险。且在相同的机械效能比情况下，小尺寸钻头表现出更高的造斜率和更高的ROP[13]。现场实钻结果显示，二开水平井较三开水平井全井平均机械钻速提高76%，钻井工期缩短46%（图3）。

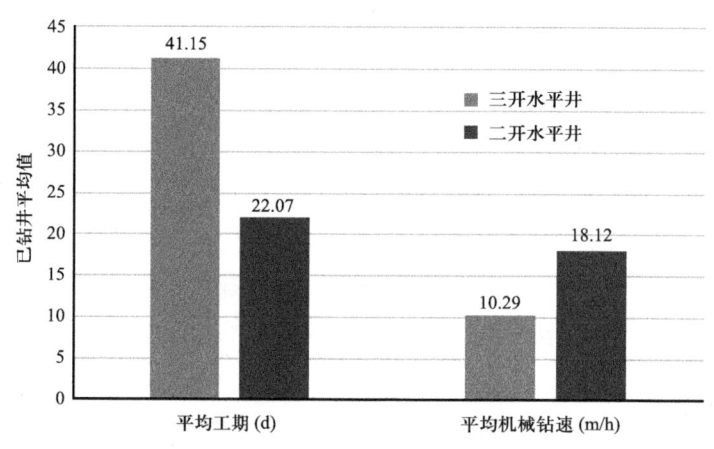

图3 井身结构优化后实钻效果对比

2.2 井眼轨道优化设计

深层煤层气井作业井台多数居于山顶或平坦的山腰地带，井场形状各异，井场槽口排列需统筹考虑地面钻机布局和地下防碰措施。受单井控制面积的限制，深层煤层气普遍采用 300～350m 间距布井开发。为解决井位部署困难问题，提高整体开发效益，采用"大井丛设计，工厂化施工"的作业模式。

为充分利用井场使用面积，井口间距普遍采用 5m 间距，深层煤层气由于埋深普遍超过了 2000m，轨迹设计时需采用较深的造斜点，造成浅部存在大量的平行井眼，给浅部地层的防碰带来巨大的风险。为避免井眼碰撞，轨迹设计时在浅部采用预分技术，结合槽口排布方位和靶点闭合方位，在浅部预斜一个小井斜使井眼轨迹偏离槽口滑移线，从而增加各井的防碰距离。

为降低三维水平井组的施工难度，将井眼轨道设计优化为七段制剖面设计（图4）："直井段—二维增斜段—稳斜消偏段—三维增斜扭方位段—稳斜挂泵段—二维增斜入靶段—水平段"[14-15]，其中造斜段选择在可钻性相对较好的纸坊组井段，造斜率控制在 4°～5°，消偏段稳斜角控制在 15°～35°，既保证了工具面的稳定，又避免了因井斜较大造成的岩屑堆积现象。三维增斜扭方位井段控制造斜率在 5° 以内，避免因井下摩阻较大影响后期套管下入。稳斜挂泵段控制井斜在 75°～80°，实钻全角变化率应不超过 3°/30m，以保障后期生产阶段的检泵周期。为保障二开长裸眼井段安全高效钻进，井眼轨道设计阶段预留可钻性较差的刘家沟组井段为稳斜井段，施工过程中该井段以复合钻进为主，可适当解放钻井参数，实现快速钻井的目的。

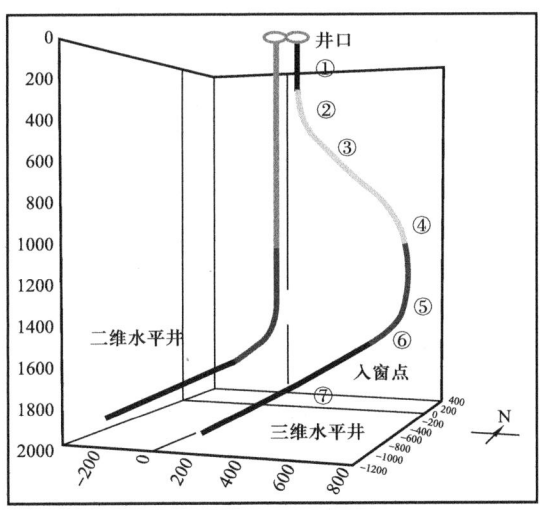

图 4 深层煤层气水平井轨迹设计剖面图

2.3 分井段"配速式"高效钻井综合配套技术

通过对区块不同地层钻井地质特性分析，基于前期钻井大数据统计分析，对比各趟钻具组合和各个型号钻头在不同地层的钻时表现（图5），精确识别确认每个井段、每道工序提速提效的重点，将整个二开长裸眼井段按地层分区精细化管理，即上部地层钻井参数提速区、造斜段钻具组合提速区和水平段地质导向提速区。根据不同分区的施工重点，在平衡高效钻井与深层煤层气低成本开发双向需求基础上，二开井段采用"三趟钻"设计，通过优选钻头、改善钻井液体系再配合提速提效工具的使用，形成了"配速式"（表1）的高效钻井综合配套技术[16-17]。

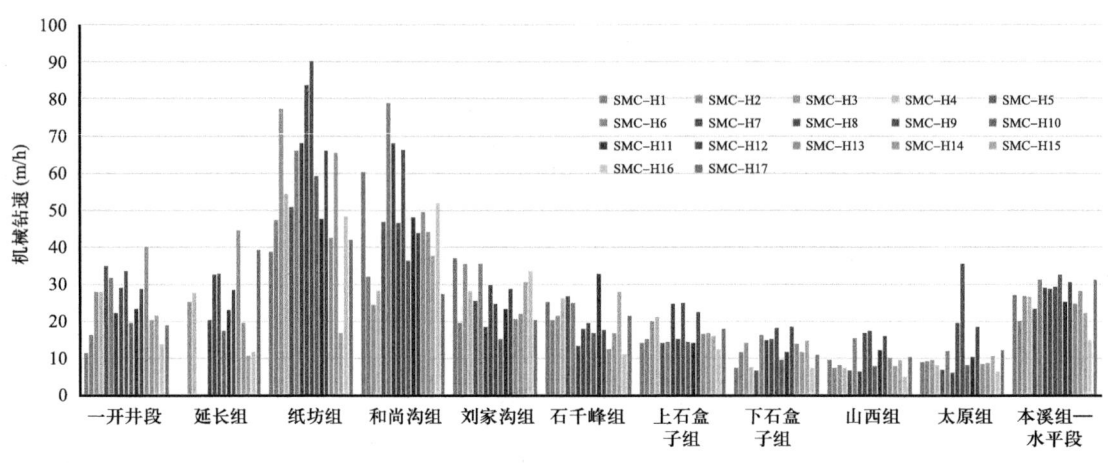

图 5　各地层实钻机械钻速统计

表 1　各地层推荐机械钻速表

地层分层	推荐机械钻速（m/h）
一开井段	20.0
纸坊组	65.0
和尚沟组	40.0
刘家沟组	12.0
石千峰组	16.0
上石盒子组	16.0
下石盒子组	9.5
山西组	7.5
太原组	12.0
本溪组	22.0

（1）二开第一趟钻主要针对刘家沟组及以上地层，该井段是全井提速关键。本井段定向任务相对较轻，为充分发挥"PDC钻头+螺杆+MWD"复合钻井技术的机泵优势，选用攻击力更强的4刀翼ϕ16mm双排切削齿PDC钻头。为提高钻头穿越硬质夹层的抗冲击

性，钻头优选了热稳定性好、耐磨性高、抗冲击性强的复合片，并采用混合布齿设计。钻头采用短保径小角度螺旋刀翼，增加了刀翼与井壁接触面积，减小保径所受到的应力，提高了钻头的稳定性。为充分发挥螺杆大功率、高转速特性，本井段配置1.25°单弯螺杆，以螺杆最优负荷效率为参考，采用"高钻压、高转速、大排量"的激进钻井参数，实现上部井段的高速钻进。

（2）二开第二趟钻主要针对石千峰组至着陆点的定向造斜井段，该井段以提高定向钻进作业效率为首要原则，采用1.5°单弯单稳导向钻具组合：

ϕ215.9mm PDC+ϕ172mm PDM×1.5°（STAB 212mm）+F/V+ϕ165.1mm NMDC+HOS+ϕ127mm HWDP×1柱+ϕ127mm DP×12+水力振荡器+ϕ127mm DP（根据实际轨迹倒装）+ϕ127mm HWDP×10柱+ϕ127mm DP。该段地层可钻性差，研磨性强，为提高定向钻进效率，防止高转速螺杆在钻遇砂泥岩交互井段砾石层时冲击力过大，造成钻头先期破坏，下部造斜井段选择使用低转速/高扭矩螺杆。同时匹配长保径、深内锥的五刀翼ϕ16.0mm双排切削齿PDC钻头。为保持造斜工具面稳定，调整内锥角至76.5°。双排齿及屋脊非平面PDC复合片的布置使钻头更具攻击性、抗冲击性和抗研磨性。为解决二开增斜扭方位井段摩阻高、扭矩大、钻具托压问题，在二开井段第二趟钻钻具组合中加入了水力振荡器，通过调节水力振荡器动力部分同心阀与偏心阀的过流面积产生压力脉冲，驱动振动部分内的弹簧产生轴向振动，从而带动BHA在轴向上产生高频率小振幅的振动，变钻具的静摩擦为动摩擦，从而提高钻压的传递效率，保证了定向施工的效率[18-19]。根据同井台两口井施工效果评估对比，使用水力振荡器后三维增斜扭方位井段滑动进尺减少35%，滑动段的机械钻速提高39%。

（3）二开第三趟钻主要针对目的层煤层段的钻井，由于储层内部非均质性强，纵向上发育4层夹矸，横向存在物性变化，煤层疏松且脆性强，坍塌周期短，水平段钻井应遵循"快进快出"的作业原则。该井段采用1.25°单弯双稳导向钻具组合：ϕ215.9mm PDC+近钻头下短节+ϕ172mm PDM×（1.25°-STAB 212mm）+F/V+近钻头上短节+HOC+SNMDC+ϕ127mm HWDP×1柱+ϕ127mm DP（根据实际轨迹倒装）+ϕ127mm HWDP×10柱+ϕ127mm DP。为满足水平段钻进过程中导向轨迹及时调整要求，使用1.25°弯角，212mm扶正套马达，配合钻头采用适用于软—中硬地层的五刀翼ϕ16.0mm单排切削齿PDC钻头。为保证煤层井段的稳定，减小钻井液的冲刷能力，水平段选择直喷钻头水眼。

为提高水平段导向钻进效率，动态优化井眼轨迹于目的层中的最佳位置，地质导向工具选择近钻头伽马工具组合（图6），实时测井曲线工具0.6m，测点零长12.1m。在钻进过程中结合钻时、岩屑、气测和伽马/电阻率等实时资料可快速发现地层倾角的变化，高效判断井眼轨迹在目的层中的位置[20]。

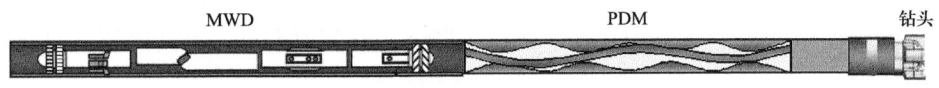

图6 近钻头工具组合示意图

2.4 防漏固井工艺技术

针对二开水平井裸眼段长、储层段微裂缝发育易漏失风险，水平段钻井液中加入超细碳酸钙、乳化沥青、裂缝暂堵剂等防塌材料以增强钻井液的封堵护壁能力，同时加入不同粒级超细碳酸钙实施屏蔽暂堵技术，实现对各级裂缝的全尺寸封堵，降低固井漏失的风险。

降低固井施工过程中环空循环当量密度是解决低压、易漏地层固井漏失的有效途径之一。为降低固井施工过程中的循环密度当量，固井施工前通过调整钻井液流变参数和下套管施工流程、优选水泥浆体系、优化水泥浆柱结构和注替施工参数，形成了适用于深层煤层气二开长裸眼水平井易漏失地层的固井技术。

（1）为提高井眼清洁程度，降低洗井过程中循环漏失风险，固井前调整钻井液流变参数，将钻井液漏斗黏度控制在50～60mPa·s、塑性黏度控制在18～28mPa·s之间、动切力小于12Pa。

（2）改变固井前循环方式，套管下到位后，先不坐挂悬挂器，使用变扣接头充分循环，确保井内岩屑全部返出后再接入悬挂器，防止岩屑堆集，憋漏地层，控制循环洗井排量不高于1.8m³/min，循环1周后注入稠浆进行携砂洗井，待确认井内循环干净、振动筛无钻屑且正常后开始固井作业。

（3）为提高固井质量，保证后期大规模压裂施工安全，优选适用于深层煤层气水平井的降失水防气窜水泥浆体系（表2），水泥浆中加入2.5%降失水剂和1%防气窜剂并通过调整各段水泥浆的封固长度和采用合适的水泥浆密度来实现"压稳防漏"。

（4）浆柱结构设计为"两凝水泥浆"，低密度水泥浆密度1.40g/cm³，封固气层以上300m至井口上部井段，尾浆密度1.90g/cm³，封固气层以上300m和水平段。

（5）为降低顶替过程中循环摩阻，根据现场施工压力对替浆过程精细控制，压完胶塞之后开始替清水降低排量至0.5m³/min，起压后排量降至0.3m³/min，施工压力5MPa时排量降至0.2m³/min，施工压力8MPa时排量降至0.15m³/min。根据固井过程模拟计算，井下当量循环密度（ECD）降低0.08g/cm³（图7）。为配合因顶替排量造成的施工时间延长，水泥浆配方中加入0.08%缓凝剂[21]。

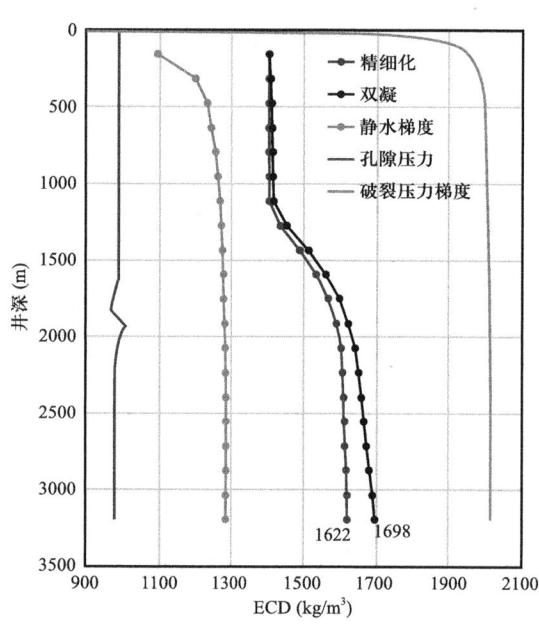

图7 精细化压力控制固井循环当量密度模拟

表2 降失水防气窜水泥浆体系常规性能

水泥浆类型	密度（g/cm³）	稠化时间（min）	过渡时间（min）	失水量（mL）	自由水（mL）	抗压强度（MPa）
领浆	1.4	300	15	38	0	15.6
尾浆	1.9	239	15	20	0	25.4

3 现场应用效果

2023年，神府区块深层煤层气水平井"配速式"综合提速提效技术应用75口井，二开长裸眼井段平均使用4.1只钻头，单只钻头最高进尺达到1497m。与先导试验阶段相比，在井组三维轨迹复杂程度增加、平均水平段长度增长前提下，水平井全井平均机械钻速达到18.9m/h，提速幅度增加83%，平均钻井周期迅速缩短至24.3d，提效幅度达到41%，复杂事故率大幅降低，水平井平均钻井时效93.1%。其中区块内A井完钻井深3192m，钻井周期13.66d，水平段日进尺460m，创造当时区块钻井周期最短、水平段单日进尺最高纪录。

4 结论与建议

（1）基于前期钻井大数据统计分析，通过优化井身结构设计和井眼轨道设计，引入提速提效钻井工具和近钻头地质导向工具，持续优化改进钻头型号和钻井液性能配置，形成了一套"配速式"的高效钻井综合配套技术，为深层煤层气的高效开发提供了保障。

（2）通过固井前调整钻井液流变参数和下套管施工流程、优选水泥浆体系、优化水泥浆柱结构和注替施工参数，形成适用于深层煤层气二开长裸眼水平井的固井技术。

（3）75口井现场应用效果表明，二开长裸眼段水平井综合提速提效技术可有效提高钻井机械钻速和降低钻井周期，为神府区块深层煤层气的高效开发提供有力支撑。

（4）结合深层煤层气地质特征和大规模三维支撑体积压裂工艺需求，建议持续加强钻井液储层保护和提高固井质量技术研究，以保证后续深层煤层气规模化开发效益。

参 考 文 献

[1] 徐凤银，王成旺，熊先钺，等. 鄂尔多斯盆地东缘深部煤层气成藏演化规律与勘探开发实践[J]. 石油学报，2023，44（11）：1764-1780.

[2] 安琦，杨帆，杨睿月，等. 鄂尔多斯盆地神府区块深部煤层气体积压裂实践与认识[J]. 煤炭学报，2024，49（5）：2376.

[3] 罗平亚，朱苏阳. 中国建立千亿立方米级煤层气大产业的理论与技术基础[J]. 石油学报，2023，44（11）：1755-1763.

[4] 曾雯婷，葛腾泽，王倩，等. 深层煤层气全生命周期一体化排采工艺探索——以大宁—吉县区块为例[J]. 煤田地质与勘探，2022，50（9）：78-85.

[5] 聂志宏,徐凤银,时小松,等.鄂尔多斯盆地东缘深部煤层气开发先导试验效果与启示[J].煤田地质与勘探,2024,52(2).

[6] 刘建忠,朱光辉,刘彦成,等.鄂尔多斯盆地东缘深部煤层气勘探突破及未来面临的挑战与对策——以临兴—神府区块为例[J].石油学报,2023,44(11):1827-1839.

[7] 朱光辉,李本亮,李忠城,等.鄂尔多斯盆地东缘非常规天然气勘探实践及发展方向——以临兴—神府气田为例[J].中国海上油气,2022,34(4):16-29,261.

[8] 杜佳,朱光辉,李勇,等.鄂尔多斯盆缘致密砂岩气藏勘探开发挑战与技术对策——以临兴—神府气田为例[J].天然气工业,2022,42(1):114-124.

[9] 米立军,朱光辉.鄂尔多斯盆地东北缘临兴—神府致密气田成藏地质特征及勘探突破[J].中国石油勘探,2021,26(3):53-67.

[10] 范志坤,冯雷,夏忠跃,等.浅部异常压力层系下井身结构设计与应用[J].石油机械,2021,49(8):53-58.

[11] 范志坤,夏忠跃,冯雷.临兴区块浅部气层大斜度定向井钻井关键技术[J].西部探矿工程,2021,33(6):24-27.

[12] 王维,韩金良,王玉斌,等.大宁—吉县区块深层煤岩气水平井钻井技术[J].石油机械,2023,51(11):70-78.

[13] 宋吉明,覃建宇,刘永峰,等.海上表层快钻技术及管理探索[J].石油化工应用,2019,38(11):43-48.

[14] 肖豪,牛洪波,牛似成,等.六段制三维水平井轨道优化设计与应用[J].石油钻采工艺,2017,39(5):564-569.

[15] 田逢军,王运功,唐斌,等.长庆油田陇东地区页岩油大偏移距三维水平井钻井技术[J].石油钻探技术,2021,49(4):34-38.

[16] 余浩杰,王振嘉,李进步,等.鄂尔多斯盆地长庆气区复杂致密砂岩气藏开发关键技术进展及攻关方向[J].石油学报,2023,44(4):698-712.

[17] 王建龙,马凯,贾巍然,等.深层页岩气水平井优快钻井配套技术[J].西部探矿工程,2023,35(10):76-79.

[18] 李云峰,吴晓红,李然,等.高5断块深层致密油水平井钻井关键技术实践[J].石油机械,2023,51(11):102-107.

[19] 王海斌.牛庄洼陷页岩油大尺寸井眼优快钻井技术[J].石油机械,2023,51(7):43-50.

[20] 王宇红,孙天玉,李鹏.沁水盆地深部煤层气水平井定向钻进地质导向技术[J].煤矿安全,2023,54(6):41-46.

[21] 范志坤,夏忠跃,冯雷,等.雷家碛井区固井漏失层分析及固井防漏工艺技术[J].复杂油气藏,2021,14(3):105-110.

根部对接双分支井地质工程一体化分析

——以澳大利亚博文盆地某区块根部对接双/三分支先导试验井为例

李铭[1,2]，黄文松[1,2]，卫晓怡[1,2]，段利江[1,2]，石得佩[2]，丁伟[1,2]，吴夏叶[2]，曲良超[1,2]，杨勇[1,2]，刘玲莉[1,2]，崔泽宏[1,2]，王建俊[1,2]

（1. 中国石油勘探开发研究院；2. 中国石油国际勘探开发有限公司）

摘 要：澳大利亚的博文盆地是澳大利亚的主要含煤盆地，发育二叠系黑水煤组。二叠系黑水煤组由于横向上发育厚度相对稳定的煤层，而且煤层的厚度基本在2~8m之间，传统上一直使用水平井组进行开发。根部对接双分支水平井是该区采用的一种新的开发井型。根部对接双分支水平井一般使用直井进行排采，而用直井根部对接的双分支水平井由于钻遇2倍或3倍井段的煤层气，有效地增大了煤层的解吸面积来提高煤层的产气量和增加煤层气的单井EUR。在北博文盆地R区块斜坡目的煤层埋深在300~500m的位置部署了7组根部对接双分支水平井开展先导试验井生产试验，结合井位部署的煤层气地质特征，以及双分支水平井型的地质工程一体化配置来剖析根部对接双分支水平井的地质工程一体化特征，进而结合钻完井和生产动态开展7组先导试验井的产量预测和EUR计算。不同井组的不同产量表现和生产预测分析结果表明双分支水平井组的产能表现和水平井段的长度、水平井段的煤层稳定性等具有密切的关系，通过该井型井组的地质工程化一体化分析旨在总结该生产井组的技术和工程适用性，为未来实现博文区块煤层气的规模开发提供有益的借鉴。

关键词：煤层气；博文盆地；根部对接双分支井；历史拟合；生产动态

二叠纪—三叠纪博文盆地位于澳大利亚东部沿海地区，在新南威尔士州和昆士兰州。该盆地含有丰富的煤炭和煤层气资源。博文盆地煤层在横向上不连续，构造复杂，加剧了煤层分布的复杂性。博文盆地区块煤层气的钻完井成本较高，成为制约博文盆地煤层气经济开发的最大瓶颈问题。根部对接双分支水平组作为该区块一种新的试验井型而被提出，同时开展了先导试验井组的生产。本文旨在通过根部对接双分支水平井的地质工程一体化分析，以及生产动态和产量预测来阐明和总结该井型在博文盆地区块的适应性和面临的主要问题，希望为未来博文区块实现煤层气的规模经济有效开发提供借鉴。

基金项目：中国石油天然气股份有限公司重大科技专项课题"非常规油气技术可采资源差异化评价技术研究（2023ZZ0703）"。

第一作者：李铭（1974-），男，湖北黄冈人，博士，高级工程师，2001年毕业于中国石油大学（北京），目前在中国石油勘探开发研究院从事海外煤层气项目勘探开发地质研究，地址：北京海淀区学院路20号院，邮编：100083，E-mail：liming211@petrochina.com.cn。

1 博文盆地地质概况

博文盆地是一个狭长的南北走向盆地,位于昆士兰州中东部和新南威尔士州北部,地理坐标为南纬20°~29°和东经147°~150°之间(图1)。该盆地面积约200000km²,为弧后前陆盆地,总体为NNW向展布的复杂向斜构造盆地;两翼不对称,东翼较陡,受近东西向挤压应力作用,发育一系列平行盆地轴向的逆断层[1-2]。其在Taroom海槽(博文盆地内两个主要沉积中心的最东端)的最大厚度为9000m。博文盆地地区的主要煤系层序为Rangal煤层组(RCM)、Fortcooper煤层组(FCCM)和Moranbah煤系(MCM)。每一个煤系可划分为若干个煤层。详细的煤系和煤层划分如图2所示。

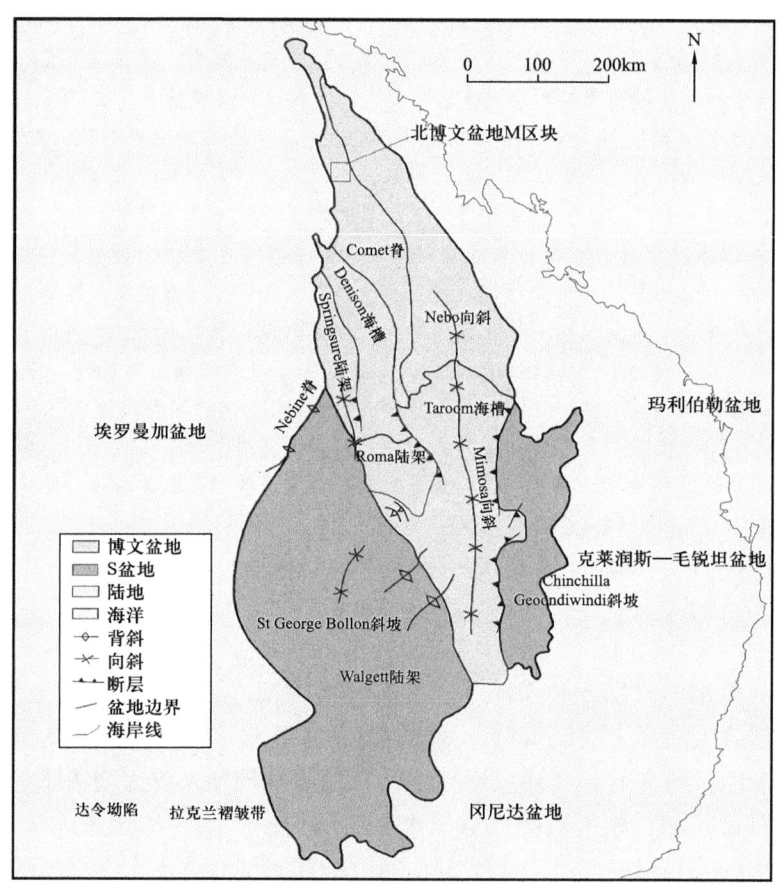

图1 博文区块构造纲要图

博文盆地形成始于泥盆世,可划分为五个演化阶段[3-5]:(1)基底形成期,主要处于泥盆纪到早二叠世早期。(2)同生裂谷期,主要处于早二叠世早期到早二叠世晚期,该时期处于拉张的构造背景下,在博文盆地东部的一系列的半地堑沉积了河流相、湖相,以及火山岩沉积,而在西部则沉积了厚层的煤合非海相的碎屑岩沉积,这一时期形成大量的张性断层。(3)早期热沉降期,主要处于早二叠世到晚二叠世,随着整个盆地范围的海侵,沉积了三角州和浅海相以碎屑岩和煤层为主的沉积。(4)前陆充填期，主要处于晚二叠世—中三叠世，前陆的充填从盆地东部向西部扩展，导致了沉降的加速。沉积了一套非常厚的晚二叠世的海相和河流相的碎屑岩。前期的断层活化和盆地反转，该时期是博文盆地煤层的主要形成时期[5-6]。(5)剥蚀抬升期，整个博文盆地抬升剥蚀，前期的断层再度活化，同时有火山的侵入和玄武岩的岩浆作用（图3）。

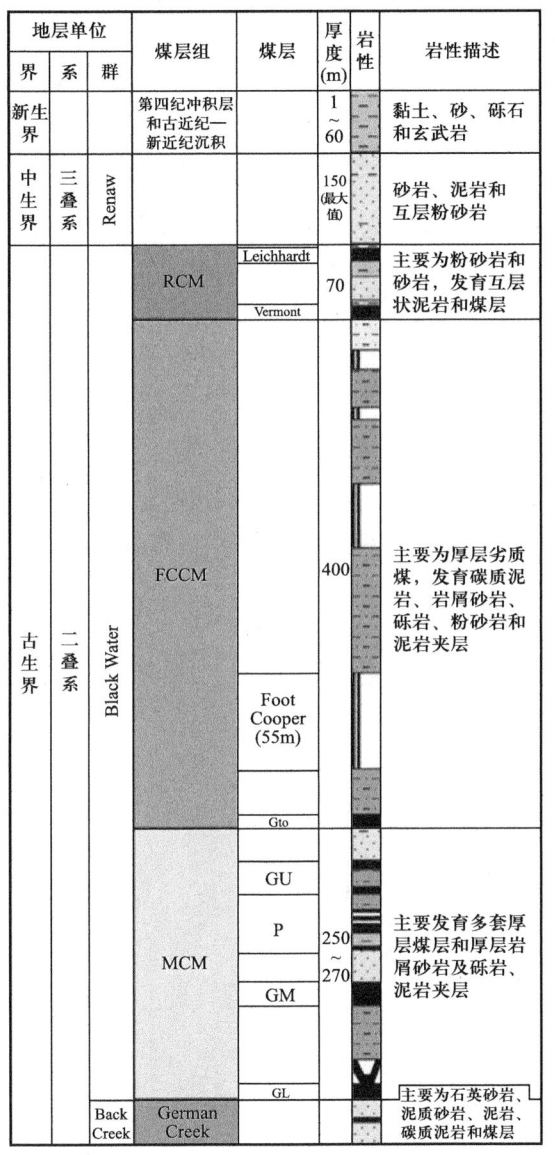

图2 博文盆地煤层柱状图

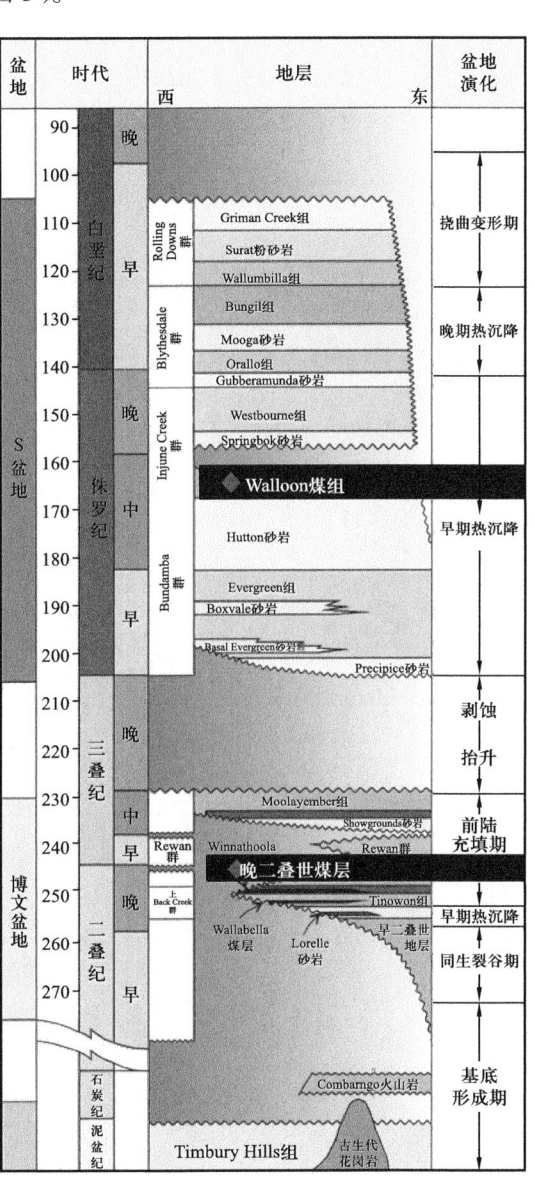

图3 博文—S盆地构造演化图

2 R区块区域地质概况

R区块位于北博文盆地西部斜坡带，该区块主要发育MCM煤层组，区块面积在

90km² 左右，整体为埋深逐渐向东变深的单斜，区域内发育两条呈北西—南东走向的断层，煤层在 R 区块的埋深基本在 200~1000m 之间（图2）。其中 MCM 煤层组从上到下又分成 GU5，GU3，GU，GP9，GP2，GP1，GP0，GM，GL3，GL9，GL8，GLL0 等单煤层[6-7]。其中主力 GM 煤层埋深在 300~900m，厚度在 6~10m，含气量在 5~17m³/t。GL 煤层埋深在 350~1000m，厚度在 2~9m，含气量在 6~13m³/t（图3）。部署的 R4—R110 根部对接双分支/三分支井组位于 R 区块南部 GM 煤层组埋深在 300~500m 的斜坡带上（图4和图5）。M1044—M110 根部对接双分支/三分支井组有 7 口双分支/三分支井，其中只有 M108 井是根部对接三分支井，其余 6 口井均为根部对接双分支井。

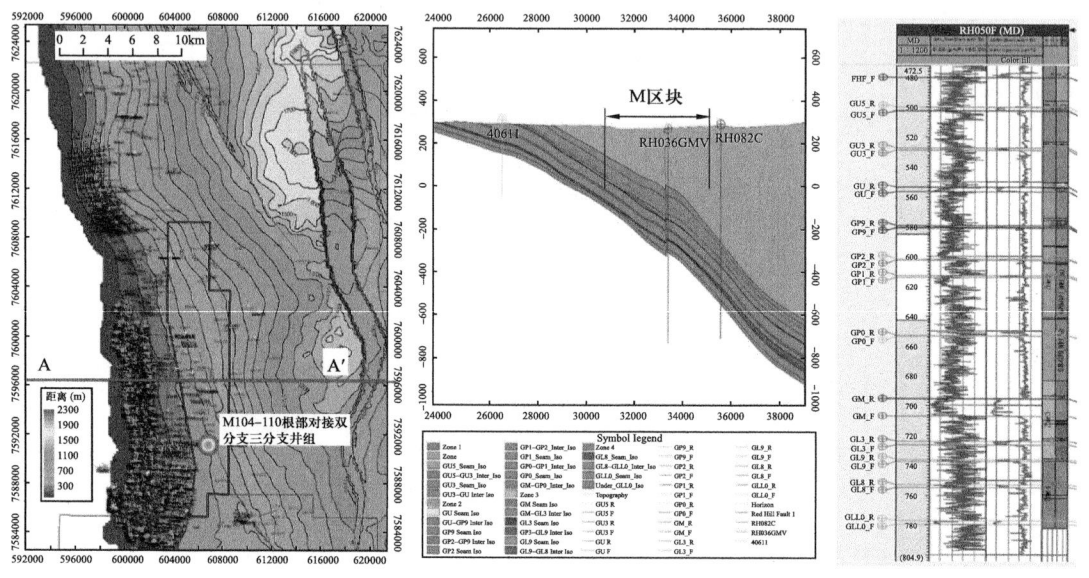

图4 R 区块 GM 组埋深和地质剖面图

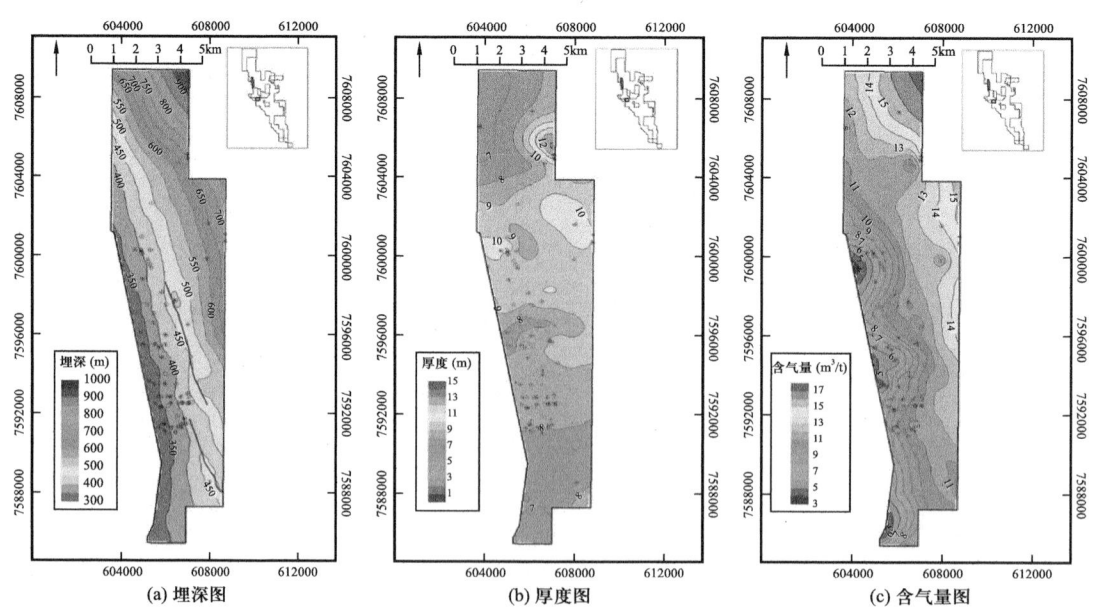

图5 GM 煤层

3 双分支井组地质工程一体化分析

3.1 根部对接双/三分支井型简介

M 区块完钻 7 组根部对接双分支井，双分支跟部对接型水平井由 2 口或 3 口水平井和 1 口直井构成，2 口或 3 口水平井井段沿地下目标煤层钻进，与远端直井的目标煤层段实施精准对接，2 口或 3 口水平井通过共用 1 口直井进行排水采气。其中双分支／三分支井一般使用三开井身结构。水平井分支与直井的井距在 200～300m 之间，其中的双分支／三分支水平井由 1 个主分支和 1～2 个分支组成，分支水平井与主支夹角在 20°～45°之间[8-9]（图 6）。由于使用了 2～3 个水平分支，因此与煤层的接触面积大，直井排采风险低，工艺简单。但是该井型的主要缺点是分支井如果采用裸眼完井的话，一般都需要下 PVC 筛管保持水平分支的稳定性，否则可能导致井眼稳定性比较差，另外一旦分支井堵塞后洗井难度大。M104—M110 井实际钻完井和生产实际也暴露出上述问题。实际只有 M104 井的水平分支 2，M105 井的水平分支 2，M106 井的水平分支 2 和 M110 井的水平分支 2 钻遇煤层设置 PVC 的玻璃钢筛管（图 7）。玻璃钢筛管段长度只有 4360m 左右，而 M104—M110 组总共钻遇的煤层段一共有 20474m，筛管的作业长度只占总钻遇煤层长度的 20% 左右。

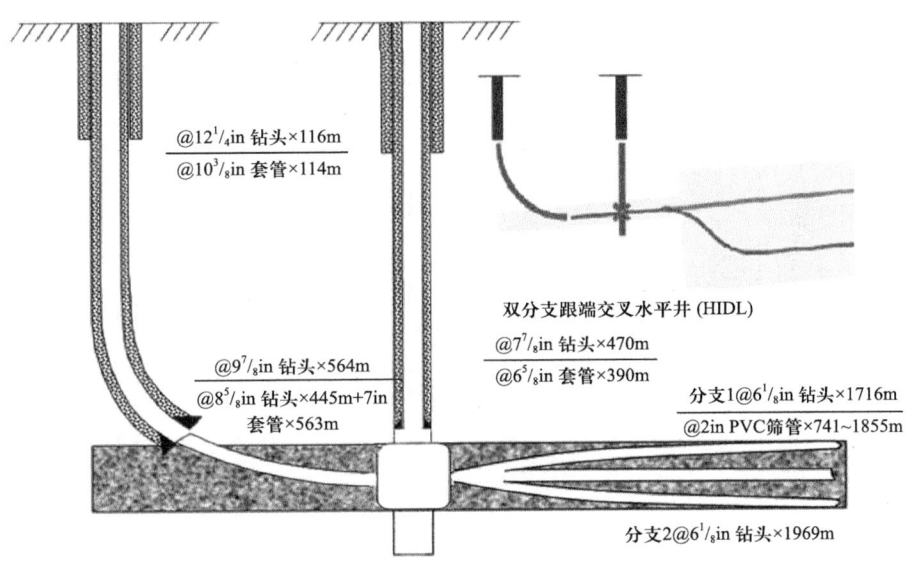

图 6 跟部对接双分支／三分支水平井井型结构示意图

3.2 根部对接双分支井组煤层钻遇情况

根据 M104 井完井后的直井段开展的测井解释可以看出该井钻遇的主要煤层组 GM 的厚度大约在 8.82m（图 8a），M107 井直井段开展的测井解释可以看出该井钻遇的主要煤层组 GM 的厚度大约在 8.05m（图 8b），M110 井 GM 煤层的厚度为 8.23m。通过 M104 井、M107 井和 M110 井的连井对比图也可看出，GM 煤层组的厚度基本稳定，埋深从 M104 井的 320m 逐渐加深到 M110 井的 420m 左右（图 9）。

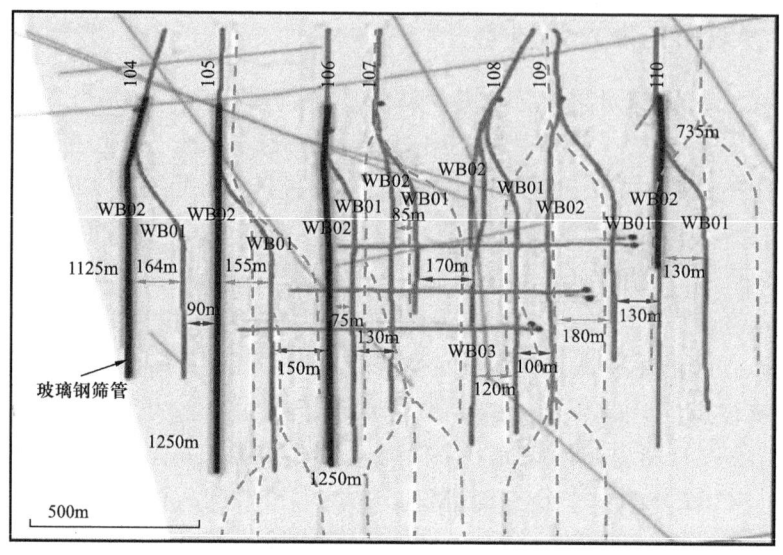

图 7　M104—M110 井根部对接双分支 / 三分支井实际钻完井配置示意图

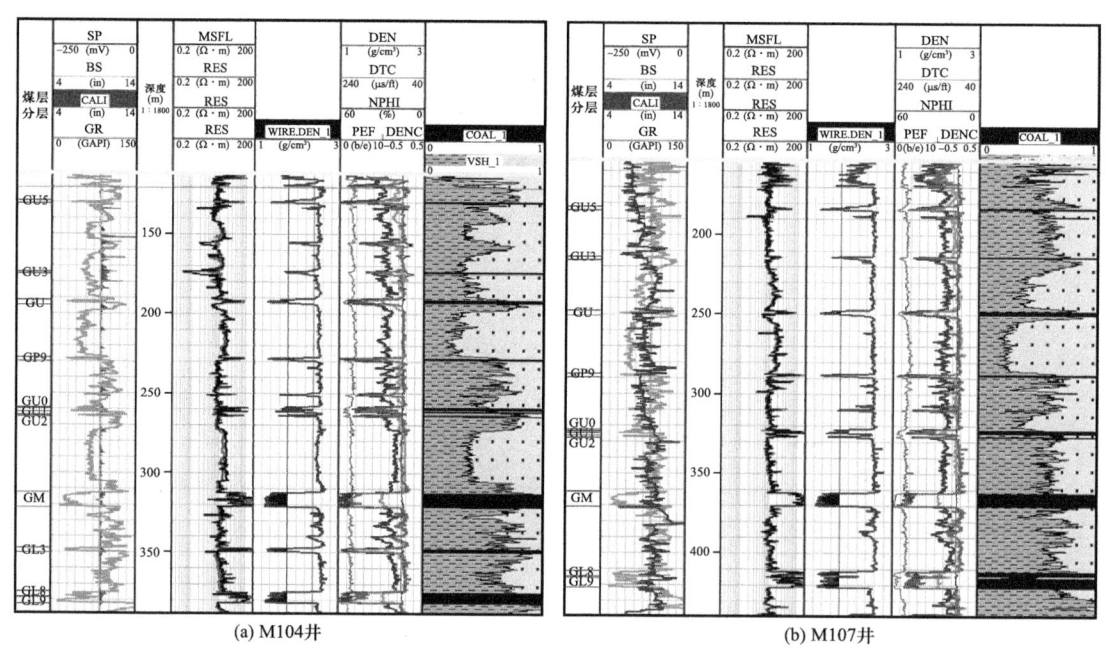

图 8　M104 井和 M107 井测井解释图

3.3　根部对接双分支井组生产动态和产量预测

M104—M110 井根部对接双分支 / 三分支水平井组 2022 年 6 月投产，平均单井峰值产量 $1.8 \times 10^4 \mathrm{m}^3/\mathrm{d}$ 左右，该井组的每口井的具体生产数据见表 1。从图 10 和表 1 可以看出，7口双/三分支根部对接的产量表现差异较大。一般来说，采用PVC完井筛管的井（M106井、M104井）由于井壁稳定性较好，参与产气的水平煤层井段较长，一般产量表现和累计产量都好于没有使用PVC筛管完井的井（M110井、M107井、M108井等）。

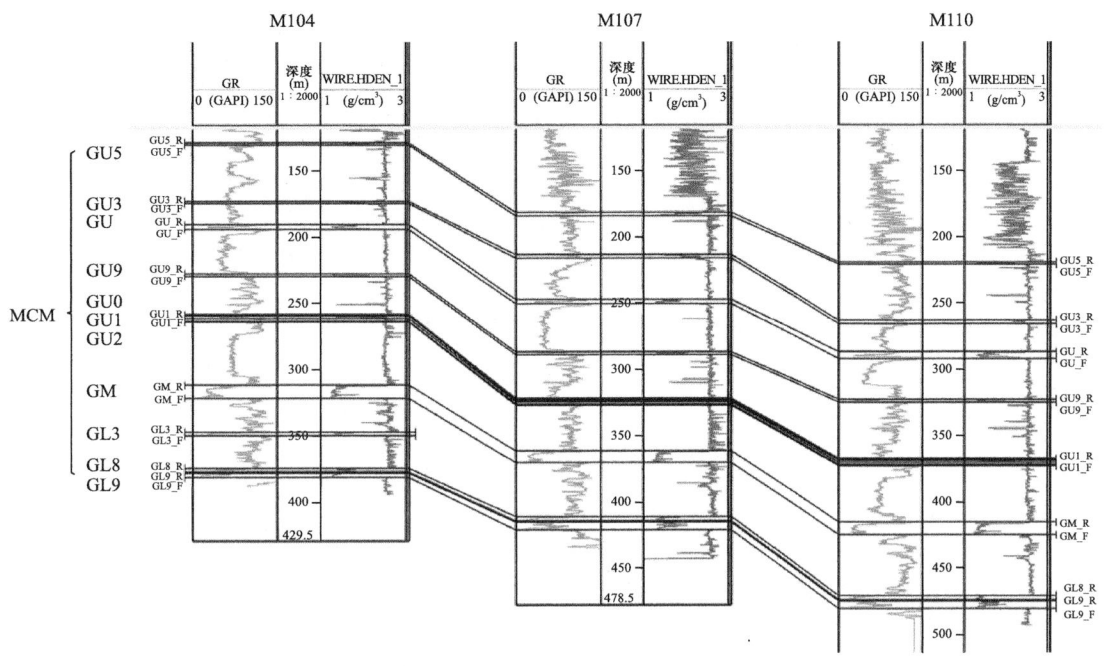

图9 M104—M110井连井煤层对比图

表1 M104—M110井生产统计表

井名	开泵天数（d）	开泵率（%）	峰值产气量（$10^4m^3/d$）	峰值产水量（m^3/d）	日产气（10^4m^3）	当前产水量（m^3/d）	累计产气量（10^4m^3）	累计产水量（10^4m^3）	完井工艺
M104	410	94	1.4	44.6	0.7	15.0	173	1.02	单分支PVC
M105	236	55	0.5	11.1	0.2	4.2	33	0.17	单分支PVC
M106	366	85	4.9	26.8	2.5	5.2	700	0.47	单分支PVC
M107	283	65	1.4	40.7	0.9	8.9	99	0.55	双分支裸眼
M108	198	45	2.4	34.6	0	2.5	109	0.43	三分支裸眼
M109	282	65	1.9	29.1	0.6	11.6	132	0.56	双分支裸眼
M110	184	42	0.4	19.9	0	5.3	13	0.25	单支仅下入20m
平均	280	64	1.8	29.5	0.7	7.5	1256	3.44	

其中M104井使用过平衡钻井，这口井开泵时间为2022年6月22日，截至2023年8月底开泵时间已超过450d，目前生产状态比较平稳，液面高度已降到煤层底部（图11）。M104井的一口水平井分支有1125m长的PVC筛管。

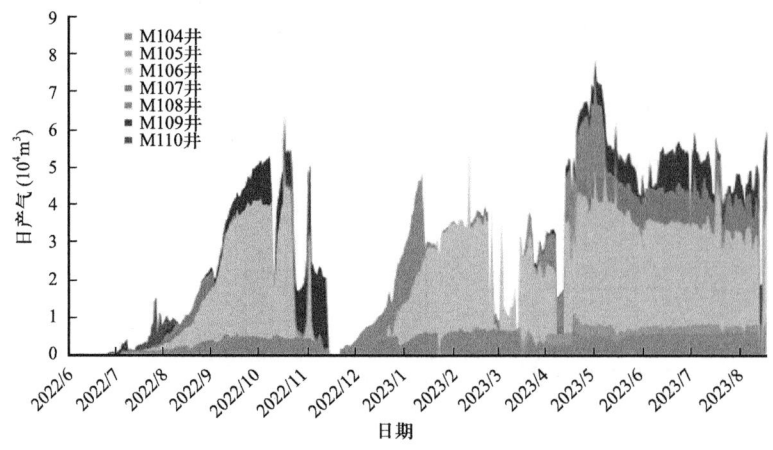

图 10　M104—M110 井生产动态图

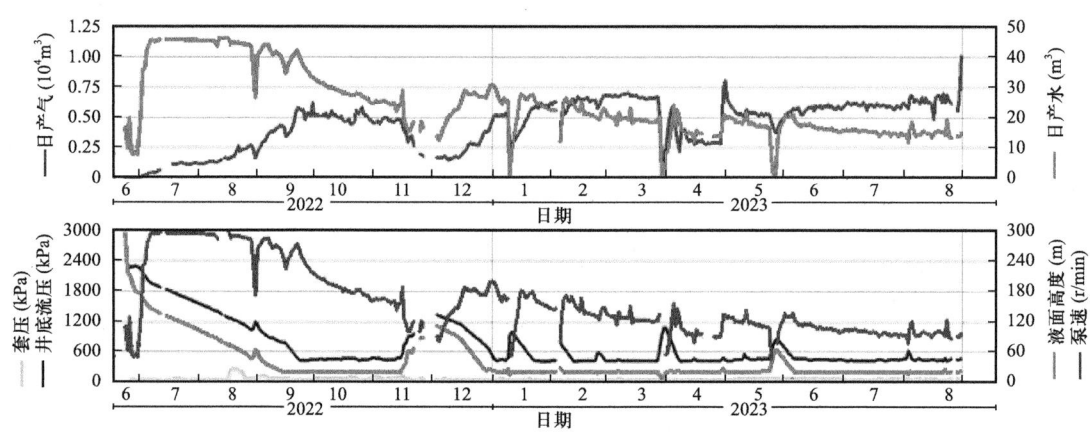

图 11　M104 井生产动态图

其中 M106 井使用压力控制钻井方法，这口井开泵时间为 2022 年 6 月 22 日，第一次泵运行时间 145d。第二次开泵时间为 2023 年 1 月 2 日，截至 2023 年 8 月底，第二次泵的运行时间达到 256d（图 12）。这口井在水平分支也安装有 1250m 长的 PVC 筛管。

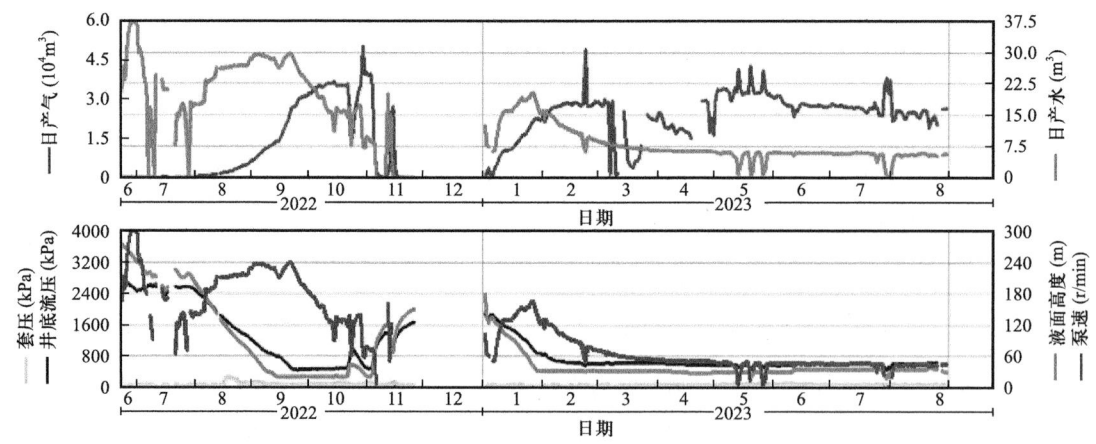

图 12　M106 井生产动态图

M108 井使用压力控制钻井，这口井开泵时间为 2022 年 6 月 22 日，第一次泵运行时间 216d。第二次开泵时间为 2023 年 3 月 25 日，截至 2023 年 8 月底，第二次泵的运行时间达到 174d（图 13）。这口井是一口根部对接三分支水平井，但是在水平分支段均为裸眼。

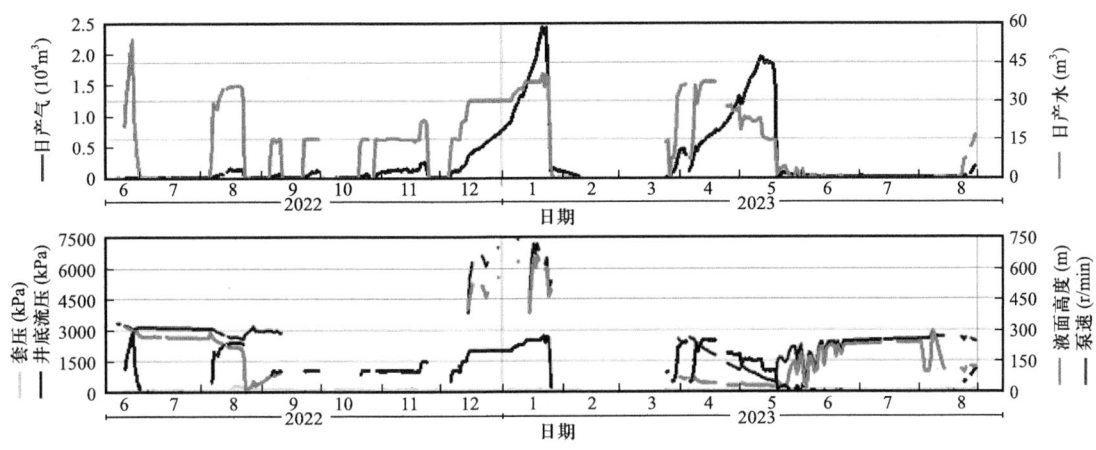

图 13 M108 井生产动态图

结合每口井的地质数据和完井数据开展单井的历史拟合，以及单井的产量预测和 EUR 计算。针对单井的生产数据，主要开展两种情况的历史拟合，其中客观历史拟合是以当前的井底压力为基础进行历史拟合，而乐观历史拟合则将当前的井底压力降低到 2bar（0.2MPa）开始进行历史拟合。

其中根据 M104 井的生产动态历史拟合，客观历史拟合 EUR 为 $4400×10^4 m^3$，乐观历史拟合 EUR 为 $10500×10^4 m^3$。其中历史拟合参数见表 2，历史拟合的结果如图 14 所示。

表 2 M104 井历史拟合参数表

井名	渗透率（mD）	井控东西方向长度（m）	井控南北方向长度（m）	临界解吸压力（bar）	兰氏体积（m^3/t）	孔隙度	压缩系数	厚度（m）	水平分支长度（m）	初始含水饱和度
M104	0.83	145.39	76.35	27.86	28.26	0.007	0.01	8.82	2225.00	1

根据 M-106 井的生产动态历史拟合，客观历史拟合 EUR 为 $2200×10^4 m^3$，乐观历史拟合 EUR 为 $22400×10^4 m^3$。其中历史拟合参数见表 3，历史拟合的结果如图 15 所示。

根据 M108 井的生产动态历史拟合，客观历史拟合 EUR 为 $8200×10^4 m^3$，乐观历史拟合 EUR 为 $23400×10^4 m^3$。其中历史拟合参数见表 4，历史拟合的结果如图 16 所示。

汇总 7 口井的产量预测和 EUR 计算的结果见表 5，其中 M104—M110 井按照客观预测的 EUR 综合为 $2.1×10^8 m^3$，乐观预测有 $12.16×10^8 m^3$。考虑到井组的钻完井和排采状态，生产实际客观预测的结果应该比较靠实。

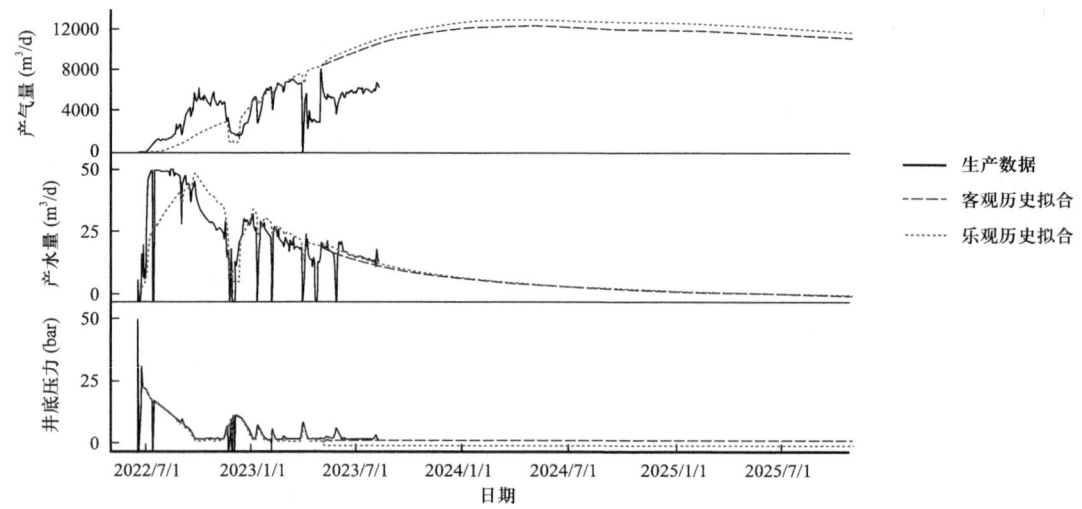

图 14 M104 井历史拟合图

表 3 M-106 井历史拟合参数表

井名	渗透率（mD）	井控东西方向长度（m）	井控南北方向长度（m）	临界解吸压力（bar）	兰氏体积（m³/t）	孔隙度	压缩系数	厚度（m）	水平分支长度（m）	初始含水饱和度
M106	0.95	40.02	41.28	18.00	24.00	0.005	0.01	8.21	2845.00	1

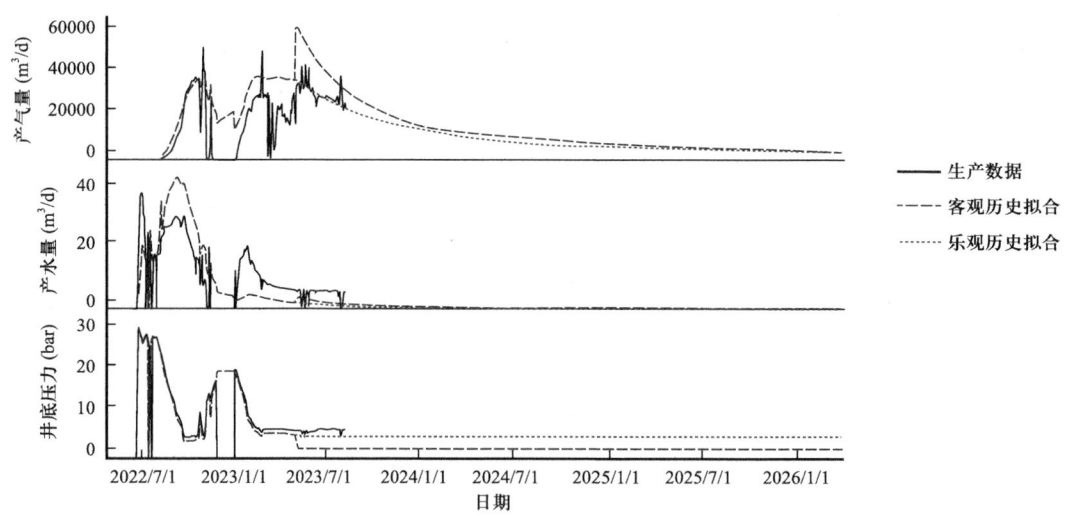

图 15 M106 井历史拟合图

表 4 M-108 井历史拟合参数表

井名	渗透率（mD）	井控东西方向长度（m）	井控南北方向长度（m）	临界解吸压力（bar）	兰氏体积（m³/t）	孔隙度	压缩系数	厚度（m）	水平分支长度（m）	初始含水饱和度
M-108	0.80	140.02	100.00	20.93	35.84	0.002	0.01	8.24	3434.00	1

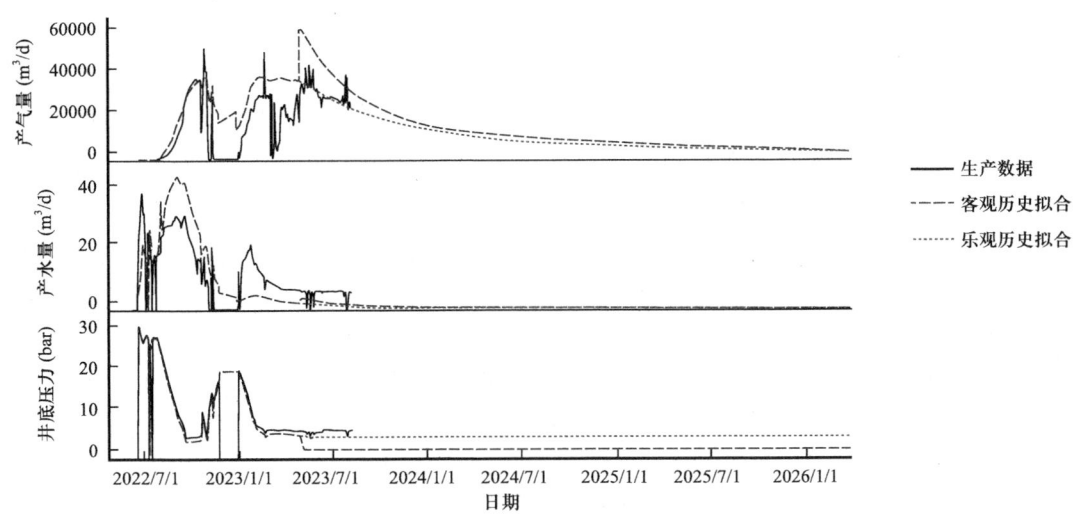

图 16 M-108 井历史拟合图

表 5 M104—M110 井根部对接双分支井/三分支井先导试验井组产量预测和 EUR 计算统计表

井名	客观预测 EUR		乐观预测 EUR		截至 2023 年 8 月累计产量	
	$10^4 m^3$	$10^9 ft^3$	$10^4 m^3$	$10^9 ft^3$	$10^4 m^3$	$10^9 ft^3$
M104	4400	1.56	10500	3.70	173	0.06
M105	2900	1.02	12300	4.34	30	0.01
M106	2200	0.76	22400	7.92	700	0.25
M107	4700	1.65	10300	3.65	99	0.03
M108	2300	0.82	23400	8.25	109	0.04
M109	4000	1.40	22100	7.80	132	0.05
M110	700	0.25	20600	7.27	13	0
总计	21100	7.46	121600	42.93	1300	0.44

4 结论

基于上文博文盆地 R 区块部署的 7 口双/三分支水平井的煤层气地质特征和钻完井工艺，以及上产动态和产量预测等情况，得出以下结论：

（1）博文盆地 R 区块位于北博文盆地西部斜坡带，该区块主要发育 MCM 煤层组，区块为埋深逐渐向东变深的单斜，主力 GM 煤层埋深在 300～900m，厚度在 6～10m，含气量在 5～17m³/t。

（2）M104—M110 井跟部对接双分支/三分支水平井组部署在 R 区块的 GM 煤层埋深在 300～500m 深度的位置，井组区域 GM 煤层的分布比较稳定，煤层的平均厚度在 8.5m

左右。

（3）根部对接双/三分支水平井由于使用了2～3个水平分支，因此与煤层的接触面积大，直井排采风险低，工艺简单。但是该井型的主要缺点是分支井如果采用裸眼完井的话，一般都需要下PVC筛管保持水平分支的稳定性，否则可能导致井眼稳定性比较差，另外一旦分支井堵塞，洗井难度大。

（4）开展M104—M110井组的产量预测和EUR估计。井组的生产动态和EUR计算差距较大，这跟实际井的钻完井工艺和排采措施关系较大。实际生产动态表明配置了PVC筛管水平井段的井，其生产动态和EUR预测普遍高于水平段裸眼完井的井组。

（5）M104—M110井的根部对接双/三分支井的地质工程一体化分析表明，在地质条件近似的情况下，钻完井的工艺条件对井组的生产动态和产量表现有较大的影响[10]。分析认为未下入PVC筛管，泵举升问题增加，开窗井段坍塌可能性更大，坍塌导致煤粉大量产出影响检泵周期，建议后期钻井着重考虑保护开窗井段。

参 考 文 献

[1] Pinder B, Fredericks L. Bowen Basin Geological Description [C]. Arrow Internal Document.Australia, 2014, 14-20.

[2] Healy B, Prendergast L, Guo B, et al. SRK Consulting Bowen and Surat Basins Regional Structural Framework Study [R]. Australia, 2008, 5-10.

[3] 赵庆波，李贵中，孙粉锦，等.煤层气地质选区评价理论与勘探技术 [M].北京：石油工业出版社，2009.

[4] 杨福忠，祝厚勤，赵文光，等.澳大利亚煤层气地质特征及勘探开发技术——以博文苏拉特盆地为例 [M].北京：石油工业出版社，2013.

[5] 俞益新，邢云，唐玄，等.澳大利亚东部聚煤盆地煤层气成藏特征差异性研究 [J].资源与产业，2014，16（1）：51-60.

[6] 俞益新，吴晓丹，谷峰，等.澳大利亚博文盆地中部地区煤层气富集主控因素分析 [J].资源与产业，2017，19（2）：57-63.

[7] 谷峰，唐颖，俞益新，等.澳大利亚鲍恩盆地冲断带煤层气构造控气特征研究 [J].煤炭科学技术，2017，45（10）：182-187.

[8] 李志华，李胜利，于兴河，等.澳洲Bowen-Surat盆地煤层气富集规律及主控因素 [J].煤田地质与勘探，2014，42（6）：29-33.

[9] 崔泽宏，王建俊，刘玲莉，等.Bowen盆地北部M煤层气田水平井生产差异特征与主控因素分析 [J].煤炭学报，2021，46（5）：1660-1669.

[10] 鲜保安，高德利，徐凤银，等.中国煤层气水平井钻完井技术研究进展 [J].石油学报，2023，44（11）：1974-1992.

高煤阶煤层气压裂水平井产能影响因素与井距优化数值模拟研究

——以沁水盆地南部沁南西—马必东区块为例

王玉婷[1,2]，张聪[1]，陈家乐[1]，李可心[1]，张武昌[1]，马辉[1]，崔新瑞[1]，桑广杰[1]

（1.中国石油华北油田山西煤层气勘探开发分公司；2.中国地质大学（武汉））

摘　要：当前分段压裂水平井已经成为煤层气开发的主体井型，明确其产能影响因素并确定合理井距是保证煤层气高效开发的重要研究内容。本文以沁水盆地南部沁南西—马必东区块为研究对象，在总结前人研究成果的基础上采用数值模拟方法对该区产能影响因素及井距进行研究。研究结果表明：（1）储层渗透率、含气量（含气饱和度），以及 Langmuir 常数等是影响压裂水平井产能的重要储层因素。（2）压裂半缝长、压裂裂缝渗透率、单段簇数及簇间距对压裂水平井产能具有重要影响。（3）从地质工程一体化角度，综合经济效益评价结果，提出压裂半缝长为 80m 时，250m 为本区合理井距；压裂半缝长为 90～110m 时，300m 井距为本区合理井距；压裂半缝长为 120～150m 时，350m 井距为本区合理井距。

关键词：高煤阶；压裂水平井；产能影响因素；井距

我国高煤阶煤层气资源丰富，其高效开发利用的能源、安全、生态意义十分突出[1-4]。当前分段压裂水平井已经成为煤层气开发的主体井型[5-6]，其产能影响因素确定及井距优化是煤层气开发的重要研究课题，也是开发方案编制的关键组成部分，直接影响着开发项目的经济效益[7-13]。沁南西—马必东区块在 2011 年以前仅有 5 口探井及少量二维地震，自 2011 年开始，进行区域整体煤层气资源评价工作，钻探了多口资料井、井组井，并进行试采井投产，获得了储层参数，探明了优质储量。自 2017 年开始进行规模开发，早期以直井/定向井为主要开发井型，但单井产气效果差异大，未达到预期。自 2019 年至今，开展方案调整，主体井型调整为分段压裂 "L" 形水平井，虽然对压裂水平井产能影响因素及井距开展了一定的研究，但没有形成系统的认识。随着近年来地质工程一体化水平的提高，大规模压裂储层改造工艺的不断进步，研究该区的分段压裂 "L" 形水平井产能影响因素及合理井距，成为下一步开发的关键工作。数值模拟是单井产能及井距研究的重要方法之一，本文在总结前人研究成果的基础上，采用商业化数值模拟软件，基于沁南西—马必东地质特征及生产数据，建立模拟模型，明确了影响分段压裂 "L" 形水平井产能的主要因素及其影响规律，并给出不同压裂效果下的合理井距。

第一作者：王玉婷（1989-），女，河北河间人，在读博士生，高级工程师，现主要从事煤层气勘探开发研究工作，地址：山西省长治市威远门北路，邮政编码：046000，E-mail：yjy_wyt@petrochina.com.cn。

1 气田地质特征

沁南西—马必东区块位于沁水盆地南部,横跨沁水复向斜两翼,整体呈 NNE 向的向斜形态;内部断裂发育,主要为 NNE,NE 和近 SN 向(图 1)。本区发育多层可采煤层[14],其中山西组 3# 煤厚度较大,全区稳定分布,是本区开发的主要目的层。山西组煤层主要形成于三角洲平原分流间湾环境,3# 煤层埋深 550~1800m;煤层厚度稳定,平均为 6m;镜质组最大反射率 1.8%~3.4%,多在 1.9% 以上,为贫煤—无烟煤;煤层空气干燥基含气量为 4.9~27.8m³/t,平均 14.2m³/t。3# 煤层平均孔隙度 4.5%,试井解释渗透率平均 0.023mD,平均储层温度 33.6℃。

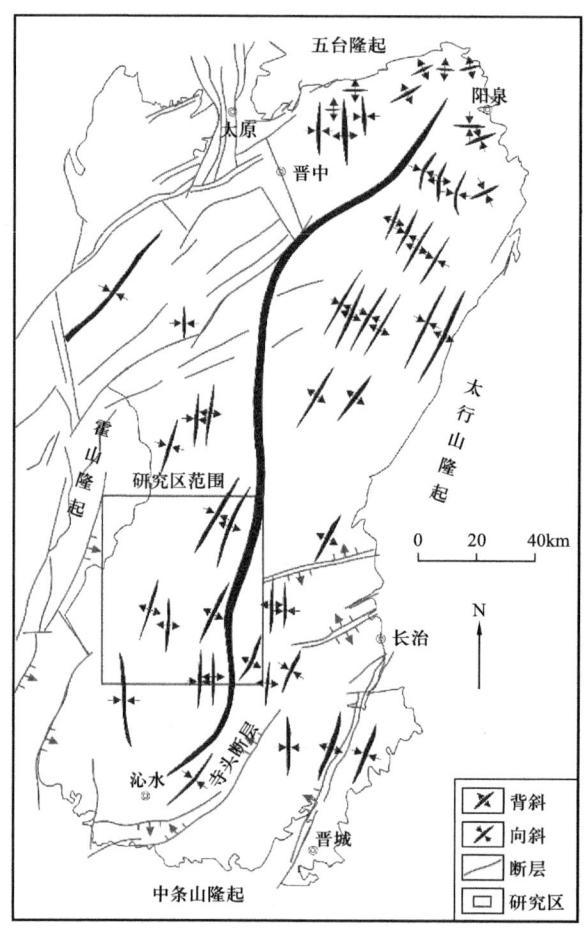

图 1 沁水盆地南部沁南西—马必东区块位置图

2 模拟方法

采用商业数值模拟软件中特定的组分模型进行数值模拟,该模型具体配置如下:采用

Peng-Robinson 双重介质模型[15-16]表征孔渗流动性，采用 Langmuir[17-19]方程表征吸附气的特性，采用局部网格加密、渗透率增加的方法模拟压裂裂缝，此外，模型考虑煤储层非均质性，但不考虑毛细管压力和基质收缩效应。

Langmuir 方程为：

$$V = \frac{V_L p}{p_L + p}$$

式中：V 为平衡压力下单位体积储层吸附气体体积，m^3/t；V_L 为 Langmuir 吸附体积，m^3/t；p 为气体压力；p_L 为 Langmuir 压力，当 $p=p_L$ 时，$V=0.5V_L$。

3 历史拟合与模型参数获取

选取该区 1 口具有代表性的典型高产煤层气压裂水平井 MP80-3-1U 井作为研究对象，该井开采目的层位为山西组 $3^{\#}$ 煤，埋深 1000m，水平段长度 1006m，套管完井，分段压裂，压裂段数为 14 段，排采时间较长，为 1190，最高日产气量达 $17260m^3$，平均日产气量 $11107m^3$（表1）。

表 1 MP80-3-1U 井排采数据资料表

井号	最高日产气量（m^3）	稳定日产气量（m^3）	平均日产气量（m^3）	排采时间（d）
MP80-3-1	17260	15683～17260	11107	1190

利用数值模拟软件对 MP80-3-1U 井排采数据进行历史拟合，通过调整相应的参数使得模拟结果最大程度地接近排采实际情况（图2），模拟中所使用的基本参数的初始值及拟合值见表2。为了保证模拟结果的科学可靠性，下文中所有模拟计算方案中所采用的储层参数均来自表2。

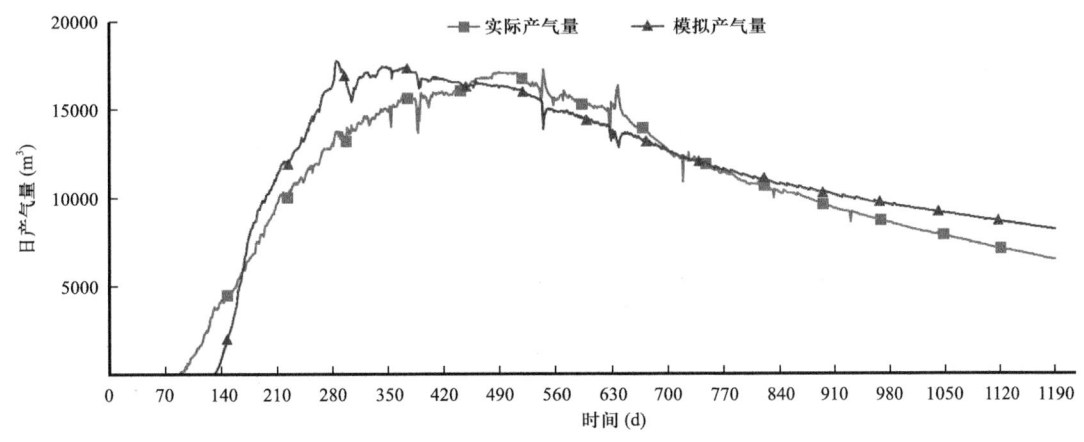

图 2 MP80-3-1U 井排采数据历史拟合图

表2 数值模拟使用基本参数与修正后的储层参数表

参数	初始值	拟合值	初始数据来源
煤层厚度（m）	6	6	电测+录井
含气量（m³/t）	17.62～22.09，平均19.86	19.00	现场测试资料
兰式体积（m³）	27.47	27.46	实验
兰式压力（MPa）	2.31	2.31	实验
解吸时间（d）	0.92～2.26，平均1.59	2.00	实验
渗透率（mD）	0.029	裂缝：$K_x=K_z=0.030$ $K_y=0.050$ 基质：$K_x=K_y=K_z=0.010$	试井资料
孔隙度（%）	0.048	裂缝 0.010 基质 0.030	实验

4 模型建立及模拟方案设计

井网形式采用煤层气压裂水平井最常用的平行式井网（图3），水平井水平段长1000m，网格数为150×75，网格步长为10m×10m，人工压裂裂缝方向垂直于水平井轨迹方向，压裂12段，井组采用"交互式压裂"设计（图3），井间压裂点错开，均匀布段，以实现区域整体的资源全覆盖和缝网的整体连接，促进耦合降压。井距分别设置为250m、300m、350m，压裂裂缝半长设计为70～170m，单段簇数分单簇、两簇、三簇设计，簇间距设计为10m、20m、30m，压裂裂缝渗透率设计为10～50mD。具体模拟方案设计见表3。

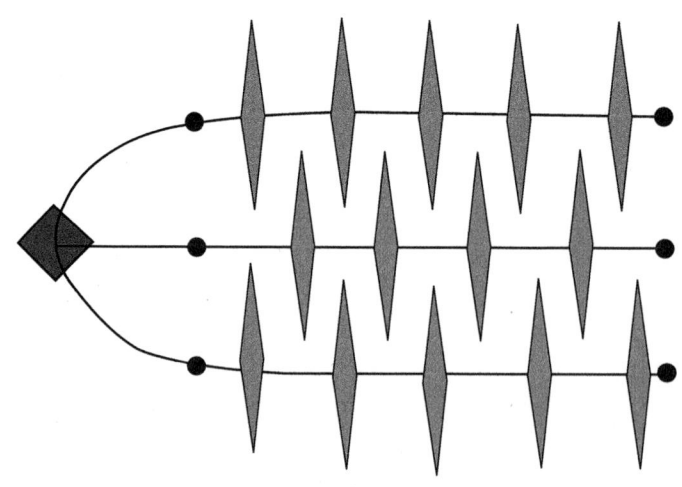

图3 水平井平行式井网及交互式压裂示意图

表3 模拟方案设计表

方案序号	井距（m）	压裂裂缝渗透率（mD）	单段簇数/簇间距	压裂裂缝半长（m）
1	250	20	单簇	80、90、100、110、120
			两簇/10m	80、90、100
			两簇/20m	80、90、100
			两簇/30m	80、90、100
			三簇/10m	70、80、90、100
2	250	10、30、40、50	单簇	100
3	300	20	单簇	80、90、100、110、120、130、140、150
4	350	20	单簇	80、90、100、110、120、130、140、150

5 模拟结果讨论

5.1 产量影响因素

（1）储层因素。

国内外专家学者就煤储层参数对产量影响规律开展了大量的研究工作，前人研究表明[20-23]：产量主控储层因素包括渗透率、含气量（含气饱和度）及Langmuir常数。煤储层绝对渗透率受煤储层面割理与端割理发育程度的控制，在煤层气水平井生产过程中，绝对渗透率与相对渗透率通过改变气水运移的动态变化，从而控制整个生产阶段的气水产量变化规律，随绝对渗透率增大，排采初期产气峰值增大，后期高产产量增加且稳产时间延长；相对渗透率则在煤层气水平井开始产气后影响气量的动态变化。煤层含气量及含气饱和度是衡量煤层气区块是否具有大规模开采价值的关键指标。随着含气量升高，含气饱和度增大，单井日产气量随之增加，产气高峰不断上升且幅度越来越大，达到产气高峰并保持稳产所需排采时间明显缩短，并且含气饱和度每升高10%，产气量增加1~2倍。Langmuir常数是等温吸附曲线形态的决定因素，也就决定了煤层气的解吸规律，对高产井产能影响较大，对低产井的影响作用减弱，在排采早期对煤层气水平井产气量方面影响较为显著，但随着排采进行，影响逐渐减弱。

（2）人工压裂裂缝因素。

沁南西—马必东区块煤储层渗透率极低，小于0.1mD，需要通过人工压裂建立高导流能力的气水运移通道，煤层气水平井才能获得高产。压裂裂缝半长、压裂裂缝渗透率、压裂单段簇数及簇间距设计，均是影响压裂水平井产气能力的重要因素。

① 压裂裂缝半长。

不同压裂规模所能建立的压裂裂缝半长不同[24]。从 250m 井距条件下不同压裂半缝长模拟结果（图4，图5）可以看出，压裂裂缝半长越大，煤层气压裂水平井排采初期产气量越高，产气峰值越大，生产期内的累计产气量越高，相应的采出程度也越大；但到煤层气排采后期产量递减阶段，产量增幅变小，表明压裂裂缝长短对煤层气压裂水平井初期产气峰值的影响更大，对生产后期产量影响变弱。

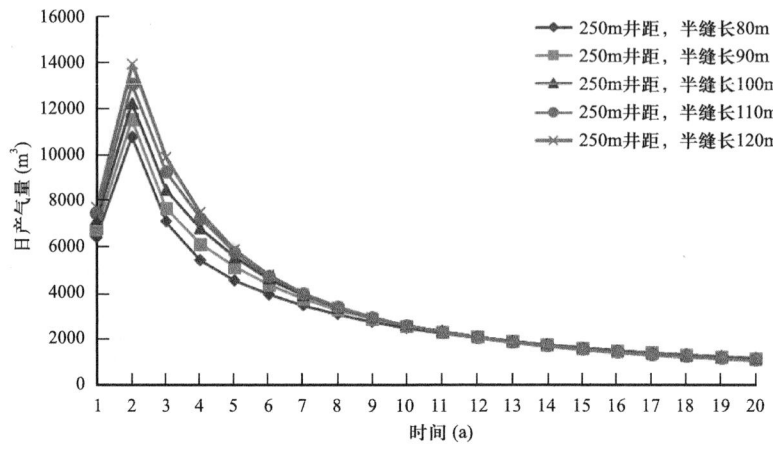

图 4　250m 井距不同压裂半缝长单井日产气模拟结果

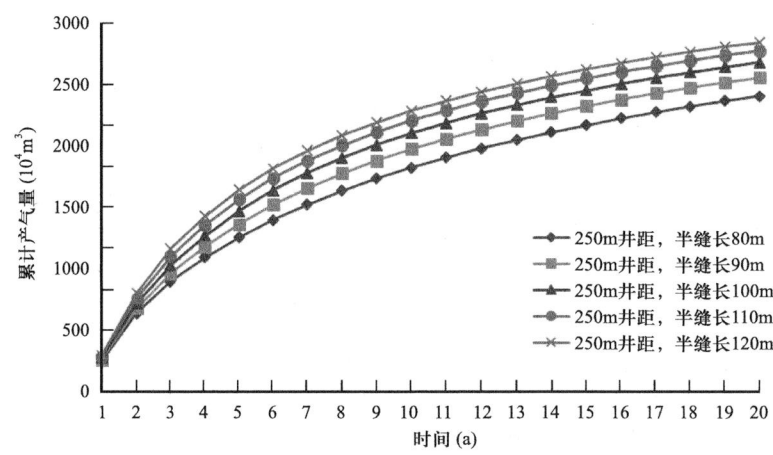

图 5　250m 井距不同压裂半缝长单井累计产气模拟结果

② 压裂裂缝渗透率。

压裂裂缝的渗透率也是影响分段压裂水平井产能的重要因素之一，它反映了流体经压裂裂缝流向井筒的能力。为了研究压裂裂缝渗透率与分段水平井产能之间的关系，分别模拟了压裂裂缝渗透率为 10mD、20mD、30mD、40mD、50mD 五种方案。从图 6 和图 7 可以看出，随着压裂裂缝渗透率的增加，压裂水平井峰值产气量与累计产气量也随之增高，但随着压裂裂缝渗透率的进一步增大，两者的增幅变小。这是因为煤层气流动产出是压裂裂缝（改造区）渗透率和煤储层自身（非改造区）渗透率综合作用的结果，压裂裂缝渗透率对压裂水平井的影响存在拐点，在拐点之后，也就是压裂裂缝渗透率增大到一定程度后，煤层气的流动产出速度和累计产出量受到煤储层自身渗透率大小的限制作用程度较大。

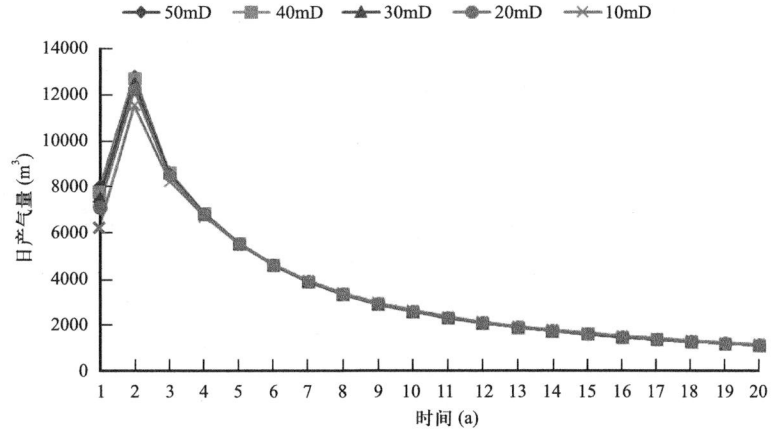

图 6　不同压裂裂缝渗透率条件下单井日产气模拟结果

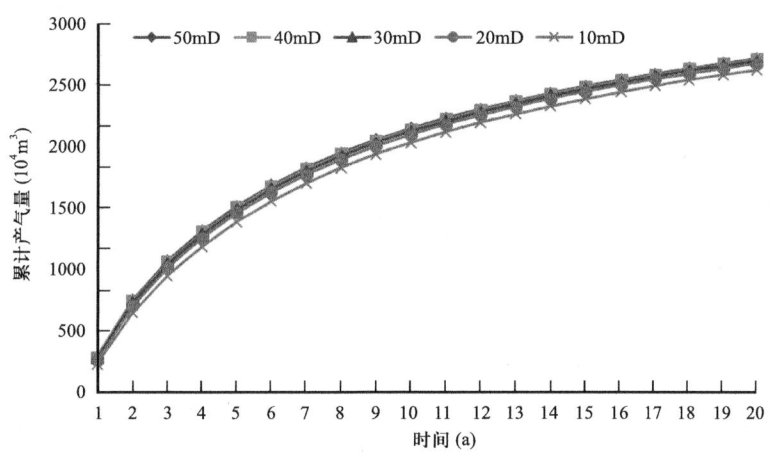

图 7　不同压裂裂缝渗透率条件下单井累计产气模拟结果

③ 单段簇数。

相比于煤储层中天然割理裂缝，压裂裂缝具有很高的导流能力，是储层内的优势渗流通道，压裂裂缝条数越多，煤层气水平井产气能力越大。分段多簇压裂水平井压裂裂缝由簇、段两级组成。为了研究压裂裂缝簇数对分段多簇压裂水平井产能的影响，分别选取了段数及段间距相同的情况下簇数为 1～3 簇的不同模拟方案，由图 8 和图 9 可以看出，在段间距（段数）相同的情况下，单段簇数越多，压裂裂缝密度越大，煤层气压裂水平井生产前期产量越高，峰值产气量越大，而井距是一定的导致井控资源量也为定值，受井控资源量限制，在煤层气压裂水平井生产后期，单段簇数越多，递减越快，但在整个煤层气的生产周期内，单段簇数越多，累计产气量越高，采出程度越大。

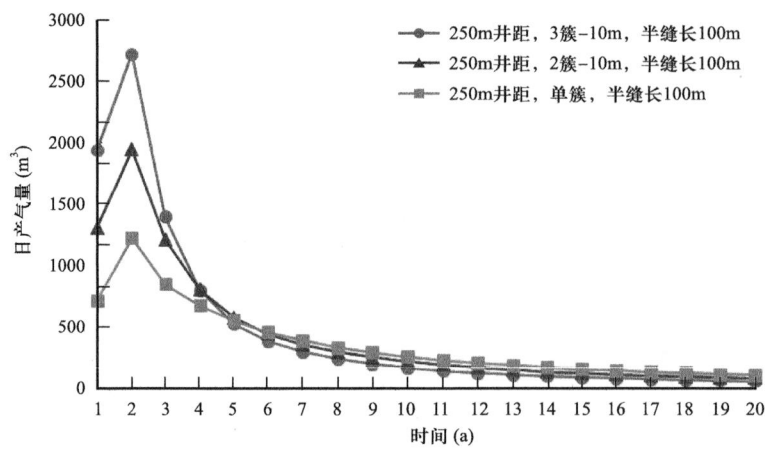

图 8　不同簇数条件下单井日产气模拟结果

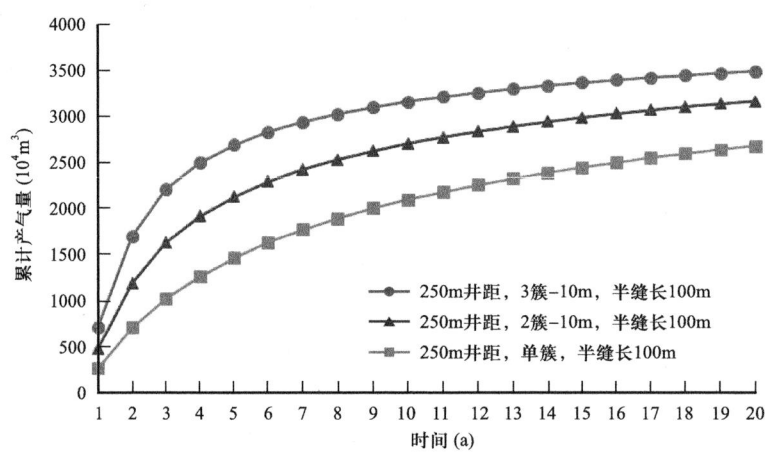

图 9　不同簇数条件下单井累产气模拟结果

④ 簇间距。

为了研究簇间距对压裂水平井产能的影响，分别选取了压裂裂缝密度相同条件下（单段 2 簇），簇间距分别为 10m、20m、30m 3 种不同模拟方案。模拟结果如图 10 所示，相同压裂半缝长情况下，簇间距从 10m 增加到 30m，排采初期峰值产气量逐渐增高，但簇间距大于 20m 后，增幅减小；随排采时间增加，排采中后期日产气曲线逐渐趋近。同样地，簇间距从 10m 增加到 30m，压裂水平井累计产气量增高，但簇间距大于 20m 后，增幅变小。这是因为，簇间距过小时，压裂裂缝间的干扰会造成解吸区域重叠，增产效果不及预期；簇间距过大，对簇间空白带的耦合降压与协同解吸会产生负作用，因此，合理的簇间距能够获得最优的压裂改造效果，20m 是本区最优压裂簇间距。

5.2　井距优化

井距优化设计是开发方案编制的重要组成部分。井距过大不利于形成有效的耦合降压与协同解吸，导致单井产能和采收率较低，造成资源浪费；而井距过小会使开发成本增大，影响项目开发经济效益。以往煤层气井距优化设计主要考虑资源控制与经济效益情

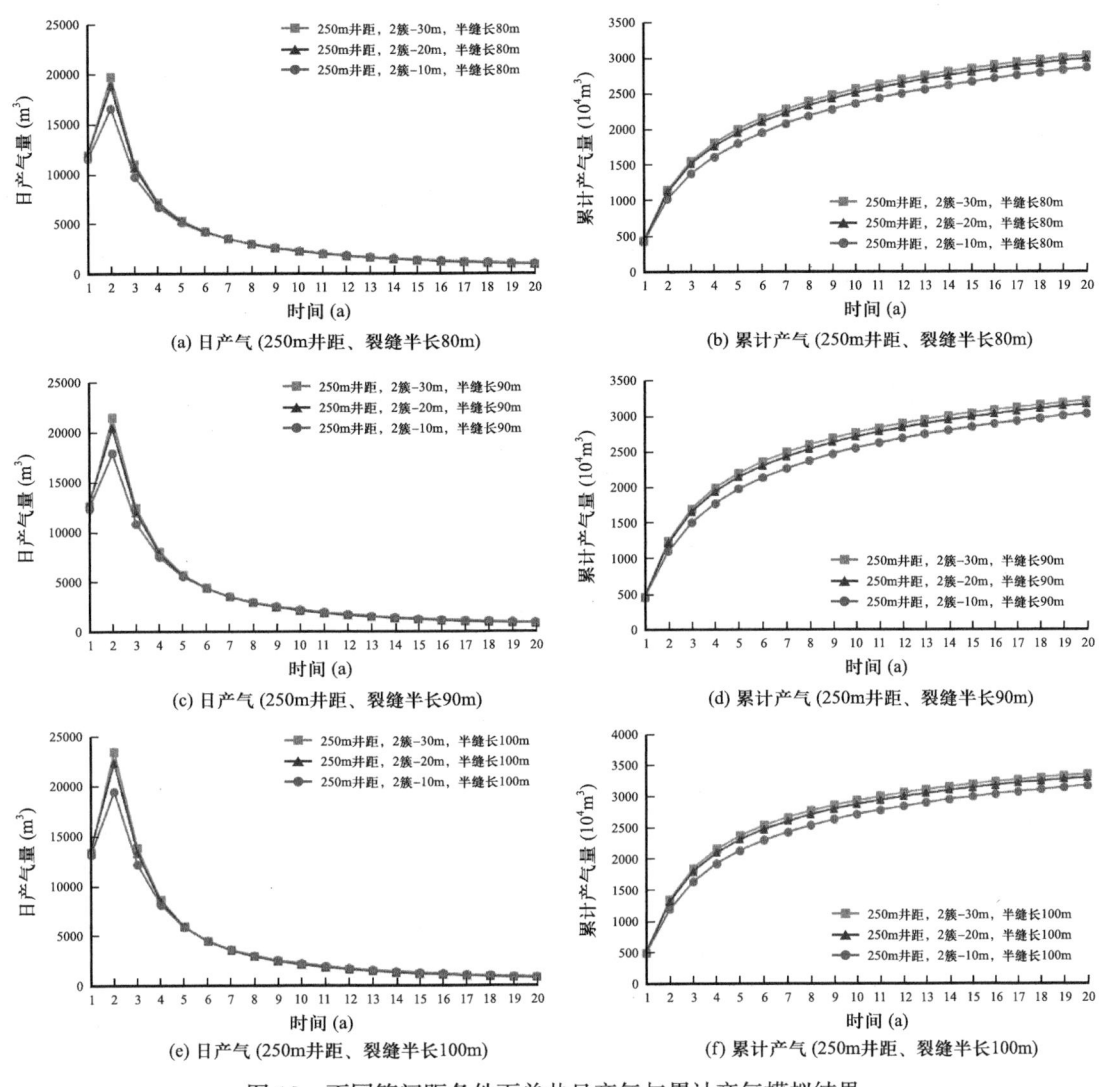

图 10 不同簇间距条件下单井日产气与累计产气模拟结果

况，很少考虑工程改造效果。而煤层作为致密储层，压裂是实现其高效开发的必要途径，因此，从地质工程一体化角度结合压裂改造规模进行煤层气井距优化十分必要。从图 11 可知，最优井距是在压裂改造与自然渗流的共同作用下形成的，理论上讲，合理的井距应为压裂改造区长度与生产期内煤层气自然渗流距离的 2 倍之和。本文从资源控制、经济效益及压裂改造规模三个方面，对沁南西—马必东区块的井距进行优化。通过对本区不同井距下内部收益率的计算，发现当井距达到 200m 以后，内部收益率达到 12% 以上，随井距不断增大至 220m 及以后，内部收益率变动幅度不大，均在 12% 以上（图 12），可见井距在 200m 以上均满足经济开发要求。同时对不同压裂半缝长与不同井距组合下的生产情况进行了模拟，分析累计产气量及生产期内的采出程度（图 13，表 4），可知，当压裂半缝长为 80m 时，250m 井距累计产气量最高，采出程度为 47%，井控资源能够满足开采需求，为合理井距。当压裂半缝长为 90～110m 时，300m 井距累计产气量最高，采出程度分别为 42.3%、45.4%、48.2%，井控资源能够满足开采需求，为合理井距。当压裂半缝长为 120~150m 时，350m 井距累计产气量最高，采出程度分别为 43.6%、46.2%、48.6%、50.7%，井控资源能够满足开采需求，为合理井距。

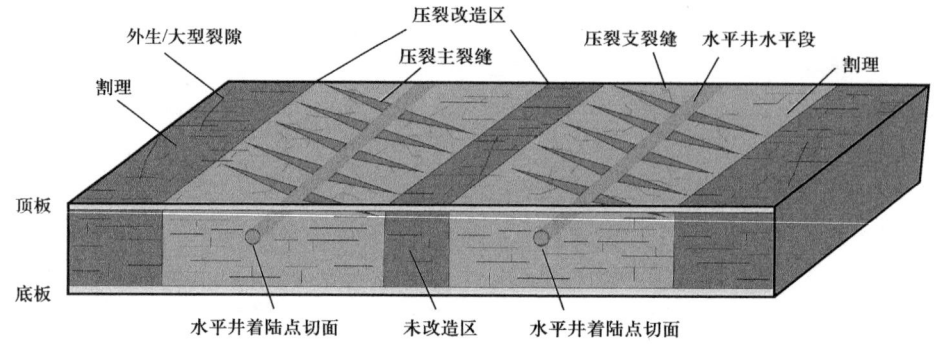

图 11　分段压裂水平井开采煤层气示意图

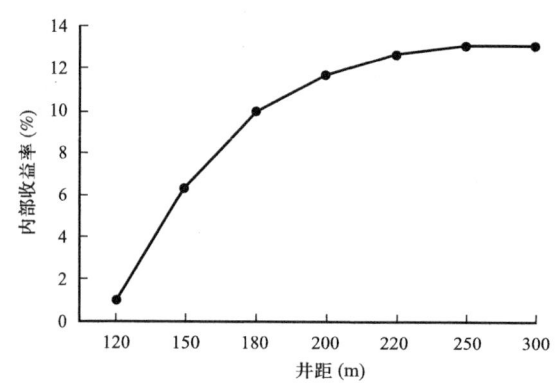

图 12　不同井距下内部收益率指标

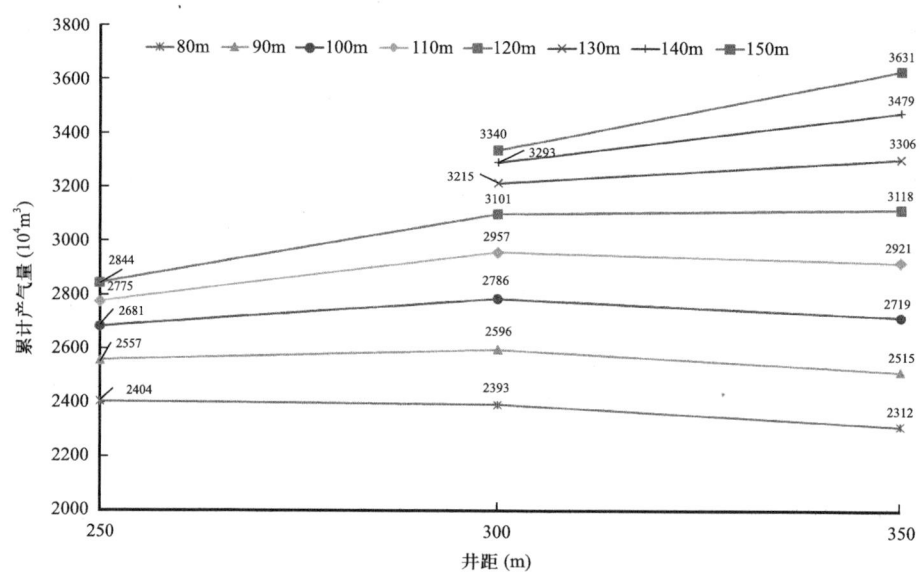

图 13　不同压裂半缝长及井距下累计产气量模拟结果

表4 不同压裂半缝长及井距下累计产气量及采出程度模拟结果

序号	压裂缝半长（m）	井距（m）	累计产气量（$10^4 m^3$）	采出程度（%）
1	80	250	2404	47.0
2		300	2393	39.0
3		350	2312	32.3
4	90	250	2557	50.0
5		300	2596	42.3
6		350	2515	35.1
7	100	250	2681	52.4
8		300	2786	45.4
9		350	2719	38.0
10	110	250	2775	54.3
11		300	2957	48.2
12		350	2921	40.8
13	120	250	2844	55.6
14		300	3101	50.6
15		350	3118	43.6
16	130	300	3215	52.4
17		350	3306	46.2
18	140	300	3293	53.7
19		350	3479	48.6
20	150	300	3340	54.4
21		350	3631	50.7

6 结论

（1）根据沁南西—马必东区块实际地质参数，采用商业化数值模拟软件建立了数值模拟模型，经典型井生产数据历史拟合，获取了科学可靠的模型参数。基于该模型参数，共设计4类38个模拟方案。

（2）总结了前人研究成果，表明储层渗透率、含气量（含气饱和度）及Langmuir常数等是影响压裂水平井产能的重要储层因素。储层渗透率增大，产气峰值增大，稳产时间延长。含气量升高，含气饱和度增大，单井日产气高峰不断增大。Langmuir常数对高产井产能影响大于低产井,且在排采早期对水平井产气量影响强于后期。

(3)通过数值模拟方法,明确了压裂半缝长、压裂裂缝渗透率、单段簇数及簇间距对压裂水平井产能的影响规律。研究结果表明:压裂裂缝半长越大,压裂水平井产气峰值与累计产气量越高,但对排采初期的影响作用要强于后期。压裂裂缝渗透率增加对压裂水平井峰值产气量与累计产气量升高具有正作用,但该作用存在拐点,在拐点之后,受限于煤储层自身渗透率,随压裂渗透率进一步增大,峰值产气量与累计产气量增幅变小。簇数越多意味着压裂裂缝密度越大,随之压裂水平井生产峰值产气量越大、累计产气量越大,但由于井控储量一定,后期递减较快。簇间距从10m增加到30m,压裂水平井峰值产气量与累计产气量增高,但大于20m后,增幅变小,因此20m是本区最优压裂簇间距。

(4)从资源控制、经济效益及压裂改造规模三个方面综合分析,当压裂半缝长为80m时,250m为本区合理井距;当压裂半缝长为90~110m时,300m井距为本区合理井距;当压裂半缝长为120~150m时,350m井距为本区合理井距。

参 考 文 献

[1] 赵贤正,朱庆忠,孙粉锦,等.沁水盆地高阶煤层气勘探开发实践与思考[J].煤炭学报,2015,40(9):2131-2136.

[2] 朱庆忠,杨延辉,左银卿,等.中国煤层气开发存在的问题及破解思路[J].天然气工业,2018,38(4):96-100.

[3] 朱庆忠,左银卿,杨延辉.如何破解我国煤层气开发的技术难题——以沁水盆地南部煤层气藏为例[J].天然气工业,2015,35(2):106-109.

[4] 徐凤银,闫霞,林振盘,等.我国煤层气高效开发关键技术研究进展与发展方向[J].煤田地质与勘探,2022,50(3):1-14.

[5] 朱庆忠.高煤阶煤层气勘探开发新技术与实践[M].北京:石油工业出版社,2021.

[6] 朱庆忠.沁水盆地高煤阶煤层气高效开发关键技术与实践[J].天然气工业,2022,42(6):87-96.

[7] 王之朕,张松航,唐书恒,等.煤层气开发井网密度和井距优化研究——以韩城北区块为例[J].煤炭科学技术,2023,51(3):148-157.

[8] 孟召平,张昆,杨焦生,等.沁南东区块煤储层特征及煤层气开发井网距优化[J].煤炭学报,2018,43(9):2525-2533.

[9] 杨秀春,叶建平.煤层气开发井网部署与优化方法[J].中国煤层气,2008,5(1):13-17.

[10] Chen J Y, Wei Y S, Wang J L, et al. Inter-well interference and well spacing optimization for shale gas reservoirs[J]. Journal of Natural Gas Geoscience, 2021, 6: 301-312.

[11] 赵欣,姜波,徐强,等.煤层气开发井网设计与优化部署[J].石油勘探与开发,2016,43(1):84-90.

[12] 接敬涛.韩城矿区煤层气开发技术优化[D].秦皇岛:燕山大学,2016.

[13] 王凯峰,唐书恒,张松航,等.柿庄南区块煤层气高产潜力井低产因素分析[J].煤炭科学技术,2018,46(6):85-91,113.

[14] 赵贤正,杨延辉,孙粉锦,等.沁水盆地南部高阶煤层气成藏规律与勘探开发技术[J].石油勘探与开发,2016,43(2):303-309.

[15] Sinnayuc C, Gümrah F. Modeling of ECBM recovery from Amasra coalbed in Zonguldak Basin, Turkey

[J]. International Journal of Coal Geology Journal Article, 2009, 77 (1): 162-174.

[16] 任建华, 张亮, 任韶然, 等. 柳林煤层气区块不同井型产能分析研究[J]. 煤炭学报, 2015, 40 (S1): 158-163.

[17] 傅雪海, 秦勇, 韦重韬, 等. 煤层气地质学[M]. 徐州: 中国矿业大学出版社, 2007.

[18] Aminian K, Ameri S, Bhavsar A, et al. Type curves for coalbed methane production prediction [C]. In: SPE Eastern Regional Meeting, 2004.

[19] Rushing J, Perego A, Blasingame T. Applicability of the arps rate-time relationships for evaluating decline behavior and ultimate gas recovery of coalbed methane wells [C]. In: CIPC/SPE Gas Technology Symposium 2008 Joint Conference, 2008.

[20] 蔡东梅, 孙立东, 赵永军. 基于煤演化程度的煤储层渗透率发育机理初探[J]. 山东科技大学学报(自然科学版), 2009, 28 (2): 22-27.

[21] 孙立东, 赵永军, 蔡东梅. 应力场、地温场、压力场对煤层气储层渗透率影响研究: 以山西沁水盆地为例[J]. 山东科技大学学报(自然科学版), 2007, 26 (3): 12-14.

[22] 张冬丽, 王新海. 煤层气羽状水平井开采的影响因素分析及增产机理[J]. 科学通报, 2005, 50 (S1): 147-154.

[23] 桑浩田, 桑树勋, 周效志, 等. 沁水盆地南部煤层气井生产历史拟合与井网优化研究[J]. 山东科技大学学报(自然科学版), 2011, 30 (4): 58-65.

[24] 喻鹏, 杨延辉, 朱庆忠, 等. 沁水盆地高阶煤层气压裂工艺反思与技术改进试验研究[J]. 中国煤层气, 2015, 12 (1): 21-26.

低温固结防砂技术在煤层气水平井压裂中的应用

张洋[1]，张雅兰[1]，李志军[1]，刘忠[1]，马文峰[2]，姚伟[3]

（1.中国石油华北油田分公司勘探开发研究院，河北 任丘 062552；2.中国石油华北油田分公司油气工艺研究院，河北 任丘 062552；3.中国石油华北油田山西煤层气勘探开发分公司，山西 长治 046000）

摘　要：水平井分段压裂工艺作为我国煤层气开发的主体增产改造措施，目前已在全国各煤层气开发区块推广应用。目前煤层气水平井分段压裂工艺具有段数多、排量大、砂量大的特点，压裂后排采过程中支撑剂（压裂砂）容易返吐，并在井筒运移沉降，卡阻排采设备造成故障，严重影响排采的稳定，制约煤层气产量提升。针对沁水盆地南边煤层气藏的地质特点及现场技术需求，提出尾追一种新型低温固结涂覆砂的压裂防砂技术。该技术现场施工简单，可操作性强，通过在低温条件下建立高强度、高渗透且长期有效的缝内人工井壁，实现保障煤层气水平井连续排采、释放气井最大产能的目的。首先，从固化温度、压裂液体系、固化时间、放置时间，以及地层水矿化度等5个方面开展人造岩心抗压强度及液相渗透率影响程度室内评价实验；其次，结合沁水盆地南部煤储层的地质参数和工程参数，通过压裂软件模拟和公式计算优化低温固结涂覆砂加砂量及施工工艺；最后以此为依据开展了新型低温固结涂覆砂压裂防砂技术现场试验。室内评价实验结果表明，新型低温固结涂覆砂在低温条件下形成的人造岩心具有固化时间短（6～10h）、高强度（10MPa以上）、高渗透率（4D以上）的特点，且不受放置时间和地层水矿化度的影响，能够满足低温煤层气压裂水平井防砂需求；从现场应用效果来看，经过4～6个月的压后排采，2口试验井均未发现出砂，防砂有效率100%，说明该项技术防砂效果良好。低温固结防砂技术在沁水盆地南部高阶煤储层应用取得成功，为华北油田煤层气压裂井高效防砂工艺优选提供参考。

关键词：煤层气；水平井压裂；低温固结；树脂涂覆砂；防砂技术

　　水平井分段压裂工艺作为我国煤层气开发的主体增产改造措施，目前已在全国各煤层气开发区块进行推广应用[1-8]。目前煤层气水平井分段压裂工艺具有段数多、排量大、砂量大的特点，同时受煤岩物性、闭合压力，以及压裂液体系黏度的影响，水平井压裂结束后井筒附近堆积大量的支撑剂。此外，压裂后排采过程中混合流体对支撑剂拖拽力大，易造成支撑剂回流并大量在井筒内运移沉降，卡阻排采设备造成故障，严重影响排采的稳定，制约煤层气井产量的提升[9]。近年来，针对煤层气水平井压后防砂难题开展了多项技术攻关工作，但仍未从根本上解决缝内支撑剂返吐严重的问题[10]。国外早在20世纪

基金项目：中国石油天然气股份有限公司前瞻性基础性技术攻关项目"煤层气低伤害高效开发配套工程技术研究"（编号：2021DJ2305）。

第一作者：张洋（1986-），男，高级工程师，工学硕士，从事煤层气开发工作，地址：河北省任丘市华北油田勘探开发研究院（062552），E-mail：910896419@qq.com。

80年代就开始化学人工井壁防砂技术研究,该技术利用携砂液将树脂涂覆砂(表面均匀涂覆一层树脂膜的颗粒)携带至井下人工裂缝中,在地层温压条件下形成固结体,从而防止地层内砂粒流入井筒内,达到缝内防砂的目的。目前,国内外常用的树脂涂覆砂防砂技术主要是针对地层温度50℃以上的油气藏,针对低温煤层气藏的相关研究较少[11-18]。刘川庆等关于煤层气井低温覆膜树脂砂技术研究与应用表明,树脂砂在25℃、8h条件下就能够实现完全固结,且具有较好的渗透性和较强的抗破碎能力[19]。段文君等在现场试验了一种低温可固化覆膜树脂砂,具有强度高、低温可固化、与压裂液配伍性好等特点[20]。目前,沁水盆地南部煤层气藏由于埋藏浅,井温普遍偏低(小于35℃),同时排水降压有较高的渗透率需求,国内外现有树脂涂覆砂防砂技术无法满足低温煤层气藏防砂需求。本文针对沁水盆地南边煤层气藏的地质特点及现场技术需求,提出尾追一种新型低温固结涂覆砂的煤层气水平井压裂防砂技术。该技术现场施工简单,可操作性强,通过在低温条件下建立高强度、高渗透且长期有效的缝内人工井壁,实现保障煤层气水平井连续排采、释放气井最大产能的目的。

1 新型低温固结涂覆砂室内性能评价

1.1 防砂原理

该技术防砂剂由A剂、B剂组成,其中A剂为树脂胶结支撑剂,B剂为树脂固化支撑剂。施工时把A剂、B剂按1:1的比例混合,用压裂液携带包胶砂进入防砂目的层,在地层温度下自行快速固结,形成具有较高强度和渗透率的人工井壁,从而达到控制出砂的目的。

1.2 不同温度对人造岩心抗压强度及液相渗透率的影响

按1:1的比例称取环氧树脂涂层颗粒A、B(图1)组分各16.00g±0.50g,装入100mL烧杯中用药匙混合均匀,一共4份。采用20℃清水作携砂液,量取30mL倒入烧杯中,按标准要求搅拌均匀倒出携砂液,分4次将样品用药匙装入人造岩心模具中,每次均需要压实敦实,依次做4根人造岩心(图2)。将4根人造岩心分别放入20~35℃恒温水浴养护48h。取出岩心,依次进行抗压强度测试和岩心流动实验。实验结果见表1。

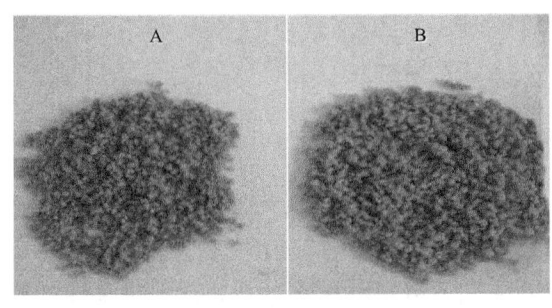

图1 实验用低温涂覆砂颗粒

图2 人造岩心

表 1　涂覆砂防砂剂抗压强度实验结果数据表

序号	携砂液	养护条件	抗压强度（MPa）	渗透率（D）
1	20℃清水	20℃/48h	10.04	4.5
2	20℃清水	25℃/48h	10.78	4.5
3	20℃清水	30℃/48h	11.43	4.5
4	20℃清水	35℃/48h	11.76	4.5

从表 1 中可以看出，20℃时固结强度已经达到 10MPa，同时随着温度的升高，人造岩心的抗压强度也逐渐增加；温度的升高对人造岩心的渗透率影响不大。

1.3　不同压裂液对人造岩心抗压强度及液相渗透率的影响

按 1∶1 的比例称取环氧树脂涂层颗粒 A、B 组分各 16.00g±0.50g，装入 100mL 烧杯中用药匙混合均匀，一共 6 份（2 份为空白岩心，2 份加 0.5%氯化钾，2 份加 0.05%降阻剂）。采用 20℃清水作携砂液，量取 30mL 倒入烧杯中，按标准要求搅拌均匀倒出携砂液，分 4 次将样品用药匙装入岩心模具中，每次均需要压实敦实，依次做 6 根岩心。将 6 根岩心放入 25℃恒温水浴养护 48h。取出岩心，进行抗压强度测试和岩心流动实验。实验结果见表 2。

表 2　涂覆砂人造岩心液相渗透率实验结果数据表

序号	实验名称	直径（cm）	长度（cm）	10mL所用时间（s）	压差（MPa）	抗压强度（MPa）	渗透率（D）
1	空白岩心	2.54	3.71	111.84	0.0010	16.5	6.55
2	空白岩心	2.54	3.72	113.34	0.0015	15.7	4.32
3	氯化钾岩心	2.54	3.89	113.19	0.0010	16.2	6.79
4	氯化钾岩心	2.54	3.87	113.34	0.0014	19.5	4.82
5	降阻剂岩心	2.54	3.74	113.58	0.0015	17.8	4.34
6	降阻剂岩心	2.54	3.73	112.66	0.0015	16.2	4.36

从表 2 中可以看出，低浓度的氯化钾及降阻剂对低温涂覆砂人造岩心固结强度基本没有影响；降阻剂加入后，人造岩心的渗透率有所降低，但仍大于 4D，满足现场排水降压需求。

1.4　固化时间对人造岩心抗压强度及液相渗透率的影响

按 1∶1 的比例称取环氧树脂涂层颗粒 A、B 组分各 16.00g±0.50g，装入 100mL 烧杯中用药匙混合均匀，一共 8 份。采用 20℃清水作携砂液，量取 30mL 倒入烧杯中，按标准要求搅拌均匀倒出携砂液，分 4 次将样品用药匙装入人造岩心模具中，每次均需要压实敦实，依次做 8 根人造岩心。将 8 根人造岩心依次放入 25℃恒温水浴养护 0~14h。取出岩心，分别进行抗压强度测试和岩心流动实验。实验结果见表 3。

表 3 固化时间对人造岩心抗压强度及液相渗透率的影响实验评价结果数据表

序号	时间（h）	抗压强度（MPa）	渗透率（D）
1	0	2.6	4.60
2	2	4.5	4.53
3	4	5.9	4.52
4	6	7.6	4.49
5	8	9.4	4.44
6	10	10.0	4.44
7	12	10.3	4.42
8	14	10.9	4.42

从表 3 中可以看出，随着固化时间的增加，人造岩心的固结强度也在逐渐增加，6h 具有 7MPa 以上的抗压强度，10h 以后强度大于 10MPa；而人造岩心的渗透率有所下降。

1.5 放置时间对人造岩心稳定性能的影响

按 1∶1 的比例称取环氧树脂涂层颗粒 A、B 组分各 16.00g±0.50g，装入 100mL 烧杯中用药匙混合均匀，一共 4 份。采用 20℃清水作携砂液，量取 30mL 倒入烧杯中，按标准要求搅拌均匀倒出携砂液，分 4 次将样品用药匙装入人造岩心模具中，每次均需要压实敦实，依次做 4 根人造岩心。将 4 根人造岩心放入 25℃恒温水浴养护 48h。取出岩心，分别放置 3d、7d、15d 和 30d 后，进行抗压强度测试和岩心流动实验。实验结果如图 3 所示。

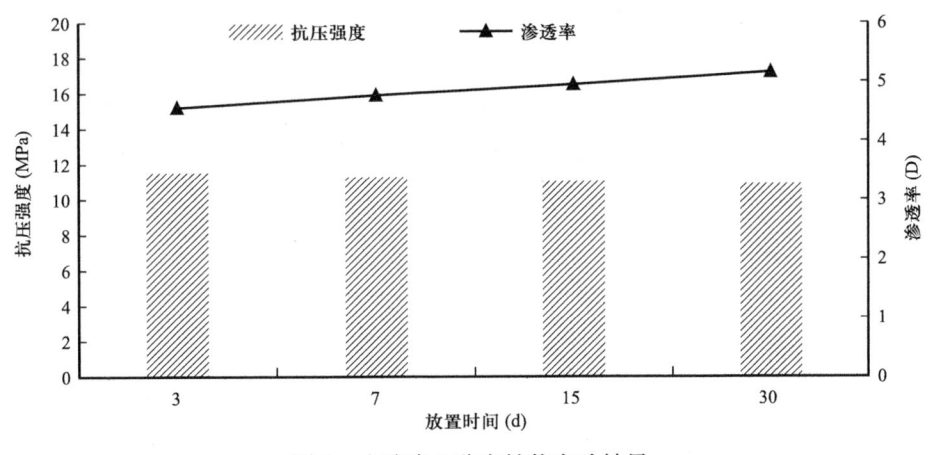

图 3 人造岩心稳定性能实验结果

从图 3 中可以看出，随着放置时间的增加，人造岩心的抗压强度略有下降，下降幅度为 5.5%，液相渗透率略有上升，上升幅度为 13%，实验结果表明低温覆膜砂颗粒形成的人造岩心具有良好的稳定性。

1.6 矿化度对人造岩心抗压强度及液相渗透率的影响

将固结后的人造岩心分别置于不用矿化度地层产出水中，在恒温 25℃下养护 3d 后，测试其抗压强度和渗透率变化，从图 4 测试结果可见，不同矿化度对人造岩心的强度和渗透率没有明显的影响，说明人造岩心对不同地层水环境具有很强的适应性。

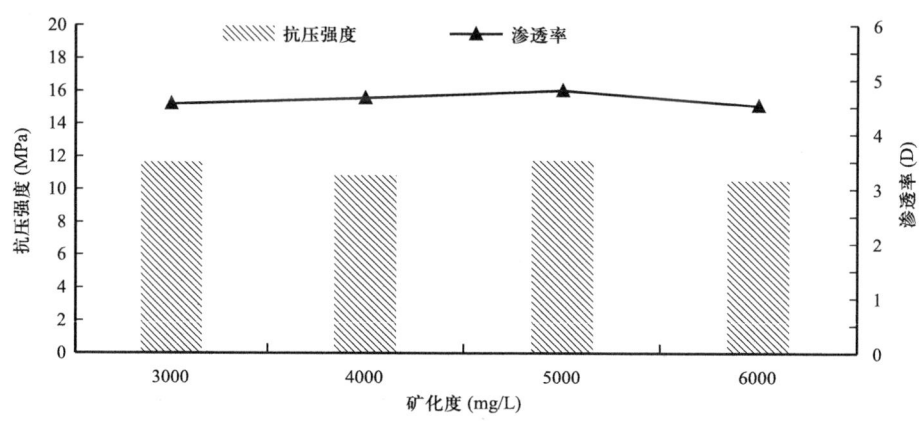

图 4　不同矿化度地层水下性能实验结果

2　现场应用情况

2.1　试验区地质情况

试验区位于山西沁水盆地南部，行政区划隶属山西省晋城市，地面海拔 600～1000m，以丘陵山地为主，共发育 16 套煤层，是典型的"低压、低渗透、低饱和、高含气"高阶煤煤层气藏。石炭—二叠系山西组 3#煤、太原组 15#煤均具有良好的开发潜力。其中 3#煤层埋深在 1000～1200m，15#煤层要比 3#煤层深 100m；3#煤层压力梯度为 0.67～0.9MPa/100m，地温梯度为 3.06～4.77℃/100m；区域内煤体结构整体为原生、原生—碎裂煤，局部受构造影响发育构造煤。

2.2　防砂施工参数设计

2.2.1　压裂裂缝模拟

为了确定每段低温涂覆砂用量，根据沁水盆地南部煤储层的地质参数和工程参数，利用压裂模拟软件 MFrac Suite 的离散缝网模型，对压裂人工裂缝尺寸进行模拟，具体压裂模拟参数取值见表 4。

表 4　压裂模拟参数取值

参数	杨氏模量（GPa）	泊松比	断裂韧性（MPa·m$^{1/2}$）	最大水平主应力（MPa）	最小水平主应力（MPa）	滤失系数（m·min$^{1/2}$）	单段射孔数（个）	单段加砂量（m³）
取值	6	0.35	0.5	30	21	0.003	32	100～120

2.2.2 低温固结涂覆砂用量计算

每段低温固结涂覆砂用量由裂缝填充量、炮眼充填量和附加量3部分组成，即：

$$V=V_1+V_2+V_3 \tag{1}$$

式中：V 为低温固结涂覆砂用量，m³；V_1 为裂缝填充量，m³；V_2 为炮眼填充量，m³；V_3 为附加填充量，m³。

其中裂缝填充量根据模拟的水力裂缝尺寸计算得出，即：

$$V_1=2\times R\times H\times W\times d \tag{2}$$

式中：V_1 为裂缝填充量，m³；R 为处理半径，m；H 为裂缝高度，m；W 为裂缝宽度，m；d 为充填厚度，一般取值 0.5～1.0，m。

炮眼充填量根据射孔参数计算得出，即：

$$V_2=\pi\times r^2\times L \tag{3}$$

式中：V_2 为炮眼充填量，m³；r 为孔眼半径，m；L 为孔眼深度，m。

依据公式（1）至公式（3），分别对试验水平井5段低温固结涂覆砂用量进行计算，每段涂覆砂用量为 1.5～1.6m³，具体结果见表5。

表 5　低温固结涂覆砂单段用量计算结果

段序	射孔井段（m）	射孔孔眼直径（mm）	射孔孔数（个）	压裂加砂量（m³）	模拟裂缝高度（m）	模拟缝口宽度（cm）	计算涂覆砂用量（m³）
1	2026～2028	12	32	100	21.7	5.1	1.5
2	1961～1963	12	32	100	21.7	5.1	1.5
3	1883～1885	12	32	100	21.7	5.1	1.5
4	1802～1804	12	32	100	21.7	5.1	1.5
5	1713～1715	12	32	120	21.7	6.2	1.6
合计							7.6

2.2.3 低温固结涂覆砂泵注程序

低温固结涂覆砂泵注过程以简洁高效为原则，在不改变原有压裂模式的情况下，保证在施工过程中加砂后期按设计要求均匀、定量、定时加入防砂剂。考虑到储层伤害及成本等因素，目前沁水盆地南部水平井压裂主要采用大排量＋活性水＋石英砂的改造模式，受活性水压裂液携砂能力有限的影响，沙堤生长方式为推进式铺置，大量支撑剂在缝口附近沉积，高流速状态下会导致尾追的低温固结涂覆砂铺置在裂缝远端。因此，方案设计采用阶梯降低排量、阶梯升砂比和过顶替的方式，确保近井筒附近处理半径内形成有效均一的固结砂体，保障固结防砂效果。具体泵注程序见表6。

表6 低温固结涂覆砂注入泵注程序表

序号	压裂液类型	液量（m³）	排量（m³/min）	砂量（m³）	砂比（%）	备注
1	前置液	30	15～18			
2	携砂液	4	13～15	0.4	10	
3	携砂液	6	11～13	0.7	12	
4	携砂液	3	9～11	0.4	14	
5	顶替液	30	7～9			过量顶替，不留塞
6	合计	73		1.5		

2.3 防砂效果分析与评价

2023年11月—2024年1月在沁水盆地南部煤层气田进行了2井次的水平井分段压裂防砂试验，累计施工10段次，施工成功率100%，典型施工曲线如图5所示。

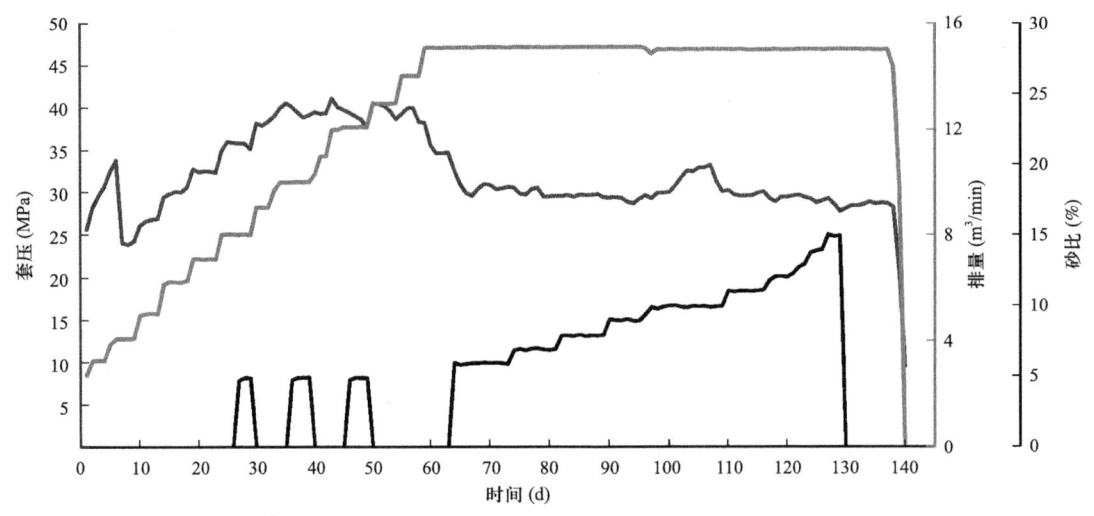

图5 某井15#煤层低温涂覆砂防砂压裂施工曲线

通过图5可以看出，在携砂液后期尾追低温固结涂覆砂过程中采用阶梯降低排量和阶梯升砂比的方式，施工压力先升高后降低，表明低温涂覆砂将缝口附近堆积的普通石英砂支撑剂推入地层深处，最后再以中低排量6.0～8.0m³/min（过孔眼流速为27.0～36.0m/s）的顶替液把井筒内的低温涂覆砂推到缝口的位置，保障低温涂覆砂在缝口附近充分铺置。

从目前防砂效果来看，经过4~6个月的压后排采，2口井均未发现出砂，防砂有效率100%，说明该项技术防砂效果良好；从产气效果来看，1口井已经解吸产气，解吸压力为3.5MPa，最终效果如何仍需进一步观察。

3 结论和建议

（1）针对煤层压裂后支撑剂返吐及出煤粉的情况，结合煤层气藏低温低压的特点，本文采用近井筒压裂缝口固结防砂的技术思路，在压裂后期尾追加入一种新型低温固结涂覆砂，通过固化作用在可控时间内固结，在压裂缝口形成稳固砂体，阻止压裂支撑缝内的压裂砂向井筒流动的同时保证一定的渗透率，实现裂缝内固结防砂的目的。

（2）室内评价实验结果表明，新型低温固结涂覆砂在低温条件下形成的人造岩心具有高强度（10MPa以上）、高渗透率（4D以上）的特点，且不受放置时间和地层水矿化度的影响，可以大幅度提高临界产液流速，减少支撑剂的返吐，从根本上预防支撑剂层的失稳和回流，起到有效支撑产层、维持压裂效果和长期稳定生产的作用。

（3）根据现场试验的2口水平井防砂效果来看，该技术初步能够满足低温煤层气压裂水平井防砂需求，最终效果还需继续观察和评价。下一步将继续开展现场试验，同时优化胶结和固化体系配方，降低材料成本。

参 考 文 献

[1] 朱庆忠, 左银卿, 杨延辉. 如何破解我国煤层气开发的技术难题——以沁水盆地南部煤层气藏为例[J]. 天然气工业, 2015, 35（2）: 106-109.

[2] 张遂安, 刘欣佳, 温庆志, 等. 煤层气增产改造技术发展现状与趋势[J]. 石油学报, 2021, 42（1）: 105-118.

[3] 姚红生, 陈贞龙, 何希鹏, 等. 深部煤层气"有效支撑"理念及创新实践——以鄂尔多斯盆地延川南煤层气田为例[J]. 天然气工业, 2022, 42（6）: 97-106.

[4] 申鹏磊, 吕帅锋, 李贵山, 等. 深部煤层气水平井水力压裂技术——以沁水盆地长治北地区为例[J]. 煤炭学报, 2021, 46（8）: 2488-2500.

[5] 刘川庆, 朱卫平, 夏飞, 等. 鄂尔多斯盆地大宁—吉县区块煤层气水平井分段压裂实践[J]. 天然气工业, 2018, 38（S1）: 112-117.

[6] 徐凤银, 闫霞, 李曙光, 等. 鄂尔多斯盆地东缘深部（层）煤层气勘探开发理论技术难点和对策[J]. 煤田地质与勘探, 2023, 51（1）: 115-130.

[7] 孙天竹, 康永尚, 张晓娜, 等. 寿阳和柿庄区块煤储层压裂效果及其影响机理分析[J]. 煤炭学报, 2019, 44（10）: 3125-3134.

[8] 张聪, 李梦溪, 胡秋嘉, 等. 沁水盆地南部中深部煤层气储层特征及开发技术对策[J]. 煤田地质与勘探, 2024, 52（2）: 59-63.

[9] 黄中伟, 李志军, 李根生, 等. 煤层气水平井定向喷射防砂压裂技术及应用[J]. 煤炭学报, 2022, 47（7）: 2687-2696.

[10] 张光波, 刘忠, 崔新瑞, 等. 沁水盆地南部煤层气井支撑剂回流原因分析及治理措施探讨[J]. 中国煤层气, 2018, 15（2）: 20-23.

[11] Sinclair A R, Graham J W. An effective method of sand control [R].SPE 7004, 1978.
[12] Underdown D R, Day J C, Sparlin D D. A plastic pre-coated gravel for controlling formation sand [R]. SPE 8801, 1980.
[13] Pope C D, Wiles T J, Pierce B R. Curable resin-coated sand controls proppant flowback [R]. SPE 16209, 1987.
[14] 李怀文, 邵力飞, 曹庆平, 等. 大港油田多涂层预包防砂支撑剂研制与应用 [J]. 石油钻探技术, 2011, 39 (4): 99-102.
[15] 陈应淋, 严锦根, 黄煦, 等. 低温油层涂敷砂防砂工艺研究与应用 [J]. 江汉石油学院学报, 2001, 23 (3): 42-43.
[16] 邱红兵, 朱宏亮, 王善强, 等. 低温覆膜砂的研究与应用 [J]. 内蒙古石油化工, 2010 (17): 15-16.
[17] 朱锦波, 桑晓明, 杨贤金, 等. 室温快固型环氧树脂的研究 [J]. 机械工程材料, 2006, 30 (4): 44-45.
[18] 徐玉珍, 陈炳谦. 塑料预包砂及其防砂工艺 [J]. 石油钻采工艺, 1988 (5): 93-96.
[19] 刘川庆, 郭大立, 朱卫平, 等. 低温覆膜树脂砂在煤层压裂中的应用 [J]. 中国煤炭地质, 2010, 22 (5): 29-31.
[20] 段文君, 唐昱. 低温可固化覆膜砂在煤层气井压裂中的应用研究 [J]. 能源化工, 2018, 39 (2): 66-70.

深部煤层气压裂工艺分析

李小龙，贺甲元，岑学齐，赵丹迪，张恒，张翼

（中国石化石油勘探开发研究院，北京 102206）

摘　要：通过文献与会议调研当前煤层气开发现状与前沿技术。基于中国石化区块内实践情况分析各区块、各单井的深部煤层气储层改造适用性，跟踪分析单井产能情况，总结经验教训。目前的深部煤层气压裂设计理念借鉴页岩气压裂的体积改造思路，强化了裂缝复杂性及加砂量，具备良好的实践效果；基于实际施工监测结果，在当前设计思路下，14m³/min以上排量均可有效压裂复杂缝网，改造半缝长均超过200m；根据缝高监测结果，裂缝主体位于目标煤层内，近井部位裂缝向下延伸明显，表明缝高更易突破底板。

关键词：深部煤层气；压裂；工程分析；体积压裂

我国深部煤层气资源量丰富，具有广阔开发前景。压裂工艺技术已成为高效开发的关键，打造适用性的技术体系对保障中国石化的深部煤层气开发具有重大意义。目前生产单位实践先行，总结实践的经验教训，为后续的理论研究提供参考及基础，具有重要的先导意义。

煤层气的勘探开发主要在深度2000m以内的中浅层，经多年发展已有成熟的勘探开发技术体系。自2020年以来逐渐在深度2000m以上的深层煤层气取得工业气流。

深部煤层气资源丰富，具备成为中国石化增储上产的资源接替阵地。通过近几年资源摸底，初步估算华北探区深部煤层气资源达 $2.86 \times 10^{12} m^3$，其中DND区块资源丰度最高，且地面配套齐全；华东晋中、川东南区块资源量达 $6200 \times 10^8 m^3$，整体呈现"厚度大、演化程度高、含气量高"的特征，常规直井压裂单井日产量 $1000 \sim 7000 m^3$。

1　煤层气开发现状与趋势

国内大型煤层气田有中联煤沁水煤层气田、中国石油沁水煤层气田、中国石油鄂东煤层气田、中国石油大吉煤层气田四个，储量占比79%。中国石油2019年以来大宁—吉县区块深层突破，探明地质储量 $1121 \times 10^8 m^3$，先导试验水平井前三个月平均单井日产气 $8 \times 10^4 m^3$，半年平均 $6 \times 10^4 m^3/d$；中国石化2022年在DND气田开展深层评价，阳煤1HF水平井初期日产峰值可达 $10 \times 10^4 m^3$；中国海油2022年在临兴区块开展深层评价，深

基金项目：中国石化科技部项目《深部煤层气钻井与增产技术研究》（P23207）、中国石化国内上游导向项目《深部煤岩压裂跟踪与评价》（YTBXD-FCZY-2024-1-06-005）。

作者简介：李小龙，1990年生，男，副研究员，博士；从事采油工程、储层改造等方面的研究。E-mail: lixl2018.syky@sinopec.com。

煤 1# 水平井初期日产气 $6\times10^4\text{m}^3$。

2022 年，周德华等分析了深层煤层气地质、工程与管理等关键评价参数，提出了深层煤层气效益开发的关键对策[1]：（1）超过临界深度带后煤层处于饱和吸附状态，游离气比例逐渐增加；（2）不同煤阶煤岩随深度增加应力敏感性增强；（3）煤层厚度、煤岩热演化程度、煤体结构、保存条件、煤岩力学特性、应力场、压裂规模、动液面、临储比等是深层煤层气地质、工程与管理制度等评价的关键参数。

2022 年，叶建平等分析了煤层气田稳产、提产综合治理技术措施认为，我国煤层气田稳产、低产井提产综合治理最有效的技术措施有四类，包括增加新层、调整开发方案扩大产量规模、水平井嵌入加密井网、老井增产改造技术[2]。

2021 年，张遂安等提出中国煤层气产业亟须解决裂缝非线性动态扩展机理、地应力场反演与重定向理论、压裂液的流变调控机理、支撑剂空间运移与沉降机理、压裂施工曲线诊断分析和微地震监测数据噪声甄别 6 个科学问题[3]。

1.1 深煤层可压性研究调研

邱峰等以郑庄区块 3# 煤层为研究层位，建立以多测井参数为基础的煤储层横波时差预测模型和以动静态力学参数转换为依据的脆性指数评价模型；以含气量与脆性指数为主要评价参数，预测了区块内煤层气开发地质有利区，为煤储层压裂设计提供了依据[4]。

张杰等总结适用樊庄特点的地应力场评价方法，建立横波时差预测、岩石动静态参数转换、岩石弹性参数等计算模型，刻画岩石力学参数空间分布特征，建立地层压力测井评价的方法；最后，分析煤储层地应力场分布特征，综合评价开发区[5]。

钱玉萍通过实例分析明确基于岩石力学参数计算的煤层脆性指数很低，反映煤岩可压性较差，忽略了微裂缝对煤层可压性的影响；径向速度剖面显示煤层段的径向速度降低最为明显，反映煤岩的可压性较强，与煤层压裂效果相符。对于煤层，基于弹性波速径向变化评价脆性的方法能够更好地反映煤层可压性的强弱[6]。

数理统计分析表明，声波时差、煤岩密度与煤层气生产能力之间不存在明显的相关性。泥质含量、灰分含量与产量呈负相关；煤岩类型和抗张强度与产量呈正相关。郭大立等引入动态加权综合评价方法对可压性进行评价，利用加权冒泡排序法赋予可压性参数动态权函数，建立了综合评价模型[7]。

杨聪萍优选泥质含量、抗张强度、灰分含量、煤岩类型和水分含量作为影响煤层可压性的主控因素，确定了稳定产气量与井底流压的乘积来表征煤层气井压后产能。基于灰色欧几里得关联度模型，对煤层可压性指标进行量化，依此进行了煤层可压性评价[8]。

1.2 深煤层储层改造工艺

王志荣等以鄂尔多斯大宁—吉县矿区为例，采用扩展有限元法模拟射孔间距对压裂缝起裂压力、几何特征和延伸形态的影响。射孔间距达到 105m 时，裂缝起裂压力与几何形态基本不再发生变化，所有裂缝不再偏转，压裂效果最佳[9]。

聂志宏等分析了深层煤层气生产特征并提出开发技术对策。深层煤储层具有"低渗透、高含气、高含气饱和度、富含游离气"的特征；在正向微构造发育区，资源越富集、加液强度越大、加砂强度越大，越有利于扩大供气能力和提高单井产量[10]。

姚红生等以鄂东南缘延川南煤层气田稳产期短、剩余储量丰富的低产气井为研究对象，开展多次压裂增效开发技术现场试验。监测的裂缝缝长是单次施工产生的缝长3倍以上，裂缝形态由单一裂缝转向复杂缝网，有效扩大储层改造体积。随后推广应用，证实多次压裂增效开发技术能够提高深部煤储层的缝网复杂程度并实现有效支撑、高效导流[11]。

1.3 煤岩力学特性调研

加载速率较低，持续时间较长，对应破坏荷载较小，有明显的延性特征。加载速率较高时，持续时间减小，破坏荷载随加载速率提高而增加。较低加载速率会造成煤岩破坏过程沿着内部缺陷、天然裂隙破碎，贯通原始裂隙。而高加载速率拉伸破坏过程伴随煤粉的产生，呈明显的脆性破坏特征。吕志强对全部试验数据中抗拉强度进行了汇总[12]。

韩城地区煤岩力学特性较差，呈低强度高脆性特性，受加载速率效应的影响显著，随着加载速率的提高，煤岩峰值强度略有提高[13]。

不同加载速率下试件受载过程同样经历明显的四个力学阶段，在压密阶段和弹性阶段表现出几乎相同的特征。在弹性阶段后期到屈服阶段，加载速率越大，轴压增大幅度越大，裂隙发育发展程度越高，峰值强度最低，主要原因是试件内部受轴压增大的影响而产生损伤，使峰值强度降低。孔隙裂隙相互交叉连通形成了宏观的断裂面，会在断裂面涌出大量瓦斯，造成瓦斯突出[14]。

以我国不同变质程度煤岩为研究对象，通过以纳米压痕实验为主，低温液氮与原位激光拉曼测试为辅的手段，实现了纳米压痕实验关键参数优选。煤岩微观力学性质研究可广泛应用于微观尺度下的煤基质变形机制分析、水力压裂过程中微裂缝的产生与拓展探究，以及开发有利区优选[15]。

破碎煤岩压缩变形曲线包含快速变形、过渡变形和慢速变形3个阶段，堆积体刚度和承载能力呈指数形式升高，空隙率呈负指数形式降低。块体尺寸和加载速率升高，堆积体刚度和承载能力呈降低趋势，空隙率降低速度快；岩石强度升高，承载能力和刚度则呈升高趋势，空隙率降低速度慢[16]。

杨科等揭示了饱和煤样损伤破坏特征的加载速率微观作用机制。随加载速率增大，干燥及饱和煤样峰值强度先减小后增大。不同加载速率下饱和煤样宏观破坏模式均为以剪切破坏为主的拉—剪复合破坏。饱和煤样微观剪切裂隙占比先减小后增大，在临界加载速率达到极小值。不同加载速率饱和煤样在孔隙水压力和裂纹扩展速率两个因素的相互竞争下，导致其力学及损伤特征规律呈现非线性特征[17]。

在注入压力相同的情况下，随着围压和轴压的增大，有效应力增高，水力压裂前后煤样渗透率随有效应力的增大呈指数函数关系减小。水力压裂前后煤样裂缝开度均随有效应力的增高而呈负指数函数规律降低[18]。

伍永平等基于颗粒流数值模拟软件研究了煤线层数、煤线厚度、煤线倾角对夹矸岩体力学特性及变形破坏的影响机制，以及不同煤线倾角夹矸岩体变形破坏过程中的能量演化特征[19]。

梁永昌等研究了地应力重分布过程中温度变化对煤岩力学性质的影响，随着温度的升高、煤岩泊松比呈增大趋势，且泊松比随轴压围压比的增大分为三个阶段：非线性减小阶段、线性增大阶段及突变阶段，且突变点随温度的增加不断前移；随着温度的升高，煤岩的变形模量降低，变形模量随轴压围压比的增大分为三个阶段：线性突变阶段、稳定阶段和突变减小阶段；煤岩的抗压强度随着温度的升高呈降低趋势[20]。

2 DND 区块煤层气压裂工艺分析

DND 石炭—二叠系深部 8# 煤层具有"两特殊、两稳定、两高、两低"地质特点，埋深 2500~3000m，平均厚度 10m，孔隙度平均 5.6%，渗透率 0.26mD，整体属于中阶煤、原生—碎裂结构。

2021—2022 年探索了多口煤层气井的压裂测试，通过逐步升级压裂工艺技术，2022 年 S1 井 8# 煤试气 1000m³/d，证实深层煤层气可以动用；2023 年 DXX1 井 8# 煤产气超 $1.5×10^4$m³/d，证实深层煤层气能够高产，表明 DND 深层煤层气具备资源接替潜力。

2.1 DND 区块 8# 煤层概况

DND 深部 8# 煤埋深 2500~3000m，储层温度约 90℃，垂向应力超过 60MPa，温压条件下煤层力学性质发生塑性变形，且中阶煤和高阶煤弹性模量对应力变化的反应差异显著。DND 深 8# 煤具有埋藏深、应力高（最小主应力 51MPa）的特点，相比浅层，可能会带来更大的施工难度；同时煤层微裂缝及割理较为发育（3~5 条 /m），裂缝扩展复杂，导致压裂液滤失大，支撑剂的有效运移及铺置难度大，难以形成有效饱和支撑；同时对压裂液的低伤害高携砂提出了较高要求。

煤层累计厚度 13.10m；太原组顶部为半亮煤，中部为光亮煤、半亮煤、半暗煤，下部为半暗煤；性脆、内生裂隙和割理发育，易形成复杂缝网。

煤层最大与最小水平主应力比值为 1.14；水平应力差为 7.53MPa；与顶板应力差为 6~10MPa，与底板应力差 4~11.2MPa。

煤岩以塑性破坏为主，煤岩弹性模量 6.41~8.27GPa，平均 7.59GPa；泊松比变化范围 0.19~0.25，平均 0.228。煤岩与顶底板杨氏模量差异大，且煤岩抗压强度远低于顶底板，有利于控制缝高。

2.2 典型井压裂特征

S1 井采用套管压裂，设计规模 1755m³、砂量 99.7m³，设计排量峰值 12m³/min。设计半缝长 268m、缝高 23m。

S1 井 2021 年压裂太原组 8#煤层，入地层液量 1954.7m³，入井砂量 133.5m³；峰值排量达到 12m³/min；瞬时停泵压力 42MPa，储层中深 2860m。通过 S1 井压裂曲线可明显观察到 8~12m³/min 排量区间内提排量时的多裂缝（复杂裂缝）显示，施工压力显著波动（图 1）。

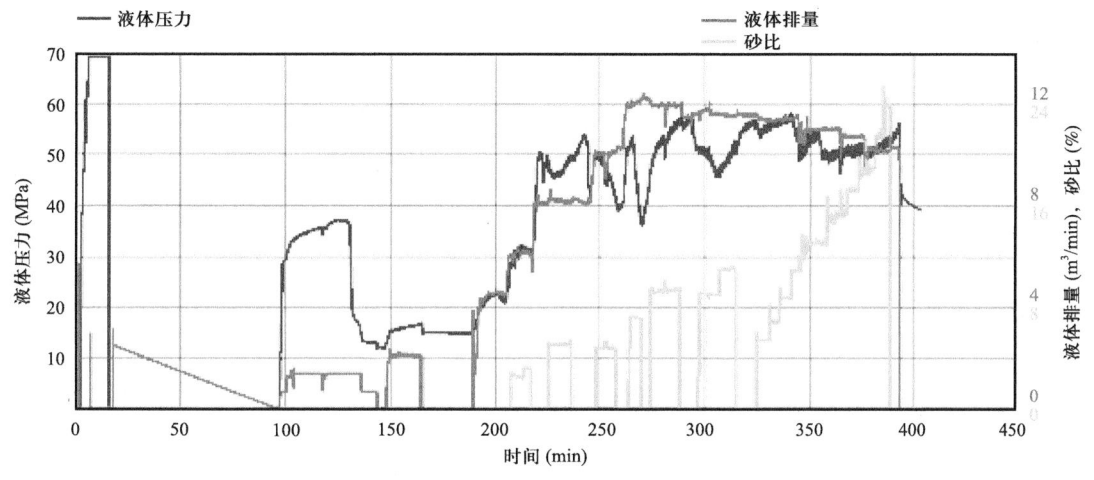

图 1　S1 井压裂曲线

根据升排量分析，延伸应力梯度 0.0240MPa/m。S1 井 8#煤试气 1000m³/d，证实深层煤层气可以动用。后上返其他层位试气。

DXX1 井是 DND 区块深部煤层气压裂实践取得突破的单井；采用体积压裂思路，参考大宁—吉县和延川南成熟的设计思路，采用"大规模、大排量、饱填加砂"缝网体积压裂技术，扩大改造体积，提高单井产量。相比前期工艺（以 S1 井为代表），综合砂比没有明显变化，而排量、规模、砂量大幅提升（表 1）。

表 1　压裂施工参数表

井号	深度（m）	厚度（m）	排量（m³/min）	砂量（m³）	液量（m³）	前置液比（%）	平均砂比（%）	综合砂比（%）	最高砂比（%）	加砂强度（m³/m）	注液强度（m³/m）
DXX1	2970	16.0	20	1110	10090	25.2	14.5	11.2	30.2	70.0	630.0
S1	2859	14.5	12	134	1955	51.0		11.2	15.0	9.2	134.8

DXX1 井历时 11.5h 完成加砂 1110m³，液量 10090m³，施工排量峰值 20m³/min，施工压力 33~62MPa。根据曲线分析结果，本井闭合应力梯度 0.0173MPa/m，延伸应力梯度 0.0189MPa/m。根据微地震等监测技术可见，在该设计理念下，形成了体积缝网，裂缝主体位于目标煤层内，近井部位裂缝向下延伸明显，表明缝高更易突破底板（图 2）。

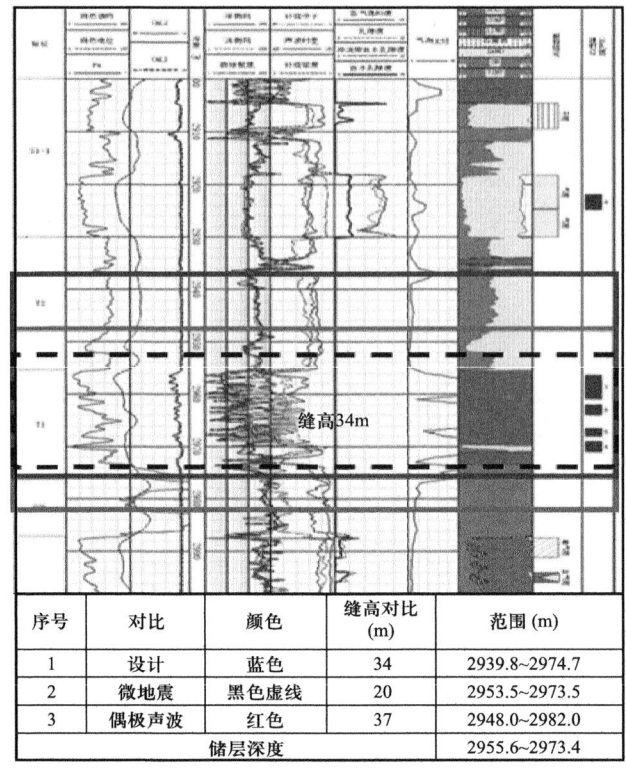

图 2 DXX1 微地震缝高监测结果

3 PZ 区块煤层气压裂工艺分析

3.1 PZ 区块煤层概况

煤层物性对比见表 2。

表 2 煤层物性对比表

评价参数	旬宜探区 断坡带东北部 PZ1 井区	DND
主煤厚（m）	4.7	
煤层气测饱和度（%）	47	
含气量（m³/t）	16（推测） 2.1～11.7（棋盘 2 实测）	11.1～29.2（阳煤 1）
顶底板条件	泥岩	石灰岩、泥页岩
压力系数	0.69（邻井—棋盘 1）	
孔隙度（%）	1.5～4	2.5～7.2
渗透率（mD）	0.01～1	0.84

续表

评价参数	旬宜探区 断坡带东北部 PZ1 井区	DND
最小水平地应力（MPa）	30.1	53.6
水平应力差（MPa）	—	7.5
顶底板应力差（MPa）	6.2～7.1	4～11
弹性模量（GPa）	3.9	7.6
泊松比	0.30	0.23
埋深（m）	2220	2880

3.2 PZ1 井煤层气压裂分析

为扩大压裂体积，实现复杂缝网，该井以实现"饱和加砂、远支撑、有效支撑"为目标，采用"大排量、大液量、饱填加砂"缝网体积压裂设计思路，排量、加砂量对标延川南和大宁—吉县加砂强度。设计思路整体借鉴 DND 区块。初步对比认为：PZ1 井煤层厚度（4.7m）、煤质、煤体结构、储层物性、气测异常值等整体较对标井稍差；局部井段有可比性。

目的层 C_3t 层最小水平主应力为 36.5MPa，与顶板地应力差 8.2MPa，与底板地应力差 6.6MPa，应力差较大，有利于裂缝高度控制。根据 PZ1 井岩心实验结果，PZ1 煤层弹性模量 1.32～3.2GPa，泊松比 0.232～0.258，表现出低弹性模量与高泊松比的塑性特征。

PZ1 井初次压裂规模 876.4m³，加砂 12.73m³，峰值排量 11.74m³/min。注入酸液 33m³ 效果显著，施工压力下降 12MPa；认为近井存在污染且程度较大；瞬时关井压力（ISIP）40.21MPa，停泵前排量约 6.5m³/min，计算此时总摩阻约 27MPa，明显超过正常范围；初次启泵后延伸应力梯度约 0.033MPa/m，远超前期预期；二次启泵后增加至 0.038MPa/m。二次起泵后，同排量施工压力有明显提高，且排量越大两次压力差异越大；提排量速率显著大幅提高（图 3）。

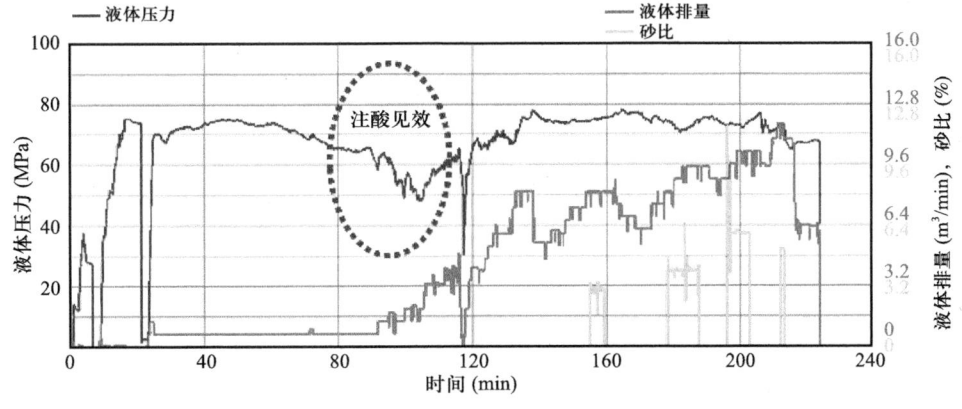

图 3 PZ1 井初次压裂施工曲线

PZ1井第二次压裂累计注入酸液45m³、压裂液3739.6m³、加砂220.7m³，排量7.93～15.39m³/min，后因现场可用备水耗尽而停止施工。ISIP 49.8MPa，停泵前排量约5.3m³/min，计算此时总摩阻约3.2MPa，符合正常范围；二次压裂总摩阻大幅下降，但ISIP有明显升高（初次：40.2MPa；二次：49.8MPa）（图4，表3）。

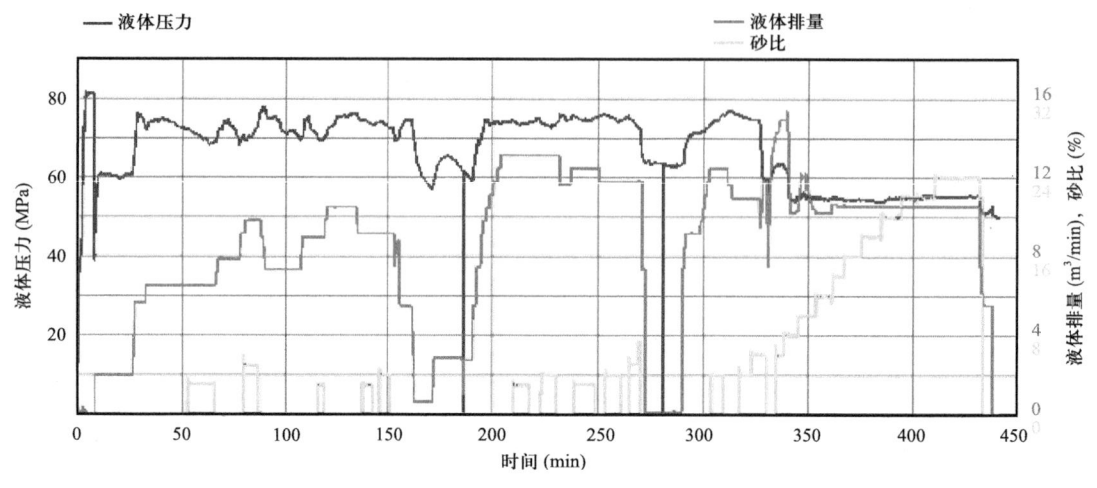

图4 PZ1井二次启泵压裂施工曲线

表3 压裂延深应力梯度　　　　　　　　　　　　单位：MPa/m

启泵次序	初次压裂	二次压裂
初次启泵	0.0332	0.0385
二次启泵	0.0376	0.0395
三次启泵	—	0.0392
平均	0.0354	0.0391

根据PZ1井理论沿程摩阻计算结果，结合实际施工曲线计算不同阶段的孔眼+缝内摩阻总和；因扣除的沿程摩阻为理论计算值，计算的孔眼+缝内摩阻存在负值，表明理论降阻率取值保守，实际沿程摩阻低于理论计算，进一步验证液体摩阻方面无异常（表4）。

表4 压裂施工参数表

压裂次序	启泵次序	序号	排量（m³/min）	施工压力（MPa）	停泵压力（MPa）	沿程摩阻（MPa）	孔眼+缝内摩阻（MPa）
初次压裂	初次启泵	1	0.66	65.52	55.24	0.11	10.17
		2	1.97	47.99	55.24	0.37	−7.62
		3	3.31	58.19	55.24	0.93	2.02
		4	4.21	61.73	55.24	1.43	5.06

续表

压裂次序	启泵次序	序号	排量（m³/min）	施工压力（MPa）	停泵压力（MPa）	沿程摩阻（MPa）	孔眼+缝内摩阻（MPa）
初次压裂	二次启泵	1	3.98	65.76	40.20	1.29	24.27
		2	5.95	69.85	40.20	2.67	26.98
		3	8.19	75.37	40.20	4.75	30.42
		4	5.47	75.01	40.20	2.29	32.52
		5	8.05	75.24	40.20	4.60	30.44
		6	10.95	71.49	40.20	8.00	23.29
		7	6.42	66.96	40.20	3.06	23.70
二次压裂	初次启泵	1	6.53	73.32	66.55	0.11	6.66
		2	10.50	75.43	66.55	7.42	1.46
		3	5.47	74.44	66.55	2.29	5.60
	二次启泵	1	5.47	63.88	64.07	0.11	−0.30
		2	10.44	73.48	64.07	7.35	2.06
		3	13.11	74.08	64.07	11.07	−1.06
		4	7.35	64.03	64.07	3.91	−3.95
	三次启泵	1	7.43	64.27	49.80	3.98	10.49
		2	9.15	73.15	49.80	5.79	17.56
		3	12.45	75.80	49.80	10.09	15.91
		4	14.97	62.30	49.80	14.05	−1.55

初次压裂时，排量与摩阻的相关系数为0.68，呈高度线性正相关；二次压裂时，排量与摩阻前期呈正相关、后期呈负相关（图5，图6）。负相关的原因分析：此时已经有效造缝，更大的排量对应更大的净压力，近井缝宽升高，迂曲摩阻降低，认为高排量下摩阻的主控因素是迂曲（缝内）摩阻。

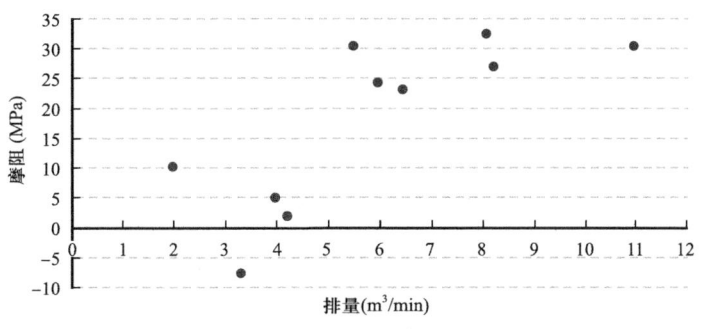

图5　PZ1井初次压裂排量与摩阻关系

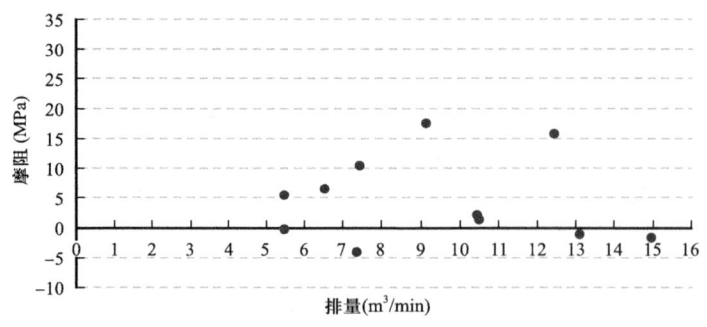

图 6　PZ1 井二次压裂排量与摩阻关系

从第二次压裂、第三次启泵施工曲线可见（图 7），③、④节点之间施工压力快速、大幅下降，约 20MPa；取压裂设计闭合应力 36.5MPa 带入计算，并假设射孔井段完善，计算理论孔眼摩阻，进而计算缝内摩阻 + 净压力数值；结果可见，④节点相比③节点缝内摩阻 + 净压力下降近 20MPa，而此时排量提高近 2.5m³/min，净压力变大，因此认为缝内摩阻下降超过 20MPa。

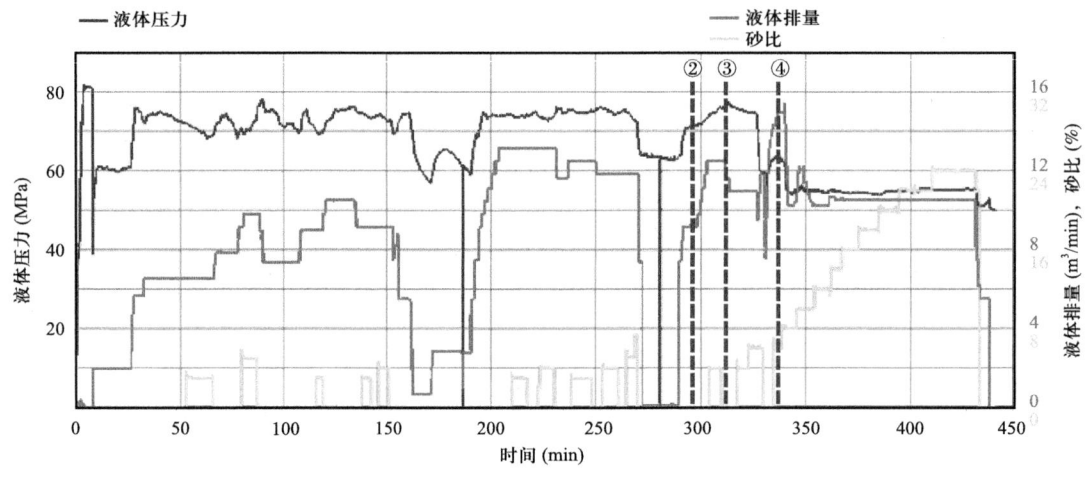

图 7　PZ1 井二次压裂施工曲线

4　结论与认识

（1）深部煤层气压裂设计理念借鉴页岩气压裂的体积改造思路，强化了裂缝复杂性及加砂量，在大牛地实现了产能的突破，稳产能力良好，具备良好的适用性。

（2）基于实际施工监测结果，在当前设计思路下，14m³/min 以上排量均可有效压裂复杂缝网，改造半缝长均超过 200m。

（3）根据缝高监测结果，裂缝主体位于目标煤层内，近井部位裂缝向下延伸明显，表明缝高更易突破底板。

（4）目前在实际施工中仍有部分异常发生，其原因及其影响因素仍有待进一步研究解决。

参 考 文 献

[1] 周德华, 陈刚, 陈贞龙, 等. 中国深层煤层气勘探开发进展、关键评价参数与前景展望[J]. 天然气工业, 2022, 42(6): 43-51.

[2] 叶建平, 侯淞译, 张守仁. "十三五"期间我国煤层气勘探开发进展及下一步勘探方向[J]. 煤田地质与勘探, 2022, 50(3): 15-22.

[3] 张遂安, 刘欣佳, 温庆志, 等. 煤层气增产改造技术发展现状与趋势[J]. 石油学报, 2021, 42(1): 105-118.

[4] 邱峰, 刘晋华, 蔡益栋, 等. 基于测井的煤层力学特性评价及煤层气开发有利区预测——以沁南郑庄区块3号煤层为例[J]. 煤田地质与勘探, 2023, 51(4): 46-56.

[5] 张杰, 李军成, 张浩, 等. 基于地应力场分析提高产气量的测井评价技术——以樊庄煤层气区块为例[J]. 中国煤层气, 2021, 18(4): 21-24.

[6] 钱玉萍. 煤层可压性评价方法研究及应用[J]. 海洋石油, 2022, 42(1): 55-58.

[7] 郭大立, 张书玲, 王璇, 等. 基于动态权函数的煤层可压性综合评价[J]. 西南石油大学学报(自然科学版), 2022, 44(2): 97-104.

[8] 杨聪萍. 煤层可压性指标及评价方法研究[D]. 成都: 西南石油大学, 2017.

[9] 王志荣, 胡凯, 陈玲霞, 等. 水平井分段压裂射孔间距对煤储层压裂缝延伸的影响[J]. 河南理工大学学报(自然科学版), 2023, 42(1): 9-14.

[10] 聂志宏, 时小松, 孙伟, 等. 大宁—吉县区块深层煤层气生产特征与开发技术对策[J]. 煤田地质与勘探, 2022, 50(3): 193-200.

[11] 姚红生, 杨松, 刘晓, 等. 低效煤层气井多次压裂增效开发技术研究[J]. 煤炭科学技术, 2022, 50(9): 121-129.

[12] 吕志强. 加载速率对煤岩抗拉强度参数影响程度研究[J]. 煤炭技术, 2014, 33(10): 301-302.

[13] 段品佳, 王芝银. 韩城地区煤岩力学特性与破坏特征试验[J]. 煤田地质与勘探, 2012, 40(4): 39-42.

[14] 安美秀. 不同加载速率含水煤层渗透性及声发射实验研究[D]. 太原: 太原理工大学, 2017.

[15] 蔡益栋, 贾丁, 邱峰, 等. 基于纳米压痕的煤岩微观力学特性及其影响因素剖析[J]. 煤炭学报, 2023, 48(2): 879-890.

[16] 王兆会, 刘鹏举, 孙文超, 等. 破碎煤岩压缩变形与再承载力学特性研究[J]. 采矿与安全工程学报, 2023, 40(3): 599-610.

[17] 杨科, 张寨男, 华心祝, 等. 饱和煤样力学及损伤特征的加载速率微观作用机制研究[J]. 煤炭科学技术, 2023, 51(2): 130-142.

[18] 孟召平, 卢易新. 高煤阶煤样水力压裂前后应力—渗透率试验研究[J]. 煤炭科学技术, 2023, 51(1): 353-360.

[19] 伍永平, 汤业鹏, 解盘石, 等. 含煤线夹矸岩体力学特性及变形破坏特征的数值实验[J]. 采矿与安全工程学报, 2022, 39(6): 1198-1209.

[20] 梁永昌, 李小龙, 范翔宇, 等. 温度对井周煤岩力学特性影响的试验研究[J]. 山西煤炭, 2021, 41(2): 14-18.

深层煤岩低伤害低吸附压裂液体系优选及应用

刘倩[1,2]，问晓勇[1,2]，刘汉斌[1,2]，刘怡[1,2]

（1. 长庆油田分公司油气工艺研究院，西安 710018；
2. 低渗透油气田勘探开发国家工程实验室，西安 710018）

摘　要：深层煤岩割理及天然微裂缝发育，压裂滤失大，液体效率低，对压裂液携砂、耐剪切等性能要求较高。同时深层煤岩的表面积大、孔隙直径小等特点对压裂液提出了低伤害、低吸附需求。本文以鄂尔多斯盆地深层煤岩为研究对象，通过对目前常用的瓜尔胶压裂液、油基压裂液、水基压裂液进行了残渣伤害、吸附伤害实验对比，揭示了深层煤岩的伤害机理及伤害主控因素。同时对伤害最低的水基压裂液考察了其携砂、耐温耐剪切、抗盐等性能。研究结论表明，水基压裂液体系具有低残渣、低吸附、低伤害、耐温耐剪切、强携砂、抗盐的特点，满足深层煤岩压裂改造需求。通过现场应用实践表明，应用水基压裂液体系施工井平均降阻率75%，平均砂液比18%以上，最大加砂浓度达到500kg/m³，压后见气快，施工井平均产量超过$10×10^4m^3/d$，最高测试产量$28.9×10^4m^3/d$，实现了深层煤岩产能突破。

关键词：深层煤岩；水基压裂液；低伤害；低吸附

鄂尔多斯盆地作为我国深层煤岩资源的重要区域，其开采技术与效率直接关联到国家的能源安全和经济发展。在煤岩气开采过程中，压裂技术被广泛采用以增加地层的渗透率，从而提高油气的流动性。煤层气储层属于低压、低渗透、低饱和、高地应力储层，割理及微裂缝发育，压裂采用活性水与低黏压裂液存在液体滤失大、造缝效率低、携砂能力差等问题，产量长期未实现突破。后采用瓜尔胶压裂液、油基悬浮压裂液等压裂液体系，通过增加压裂液黏度提高携砂能力。但随着液体黏度增加，煤岩的吸附伤害与聚合物残渣伤害对储层也有着重要影响。针对前期煤层气改造存在的问题，对压裂液提出了"低吸附、低伤害、可变黏、强携砂"等性能要求，通过对深层煤岩压裂液优选，对于提高深层煤岩产能有着重要作用[1-6]。

煤岩储层比表面积大，存在割理裂缝，吸附性强，入井压裂液与煤岩接触作用容易造成敏感性及相圈闭伤害，特别是压裂液在煤岩中的吸附滞留带来的伤害。Puri等开展了完全破胶和重复过滤的凝胶压裂液对煤岩的渗透率损害实验，实验结果表明，煤岩与压裂液作用后渗透率降低5～10倍，并且损害是不可消除的[7-9]。丛连铸采用实验测试煤岩对压裂液的吸附量，研究结果表明，不同煤阶的煤岩对压裂液均有不同程度的吸附，且对有机物的吸附能力更强。陈进通过压裂液对煤岩岩心渗透率损害实验，研究了煤岩由于压裂

通讯作者：刘倩，1996年生，女，硕士，工程师，主要从事油田化学剂研发与评价工作；地址：陕西省西安市未央区明光路51号，E-mail：lqian10_cq@petrochina.com.cn。

液的吸附所引起的损害,并对影响因素进行了分析,得出吸附损害随着温度升高而降低的结论[10]。

为了降低深层煤岩储层压裂液的吸附伤害与残渣伤害,更科学地选择适合的压裂液,本文以鄂尔多斯盆地深层煤岩为研究对象,对瓜尔胶、油基悬浮压裂液、水基悬浮压裂液开展了吸附与残渣伤害评价,优选出水基压裂液体系对煤岩储层伤害最低。同时评价了水基压裂液体系的携砂、耐温耐剪切等性能均满足深层煤岩压裂改造施工要求,并开展了大量现场试验,取得了较好的现场效果。

1 深层煤岩压裂液伤害机理及评价方法

1.1 深层煤岩伤害机理

我国煤层气储层以中、高煤阶为主,属于低压、低渗透、低饱和、高地应力储层,目前主要进行水力压裂增产改造,从而提高煤层气井的产量。煤储岩储层比表面积巨大,具有吸附性强、割理裂隙发育的特性,煤体中矿物组分和煤粉遇到外来流体易膨胀,压裂液对煤储层造成的伤害更为严重[11]。

压裂液固相残留伤害:压裂液破胶后的固相残渣滞留在储层基质、堵塞孔喉结构,同时吸附在支撑剂的孔隙中,降低了支撑剂充填层的孔隙度,降低储层渗透率。

压裂液滤饼伤害:由于滤失作用,压裂液注入储层时会在裂缝表面形成一层薄膜,这层薄膜称为压裂液滤饼。致密、低渗透的滤饼阻碍了油气从基质向裂缝系统流动,同时滤饼占据了支撑剂充填层的孔隙,使裂缝支撑剂层的导流能力大幅下降。

敏感性伤害:黏土矿物水化膨胀、分散运移造成伤害。

化学吸附伤害:工作液中的聚合物及其他高分子处理剂易在岩石基块和裂缝表面的黏土矿物上吸附和滞留,由于它们具有较大的分子尺寸,从而降低了有效的流道空间,导致油气层渗透率下降。

工作液与储层流体不配伍(有机/无机垢沉淀):外来流体与储层流体不配伍,可生成有机垢(石蜡、沥青质及胶质)、无机垢沉淀(碳酸钙、硫酸钙、硫酸钡等),不仅堵塞油气层的孔道,而且还可能使油气层的润湿性发生反转,从而导致油气层渗透率下降[12]。

生物损害:油气层原有的细菌或者随着工作液一起进入的细菌,在作业过程中,当油气层的环境变得适宜它们生长时,它们会很快繁殖,形成较大的菌落可堵塞孔道,以及与金属设备作用生成无机沉淀等,造成储层伤害。

区别于常规油气藏,煤岩储层具有吸附性强、比表面积大、割理裂隙发育的特性,入井压裂液与煤岩发生吸附作用,在煤岩表面滞留形成一层致密吸附层,堵塞孔喉结构,阻碍甲烷气体从煤岩内部孔隙解吸、扩散、渗流,降低煤岩储层中煤层气的流动效率,制约着水力压裂的改造效果。因此本次研究主要考察压裂液固相伤害与吸附伤害[13]。

1.2 深层煤岩伤害评价方法

(1) 压裂液固相残渣伤害。

配制相同质量分数稠化剂的压裂液,破胶后将破胶液离心,称量残渣质量。

(2) 煤岩吸附伤害。

通过紫外分光光度法,测定煤粉在压裂液中反应前后的吸光度差值,从而计算聚合物在煤粉表面的吸附量。

(3) 动态滞留伤害。

通过压裂液破胶过滤后的破胶液对煤岩岩粉充填的填砂管进行驱替实验,通过驱替实验模拟压裂液对煤岩样品的伤害,测定压裂液伤害前后填砂管的渗透率指标进行表征,其具体测试方法按照 SY/T 5107—2016《水基压裂液性能评价方法》进行。

2 压裂液体系优选及评价

2.1 实验材料及仪器

实验材料:瓜尔胶稠化剂,油基悬浮稠化剂,水基悬浮稠化剂,深层煤岩岩心,深层煤岩岩心粉,70/140 目石英砂,破胶剂等。

实验仪器:HAAKE MARS4 型流变仪,HTD13145 型六速旋转黏度计,1.0mm 品氏黏度计,MZ-Ⅱ型摩阻仪,ZD-5 型台式多管式低速离心机,JJ-1B 电动搅拌器,YH-M20002 电子天平,HH-4 数显恒温水浴锅等。

2.2 实验方法

(1) 固相残渣伤害评价。

① 配制质量分数 0.4% 的瓜尔胶、油基压裂液、水基压裂液,加入一定量过硫酸铵破胶剂,将混合液放入 60℃水浴中,破胶 3h;

② 破胶完成后,将破胶后的压裂液倒入离心机中,在离心速率为 3000r/min 转速下离心 30min 后,保留底部残渣同时分离上层清液;

③ 用去离子水洗涤后再次离心 20min,同样倒出上层清液,将离心管放入烘箱中烘干,对残渣进行称重。残渣含量的计算见式(1)。

$$n_3 = \frac{m}{V_0} \times 1000 \tag{1}$$

式中:n_3 为压裂液残渣含量,mg/L;m_3 为 V_0 体积中的残渣含量,mg;V 为所取压裂液体系体积,L。

(2) 吸附伤害。

① 煤岩取鄂尔多斯深层煤岩本溪组 8# 煤,取心井深 2678.93m,将煤岩制成粒径大小为 100 目的煤岩岩粉;

② 配制设计浓度液体，水基压裂液、油基压裂液浓度均为0.4%（测试稀释浓度为150mg/L），瓜尔胶浓度为0.35%（测试稀释浓度为200mg/L），向不同压裂液基液中添加破胶剂，置于60℃水浴下破胶3h，破胶完成后过滤得到澄清破胶液进行吸附性能测试；

③ 取10mL液体于离心管中，加入1g煤粉，搅拌混合均匀，放置40℃摇床吸附振荡吸附3h，将吸附后样品在4000r/min条件下离心20min，取中间层清液稀释至待测浓度并用滤纸过滤（部分样品离心效果差，需将稀释液采用微孔滤膜过滤），对比前后吸附样品浓度差表征产品静态吸附量。

（3）动态滞留伤害。

① 测量岩心的几何参数，抽取真空后，放入标准盐水（2.0%KCl+5.5%NaCl+0.45%MgCl$_2$+0.55%CaCl$_2$）中进行饱和；

② 损伤前采用标准盐水驱替人造岩心，记录该过程出口端的流量Q，压差Δp，并计算人造岩心初始渗透率K_1；

③ 反向驱替压裂液破胶液36min后并使破胶液在人造岩心中停留2h，该过程模拟的是破胶液对岩心的伤害过程；

④ 在模拟伤害过程后再次采用标准盐水驱替人造岩心，记录该过程出口端的流量Q，压差Δp，并计算人造岩心伤害后的渗透率K_2。

渗透率根据式（2）进行计算：

$$K = \frac{Q\mu L}{\Delta p A} \times 10^{-1} \qquad (2)$$

式中：K为岩心渗透率，mD；Q为体积流量，cm^3/s；μ为黏度，mPa·s；A为横截面积，cm^2；Δp为出口端对应的压力差，MPa。

压裂液的基质损伤率根据式（3）进行计算：

$$\eta = \frac{K_1 - K_2}{K_1} \times 100\% \qquad (3)$$

式中：η为基质损伤率，%；K_1为伤害前岩心基质渗透率，mD；K_2为伤害后岩心基质渗透率，mD。

实验仪器采用实验室自制的填砂管设备（图1），实验过程中仪器的实验流速选择为15.0mL/min的恒定流速，岩心的围压为7.0MPa，实验中驱替压力不超过3.0MPa。

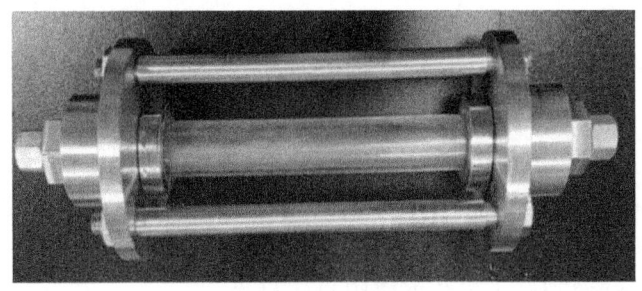

图1 填砂管装置

2.3 伤害评价优选

（1）固相残渣伤害评价。

对 3 种压裂液进行了破胶实验，各体系残渣含量随浓度增加而升高，不同压裂液由于其中的稠化剂不同，破胶后的水不溶物和残渣也不一样，其中水基压裂液体系各浓度下残渣含量最低，瓜尔胶在 0.1% 及 0.4% 浓度下残渣含量最高，在 0.1% 浓度下固相残渣含量已经达到了 242mg/L（图 2，表 1）。压裂液返排过程中，这些压裂液残渣会堵塞在支撑剂充填层的孔隙内，降低支撑剂的支撑效果。

 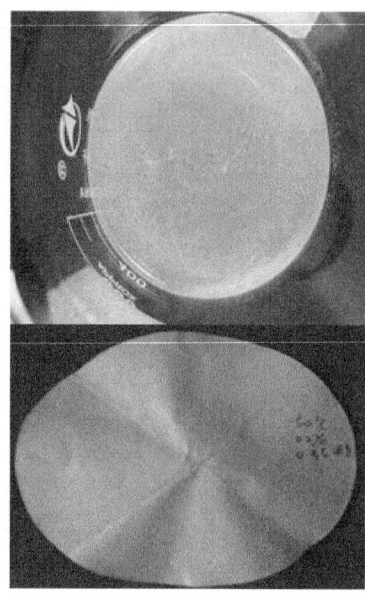 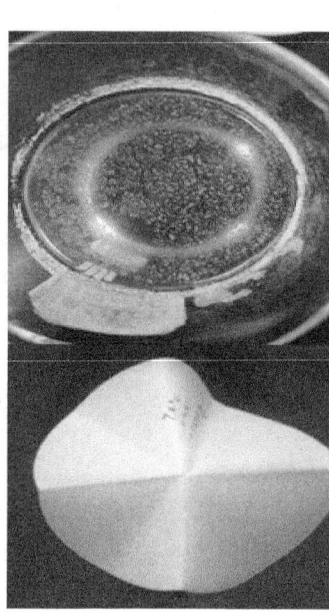

(a) 水基压裂液　　　　　　　　(b) 油基压裂液　　　　　　　　(c) 瓜尔胶压裂液

图 2　不同类型压裂液破胶结果

表 1　不同类型压裂液破胶后的残渣含量

产品浓度（%）	不同类型降阻剂残渣含量（mg/L）		
	水基压裂液	油基压裂液	瓜尔胶压裂液
0.1	8	60	242
0.4	44	78	356
0.6	56	120	422

（2）吸附伤害。

配制不同浓度基液添加破胶剂 60℃破胶 2h，采用破胶液进行吸附性能测试。由图 3 可知，水基压裂液体系吸附前的紫外吸光度曲线与吸附后的紫外吸光度曲线几乎重合，在煤粉表面几乎不吸附或吸附量极低，静态吸附量明显低于油基压裂液，而瓜尔胶类产品破胶后的紫外吸光度曲线差距最大，静态吸附量明显最高。

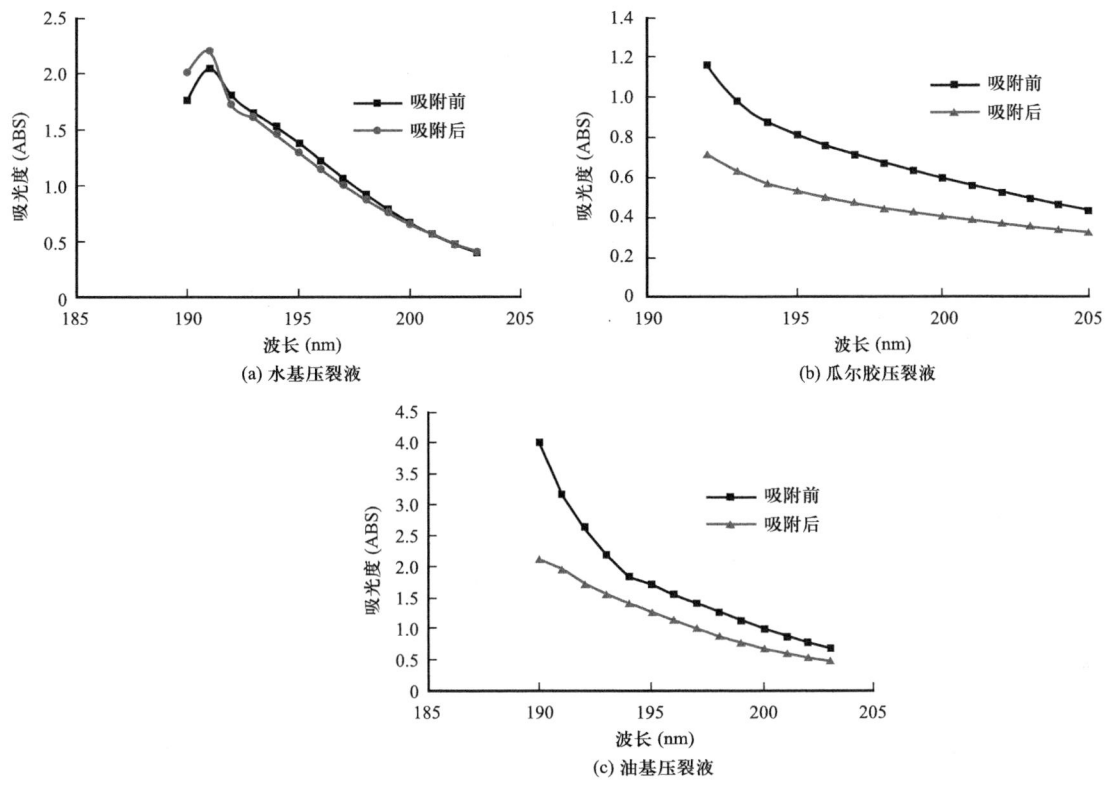

图 3 不同类型压裂液紫外吸光度结果

（3）动态滞留伤害。

由不同体系破胶液岩屑充填填砂管伤害实验对比可得，水基压裂液破胶液样品对煤岩岩粉充填填砂管伤害最低，平均伤害率仅为 13.4%；油基压裂液破胶液样品对煤岩岩粉充填填砂管伤害次之，平均伤害率为 39.6%，瓜尔胶压裂液破胶液样品对煤岩岩粉充填填砂管伤害最高，平均伤害率达到了 49.9%（表 2）。

表 2 不同液体体系对煤岩岩粉充填填砂管伤害测试结果

编号	压裂液类型	初始渗透率 K_1（mD）	伤害后渗透率 K_2（mD）	伤害率（%）	平均伤害率（%）	驱替流量（mL/min）
1	水基压裂液	0.712	0.615	13.60	13.4	15
2		0.723	0.627	13.27		15
3	瓜尔胶压裂液	0.675	0.329	51.20	49.9	15
4		0.763	0.391	48.77		15
5	油基压裂液	0.812	0.499	38.50	39.6	15
6		0.724	0.429	40.70		15

2.4 体系性能评价

（1）增黏及携砂性。

不同浓度对应黏度见表3，压裂液的黏度随着水基降阻剂加量增加而变大，黏度变化区间大，且易调节控制，能够实现在线变黏，具有良好的增黏和抗盐性能，在30s内能够完全释放黏度性能，满足实时变黏作业要求。另外，稠化剂搅拌30s后的压裂液黏度与静置4h完全溶解后的黏度相近，不同浓度下的低伤害变黏稠化剂增黏速率均在93%以上，良好的溶解速度和增黏性能使其可以满足现场连续混配工艺需求，简化了现场配液工艺。

表3 不同浓度稠化剂对应黏度表

低伤害变黏稠化剂加量（%）	溶解30s黏度 η_1（mPa·s）	静置4h后黏度 η_2（mPa·s）	30s溶液增黏率（%）
0.1	6.4	6.6	97.0
0.3	20.6	21.3	96.7
0.5	37.0	39.0	95.0
0.7	57.6	60.9	94.5
0.9	75.9	81.6	93.0

压裂液的携砂能力越强，支撑剂的沉降速率越慢，越有利于被带入裂缝远端并均匀铺置，进而形成有效的裂缝支撑网络，为气体产出提供畅通的流动通道。通过平板裂缝可视装置，开展平板裂缝内支撑剂在压裂液中的动态输送实验，对比压裂液的动态携砂性能，实验结果如图4所示，压裂液体系具有较好的携砂效果，沙堤铺置高度均匀且距离远，压裂液可将支撑剂携带进入裂缝远端，提高对远端裂缝的支撑效果。

图4 水基压裂液沙堤铺置情况

（2）降阻率。

降阻性能是满足大排量施工要求的关键指标，降阻率越高，压裂施工时摩阻越低，降低施工压力效果越好。配制0.1%水基压裂液体系，采用MZ-Ⅱ型摩阻仪测定体系降阻率，测试温度为25℃，频率为15Hz。由图5可知，水基压裂液体系的降阻率大于80%，具有优异的降阻性能。

（3）耐温耐剪切。

配制0.6%水基压裂液体系，采用流变仪测定体系的耐温耐剪切性能。测试条件：温度110℃，剪切速率为$170s^{-1}$，剪切1h后黏度为180mPa·s，具有更优的耐温耐剪切性能（图6）。

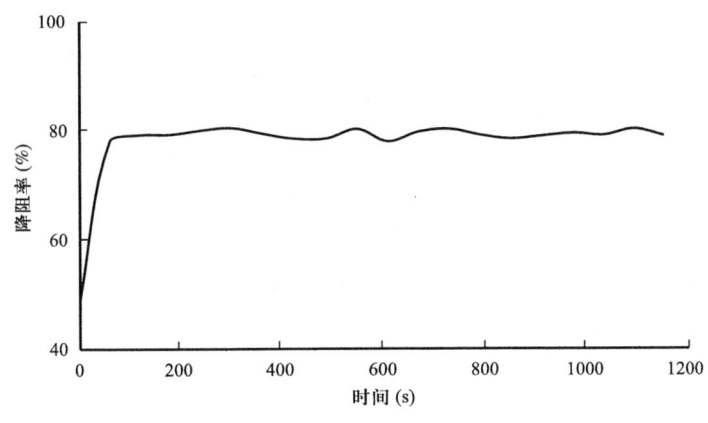

图 5 水基压裂液体系降阻率曲线

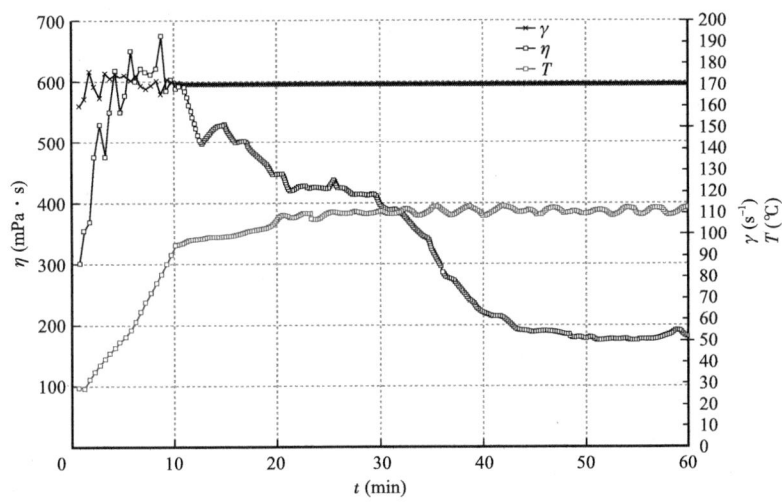

图 6 水基压裂液体系耐温耐剪切曲线

3 现场应用

鄂尔多斯盆地深层煤岩正处于开发初期，储层埋深在2000m以上，具有双重孔隙结构，整体表现为低孔隙低渗透特征。2023年长庆油田鄂尔多斯 $8^\#$ 煤岩采用水基压裂液体系试验13井次，根据现场施工参数计算液体降阻率整体达到70%以上，平均降阻率75%，最高排量达到24m³/min，已施工井综合砂液比18%以上，满足携砂及降阻设计要求，多井次开井即见气，平均测试产量大于 $10 \times 10^4 m^3/d$（表4），取得深层煤岩产能突破。

表 4 水基压裂液试验井参数统计（部分）

井号	X1	X2	X3	X4	X5	X7	X8	X9
改造段数（段）	9	15	16	14	17	11	12	24
平均段长（m）	98	86	93	88	101	86	93	92

续表

井号	X1	X2	X3	X4	X5	X7	X8	X9
簇数（簇）	3~4	2~4	3~4	3~4	3~4	3	3~4	2~7
综合砂比（%）	18.1	18.6	25.8	16.2	18.5	19.8	18.0	21.0
排量（m³/min）	18~20	15~22	18~20	16~18	16~18	18	18~24	18~22
测试产量（10⁴m³/d）	4.0	13.6	10.5	16.8	18.2	10.2	10.4	28.9

4 结论

（1）通过煤岩伤害机理分析，明确煤岩压裂伤害主要影响因素为聚合物破胶残渣及吸附伤害。

（2）通过对煤岩伤害性评价，优选出水基压裂液体系对煤岩储层伤害性最小，其中0.1%浓度时残渣含量为8mg/L，通过紫外吸光度测定水基压裂液体系基本无吸附伤害。

（3）通过水基压裂液体系性能评价，水基压裂液满足深层煤岩压裂液体需求。结合现场试验，该体系显示出优异的降阻、携砂、低伤害性能。

参 考 文 献

[1] 吴艳华.鄂尔多斯盆地深层煤压裂液研究及应用[J].广州化工，2023，51（2）：224-226.
[2] 孙晗森，孟尚志，李丹琼，等.鄂尔多斯盆地东缘深部煤层气井压裂工艺初探及思考[C]//中国煤炭学会煤层气专业委员会，中国石油学会石油地质专业委员会，煤层气产业技术创新战略联盟.2016年煤层气学术研讨会论文集.中联煤层气有限责任公司，2016，10.
[3] 石华强，陈宝春，李宪文，等.鄂尔多斯盆地致密气压裂液技术发展与认识[C]//中国石油学会天然气专业委员会.2018年全国天然气学术年会论文集（03 非常规气藏）.长庆油田分公司油气工艺研究院，低渗透油气田勘探开发国家工程实验室，2018，5.
[4] 黄中伟，李国富，杨睿月，等.我国煤层气开发技术现状与发展趋势[J].煤炭学报，2022，47（9）：3212-3238.
[5] 李小刚，贺宇廷，杨兆中，等.纵向叠置多薄煤层压裂裂缝竞争延伸数值模拟[J].煤炭学报，2018，43（6）：1669-1676.
[6] 张厚福，徐兆辉，王露.油气藏研究的发展趋势预测[J].石油学报，2010，31（1）：165-172.
[7] 李科，荣雄，王增存，等.新型表面活性剂清洁压裂液体系研究及应用[J].钻采工艺，2019，42（6）：134-136.
[8] 聂志宏，巢海燕，刘莹，等.鄂尔多斯盆地东缘深层煤层气生产特征及开发对策：以大宁—吉县区块为例[J].煤炭学报，2018，43（6）：1738-1746.
[9] 郭广山，柳迎红，吕玉民.中国深部煤层气勘探开发前景初探[J].洁净煤技术，2015，21（1）：125-128.
[10] 陈刚，李五忠.鄂尔多斯盆地深部煤层气吸附能力的影响因素及规律[J].天然气工业，2011，31（10）：47-49.

[11] 陈海汇,范洪富,郭建平,等.煤层气井水力压裂液分析与展望[J].煤田地质与勘探,2017,45(5):33-40.
[12] 程林林,程远方,祝东峰,等.体积压裂技术在煤层气开采中的可行性研究[J].新疆石油地质,2014,35(5):598-602.
[13] 徐栋,王玉斌,白坤森,等.煤系非常规天然气一体化压裂液体系研究与应用[J].煤田地质与勘探,2022,50(10):35-43.

天然裂缝对深煤岩起裂压力的影响研究

郭建春,金浩增,赵志红,何家乐,贺义

(西南石油大学油气藏地质及开发工程国家重点实验室,四川 成都 610500)

摘　要:考虑到目前缺乏定量表征天然裂缝发育程度对深煤岩起裂压力的影响的认识,对鄂尔多斯区块 8# 储层深煤岩开展室内实验和理论分析,探索天然裂缝发育程度对深煤岩起裂压力的影响规律。首先基于铸体薄片实验和 CT 扫描技术观察深煤岩内部天然裂缝发育情况;然后通过最大间距法处理扫描图像,并引入损伤变量定量表征天然裂缝发育程度;再利用室内三轴岩石力学实验系统研究不同天然裂缝发育程度的深煤岩在相同围压下的应力—应变曲线特征,基于裂缝体积应变法解释不同煤岩应力—应变曲线产生差异化的原因,并分析深煤岩起裂压力与天然裂缝发育程度的关系;最后,基于真三轴煤岩起裂实验分析不同天然裂缝发育程度的深煤岩的动态起裂过程,验证深煤岩起裂压力与天然裂缝发育程度的关系。结果表明,天然裂缝增加了压裂液的滤失,导致井筒内部难以憋压,深煤岩起裂时间延长。同时天然裂缝的存在也降低了深煤岩的起裂压力。

关键词:煤岩;压裂;天然裂缝;起裂压力

常规油气资源经过长达几十年的持续开采,其储量和产量已无法满足我国迅速增长的工业发展需求[1]。为缓解油气供需矛盾,近年来油气勘探开发逐渐向资源量丰富的非常规油气领域进军[2]。煤层气作为一种重要的非常规油气资源展现了巨大的勘探开发潜力[3]。据统计[4-5],埋深 2000m 以浅的煤层气地质资源量 $30.05\times10^{12}m^3$,可采资源量 $12.51\times10^{12}m^3$。埋深 2000m 以深的深层煤层气地质资源量 $40.71\times10^{12}m^3$,其中埋深介于 2000~3000m 的煤层气地质资源量占总资源量的 46%,深层煤层气有望成为中国石油"十四五"规模增储上产的战略性接替领域。相较于中浅层煤层气已在鄂尔多斯盆地东缘和沁水盆地实现规模开发[6-7],深层煤层气由于地层压力高、温度高和渗透性差等不利因素导致其勘探开发进程比较缓慢。虽然前期对国内深层煤层气储层特征、开发工艺开展了一系列的研究,取得了一定的研究成果,但目前尚未形成较为系统的开发技术对策。煤层气常规开采方法的开采率最多仅能达到储层总气量的 60%[8],因此大多数煤层气井投产前必须实施压裂改造技术才能获得工业气流[9]。在压裂改造过程中裂缝形态是工程上非常关注的问题,而深煤岩内部的天然裂缝系统不仅影响压后裂缝形态,而且对裂缝起裂压力有着显著的影响。因此,准确掌握天然裂缝影响下深煤岩的力学响应,揭示其破坏和裂

第一作者:郭建春(1970-),男,教授,博士生导师,主要从事油气开采与储层改造理论与技术、非常规天然气开发等方面的教学与研究工作,E-mail:guojianchun@vip.163.com。
通讯作者:金浩增(1997-),男,博士,主要从事非常规油气藏增产理论与技术研究工作,E-mail:2650592877@qq.com。

缝起裂规律是深层煤层气开发的关键问题，也是缝网压裂研究的重点、难点问题。

国内外学者针对天然裂缝、割理系统对煤岩起裂压力和裂缝扩展规律的影响开展了大量的研究，首先是要提取并表征煤岩内部的天然裂缝。目前，常用于识别和提取天然裂缝的方法包括声发射技术（AE）和高精度电子计算机断层扫描技术（CT）。Hu 等[10]通过泵压和 AE 信号来识别天然裂缝的起裂和扩展；Qu 等[11]基于 CT 扫描图像对煤岩进行分类，并使用不同参数来表征裂缝的差异，从而研究煤岩的力学损伤规律；Wu 等[12]对三轴压缩条件下的含气煤岩进行 CT 扫描，并采用数字图像处理技术分析含气煤动态演化损伤趋势。而对煤岩起裂压力的研究主要借助于三轴岩石力学实验系统和真三轴水压致裂实验装置。Zhao 等[13]基于单轴压缩实验研究裂缝类型对岩石变形的影响，结果表明裂缝类型的确影响岩石变形行为，宏观上表现为岩石破裂压力不同。孙逊等[14]基于真三轴水力压裂实验装置和高能工业 CT 扫描成像技术相结合研究天然裂缝、割理系统对水力裂缝起裂和扩展特征的影响，结果表明天然裂缝和割理在井筒周围的发育程度决定了水力压裂裂缝的起裂位置和破裂压力。Li 等[15]基于真三轴水压致裂实验研究裂缝起裂和扩展受天然裂缝走向、发育程度，以及地应力等因素的综合影响。张帆等[16]基于真三轴水压实验研究煤岩起裂压力与泵注速率和三向应力之间的关系，当泵注速率越大时，煤岩起裂压力越高。以往的研究证实了天然裂缝的存在削弱了煤岩的完整性，从而影响煤岩的起裂压力和裂缝扩展规律。

基于以上研究成果可以看出，对天然裂缝对煤岩起裂压力的影响研究主要集中在两个方面，一是定量识别和提取天然裂缝几何特征与分布规律；二是对煤岩力学特性研究。而现阶段的研究仅从定量角度识别和提取天然裂缝几何特征和分布规律，缺乏对天然裂缝系统的定量表征，进一步完善对天然裂缝系统的定量表征可以提升预测裂缝对煤岩起裂压力影响的能力，从而确保深煤岩压裂施工的有效性和安全性。因此，本文以鄂尔多斯 8# 深煤岩为研究对象，通过铸体薄片实验观察深煤岩内部微观裂缝的分布特征，并结合 CT 扫描技术获得深煤岩内部天然裂缝体积参数，从而定量表征其内部裂缝发育程度；然后借助高温高压岩石综合测试系统探究天然裂缝对深煤岩力学性质的影响；最后基于真三轴水压致裂实验探讨天然裂缝的存在对深煤岩起裂压力的影响。为深入理解深层煤层气压裂中的起裂机制提供了理论依据。

1 实验试件制备

实验试件选取陕西省榆林市 8# 煤层露头，利用露头加工制作成 300mm×300mm×300mm 的正方体试样，分别编号 3#~6#，然后在试样上部的中心位置向试件内部埋置一根外径为 6mm 的注液钢管模拟井筒，其埋入深度为 140mm。再在切割完水力压裂试件之后，从 3#~6# 试件制备所剩余的露头上垂直方向各钻取 2 个样品，分别用于铸体薄片实验（ϕ=25mm，h=5mm）及拟三轴压缩实验（ϕ=25mm，h=50mm），对应编号分别为 Z3#~Z6# 和 S3#~S6#（图 1）。

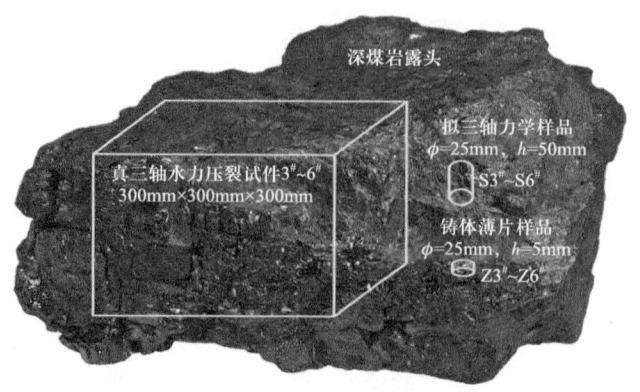

图 1　深煤岩露头取心示意图

2　天然裂缝对深煤岩起裂压力的影响

2.1　天然裂缝的识别

通过真空加压后将有色液态胶注入深煤岩 Z3#～Z6# 样品的孔隙空间，静待液态胶固化后磨制成铸体薄片，然后在单偏光条件下通过显微镜观察其微观天然裂缝的形态和走向。铸体薄片结果如图 2 所示，其中黑色部分为煤岩基质，发光部分为煤岩层理，白色部分为煤岩天然裂缝。

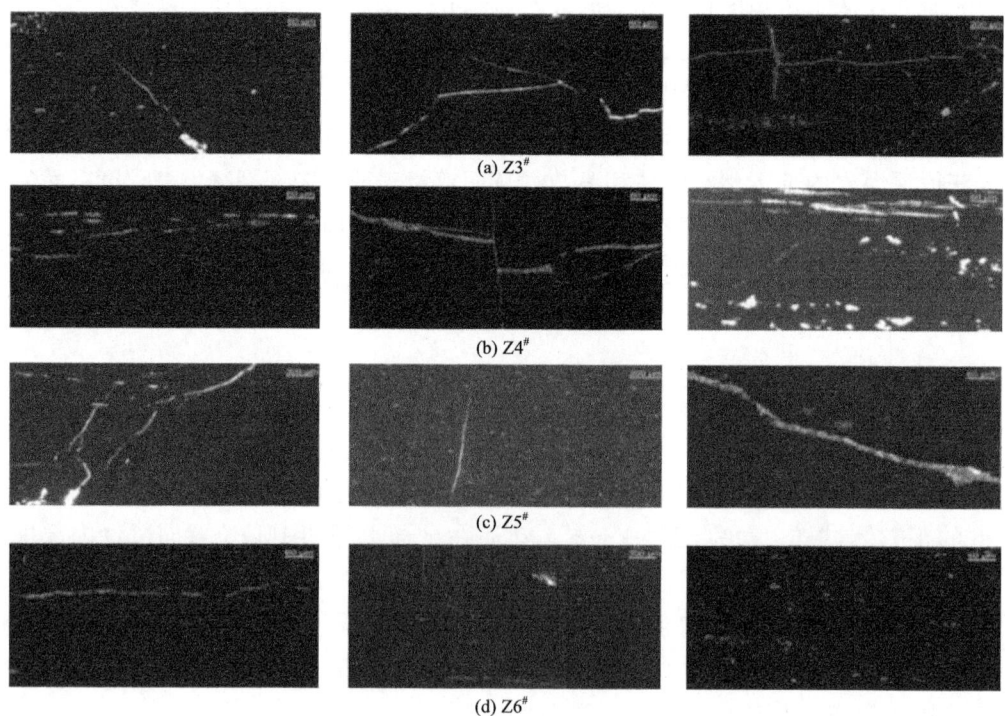

图 2　铸体薄片实验结果

从图 2 可以看出，深层煤岩的天然裂缝系统主要包括割理和微裂缝等，各试件间天然裂缝都具有形态复杂、走向多样等特征，同时发育有顺层理缝、穿层缝、斜交层纹缝和分叉缝等。由铸体薄片统计分析后获得深煤层微裂缝发育情况，其结果见表 1。

表 1 铸体薄片孔隙、微裂缝统计表

编号	面缝率（%）	微裂缝条数
Z3#	1.2	8
Z4#	0.8	7
Z5#	1.2	5
Z6#	0.5	9

2.2 天然裂缝发育程度表征

借助 CT 扫描实验装置观察 S3#~S6# 岩样内部天然裂缝发育情况，然后通过最大间距法[17]对其图像进行处理建立相应的数字岩心模型。数字岩心模型如图 3 所示，其中白色部分代表了煤岩基质骨架，黑色部分代表了天然裂缝。

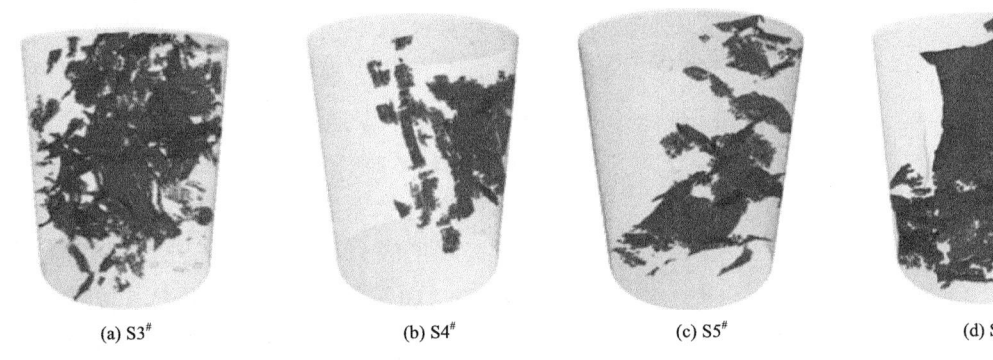

(a) S3#　　　　(b) S4#　　　　(c) S5#　　　　(d) S6#

图 3 不同天然裂缝发育程度的深煤岩数字岩心

从数字岩心结果可以看出，深煤岩内部发育有大量复杂的天然裂缝，4 组深煤岩样品的非均质性较强。为描述深煤岩裂缝分布的非均质性，引入损伤变量表征其内部天然裂缝的发育程度[18]。该理论将煤岩视为一个损伤体，内部天然裂缝视为损伤量。类比于损伤理论中的损伤程度可以用损伤微元体总数来表示，则煤岩内部的天然裂缝发育程度 D 可以由内部天然裂缝总体积与试件总体积的比值表示。

$$D = \frac{V_0}{V} \tag{1}$$

式中：D 为天然裂缝损伤程度，%；V_0 为天然裂缝损伤体积，mm^3；V 为试件总体积，mm^3。

利用最大方差自动取阈值法对不同煤岩样品的数字岩心进行分割，对裂缝区域进行测量获得各个煤岩试件内部天然裂缝条数、宽度及长度等信息，从而计算各试件天然裂缝的总体积，进而量化煤岩内部天然裂缝发育程度，其统计结果见表 2。

表 2 深煤岩内部天然裂缝统计

岩心编号	裂缝条数	裂缝总体积（mm³）	裂缝发育程度 D（%）
S3#	213	4102.34	0.25
S4#	315	6027.14	0.11
S5#	185	2413.36	0.17
S6#	69	5279.64	0.22

3 天然裂缝对深煤岩力学性质劣化规律

3.1 应力—应变曲线

由于煤样本身天然裂缝发育程度不同，导致三轴压缩过程中应力—应变曲线形态较为多样。整体来讲，峰值点处的轴向应变和径向应变随着天然裂缝发育程度的增加而增大；而峰值应力和杨氏模量随着天然裂缝发育程度增加而逐渐减小，当天然裂缝发育程度增加1倍时，深煤岩峰值应力减小 3.5 倍左右。产生这一现象的原因在于煤岩内部的天然裂缝会促进裂纹扩展，从而降低煤岩的峰值强度。由于 S4# 和 S5# 岩样内部天然裂缝发育程度较低，内部结构相对稳定，能够承受更大变形，宏观上表现为峰值应力较大，峰值点处轴向和径向应变较小。而对于天然裂缝较为发育的试样 S3# 和 S6#，内部倾斜的天然裂缝在受压过程中会发生滑移，因此增加了岩样的轴向应变。随着天然裂缝发育程度的增加，深煤岩试样内部间断相比例随之升高，从而限制了试样的变形能力，在受力过程中更容易断裂，宏观上表现出更低的起裂压力（图 4）。

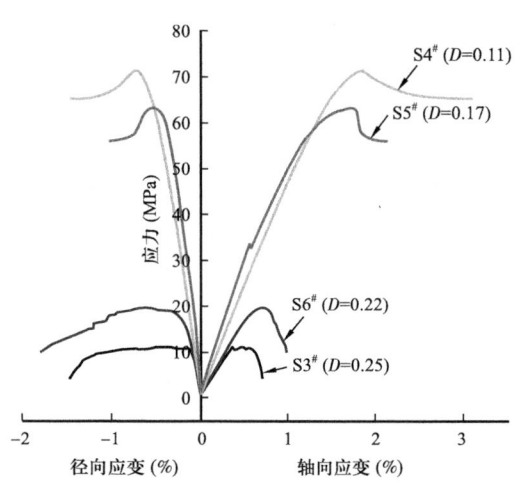

图 4 S3# 至 S6# 岩样在 39MPa 围压下的应力—应变曲线

3.2 体积应变

体积应变可以反映出试件内裂缝起裂特征，由于三轴压缩实验无法直接获得试样的体积应变，往往采用裂缝体积应变法近似求解[19]：

$$\varepsilon_v = \varepsilon_1 + 2\varepsilon_3 \quad (2)$$

总体积应变减去弹性体积应变可以得到试件起裂过程中的裂缝体积应变：

$$\varepsilon_{vc} = \varepsilon_v - \varepsilon_{ve} \quad (3)$$

其中，弹性体积应变表示为：

$$\varepsilon_{ve} = \frac{1-2\nu}{E}\sigma_1 \tag{4}$$

式中：ε_v 为试件总体积应变；ε_1 为轴向应变；ε_3 为环向应变；ε_{vc} 为弹性体积应变；ε_{ve} 为裂缝体积应变；E 为弹性模量，MPa；ν 为泊松比。

根据 S3# 试件的体积应变曲线可将煤岩变形分为"压密—弹性—屈服"三个阶段。在压密阶段（Ⅰ），裂缝的体积应变逐渐增加，说明试件体积逐渐减小；弹性阶段（Ⅱ）末端，裂缝体积应变达到最大值，此时微裂缝开始起裂扩展，对应的应力值为起裂强度；在屈服阶段（Ⅲ），总体积应变达到最大值，微裂缝最终连通表现为宏观裂缝，此时对应的应力值称损伤强度（图5）。

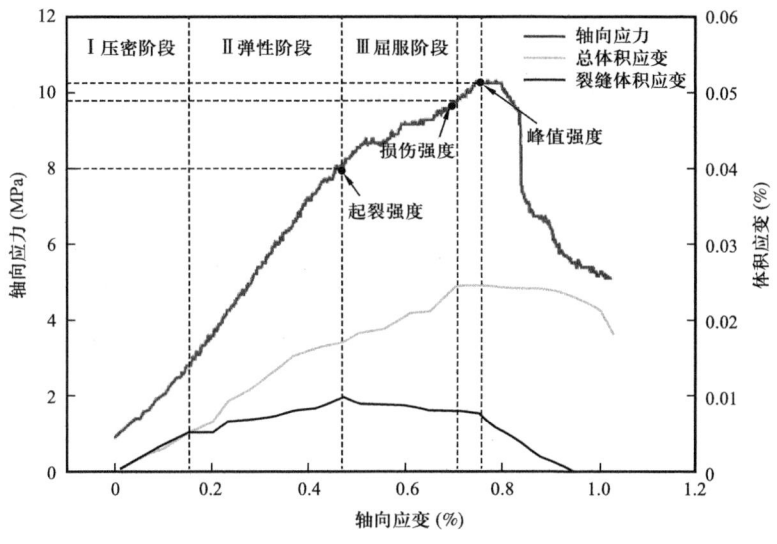

图 5 试件 S3# 体积应变曲线

为了分析天然裂缝对深煤岩试件起裂强度损伤的影响，提取对比了 S3# 至 S6# 的体积应变及起裂强度，结果如图6所示。

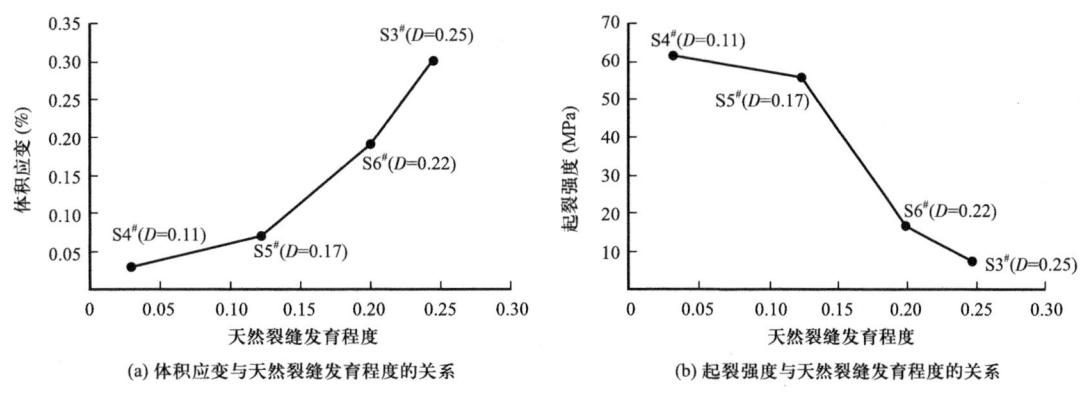

(a) 体积应变与天然裂缝发育程度的关系　　(b) 起裂强度与天然裂缝发育程度的关系

图 6 试件 S3# 至 S6# 的体积应变与起裂强度

从图6可以看出，煤岩裂缝体积应变随着天然裂缝发育程度的增加而增大，且这种增大的趋势逐渐增强；而煤岩的起裂强度随着天然裂缝发育程度的增加逐渐减小，且当天然裂缝发育程度在0.17～0.22时，起裂强度显著降低。这是因为随着煤岩内部天然裂缝发育程度的增加，其所对应的裂缝体积应变越大，此时试件内部有效承载体积减小，未受损部分需要承担更大的应力，导致更多的应力集中出现，进一步降低了煤岩的起裂强度。

4 真三轴深煤岩起裂实验动态分析

4.1 真三轴裂缝起裂实验装置

基于HAZSZ-Ⅳ型真三轴裂缝起裂扩展及渗流模拟实验系统开展深煤岩起裂与扩展实验，如图7所示。该系统主要由真三轴加载系统、泵注系统和声发射数据采集系统三部分组成，能够在真三轴应力条件下持续泵注流体，从而使岩石发生破裂。然后，基于声发射数据采集系统监测煤岩的起裂压力（图8）。

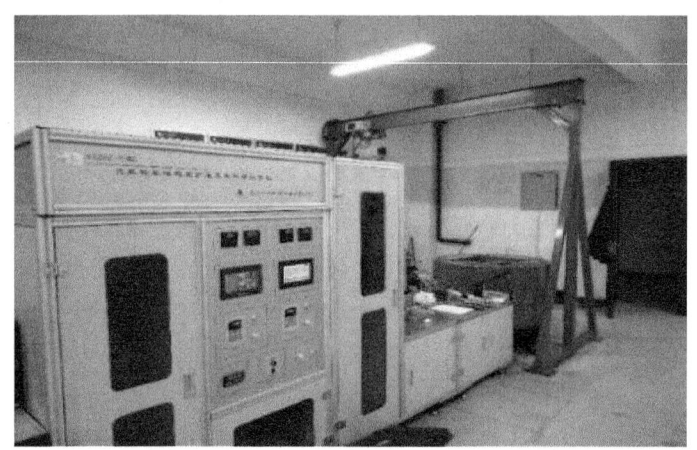

图7 HAZSZ-Ⅳ型真三轴裂缝起裂扩展及渗流模拟系统实验平台

4.2 实验方案

根据地应力测试结果，目标区块8#煤层垂向应力74MPa，水平最大主应力67MPa，水平最小主应力56MPa。考虑到岩石的尺寸效应的影响，为了真实还原储层内部应力状态，采用相似准则[20]计算实验尺度下深煤岩试件的三轴应力，实验条件下最大水平主应力为10MPa，最小水平主应力为4MPa，垂向应力为15MPa。同时为了排量与试件尺寸匹配，设定实验排量为30～50mL/min（表3）。

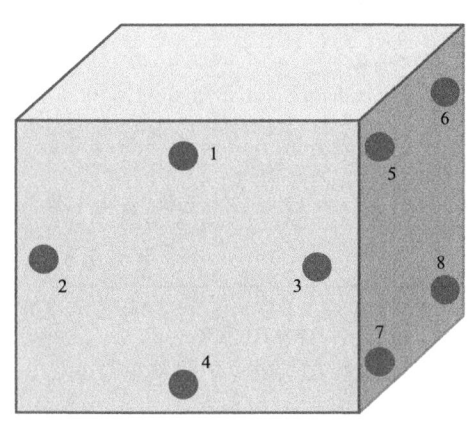

图8 声发射系统及监测点示意图

表3 水力压裂实验方案

编号	垂向应力（MPa）	最大水平主应力（MPa）	最小水平主应力（MPa）	水平应力差（MPa）	黏度（mPa·s）	排量（mL/min）
3#	15	10	4	6	80	30～50
4#	15	10	4	6	80	30～50
5#	15	10	4	6	80	30～50
6#	15	10	4	6	80	30～50

4.3 不同煤岩起裂压力分析

基于真三轴水压致裂实验系统开展不同天然裂缝发育程度的煤岩起裂实验，通过统计不同天然裂缝发育程度的煤岩的起裂压力和起裂时间，分析天然裂缝对深煤岩起裂的影响。从图9至图11可以看出，深煤岩起裂压力随着天然裂缝发育程度的增加而逐渐降低，但是不同试件间的起裂时间和平均压力增长速率存在显著的差异。S4#煤样天然裂缝发育程度最低（0.11），其起裂时所需要的起裂时间最短（38s），单位时间内平均压力增长率最大（0.138MPa），其起裂时所对应的起裂压力最高。与S6#煤样（天然裂缝发育程度0.22）相比，S4#煤样的天然裂缝发育程度仅为S6#煤样的一半，虽然两者起裂压力仅相差1.31MPa，但是S6#煤样的起裂时间较S4#煤岩样增加了约一倍，而平均压力增长率约为S4#煤岩样的一半。

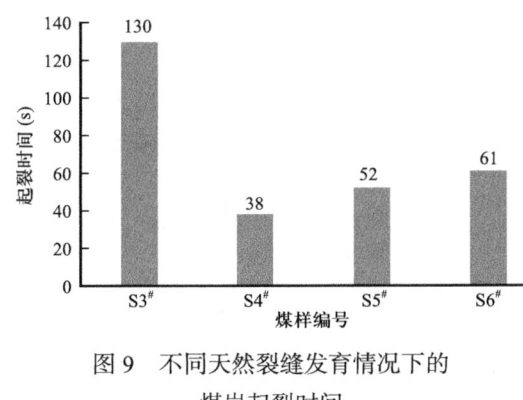

图9 不同天然裂缝发育情况下的煤岩起裂时间

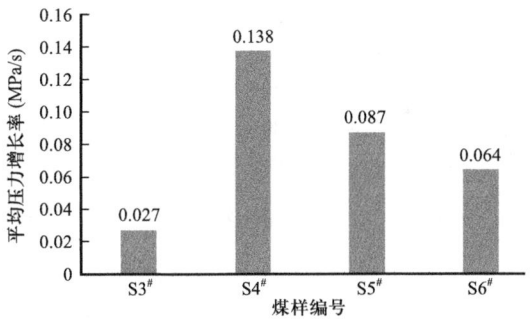

图10 不同天然裂缝发育情况下的煤岩平均压力增长率

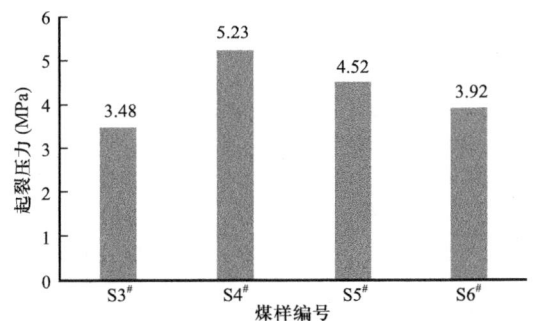

图11 不同天然裂缝发育情况下的煤岩起裂压力

为了分析各试件起裂压力差异的原因，单独截取了 S3# 和 S4# 煤样在压裂过程中从注液开始到达到破裂压力范围内的压力曲线。然后，结合声发射动态监测结果，生成试件内部起裂动态响应结果，进而分析不同试件内裂缝起裂动态过程。

从 S3# 试件裂缝起裂动态响应结果可以看出，以 30mL/min 的恒定排量注入 30s 压裂液后，在围压的作用下靠近试件最大主应力面方向上监测到少量的声发射事件。随着压力液的继续注入，在 $t=52s$ 时，井筒下部累积了少量的声发射事件，井筒处发育有天然裂缝，流体集中在裂缝边缘憋压。在 $t=130s$ 时，S3# 试件开始起裂，此时起裂压力为 3.48MPa（图12）。

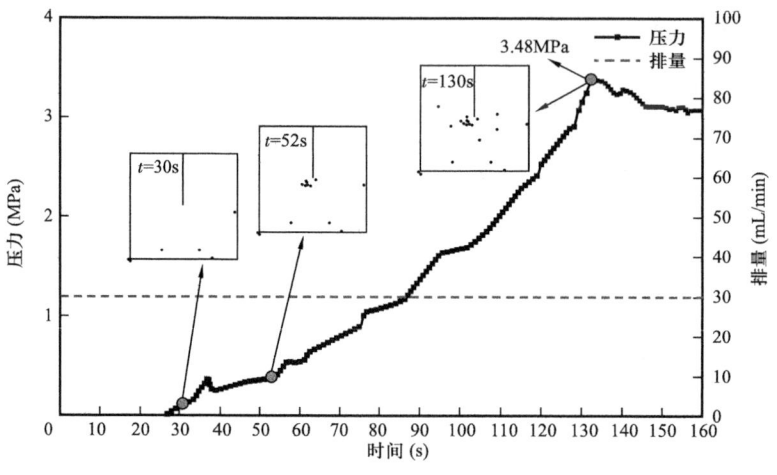

图 12　S3# 煤岩裂缝起裂动态响应结果

从 S4# 试件裂缝起裂动态响应结果可以看出，以 30mL/min 的恒定排量注入压裂液时，煤岩内部迅速积攒压力。在 $t=20s$ 时，监测到井筒附近已累积有部分声发射事件；在 $t=38s$ 时，试件达到峰值压力 5.23MPa，此时裂缝开始起裂。随后井筒附近声发射结果更加密集，同时伴随试件边缘有少量声发射响应，表明裂缝扩展到试件边缘（图13）。

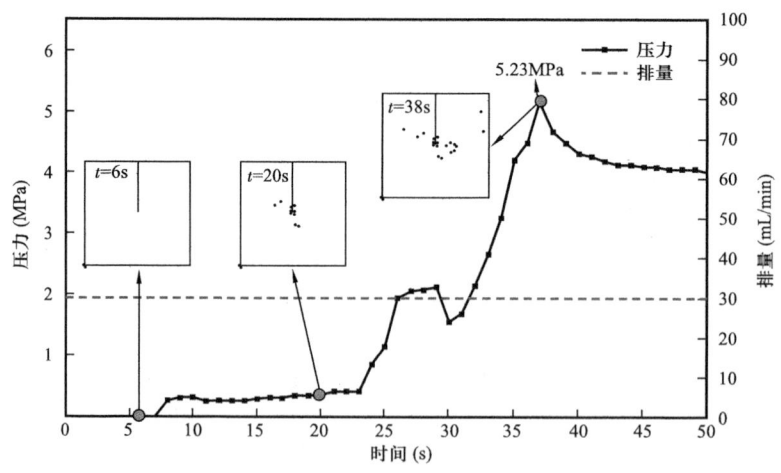

图 13　S4# 煤岩裂缝起裂动态响应结果

综合对比 S3# 和 S4# 试件裂缝起裂动态响应结果可以看出，深煤岩天然裂缝系统增加了压裂液的滤失，导致井筒内部难以憋压，从注液到试件起裂所需要的时间更长。另外，天然裂缝的发育也显著降低了深煤岩的起裂压力。

5 结论

本文研究天然裂缝系统对深煤岩起裂压力的影响，借助铸体薄片实验和 CT 扫描技术观察深煤岩内部天然裂缝发育情况，并引入损伤变量对煤岩内部天然裂缝进行定量表征，为解释煤岩起裂压力的差异提供理论依据；结合三轴压缩实验验证天然裂缝发育程度对深煤岩力学性质的影响，采用裂缝体积应变法解释其力学性质差异化的原因；最后，采用真三轴大型物模水压致裂实验验证天然裂缝对深煤岩起裂压力的影响，证明天然裂缝的存在增加水力裂缝起裂时间，降低深煤岩破裂压力。

（1）借助铸体薄片实验和 CT 扫描实验装置观察 S3#~S6# 岩样内部天然裂缝发育情况，通过最大间距法处理扫描图像，将试件内部的天然裂缝区域从其他区域分割出来建立数字岩心，最后引入损伤变量表征深煤岩内部天然裂缝发育程度。S3# 至 S6# 深煤岩内部天然裂缝发育程度分别为 0.25、0.11、0.17、0.22。

（2）通过室内三轴岩石力学实验发现，不同天然裂缝发育程度的深煤岩在相同围压下的应力—应变曲线形态存在较大差异。峰值点处的轴向应变和径向应变均随天然裂缝发育程度的增加而增大；而深煤岩的峰值应力和杨氏模量均随天然裂缝发育程度的增加而减小，当天然裂缝发育程度增加 1 倍时，深煤岩峰值应力减小 3.5 倍左右。

（3）煤岩裂缝体积应变随着天然裂缝发育程度的增加而增大，且这种增大的趋势随着天然裂缝发育程度的增加而增强；但深煤岩的起裂强度随着天然裂缝发育程度的增加呈现减小的趋势，当天然裂缝发育程度在 0.17~0.22 时，起裂强度显著降低。

（4）基于真三轴水压致裂实验系统开展不同天然裂缝发育程度的煤岩起裂实验发现，深煤岩起裂压力随着天然裂缝发育程度的增加而降低，但是不同试件间的起裂时间和平均压力增长率存在显著的差异。当天然裂缝发育程度越低时，其起裂所需的时间越短，单位时间内平均压力增长率越大，其起裂时所对应的起裂压力越高。当天然裂缝发育程度增加 1 倍时，起裂时间增加 1 倍，平均压力增长率减少一半。

（5）综合对比不同天然裂缝发育程度的深煤岩裂缝起裂动态响应结果可以看出，深煤岩天然裂缝系统增加了压裂液的滤失，导致井筒内部难以憋压，从注液到试件起裂所需要的时间更长。另外，天然裂缝的发育也降低了深煤岩的起裂压力。

参 考 文 献

[1] 崔民选. 中国能源发展报告 [M]. 北京：社会科学文献出版社，2010，441.

[2] 罗平亚，朱苏阳. 中国建立千亿立方米级煤层气大产业的理论与技术基础 [J]. 石油学报，2023，44（11）：1755-1763.

[3] Li M, Li M, Li M J, et al. Coalbed methane accumulation, in-situ stress, and permeability of coal

reservoirs in a complex structural region (Fukang area) of the southern Junggar Basin, China [J]. Frontiers in Earth Science, 2023, 10: 1076.

[4] 张道勇, 朱杰, 赵先良, 等. 全国煤层气资源动态评价与可利用性分析 [J]. 煤炭学报, 2018, 43 (6): 1598-1604.

[5] Su X B, Lin X Y, Liu S B, et al. Geology of coalbed methane reservoirs in the Southeast Qinshui Basin of China [J]. International Journal of Coal Geology, 2005, 62 (4): 197-210.

[6] 穆福元, 王红岩, 吴京桐, 等. 中国煤层气开发实践与建议 [J]. 天然气工业, 2018, 38 (9): 55-60.

[7] 张遂安, 刘欣佳, 温庆志, 等. 煤层气增产改造技术发展现状与趋势 [J]. 石油学报, 2021, 42 (1): 105-118.

[8] Stevens S H, Spector D, Riemer P. Enhanced coalbed methane recovery using CO_2 injection: Worldwide resource and CO_2 sequestration potential [A]. Proceedings of the 1998 6th International Oil & Gas Conference and Exhibition in China, IOGCEC. Part 1 (of 2), 1998.

[9] 王圣程, 苏善杰, 黄兰英, 等. 碳中和愿景下中国煤层气开发现状与展望 [J]. 徐州工程学院学报, 2022, 37 (4): 71-75.

[10] Hu Q T, Liu L, Li Q G, et al. Experimental investigation on crack competitive extension during hydraulic fracturing in coal measures strata [J]. Fuel, 2020, 265 (0): 117003.

[11] Qu J, Shen J, Han L, et al. Characteristics of fractures in different macro-coal components in high-rank coal based on CT images [J]. Natural Gas Industry, 2022, 42 (6): 76-86.

[12] Wu Y, Wang D K, Wei J P, et al. Damage constitutive model of gas-bearing coal using industrial CT scanning technology [J]. Journal of Natural Gas Science and Engineering, 2022, 101: 104543.

[13] Zhao Y L, Zang L Y, Wang W J, et al. Cracking and Stress-Strain Behavior of Rock-Like Material Containing Two Flaws Under Uniaxial Compression [J]. Rock Mechanics and Rock Engineering, 2016, 49 (7): 2665-2687.

[14] 孙逊, 张士诚, 马新仿, 等. 基于高能CT扫描的煤岩水力压裂裂缝扩展研究 [J]. 河南理工大学学报, 2020, 39 (1): 18-25.

[15] Li D Q, Zhang S, Zhang S A. Experimental and numerical simulation study on fracturing through interlayer to coal seam (Article) [J]. Journal of Natural Gas Science and Engineering, 2014, 21: 386-396.

[16] 张帆, 马耕, 刘晓, 等. 煤岩水力压裂起裂压力和裂缝扩展机制实验研究 [J]. 河煤田地质与勘探, 2017, 45 (6): 84-89.

[17] Khalili A D, Yanici S, Cinar Y, et al. Formation factor for heterogeneous carbonate rocks using multi-scale Xray-CT images [J]. SPE Kuwait International Petroleum Conference and Exhibition, 2013, 2 (2): 5-28.

[18] Kachanov L M. Introduction to Continuum Damage Mechanics [M]. Mechanicsof Elastic Stability, 1986.

[19] Martin C D, Chandler N A. The Progressive fracture of lac du bonnet granite [J]. International Journal of Rock Mechanics and Mining Sciences & Geomechanics Abstracts, 1994, 31 (6): 643-659.

[20] Nassiri A. Empirical Exploration of Deformation Mechanisms in Deep Rock Exposed to Multiple Stresses [J]. cornell university, 2023.

煤层气往复式压缩机降温技术浅析

王浩然，刘松群，马翔宇，邱志红，张博，顾健

（中国石油华北油田山西煤层气勘探开发分公司，山西 长治 046000）

摘 要：往复式压缩机是煤层气生产环节重点设备，压缩机在气体压缩循环中，不可避免地会产生大量热，导致一级排气与二级排气温度报警。为确保煤层气往复式压缩机组安全平稳运行，以晋城市某场站两台压缩机组为例，对压缩机组排气温度高开展原因分析，统计夏季高温天气下压缩机组主要运行数据，对可能导致高温的各类成因进行关联度分析，找出导致压缩机高温报警主要原因并探讨关联程度。结果表明在实际生产过程中，应更多关注压缩机进气压力与温度，通过提高进气压力，降低进气温度，能有效阻止压缩机组高温报警。同时应及时关注压缩机运行状态，定期进行维护保养。在此基础上，重点讨论了各种降温技术及其在煤层气生产中的应用效果，提出了改进降温技术的建议。最后，对未来煤层气往复式压缩机降温技术的发展趋势进行了展望，认为通过技术创新和优化设计，能够进一步提升压缩机的运行效率和可靠性，从而推动煤层气产业的可持续发展。通过本文的研究，希望能够为煤层气往复式压缩机降温技术的发展提供参考和借鉴，促进煤层气资源的高效利用。

关键词：往复式压缩机；煤层气；高温报警；数据分析；降温技术

煤层气是作为煤炭共生的典型非常规天然气资源，因储藏量庞大、分布广泛且开发前景广阔，备受瞩目。煤层气是环保能源，其燃烧产生的二氧化碳排放显著少于煤炭，其次开采煤层气有助于预防煤矿瓦斯爆炸，从而提升整体的煤矿安全标准[1]。

自煤层气被视为环保能源受瞩目后，往复式压缩机在煤层气开采中的核心地位愈发显著。往复式压缩机的高效压缩能力极大地推动了煤层气的开采进程，该系统利用活塞原理，经过多级压缩，提升了煤层气的压强，减小了气体体积，简化了其运输和储存过程。往复式压缩机在煤层气生产环节中展现出卓越的灵活性和适应性，能轻松调整工作参数以匹配各类煤层气源的压力和流量需求，面临各种复杂开采环境，都能高效适用。不论是低压煤层气田还是高压气田，往复式压缩机都能通过调节压缩比或采用多级压缩策略，确保高效增压和输出稳定性。模块化设计特性使得它在实地安装和维护时极其便捷，适用于各类规模的煤层气开采项目，从而大幅提升了煤层气输送效率。

煤层气因含水和杂质，且气压波动大，导致往复式压缩机在运作中常遭遇高温挑战，这威胁了设备的正常运行与稳定性。具体表现为夏季高温天气下，往复式压缩机一级、二级排气温度高温报警频发，致使联锁停机。压缩机温度过高，将会引起润滑油变质，从而

第一作者：王浩然，男，学士，从事煤层气设备管理工作，电话：18035010477，E-mail: m18035010477@163.com。

加速气缸的磨损,气缸内温度不均匀,局部温度过高或过低,将产生较大的热应力,降低气缸的强度,同时温度过高将降低容积效率,使得压缩效率下降[2]。

本文以某场站 DTY1600,DTY1000 两台压缩机组为例,采集实际生产数据,对压缩机高温诱因作关联分析,进一步了解往复式压缩机运行状态,加强压缩机管理,制定针对性措施,降低压缩机高温报警发生频率。对往复式压缩机的高效降温技术研究与实践,研究成果对煤层气产业的可持续发展具有关键性推动作用。

1 煤层气往复式压缩机原理及结构

1.1 往复式压缩机工作原理简介

往复式压缩机运作原理基于活塞来回移动,借此机制实现气体的压缩与输送。其运作原理依托于理想气体状态方程的运用及牛顿第三定律的实施。往复式压缩机的关键组件包含气缸、活塞、连杆、曲轴及阀门等元素。在工作中,活塞在气缸内的周期性移动引发气缸体积的相应调整,借此实现气体的压缩与传送[3]。

往复式压缩机的工作原理划分为三个关键步骤:吸气阶段、压缩阶段和排气阶段。在吸气阶段,活塞自上止点向下止点移动,导致气缸体积扩大,内部气压小于进气管的气压。于是,进气阀在气压差驱动下自动开启,外部空气流入气缸内。随着活塞持续下移,气缸体积逐步扩充,顺利实现气体的吸入过程[4]。

往复式压缩机的核心功能即为压缩过程。随着活塞自下止点向上行进,气缸体积逐步缩小,气体随之受压,气压持续上升。压缩功与压缩比之间存在紧密关联。往复式压缩机的压缩比实质上是其排气端气体体积与吸气端气体体积的比例。为增强压缩效果,通常采用多级压缩架构,每级实现不同的压缩比,逐步提升气体压力至目标值。

在往复式压缩机的工作流程中,排气环节位于末期。当气缸内气压高于排气管内的气压时,排气阀由于压差自动开启,释放压缩气体至排气管。活塞持续上升,气缸体积随之减小,直至活塞抵达顶端,形成一个完整的工作循环。

1.2 压缩机概况

本文以中国石油山西煤层气勘探开发分公司某场站 2#、3# 压缩机为例,安装地点为山西省晋城市,压缩机及空冷器均在室外棚下安装,均为电驱往复式压缩。2# 机组型号为 DTY1000ML21×21×12×12;3# 机组型号为 DTY1600ML23.5×23.5×13×13。机组主要技术参数见表1。

表 1 压缩机组主要技术参数

机组型号	DTY1000ML21×21×12×12	DTY1600ML23.5×23.5×13×13
压缩机型号	ES604	ES704
压缩机行程(mm)	152.4	177.8

续表

机组型号	DTY1000ML21×21×12×12	DTY1600ML23.5×23.5×13×13
进气压力（MPa）	0.05～0.15	0.05～0.15
进气温度（℃）	3～25	3～25
排气压力（MPa）	1.20～1.40	1.30～1.65
排气量（$10^4 m^3/h$）	19～23	27～32
转速（r/min）	991	991
机组最大轴功率（kW）	1000	1600

2 高温报警原因及关联度分析

压缩机组在压缩过程中会使煤层气温度逐渐升高[5]，导致压缩机一级排气或二级排气温度超警戒值，导致机组高温报警停机。因此本文将压缩机一级排气与二级排气温度作为压缩机温度指标，以5月中旬至6月中旬时间段内，每日8点、12点、16点的压缩机工作数据为样本，对可能影响排气温度的原因作关联分析。认为致使高温的因素主要是：环境温度、进气温度、压缩比、机组异常。

2.1 环境温度

通过对压缩机环境温度与一级排气数据进行统计分析，制作散点图（图1）分析，数据表明样本时间段内一级排气温度与环境温度无线性关系。取同时间段内一级排气温度与二级排气温度制作散点图（图2）进行分析，数据表明样本时间段内一级排气温度与二级排气温度呈线性关系，因此一级、二级排气温度均与环境温度无关联。

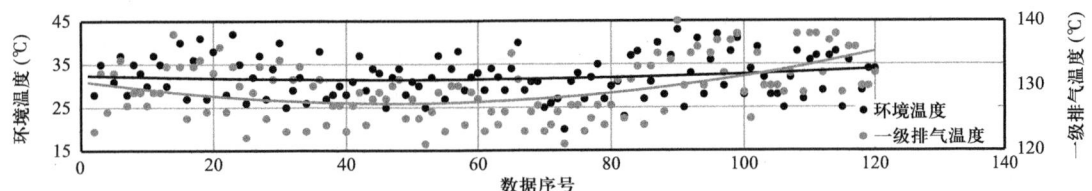

图1 环境温度与一级排气温度关系图

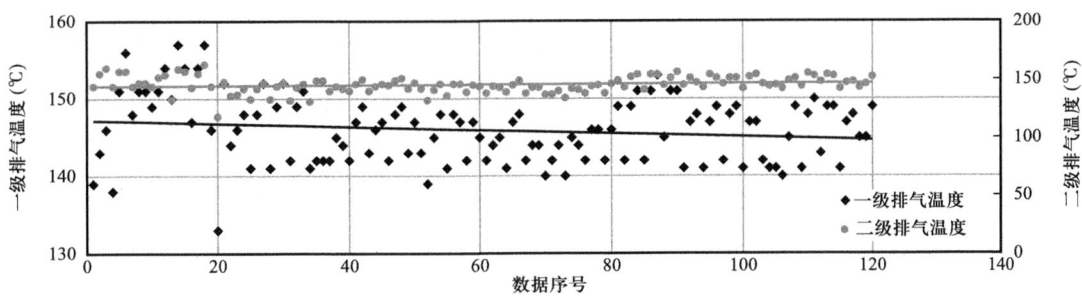

图2 一级排气温度与二级排气温度关系图

2.2 进气温度

进气温度的变动对压缩气体产生的温升效应具有重要观察价值。对于煤层气往复式压缩机,进气温度每提升10℃,其出口温度预计会上升15~20℃。尤其在炎热的夏季,因环境温度高导致进气温度控制困难,压缩机冷却需求剧增时,若冷却系统效能不足,会引发高温警报,严重时可能触发停机故障。

进气温度是压缩机吸气连接管的气体温度,气体通过一级、二级压缩后会逐步升温,当进气温度升高时,空气分子的平均动能增大,需要压缩机消耗更多的功来提升其压力,机组的温度、能耗也随之上升。通过对样本数据进行处理,制作散点图(图3,图4)分析发现,一级进气温度与一级排气温度、二级排气温度拟合度较高,存在线性关系。二级进气温度与二级排气温度同样表现出高关联性。如果进气温度升高,排气温度也会相应升高,排气温度与进气温度关联度较高。

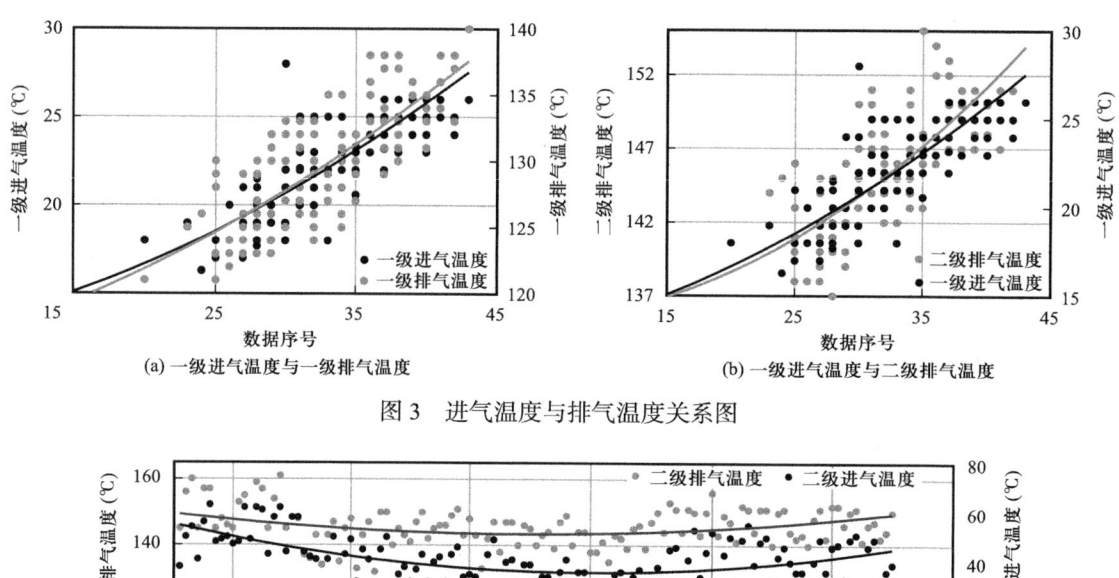

(a) 一级进气温度与一级排气温度　　　　(b) 一级进气温度与二级排气温度

图3　进气温度与排气温度关系图

图4　二级进气温度与二级排气温度关系

2.3 压缩比

压缩比表示气体被压缩的程度,定义为输出气体的绝对压力与输入气体的绝对压力之比。理论上,压缩比在数学定义中精确无误,但实践中,其受多重变量影响[6]。气体介质的物理特性参数对压缩比具有直接影响力。煤层气主要由甲烷(CH_4)构成,伴随的成分有二氧化碳(CO_2)和微量的氮气(N_2)[7]。甲烷的比热容和导热系数相对较低,这使得在压缩过程中热量不易散出,从而导致温度易于上升。

通过对样本数据进行处理,制作散点图(图5)分析发现:压缩比越大,意味着气体在压缩过程中被压缩得越厉害,因此气体温度也会相应升高,从而导致排气温度升高。此外，在压缩机样本数据中，一级压缩比平均值 3.953，二级压缩比平均值 3.102，均存在设计偏离，根据关系图可知，实际压缩比高于设计值，所以会导致一级、二级排气温度不同程度地升高。

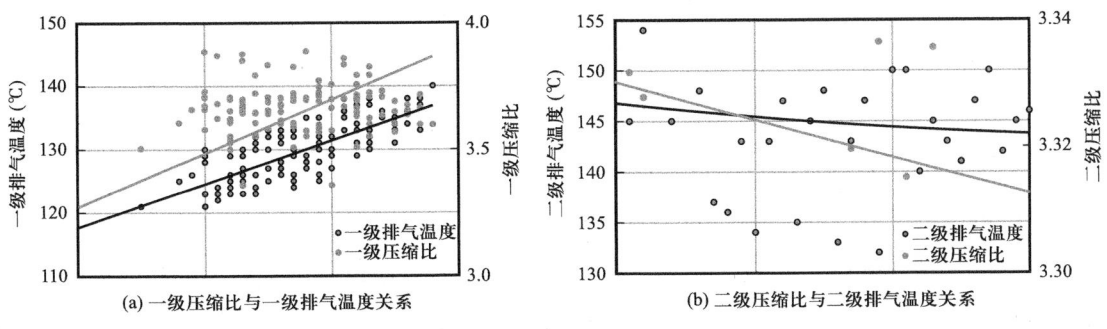

图 5　压缩比与排气温度关系图

机组高温报警的根源中，压缩比扮演了重要角色。在高压缩比环境中，气体压缩会导致显著升温，而往复式压缩机的冷却系统在高温负荷下效能可能下滑，这进一步降低了冷却效率，形成了不良循环。在煤层气压缩过程中，一旦压缩比超越特定阈值，常规冷却系统将无法维持温度在安全标准内，从而触发高温警报。

2.4　机组异常

在压缩机组发生故障时，可能有多种原因导致排气温度高而报警[8]，例如阀门、活塞环等机械部件损坏，余隙过大，缸盖冷却系统损坏，润滑油温度高等均可增加排气温度。机组异常具有偶发性，且本文选取的两台压缩机组均已完成定期保养，该影响因素与排气温度高不存在关联性。

2.5　关联度对比

通过对样本数据进行分析得知：压缩机排气温度高与进气温度和压缩比具有线性关系，但何种因素关联度更高尚无定论，因此，进一步对进气温度、压缩比、排气温度数据进行处理，制作散点图（图6），可知，压缩比与排气温度有一定关系，但不是关键

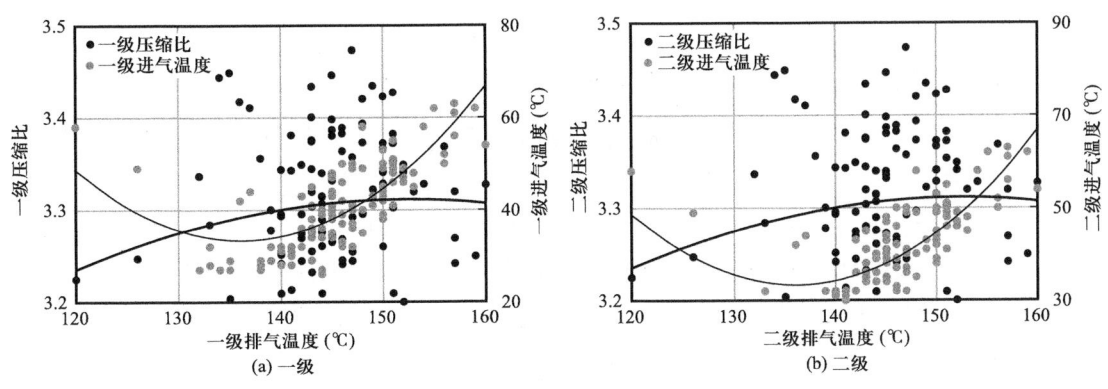

图 6　进气温度、压缩比与排气温度关系图

因素，需要与进气温度共同决定。在一定压缩比基础上进气温度是排气温度高的主要因素。为减少高温警报，优先考虑降低进气温度，同时需适当地调整压缩比。通过冷却压缩机以减少工作温度，能提升设备的稳定性和安全性，从而间接增强生产效率并优化经济效益。

3 往复式压缩机降温技术的影响与展望

3.1 降温技术对煤层气生产的影响

煤层气作为一种独特的清洁能源，以其高效且环保的特性备受瞩目。煤层气开采与应用中，高温挑战亟待有效应对。往复式压缩机高效且稳定的运行直接关乎煤层气生产的效率和可靠性[9]。

降温技术能有效提升煤层气往复式压缩机的工作效率。煤层气压缩过程中，压缩机内部温度上升会致使气体密度下降，从而对压缩效率构成负面影响。通过实施高效的冷却系统，确保压缩机内部温度稳定在理想水平，从而提升气体压缩的效能。研究显示，压缩机工作效率提升约5%，源于工作温度每下降10℃的效应[10]。

降温技术能显著提升煤层气往复式压缩机的耐久性。高温条件会加剧压缩机部件的磨损和老化进程，显著缩减设备的使用期限。降温技术能显著降低设备运行温度，减缓部件磨损进程，从而显著延长设备的使用寿命。最新研究表明，借助先进冷凝技术，压缩机的预期使用寿命能提升20%～30%[11]。

将降温技术应用于煤层气往复式压缩机中，能有效增强其安全性。高温可能导致压缩机内部元件膨胀，这会引发设备故障乃至潜在的爆炸风险。应用降温技术能有效遏制潜在风险，确保设备在理想温度条件下稳定运行。

降温技术的使用能带来显著的经济收益。优化压缩效率并提升设备效能，直接推动经济效益增长。设备经久耐用，故障发生率低，这能有效削减维护和更换成本，从而提升企业的经济效率[12]。

发展和推广高效冷却技术对煤层气产业的长远繁荣至关重要。降温技术在煤层气生产中的影响力日益显著，成为推动煤层气产业发展的重要技术基石。

3.2 未来煤层气往复式压缩机降温技术的发展趋势

在煤层气开采中，对往复式压缩机实施高效的降温技术是确保设备高效运转和延长其服务年限的关键策略[13]。未来煤层气往复式压缩机的降温技术发展趋势主要包括：

（1）高效能：研发新型材料和设计，以降低能耗，提升压缩过程的热效率。

（2）环保冷却技术：倾向于采用环保制冷剂和低温回收技术，减少对环境的影响。

（3）智能化控制：集成先进的温度感知与控制系统，实现自动调节和优化运行。

（4）能源集成：探索将压缩机与余热回收系统结合，提高能源利用率。

（5）精密制造：通过精密制造工艺提高压缩机部件的耐温性能和散热能力。

（6）运行维护优化：发展远程监控和预测性维护技术，减少设备故障带来的高温问题。

（7）可持续创新：不断探索新的降温理论和技术路径，推动行业的科技进步。

3.2.1 冷却技术的优化实践

煤层气往复式压缩机常见的冷却技术有：空气冷却、水冷系统和油冷方案。高效冷却技术的未来发展具有显著的战略重要性。例如，借助纳米流体冷却技术，其纳米颗粒凭借庞大的表面积和出色的导热特性，能显著提升冷却介质的导热效率，直接加强冷却效能[14]。

3.2.2 智能控制的演化进程

智能控制技术的运用能提升压缩机降温系统的智能化管理水平，从而优化系统运行效率并增强其可靠性[15]。展望未来，物联网和人工智能技术将在煤层气往复式压缩机的降温系统中渐次实现智能化应用。这些系统能实时监控压缩机运作及周围环境参数，据此动态调整冷却方案，以实现最优的制冷效能[16]。

3.2.3 研发新式制冷剂

新型冷却材料的研发是未来提升煤层气往复式压缩机降温效能的关键领域。金属有机框架（MOFs）凭借其特有的高孔隙性和卓越的热稳定性[17]，展现出作为潜在制冷介质的前景。石墨烯以其卓越的高导热特性，在冷却应用领域展现出了巨大的潜力和广阔前景[18]。

3.2.4 推广节能绿色技术

随着环保法规日趋严格，环保节能技术在煤层气往复式压缩机的冷却过程中将得到日益广泛的采用[19]。例如，借助天然冷源如地下水或河水进行空调制冷，能减少对传统能源的依赖，有效节能并减少碳足迹。同时气动设备余热回收系统的应用有利于气动设备的恒温运行，通过提高气动设备的送风量、降低噪声、停止冷却风机的运行来节约能源。这些优点有助于降低成本，延长设备寿命[20]。

3.2.5 模块集成设计

未来，煤层气往复式压缩机的降温系统将迈进模块化与集成化的新阶段。模块化设计显著提升冷却系统的安装、维护及升级效率，增强系统灵活性与适应性。整合设计通过优化子系统间的协作，能有效提升冷却效率并增强系统整体效能。

4 结论

通过对压缩机样本数据进行处理得知，控制压缩比和进气温度是杜绝压缩机高温报警的关键所在。虽然进气温度对排气温度影响程度更高，但在实际煤层气的开采集输环节中，受环境温度、工艺流程的影响，进气温度难以控制，无法作为稳定控制手段调节排气温度。因此在进气温度相对稳定状态下，压缩比与排气温度关联度最大，在压缩机设计范围内，压缩比越高，排气温度相对越高。在机组外输压力恒定的基础上，应适当提高压缩机气体进口压力，减小压缩比，能有效避免排气温度过高。此外机组和空冷器异常都将导致排气温度高。应制订合理的压缩机保养计划，对机组曲轴、连杆、活塞、气阀等重要部件进行检查维修，及时对空冷器开展清洗、维修工作，提升设备的稳定性和安全性。

参 考 文 献

[1] 刘皓.煤层气储层应力敏感性室内测试方法[D].北京：中国石油大学（北京），2017.
[2] 熊中琼.燃气发动机压缩机冷却系统的化学清洗和保护[J].中国设备管理，2000（10）：32-33.
[3] JB/T 12949—2016：煤层气压缩机[S].
[4] 贺朋涛.往复式活塞压缩机排气温度过高问题的研究[J].轻工科技，2014（9）：2.
[5] 薛岗，郭简，刘明堃，等.往复式压缩机在沁水盆地煤层气地面集输中的应用[J].石油规划设计，2012，23（2）：3.
[6] 孙品同，于克营.压缩比对往复式压缩机功耗的影响[J].压缩机技术，2008（5）：9-12.
[7] 刘凯，李宝恒，白海云.往复式压缩机排气温度高的原因分析及处理措施[J].石油石化绿色低碳，2021，6（5）：68-70.
[8] 潘鑫.往复式压缩机常见故障及在线监测系统的应用[J].中国设备工程，2021（3）：182.
[9] 郭炳智.往复式压缩机在我国煤层气田开发中的应用研究[J].中国石油和化工标准与质量，2017（9）：3.
[10] 王景悦，梅永贵.煤层气田往复式压缩机组大数据节能技术研究[C].2018年全国煤层气学术研讨会.中国煤炭学会中国石油学会，2018.
[11] 李勇，谭长弓，黄土金.多台螺杆压缩机氨冷凝系统，油冷却系统联合运行的方法：CN202111183450.5[P].2024-07-22.
[12] 张利.往复压缩机强制冷却系统的设计及应用[J].压缩机技术，2016（5）：46，53-54.
[13] 梁晓勇.空气压缩机降温技术改造[J].科技创业家，2013（12）：57.
[14] 陈小雁.纳米冷却技术[J].无线互联科技，2012（8）：3.
[15] 张文龙，魏庆阳，周围.人工智能在煤层气勘探开发应用中面临的挑战及应对策略[J].信息系统工程，2021.
[16] 赵大力，高晖，邓化科.一种基于物联网的往复压缩机敏感特征提取与故障诊断方法：CN201510015384.9[P].2024-07-22.
[17] 龙星宇，吴迪，龚小见，等.金属有机框架（MOFs）材料在生物富集中的应用[J].贵州师范大学学报（自然科学版），2017，35（6）：7.
[18] 翟茜茜.石墨烯基纳米隔热材料的研究及节能应用[J].上海节能，2019（2）：5.
[19] 胡秀文.往复式瓦斯压缩机的节能技术及工况实验研究[J].机械管理开发，2024，39（1）：78-79.
[20] 王坤.空压机稳压节能技术和余热回收方法[J].现代工业经济和信息化，2021，11（6）：2.

第三篇

煤层气综合开发

吉尔嘎朗图凹陷褐煤煤分子结构特征和模型构建

黄强[1,2]，王爱宽[1,2]，姚志远[1,2]，邓泽[3]，申建[1,2]

（1. 中国矿业大学煤层气资源与成藏过程教育部重点实验室，江苏 徐州 221008；2. 中国矿业大学资源与地球科学学院，江苏 徐州 221116；3. 中国石油天然气股份有限公司勘探开发研究院廊坊分院，河北 廊坊 065000）

摘　要：对褐煤大分子结构特征和模型构建，有利于从微观上认识微生物降解煤产气的过程。为了研究二连盆地吉尔嘎朗图凹陷褐煤煤分子结构，以胜利煤田的 5# 和 6# 煤为研究对象，基于固体煤的元素分析、^{13}C-NMR 核磁共振和 XPS 能谱测试等一系列实验，利用 Peakfit 4.12、ChemSketch 和 gNMR 等分子动力学建模软件，探讨了褐煤样品分子结构特征，进行了相关分子模型搭建，并与真实实验谱图对比。研究结果表明：褐煤大分子中芳香结构多为质子化芳碳，结构单元多以蒽环和萘环为主；脂肪碳结构多以亚甲基和次甲基结构为主，烷基链多为甲基和乙基；氧原子主要以醚氧基为主，羰基和羧基占比较低；氮原子以吡啶和吡咯形式存在；硫原子主要为噻吩结构。通过对 SL5# 和 SL6# 煤分子构成和元素派别进行优化和修正，确定两个煤样的极简分子式分别为 $C_{118}H_{76}O_{69}N_2S_1$ 和 $C_{143}H_{86}O_{60}N_3$。根据计算获取的模型谱图与实验谱图基本吻合，验证了分子结构模型和分析方法的适用性。此外，煤分子结构中大量存在的甲基、亚甲基和醚氧基等脂肪侧链和含氧官能团，显示两个煤样中均存在大量易被微生物降解的结构。

关键词：褐煤；大分子结构；官能团；脂肪侧链；微生物降解

生物成因煤层气占煤层气总储量的 15%～30%，是煤层气的重要组成部分[1-2]。煤是以高聚合杂环化合物为主的混合物，主要是含芳香族的烃类化合物及木质素的衍生物，具有生物可利用性，能够被微生物降解[3]。相较于高煤级煤，褐煤变质程度低，含氧官能团和脂肪族化合物占比高，更容易被生物降解，具有更强的生物潜力[4-5]。因此，研究褐煤的分子化学结构和模型构建，可为微生物气化褐煤提供模型参考和理论指导。

由于成煤环境和煤化程度不同，煤的分子组成和微晶结构存在着较大的差异[6]。在分子水平上研究官能团和脂肪族化合物等分子结构的增减能够预测生物气生成机理和褐煤降解程度[7-8]。随着分子技术的发展，越来越多的测试技术和分子设计软件被应用于

基金项目：中国石油天然气股份有限公司前瞻性基础性科技专项（2021DJ23）。
第一作者：黄强（1995−），男，博士研究生，主要研究领域为煤层气资源勘查与开采技术研究，E-mail：154560847@qq.com。
通讯作者：王爱宽（1981−），女，副教授，主要从事煤层气地质学、地球化学研究，E-mail：wake198110@163.com。

分子结构构造,例如 ¹³C-NMR,ATR-FTIR,XPS,XRD 等常用来研究煤的分子骨架和煤的官能团和杂原子数量[9-12];分子设计软件包括 ACD/ChemSketch, Adobe Photoshop, Matlab 等,常用来构建煤的分子结构模型,极大提高了学者们对煤分子水平上的化学结构认识[13-15]。

Solum 等利用 ¹³C-NMR 表征了煤碳骨架的 12 个化学结构参数,并首次对碳骨架进行了定量评价[16]。秦勇通过 ¹³C-NMR 对我国高煤级煤的分子级结构演化进行研究,并提出煤结构演化过程中的拼叠作用[17]。Lian 等通过 XPS 实验构建了煤的 DMC 分子骨架,并通过 ¹³C-NMR 实验完善了煤的 DMC-S 分子模型[18]。刘洁通过元素分析构建了褐煤最简分子式,在此基础上进行 ¹³C-NMR 分析确定褐煤碳原子种类和个数,并结合 TG-FTIR-GC-MS 和 XRF 等技术揭示了热解过程中煤分子结构的变化[19]。朱红青等采用元素分析、¹³C-NMR、XPS 等实验方式,对褐煤进行分子模型的构建,结果表明范德华势能作为褐煤的非键势能的主要组成部分,分子结构以并五苯为主[20]。

本文选取了吉尔嘎朗图凹陷胜利煤田 5# 和 6# 褐煤为研究对象,利用元素分析、¹³C-NMR、XPS、FTIR 对褐煤的碳骨架结构、官能团、氮、硫杂原子进行表征,通过峰值拟合软件 PeakFit 4.12 对煤的化学结构参数进行了定量表征。构建吉尔嘎朗图凹陷褐煤分子结构模型,为有利于褐煤生物气化的分子结构研究提供理论依据。

1 样品及实验方法

1.1 样品采集和制备

实验煤样采自二连盆地吉尔嘎朗图凹陷胜利西一矿 5# 煤层(SL5#)、6# 煤层(SL6#)2 个褐煤样品(图1)。

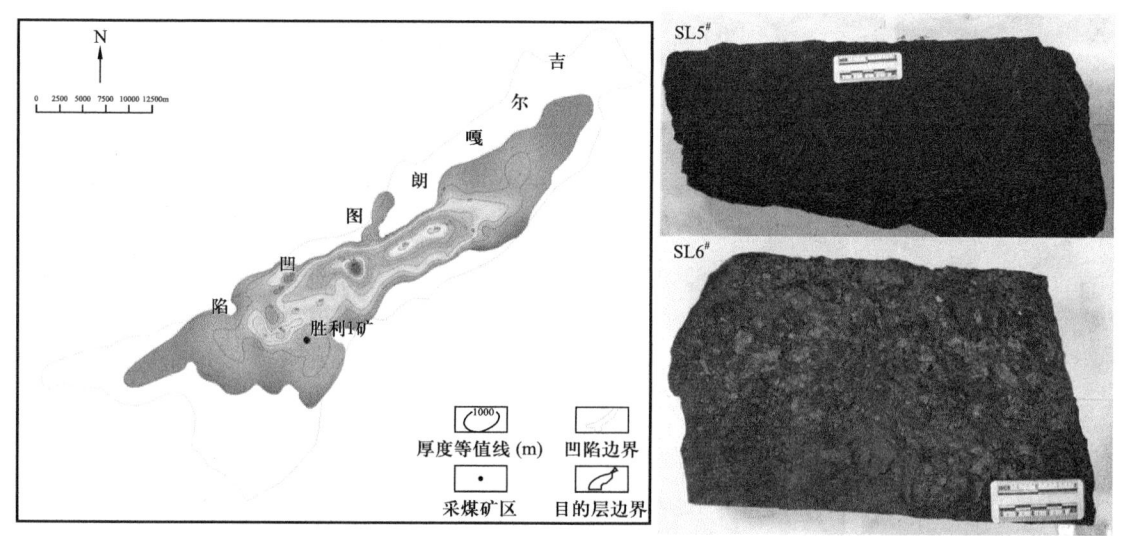

图 1 煤样采集地点和实验样品

将煤样粉碎至 60~80 目分析样品的显微煤岩组分；样品粉碎至 200 目以下用于 ^{13}C-NMR，XPS，FTIR 和煤元素分析。为了更好去除煤中水分，实验前在 60℃的真空烘箱中烘干 48h，保证样品干燥。基本性质测试由江苏省矿产地质设计院委托进行，褐煤显微组分按照国标 GB/T 8899—2013《煤的显微组分组和矿物测定方法》；褐煤的工业分析按照 GB/T 30732—2014《煤的工业分析方法 仪器法》进行。

1.2 ^{13}C-NMR 实验

采用高分辨率 Bruker advance Ⅲ 600MHz 光谱仪进行。采用 4mm MAS（魔角旋转）探针，在 10kHz 旋转速率下记录 ^{13}C 的核磁共振波谱。采用 CP（交叉极化）和 TOSS（总边带抑制技术）消除边带。CP 和 TOSS 在接触 2ms 和循环延迟 3s 的情况下进行。

1.3 XPS 实验

利用 ESCALAB250 250Xi 表面分析系统在超高真空系统，对褐煤煤样进行了 XPS 实验。单色铝阳极靶的实验条件为源枪型，光束光斑尺寸为 900μm。在标准条件下对样品进行 30 次扫描，分析其表面元素，并详细获得其赋存形态。由于非导电样品在测试过程中发生了物理位移，必须根据主 C_{1S} 峰（284.8eV）对结合能位置进行校正。

1.4 模型构建与标定

采用 Peakfit 4.12 对曲线进行处理，并根据面积百分比进行定量分析，随后采用 Advanced Chemical Company 开发的 ACD/ChemSketch 软件对模型进行绘制和调整[7, 21-22]。

2 结果与讨论

2.1 褐煤煤岩煤质

表 1 和表 2 为褐煤样品的常规分析结果，SL5# 和 SL6# 煤的镜质组最大反射率（$R_{o, max}$）分别为 0.27% 和 0.24%；空气干燥基水分含量（A_d）接近，分别为 12.32% 和 13.02%；干燥无灰基挥发分产率（V_{daf}）相近，分别为 48.83% 和 44.49%。2 个煤样的干燥基灰分产率（A_d）相差较大，SL5# 煤为明显的中灰煤，SL6# 煤则表现为低中灰煤；SL6# 煤的固定碳含量（FC_d）较高，为 49.34%。

表 1 褐煤煤岩煤质分析

样品	$R_{o, max}$ (%)	工业分析（%）				元素分析（%）				
		M_{ad}	A_d	V_{daf}	FC_d	$S_{t, d}$	O_{daf}	C_{daf}	H_{daf}	N_{daf}
SL5#	0.27	12.32	24.71	48.83	38.53	5.55	45.72	45.50	2.45	0.78
SL6#	0.24	13.02	11.11	44.49	49.34	0.15	38.25	57.68	2.79	1.13

表 2 煤样的显微组分

样品编号	显微组分			
	腐殖组（%）	惰质组（%）	类脂组（%）	矿物组（%）
SL5#	61.3	21.6	1.3	15.8
SL6#	78.9	8.8	6.8	5.5

褐煤样品中碳元素含量较高，分别为45.50%和57.68%，其次为氧元素含量，分别为45.72%和38.25%，氢、氮元素含量较低，SL5#煤硫元素含量较高，为5.55%。SL5#和SL6#煤均以腐殖组为主，其中SL5#腐殖组含量低于SL6#煤，而惰质组和矿物组含量较高，2个煤样的类脂组含量均较低，分别为1.3%和6.8%。

考虑到煤中的无机硫的存在，对煤中的硫元素存在形态进行了测试（表3）。结果表明，煤中的硫元素主要以黄铁矿硫为主，占比分别为3.89%和0.15%；硫酸盐硫含量较低，仅在SL5#煤中检测到该形态硫元素的存在；SL5#煤中有机硫占比为1.55%，而SL6#则未检测到该形态硫元素的存在。

表 3 煤样中硫的形态

样品	全硫（%）	形态硫（%）		
	$S_{t,d}$	$S_{p,d}$	$S_{s,d}$	$S_{o,d}$
SL5#	5.55	3.89	0.11	1.55
SL6#	0.15	0.15	0	0

SL6#煤硫元素含量小于0.5%，对模型的影响极小，因此，建模时这部分总S的含量可以忽略，此外，本文建模时只考虑有机硫，将无机硫含量按比例分配给C、H、O、N等元素[11]。表4为归一化处理后的元素占比和元素比，SL5#的O/C高于SL6#，这表明SL5#中可被微生物降解的官能团更多[23]。

表 4 煤样元素分析的归一化元素占比和元素比

样品	元素分析（%）					元素比			
	$S_{o,d}$	O_{daf}	C_{daf}	H_{daf}	N_{daf}	H/C	O/C	N/C	S/C
SL5#	1.55	47.66	47.42	2.55	0.81	0.65	0.75	0.02	0.01
SL6#	0	38.25	57.74	2.88	1.13	0.60	0.50	0.02	0

2.2 ^{13}C-NMR 特征

煤样的 ^{13}C-NMR 图谱分为三个区：脂肪族碳区（$0 \sim 100 \times 10^{-6}$）、芳香区（$0 \sim 165 \times 10^{-6}$）和羰基区（$165 \times 10^{-6} \sim 220 \times 10^{-6}$）。峰拟合结果如图2所示。通过对目标煤样分离出的子峰面积进行识别和面积占比计算，获得煤样的化学结构及其占比（表5）。

两个煤样均显示质子化芳碳所占比例最高；其次为桥头芳香碳；羧基和羰基碳含量均较低，这与以往学者研究相似[20]。

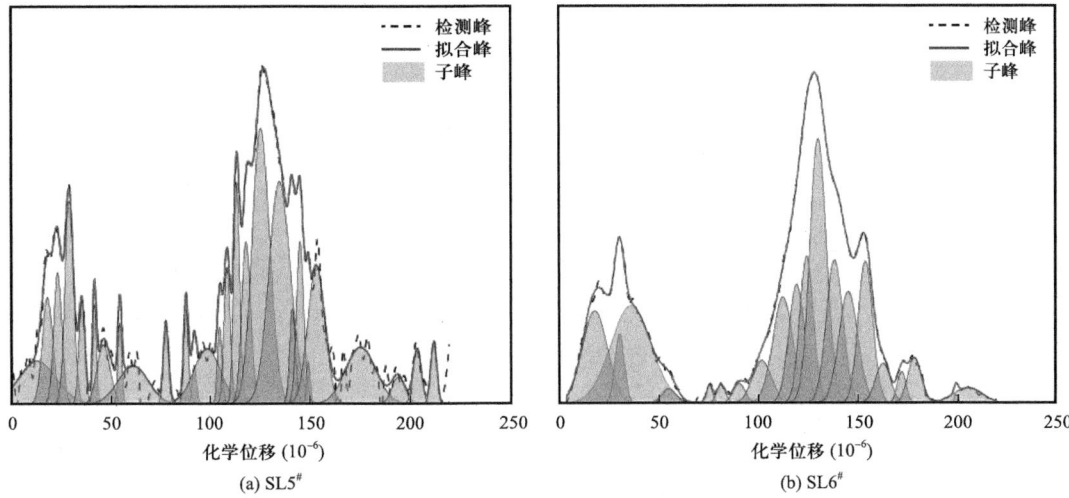

图 2 褐煤样品 ^{13}C-NMR 分峰拟合谱图

为了研究不同煤碳结构的相对含量，参考 Solum 等计算方法[16]，获取煤样品 12 个结构参数和 X_{BP}（表 6）。X_{BP} 为桥头芳香碳与外围碳的比值，反映了煤分子中芳香环的平均缩合程度，常常用于计算芳香团簇的大小[21]。计算结果显示 SL5# 煤样氧接芳碳（f_a^P）和氧接脂肪碳（f_{al}^O）之和明显高于 SL6#；芳香族碳（f_a）略低于 SL6#；脂肪族碳（f_{al}）则略高于 SL6#；X_{BP} 略高于 SL6# 煤，表明 2 个褐煤样品中均存在环状和长链烷烃形式的脂肪侧链，但 SL5# 脂肪侧链较长，SL5# 煤的缩合和芳构化的程度低于 SL6#[24]。

表 5 褐煤样品 ^{13}C-NMR 核磁共振吸收谱

化学结构	化学位移（cm^{-1}）	SL5#		SL6#	
		面积	百分比（%）	面积	百分比（%）
脂甲基碳	13～16	82.43	4.65	0	0
芳环甲基碳	16～21	62.15	3.51	906.86	8.30
亚甲基碳、次甲基碳	21～38	188.46	10.64	263.19	2.41
次甲基碳、季碳	38～50	63.93	3.61	1572.66	14.39
含氧脂肪碳	50～100	220.66	12.46	286.95	2.63
质子化芳碳	100～129	492.92	27.83	2740.53	25.07
桥头芳香碳	129～139	266.79	15.06	1765.72	16.15
侧枝芳香碳	139～150	95.69	5.40	1792.25	16.40
氧取代芳香碳	150～164	136.90	7.73	1052.89	9.63
羧基碳	164～190	95.17	5.37	363.72	3.33
羰基碳	190～220	65.87	3.72	186.55	1.71

SL5# 和 SL6# 的 X_{BP} 分别为 0.37 和 0.32；而煤中常见结构的 X_{BP} 表现为：苯环 X_{BP} 值为 0，萘环 X_{BP} 值为 0.25，蒽环 X_{BP} 值为 0.40，芘环 X_{BP} 值为 0.60。SL5# 煤 X_{BP} 值与蒽环接近，其芳香结构主要以蒽环为主；SL6# 煤 X_{BP} 值与萘环接近，其芳香结构主要以萘环为主。

表 6 煤样 ^{13}C-NMR 核磁共振谱的结构参数 单位：%

样品	f_{al}^*	f_{al}^H	f_{al}^O	f_a^H	f_a^B	f_a^S	f_a^P	f_a^c	f_a^N	f_a'	f_a	f_{al}	X_{BP}
SL5#	8.16	14.25	12.46	27.83	15.06	5.40	7.73	9.09	28.20	56.03	65.12	34.88	0.37
SL6#	8.30	16.79	2.63	25.07	16.15	16.40	9.63	5.03	42.18	67.25	72.28	27.72	0.32

注：f_a^c 表示羰基碳含量，%；f_a^P 表示氧接芳碳含量，%；f_a^S 表示烷基取代芳碳含量，%；f_a^B 表示芳香桥碳含量，%；f_a^H 表示质子化芳碳含量，%；f_{al}^O 表示氧接脂肪碳含量；f_{al}^H 表示亚甲基、次甲基碳含量，%；f_{al}^* 表示甲基碳含量，%；f_a^N 表示非质子化芳碳含量，%；f_a' 表示芳环碳含量，%；f_a 表示芳碳含量，%；f_{al} 表示脂肪碳含量，%。

2.3 XPS 特征

本文中 XPS 实验只用来研究煤中的氧、氮和硫杂原子赋存形态。煤中得到氧元素赋存方式分为有机、无机和吸附三个类型[20]。对煤中 525~545eV 部分进行分峰处理（图 3），结果表明 SL5# 和 SL6# 煤的 O_{1S} 分为 4 个峰，其中 531.08~531.32eV 归属为羰基氧，占比分别为 9.97% 和 11.77%；532.36~532.60eV 归属为醚氧基，占比分别为 48.46% 和 49.00%；533.19~533.26eV 归属为羧基，占比分别为 21.60% 和 24.70%；537.75~534.16eV 归属为吸附氧，占比较低，分别为 19.97% 和 14.53%（表 7）。

表 7 褐煤样品的 O_{1S} 官能团组成

O_{1S} 归属	峰位（eV）	SL5#		SL6#	
		面积	百分比（%）	面积	百分比（%）
羰基	531.08~531.32	747.37	9.97	645.68	11.77
醚氧基	532.36~532.60	3631.75	48.46	2687.78	49.00
羧基	533.19~533.26	1618.70	21.60	1354.74	24.70
吸附氧	537.75~534.16	1495.96	19.96	797.17	14.53

煤中的氮元素一般以有机氮形式赋存，主要分为吡咯氮、吡啶氮、质子化吡啶氮和氧化吡啶[20]。结合 Song 等拟合方法[15]，对 XPS 曲线中 392~410eV 的谱图进行分峰处理（图 3，图 4）。SL5# 和 SL6# 煤氮杂原子均表现出以 398.24~403.95eV 峰位归属的吡咯和质子化吡啶为主，392.27~397.51eV 归属的吡啶和 404.80~409.44eV 归属的氧化吡啶含量较低（表 8）。

硫元素在煤中主要以黄铁矿、有机硫和硫化物等形式存在[25]。对 XPS 谱线 158.85~174.85eV 范围进行分峰拟合（图 3，图 4）。无机硫元素主要以硫化物和硫酸盐赋存；有机硫为噻吩、砜硫等形式赋存[26]。SL5#煤中硫元素主要以无机硫和硫化物形式存在，占据了71.51%，其次为有机硫，噻吩为有机硫的主要存在形式（表9）。

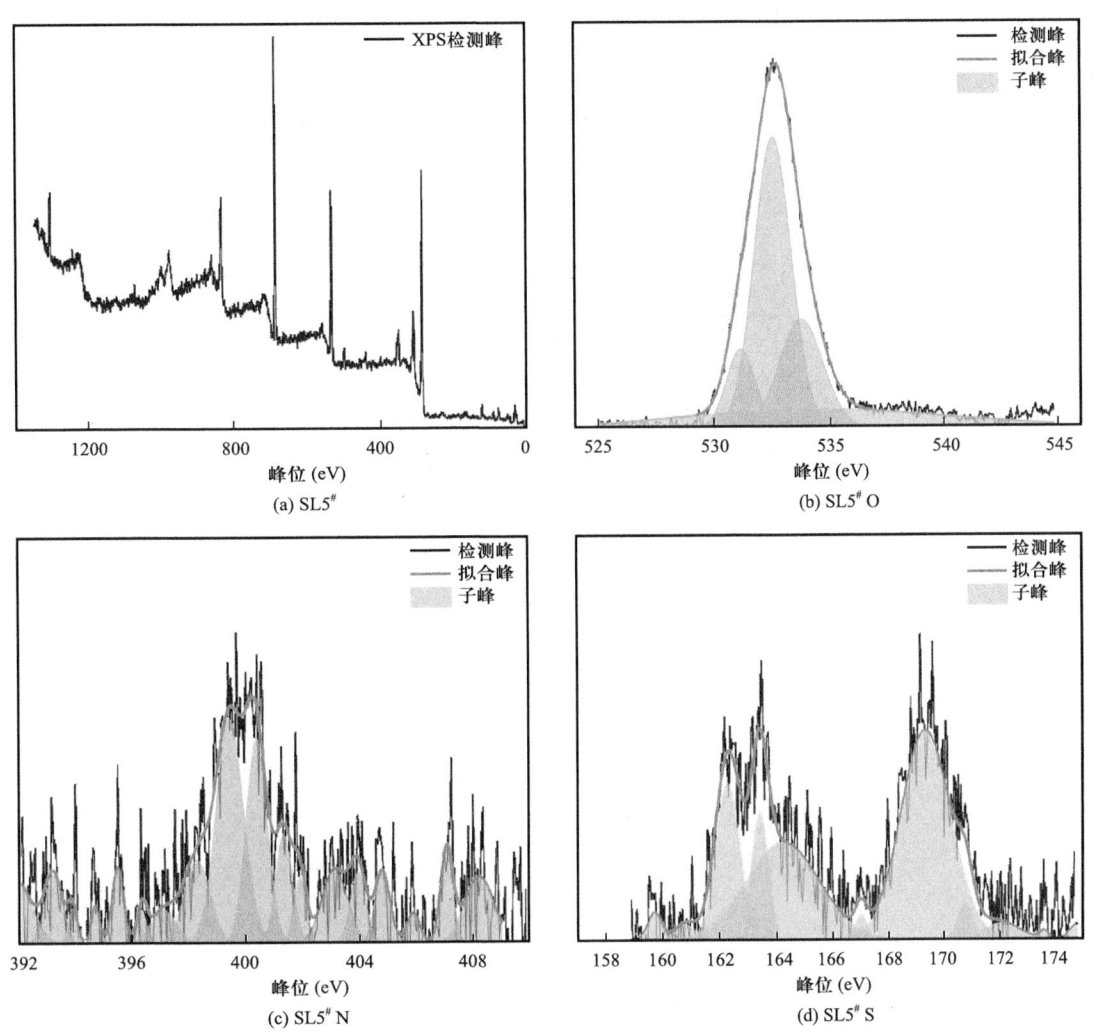

图3　SL5#煤XPS检测图和O、N、S元素分峰拟合图

表8　褐煤样品的N_{1s}官能团组成

N_{1s}归属	峰位（eV）	SL5#		SL6#	
		面积	百分比（%）	面积	百分比（%）
吡啶	392.27~397.51	99.77	18.15	92.70	17.95
吡咯	398.24~399.77	165.46	30.10	190.49	36.89
质子化吡啶	400.42~403.95	196.05	35.66	122.15	23.66
氧化吡啶	404.80~409.44	88.44	16.09	110.99	21.50

表 9 褐煤样品的 S_{2P} 官能团组成

S_{2P} 归属	SL5#		
	峰位（eV）	面积	百分比（%）
硫化物	159.67~163.39	80.21	25.36
噻吩	164.21	86.64	27.39
砜硫	167.03	3.47	1.10
无机硫	169.38~174.65	145.95	46.15

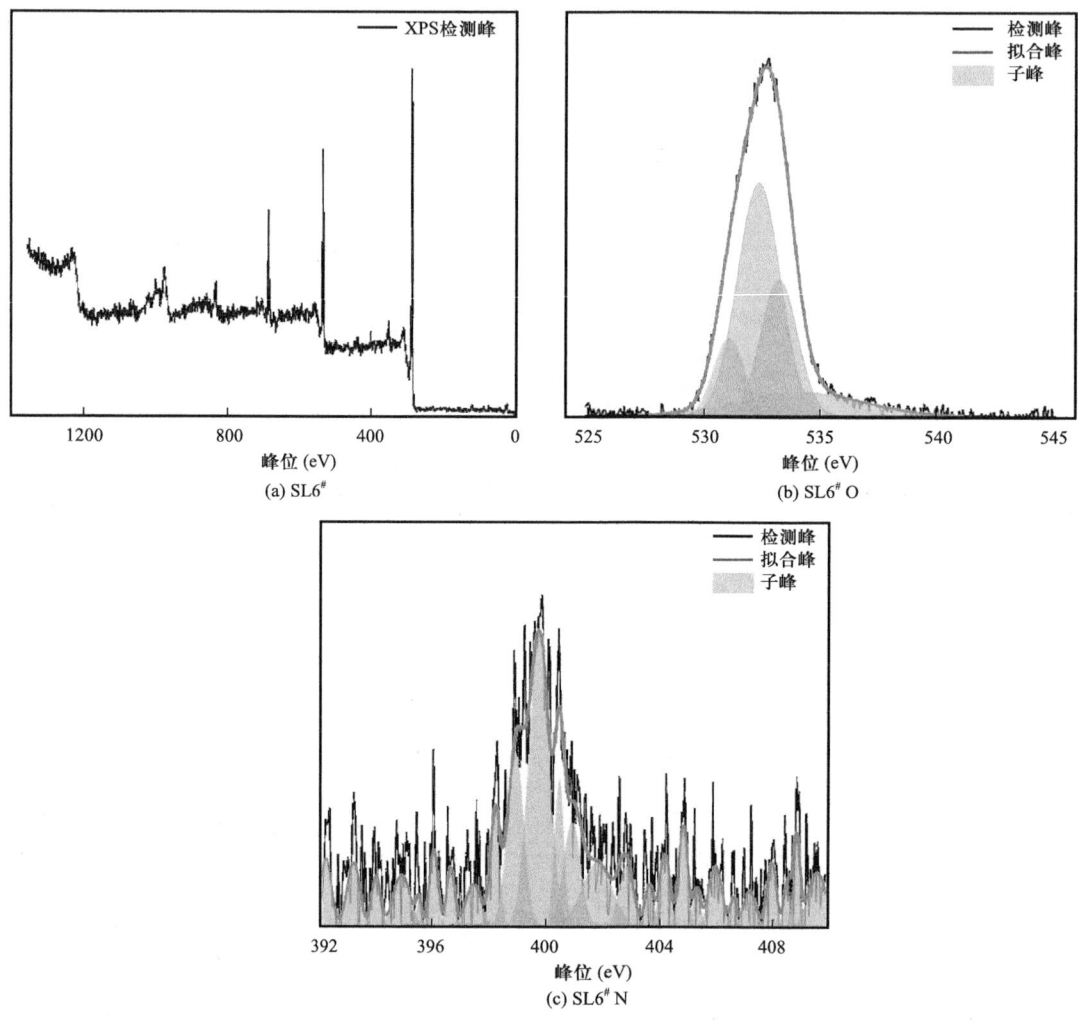

图 4　SL6# 煤 XPS 检测图和 O、N 元素分峰图

2.4　分子模型构建

通过前文计算获取的 X_{BP} 数据可以确定煤样芳香结构单元的主要类型和碳原子总数[7]。

SL5#和SL6#煤的X_{BP}值分别为0.37和0.32，分别以蒽环和萘环为主。前人的研究结果表明，煤分子结构的分子量一般介于2000～3000[27]。假设两个样品的分子量为3000，根据公式（1）可以初步确定SL5#和SL6#煤分子结构模型的碳原子总数分别为118个和143个。

$$f_a^B \times n / \left[\left(f_a^P + f_a^S + f_a^H \right) \times n \right] = X_{BP} \tag{1}$$

结合前文获取的H、O、N、S元素与C的比例，结合XPS和^{13}C-NMR的分析结果，可以初步确定SL5#和SL6#煤的分子式分别为$C_{118}H_{76}O_{69}N_2S_1$和$C_{143}H_{86}O_{60}N_3$。根据SL5#和SL6#分子式，通过分析XPS结果可以确定煤分子中氧原子、氮原子和硫原子的类型和数量。表7中显示2个煤样存在的四种含氧官能团分别为羰基、醚氧基和羧基，其中，SL5#煤中氧原子个数为69个，包括9个羰基、42个醚氧基和9个羧基；SL6#煤中氧原子个数为60个，包括9个羰基、35个醚氧基和8个羧基。SL5#煤中氮元素以吡咯（30.10%）和质子化吡啶（35.66%）为主，因此，SL5#煤中分子结构中含有一个吡咯和一个质子化吡啶。SL6#煤中氮元素以吡咯（36.89%）和质子化吡啶（23.66%）为主，因此SL6#煤中分子结构中含有两个吡咯和一个质子化吡啶。SL5#煤中硫元素主要以噻吩为主。

为了确定芳香族结构，需要对煤中芳环碳进行进一步确定，煤分子中的芳香结构可通过公式（2）至公式（4）确定[7]：

$$F_a' = n \times f_a' \tag{2}$$

$$F_a' = 6a + 10b + 14c + 16d + 5e + 4f + 4g \tag{3}$$

$$X_{BP} = (2b + 4c + 6d) / (6a + 8b + 10c + 10d + 5e + 4f + 4g) \tag{4}$$

式中：a为煤分子中苯环的数量；b为萘环数量；c为蒽环数量；d为芘环数量；e为吡啶数量；f为吡咯数量；g为噻吩数量。

公式（3）和公式（4）中e、f和g可通过煤样中氮元素和硫元素数量确定，SL5#煤e、f和g分别为1、1和1；SL6#煤e、f和g分别为1、2、0；通过公式（2）至公式（4）对剩余芳烃结构进行合理分配，经过多次尝试，最终获得与实际芳烃结构相匹配的分配方案。SL5#有0个苯环，1个萘环，2个蒽环和1个芘环；SL6#有0个苯环，3个萘环，1个蒽环和2个芘环。

此外，结合^{13}C-NMR结果的结构参数，可以确定SL5#煤分子中芳环碳66个（18个芳桥碳，9个氧接芳碳，6个侧枝芳香碳，33个质子化芳碳），羰基11个，脂肪族碳41个（10个甲基碳，16个亚甲基碳和15个氧接脂肪碳）；SL6#煤分子中芳环碳96个（23个芳桥碳，13个氧接芳碳，23个侧枝芳碳，质子芳碳为37个），羰基7个，脂肪族碳40个（12个甲基碳，24个亚甲基碳，4个氧接脂肪碳）。

利用ChemSketch和gNMR软件绘制和预测分子结构模型，通过^{13}C-NMR模拟预测谱与实验谱图进行比较，对分子结构进行细化，得到较好的相似性，分子结构如图5所示，拟合光谱与实验光谱叠加图如图6所示，实验和拟合图两者基本一致，表明拟合分子式基本与实验结果一致[19]。SL5#和SL6#煤的大分子结构复杂，结构单元之间的连接方式主要由醚键、羧基键和脂肪桥组成[28-29]。从图 5 可以看出，SL5# 和 SL6# 煤中存在亚甲基链（—CH_2—CH_2—）、亚甲基碳和甲烷碳组成的长链脂肪族（—CH—CH_2—）。此外，模型中广泛存在甲基碳（—CH_3），亚甲基和甲基碳（—CH_2—CH_3）等侧链，结合 XPS 和 ^{13}C-NMR 的分析结果表明，2 个煤样中存在大量易被微生物分解的脂肪侧链。

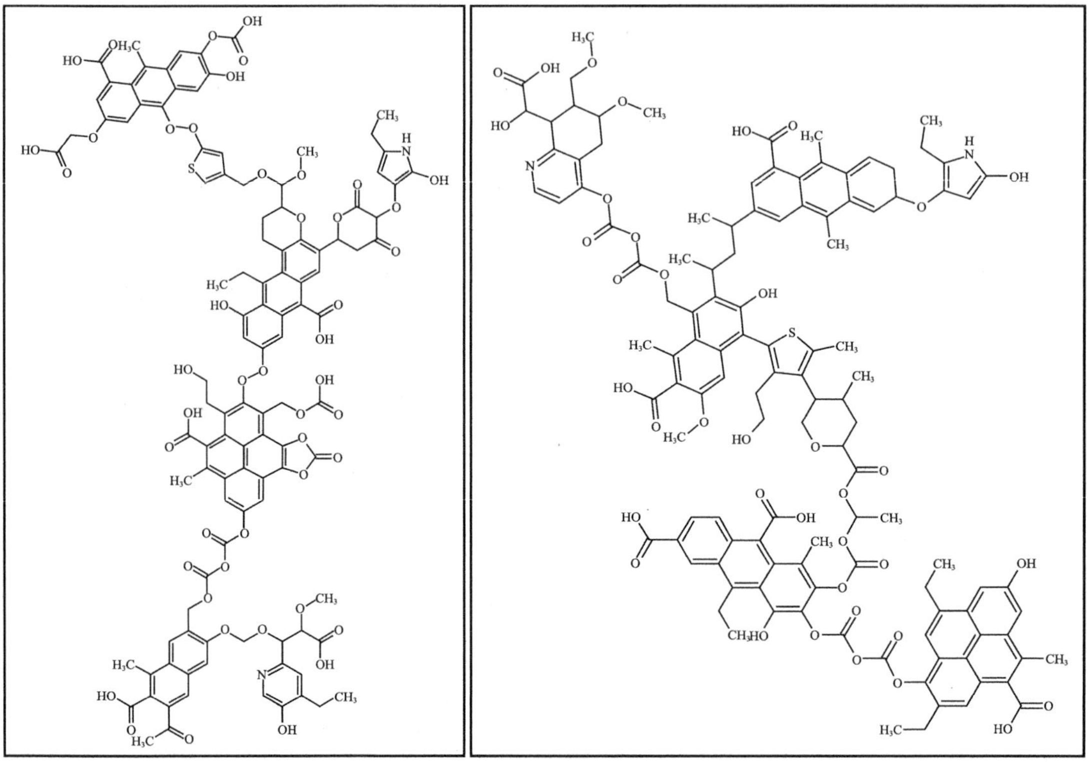

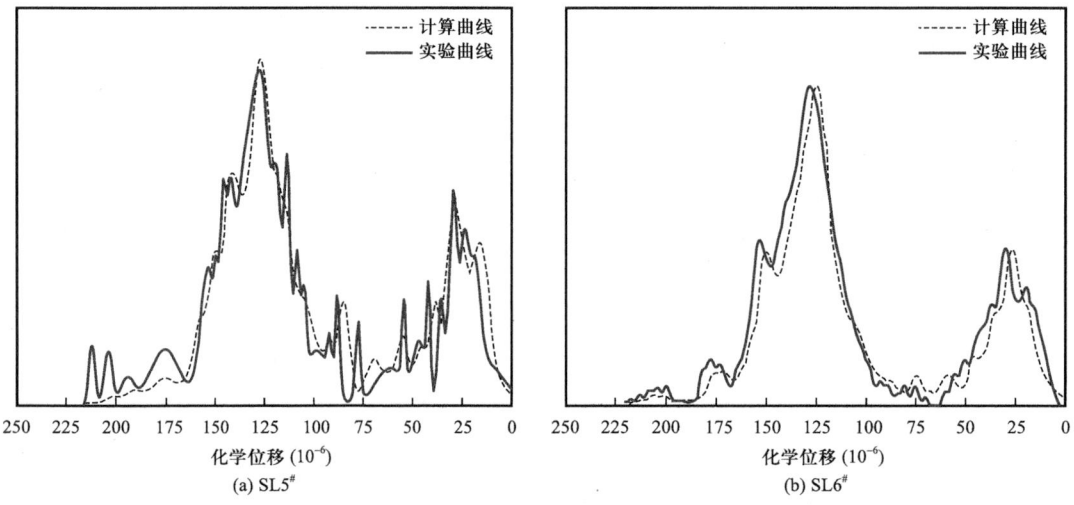

(a) SL5#　　(b) SL6#

图 5　SL5# 和 SL6# 煤分子结构

(a) SL5#　　(b) SL6#

图 6　褐煤样品 ^{13}C-NMR 核磁共振模拟光谱与实验光谱对比

3 结论

(1) SL5#和SL6#煤分子骨架中芳香结构中多为质子化芳碳；脂肪碳结构多以亚甲基和次甲基结构为主，烷基链多为甲基和乙基；氧原子主要以醚氧基为主，羰基和羧基占比较低；氮原子以吡啶和吡咯形式存在；硫原子主要为噻吩结构。

(2) 通过元素分析获取SL5#和SL6#煤的分子结构式，利用固体^{13}C-NMR和XPS分析，对分子式的构成和元素派别进行优化和修正，得到2个煤样的分子式分别为$C_{118}H_{76}O_{69}N_2S_1$和$C_{143}H_{86}O_{60}N_3$。

(3) SL5#和SL6#煤通过固体^{13}C-NMR核磁分析获取X_{BP}值，分别为0.37和0.32；芳香结构单元分别主要以蒽环和萘环为主。经计算优化后的分子模型红外谱图与实验红外谱图吻合较高，均显示两个煤样中存在大量易被微生物分解的脂肪侧链。

参 考 文 献

[1] Faiz M, Hendry P. Significance of microbial activity in Australian coal bed methane reservoirs-a review [J]. Bulletin of Canadian Petroleum Geology, 2006, 54 (3): 261-272.

[2] 陈润, 王优阳, 王琳琳, 等. 煤层生物气组成特征及其影响因素研究进展 [J]. 煤炭科学技术, 2016, 44 (11): 167-172.

[3] Strapoc D, Picardal F W, Turich C, et al. Methane-producing microbial community in a coal bed of the Illinois Basin [J]. Applied and environmental microbiology, 2008, 74 (8): 2424-2432.

[4] Shao P, Wang A, Wang W. Effect of chemical structure of lignite and high-volatile bituminous coal on the generation of biogenic coalbed methane [J]. Fuel, 2019, 245 (1): 212-225.

[5] 夏大平, 黄松, 张怀文. 褐煤发酵制生物氢过程中关键液相产物的变化规律 [J]. 天然气工业, 2019, 39 (8): 146-153.

[6] Liu Y, Zhu Y, Liu S, et al. Molecular structure controls on micropore evolution in coal vitrinite during coalification [J]. Int J Coal Geol, 2018, 199: 19-30.

[7] Cui X, Yan H, Zhao P, et al. Modeling of molecular and properties of anthracite base on structural accuracy identification methods [J]. J Mol Struct, 2019, 1183: 313-323.

[8] 苏现波, 汪露飞, 赵伟仲, 等. 超临界CO_2参与下煤储层原位微生物甲烷化物理模拟研究 [J]. 煤田地质与勘探, 2022, 50 (3): 119-126.

[9] Wang J P, Li G Y, Guo R, et al. Theoretical and Experimental Insight into Coal Structure: Establishing a Chemical Model for Yuzhou Lignite [J]. Energy Fuels, 2017, 31 (1): 124-132.

[10] Odeh A O. Comparative Study of the Aromaticity of the Coal Structure during the Char Formation Process under Both Conventional and Advanced Analytical Techniques [J]. Energy Fuels, 2015, 29 (4): 2676-2684.

[11] Ping A, Xia W, Peng Y, et al. Construction of bituminous coal vitrinite and inertinite molecular assisted by 13C NMR, FTIR and XPS [J]. J Mol Struct, 2020, 1222: 128959.

[12] Gao M, Li X, Ren C, et al. Construction of a Multicomponent Molecular Model of Fugu Coal for ReaxFF-MD Pyrolysis Simulation [J]. Energy Fuels, 2019, 33 (4): 2848-2858.

[13] Lu Y Z, Feng L, Jiang X G, et al. Construction of a molecular structure model of mild-oxidized Chinese lignite using Gaussian09 based on data from FTIR, solid state 13C-NMR [J]. J Mol Model, 2018, 24 (6): 135-142.

[14] Zhang Z, Kang Q, Wei S, et al. Large Scale Molecular Model Construction of Xishan Bituminous Coal [J]. Energy Fuels, 2017, 31 (2): 1310-1317.

[15] Song Y, Jiang B, Li M, et al. Macromolecular transformations for tectonically-deformed high volatile bituminous via HRTEM and XRD analyses [J]. Fuel, 2020, 263: 116756.

[16] Solum M S, Pugmire R J, Grant D M. ^{13}C Solid-State NMR of Argonne Premium Coals [J]. Energy Fuels, 1989, 3 (2): 187-193.

[17] 秦勇. 再论煤中大分子基本结构单元演化的拼叠作用 [J]. 地学前缘, 1999, 6 (S1): 29-34.

[18] Lian L L, Qin Z H, Li C S, et al. Molecular Model Construction of the Dense Medium Component Scaffold in Coal for Molecular Aggregate Simulation [J]. ACS Omega, 2020, 5 (22): 13375-13383.

[19] 刘洁. 褐煤中易分离/热解组分的解析及褐煤大分子结构模型的构建 [D]. 徐州: 中国矿业大学 (江苏), 2019.

[20] 朱红青, 何欣, 霍雨佳, 等. 褐煤分子结构模型构建与优化 [J]. 矿业科学学报, 2021, 6 (4): 429-437.

[21] Liu J, Luo L, Ma J, et al. Chemical Properties of Superfine Pulverized Coal Particles. 3. Nuclear Magnetic Resonance Analysis of Carbon Structural Features [J]. Energy Fuels, 2016, 30 (8): 6321-6329.

[22] Li Z K, Wei X Y, Yan H L, et al. Insight into the structural features of Zhaotong lignite using multiple techniques [J]. Fuel, 2015, 153: 176-182.

[23] Hower J C, O'Keefe J M K, Valentim B, et al. Contrasts in maceral textures in progressive metamorphism versus near-surface hydrothermal metamorphism [J]. Int J Coal Geol, 2021, 246: 103840.

[24] Erdenetsogt B O, Lee I, Lee S K, et al. Solid-state C-13 CP/MAS NMR study of Baganuur coal, Mongolia: Oxygen-loss during coalification from lignite to subbituminous rank [J]. Int J Coal Geol, 2010, 82 (1-2): 37-44.

[25] Chou C L. Sulfur in coals: A review of geochemistry and origins [J]. Int J Coal Geol, 2012, 100: 1-13.

[26] Pomerantz A E, Bake K D, Craddock P R, et al. Sulfur speciation in kerogen and bitumen from gas and oil shales [J]. Organic Geochemistry, 2014, 68: 5-12.

[27] Schafer H N S. Determination of carboxyl groups in low-rank coals [J]. Fuel, 1984, 63 (5): 723-726.

[28] Feng L, Zhao G, Zhao Y, et al. Construction of the molecular structure model of the Shengli lignite using TG-GC/MS and FTIR spectrometry data [J]. Fuel, 2017, 203: 924-931.

[29] Zhou B, Shi L, Liu Q, et al. Examination of structural models and bonding characteristics of coals [J]. Fuel, 2016, 184: 799-807.

菌剂—营养液协同强化煤炭高效生物气化及机制研究

王波波[1]，邓泽[2]，赵仁远[1]，刘如锢[1]，郭红光[3]，余志晟[1]

（1. 中国科学院大学资源与环境学院；2. 中国石油勘探开发研究院；3. 太原理工大学）

摘　要：煤层气（CBM）作为一种重要的非常规天然气资源，对全球能源供应具有重要意义。尽管高煤阶煤层气已实现规模化开发，但低煤阶煤层气的开发仍面临诸多挑战。本研究旨在开发一种基于原位实际情况的新型技术，通过外源微生物菌剂和营养液协同作用，强化煤炭生物气化效率，揭示其增产机制。研究采用三因素微生物产甲烷潜力模拟实验，验证外源微生物菌剂与营养液共同作用下煤的生物甲烷增产效果，并进行高通量测序分析微生物群落结构。进一步通过扫描电子显微镜和傅里叶红外光谱实验，观察煤样的形貌结构变化和化学官能团变化。研究结果表明，外源微生物协同强化组净产甲烷量达 6.0093（±0.2641）m^3/t。高通量测序结果显示，协同菌剂主要由 Firmicutes、Bacteroidota、Proteobacteria、Actinobacteriota 等细菌和产甲烷古菌 *Methanosarcina* 组成，具备广泛的底物适应性和代谢活性。外源微生物与本源微生物及营养液协同作用能够显著提高煤的生物气化效率，缩短产气周期，增加甲烷产量。该增产机制表现为营养液提供微生物生长支持，微生物降解煤中物质产生易降解的代谢产物，促进煤的高效生物气化。研究为微生物增产煤层气技术的工业化应用提供了理论依据和技术支持。

关键词：菌剂；营养液；煤炭；协同强化；生物气化

煤层气（CBM）作为一种重要的非常规天然气资源，在全球能源供应中占有重要地位。我国煤层气资源丰富，资源量高达 $30.1\times10^{12}m^3$，可采资源量 $12.5\times10^{12}m^3$。然而，尽管高煤阶煤层气已实现规模化开发，但低煤阶煤层气的开发仍面临诸多挑战，包括地质条件复杂、含气量低和稳产难度大。为实现煤层气产业的可持续发展，迫切需要开发和应用低煤阶煤层气增产技术。

微生物增产煤层气技术（Microbially Enhanced Coalbed Methane，MECBM）是近年来

基金项目：中国石油天然气股份有限公司前瞻性基础性科技专项"煤层气富集规律与开发机理研究"（编号：2021DJ23）。
第一作者：王波波，中国科学院大学博士后，主要从事生物能源等方面的研究，E-mail：wangbobo@ucas.ac.cn。
通讯作者：余志晟，中国科学院大学资源与环境学院教授，博士生导师，长期从事生物质能源和煤炭生物气方面的研究工作，E-mail：yuzs@ucas.ac.cn；邓泽，中国石油勘探开发研究院非常规所煤层气实验室主任，主要从事煤层气实验测试方法、煤储层评价、提高采收率等方面研究工作，E-mail：dengze@petrochina.com.cn。

备受关注的一种技术。该技术通过将厌氧微生物及其所需的营养物质或活性刺激物注入煤层中，利用微生物降解煤产生甲烷，从而实现煤层气的增产[1-3]。低阶煤的分子结构较为松散、简单，微生物易于与煤中有效成分接触，有利于微生物降解煤中的有效生物底物。此外，多项研究报道了高阶煤中同样存在生物成因气，存在相关的煤降解细菌及产甲烷菌[4-5]。在废弃无烟煤矿井的采残煤中，也发现了生物成因甲烷的产生，且在以无烟煤为唯一碳源的富集实验中检测到甲烷的产生[6]。Fallgren等比较了煤阶对微生物厌氧降解煤产甲烷的影响，发现高阶煤的甲烷产生速率要高于低阶煤[6]。笔者所在研究团队前期同样在以烟煤和无烟煤为主的煤层气田中发现了生物成因煤层气及相关细菌和产甲烷菌[7-9]。这些研究结果为煤能够被微生物转化产甲烷提供了有力证据。目前，提高微生物增产效率的研究主要集中在两个方面：一是功能微生物及生物强化（内因），二是添加外源物质刺激微生物（外因）。

在功能微生物的研究方面，国内外学者已识别和培养出多种能够降解煤产甲烷的高效菌群。例如，中国科学院大学的余志晟和太原理工大学的郭红光等从沁水盆地煤层气产出水中富集获得了高效降解无烟煤产甲烷的菌群，并研究了降解过程中间代谢产物及煤结构变化[10]。此外，生物强化技术通过向煤中添加新的或额外的功能微生物，以增强或引发微生物产甲烷也取得了一定成效。Green等发现美国粉河盆地煤层气田产出水中的微生物能够降解煤产甲烷，且升高温度、减小pH值、缩小煤颗粒，以及添加N，N-二甲基甲酰胺都会促进产出水中微生物降解煤产甲烷速率[11]。Ünal等的研究发现，适量添加微量元素能够促进煤层气产出水中产甲烷菌活性及产甲烷能力，缺少或是过量都会抑制甲烷生成[12]。此外，分别从现代湿地和红树林沉积物中富集得到的微生物群体同样对某些烟煤、褐煤等具有生物降解产甲烷效果[13-14]。这些研究充分说明，煤转化生物甲烷是可行的，这为实际生产中利用煤转化生物甲烷来实现煤炭地下（煤层气）和地面气化（生物甲烷气）奠定了基础。

尽管微生物增产煤层气技术在实验室和小规模现场试验中取得了一定成果，但其实际工业化应用仍面临诸多挑战。具体来说，功能微生物的实际应用效果受限于微生物群落的复杂性和煤层环境的多样性。此外，虽然外源物质的添加能够刺激微生物活性，但对其增产机理的理解仍不充分，导致添加物质的普遍适用性和关键制约节点尚不明确。目前，国内尚无成功的煤岩原位生物气化试验，与之匹配的现场微生物增气工艺技术也亟待开发。

本研究旨在开发一种基于原位实际情况的新型技术，充分考虑地下煤层中的环境营养状况和本源微生物的特点，创新性地提出了以外源微生物菌剂和本源微生物共培养形成的稳定高效菌剂。具体而言，本研究将通过三因素微生物产甲烷潜力模拟实验，验证外源微生物菌剂与营养液共同作用下煤的生物甲烷增产效果，并采用高通量测序技术对增产过程中的微生物群落进行详细分析，以揭示其增产机理，为微生物增产煤层气技术的工业化应用提供理论依据和技术支持。

1 实验方法

1.1 煤样和煤层气产出水理化性质分析

将煤在815℃的条件下完全燃烧后所得的残渣作为煤的灰分，残渣占煤样质量的百分数，称为煤的灰分产率，用 A 表示。测定灰分时所用的煤样是粒度小于0.2mm的空气干燥煤样，因此，测定结果是空气干燥基的灰分产率，用 A_{ad} 表示。在高温条件（900℃）下，将煤隔绝空气加热一定时间，煤的有机质发生热解反应，形成部分小分子的化合物，在测定条件下呈气态析出，其余有机质则以固体形式残留下来。由有机质热解形成并呈气态析出的化合物称为挥发物，该挥发物占煤样质量的百分数称为挥发分或挥发分产率。以固体形式残留下来的有机质占煤样质量的百分数称为固定碳。固定碳和煤中的灰分一起形成的残渣称为焦渣，从焦渣中扣除灰分就是固定碳。挥发分用 V 表示，固定碳用 FC 表示。煤的元素分析在中国石油勘探开发研究院廊坊分院进行，煤层气产出水的理化性质采用阴阳离子色谱检测。

挥发分的测定：称取1g分析煤样放入挥发分坩埚，在900℃下隔绝空气加热7min取出，在干燥器中冷却后称量，按式（1）计算挥发分：

$$V_{ad} = (m - m_1)/m \times 100 - M_{ad} \tag{1}$$

式中：V_{ad} 为空气干燥基的挥发分，%；m 为煤样的质量，g；m_1 为残渣的质量，g；M_{ad} 为空气干燥基的水分，%。

空气干燥基的固定碳 FC_{ad} 按式（2）计算：

$$FC_{ad} = 100 - M_{ad} - A_{ad} - V_{ad} \tag{2}$$

1.2 三因素微生物产甲烷潜力模拟实验

第一类因素模拟实验设置只有煤层水的空白对照组和添加了煤样的煤层水，以证实本源微生物组在没有外源微生物和营养液的情况下的产气潜力；第二类因素模拟实验设置了本源微生物加营养液的对照组，以及营养液强化的本源微生物组，以证实实验设计的营养液配方是否对本源微生物的产甲烷能力有促进作用；第三类因素模拟实验增加了外源微生物的协同强化，以证实外源微生物协同作用下的增产潜力。各类因素模拟实验同时开展重复实验。酵母粉0.2g/L，蛋白胨0.2g/L，KNO_3 0.28g/L，NH_4Cl 0.28g/L，K_2HPO_4 1.2g/L，KCl 0.335g/L，$MgCl_2 \cdot 2H_2O$ 2.75g/L，$CaCl_2 \cdot 2H_2O$ 0.14g/L；痕量金属母液1mL/L，其中，$MnCl_2 \cdot 4H_2O$ 10mg/L，$ZnCl_2$ 7mg/L，H_3BO_3 3mg/L，$CuCl_2$ 1mg/L，$NiCl_2 \cdot 6H_2O$ 1mg/L，$Na_2MoO_4 \cdot 2H_2O$ 2mg/L，$CoCl_2 \cdot 6H_2O$ 2.5mg/L，Fe(Ⅲ) citrate 10mg/L。

1.3 扫描电镜实验

为了更直观地展示煤炭在生物转化前后核孔结果的变化情况，本研究将扫描电子显微镜应用到煤形貌结构的观察上。通过对煤样转化前后进行电子显微镜扫描实验，得到在高放大倍数（12000 倍）下清晰的煤的形貌结构照片，采用分形描述的方法对 SEM 图片进行分析研究，观察煤的形貌结构的特征。生物转化前后的煤炭样品通过 Quanta 200F 扫描电子显微镜进行观察。

1.4 傅里叶红外光谱实验

使用美国 Thermo Fisher Scientific 公司红外光谱仪（Nicolet iS20）对煤样反应前后表面官能团进行分析，在干燥的环境中，取煤粉和适量干燥的溴化钾粉末加入研钵中，充分研磨多次，然后放入压片机上压片（压成透明薄片），测试时先采集背景，然后采集样品的红外光谱，分辨率为 $4cm^{-1}$，扫描次数为 32 次，测试波数范围为 $400\sim4000cm^{-1}$。

1.5 高通量测序及数据分析

因素模拟实验培养液中的细菌和古菌群落通过 HiSeq2500 平台采用 16S rRNA gene 扩增子高通量测序的方法进行检测。将每周的三个独立平行实验的培养液收集并混合后提取 DNA。混合后的培养液添加 0.2% 的 Tween 80[10]，利用 FastDNA SPIN 试剂盒（Bio101 Systems，USA）提取总 DNA。通用的细菌引物对 BAC-515F/907R 和古菌引物对 AR-519F/915R 分别用于扩增培养液细菌和古菌的 16S rRNA gene。细菌通用引物的正向序列为 515F：GTGCCAGCMGCCGCGG，反向引物序列为 907R：CCGTCAATTCMTTTRAGTTT；古菌通用引物的正向序列为 519F：CAGCCGCCGCGGTAA，反向引物序列为 915R：GTGCTCCCCGCCAATTCCT。

获得培养液中细菌和古菌群落的 16S rRNA gene 纯化后的 PCR 产物，采用 TruSeq® DNA PCR-Free Sample Preparation 试剂盒构建 DNA 文库，DNA 文库经 Qubit 和 qPCR 检测后在 HiSeq2500 PE250 平台上进行测序。利用 Qiime 软件（V7.0.1）对测序后的嵌合序列进行质控[15]；利用 Uparse 软件（v7.0.1001，http：//drive5.com/uparse/）按照 97% 的相似度识别操作分类单元（OTUs）[16]；每一个 OTU 的代表序列与 SSUrRNA 序列数据库进行比对[17]。

2 结果与讨论

2.1 煤层原位样品理化性质

本研究中的煤层原位中含有的丰富的煤炭资源和煤层气地下水作为微生物菌剂进行生物气化作用的反应场所，决定了微生物菌剂进行生物气化反应的基本背景。通过对原位煤样和煤层气产出水的理化性质分析（表1，表2），根据中国煤炭分类国家标准（GB 5751—2009《中国煤炭分类》），表明该处样的煤为褐煤；而煤层气产出水呈现出低 COD、低磷、低氮的特征，含有的微生物生长的各种营养物质难以满足微生物的大量繁殖。

表1 煤样理化性质分析　　　　　　　　　　　　　　　　　　　　单位：%

分析项目	C_{ad}	H_{ad}	N_{ad}	S_{ad}	R_{min}	R_{max}
煤样	28.24	2.06	0.46	0.34	0.33	0.43

表2 煤层气产出水理化性质分析

理化指标	结果
pH值	7.6
电导率	4510mS/cm
COD	18mg/L
总磷	0.03mg/L
氨氮	1.82mg/L
总氮	2.95mg/L
氯离子	398mg/L
硫酸盐	2.23mg/L
矿化度	3351mg/L
铜	0.182mg/L
铁	0.164mg/L
锰	0.372mg/L
钼	0.00162mg/L
镍	0.00067mg/L
钠离子	1610mg/L
钾离子	46.3mg/L
镁离子	10.2mg/L
钙离子	19mg/L

2.2 菌剂—营养液协同强化原位本源微生物煤层高效生物产气

活性污泥中含有极其丰富的微生物群落，主要由门类多样的细菌和古菌组成，具有数量多、活性高的特点。活性污泥中的不同微生物类群被发现可以协同降解复杂有机物，因此本研究从活性污泥入手，以煤为唯一碳源进行功能微生物筛选，以证实活性污泥中是否含有能够降解煤的微生物。研究结果表明，以煤为唯一碳源，筛选到多种能够降解煤的微生物（图1），其中包括煤水解菌和和产生物表面活性剂的微生物，包括 *Paenibacillus macerans*、*Bacillus cereus*、*Bacillus idriensis*、*Paenibacillus barengoltzii*、*Stenotrophomonas maltophilia* 和 *Pseudomonas aeruginosa*。

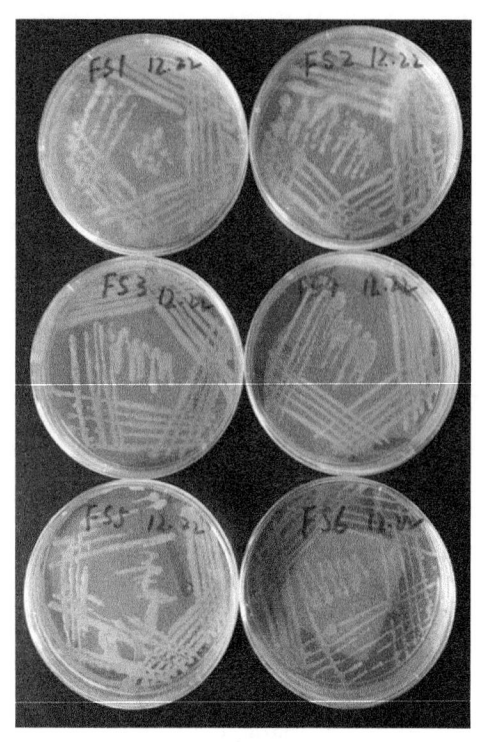

图 1 从活性污泥中筛选到的能够降解煤的微生物

实验结果表明活性污泥中含有能够有效降解煤的微生物,其可作为外源菌剂的来源,下文进一步证实活性污泥微生物与本源微生物的协同产生物甲烷的能力,以及其在营养液作用下的协同增产效果。

三因素微生物产甲烷潜力模拟实验结果表明,外源菌和营养液的施加能够有效地缩短煤的产气周期,增加生物甲烷的产量(图2)。具体地,吉尔嘎朗图煤样在本源微生物的作用下,不添加营养液和外源微生物,产气量为 0.2434(± 0.0417)m^3/t;加入营养液强化后,本源微生物作用下的煤的产气潜力为 0.9185(± 0.0279)m^3/t,表明营养液对本源微生物具有一定强化作用;在第三类因素模拟实验中的外源微生物协同强化组中,吉尔嘎朗图煤样的净产甲烷量达 6.0093(± 0.2641)m^3/t。该实验结果表明,在营养液的作用下,外源微生物和本源微生物能够有效协同降解煤产甲烷,达到增产增效的作用。较高的产气能力是外源微生物和本源微生物共同作用的结果,这也表明外源微生物和本源微生物具有较好的相互适应性和协同效果。因此,该研究形成了以活性污泥外源微生物和原位煤层本源微生物为基础共培养形成的高效菌剂,通过 Illumina HiSeq 高通量测序,对产气量最高的实验组进行生物气化反应的微生物群落测序,测序结果如图3所示。

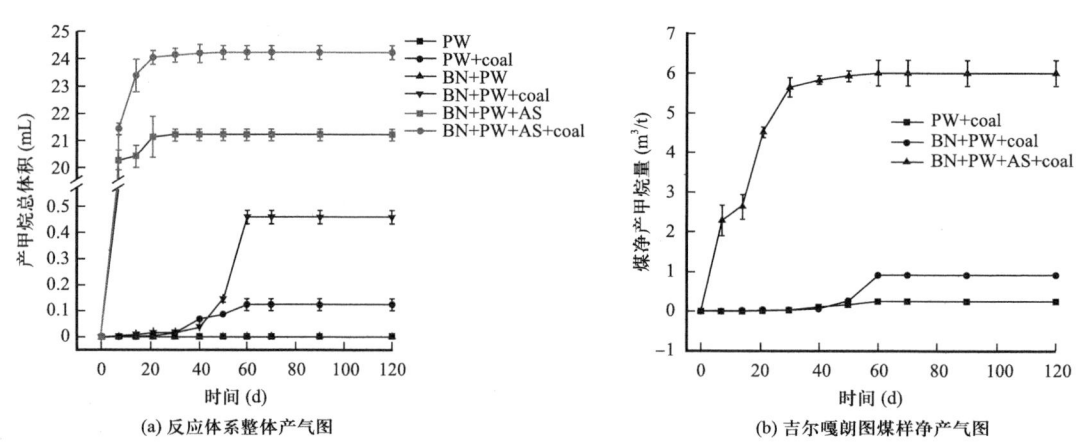

图 2 三因素微生物产甲烷潜力模拟实验

PW,本源微生物组;BN,营养液;AS,外源微生物组;coal,煤样

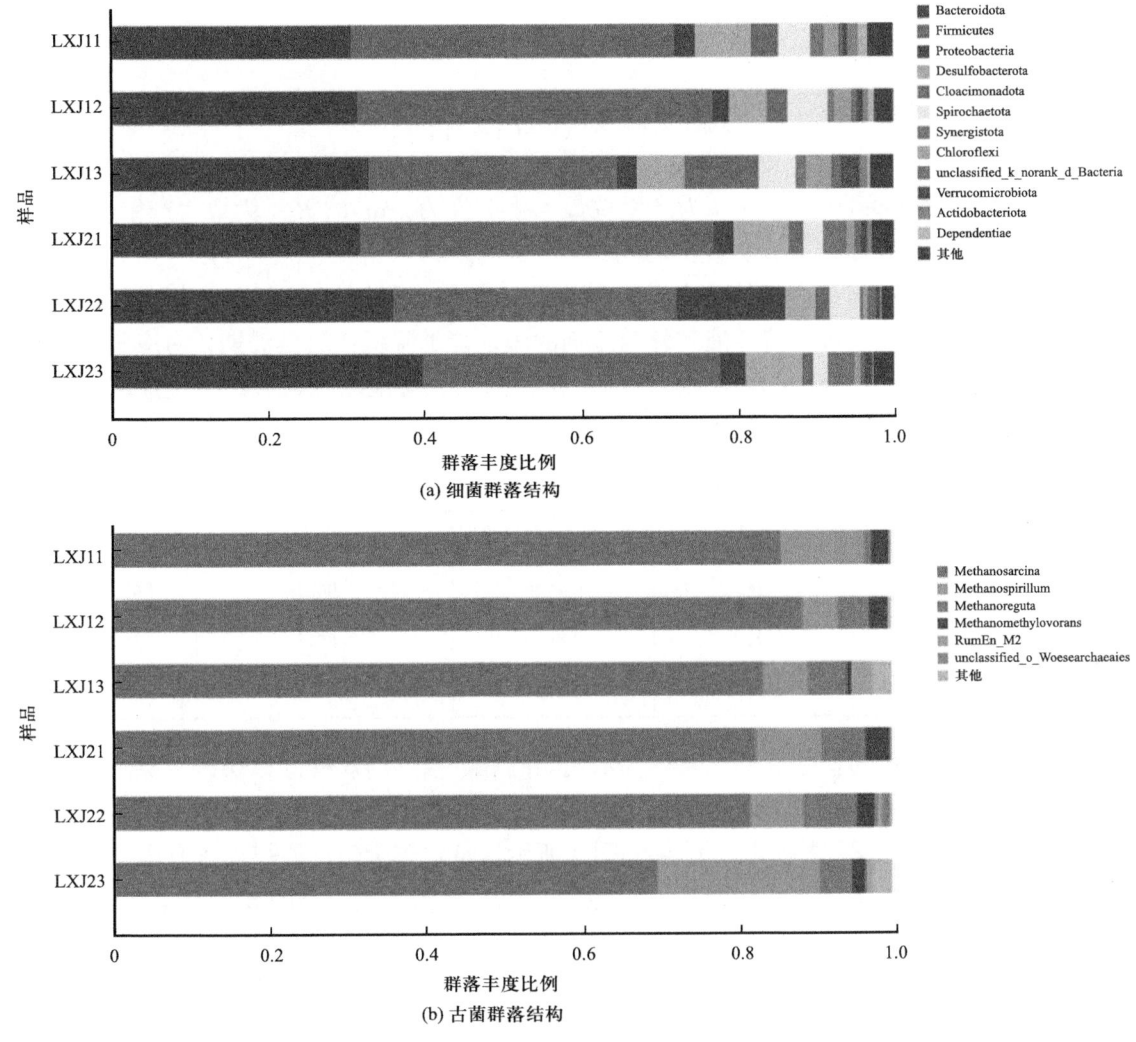

图 3 菌剂群落结构组成图

高通量测序结果表明由外源微生物和本源微生物共培养形成的高效菌剂,其群落结构主要由细菌:Firmicutes,Bacteroidota,Proteobacteria,Actinobacteriota,Cloacimonadota,Spirochaetota,Chloroflexi,Acidobacteriota,以及产甲烷古菌:*Methanosarcina*,*Methanospirillum*,*Methanoregula*,*Methanomethylovorans* 组成。其中 Firmicutes,Bacteroidota,Proteobacteria,Actinobacteriota 在水解降解过程中发挥作用,Spirochaetota,Chloroflexi,Acidobacteriota 在发酵产酸过程中发挥作用;占比最高的产甲烷菌 *Methanosarcina*(92%)能利用多种不同类型底物,如乙酸、H_2/CO_2,以及甲基类化合物进行产 CH_4 的生长,是一类混合营养型的产甲烷微生物。表明该菌剂具有对不同底物进行产甲烷代谢活动的广泛适应性特征。

2.3 生物强化原位煤层高效生物产气的机制探索

对高效菌剂增产甲烷的实验结果进行数学模型拟合,发现煤炭生物气化的产甲烷动力学方程符合 Logistic 方程（$R^2=0.99$），见式（3）：

$$y = \frac{A}{1+\exp\left[\dfrac{4 \times R_{\max}}{A}(\lambda - t) + 2\right]} \quad (3)$$

式中：y 为累计产甲烷量，m³/t；A 为产甲烷最大生产潜力，m³/t；$R_{\max}$ 为最大产甲烷速率，m³/(t·d)；λ 为延滞期，d；t 为发酵时间，d。

经计算，各实验组的产甲烷动力学方程参数见表 3，通过对比不同处理组的累计甲烷产量动力学方程可以发现，营养液和外源菌剂的施加能够降低产气延滞期（对应整个产甲烷过程的初始阶段），从而迅速启动产甲烷反应的进行，并能增加最大产甲烷速率；双重增效作用的加强下，甲烷产量明显增加。

表 3　各实验组的产甲烷动力学方程参数

实验组	y（m³/t）	A（m³/t）	$R_{\max}$［m³/(t·d)］	λ（d）
本源微生物组	0.2422	0.2476	0.0021	42.0063
营养液强化组	0.9185	0.8959	0.0075	38.6495
菌剂—营养液协同强化组	6.0093	6.2279	0.0519	1.7281

实验进一步通过傅里叶红外光谱对吉尔嘎朗图和吐哈盆地煤样的原煤，本源微生物作用后的煤样，营养液强化本源微生物作用后的煤样，以及外源微生物协同本源微生物生物强化后的煤样进行化学结构分析，结果如图 4 所示。从整体上看，原煤均含有丰富的官能团，经过一系列的处理后原煤中对应的官能团透光率逐渐增加，表明该官能团含量降低。

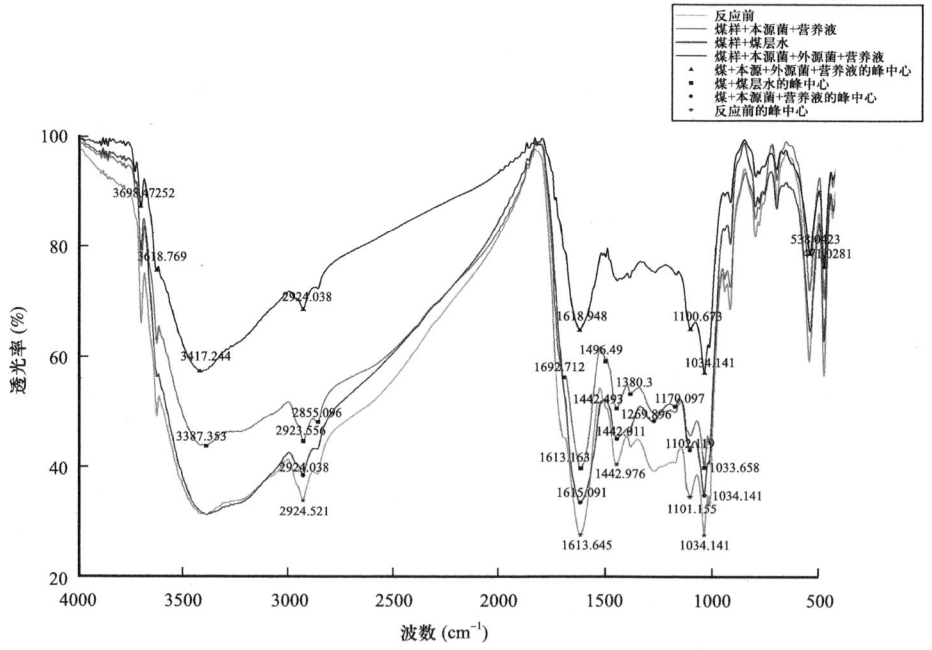

图 4　三因素微生物产甲烷潜力模拟实验反应后的煤样和原煤的傅里叶红外光谱特征结构图

特别是营养液强化组和外源微生物协同强化组的煤样的官能团较原煤中对应的官能团含量明显降低，表明营养液和外源微生物对煤基质的降解具有明显的促进作用。吉尔嘎朗图煤样的煤经外源微生物和营养液促进降解发生反应的化学基团是甲氧基、酸类物质、苯环结构及吡喃环骨架；而煤样在煤层水环境中，该类化学基团基本未发生明显变化。表明外源微生物在反应的水解阶段即发挥了重要作用。

上述实验结果表明，营养液和菌剂的协同作用能够有效地促进吉尔嘎朗图煤样的生物气化，最高净产气潜力达 $6.0093m^3/t$ 煤，其增产机制表现为营养液为微生物生长和发挥作用提供支撑，煤中物质经功能微生物本身水解作用下解聚、增溶，再经该类功能微生物的羟基化作用和酰基化作用产生更容易进行后续降解的代谢产物，从而促进煤的高效生物气化。

3 结论

本研究通过外源微生物菌剂和营养液的协同作用，有效地提高了煤炭的生物气化效率。实验结果表明，在营养液的支持下，外源微生物和本源微生物的协同作用显著缩短了煤的产气周期，增加了甲烷产量，最高净产气潜力达 $6.0093m^3/t$ 煤。高通量测序结果进一步揭示了协同菌剂的微生物群落结构主要由 Firmicutes、Bacteroidota、Proteobacteria 等细菌和产甲烷古菌 Methanosarcina 组成。基于本研究结果的创新性和实用性，有望推动微生物增产煤层气技术的工业化应用。然而，仍需进一步探索以下几个方面：

（1）优化外源微生物菌剂和营养液配方，以适应不同煤层的地质和化学环境，提高技术的普适性和增产效果。

（2）开展大规模现场试验，验证实验室研究成果的实际应用效果，进一步完善工艺流程。

（3）通过多学科交叉研究，深入理解微生物降解煤炭的分子机制，探索更多高效降解菌种，提升整体技术水平。

（4）推动产学研结合，建立完善的技术转化平台，加快技术推广和应用。

本研究为微生物增产煤层气技术的工业化应用提供了重要的理论依据和技术支持，有望在能源开发领域发挥重要作用，推动煤层气产业的可持续发展。

参 考 文 献

[1] Huang Z, Sednek C, Urynowicz M A, et al. Low carbon renewable natural gas production from coalbeds and implications for carbon capture and storage [J]. Nature Communications, 2017, 8: 568.

[2] Malik A Y, Ali M I, Jamal A, et al. Coal biomethanation potential of various ranks from Pakistan: A possible alternative energy source [J]. Journal of Cleaner Production, 2020, 255: 120177.

[3] Zhao W, Su X, Xia D, et al. Contribution of microbial acclimation to lignite biomethanization [J]. Energy & Fuels, 2020, 34: 3223-3238.

[4] Faiz M, Hendry P. Significance of microbial activity in Australian coal bed methane reservoirs—a review

[J]. Bulletin of Canadian Petroleum Geology, 2006, 54: 261-272.

[5] Formolo M, Martini A, Petsch S. Biodegradation of sedimentary organic matter associated with coalbed methane in the Powder River and San Juan Basins, USA [J]. International Journal of Coal Geology, 2008, 76: 86-97.

[6] Fallgren P H, Jin S, Zeng C, et al. Comparison of coal rank for enhanced biogenic natural gas production [J]. International Journal of Coal Geology, 2013, 115: 92-96.

[7] Wei M, Yu Z, Zhang H. Microbial diversity and abundance in a representative small-production coal mine of central China [J]. Energy&Fuels, 2013, 27: 3821-3829.

[8] Wei M, Yu Z, Jiang Z, et al. Microbial diversity and biogenic methane potential of a thermogenic-gas coal mine [J]. International Journal of Coal Geology, 2014, 134: 96-107.

[9] Wei M, Yu Z, Zhang H. Molecular characterization of microbial communities in bioaerosols of a coal mine by 454 pyrosequencing and real-time PCR [J]. Journal of Environmental Sciences, 2015, 30: 241-251.

[10] Guo H, Liu R, Yu Z, et al. Pyrosequencing reveals the dominance of methylotrophic methanogenesis in a coal bed methane reservoir associated with Eastern Ordos Basin in China [J]. International Journal of Coal Geology, 2012, 93: 56-61.

[11] Green M S, Flanegan K C, Gilcrease P C. Characterization of a methanogenic consortium enriched from a coalbed methane well in the Powder River Basin, USA [J]. International Journal of Coal Geology, 2008, 76: 34-45.

[12] Ünal B, Perry V R, Sheth M, et al. Trace elements affect methanogenic activity and diversity in enrichments from subsurface coal bed produced water [J]. Frontiers in Microbiology, 2012, 3: 175.

[13] Jones E J, Voytek M A, Warwick P D, et al. Bioassay for estimating the biogenic methane-generating potential of coal samples [J]. International Journal of Coal Geology, 2008, 76: 138-150.

[14] Wang H, Lin H, Rosewarne C P, et al. Enhancing biogenic methane generation from a brown coal by combining different microbial communities [J]. International Journal of Coal Geology, 2016, 154: 107-110.

[15] Caporaso J G, Kuczynski J, Stombaugh J, et al. QIIME allows analysis of high-throughput community sequencing data [J]. Nature Methods, 2010, 7: 335-336.

[16] Edgar R C. UPARSE: highly accurate OTU sequences from microbial amplicon reads [J]. Nature Methods, 2013, 10: 996-998.

[17] Quast C, Pruesse E, Yilmaz P, et al. The SILVA ribosomal RNA gene database project: improved data processing and web-based tools [J]. Nucleic Acids Research, 2012, 41: 590-596.

本源微生物对煤储层物性的改造实验研究

夏大平[1]，吕航[2]，顾鹏涛[1]，邓泽[3]，李海伟[4]，李银川[2]，李利娟[4]

（1. 河南理工大学能源科学与工程学院，河南 焦作 454000；2. 河南理工大学资源与环境学院，河南 焦作 454000；3. 中国石油勘探开发研究院，北京 100083；4. 河南省资源环境调查三院，河南 郑州 450000）

摘　要：为研究微生物产甲烷对煤体储层物性的影响，通过对厌氧降解前后两种煤样进行低温液氮吸附测试、等温吸附和扩散系数测试等方法，分析微生物产气作用对煤的物性影响特征。因煤样物性具有一定差异性，也造成了微生物增产煤层气的效果不同。煤是高分子有机化合物，主要是芳香族及木质素衍生物，含碳源、氮源等可以被微生物利用的物质。微生物分泌胞外酶分解煤中大分子的共价键和官能团，最终生成甲烷，这一过程会使煤物性发生改变。研究发现微生物厌氧降解会增加煤层气含量，改变煤孔隙结构，使煤表面分形维数减少，煤表面趋向光滑；同时，微生物降解一定程度上改变了煤储层的物理性质，增加煤储层的扩散性，煤储层的孔隙连通性也得到改善，为煤层气开发提供了更多的科学依据。

关键词：微生物增产；煤孔隙结构；扩散性；孔隙连通性；双重效应

煤层气以吸附在煤基质颗粒表面为主，煤层气在解吸扩散时会受到煤自身物质组成、孔隙特征和扩散性等综合因素影响[1-2]。煤层气抽采率和利用率相对低，这与煤储层孔裂隙发育差有关。本研究从微生物作用对煤储层物性影响方面开展相关研究。

国外大多数煤层气井依靠水力压裂技术能够获得可观的产气量，效果显著，同样的技术用在我国煤层气井增产改造，效果却相差甚远[3-4]。一方面归因于煤级、渗透率、地质条件的差异性致使无法直接套用国外技术[5-6]；另一方面应归因于压裂液的性能，煤层气增产效果自然不够理想[7]。后续出现多元气体驱替技术，利用煤层对注入气体的吸附能力远超过甲烷的原理，通过竞争吸附的方式将甲烷从煤中孔裂隙中置换出来[8-9]。就我国煤储层而言，若仅依靠CO_2的驱替效应来提高煤储层的采收率，而不考虑提高CO_2注入压力，会因煤层形成的新裂隙难以弥补，最终引起煤基质膨胀，对渗透率产生负效应[10-11]。

基金项目：中国石油天然气股份有限公司前瞻性基础性科技专项（2021DJ23），河南省自然资源大厅项目（2022-4）。

第一作者：夏大平（1983-），女，安徽阜阳人，博士、副教授，主要研究方向为煤地球化学，煤层气生物工程，E-mail：xiadp22@hpu.edu.cn。

通讯作者：邓泽（1982-），高级工程师，硕士，主要从事非常规天然气储层评价工作，E-mail：dengze@petrochina.com.cn。

正是因为以上煤层气增产技术仍有所欠缺，加之煤层气作为清洁高效能源的重要补充作用，"微生物增产煤层气"技术应运而生[12-13]。微生物增产煤层气（MECBM），主要通过向煤层中注入产甲烷菌群及营养物质，利用微生物降解达到增产煤层气的效果[14-15]。目前，该技术已经得到全方位、多角度的研究，已形成初具规模的"煤层气生物工程"这一系统的工程[16]。在这一增产煤层气的系统工程中，煤基质孔隙研究作为煤储层改性的关键一环更是得到了众多学者的关注[17-19]。已有研究表明，煤的生物转化导致煤基质膨胀效应显著，残煤中宽度小于 5μm 的孔裂隙宽度显著降低[20]。有研究得出的结论与之相反，认为经微生物厌氧降解后的残煤，表面裂隙增多，总孔容显著增加，比表面积降低，孔隙连通性增强[21-23]。微生物降解煤对储层改性的研究尚未形成统一定论，而经生物改性后的煤层是否有利于增产煤层气更不得而知[24-25]。

本研究采用褐煤和烟煤为研究对象，以矿井水中煤层本源菌群作为富集对象，进行微生物厌氧降解实验。通过低温液氮吸脱附曲线来表征不同煤阶煤降解前后孔隙连通性、孔径分布特征等系列参数变化，等温吸附和扩散系数测试研究产气后煤储层解吸、扩散能力的变化。揭示微生物降解后煤储层改性机理，为微生物增产技术的应用提供参考。

1 实验材料与方法

1.1 实验设计

1.1.1 煤样的准备

煤样分别是采自内蒙古自治区白音华煤矿的低阶褐煤（HM）和山西省柳林县沙曲煤矿的中阶烟煤（JM），矿井水样取自河南省焦作市古汉山矿深层矿井水。本研究设计并开展了多项测试及实验，对采集煤样降解前后的孔隙系统及物性参数进行了系统的分析。首先，从两种不同变质程度的煤岩样品中分别钻取 2 个直径约 25mm 的岩心柱样；然后将钻取柱样时剩余的块状样品用于制作煤岩光片，进行煤岩镜质组反射率测定；剩余的颗粒状样品使用电磁矿石粉碎机将其破碎，筛选粒径 80~100 目数的煤粉，参照国家标准 GB/T 30732—2014《煤的工业分析方法 仪器法》和 GB/T 31391—2015《煤的元素分析》分别进行煤样的工业分析和元素分析测试，测试结果见表 1，剩余煤样放置于 105℃的电热恒温鼓风干燥箱内保存备用。

表 1 煤样的工业分析、元素分析与最大镜质组反射率

煤样编号	工业分析（%）			元素分析（%）				$R_{o,max}$（%）
	M_{ad}	A_{ad}	V_{daf}	C_{daf}	H_{daf}	$(O+S)_{daf}$	N_{daf}	
HM	15.10	7.74	44.40	69.91	6.27	22.08	1.74	0.46
JM	0.44	11.44	17.08	87.69	4.95	5.94	1.42	1.53

1.1.2 菌群富集培养

采用实验室富集培养基对矿井水中的微生物进行富集培养,产甲烷富集培养基中包含有机碳源、有机氮源等微生物生长代谢所必需的营养物质,其中,有机碳源:甲酸钠,2.0g/L;乙酸钠,2.0g/L。有机氮源:酵母膏,1.0g/L;胰蛋白胨,0.1g/L。无机盐:NH_4Cl,1.0g/L;$MgCl_2 \cdot 6H_2O$,0.1g/L;$NaHCO_3$,2.0g/L。pH值缓冲剂:$K_2HPO_4 \cdot 3H_2O$,0.4g/L;KH_2PO4,0.2g/L。还原剂:Na_2S,0.2g/L;L-半胱氨酸盐酸盐,0.5g/L。微量元素液,10mL/L;维生素液,10mL/L。微量元素液组成:氨基三乙酸,1.5g/L;$MnSO_4 \cdot 2H_2O$,0.5g/L;$MgSO_4 \cdot 7H_2O$,3.0g/L;$FeSO_4 \cdot 7H_2O$,0.1g/L;NaCl,1.0g/L;$CoCl_2 \cdot 6H_2O$,0.1g/L;$CaCl_2 \cdot 2H_2O$,0.1g/L;$CuSO_4 \cdot 5H_2O$,0.01g/L;$ZnSO_4 \cdot 7H_2O$,0.1g/L;H_3BO_3,0.01g/L;$KAl(SO_4)_2$,0.01g/L;$NiCl \cdot 6H_2O$,0.02g/L;$NaMoO_4$,0.01g/L;去离子水,1000mL。维生素液组成:生物素,2mg/L;叶酸,2mg/L;B_6,10mg/L;B_2,5mg/L;B_1,5mg/L;烟酸,5mg/L;泛酸钙,5mg/L;B_{12},0.1g/L;对氨基苯甲酸,5mg/L;硫辛酸,5mg/L;去离子水,1000mL。以上药品均采用电子天平称量,称量克级药品精确到小数点后两位,称量毫克级药品精确到小数点后四位。

将称量后的培养基置于高压灭菌锅中,待灭菌结束后迅速移入厌氧工作站。冷却至室温后,加入适量矿井水,充分混合并摇匀,充入高纯氦气5~10min,使菌液达到厌氧环境。充气结束后迅速塞紧橡胶塞,用封口膜对瓶口进行密封,全过程在厌氧工作站中进行。密封后将锥形瓶置于35℃的恒温培养箱内富集10~15d,期间收集产出气体,根据甲烷产出情况对富集效果进行评估。若没有检测出甲烷,则需要重新富集,直至产生甲烷;其中,空白对照组均未产生气体。

1.1.3 发酵产气实验

富集成功后,按菌液:培养基=1:10加入配制好的扩大培养基(此时培养基用等量蒸馏水替换矿井水,并调节pH值至7.0±0.05),对菌群扩大培养10d,之后进行煤制生物甲烷实验。按照煤样(g):菌液(mL)=1:10的比例,将50g煤样置于已灭菌的500mL锥形瓶中,在厌氧工作站内加入500mL菌液,充分混匀后排氧、密封,连接集气袋。置于35℃的恒温培养箱进行产气实验,至无明显产气后结束产气实验。每隔3d对气体进行取样测试。实验装置如图1所示。为确保实验结果的可重现性,实验设置多组平行样。取发酵产气前后的煤粉分别进行煤岩低温液氮吸附测试和甲烷等温吸附实验;取微生物降解前后的柱样分别进行煤岩常规孔渗分析和甲烷扩散测试。

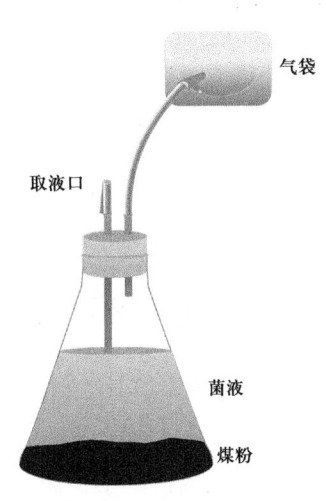

图1 发酵实验装置

1.2 测试方法

1.2.1 低温液氮吸附测试

低温液氮吸附实验采用JW-BK112型全自动比表面积孔径分布测定仪进行测试,

测试前需要对煤样进行抽真空脱气处理，升温速率为 1.0℃/min，升温至 105℃ 并恒温 5h。抽真空至测试环境压力降到 0.25Pa 以下。正式测试时测试气体为高纯氮气和高纯氦气，浓度为 99.999%，进气压力需控制在 0.1MPa、77.35K 的环境条件下，以液氮为吸附介质对煤样进行测试，获得在相对压力为 0.01~0.995 区间内的吸附/脱附等温线。为保证实验的准确性，原则上样品量不超过样品仓总体积的 2/3。测试孔径有效范围为 0.35~500nm，采用 BET 多分子层吸附理论、BJH 和 HK/SF 模型获得煤样比表面积、孔容、平均孔径等参数。

1.2.2 等温吸附测试

利用 IS-300（Terra Tek USA）等温吸附仪，根据《煤的高压等温吸附试验方法》（GB/T 19560—2008）标准分别对降解前煤样和降解后残煤进行等温吸附测试，设置最高压力 10MPa，10 个压力点，每个压力达到吸附平衡为止。

1.2.3 扩散系数测试

扩散系数测试采用 TK-Ⅰ型煤层（页岩）气扩散系数测定仪。测试前将产气前后煤柱进行烘干和抽真空处理，排除其内孔隙水和残余气体。测试参数：工作电流 200mA，工作压力 25MPa，温度 120℃±0.5℃，环压不大于 35MPa。

2 实验结果与讨论

2.1 生物甲烷的产出特征

HM 和 JM 的产气特征如图 2 所示，实验结果证明 HM 和 JM 均能被微生物降解利用，且 HM 的利用程度要优于 JM。HM 的累计甲烷产量为 152.11μmol/g，并且在第 9d 达到产气高峰，峰值为 65.05μmol/g。JM 由于自身结构相较于 HM 更难降解，导致其水解阶段持续时间更长，整体产气要落后于 HM。JM 的产气高峰期出现在第 12d，峰值为 40.49μmol/g，累计甲烷产量 80.57μmol/g。

2.2 孔隙结构变化特征

2.2.1 煤体孔隙结构表征

煤孔隙结构可以通过孔比表面积、总孔容、孔径分布和分形维数等参数测试来具体描述。利用低温液氮吸附对产气前后煤样进行孔隙结构测试，相应的氮气吸附/脱附等温线如图 3 所示。根据吸附等温曲线的特征，可将等温吸附线细分为六种类型，实验结果得到煤样产气前后的液氮吸附曲线，为 BET 分类方案 Ⅰ 型、Ⅱ 型曲线。褐煤原煤（HM-RAW）为 Ⅰ 型曲线。在低压区，吸附能力迅速提高，微孔较为发育，且以一端封闭的圆柱形微孔为主，整个过程吸附/脱附曲线紧密重合，孔隙连通性好。吸附/脱附曲线在相对压力为 0.5 时出现较窄的滞后环，此处对应的孔形为墨水瓶形。最后在高压区，吸附量迅速增加，中孔发生毛细凝聚作用。褐煤残煤（HM-A）为Ⅱ型曲线。吸附和脱附曲线基本重合，主要存在狭缝形和一端封闭的圆柱形孔隙，原因是孔隙毛细凝聚作用和孔内水分蒸发，相对压力出现相等，造成吸附/脱附曲线基本重合[26]。

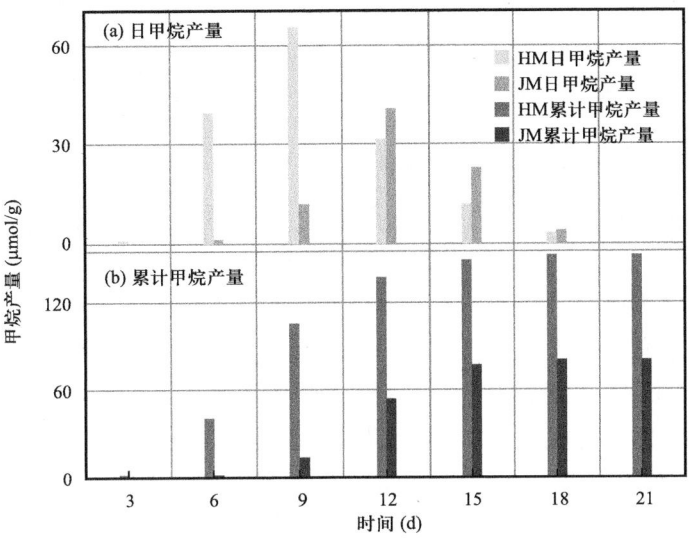

图 2　HM 和 JM 生物甲烷产出特征

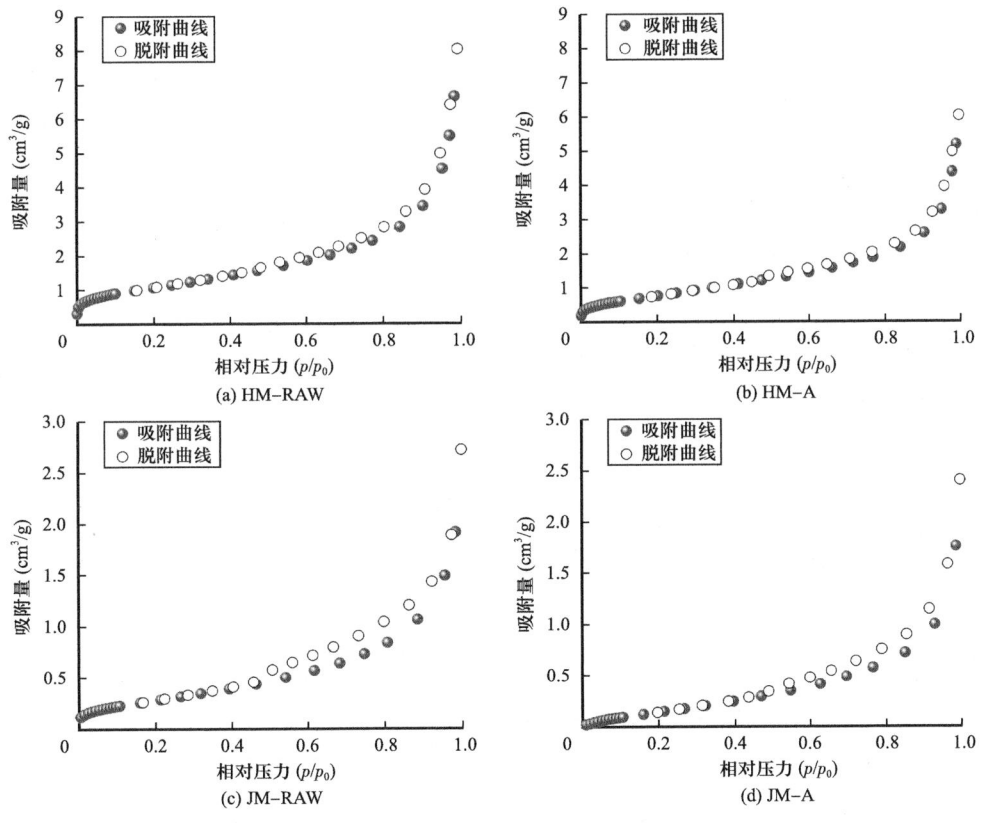

图 3　煤样的低温液氮中吸附/脱附等温线

烟煤原煤（JM-RAW）和烟煤残煤（JM-A）为Ⅱ型曲线。吸附/脱附曲线在低压和高压区段内重合，证明产气前后的 JM 内部都存在大量的半封闭孔和透气孔（开放性）[26]。相对压力在 0.5～1.0 时，主要发生毛细管凝聚现象。低、中压区吸附量增加缓慢，煤与氮气的作用力较弱，微孔、中孔的连通性也较差。脱附曲线几乎没有滞后环，说明一端存在封闭的圆柱形孔。两种煤样在高压区吸附量都明显增大，中孔发育，孔隙连通性好，说明此类煤中孔隙还是主要由平行板状孔或一侧封闭的楔形孔组成。

2.2.2 煤产气前后孔隙结构特征

不同学者对煤样孔隙进行分析。按孔隙大小不同，分为微孔（2～10nm）、过渡孔（10～100nm）、中孔（100～1000nm）、大孔（>1000nm）[27]。根据煤孔隙吸附甲烷的特性，可以将孔隙分为微孔（2～10nm）、过渡孔（10～100nm）、渗透孔（>100nm）[28]。根据孔隙成因划分为原生孔、变质孔、外生孔、矿物质孔四大类[29]。目前国际纯粹与应用化学协会（IUPAC）划分孔隙类型为：微孔（<2nm）、中孔（2～50nm）和大孔（>50nm）。综合对比，孔隙大小、煤吸附甲烷特性都比较适合压汞法测试煤样的孔隙特性，孔隙成因主要是借砂岩和石灰岩储层来划分。本文利用液氮吸附测试，所以依据 IUPAC 标准划分煤样孔隙类型。测试结果如图 4 所示，HM 煤样各孔径变化为：微孔>大孔>中孔，分别减少了 32.48%、31.07%、20.22%。JM 煤样各孔径变化为：微孔>大孔>中孔，分别减少了 51.06%、4.71%、-1.46%。煤吸附甲烷能力与其孔隙结构发育有关联性[30]。煤体吸附甲烷特性主要受微孔和中孔分布的综合作用，甲烷吸附主要集中在微孔孔隙内，中孔对其亦有影响[31]。对比两种煤样，HM 和 JM 的孔径变化明显，JM 受煤化程度的影响较大，各孔径数量明显低于 HM。JM 煤样变质程度较 HM 高，而煤化程度会影响煤样缩聚效应，芳香族稠环体系加速缩合，层系空间变小，会使中孔孔径和数量明显地变小。微生物降解后，HM 煤样各孔径孔隙含量均减少，HM 变质程度低，微生物容易对其进行改造。而微生物只对 JM 微孔作用明显，中孔数量出现小幅度地增加。原因是微生物在煤表面发生降解，部分孔隙连通，微孔发生扩孔效应。

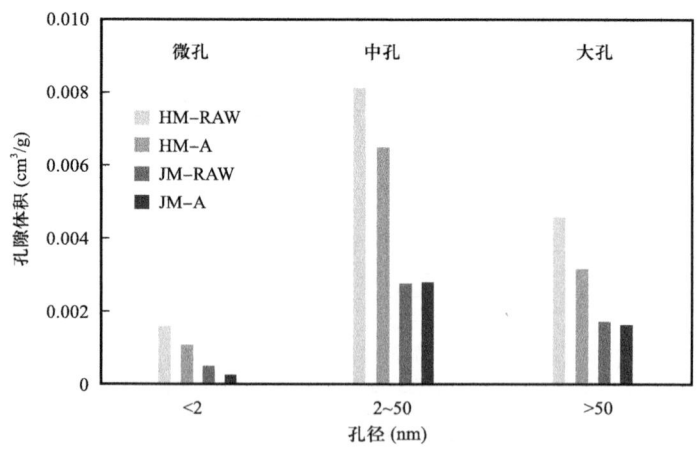

图 4 褐煤和烟煤孔径产气前后的孔容变化

微生物降解前，煤中孔隙具有相对高的比表面积和微孔体积，这对于煤层气的储存非常有利，但可能增加开发的难度。微生物降解后，煤储层的孔隙连通性得到改善，对煤层气富集和开发相当有利。

2.2.3 煤储层孔隙产气前后的分形特征变化

分形理论是一种通过分形维数来描述不规则事物的数学方法，可用来研究没有特征长度却有相似性的形体或者现象，是定量描述不规则事物的重要方法。煤的孔隙结构具有非均质性和各向异性，分形特征可以反映煤孔隙特征，表征煤表面复杂程度[32]。分形维数不仅是衡量煤孔隙结构不规则性的指标，而且还是定量描述分形自相似度的参数[33]。基于低温液氮吸附实验计算分形维数的方法很多，其中 FHH 模型的应用最为广泛。储层的物性和分形维数呈正相关，其主要原因为储层物性主要受到孔喉大小的影响。

煤样的吸附/脱附曲线通常在相对压力值为 0.5 左右产生迟滞回线，该压力点前后对应孔形态和尺寸大小会存在明显的变化。故本文选择以相对压力 0.5 为分界点，对 $p/p_0<0.5$ 和 $p/p_0>0.5$ 两个压力区间分别进行 FHH 模型的参数拟合，拟合曲线如图 5 所示。其中，低压段分形维数 D_1 主要反映孔表面非均质特征，而高压段分形维数 D_2 主要反映孔隙体积和结构非均质程度。结合分形数据结果可知（表 2），两个相对压力段的数据拟合度均较好，相关系数均在 0.94 以上，但其拟合直线的斜率不同，存在两个明显不同的分形区间，具有不同的分形特征（D_1 和 D_2）。经微生物降解后，仅 HM 的分形维数 D_2 出现细微增大，其余均表现为减小。也就是说，低阶煤在厌氧发酵过程中大中孔变得更为复杂，而其他煤样的孔隙结构总体趋于简单化，原因在于微生物会溶蚀煤表面一些物质，使煤样表面变得光滑，分形维数减少，非均质性减弱。随着微生物对煤体的降解利用，煤的比表面积、孔体积、分形维数总体呈现减小的趋势，非均质性变差，孔径分布变窄，孔隙表面形态变光滑，孔隙系统的复杂程度减弱，煤储层朝着有利于煤层气开发的方向进行改性。

表 2 基于低温液氮吸附实验的吸附孔分形维数计算结果

样品编号	$p/p_0<0.5$			$p/p_0>0.5$		
	A_1	$D_1=A_1+3$	R_2	A_2	$D_2=A_2+3$	R_2
HM-RAW	−0.5943	2.4057	0.9609	−0.3646	2.6354	0.9980
HM-A	−0.7215	2.2785	0.9757	−0.3365	2.6635	0.9924
JM-RAW	−0.6644	2.3356	0.9959	−0.2863	2.7137	0.9417
JM-A	−1.2734	1.7266	0.9683	−0.3892	2.6108	0.9711

且孔隙分形维数越小，煤孔隙结构越简单，非均质性也减弱。分形维数一定程度上与煤岩组成成分有关。煤化程度早期，煤样遭受压实作用、脱水作用，水分充填在大孔和中孔内部，分形维数减小[34]。随煤变质程度增加，孔隙脱水和压实作用进一步加剧，孔隙中游离的水分挥发，孔隙结构会复杂化，且中孔更易遭受压实作用，导致微孔和裂隙出

现。煤本身灰分也会一定程度上影响孔隙分形特征,灰分含量低,部分矿物质颗粒可以充填在孔隙内,增强非均质性,分形维数减少;灰分越高,矿物质会严重堵塞孔隙,使煤样粗糙度增加,孔隙结构越复杂[35]。烟煤灰分大,分形维数明显低于褐煤。结果如图5所示,微生物厌氧降解后,烟煤和褐煤分形维数均减少。证明微生物会溶蚀煤表面一些物质,使煤样表面变得光滑,分形维数减少,非均质性增加。

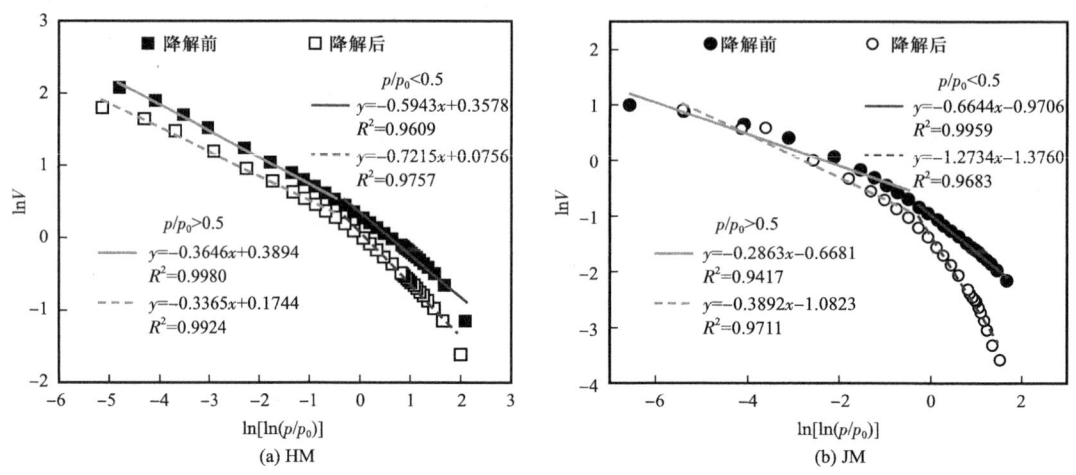

图 5 煤样的孔隙分形维数特征

2.3 煤样的吸附特征变化

甲烷气体主要在煤孔隙内部发生解吸、扩散运移。煤吸附甲烷能力越强,甲烷气体越不易扩散,这对煤层气开采具有不利的影响[36-37]。不同煤阶煤生物降解前后的吸附量如图6所示,以 Langmuir 方程[38]进行拟合,获得煤样的相关吸附参数,见表3。其中,兰氏体积通常用来反映煤对甲烷的吸附能力。烟煤原煤比褐煤原煤吸附甲烷能力更强。褐煤和烟煤经微生物降解后,兰氏体积均降低,相应降低幅度分别是 17.43% 和 11.25%,褐煤甲烷解吸效率高于烟煤。说明经生物降解后的煤对甲烷的吸附能力有所下降,这与产气后

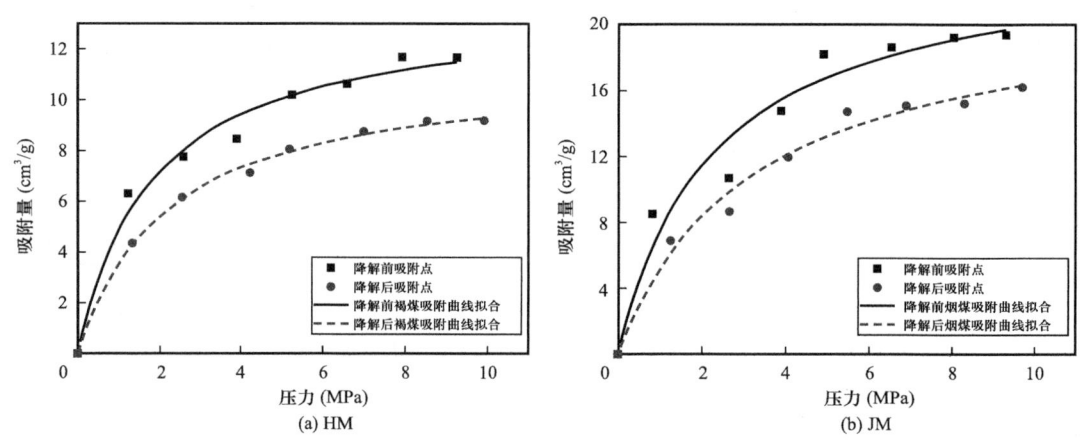

图 6 不同变质程度煤样降解前后的等温曲线特征

煤中微孔、中孔数量和分形维数减少有关。同时，生物降解降低煤表面亲甲烷能力，可使更多的甲烷气体从煤中解吸出来；且吸附能力降低意味着煤层含气饱和度与临界解吸压力两项参数均有提高，临界解吸压力的升高，有助于煤层气井排水降压过程，侧层压力更快接近临界解吸压力，缩短了排采阶段见气时间，使煤层气井达到增产的目的。煤阶越低的煤样吸附量变化越明显。等温吸附测试证明了微生物降解煤，会降低煤表面亲甲烷能力，加速甲烷解吸扩散速率。

表3 微生物降解前后煤样的吸附参数

煤样	含气量（m³/t）	V_L（cm³/g）	变化率（%）	p_L（MPa）	p_{cd}（MPa）	拟合度
HM-RAW	5.51	13.722	−17.43	1.816	1.22	0.9304
HM-A		11.330		2.184	2.06	0.9902
JM-RAW	11.8	24.390	−11.25	2.265	2.12	0.8884
JM-A		21.645		3.195	3.83	0.9565

2.4 气体扩散系数变化特征

气体扩散系数是表征气体在煤中扩散程度、扩散能力的关键性参数[39]。通过煤柱甲烷扩散模型，测量甲烷气体在煤中的扩散情况，可研究微生物降解煤后孔隙结构变化对扩散的影响[40]。不同煤阶煤降解前后的气体扩散系数变化特征如图7所示，褐煤原煤的扩散系数峰值要略微高于烟煤原煤。经微生物降解后，褐煤的扩散系数峰值增幅要远高于烟煤，其中，褐煤降解后扩散系数峰值增大了48.02%，烟煤增大了23.81%。生物降解后，煤中吸附孔发生堵塞闭合，渗流孔发生溶蚀，使更多的甲烷气体从煤中解吸出来，并发生运移扩散。气体扩散系数的增加，可使甲烷气体在经微生物改造后的煤层中大量逸散，从而提高煤层气区块内的游离甲烷含量，达到煤层气增产的效果。

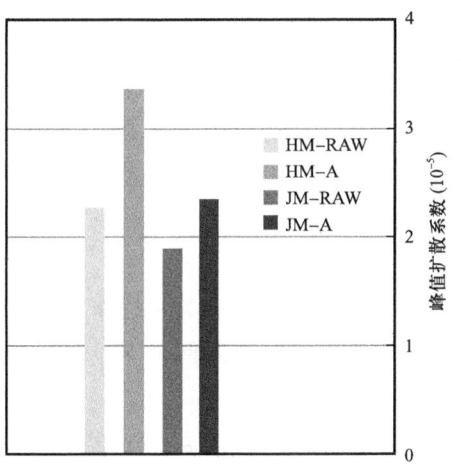

图7 柱煤生物降解前后扩散系数变化

2.5 微生物降解煤对煤储层物性改变的研究

煤发酵制甲烷过程中甲烷产量由煤本身可被利用的有机质成分决定，但煤—微生物之间的相互接触程度也是影响产气的因素之一；也就是煤—微生物，即固—液互相渗透扩散的程度，两者相辅相成。煤的孔隙特征在一定程度上反映了煤与微生物接触程度的强弱，而比表面积大小则是微生物吸附位点的数量的间接表现，研究表明，原煤孔隙越发育，比表面积越大，煤与微生物的接触程度越充分，进而越有利于体系进行生化代谢。而生物降解亦会对煤的孔隙结构造成影响。生物降解后，微生物分泌的胞外酶能够作用于煤的大分子结构，使易挥发性物质脱落，部分球菌和挥发性物质堵塞孔隙，使煤中吸附孔孔容和比表面积均下降，导致煤的亲甲烷能力减弱，煤的临界解吸压力增大，表现为甲烷的解吸能力增强。微生物降解使煤体的孔隙、解吸能力都得以改善，甲烷的扩散能力增强，进而改善煤储层物性，达到增产煤层气的目的。

利用微生物降解使部分煤转化为甲烷气体，增加了煤层气资源量，实现煤储层物性改变。使煤层增渗、增透、增扩，对解决煤储层低孔隙低渗透难开采的问题、加快煤层气产业化进程有重要意义。

3 结论

（1）微生物降解煤可以增加煤储层生物成因煤层气产量。褐煤和烟煤的累计产气量分别是 152.11μmol/g、80.57μmol/g。煤自身孔隙发育成为影响产气量多少的主要原因。褐煤孔隙发育且比表面积较大，有利于微生物附着，并提高厌氧降解速率。

（2）微生物作用可改变煤孔隙结构特征，使比表面积、孔容、分形维数减少，煤的孔隙结构趋于简单化。经生物降解后煤样的吸附孔（微孔、中孔）孔容均有所下降，甲烷气体易发生解吸作用，而且微生物降解后，煤储层的孔隙连通性得到改善，对煤层气富集和开发相当有利。

（3）烟煤由于变质程度比褐煤高，自身结构相较于褐煤更难降解，导致其水解阶段持续时间更长，整体产气要落后于褐煤。微生物降解后，褐煤煤样各孔径孔隙含量均减少，这是因为褐煤变质程度低，微生物容易对其进行改造。而微生物只对烟煤微孔作用明显，中孔数量出现小幅度地增加，其原因是微生物在煤表面发生降解，部分孔隙连通，微孔发生扩孔效应。

微生物降解后的烟煤相较于褐煤，扩散系数增加较少，但相较于降解前，扩散系数都有很大程度地增加，可使甲烷气体在经微生物改造后的煤层中大量逸散，达到煤层气增产的效果。

（4）微生物降解对煤储层物性影响大，不仅可以增加煤层气开采含量，而且增加煤储层的临界解吸压力，提高了煤层气的解吸—扩散运移能力，实现了煤层气的双重增产效应。

参 考 文 献

[1] 曹明亮, 康永尚, 秦绍锋, 等. 不同阶煤岩基质收缩效应单因素物理模拟实验研究[J]. 煤炭学报, 2021（S1）: 364-376.

[2] 卢义玉, 柴成娟, 周哲, 等. 生物转化对煤层孔隙渗透性质的影响[J]. 采矿与安全工程学报, 2021, 38（1）: 165-172.

[3] 程远平, 雷杨. 构造煤和煤与瓦斯突出关系的研究[J]. 煤炭学报, 2021, 46（1）: 180-198.

[4] Dong X X, Li W J, Liu Q, et al. Research on convection-reaction-diffusion model of contaminants in

fracturing flowback fluid in non-equidistant fractures with arbitrary inclination of shale gas development [J]. Journal of Petroleum Science and Engineering, 2022, 109479.

[5] Liu X Q, Sun Y, Guo T, et al. Numerical simulations of hydraulic fracturing in methane hydrate reservoirs based on the coupled thermo-hydrologic-mechanical-damage (THMD) model [J]. Energy, 2022, 122054.

[6] Duplyakov V M, Morozov A D, DOP A, et al. Data-driven model for hydraulic fracturing design optimization. Part Ⅱ: Inverse problem [J]. Journal of Petroleum Science and Engineering, 2022, 109603.

[7] LiuY L, Tang D Z, Xu H, et al. Effect of interlayer mechanical properties on initiation and propagation of hydraulic fracturing in laminated coal reservoirs [J]. Journal of Petroleum Science and Engineering, 2021 (3): 109381.

[8] 田巍. CO_2 在老油田地质封存中的赋存状态 [J]. 地下空间与工程学报, 2021, 17 (2): 618-625.

[9] Gong H R, Wang K, Wang G D, et al. Underground coal seam gas displacement by injecting nitrogen: Field test and effect prediction [J]. Fuel, 2021 (306): 121646.

[10] Cai M Y, Su Y L, Hao Y, et al. Monitoring oil displacement and CO_2 trapping in low-permeability media using NMR: A comparison of miscible and immiscible flooding [J]. Fuel, 2021, 305: 121606.

[11] Xiong C M, Li S J, Ding B, et al. Molecular insight into the oil displacement mechanism of gas flooding in deep oil reservoir [J]. Chemiacl Physics Letters, 2021 (783): 139044.

[12] Song Y, Zhao C, Chen M, et al. Pore-scale visualization study on CO_2 displacement of brine in micromodels with circular and square cross sections [J]. International Journal of Greenhouse Gas Control, 2020, 95: 102958.

[13] Wang S J, Jiang L L, Cheng Z C, et al. Experimental study on the CO_2-decane displacement front behavior in high permeability sand evaluated by magnetic resonance imaging [J]. Energy, 2021, 217: 119433.

[14] 王千, 杨胜来, 拜杰, 等. CO_2 驱油过程中孔喉结构对储层岩石物性变化的影响 [J]. 石油学报, 2021, 42 (5): 654-668, 685.

[15] Li Y, Wang Y B, Wang J, et al. Variation in permeability during CO_2-CH_4 displacement in coal seams: Part 1-Experimental insights [J]. Fuel, 2020, 263: 1-10.

[16] Yu M H, Song Y C, Jiang L L, et al. CO_2/Water Displacement in Porous Medium Under Pressure and Temperature Conditions for Geological Storage [J]. Energy Procedia, 2014, 61: 282-285.

[17] Sheng Z, Derek E, Wang J H, et al. Hydraulic fracturing for improved nutrient delivery in microbially-enhanced coalbed-methane (MECBM) production [J]. Journal of Natural Gas Science and Engineering, 2018, 60: 294-311.

[18] Scott A. Improving Coal Gas Recovery with Microbially Enhanced Coalbed Methane [C]. Coalbed Methane: Scientific, Environmental and Economic Evaluation, 1999.

[19] Xiao D, Su P P, Wang E Y, et al. Fermentation Enhancement of Methanogenic Archaea Consortia from an Illinois Basin Coalbed via DOL Emulsion Nutrition [J]. Plos One, 2015, 10 (4): 124389.

[20] 侯东升, 梁卫国, 张倍宁, 等. CO_2 驱替煤层 CH_4 中混合气体渗流规律的研究 [J]. 煤炭学报, 2019, 44 (11): 3463-3471.

[21] Pandey R, Harpalani S, Feng R, et al. Changes in gas storage and transport properties of coal as a result of enhanced microbial methane generation [J]. Fuel, 2016, 179: 114-123.

[22] Wang X, Cheng Y, Zhang D, et al. Influence of tectonic evolution on pore structure and fractal characteristics of coal by low pressure gas adsorption [J]. Journal of Natural Gas Science and Engineering, 2021, 35（5）: 3887-3898.

[23] Huang H P, Wang E. A laboratory investigation of the impact of solvent treatment on the permeability of bituminous coal from Western Canada with a focus on microbial in-situ processing of coals [J]. Energy, 2020, 210: 118542.

[24] Xia D P, Huang S, Yan X T. Influencing mechanism of Fe^{2+} on biomethane production from coal [J]. Journal of Natural Gas Science and Engineering, 2021（91）: 103959.

[25] 陈跃, 马卓远, 马东民, 等. 不同宏观煤岩组分润湿性差异及对甲烷吸附解吸的影响 [J]. 煤炭科学技术, 2021, 49（1）: 47-55.

[26] 李树刚, 白杨, 林海飞, 等. N_2/CO_2 注入压力对含瓦斯煤岩中甲烷解吸的影响 [J]. 天然气工业, 2021, 41（3）: 80-89.

[27] 霍多特 Б Б. 煤与瓦斯突出 [M]. 宋世钊, 译. 北京: 中国工业出版社, 1966.

[28] 秦勇, 徐志伟, 张井. 高煤级煤孔径结构的自然分类及其应用 [J]. 煤炭学报, 1995（3）: 266-271.

[29] 张慧. 煤孔隙的成因类型及其研究 [J]. 煤炭学报, 2001（1）: 40-44.

[30] 宋晓夏, 唐跃刚, 李伟, 等. 基于小角 X 射线散射构造煤孔隙结构的研究 [J]. 煤炭学报, 2014, 39（4）: 719-724.

[31] 丁立奇, 赵萌, 魏迎春, 等. 中低煤阶镜质组微孔结构对甲烷吸附能力的影响 [J]. 中国煤炭地质, 2021, 33（10）: 17-21, 30.

[32] 刘怀谦, 王磊, 谢广祥, 等. 煤体孔隙结构综合表征及全孔径分形特征 [J]. 采矿与安全工程学报, 2022, 39（3）: 458-469+479.

[33] 秦兴林. 西山煤田不同变质程度煤孔隙结构分形特征及影响因素研究 [J]. 中国矿业, 2021, 30（4）: 157-161.

[34] Zhu H J, Ju Y W, Qi Y, et al. Impact of tectonism on pore type and pore structure evolution in organic-rich shale: Implications for gas storage and migration pathways in naturally deformed rocks [J]. Fuel, 2018, 228: 272-289.

[35] Zhu H J, Huang C, Ju Y W, et al. Multi-scale multi-dimensional characterization of clay-hosted pore networks of shale using FIBSEM, TEM, and X-ray micro-tomography: Implications for methane storage and migration deformed rocks. Applied Clay Science, 213, 2021, 106239.

[36] 韩文成, 李爱芬, 方齐, 等. 含水煤岩超临界等温吸附模型的对比分析 [J]. 煤炭学报, 2020, 45（12）: 4095-4103.

[37] 张遵国, 赵丹, 陈毅. 不同含水率条件下软煤等温吸附特性及膨胀变形特性 [J]. 煤炭学报, 2020, 45（11）: 3817-3824.

[38] Yang Y, Liu S M, Liu W, et al. Intrinsic relationship between Langmuir sorption volume and pressure for coal: Experimental and thermodynamic modeling study [J]. Fuel, 2019, 241: 105-117.

[39] 石军太, 吴嘉仪, 房烨欣, 等. 考虑煤粉堵塞影响的煤储层渗透率模型及其应用 [J]. 天然气工业, 2020, 40（6）: 78-89.

[40] 夏同强, 王有湃, 周福宝, 等. 煤岩体应力—渗流—温度多过程耦合试验系统 [J]. 中国矿业大学学报, 2021, 50（2）: 205-213.

清洁化煤炭地下气化技术展望

薛俊杰，东振，陈浩，张梦媛，赵宇峰，陈艳鹏，孙粉锦，陈姗姗

（中国石油天然气股份有限公司勘探开发研究院非常规研究所，北京 100083）

摘 要："碳中和"和"碳达峰"目标的提出，加快驱动我国由传统化石能源向可再生能源多样化利用转换的步伐。煤炭作为一次能源中的主体消费能源，仍需发挥好能源兜底与蓄力保障作用。我国不具备矿井开采技术和经济条件的中深层煤炭资源占总量的半数以上，煤炭地下气化技术（UCG）可有效动用此部分煤炭资源。本文系统剖析现阶段煤炭地下气化技术发展及启示，结合煤炭气化产氢/产甲烷机理差异，明确煤炭在 500~1000m 埋深主产 H_2，在 1000~2000m 埋深主产 CH_4，在 2000m 以上埋深可利用超临界水煤气化反应，大幅度提高含氢组分占比等技术思路。为了解决面临的粗煤气产物 H_2 储运和 CO_2 处理成本问题，基于碳与 CO_2 反应特征，设计通过 CO_2 地下自循环与地面现代煤化工技术联动开发，发展"地下点火—原位气化—CO_2 循环"三段式气化技术，在大幅度降低 CO_2 排放的同时，缩减氢源储运成本，同时实现绿色燃料与化工原材料的清洁化供应，践行"环保优先，经济可行"的煤炭清洁化利用目标，发挥煤炭"能源服务"和"碳基材料供应"的双重作用，助力能源转型提速。

关键词：碳中和；煤炭地下气化技术；三段式煤炭地下气化；H_2 储运；甲醇

2020 年全球 CO_2 排放量为 $322×10^8$t，中国 CO_2 排放量 $99.67×10^8$t，以 31% 的比例居全球首位[1]，其中煤炭行业 CO_2 排放占我国化石能源排放的 74.5%，是我国一次能源体系中碳排放主要来源[2]。在"双碳"目标要求下，碳资源的绿色开发及其清洁利用是化石能源向新能源平稳过渡的关键技术节点，将对我国建设成为世界科技强国具有重要的意义[3]。

能源系统具有两项重要的职能：一是为人类活动提供所需要的能源服务，包括电力、热力和交通移动力；二是能源化工，提供人类生活与生产活动所需的原材料，包括生活必需品、医疗器械等碳基化合物。"碳"是自然界最普遍的元素之一，也是地球上形成生命的最核心要素。造成全球温室效应与环境恶化的主要问题源于化石能源大量燃烧所释放的过量 CO_2，而非所有的 CO_2，更非"碳"本身。"煤炭"，一方面是化工行业的重要原材料，另一方面却贴着"高碳"的标签。面对我国石油、天然气短缺的现状，现代煤化工正努力通过不断地技术变革来缓解石油化工行业所承受的巨大压力，降低石油、天然气对外依存度[4]。在制造业"原料需求量大"和"碳达峰"的双面压力下，正确面对煤炭系统中"能源服务"与"碳基材料供应"两重角色的重要性，实现"煤炭→碳基材料"的清洁

作者简介：薛俊杰，1985 年生，女，高级工程师，博士，从事煤炭原位清洁转化机理、催化增产等方面的研究，E-mail：xuejunjie@petrochina.com.cn。

化利用对于我国能源转型路径的设计具有重要的战略意义。

由此可见,"双碳"目标下,我国低碳转型和化石能源替代是一个渐进过程[5]。煤炭作为我国化石能源的主力军,既要发挥好能源转型的过渡作用,又要避免大量 CO_2 排放,增加碳排放负担。传统煤炭地下气化技术(UCG,Underground Coal Gasification)由理论提出到矿场试验,历经了百余年的发展[6-7],其理论体系日趋完善,得益于我国物探、工程装备、气化工艺等技术的不断进步。本文从传统 UCG 中汲取经验,并结合我国中深层煤炭资源禀赋特征及煤炭气化反应机理,通过 CO_2 自循环与近井端 CO_2 加氢制甲醇技术相耦合,在缓解 CO_2 排放压力的前提下,高效动用中深层煤炭资源,缩短化工原材料产业链,实现上下游清洁一体化发展,从技术层面上实现碳资源的全生命周期循环。

1 中深层煤炭资源的清洁化开发的重要意义

地球上,包括地下和地表大气,碳元素总量是稳定的,碳只是通过碳固定和碳释放的方式,在地球的大气圈、陆地生物圈、海洋圈和岩石圈中进行循环。"碳中和"不是完全无排放或零排放,而是通过技术手段实现碳排放量与碳消除量的平衡[8]。由此可见,限制煤炭资源的开采并非实现"碳达峰"的良方,如何实现煤炭资源的清洁开发与高效利用,实现碳资源的全生命周期循环,才是推动全球科技进步与人类社会和谐发展的重要举措。我国中深层煤炭资源蕴藏量巨大,国土资源部重大项目"全国煤炭资源潜力评价"成果显示,埋深在 1000m 以浅的煤炭总资源量为 $2.6×10^{12}t$,也是煤矿企业开采深度集中区域;全国埋深 2000m 以浅的煤炭资源总量为 $5.9×10^{12}t$;埋深 1000~2000m 的煤炭资源占 56%,且暂不具备矿井开采技术和经济条件[9]。

UCG 是利用煤炭的化学性质,将处于原始地理环境下的煤层进行人为手段的控制燃烧,通过煤炭的化学燃烧和煤层的热作用生产可燃气体 H_2、CO、CH_4 的过程。相较于传统的机械式采煤方式,UCG 技术无须人工下井,作业过程中仅将气体带出地面,大量灰渣、固体硫化物,以及重金属物质留在地下,大幅度降低地表沉降风险,具有明显的安全、环保优势。煤炭综合能量转化测算结果表明,机械开采联合发电综合能效为 23%,能量转化效率 35%,采矿回收率 66%,对比"UCG 联合发电"对应测算数据分别为 50%、55%,以及 90%[9]。由此可见,UCG 技术的发展有利于"节能降耗"任务的稳定持续性推进。

我国低阶煤储量高达 $5612×10^8t$,占全国已探明煤炭储量的 55% 以上[10]。选择三种不同变质程度原煤在实验室内开展气化对比研究,变质程度由低到高排序依次为:内蒙古褐煤、新疆长焰煤、韩城烟煤。实验结果表明,相同气化条件下,低阶煤气化速率明显要优于高阶煤,表现为内蒙古褐煤>新疆长焰煤>韩城烟煤(图1)。从实验统计数据上看,煤炭地

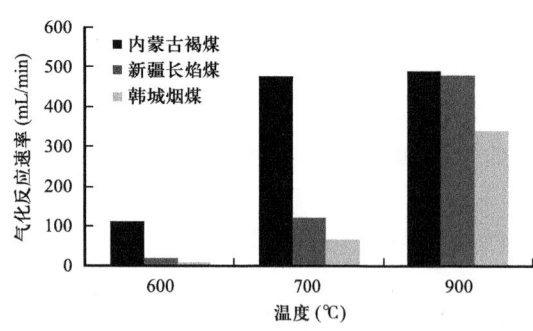

图1 不同变质程度煤种煤炭气化对比

下气化技术能有效开发资源占比较大的低阶煤资源，符合国家煤炭资源化利用根本性需求。

现阶段我国已有的中深层、深层煤炭地下气化示范项目以煤制天然气、联合发电为主。2019年，中为能源于内蒙古唐家会开展了ISC（In-Situ Coal Conversion Technology，原位煤炭地下气化技术）工业化示范项目，气化目标为1000m以下煤层及高灰、高硫等不宜井工开采的煤炭资源。该项目现已成功验收，并于2022年1月与准格尔旗政府签订了总投资为60亿元的ISC长期供应合成气协议[11]。山东兖矿集团于2019年1月正式开启了鲁西2×600兆瓦级煤炭地下气化发电工程建设项目，总投资约56亿元[12]。截至2020年，鲁西发电工程年发电量约为$60 \times 10^8 kw \cdot h$，年供热量$500 \times 10^4 GJ$，可承担济宁市东部城区$2300 \times 10^4 m^2$供热面积[13]。由此可见，煤炭地下气化联合发电及煤制气技术相对成熟，并已逐步在我国西北部地区实现示范化应用，而对于煤炭地下气化产物中H_2高成本储运、CO_2排放等问题尚未给出解决方案，特别是未曾涉及与现代煤化工耦合发展的技术性探讨。

2 现阶段煤炭地下气化技术发展与启示

在全球范围内，针对UCG的矿场试验研究已经延续了70多年，随着石油水平井和深层钻井技术的发展，作业深度已由苏联和澳大利亚商业项目中的300m以浅，发展到加拿大天鹅山（Swan Hills）矿场试验的1400m以深[14]。

2011—2013年澳大利亚Chinchilla Gasifier项目深度110m，作业压力0.8MPa，产出粗煤气中H_2组分浓度40%，甲烷9%。2009—2011年加拿大天鹅山项目作业深度1400m，作业压力12MPa，是迄今为止开发深度最深的煤炭地下气化项目。相较于深度仅为110m的Chinchilla Gasifier项目，产出粗煤气中H_2组分减少了25%，CH_4组分浓度增加了27%（表1）。在相同气化炉结构与工艺技术下，UCG工程产H_2能力随煤层深度的增加而下降，CH_4产能随煤层深度的增加而提升。由此可见，我国蕴藏的大规模1000m以深的低阶煤炭资源可通过中层产H_2、深层产CH_4的梯级开发模式实现煤炭资源的最大化利用。

表1 不同深度煤炭地下气化项目煤气产品参数[15-16]

所属国家	项目名称	深度(m)	气化炉结构	气化剂类型	压力(MPa)	主要组分（%）				热值（LHV, MJ/m³）
						CO	CO_2	H_2	CH_4	
美国	Rocky Mountain	110	K-CRIP	纯氧/H_2O	0.8	12.0	37.0	40.0	9.0	9.5
澳大利亚	Chinchilla Gasifier 5	130	L-CRIP	纯氧/H_2O	0.7	10.1	32.0	44.5	10.6	9.9
西班牙	EI Tremedal	550	L-CRIP	纯氧/H_2O	5.0	14.0	4.0	27.0	14.0	10.9
加拿大	Swan Hills	1400	L-CRIP	纯氧/H_2O	12.0	5.0	41.0	15.0	37.0	16.3

2.1 煤炭气化产氢/产甲烷机理差异

从反应机理角度分析,除初期煤受热发生分解反应释放 H_2 [式(1)]以外,煤炭气化产氢主要分为两个步骤:高温下水蒸气与煤炭表面发生吸热反应[式(2)],释放CO和 H_2;在过量水蒸气作用下与腔内CO发生水煤气变换反应[式(3)]。煤炭气化产甲烷主要分为三种途径:一是煤炭分解[式(1)];二是煤炭加氢气化[式(4)];三是甲烷化反应[式(5)]。煤炭水蒸气气化产氢与产甲烷能力强弱是化工热力学与化学动力学共同作用的结果。对于气态反应,从化学反应平衡角度分析,当气化腔压强增加时,各反应气体分压增强,反应活度提高,气体反应平衡将向气体总压强减小的方向移动。从煤炭气化[式(2)]与CO变换[式(3)]反应方程式可以判断,当反应压强增加时,反应平衡逆向进行,不利于 H_2 生成。而甲烷化反应属于体积缩小反应,总压的增加有利于煤炭加氢气化[式(4)]及甲烷化反应[式(5)]的正向进行,进而有利于甲烷产率的提高(图2)。

$$Coal \longrightarrow C_xH_y + CH_4 + H_2 + H_2O + CO + CO_2 \tag{1}$$

$$C + H_2O(g) \rightleftharpoons CO + H_2,\ \Delta H = 131 kJ/mol \tag{2}$$

$$CO + H_2O(g) \rightleftharpoons CO_2 + H_2,\ \Delta H = -41 kJ/mol \tag{3}$$

$$C + 2H_2 \rightleftharpoons CH_4,\ \Delta H = -75 kJ/mol \tag{4}$$

$$CO + 3H_2 \rightleftharpoons CH_4 + H_2O,\ \Delta H = -206 kJ/mol \tag{5}$$

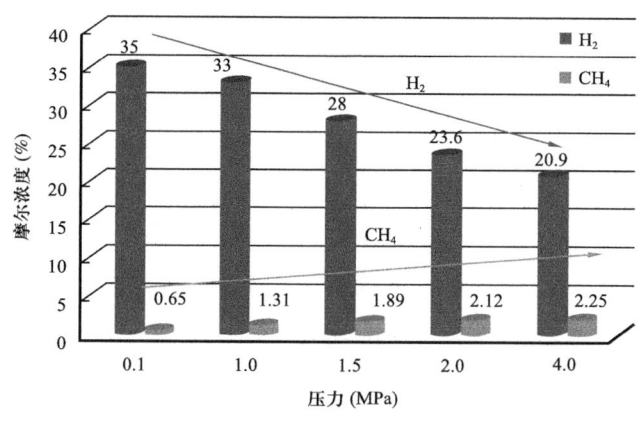

图2 煤炭气化 H_2 与 CH_4 组分浓度与压力的关系

深层煤炭地下气化不利于 H_2 增产,但可大幅度降低地面粗煤气中氢气分离与储运成本。传统水煤浆气化从煤制氢反应机理与工程设备运行成本两方面综合考量,对比分析了4.0MPa、6.5MPa、8.7MPa不同压力等级下装置的投资成本。结果表明,高压气化下的气体分离、储运、公用工程装置,以及辅助生产设施的运营投资成本相对更低,更加有利于节能降耗。但由于地面高压水煤浆气化工艺设备制造难度大、国产化程度低等问题,折衷选择6.5MPa作业压力[17]。UCG条件下,1000m以深的煤层静水压力高于10MPa,该条件可大比例降低地面工程运行成本,有效保障总体收益。

2.2 中深层煤炭资源清洁化梯级开发利用

煤炭资源作为高碳化石能源,通过对煤炭气化机理的深入探讨及技术创新可以实现低碳、甚至零碳开发。结合煤炭埋深和气化反应特点,提出了不同深度煤炭资源的梯级利用[18]建议:(1)500~1000m 埋深,以产 H_2 为目标,保障新能源供应;(2)1000~2000m 埋深,以产 CH_4 为主要目标,开辟我国天然气供应的新途径;(3)2000m 以深通过与 SCW 技术耦合,探索化石能源制氢颠覆性技术。

3 现阶段中深层煤炭资源原位开发所面临的后处理成本问题

UCG 技术理论可行性已经得以验证,但其涉及的工程技术领域复杂且交叉。在全世界范围内的 UCG 项目仅限于示范性工程阶段,尚未形成完整的产业链。从技术层面分析,煤炭地下气化技术紧密切合我国中深层低阶煤炭资源开发需求。从环保降耗层面分析,CO_2 减排与粗煤气分离、储运成本压缩是煤炭地下气化技术实现工业化生产的基本前提与保障,也是中深层煤炭资源清洁化开发利用的核心技术之一。因此,UCG 商业化发展是个一体两面的问题,一方面,UCG 技术有望有效动用深层煤炭资源;另一方面,UCG 带来的 H_2 储存运输成本的增加和 CO_2 的大量排放问题,成为制约其大规模发展的阻力。

3.1 氢气储运成本

国内氢能产业尚处于市场导入阶段,现阶段国内制氢产业主要分为三种技术路线:一是以煤炭、天然气为代表的化石能源制氢;二是以氯碱副产、合成甲醇、轻烃裂解为代表的工业副产变压吸附法(PSA)制氢;三是以碱水电解(AWE)为代表的电解水制氢,光解水制氢和微生物制氢仍处于实验和开发阶段。

三种技术路线中,煤制氢具有经济优势,电解水制氢具有环保优势。在不包含土建的前提下,对比各技术路线制氢成本:按照煤炭价格为 600 元 /t 计算,煤制氢成本为 1.1 元 /m^3;按照电价为 0.3 元 /(kW·h)计算,电解水制氢成本为 2.7 元 /m^3,成本价格决定了现阶段煤制氢仍占据氢能市场的 62%[19-20]。煤制氢技术弊端在于其产出氢气仍为"灰氢",而电解水制氢产出"绿氢"总成本中,制氢成本仅占终端氢气售价的 44%,储运、加注环节则占总成本的 56%。从氢储运成本角度分析,在氢能需求较大的一二线城市,电价较高,制氢成本相应增加;在电价偏低的西北地区,电解水制氢成本明显降低,但当地氢能消纳能力相对有限,需要增加外运成本。由此可见,对于电解水制氢价格来讲,电价与氢气的储运成本是一个此消彼长的问题,极大地制约了电解水制氢技术的大规模推广与发展。

煤炭地下气化项目受限于中深层煤炭资源地理位置限制,在氢气储运成本问题上也遇到了与电解水制氢相似的问题。我国现有煤炭地下气化试验区块多集中在内蒙古、新疆等地区,同样会面临氢气远距离储运问题。

3.2 CO_2 处理成本

我国能源体系尚以煤炭为主，UCG 作为深层煤炭资源启用技术，首要解决的便是大规模的 CO_2 排放问题。碳的捕集与封存成本约为 325 元/t，运输成本 78 元/t，油气田或深层碱水层封存成本约为 97.5 元/t，合计 CO_2 处理总成本约为 500.5 元/t。我国现有工业化试验煤炭地下气化项目中，CO_2 排放比例占 7%～30%（表 2）。因此，在"双碳"目标下，煤炭地下气化技术经济收益估算中需要严格控制粗煤气中 CO_2 所带来的碳税与碳交易成本的增加。

表 2 国内煤炭地下气化项目煤气产品参数[21-26]

省份	矿区	年份	埋深（m）	气化炉结构	气化剂类型	主要组分（%，体积分数）				热值（LHV，MJ/m³）
						CO	CO_2	H_2	CH_4	
黑龙江	鹤岗兴山矿	1958	110	无井式	空气	21.3	10.3	16	2.8	5.53
甘肃	华亭	2010	1175	逆向有井	富氧/H_2O	23	27.3	42.5	6.39	10.59
山西	大同胡家湾	1958	80～100	N	N	17.4	9.3	13.9	1.5	4.8
江苏	徐州马庄矿	1994	80～120	N	富氧/H_2O	11.1	12.6	59.9	11.1	13.66
河北	唐山刘庄矿	1996	168	综合式	空气两阶段	15, 17.5	13.5, 20	15, 55	3, 13	5.1, 12
山东	肥城曹庄	2001	85～110	N	脉动两阶段	6.9, 13.5	19.6, 17	41.6, 11.6	6.8, 1.2	8.5, 3.4

综上所述，煤炭地下气化产氢潜力巨大，但后期氢气对外输送成本及 CO_2 处理成本始终是制约煤炭地下气化大规模发展的"卡脖子"环节，二者的成本占比决定了该技术的完全经济效益，只有解决好 H_2 储运与 CO_2 减排两大根源性问题，才能加速推动煤炭地下气化项目工业化进程，完成好"新能源"接替"化石能源"的过渡任务。

4 中深层煤炭资源清洁化利用发展方向

2020 年中国制造业产值高达 4.83 万亿美元，相当于美国制造业总产值的 2 倍[27]。这就意味着我国在实现"双碳"目标的前提下，需为生产制造业提供支撑与保障。"UCG—煤化工"综合能效为 63%，能量转化效率为 70%；煤炭地下气化联合循环发电技术综合能效为 50%，能量转化率为 55%，前者较后者综合能效高出 13%，能量转化率高出 15%[9]。"三段式煤炭地下气化技术（UCG-Ⅲ）+CO_2 加氢制甲醇技术"在原有煤化工基础上，整合了我国先进的石油水平井钻井技术和新型煤化工技术，解决了传统 UCG 技术中 CO_2 减排与 H_2 储运两大难题的同时，向化工原料与绿色燃料供给侧方向倾斜，推动煤化工清洁化生产（图 3）。

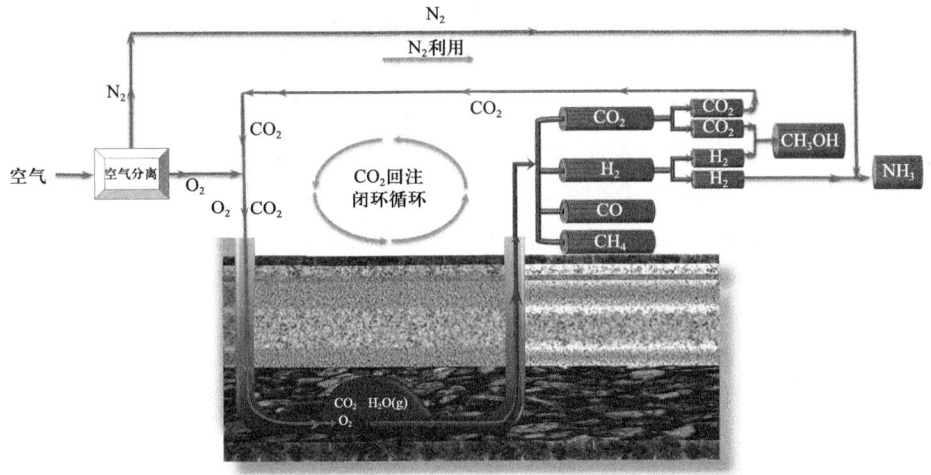

图 3 煤炭原位清洁化生产布局示意图

4.1 地下煤炭气化"三段式"工艺

20 世纪 90 年代，国内采用的"长通道，大断面，两阶段地下气化"工艺技术中：第一阶段鼓入空气，提供能量；第二阶段鼓入水蒸气，生产水煤气，产出粗煤气中 CO_2 含量占 7%～25%[28]。新一代 UCG-Ⅲ 技术将产物 CO_2 纳入重要工艺指标，将其既视为产物，又视为气化剂。设计并开发了"三段式煤炭原位清洁转化技术"。该技术的三个气化阶段分别为：第一阶段，注入氧气与燃烧剂引燃目标煤层，制造并拓展气化腔［式（6）至式（8）］；第二阶段，在气化腔初具规模后，持续注入一定比例的富氧与水蒸气，进行煤炭气化反应［式（9）至式（12）］；第三阶段，将生产井出口粗煤气中的 CO_2 经甲醇清洗分离进行二次回注，在地下气化腔内通过布多尔反应［式（13）］，提高 CO 产量，降低 CO_2 排放量，实现 CO_2 在地下气化腔内部循环（图 4）。

$$C+O_2 = CO_2 \tag{6}$$

$$2C+O_2 = 2CO \tag{7}$$

$$煤 \longrightarrow CO\uparrow + CO_2\uparrow + CH_4\uparrow + H_2\uparrow + H_2O\uparrow \tag{8}$$

$$C+H_2O = CO+H_2 \tag{9}$$

$$C+2H_2 = CH_4 \tag{10}$$

$$CO+H_2O = CO_2+H_2 \tag{11}$$

$$CO+3H_2 = CH_4+H_2O \tag{12}$$

$$C+CO_2 = 2CO \tag{13}$$

H_2O 与 CO_2 急速气化反应活性研究结果表明，水蒸气存在的条件下，煤与 O_2/CO_2 气体之间的化学反应依旧会发生，并直接导致煤焦转化速率提高，有效气体产量增加，促进了煤的转化。从动力学角度分析，热重与流化床气化综合分析表明，CO_2 和 H_2O 混合注入气化所得煤焦转化率高于任何一种单一气化剂注入情况下的煤焦转化率[29]。L-H

（Langmuir-Hinshelwood）动力学方程计算结果显示，即使在 CO_2 反应气浓度低于 H_2O 的情况下，煤焦—CO_2 反应比例依旧偏高[30]。另一方面，由热力学平衡计算可知，当反应温度高于700℃后，腔内煤焦在与 O_2 反应的同时还可与 CO_2 发生气化反应[31-32]，此时回注 CO_2 有利于 CO_2 与 C 发生布多尔反应 [式（13）]，促进 CO_2 与煤焦发生还原反应，提高 CO 产量（图5）。特别是在气化腔温度高于900℃后，煤焦整体反应速率迅速上升，燃煤效率有效提高1倍以上[33]。值得注意的是，400℃以上，CO_2 定压比热均高于 O_2 和 N_2，因此，CO_2 的回注会导致气化腔内温度下降，减缓二次气化反应速率，可有效避免大量 CH_4、CO 等有效气体组分被过量 O_2 氧化为 CO_2。

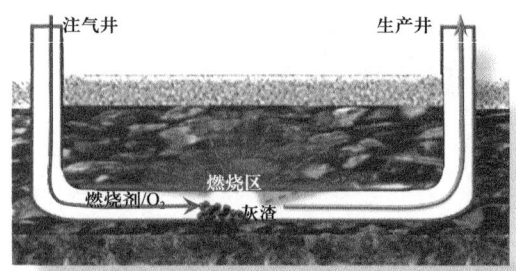

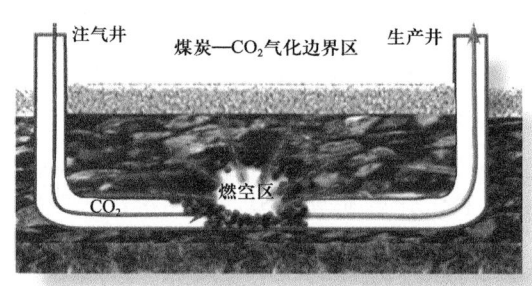

图4 三段式煤炭原位转化操作流程示意图

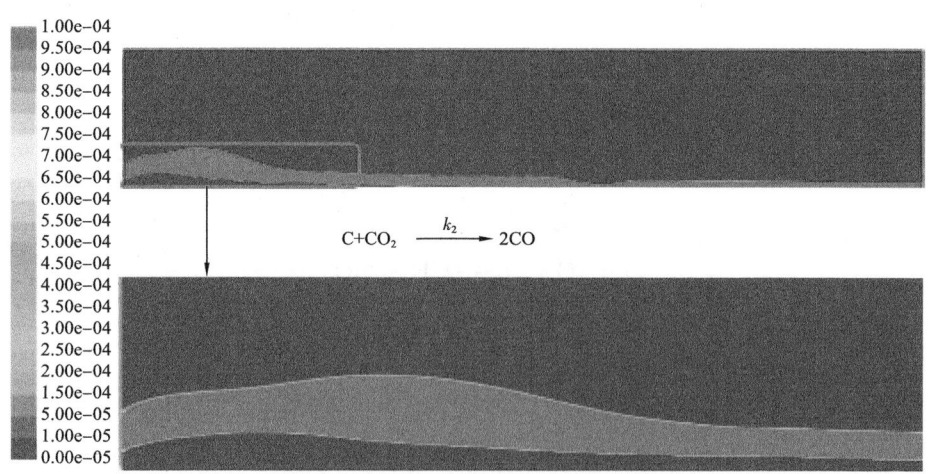

图5 气化腔内布多尔反应程度模拟

4.2 地面 CO_2 制甲醇、甲醇制烯烃工艺技术

"三段式煤炭原位清洁转化"技术可在一定比例上降低粗煤气中 CO_2 产量,但仍有部分 CO_2 释放。针对此问题设计将该技术与地面"CO_2 制甲醇—甲醇制烯烃"技术联动,在形成 CO_2 闭合循环的同时,大幅度提高煤炭气化产品附加值。

甲醇被称为"液态阳光",具备"载氢"与"载碳"的双重功能。理论上讲,碳氢比越高,单位能源 CO_2 排放量越高。煤炭的碳氢比在 1~4 之间,石油碳氢比为 0.5,天然气(CH_4)和甲醇(CH_3OH)的碳氢比均为 0.25。每个甲醇分子比甲烷分子多了一个氧原子,故前者燃烧度更高,CO_2 排放量更低。理论计算每吨甲醇可以消耗 1.375t CO_2,而产氢量是相同体积下压缩液氢的 2 倍。无论是在"双碳"政策的要求下,还是"人与自然和谐共生"的终极目标之下,"甲醇"就如同一把钥匙,融合"碳"能源与"氢"能源的协同发展,搭建"化石能源"向"新能源"过渡的桥梁。

我国是全球最大的甲醇生产国和使用国,山西作为焦炭供应第一大省,生产绿色甲醇约 1400×10^4t,消纳 CO_2 超过 1200×10^4t[34]。2019 年,河南安阳顺利环保公司建成世界规模最大、国内首套 CO_2 加氢制绿色甲醇工业化生产装置,该项目已于 2021 年年底投产,当时预期年产甲醇 11×10^4t,有望减少 CO_2 排放量 10×10^4t[35]。2022 年 3 月两会期间,中科院大连物化所李灿院士提出利用"液态阳光甲醇"规模转化消纳可再生能源新思路。研究团队公开的 Cd/TiO_2 催化剂体系,将 CO_2 加氢制甲醇选择性提高到 81%,大幅度降低了绿色甲醇的生产成本[36]。以此项技术为支撑,已于 2020 年在甘肃兰州建成了全球首套千吨级液态阳光合成规模化示范工程,目前正在向十万吨级液态阳光工业化目标发展[37]。

UCG 技术则同样具有先天的优势,可原位产生 H_2 和 CO_2 两种甲醇合成必备原料气(图 6),经济性评价结果显示,地下气化甲醇合成成本比地面气化合成甲醇降低了 47%[16]。已运行的 UCG 项目中 CO_2 排放量高达 17%~32%,如要自行消纳所有 CO_2,可将 UCG 生产端碳基资源以 CH_4、CO、CO_2 等气体形式于地面进行二次加工,就地生产甲醇、乙烯等化工原材料,同时完成碳基材料供应与固碳双重任务(图 7)[式(14)至式(16)]。

$$CO_2+3H_2 \Longleftrightarrow CH_3OH+H_2O \; ; \; \Delta H_0=-49.43\text{kJ/mol} \quad (14)$$

$$CO_2+H_2 \Longleftrightarrow CO+H_2O \; ; \; \Delta H_0=-41.12\text{kJ/mol} \quad (15)$$

$$CO+2H_2 \Longleftrightarrow CH_3OH \; ; \; \Delta H_0=-90.15\text{kJ/mol} \quad (16)$$

以河北唐山刘庄矿区为例,对 CO_2 捕集效率进行预判,"两阶段气化工艺"下产出粗煤气总热值为 11~13MJ/m³,产气组分分别为 H_2 55%,CO 18%,CO_2 20%,CH_4 13%[16]。假设采用"三段式"UCG 技术将 CO_2 进行回注,可减少 7%~8% 的 CO_2 排放量,剩余约 10% 的 CO_2 可通过近地面 CO_2 制甲醇工艺单元进行处理,由于煤制甲醇所需 H_2/CO_2 摩尔比为 3∶1,故需供应 30% 的 H_2 配合 CO_2 制甲醇,剩余 25% H_2 进行回收储存。以甘肃华亭矿区为例,富氧水蒸气气化工艺下产出粗煤气总热值为 10.59MJ/m³,产气组分分别为 H_2 42.5%,CO 23.0%,CO_2 27.3%,CH_4 6.4%。经 CO_2 地下回注后,需要约 60% 的 H_2 供给甲醇生产。现场可供应约 42% 氢源,剩余 18% 氢源缺口可以分别通过 UCG 原位地热,

以及风光电解水制氢提供，同样可以实现CO_2近零排放，同时生产更具经济价值的甲醇、烯烃等化学品。

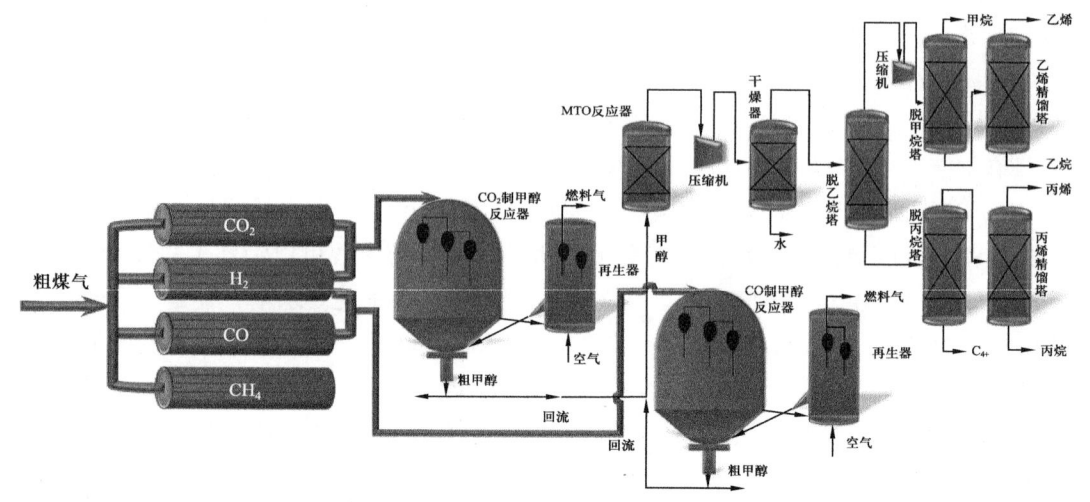

图 6　粗煤气—地面甲醇联产工艺路线示意图

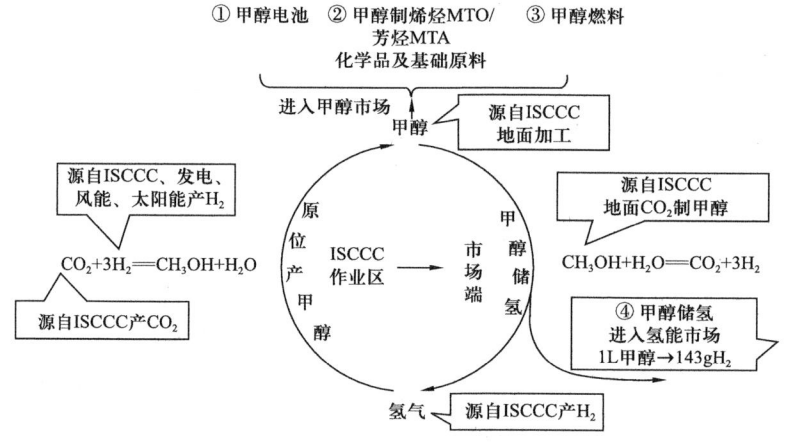

图 7　煤炭原位清洁化生产联动绿色甲醇生产架构

氢气运输成本与运输距离密切相关，80km 以下可采用长管拖车直接进行纯氢运输，运输成本控制在 5.43 元/(km·kg)，当运输距离大于 500km 的情况下，运输成本高达 20.18 元/(km·kg)。而液相甲醇运输成本基本控制在 0.5 元/(km·t)[38-39]。由此可见，仅需在加氢站配备甲醇制氢橇装模块设备，即可利用甲醇高氢密度特性完成氢气输送任务，在降低氢气的长距离运输成本的同时，实现了氢气长期低成本存储。

5　展望

从技术角度考虑，煤炭地下气化技术发展至今的百年历史中，地下燃烧通道的安全性和全流程的可控性一直是制约其发展的两个主要因素。天然煤炭资源结构极其复杂，大量实验结果表明，近似变质程度的煤炭样本，所呈现的粗煤气组分结果截然不同。近年来，研究人员以国内外UCG现场试验经验为蓝本，构建实验室内煤气化化学机理反应模型、搭建大型煤炭气化物理实验平台、构建流体动力学仿真实验模型及煤炭地下气化开发数值模拟模型。"三段式"煤炭地下气化过程要求上述研究方法相互结合，以产出粗煤气组分变化参数作为不同阶段气化控制指令，进而实现"三段式"煤炭地下气化过程控制。

"UCG-Ⅲ+CO_2加氢制甲醇"技术以传统煤炭行业为基础，通过技术整合与探索，对深层煤炭资源进行清洁转化，是化石能源实现"碳中和"的一个缩影。每一个煤炭地下气化工程都在其作业区内进行着由高碳资源向低碳资源，以及氢载体转化的闭环循环。在这个清洁化循环中，需要利用CO_2更多的天然特征与优势，将其利用价值最大化。例如，利用超临界CO_2进行阶段式煤层压裂，在拓宽煤气化工作面的同时，避免水淹煤层，降低点火难度。又如利用亚临界、超临界CO_2对高温粗煤气进行制冷降温，在避免水资源浪费的前提下，可大幅度降低粗煤气中CO_2分离成本，节省产出井端制冷装置体积，同时可最大程度上实现地下热能的再回收利用。从化学品产业链角度考虑，在与现代煤化工优势整合中，该组合技术可构建上、下游联动绿色一体化示范基地，实现煤炭资源的清洁开采与化工原材料的绿色供应，成为新时代背景下的煤炭行业能效领跑者。

参 考 文 献

[1] BP. BP Statistical Review of World Energy 2021 [R]. London, June, 2021.
[2] 樊立安, 张东明. 我国能源领域二氧化碳排放研究 [J]. 低碳世界, 2022, 12（4）: 99-101.
[3] 中华人民共和国国务院新闻办公室. 白皮书：新时代的中国能源发展 [R]. 2020-12-21.
[4] 王国法, 任世华, 庞义辉, 等. 煤炭工业"十三五"发展成效与"双碳"目标实施路径 [J]. 煤炭科学技术, 2021, 49（9）: 1-8.
[5] 刘晋林. 发展低碳经济实现绿色转型——浅议西山供热改革中需解决的几个问题 [J]. 煤炭科学技术, 2011, 39（S1）: 127-129.
[6] 余力. 我国废弃煤炭资源的利用——推动煤炭地下气化技术发展 [J]. 煤炭科学技术, 2013, 41（5）: 1-3.
[7] 刘淑琴, 张尚军, 牛茂斐, 等. 煤炭地下气化技术及其应用前景 [J]. 地学前缘, 2016, 23（3）: 97-102.
[8] 刘梦, 胡汉辉. 碳排放量、碳源结构与中国经济的"充分-平衡"发展 [J]. 山西财经大学学报, 2020, 42（4）: 1-15.
[9] 毛飞. 煤炭地下气化是我国化石原料供给侧创新方向 [J]. 天然气工业, 2016, 36（4）: 103-111.
[10] 李季三. 全国煤炭地质系统商业性地质工作运行情况及建议 [J]. 中国煤田地质, 2002, 14（1）: 4.
[11] 于长洪, 丁铭, 朱文哲. 我们走在"大路"上 [EB/OL]. 经济参考报. 2020. http://www.jjckb.cn/2020-12/29/c_139625427.htm.
[12] 佚名. 兖矿集团积极向"化学采煤"探路 [J]. 能源与环境, 2019（2）: 1.
[13] 刘相华. 兖矿鲁西发电2×600兆瓦级煤炭地下气化发电工程开工 [EB/OL]. 齐鲁晚报—齐鲁壹点. 2019. https://baijiahao.baidu.com/s?id=1624165304470772496&wfr=spider&for=pc.

［14］韩军，方惠军，喻岳钰，等.煤炭地下气化产业与技术发展的主要问题及对策［J］.石油科技论坛，2020，39（3）：50-59.

［15］Perkins G. Underground coal gasification—Part Ⅰ：Field demonstrations and process performance［J］. Progress in Energy and Combustion Science，2018，67：158-187.

［16］刘淑琴，张尚军，牛茂斐，等.煤炭地下气化技术及其应用前景［J］.地学前缘，2016，23（3）：97-102.

［17］孙得浩.6.5MPa多喷嘴对置式水煤浆气化工艺特点及影响运行稳定性因素的分析［J］.科技风，2008（16）：1.

［18］邹才能，陈艳鹏，孔令峰，等.煤炭地下气化及对中国天然气发展的战略意义［J］.石油勘探与开发，2019，46（2）：195-204.

［19］中国氢能联盟.白皮书：中国氢能源及燃料电池产业白皮书［R］.2019-6-26.

［20］黄晓林，胡锡晟，黄卉，等.中国氢能源产业政策量化分析及区域布局研究［J］.科技情报研究，2021，3（2）：13.

［21］Group P C. IEA：The Future of Petrochemicals Moves Toward More Sustainable Plastics & Fertilizers［J］. Propane-Canada，2018（2）：51.

［22］郭忠平，王靖.关于煤炭地下气化技术发展的探讨［J］.山东科技大学学报（自然科学版），2003，22（2）：48-50.

［23］Huang Z T，Zhang W G，Xin P，et al. A contrast study on different gasifying agents of underground coal gasification at Huating Coal Mine［J］. Journal of Coal Science & Engineering，2011，17（2）：181-186.

［24］朱利辉，冯备战，胡永兴，等.华亭烟煤地下气化污染物分布及富集规律［J］.煤田地质与勘探，2021，49（3）：8.

［25］柳少波，洪峰，梁杰.煤炭地下气化技术及其应用前景［J］.天然气工业，2005，25（8）：119-122.

［26］苏茂秋.高硫煤地下气化技术应用及分析［J］.山东煤炭科技，2002（6）：22-23.

［27］2021中国制造强国发展指数报告［R］.2021-12-29.

［28］汪滨，梁洁.长通道大断面两阶段煤炭地下气化工艺的试验研究［J］.煤炭科学技术，1996，24（2）：3.

［29］Chen C，Zhang J，Xu K，et al. Experimental and Modeling Study of Char Gasification with Mixtures of CO_2 and H_2O［J］. Energy & fuels，2016（30）：1628-1635.

［30］Zhang Z，Lu B，Zhao Z，et al. CFD modeling on char surface reaction behavior of pulverized coal MILD-oxy combustion：Effects of oxygen and steam［J］. Fuel Processing Technology，2020，204：106405.

［31］刘洪涛.富氧CO_2煤炭地下气化过程实验与模拟研究［D］.武汉：华中科技大学，2019.

［32］Duan T H，Lu C P，Xiong S，et al. Pyrolysis and gasification modelling of underground coal gasification and the optimisation of CO_2 as a gasification agent［J］. Fuel，2016，183（1）：557-567.

［33］雷鸣，黄星智，王春波.O_2/CO_2气氛下CO_2和H_2O气化反应对煤及煤焦燃烧特性的影响［J］.燃料化学学报，2015，43（12）：1420-1426.

［34］2021年太原能源低碳发展论坛［R］.2021-9-3.

［35］佚名.河南顺成与冰岛碳循环签署建CO_2制甲醇装置协议［J］.石油化工技术与经济，2019（4）：33.

［36］Wang J J，Jittima M，Han Z，et al. Catalytic Catalysis of CO_2 hydrogenation to methanol by TiO_2 supported highly dispersed Cd cluster catalyst［J］. Chinese Journal of Catalysis，2022，43（3）：761-770.

［37］黄海华，林梅.我国开展十万吨级液态阳光工业化［N］.解放日报，2022-02-28（009）.

［38］李群柱.降低氢气生产成本的途径浅析［J］.炼油设计，1993，23（4）：60-64.

［39］马雪飞，李宗鸿，肖植煌，等.有机液体储运氢技术经济分析与比较［J］.现代化工，2022，42（6）：5.

我国中深层煤炭地下气化发展潜力与技术对策

陈浩[1]，东振[1]，陈艳鹏[1]，薛俊杰[1]，张梦媛[1]，赵宇峰[1]，孙宏亮[2]，王兴刚[2]

（1.中国石油勘探开发研究院，北京 100083；2.中国石油吐哈油田分公司，新疆 哈密 839000）

摘 要：煤炭地下气化是煤炭低碳化开采的一种有效手段，同时能有效缓解国内天然气能源需求，是实现中国特色天然气梦的现实选择。在目前碳中和和国内天然气紧缺对外依存度高的形势下，亟须拓展战略接替领域。煤炭地下气化依托地下工程技术，以采气的方式低碳化开发煤炭资源，能有效融合油、气、热、电、氢等协同发展，有望引领能源公司战略转型及中国特色天然气革命。本文将通过梳理煤炭地下气化产业与典型技术发展历程，分析发展趋势，思考油公司开展煤炭地下气化业务优势及基础，并尝试对标目前存在问题，提出相应技术对策与建议。地下气化在气化选址、高效增产、运行控制及协同发展方面仍存在问题，提出了透明气化系统与靶体优选技术、气化开发增产工程技术、气化高效开发技术、气化运行智慧控制技术、CO_2综合利用与封存技术、煤炭地下气化实验模拟技术等六点技术对策。煤炭地下气化在中国有需求、有资源、有基础、有技术，产业化之路已初现曙光，但仍面临机理上、技术上、环保上，以及经济上等各方面的不确定因素，需要开展针对性的室内研究和现场先导性及工业化试验。建议加强科研基础建设，加大工艺测试支持力度，谋划工业示范，加快实验室建设，筹建煤炭地下气化新学科。

关键词：煤炭地下气化；气化选址；高效增产；运行控制；协同发展

我国是煤炭生产和消费大国，煤炭产量和消费量全球占比均超过50%。煤炭长期占据我国一次能源消费首位，作为能源支柱，煤炭也有力地保障了我国改革开放以来国民经济的高速发展，但随之带来的环境问题也日渐凸显[1]。《新时代的中国能源发展》白皮书预计到2030年煤炭在我国能源消费结构中将由2020年的55%降至42%，但仍占据首位。煤炭清洁高效利用将是碳中和行动中不可回避的重大问题。

煤炭地下气化（Underground Coal Gasification，UCG）是指通过创造适当条件使煤在原位有控制地燃烧，在热及化学作用下产生一氧化碳、二氧化碳、氢气、甲烷等可燃气体的过程。地下气化工程一般由注入井、气化炉、点火系统、监测系统、生产井组成（图1）。据加拿大天鹅山试验项目经验，可燃组分可达60%，其中CH_4、H_2、CO、CO_2分别为37%、15%、5%、41%。根据地下发生反应不同可分为氧化带、还原带和干馏干燥带[2]。氧化带主要是炭与氧气反应生成一氧化碳和二氧化碳，还原带煤通过气化剂与二氧化碳、

基金项目：中国石油勘探开发研究院院级基础研究项目"煤炭地下气化高效产气机理与运行控制技术研究"（101001cq0b52394）。

第一作者：陈浩，男，1985年生，高级工程师，主要从事煤层气与煤炭地下气化方面工作，地址：（100083）北京市海淀区学院路20号，电话：（010）83593256，E-mail：chenhao69@petrochina.com.cn。

水蒸气和氢气反应，合成气组分为一氧化碳、氢气、二氧化碳和甲烷等。干馏干燥带主要以热解反应和甲烷化反应为主。通过控制反应条件和气化剂可获得不同粗煤气组分。

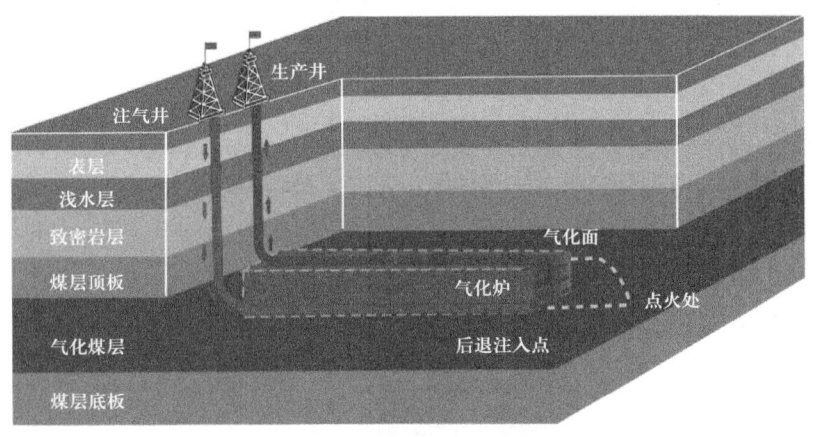

图 1 煤炭地下气化示意图

与传统采煤相比，煤炭地下气化变物理采煤为化学采煤，大大减少了从业人员的数量，有限的气化操作人员基本不需要直接与煤体接触，产出煤气通过管道运输到地面，从而从根本上避免了事故和职业病的发生[3-5]。煤炭开采过程中还导致我国出现地表塌陷、矸石压占并污染土地、水土流失、破坏水资源、温室气体 CH_4 释放等问题，而储、装、运过程中有可能导致煤尘污染和运输事故，燃煤也会造成大量煤烟型污染[6]。数据表明我国 CH_4 排放量约占全世界的 60%，燃煤释放烟尘、CO_2、NO_x、SO_2 分别约占全国总排放量的 60%、71%、67% 和 87%。为破解环境承载能力不足，近十年来中国审批了 80 多个相对环保的地面煤化工项目，涉及的总资金量达到 1.3 万亿元人民币。现有的地面煤化工和整体煤气化联合循环（IGCC）尽管较传统煤化工及燃煤电厂有所改善，但由于没有从根本上改变煤炭采选、运输、在地面气化、液化等前端的诸多环节，因此无法从根本上改善在此过程带来的安全和环境问题[7-9]。这也导致很多煤化工项目和为数不多的 IGCC 项目因高盐废水等环保问题，在建设甚至运行中被紧急叫停，开工率极低。煤炭地下气化过程中只将气体带出地面，而将大量灰渣、重金属盐等物质留在原地，将大量的水蒸气和余热又循环利用，将难处理的 SO_2 和 NO_x 变成易处理的 H_2S 和 N_2 及含氮化合物。这既降低了地表沉降量，又最大限度地不扰动地下岩石圈和水圈，还节约了大量的尾矿占地，更是将物理开采排放的 CH_4、H_2S 等充分利用，在大大减少了运输量的同时还减少了粉尘等有害物的排放。

国家统计局发布数据表明煤炭在能源消费量中仍占据相当大比重，在目前碳中和和国内天然气紧缺对外依存度高的形势下，亟须拓展战略接替领域[10-11]。煤炭地下气化依托地下工程技术，以采气的方式低碳化开发煤炭资源，能有效融合油、气、热、电、氢等协同发展，有望引领能源公司战略转型及中国特色天然气革命[12]。本文将通过梳理煤炭地下气化产业与典型技术发展历程，分析发展趋势，思考油公司开展煤炭地下气化业务优势及基础，并尝试对标目前存在问题，提出相应技术对策与建议。

1 煤炭地下气化产业与技术发展历程

1.1 煤炭地下气化产业发展历程

煤炭地下气化作为一种利用难开采煤炭资源的潜在方法一直被各国科学家探索。从最早1868年德国科学家William Siemens首次提出煤气化概念,探索煤炭直接在原位进行气化的可能性开始,1888年苏联科学家Mendeleev设计了煤炭地下气化的基本工艺并由斯科钦斯基国家矿业研究院将该项技术应用于苏联范围内的多个矿井中,开始进入工业性试验阶段。根据发展历程划分为矿井式、浅层钻井式和深层钻井式三个阶段[13](图2)。

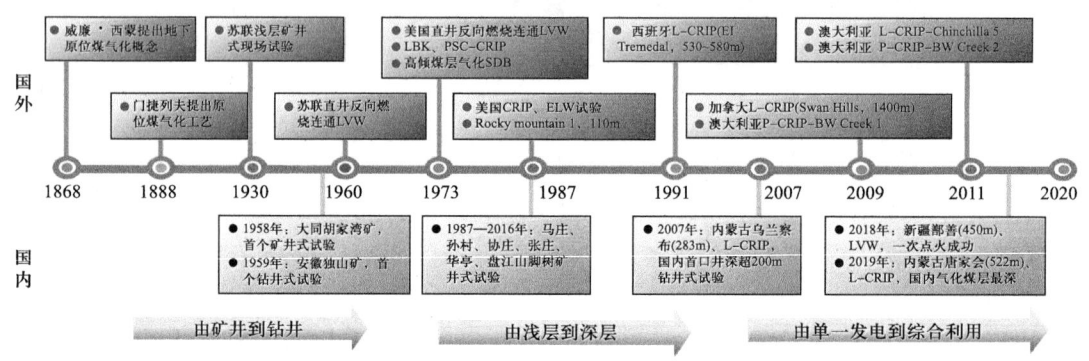

图2 煤炭地下气化发展历程

在矿井式开采阶段主要以俄罗斯为主,煤炭地下气化技术在早期甚至得到了列宁的支持,认为这种技术能够消除矿工在地下矿井工作的风险,因而苏联在煤炭地下气化研究上投入了大量资金。1901—1910年,美国化学家Anson Betts提供了多种煤炭地下气化技术方案,并分别推广到美国、英国和加拿大,建立了现代煤炭地下气化技术的基本框架。标志着矿井式煤炭地下气化技术逐渐走向成熟。这期间,我国也先后在大同、新汶、皖南、鹤岗、枣庄、沈北等矿区进行自然条件下煤炭地下气化试验。

20世纪70年代末至80年代由美国劳伦斯国家实验室等科研部门开展了大量基于钻井式地下气化技术研发,提出"后退式煤炭地下气化"技术,其中落基山一号试验项目获得了加大炉型、降低成本、提高生产能力和煤气热值等方面的成果,该项目具有约1×10^4 t煤的气化能力[13]。美国将该项技术定位为国家能源安全紧急时期的技术储备,在国家能源遇到危机时启用,对其技术的经济效益方面没有再开展系列优化研究。1947年,法国领导在摩洛哥开展试验,随后是1948—1950年在比利时的Boisla Dame进行的试验,以及1949—1959年在英国的Newman Spinney和Bayton进行的试验。这些试验都是在以空气为主要氧化剂的浅层薄煤层中进行的,但由于环境和经济原因,多被放弃。

21世纪以来,随着对天然气和化工产品需求的不断增长,以及人们对采矿作业的担忧日益加剧,全球对煤炭地下气化的兴趣开始复苏。其中,煤炭地下气化项目在澳大利亚得到了广泛的发展。昆士兰从1997—2003年运营的Chinchilla项目是其中的大型示范项目，该项目的开发商称在没有观察到地面沉降或地下水污染的情况下气化了 3.5×10^4 t 煤炭，该项目的技术特点之一是实现了负压气化且直接将气化的煤气制成合成油，是全球第一个形成煤炭气化—煤气净化—合成石油的代表项目[13]。2007年1月，南非在约翰内斯堡北部的 Majuba 煤田开展了1个小规模的煤炭地下气化试验项目[14-16]，该项目为1座 4200MW 的发电厂提供电力，但该地区因火山侵入而严重断裂，使得采矿变得困难，试验点最终只产生少量的燃烧合成气。2009—2011年，加拿大利用控制后退注气点（Control Reverse Injection Point，CRIP）工艺在阿尔伯塔开展了迄今为止目标煤层最深（1400m）的工业化地下气化现场试验。同样，作为富有煤炭资源而天然气短缺的国家，印度对煤炭地下气化的潜在应用十分重视，由于近年来煤炭储量急剧下降，传统开采很难进行，印度目前至少有3个煤炭地下气化试点项目计划进行[13]。我国自2007年起地方企业积极在国内发展钻井式煤原位转化，分别在内蒙古乌兰察布（2007年，285m）、新疆鄯善（2018年，450m）、内蒙古唐家会（2019年，522m）、新疆阜康（2024年，1200m）积极开展现场试验，我国现已成为世界煤原位转化试验研究最活跃国家。其中上海中为能源实施的唐家会项目是目前国内最深的煤原位转化现场试验。该项目于2019年10月31日成功点火，采用"水平井+P-CRIP"工艺设计，水平井垂深为522m，两口水平井间距15~20m，水平段长约800m，在煤层实现"点对点"对接。试验空气、富氧空气、纯氧三种气化剂类型，气化压力达到3MPa，其中纯氧气化的粗煤气热值达到 $11.7MJ/m^3$，甲烷体积组分 18.4%、氢气体积组分 19%，气化连续稳定运行超过6个月，产气量 $20\times10^4m^3/d$，初产达到工业规模[17]。2020年1月5日该项目通过内蒙古自治区科技厅组织的专家组验收。除上述国家外，巴西、泰国、保加利亚、新西兰等国家也计划进行煤炭地下气化试验或建设气化站。

1.2 技术难点与未来发展趋势

纵观国内外煤炭地下气化现场试验，浅层地下气化技术基本成熟，但并没有取得规模产业化发展，反思原因有三：一是地质选区过程中论证不充分，如因地层水大量涌入气化腔导致试验停止等，如西班牙 EI Tremedal 项目由于顶板强度低、渗透率高造成气化腔涌水[18-19]；二是地下气化技术和工艺对地质、工程、地面要求非常高，技术本身仍存在需要完善之处[20]；三是绝大部分浅层试验项目受外部环境的影响大，如国家环保政策导致试验停止、地表下陷和浅层水污染导致项目停止等[21]。

因此，煤炭地下气化趋势是由浅层向中深层发展。相对于浅层煤层，中深层煤炭地下气化由于气化炉远离地表及饮用水源，避免了直接环境污染；而且埋深增大有利于增加气化炉的密闭性，避免了大量裂隙导致的产出气泄漏；同时随着埋深增大压力提高，煤气中甲烷含量高，直接经济效益好；此外，我国深部煤炭资源量巨大，煤质适应性广，气化开采可节省煤炭井工开采成本，而且不与煤电和煤争煤，有利于产业协调发展。但随着埋深的增大，地层压力增大，地层情况更为复杂，施工和监测控制技术难度增加，项目成本也随之上涨。受高温高压影响，中深层煤炭气化化学反应机理和过程更为复杂，反应腔的煤岩煤质、封闭性等反应条件对地下气化影响显著，对反应精准控制的工艺技术要求也随之增加，发展高效增产和运行控制技术提高气化率和气化稳定性是未来技术发展趋势[22]。在粗煤气处理方面，通过热蒸气油田增产、二氧化碳驱油，打造"煤炭地下气化—石化炼厂—CO_2提高原油采收率与埋存"石油石化净零排放示范工程，在环京和蒙东地区建设地下煤气化制天然气联产氢气，产品供给华北地区。在综合利用方面由粗煤气单一利用向深加工、综合利用发展。

2 我国开展中深层煤炭地下气化技术机遇

2.1 煤炭地下气化是实现中国特色天然气梦的现实选择

2020年第75届联合国大会上，中国提出采取更加有力的政策和措施，二氧化碳排放力争于2030年前达到峰值，努力争取2060年前实现碳中和。碳中和形势下，预计2030年煤炭占比由55%降到42%，天然气占比由8.2%升到15%，那么届时天然气缺口$1900×10^8 m^3$，对外依存度可能超过60%。相对于中国每年巨大的能源需求量，除了煤炭产量能够满足、储采比也相对较高外，其他常规化石能源的储采比则严重不足，预测到2030年国内油气类清洁化石原料的自给率不足40%，其供需矛盾相当突出（图3）。这样庞大的化石原料供应缺口，在全世界范围内也是不可忽视的。历史上日本、欧洲和现在乌克兰的多次遭遇已经证明，能源自给率太低会给发展带来极大的掣肘和切肤之痛，如果中国化石能源的供给过多地寄希望于国际供应，价格的稳定性和供给的可持续性都将得不到保障，这类不确定性因素甚至会威胁到国家安全。在我国富煤、贫油、少气、可再生能源总量有限且增速较慢的能源格局下，讨论的重点已经不再是是否使用煤炭，而更多的则是如何安全、清洁、高效开采和利用煤炭。在当前的形势下，利用油企擅长的地下开发的工程技术和装备煤炭地下气化是一种符合现实需求的选择。

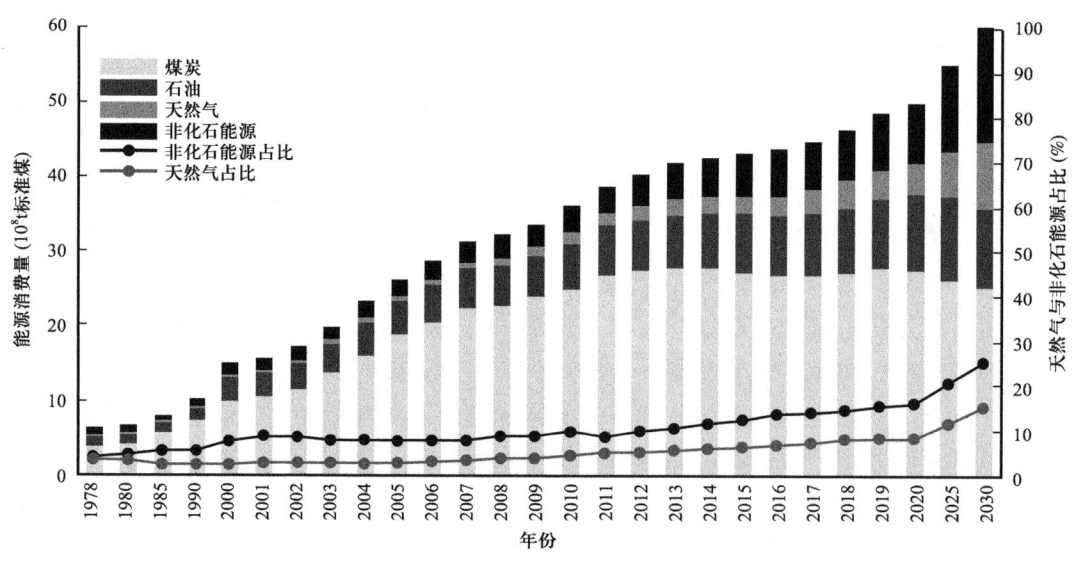

图3 中国能源消费结构变化趋势图（历史数据：国家统计局）

2.2 煤炭地下气化具有广阔的发展前景

煤炭地下气化粗煤气用途广泛，可用于粗煤气发电，分离制备氢气、甲烷、液体燃料，还可与石油行业结合进行二氧化碳驱油，产生气化腔可转为煤穴储气库或二氧化碳封存。通过多联产利用粗煤气变化反应、转换反应、费托法等可合成化工产品（图4）。煤炭地下气化产品的成本低廉，具备很强的市场，煤炭不需要开采和运输，也不需要地面洗选、加工和转化设备，从而节约了大量建井、采煤工程投资，使煤气成本大幅度降低。与地面气化相比，地下气化站设施的投资仅为地面气化的1/2，煤气成本按热值折算也仅为地面气化的1/2，据资料显示，煤炭地下气化制氢成本为0.5元/m^3，而利用一般方法制取氢气则为1.5~2.0元/m^3；与地面气化相比，煤地下气化生产合成气成本可下降43%，生产天然气代用品成本可下降10%~18%，发电成本可下降27%[23]。南非马久巴发电项目于2007年点火运行，利用地下气化粗煤气经净化处理后用于发电，初始粗煤气流量为$7.2×10^4 m^3/d$，目标产能$20×10^8 m^3/a$。结合地下气化与压缩气体蓄能发电的特点，有学者提出采用煤炭地下气化的压缩气体储能发电系统，通过将煤炭地下气化与压缩气体储能相结合，实现电能的大规模存储和高效转换；整个发电系统可充分利用气轮机烟气和地下气化炉煤气余热给压缩气体升温，较单一压缩空气蓄能发电和地下气化发电有更高的系统综合热效率；地下气化储气储能发电具有更低三废排放、更好经济性，较IGCC发电投资、运行成本更低，展示煤炭地下气化储能发电前景[24-26]。粗煤气还可广泛运用于煤化工，澳大利亚钦奇拉地下气化项目主要利用粗煤气费托合成油（GTL），与传统石油天然气开采相比也有较好的竞争力，孔令峰借用加拿大天鹅山项目技术参数探讨深层煤炭地下气化项目的投资经济性。方案模拟一个埋深1200m，煤层厚度15m，采用纯氧气化工艺，日产CH_4约$600×10^4 m^3$（$20×10^8 m^3/a$）的深层煤炭地下气化项目[27-28]。借用现代水平井、连续油管点火的CRIP技术。通过开展经济评价认为地下气化与目前页岩气开采相比具有一定的竞争力。而且深层煤炭地下气化项目还有一项地面煤制气不具备的独特优势，那就是气化后的煤穴空间密闭性很好，可以有效利用创造效益。煤炭井工开采，环保要求对采空区进行回填，成本代价较高。满足地下气化密闭性要求的深部煤层，气化后留下的煤穴空间具有优良的密闭性，可以改造成煤穴储气库，解决中国地下储气库库址资源稀缺难题。深层煤穴空间可以满足液态或超临界状态埋藏要求条件，CO_2埋藏量可远超同等体积的废弃油气藏。利用产生二氧化碳进行油田稠油开采，可产生新的资源，综合效益将十分可观。

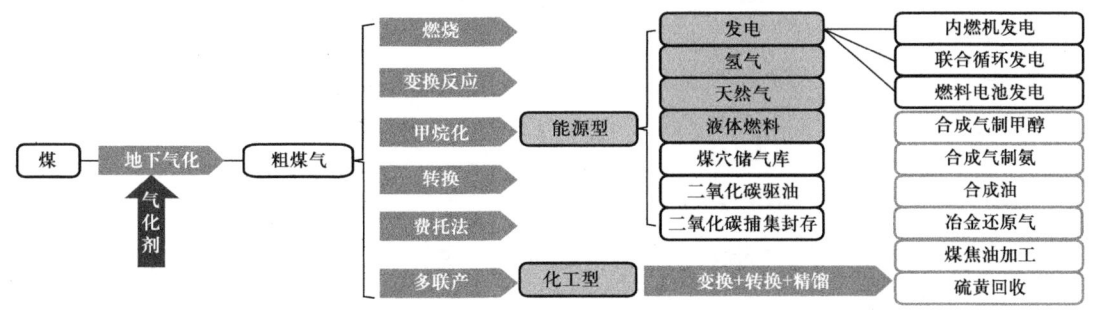

图4 粗煤气处理技术

3 我国发展煤炭地下气化技术基础与优势

3.1 我国油气矿权区具备丰富的煤炭资源基础

油气企业矿权区广泛分布不同时期形成的含煤地层，鄂尔多斯、塔里木、准噶尔、二连等含油气盆地油气勘探开发过程中钻遇大面积分布的中深层含煤地层，获取了较为丰富的煤层地质和分析化验资料，对发育于不同地质时期、具有不同煤岩煤质的中深层煤炭及可气化资源有一定的认识。据估算，中国石油矿权区3500m以浅、厚度大于5m煤炭资源1.56×10^{12}t，800m以深占75.3%，可地下气化利用资源约$53\times10^{12}m^3$，预计可支撑年产$1\times10^{12}m^3$稳产50a。由于资源目标主体不同和长期积累，相比煤炭企业，石油石化企业在深部地质探测理论和技术方面具有明显的优势。

3.2 我国具有全产业链优势的共性技术基础

我国油气勘探开发技术及装备可用于中深层及深层煤炭地下气化。一方面，油气田勘探开发技术对地下气化项目有重要的促进作用，如中国石油研发的DRMTS高精度远距离穿针技术具有点对点精确定位导向能力，在距离1~110m范围可进行精确定位导向作业，测量精度可控制在厘米级，已在煤层气和地热等领域应用100余口井，一次连通成功率100%；石油企业普遍应用的高适应性连续管集成技术、连续管技术在石油天然气开发领域广泛应用，连续管作业机被誉为"万能作业机"，目前已在浅层UCG领域成功应用；火烧油层作为高温稠油热采的一项典型工艺，其点火、注入控制和井筒完整性等部分技术可借鉴；此外，石油化工企业先进的地面集输处理技术，在油气集输及处理领域总体达到国内领先、国际先进水平，部分技术达到国际领先水平；在天然气脱硫脱碳、脱水、脱烃方面，已接近或达到国际先进水平，天然气净化处理成套技术整体上处于国际先进水平，天然气深加工及装备研发制造技术处于国内先进水平。另一方面，在技术理论方面，石油石化企业成熟的地质综合评价技术（煤层气）、地球物理探测技术系列（地震、测井）可经过油气开发配套技术引领中深层煤炭地下气化产业发展，通过针对性完善用于煤炭地下气化的选址、建炉、注气、点火、生产等关键环节，如采用三维地震、VSP（垂直地震剖面）及测井技术开展煤层精细构造解释及煤岩煤质、应力场评价，为建炉提供地质依据；采用微地震监测技术实时监测煤层气化造腔形态及大小变化；火烧油层技术的点火、注入控制和井筒完整性等部分工艺技术可借鉴于地下气化点火及控制环节等，有望推动中深层及深层煤炭地下气化项目取得实质性突破。

3.3 融合五大能源平台，具有协同优势

煤炭地下气化由于其"地下、高温、流体"等属性，与石油石化企业现有油气产业链融合度高，不仅可因地制宜与天然气产业链、炼化业务、矿区用能替代、储气库业务、

CO_2 驱油与埋藏业务、氢能产业链实现协同发展，实现资源的立体综合开发及利用，更能拉动石油石化企业相关技术服务产业向新兴业务的横向扩张和高精尖技术的纵深发展，实现煤炭地下气化产业与油气产业的高度融合发展，发挥"1+1>2"的协同效应。

3.4 油气公司专项攻关取得阶段进展，具有先发优势

中国石油在地下气化技术领域具有先发优势，相对来说开始比较早，中国石油在全产业链的攻关在国内也是领先。早在 2003 年，中国石油集团公司组织中国石油勘探开发研究院开展前期评价，2017 年起，中国石油规划计划部、中国石油勘探开发研究院正式开展前瞻性研究和前期工作，同时组建起全产业链的团队进行专项攻关。目前在选址评价、高温井筒、连续管装备等方面取得阶段性进展。

首先在目的煤层选择上，优选中深层煤层，避开浅层煤炭开采地区，不与传统采煤形成冲突。据地下气化模式可看出，随着埋藏深度增加，在压力小于 4MPa 时，粗煤气成分主要以富氢为主，而在压力大于 4MPa 后，粗煤气成分主要以甲烷为主[12]。主要选取埋深 500~2000m 目标煤层，借助"U"形/楔形水平井+CRIP 工艺进行中深层煤炭地下气化。这样既有效动用了煤资源，提高了合成气甲烷产率，又因为深度加大，避开了地下水层，降低了环境污染和地质灾害。

可燃套管关键工具、可控燃烧等关键技术取得突破。可燃套管燃点温度提高至 700℃，该技术已成功应用于乌兰察布、唐家会现场试验。在钻完井方面，形成耐 600℃高温水泥浆体系；在可控燃烧方面创建以"三管同心"多通道连续管为主体的可控燃烧技术。气化剂方面形成了 20MPa 节能型"一压到底"气化剂制备及高压注入技术。此外，在专项攻关下，在资源评价及选址地质评价技术、气化炉完整性设计和控制技术、限流限压变空间燃烧技术、气化剂随程动态控制技术、气化空间演化实时监测技术、地下气化可控燃烧技术、气化剂制备及注入技术上均有一系列技术获得突破。

4 煤炭地下气化攻关方向与技术对策

煤炭地下气化属于多学科交叉技术，涉及物理、化学、地质、材料等学科。技术密集强，包括地质评价、测井评价、水平井钻完井、连续油管、气化导控工艺、气化测控技术、点火燃烧控制、余热发电、气体加工利用、生态环境保护等一系列油气开采和处理技术。通过开展国内外技术对标发现在气化选址、高效增产、运行控制及协同发展方面仍存在问题。需针对核心问题给出相应技术对策（表 1）。

4.1 透明气化系统与靶体优选技术

与地下气化煤炭资源区域调查和规划相比，中深部气化地化选址面临的地质问题更为复杂，要求的地质考虑更为细致。地层、构造、岩石力学和水文地质条件均对煤炭地下气化选址至关重要，应该全面描述煤层及其上覆、下伏地层的地质特点[29-30]。上覆岩层的强度、节理和变形等因素，对煤层火焰工作面推进产生一定影响。地下气化炉附近的地下

水压力、水量影响到氧化剂注入压力和地下水是否会流入气化炉腔，进而影响到被气化煤层的化学反应。煤层上覆含水层系统的存在，可能导致炉顶坍塌，造成地表沉降，地下水流进入炉腔会对气化生产造成灾难性影响。受限于资源条件、气化炉建造技术、工业体系等因素，前期国内外研究试验多为浅层项目。随着环保要求的提高及石油工业体系技术的进步，各国更加关注深层气化试验。我国深层煤炭资源丰富，资源条件优越，地下气化有利目标较多，鄂尔多斯 UCG 试验项目证实了我国中深层煤炭地下气化项目实施的可能。煤炭地下气化过程中的地质评价工作是炉址布局、气化生产，以及燃后处理工作的基础，只有进行扎实的地质选区工作才能保证煤炭地下气化工程的环保性、经济性和高效性。因此，需要在国内外地下气化试验所得经验的基础上，结合煤炭资源赋存地质条件，建立起地下气化资源评价技术、选址评价与指标体系技术、靶体识别与优选技术、密闭性评价技术，形成透明气化系统与靶体优选技术。

表 1　煤炭地下气化攻关方向与技术对策

序号	攻关方向	核心问题	技术对策
1	气化选址	资源家底	透明气化系统与靶体优选技术
		安全选址	
		超高温实验	
2	高效增产	提高单井产量	气化开发增产工程技术
		增加稳产时间	
		提高气化效率	气化高效开发技术
		提高有效组分	
		提高煤炭转化率	
3	运行控制	运行参数优化	气化运行智慧控制技术
		过程监测	
		风险识别	
		智慧控制	
4	协同发展	CO_2 利用与封存	CO_2 综合利用与封存技术
		粗煤气综合利用	

4.2　气化开发增产工程技术

煤炭地下气化面临的主要问题之一是经济性问题，解决提高单炉产量和增加气化腔径向扩展距离和稳产时间两大核心问题。孔令峰等[28]参照国内外矿场试验和相关研究成果，借鉴页岩气多分支水平井技术综合 L-CRIP 和 P-CRIP 两种方案的优点提出新型"斜梯形"地下气化单元设计概念方案，在理论上能大大提高地下气化动用煤炭面积，增加利用效率,但没有现场实施,仍需要发展钻完井增产技术、定向喷砂压裂增产技术(含助燃支撑剂、全可燃压裂工具、自适应压裂液)、催化剂增产技术三项关键技术[31-33]。

4.3 气化高效开发技术

地下气化高效开发需解决如何提高气化效率,提高有效气体与热值及煤炭资源转化率三大关键问题。目前,地下气化工艺主要有空气气化、富氧气化、富氧二氧化碳气化、富氧水蒸气气化等工艺,空气气化易获取、成本相对较低,但相应通过该工艺生产的煤气热值也较低,富氧气化生产的煤气有效组分(甲烷、氢气、一氧化碳)和热值随氧气浓度的增大而有所提高,该工艺生产的煤气中氢气含量显著提高;富氧二氧化碳气化和富氧水蒸气气化等工艺也能有效提高有效气体与热值,但目前工业试验进行得较少,还未形成成熟工艺技术。仍需借助数值模拟技术和现场试验参数开展研究形成气化指标评价,进行气化开发方案优化等核心技术攻关。

4.4 气化运行智慧控制技术

地下气化稳定运行影响因素众多,目前认识大都停留在定性上,如在不同的煤层地质条件下,注气点如何合理地移动,速度和控制指标体系尚未建立,气化过程中煤层气化温度场、压力场、浓度场扩展速度及气化工艺参数及控制工艺均未形成完整体系。面临气化运行动态参数优化、过程监测与风险识别、智慧控制三大关键问题,需发展腔体演化及产物预测、温压及腔体演化监测、全流程仿真与智慧控制系统。

4.5 CO_2 综合利用与封存技术

国内老油田面临高含水、低渗透、非均质性严重、注水注不进、采收率低等瓶颈问题,新油田非常规特点更为突出[34]。CO_2作为一种天然化学剂,可以有效提高低渗透、高含水油田采收率。美国通过二氧化碳驱油提高石油采收率7%~15%,目前正以提高石油采收率25%为目标,研发新一代CO_2驱油技术。由于缺乏天然二氧化碳气源,气驱技术在中国工业化应用较晚[33]。目前已形成了适合陆相油藏特征的CO_2驱油与埋存的理论及技术,发展了油藏工程、注采工程、地面工程等主体技术,以及油藏监测和安全环保评价等系列配套技术,有力支撑了不同类型试验区的建设和开发,并在现场取得了较好的应用效果。煤炭地下气化产生大量二氧化碳,通过将煤炭地下气化与油区驱油现场结合,CO_2驱油提高石油采收率的同时还可以实现CO_2的有效埋存(CCUS),经济效益和社会效益好,具有广阔的推广应用前景[35]。

5 结论

(1)煤炭地下气化是煤炭低碳化开采的一种有效手段,同时能有效缓解国内天然气能源需求,是实现中国特色天然气梦的现实选择。与传统采煤相比,煤炭地下气化变物理采煤为化学采煤。国内外经历百年探索,工艺技术逐步完善,形成了由浅层气化向中深部发展，气化炉由单一向多样化、立体化发展，粗煤气处理由单一向深加工、综合利用发展趋势。

（2）煤炭地下气化属于多学科交叉技术，涉及物理、化学、地质、材料等学科，技术密集强。石油企业具有资源优势和技术基础，可将石油钻完井技术、连续油管技术、勘探监测技术应用于地下气化中，同时对粗煤气具有极大需求和深加工处理技术。

（3）地下气化在气化选址、高效增产、运行控制及协同发展方面仍存在问题，提出了透明气化系统与靶体优选技术、气化开发增产工程技术、气化高效开发技术、气化运行智慧控制技术、CO_2综合利用与封存技术、煤炭地下气化实验模拟技术等六点技术对策。

（4）煤炭地下气化在中国有需求、有资源、有基础、有技术，产业化之路已初现曙光，但仍面临机理上、技术上、环保上，以及经济上等各方面的不确定因素，需要开展针对性的室内研究和现场先导性及工业化试验。建议加强科研基础建设，加大工艺测试支持力度，谋划工业示范，加快实验室建设，筹建煤炭地下气化新学科。

参 考 文 献

[1] 陈石义，李乐忠，崔景云，等. 煤炭地下气化（UCG）技术现状及产业发展分析[J]. 资源与产业，2014，16（5）：129-135.

[2] 刘淑琴，张尚军，牛茂斐，等. 煤炭地下气化技术及其应用前景[J]. 地学前缘，2016，5（3）：97-102.

[3] 刘淑琴，陈思，李金刚，等. 深部煤层地下气化及其应用前景[J]. 煤炭转化，2007，30（3）：79-81.

[4] 梁杰. 煤炭地下气化技术进展[J]. 煤炭工程，2017，49（8）：1-4.

[5] 赵岳，黄温钢，徐强，等. 煤炭地下气化地质条件评价研究——以江苏省朱寨井田为例[J]. 河南理工大学学报（自然科学版），2018，37（3）：1-11.

[6] 刘淑琴，陈峰，庞旭林，等. 煤炭地下气化反应过程分析及稳定控制工艺[J]. 煤炭科学技术，2015，43（1）：125-128.

[7] 贾爱林，何东博，位云生，等. 未来十五年中国天然气发展趋势预测[J]. 天然气地球科学，2021，32（1）：17-27.

[8] 席建奋，王张卿，梁鲲，等. 煤炭地下气化模型试验研究现状与发展[J]. 煤炭科学技术，2015，43（4）：99，131-136.

[9] 秦勇，王作棠，韩磊. 煤炭地下气化中的地质问题[J]. 煤炭学报，2019，44（8）：2516-2530.

[10] 杨震，孔令峰，孙万军，等. 油气开采企业开展深层煤炭地下气化业务的前景分析[J]. 天然气工业，2015，35（8）：99-105.

[11] 邹才能，何东博，贾成业，等. 世界能源转型内涵、路径及其对碳中和的意义[J]. 石油学报，2021，42（2）：233-247.

[12] 邹才能，陈艳鹏，孔令峰，等. 煤炭地下气化及对中国天然气发展的战略意义[J]. 石油勘探与开发，2019，46（2）：195-204.

[13] 东振，陈艳鹏，孔令峰，等. 煤炭地下气化试验综述与产业化发展建议[J]. 煤田地质与勘探，2024，52（2）：180-196.

[14] 朱铭，徐道一，孙文鹏，等. 国外煤炭地下气化技术发展历史与现状[J]. 煤炭科学技术，2013，

41（5）：4-9，15.

[15] Burton E, Friedmann J, Upadhye R. Best practices in underground coal gasification [R]. U.S. Department of Energy, Contract No. W-7405-Eng-48. Livermore, CA: Lawrence Livermore National Laboratory, 2006.

[16] Bhutto A W, Bazmi A A, Zahedi G. Underground coal gasification: from fundamentals to applications [J]. Prog Energy Combust Sci, 2013, 39: 189-214.

[17] 梁杰，王喆，梁鲲，等. 煤炭地下气化技术进展与工程科技[J]. 煤炭学报，2020，45（1）：393-402.

[18] 席建奋，王张卿，梁鲲，等. 地下气化煤层软岩顶板相似材料研究[J]. 煤炭工程，2015，47（5）：4.

[19] Greg P. Underground coal gasification-Part Ⅰ: Field demonstrations and process performance [J]. Progress in Energy and Combustion Science, 2018 (67): 158-187.

[20] 孔令峰，朱兴珊，展恩强，等. 深层煤炭地下气化技术与中国天然气自给能力分析[J]. 国际石油经济，2018，26（6）：85-94.

[21] 毛飞. 煤炭地下气化是我国化石原料供给侧创新方向[J]. 天然气工业，2016，36（4）：103-111.

[22] 孔令峰，赵忠勋，赵炳刚，等. 利用深层煤炭地下气化技术建设煤穴储气库的可行性研究[J]. 天然气工业，2016，36（3）：99-107.

[23] 刘刚，刘洪涛. 煤炭地下气化与压缩气体储能发电研究[J]. 煤炭加工与综合利用，2017（6）：60-63.

[24] Klimenko A Y. Early ideas in underground coal gasification and their evolution [J]. Energies, 2009, 2 (2): 456-476.

[25] Blinderman M S, Saulov D N, Klimenko A Y. Forward and reverse combustion linking in underground coal gasification [J]. Energy, 2008, 33 (3): 446-454.

[26] 郑超，余岚，杨峰峰，等. 煤炭地下气化资源条件的评价指标分析[J]. 煤炭与化工，2019，42（4）：104-106.

[27] 刘淑琴，张尚军，牛茂斐，等. 煤炭地下气化技术及其应用前景[J]. 地学前缘，2016，23（3）：97-102.

[28] 孔令峰，张军贤，李华启，等. 我国中深层煤炭地下气化商业化路径[J]. 天然气工业，2020，40（4）：156-165.

[29] Hossein A K, Ricahrd J C. Coupled reservoir and geomechanical simulation for a deep underground coal gasification project[J]. Journal of Natural Gas Science and Engineering, 2017 (37): 487-501.

[30] 韩磊，秦勇，王作棠. 煤炭地下气化炉选址的地质影响因素[J]. 煤田地质与勘探，2019，47（2）：44-50.

[31] Vasilis S, Shaun L, Marc M, et al. Moving towards commercialisation of Underground Coal Gasification in the EU [J]. Journal of Environmental Geotechnics, 2016 (2).

[32] 张喆，胡瑞生，武君，等. 煤超临界水气化制氢的影响因素分析[J]. 煤化工，2011，39（4）：13-15.

[33] 李珊. 煤催化气化催化剂发展现状及研究展望[J]. 化学工业与工程技术，2013，34（5）：10-15.

[34] 胡永乐，郝明强，陈国利，等. 中国CO_2驱油与埋存技术及实践[J]. 石油勘探与开发，2019，46（4）：716-727.

[35] 秦勇，易同生，周永锋，等. 煤炭地下气化碳减排技术研究进展与未来探索[J]. 煤炭学报，2024，49（1）：495-512.

煤炭地下气化过程产热导致的气化区煤岩破坏耦合数值模拟研究

赵宇峰,张梦媛,陈艳鹏,东振,薛俊杰,陈浩

(中国石油勘探开发研究院,北京 100083)

摘 要:煤炭地下气化(UCG)是一种煤炭资源的清洁利用方式。地下气化腔的演化过程,尤其是对储层煤岩的热影响,是煤气化的一个重要课题。在气化条件下,气化过程产热导致的煤岩破坏过程很少被研究,但它们对气化反应空间和从注入井到生产井的流动非常重要。本研究建立了基于PFC^{3D}和$FLAC^{3D}$的耦合数值模拟程序,实现了多场耦合产热变形破坏条件。建立了热解燃烧气化高温诱发煤岩表面破坏的数值模型,揭示了基本气化腔扩展演化机理。主要结果表明:(1)煤岩中的重新分布温度场是耦合模型最重要的参数,模型计算单元的力学性能是根据其温度状态赋值的;(2)考虑高温加热作用的影响,通过$FLAC^{3D}$模型实现非均质温度分布模拟,同时通过PFC^{3D}模型产生微观断裂和变形模拟;(3)通过耦合数值模拟得到了气化腔扩展的演化规律;(4)定量分析随气化腔高度增加,受温度场影响的煤层高度趋于稳定,气化腔在煤层上部扩展逐步达到近似平衡。

关键词:煤炭地下气化;耦合数值模拟;高温;$FLAC^{3D}$;PFC^{3D};煤岩

煤炭地下气化(UCG)是一项革命性的煤炭清洁利用技术,它整合了建井、采煤和气化三个关键过程,以实现高效的天然气生产。该技术通过向地下煤层注入空气、富氧空气、氧气/水和其他气化剂,使煤炭进行可控的原地燃烧、热解和气化反应,产生含有CH_4、H_2、CO、CO_2和其他成分的合成气,用于地面回收[1-4]。目前,中深煤层煤炭地下气化缺少现场实践经验,特别是对气化腔内围岩(煤)在高温高压下的变形破坏过程的动态研究较少。气化腔扩展动态数值模拟技术尚处于起步阶段,对气化腔可控扩展的模拟技术还不够深入,对动态过程参数在气化腔形成过程中的影响分析还缺乏数据支撑。

研究人员从不同角度对煤炭地下气化进行了模拟研究。王在全等在对煤炭地下气化中气化腔扩展规律的数值模拟研究中,提出了有限元法与化学反应模型相结合的思路,建立了气化三维数值模拟模型[5]。赵明东基于有限元法和动态网格技术建立了三维气化数值模拟模型,初步预测了气化反应过程中气化腔的理论形态和尺寸[6]。研究表明,气化反

第一作者:赵宇峰,男,1989年6月出生,毕业于弗赖贝格工业大学,现任中国石油勘探开发研究院非常规研究所工程师,主要从事煤炭地下气化领域研究工作,E-mail:cnzhaoyufeng@petrochina.com.cn。
通讯作者:张梦媛,女,1992年4月出生,毕业于中国石油大学(北京),现任中国石油勘探开发研究院非常规研究所工程师,主要从事煤炭地下气化领域研究工作,E-mail:zhangmengyuan@petrochina.com.cn。

应产物不断向周围煤层扩散,形成扩散圈,扩散圈的大小和形状与反应条件、煤质和地质条件有关。有学者利用有限元法和基于材料力学原理的扩展规律模型建立了三维气化数值模拟模型,用于预测气化过程中气化腔的扩展、变形和破裂等现象。结果表明,气化反应过程中气化腔的扩展与气化反应速率和反应温度有关,同时煤层的岩性、裂隙等地质条件也对气化腔的扩展产生影响[7]。

崔勇等采用CFD(计算流体力学)方法分别建立了二维和三维有限元气化数值模拟模型,预测了气化反应过程中气化腔的形成和演化过程[8]。随着反应的进行,反应区域内煤炭的物理性质和温度分布发生变化,最终形成规则的气化腔。

目前还没有一种数值模拟方法能够在考虑多场的同时准确描述气化腔几何形状的扩展演化。本研究根据高温下煤岩物理力学性质的变化,结合热物理参数的变化和温度场演化,建立了多场耦合的煤炭地下气化过程中气化腔扩展的数值模拟模型,填补了这一领域的空白。

1 研究方法

1.1 模拟软件

本研究数值模拟方法主要基于两种数值模拟技术的耦合运算,第一种是以刚性颗粒为运算单元的离散元颗粒流数值模拟软件,第二种是以网格为运算单元的有限连续元模拟软件。

(1)颗粒流软件 Particle Flow Code(PFC)是一种用于模拟岩石力学行为的数值计算工具,可以模拟岩石在复杂力学条件下的应力、应变和破坏行为。

PFC^{3D}中的平行黏结(parallel bond)模型是模拟岩石大尺度变形、运移和垮塌行为的常用方法[9],该模型可用于模拟煤岩的剥落行为。通过现场取样和实验室力学测试获得煤岩的结构特征和强度信息,并根据Zhao等[10]建立的宏观和微观物理力学性质参数之间的转化关系,将参数信息输入PFC^{3D},建立储层地质模型,模拟煤岩破坏和剥落过程[11]。利用平行黏结模型模拟煤岩剥落过程中,可通过数据共享与其他数值模拟模型耦合(如本研究中的$FLAC^{3D}$连续元模型),来模拟更复杂的岩石力学行为[12]。

(2)快速拉格朗日法(FLAC)是一种流固耦合数值模拟软件,可模拟复杂的地质现象和岩土工程问题。在煤炭地下气化领域,$FLAC^{3D}$被广泛用于模拟煤岩材料传热过程[13]。本研究使用$FLAC^{3D}$中最常用的热传导模型来解决气化温度场演化问题。煤炭地下气化工程的背景涉及高温高压环境,考虑到岩石材料导热系数随温度的变化[14],$FLAC^{3D}$主要用于非恒定导热系数建模。在进行煤炭地下气化工程应用时,合理选择和应用导热模型可以更准确地预测地下温度场分布和热响应。

1.2 耦合模拟界面插件编制

在岩石力学和传热学领域,PFC^{3D}和$FLAC^{3D}$都是常用的软件[15-16],这两个软件耦合运行，分别针对固体力学行为和传热行为模拟计算。Zhao 等建立了 FISH 语言插件，完成了覆压作用下煤岩渗透率演化模型的耦合建模，为本研究提供了思路[17]。

由于 PFC^{3D} 中的颗粒单元是离散的[18]，而 FLAC^{3D} 中的网格（zone 和 grid）单元是连续的，因此在建立 PFC^{3D} 与 FLAC^{3D} 的耦合过程中，需要解决两种软件之间的数据传输问题。在建立耦合模型后，本研究将应用于已有的实验数据，以检验模型的准确性和可靠性[10]。

如图 1 所示，通过应用本研究的耦合界面插件，实现了两种不同计算单元之间属性传递，模拟材料受线性分布热源温度影响的情况，并实现了根据温度场重新对离散单元分组赋参的功能。

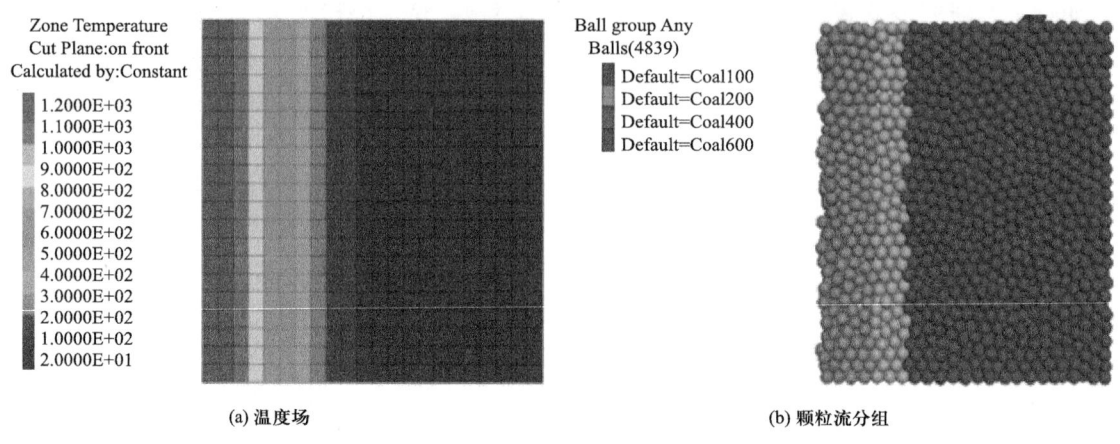

(a) 温度场　　　　　　　　　　　　　(b) 颗粒流分组

图 1　根据连续元模型的温度场自动定义颗粒流分组模型

1.3　数值模型设计

根据新疆某地区钻探地质资料，分别建立了空间位置坐标一致、地层结构和尺寸相同的 PFC^{3D} 和 FLAC^{3D} 煤层与顶底板岩层组合模型。模型采用真实比例，煤层厚度为 15m，模型有效区域内顶底板岩层厚度为 10m，水平井轴向截面长度为 100m，其中预制水平井气化通道长度为 50m。

1.3.1　PFC^{3D} 颗粒流模型参数及边界条件设置

在标定过程中，煤岩的物理性质由颗粒的物理性质参数定义，如粒度、密度和摩擦系数；煤岩层材料的力学强度由颗粒之间的连接强度定义，如弹性模量、刚度比、判定间隙、抗拉强度和内聚力（表 1）。如黏结弹性模量、法向与剪切刚度比、拉伸和剪切强度，以及摩擦力等微观参数，会对宏观参数，如泊松比、峰值强度和破坏模式产生交叉影响。根据已有方法[10]，平行黏结有效模量和弹性模量呈线性关系。煤的所有参数都是通过前期实验室测试得到的宏观结果中调参得到的[19]。

模拟煤层剥落力学行为时的边界条件参数主要是煤层初始状态下的垂直应力和水平应力（表 2）。

表 1 PFC³ᴰ 模型参数设置

参数	煤	顶板（泥岩）	底板（泥岩）
半径（m）	0.50	0.75	0.75
密度（g/cm³）	1.38	2.8	2.8
摩擦系数	0.7	0.1	0.1
弹性模量（GPa）	1.25	2.00	2.00
正/切刚度比	1	1	1
间隙（10^{-4}m）	5	5	5
抗拉强度（MPa）	0.6	3.0	3.0
内聚力（MPa）	1.2	70.0	70.0

表 2 PFC³ᴰ 模型边界条件设置

参数	取值
垂向应力（MPa）	15
水平应力（MPa）	15

1.3.2 FLAC³ᴰ 连续介质模型参数及边界条件设置

连续单元模型主要考虑温度场的演化扩展，需要设置相应的单元热物理参数。煤层和顶底板岩层的热物理参数有导热系数、比热、热扩散率等[20-21]。煤岩在地应力（约 10MPa）作用下的初始物性参数有孔隙率和渗透率[19]。模拟前根据煤岩煤质情况设定了煤岩的燃点、灰化温度和灰熔点等关键相变温度阈值（表 3）。初始状态温度分布是根据地质资料理论分析结果设定的。着火点单元的温度参数独立赋值，用于模拟初始点火器引燃点火剂形成的热源。目前的模型不涉及化学反应的内容，因此简化了气化反应放热能量与温度的联系。

表 3 FLAC³ᴰ 模型参数设置

参数	煤	顶板（泥岩）	底板（泥岩）
密度（g/cm³）	1.38	2.80	2.80
热导率[W/(m·K)]	0.28	2.06	2.06
比热容[MJ/(m³·K)]	1.60	1.34	1.34
热扩散系数（mm²/s）	0.17	1.54	1.54
孔隙度	0.21	0.12	0.12
渗透率（mD）	0.26	0.11	0.11
引燃温度（℃）	295.8	—	—
结焦温度（℃）	600	—	—
灰熔点（℃）	1180	—	—

温度边界条件是根据地质条件设定的，如煤层、岩层和远场的初始温度，还包括气化操作压力，以及从气化腔向煤壁和岩壁传热的温度阈值（表4）。热源温度设定为1200℃，位于固定坐标位置。在实际工程中，该位置由点火器位置和气化剂投放喷射距离范围决定。

表4 FLAC³ᴰ模型边界条件设置

参数	取值
煤层初始温度（℃）	20
远场初始温度（℃）	20
点火点温度（℃）	1200
气化腔运行压力（MPa）	10
热量从腔内到煤层跨界面传播温度差阈值（℃）	100

模型的结构与PFC³ᴰ颗粒流模型一致，只包含煤层和直接的顶板和底板。模型的初始温度设定为20℃，模型边界设定为恒温。气流通道单元设置在煤层靠近底部的位置。通道内单元的物理力学参数按照空单元设置。为了模拟真实气相环境空间的热传导形式，还对气流通道单元的热物理参数进行了赋值和修正，通过设置较高的导热系数和极低的比热容来实现热扩散过程的模拟。气化腔内的温度达到100℃（达到脱水条件）后，煤岩材料的传热功能将被激活。

通过设置合理的循环计算间隔，在温度影响到煤岩并趋于稳定后，自动开启数据交换，以实现最佳耦合模拟。

2 结果与分析

2.1 气化方案设计

设计了两组不同气化压力的模型，第一组模型1为低气化压力组模型，气化压力低，气化剂注入量小，在气化腔高度达到顶板之前，气化腔尺寸达到极限；第二组模型2为高气化压力组模型，气化压力高，气化剂注入量大，气化腔可以发展到煤层顶板。模型的基本参数见表5。

表5 气化腔扩展模拟的工艺参数设置

模型	运行压力（MPa）	气化剂注入量（m³/d）	点火点位置（m）	结焦温度（℃）	煤层渗透率（mD）
1	2	9600	13.5	600	0.26
2	10	48000	13.5	600	0.26

2.2 多场气化腔模拟结果的可视化

本文通过三维模型中的轴向截面,展示气化腔沿水平井方向的扩展规律。该截面的扩展过程是气化腔扩展控制研究的核心。模拟完成后,分别通过 FLAC^{3D} 和 PFC^{3D} 的视图窗口导出可视化模型,并根据煤岩的导热系数[22]设置耦合算法的运算步长为 1d,两套模型对比显示如图 2 所示。

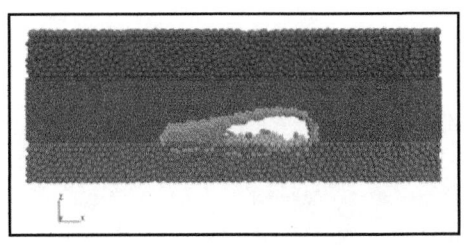

(a) 剥落模型(按温度分组)　　(b) 分区模型(按材料分组)

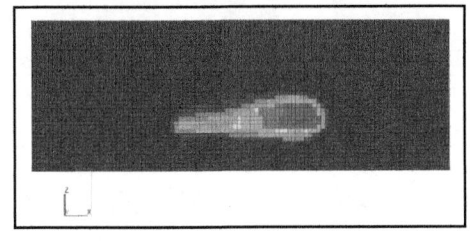

(c) 温度场

图 2　气化过程气化腔扩展第 11d

如图 2a 所示,通过应用耦合界面程序,PFC^{3D} 中的颗粒单元根据温度场重新分组赋参,位于不同温度带的颗粒分别被重新定义为相应的组。PFC^{3D} 模拟的内容是气化腔煤壁剥落、气化腔扩展和气化堆的形成,这些数据都可以通过结果直接观察。如图 2b 所示,FLAC^{3D} 模拟的内容是气化腔动态变化情况下的温度场演变,因此图 2c 显示了温度场随时间的分布规律。数值模拟结果通过可视化方式呈现,包括气化腔宏观形态、煤层内温度影响范围、煤岩颗粒运移、气化堆积物形态、水平井气流通道对温度的影响等信息都可以直观地显示出来。

2.3 数值模拟结果的验证与评估

现阶段尚未进行实地现场试验,缺少现场数据可供参考。因此,数值模拟结果主要与实验室的物理相似模拟实验进行对比分析。物理相似模拟实验模型和数值模拟模型是基于完全相同的地质模型建立,物理相似模型所有标准都符合相似性原则。

如图 3 所示,在耦合模型模拟计算过程中,边界条件和气化腔形成特征与本研究前期的物理相似模拟计算一致。在物理相似模拟实验中[23],由于模型气化腔尺寸的限制,煤层材料被充分燃烧,在气化剂过量喷气的条件下,极少量的剥离煤粉迅速排出气化腔。在整个实验过程中,最终的气化腔形状和温度场演变与未考虑气化灰堆积的耦合数值模型一致。

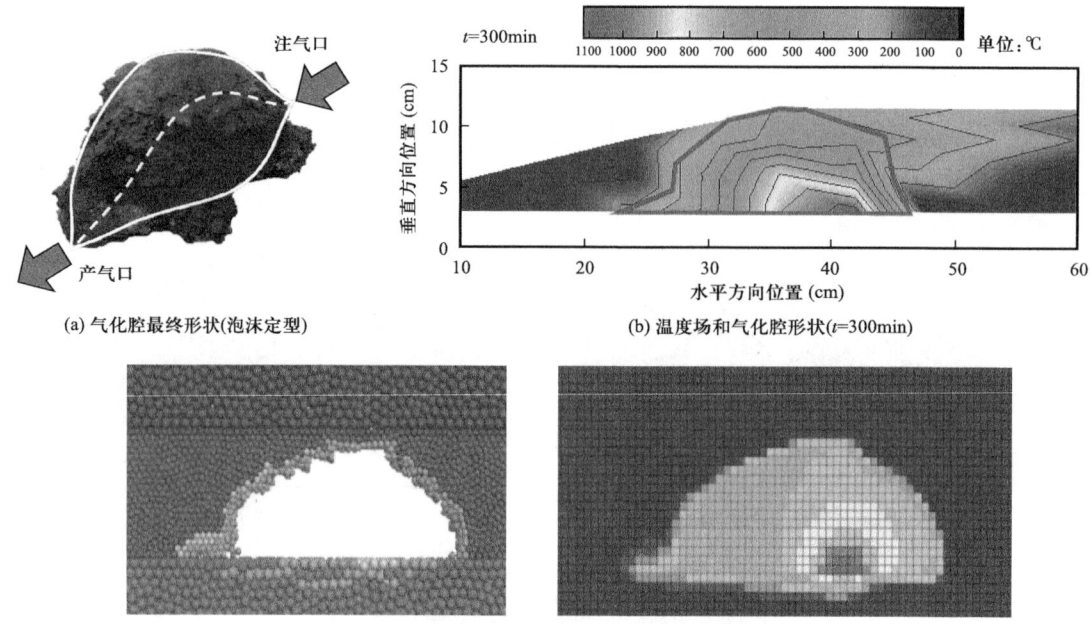

(a) 气化腔最终形状(泡沫定型)　　(b) 温度场和气化腔形状(t=300min)

(c) 无堆积物模型的温度场和气化腔形状(左：剥落模型；右：温度场)

图 3　气化腔形态的物理相似性模拟与数值模拟结果对比[23]

温度场扩展是气化腔演变的直接影响因素。位于气化腔内部各点的温度与热源温度大致相等，但高温在气化腔周围煤层中短距离内迅速降低到初始温度值。

3　讨论

3.1　垂向扩展速率

在选定的传热模型中，温度场的传递与时间有关。经过校准，可以大致估算出煤层中的温度场扩散速度，建立了随时间变化的扩展演化规律。气化腔垂向发育扩展位置主要位于着火点上方，以模型 1 为例分析结果如图 4 所示，启动和蓄热后，温度场已进入煤层较高位置，因此造腔初期气化腔垂直扩展率较高。一段时间后气化腔高度的增加与顶煤层的沉降基本达到平衡，温度场对高度位置的影响逐渐稳定，气化腔的垂直扩展率逐渐减小。稳定一段时间后，气化腔顶部出现周期性剥落。气化腔顶部露出新煤层后，温度场再次向上大幅度扩展。气化腔尺寸在周期性垮落之间发生小幅波动，垂直扩展率近似为零。

3.2　轴线方向扩展速率

从模型 1 的结果分析，轴向扩展率分为两部分（图 5），一部分是与气化剂注入气流方向相同的指向生产井口的扩展率（流向扩展率），另一部分是与气化剂气流方向相反的指向进气口的扩展率（逆向扩展率）。

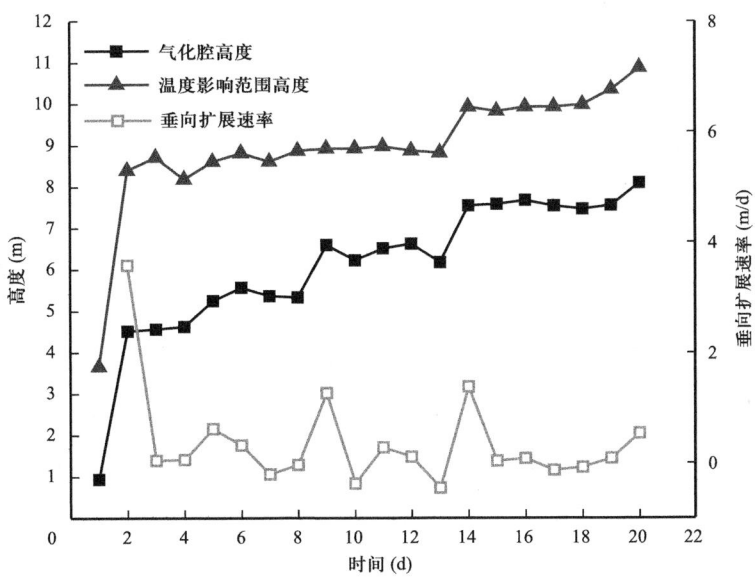

图 4 气化腔扩展过程中高度和垂直扩展率随时间的变化情况

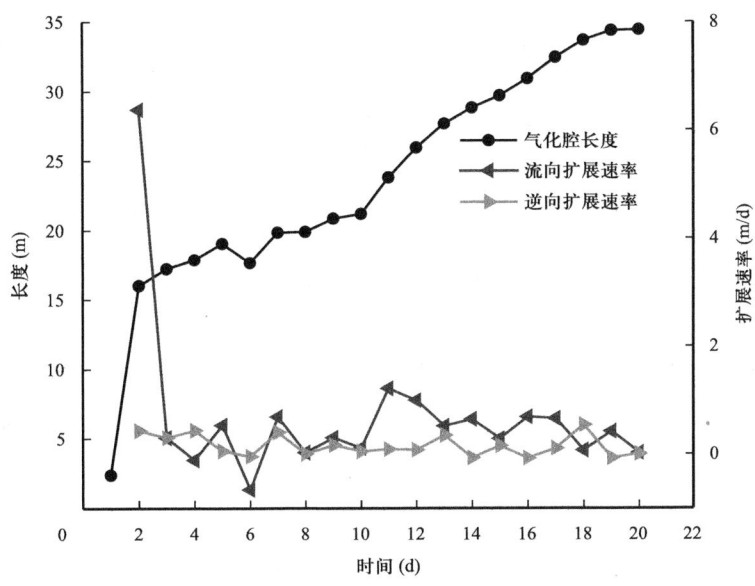

图 5 气化腔扩展过程中长度、流向扩展率和逆向扩展率随时间的变化情况

在蓄热阶段，在水平井气流通道的引导作用下，高温气体携带大量热量从点火点迅速流向生产井口，导致初期气化腔流向扩展率大幅增加，并迅速形成狭窄的初始气化腔形状。当气化腔沿水平井方向达到一定长度（约16m）后，增长速度减慢。由于煤壁的热膨胀现象，在个别情况下，流向扩展率为负值（即气化腔的长度在气体流动方向上缩短）。比较流向扩展率和逆向扩展率可以看出，在初始气化腔形成后，流向扩展发育是气化腔长度增长的主要原因。气化腔的逆向扩展非常有限，但始终保持较小扩展率，使气化腔逐渐扩大。

4 结论

本研究中编写的耦合数值模拟程序实现了煤炭地下气化腔扩展的多场耦合模拟。该模拟程序可同时考虑力学、热传导和物质传递等多个物理场的耦合效应，模拟精度较高。该程序可用于模拟不同地质条件下的煤炭地下气化过程，并可研究气化堆积物在腔中的积聚作用。

主要结论如下：

（1）煤岩中重新分布温度场是耦合模型的关键参数。本数值模型可以根据温度信息重新赋值模型单元的力学性能。

（2）本模型在考虑高温加热作用下，PFC^{3D}软件模拟产生煤层中微观断裂、气化腔宏观变形和剥落扩展，$FLAC^{3D}$软件实现气化腔和煤层非均质温度场分布模拟。

（3）通过耦合数值模拟得到了气化腔的扩展演化规律。该方法可模拟不同地质条件下的煤炭地下气化过程，并研究积聚在气化腔中的气化堆积物的作用。

（4）初期气化腔垂直扩展率较高，达到一定高度后，气化腔顶部周期性剥落。气化腔顶部表面露出新煤层后，温度场再次向上扩展。随气化腔高度增加，气化腔的垂直扩展率逐渐降低，顶部煤层扩展逐渐达到近似平衡，受温度场影响的高度趋于稳定。

参 考 文 献

［1］Shafirovich E, Varma A. Underground Coal Gasification: A Brief Review of Current Status［J］. Ind. Eng. Chem. Res., 2009, 48: 7865-7875.

［2］Bhutto A W, Bazmi A A, Zahedi G. Underground Coal Gasification: From Fundamentals to Applications ［J］. Prog. Energy Combust. Sci., 2013, 39: 189-214.

［3］Khan M, Mmbaga J P, Shirazi A S, et al. Modelling Underground Coal Gasification-A Review［J］. Energies, 2015, 8: 12603-12668.

［4］邹才能, 陈艳鹏, 孔令峰, 等. 煤炭地下气化及对中国天然气发展的战略意义［J］.石油勘探与开发, 2019, 46: 195-204.

［5］王在泉, 华安增. 煤炭地下气化空间扩展规律及控制方法研究综述［J］.岩石力学与工程学报, 2001, 20: 379-381.

［6］赵明东. 煤炭地下气化覆岩温度和裂隙的试验与数值模拟研究［D］.北京：中国矿业大学（北京），2017.

［7］王喆, 梁杰, 侯腾飞, 等. 高温对煤炭地下气化围岩损伤的影响［J］.煤炭学报, 2022, 47: 2270-2278.

［8］崔勇, 梁杰, 王张卿. 煤炭地下气化过程数值模拟研究进展［J］.煤炭科学技术, 2014, 42: 112-116.

［9］Cundall P A. A Computer Model for Simulating Progressive, Large-Scale Movements in Blocky Rock Systems［C］. In Proceedings of the Proceedings of the symposium on rock mechanics, 1971, 553-603.

［10］Zhao Y, Konietzky H, Herbst M. Damage Evolution of Coal with Inclusions Under Triaxial Compression ［J］. Rock Mech. Rock Eng, 2021.

[11] Kaczmarek Ł D, Zhao Y, Konietzky H, et al. Numerical Approach in Recognition of Selected Features of Rock Structure from Hybrid Hydrocarbon Reservoir Samples Based on Microtomography [J]. Stud. Geotech. Mech., 2017, 39: 13-26.

[12] 钟江城,周宏伟,赵宇峰,等.浅埋煤层开采突水溃砂两相流的耦合数值模拟研究[J].工程力学, 2017, 34: 229-238.

[13] Seifi M, Chen Z, Abedi J. Numerical Simulation of Underground Coal Gasification Using the CRIP Method [J]. Can. J. Chem. Eng., 2011, 89: 1528-1535.

[14] Itasca. FLAC3D 7.0. User Manual [M]. Itasca Consulting Group, Inc: Minneapolis, MN, 2021.

[15] Cundall P A, Strack O D L. A Discrete Numerical Model for Granular Assemblies [J]. Geotechnique, 1979, 29: 47-65.

[16] Connell L D. Coupled Flow and Geomechanical Processes during Gas Production from Coal Seams [J]. Int. J. Coal Geol., 2009, 79: 18-28.

[17] Zhao Y, Konietzky H, Frühwirt T, et al. Gas Permeability Evolution of Coal with Inclusions under Triaxial Compression-Lab Testing and Numerical Simulations [J]. Materials (Basel), 2022, 15.

[18] Itasca. Particle Flow Code (PFC) 6.0 Manual [M]. Itasca Consulting Group, Inc: Minneapolis, MN, 2021.

[19] Zhao Y, Dong Z, Chen Y, et al. Stress-Dependent Characteristics of Coal Permeability in Gasification Zone of Underground Coal Gasification [C]. 57th US Rock Mech. Symp, 2023.

[20] Perkins G. Underground Coal Gasification-Part II: Fundamental Phenomena and Modeling [J]. Prog. Energy Combust. Sci., 2018, 67: 234-274.

[21] Perkins G, Sahajwalla V. A Mathematical Model for the Chemical Reaction of a Semi-Infinite Block of Coal in Underground Coal Gasification [J]. Energy and Fuels, 2005, 19: 1679-1692.

[22] Zhang H R, Li S, Kelly K E, et al. Underground in Situ Coal Thermal Treatment for Synthetic Fuels Production [J]. Prog. Energy Combust. Sci, 2017, 62: 1-32.

[23] Zhao Y, Dong Z, Chen Y, et al. Physical Simulation Test of Underground Coal Gasification Cavity Evolution in the Horizontal Segment of U-Shaped Well [J]. Energies, 2023, 16.

基于 CRIP 工艺的煤炭地下气化腔围岩裂缝范围预测

东振[1]，易海洋[2]，王兴刚[3]，孙宏亮[3]，陈艳鹏[1]，赵宇峰[1]，
薛俊杰[1]，陈浩[1]，张梦媛[1]

（1. 中国石油勘探开发研究院，北京 100083；2. 华北科技学院建筑工程学院，廊坊 0652012；3. 中国石油吐哈油田公司勘探开发研究院，新疆 哈密 839009）

摘　要：煤炭地下气化过程会在围岩中形成导水裂隙带，为了科学选址、规避地质风险，合理设计气化工艺，本文建立了一套基于不同地质条件和气化工艺参数的二维气化腔围岩变形破坏数值模型，对气化腔围岩裂缝扩展机理及其演化特征进行了分析，提出了裂缝发育高度预测模型，研究表明：（1）气化腔的连续扩展首先导致围岩形成近场破坏圈，随后发生顶板垮落和剪切裂缝带扩展，底板中部的裂缝发育主要由张拉破坏引起；（2）煤炭地下气化过程中的最高温度超过 1000℃，在建立模型时必须考虑高温对顶底板岩石和煤力学性质的影响，根据温度场推测围岩热损伤范围约为 3.5m；（3）影响裂缝扩展的关键因素是岩石强度、覆岩压力、煤层厚度、气化腔尺寸和气化压力，其中，岩石强度与气化压力对限制导水裂隙带发育具有正向作用，煤层厚度、气化腔尺寸和覆岩压力对限制导水裂隙带发育具有负向作用，煤岩强度对导水裂隙带发育的影响较小；（4）顶板和底板裂缝发育范围预测模型具有较好的预测精度，预测结果得到正交试验验证，该模型对预测气化腔围岩导水裂隙带发育具有一定指导意义。

关键词：煤炭地下气化；气化腔；导水裂隙带；安全性；数值模型

煤炭地下气化（Underground Coal Gasification，简称 UCG）是一种先进的化学采煤技术[1]，也是一种煤炭资源非常规开发方式。尽管国内外在推动产业化发展方面已经付出了巨大努力，但是受到环境污染风险、稳定燃烧气化控制难度大等原因的制约，目前尚未实现产业化[2]。气化腔围岩发育的导水裂隙带是粗煤气泄漏和沟通上下含水层的重要通道，对气化过程的污染风险防控至关重要[3]。煤炭地下气化在高温高压的环境下进行，已有的实验室和数值模拟研究结果表明，气化腔的连续扩展能够引起上覆地层移动和裂缝发育，从而导致地面沉降、气体泄漏、沟通水层等风险[4]。热固耦合作用下气化腔围岩的力学特性、渗透性、裂缝扩展等问题引起了研究者的兴趣：罗吉安[5]，Akbarzadeh[6]，

基金项目：中国石油"煤炭地下气化关键技术研究与先导试验"基础性前瞻性项目（2019E-25）。
第一作者：东振，1988年生，男，山东曲阜人，博士，高级工程师，从事煤炭地下气化地质评价、运行控制、富油煤原位热解数值模拟等方面的研究，E-mail：dongzhen69@petrochina.com.cn。
通讯作者：陈艳鹏，1981年生，男，湖北黄冈人，博士，高级工程师，从事煤岩气与煤炭地下气化地质评价、富油煤原位热解综合研究、战略规划等方面的研究，E-mail：chenyanpeng@petrochina.com.cn。

Janoszek[7]等对煤燃烧过程中的围岩开展了研究，发现岩石在高温下的力学性质发生了明显变化。Otto[8]、Grzegorz[9]等研究表明，气化腔近场岩石渗透率在气化腔扩张过程中发生显著变化，而远场岩石渗透率受影响程度有限。Duan[10]、Jin[11]等研究了孔隙压力、热损伤等诱发的裂缝特征及演化规律，研究结果表明，UCG 与煤矿开采相比，其裂缝扩展速度更快，形成的裂缝系统为气体泄漏和沟通水层提供了通道。Škvareková[12]等指出，粗煤气或焦油从气化腔泄漏到地层是 UCG 生产的主要风险之一，顶板岩石中的裂缝系统是流体流动的主要通道，裂缝系统对环境安全和 UCG 的正常生产构成了潜在威胁。

在 UCG 安全评价时，如何确定导水裂隙带发育高度是首先需要解决的问题。Lu[13]等建立了考虑热固耦合作用的控制方程，通过数值模拟研究了 UCG 过程中上覆岩层的破坏和裂缝演化过程，发现气化腔扩张导致地层产生了大面积损伤区。煤矿开采与 UCG 在导水裂隙带发育形态上存在差异，UCG 的围岩中形成"蝴蝶"形的裂隙带，而煤矿开采过程中形成"拱形"裂隙带，裂隙带呈现出与采煤相似的典型"三带"结构。Lin[14]分析指出内蒙古乌兰察布现场试验的导水裂缝高度达到 65m，UCG 气化腔可能遭受地层水的危害。Liu[15]基于多物理模型研究了气化腔顶板的稳定性，观察到顶板岩层的应力分布受高温影响，顶板移动程度比采煤时更大。

尽管已有研究在 UCG 围岩力学特征、渗透性能、裂缝扩展、导水裂缝带评价等方面取得了重要成果，但导水裂隙带的演化规律及其影响因素仍不清楚。UCG 气化腔周围的导水裂隙带与地质条件和工艺参数都有关[16-17]。Huang[18]、Zhang[19]、Wu[20]等通过物理和数值模拟研究表明，UCG 过程中围岩裂隙带的形成与采煤过程明显不同，目前采煤过程中导水裂隙带高度定量预测仍是一项艰巨任务，主要采用经验公式进行预测[21]。

为了从裂缝发育机理和预测模型方面揭示气化腔围岩裂缝发育过程，本文建立了考虑热固耦合作用的数值模型，考虑地质条件和工艺参数的影响，对气化腔围岩裂缝演化机制和导水裂缝带发育高度进行了研究。

1 热固耦合的气化腔围岩变形破坏数值模型

1.1 数值模型建立

如图 1a 所示，气化腔是通过注气井和生产井之间的煤燃烧形成的，目前，中深层煤炭地下气化主要采用注入点可控后退工艺（Controlled Retracting Injection Point，简称 CRIP）进行开发，根据 Daggupati[22]等的实验，燃烧和气化腔扩展主要发生在注气井周围，气化腔形成类似半球形或水滴形的不规则形态。一旦气化腔的高度达到煤层顶部，气化腔高度停止增加，但是宽度将会继续不断增大。气化腔可视为轴对称模型，将其简化为水平长度为 W_c（$2R$）、高度为煤厚 H_c 的二维数值模型（图 1b），数值模型的总宽度为 W_m，顶板岩层高度为 H_r，底板岩层高度为 H_f，模型底部受固定约束，两侧受简支约束，在顶界施加覆岩压力，气化腔内边界施加气化压力 p，气化温度 T。

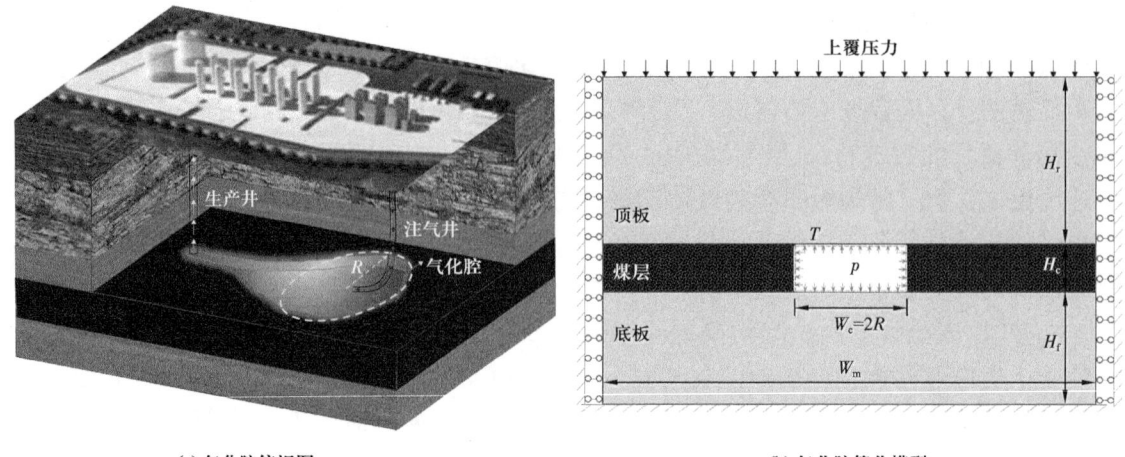

(a) 气化腔俯视图　　　　　　　　(b) 气化腔简化模型

图 1　煤炭地下气化腔形态与二维模型

1.2　影响因素识别

气化腔发育过程中控制围岩破坏的潜在影响因素包括：煤层埋深、围岩力学性质、气化腔尺寸、气化压力和煤层厚度等。为了量化影响因素的等级，将影响因素按 5 个等级进行分级（表 1）。具体来说，煤层直接顶板主要为泥岩和泥质粉砂岩，按照岩石等级标准，单轴抗压强度为 15～30MPa，平均值约为 22.5MPa，将分级岩石的单轴抗压强度分别设定为 16MPa、18MPa、20MPa、22MPa 和 24MPa，对应于Ⅰ～Ⅴ级；煤的平均单轴抗压强度约为 10MPa，将分级煤的单轴抗压强度分别定义为 6MPa、8MPa、10MPa、12MPa 和 14MPa，对应于Ⅰ～Ⅴ级。根据 Mohr-Coulomb 理论，根据单轴抗压强度计算岩石和煤的黏聚力和摩擦角（表 2，表 3），将表 2 和表 3 中的抗拉强度设为单轴抗压强度值的 1/15。设定气化腔埋深范围为 800～1500m，设气化腔高度等于煤层厚度，根据 Jowkar[23] 等的研究，气化腔宽度通常是高度的倍数，在本次研究中，气化腔宽度与高度的比值被设置为 2～6，数值模拟中不同级别的气化压力设置为 5～9MPa。

表 1　气化腔围岩变形破坏影响因素及分级

影响因素	Ⅰ级	Ⅱ级	Ⅲ级	Ⅳ级	Ⅴ级
岩石力学等级	1	2	3	4	5
煤层埋深（m）	800	975	1150	1325	1500
煤力学等级	1	2	3	4	5
气化腔宽高比	2	3	4	5	6
煤层厚度（m）	5	10	15	20	25
气化压力（MPa）	5	6	7	8	9

表 2 顶底板岩石力学强度分级

参数	Ⅰ 较软	Ⅱ 软	Ⅲ 中等	Ⅳ 硬	Ⅴ 较硬
黏聚力（MPa）	3.562	4.007	4.452	4.896	5.343
摩擦角（°）	42	42	42	42	42
抗拉强度（MPa）	1.067	1.200	1.333	1.467	1.600

表 3 煤的力学强度分级

参数	Ⅰ 较软	Ⅱ 软	Ⅲ 中等	Ⅳ 硬	Ⅴ 较硬
黏聚力（MPa）	1.431	1.907	2.385	2.862	3.339
摩擦角（°）	39	39	39	39	39
抗拉强度（MPa）	0.533	0.667	0.800	0.933	1.067

由于气化腔内温度非常高，最高可达1200℃，围岩的热损伤不可忽略，必须将热损伤考虑到数值模型中，根据Otto[8]等的实验确定了煤的力学参数与温度关系，如图2a所示，散点为实验数据，曲线为拟合结果。煤的岩石力学参数与温度的数学关系式为：

$$C_c = C_c^0 \left[0.016 + \frac{0.984}{1 + \left(\dfrac{T}{228}\right)^{12.8}} \right] \tag{1}$$

$$\phi_c = \phi_c^0 \left[0.015 + \frac{0.985}{1 + \left(\dfrac{T}{241}\right)^{10}} \right] \tag{2}$$

$$\sigma_{Tc} = \sigma_{Tc}^0 \left[0.19 + \frac{0.81}{1 + \left(\dfrac{T}{148}\right)^{4.4}} \right] \tag{3}$$

Liu[24]等得到的砂岩强度随温度变化规律如图2b所示，砂岩的岩石力学参数与温度的数学关系式为：

$$C_r = C_r^0 \left(1.025 - 0.0019T + 3.2668 \times 10^{-6} T^2 - 2.0851 \times 10^{-9} T^3\right) \tag{4}$$

$$\phi_r = \phi_r^0 \left(1.0013 - 0.00125T + 2.15 \times 10^{-6} T^2 - 1.2786 \times 10^{-9} T^3\right) \tag{5}$$

$$\sigma_{Tr} = \sigma_{Tr}^0 \left[0.4086 + \frac{0.5406}{1+\exp\left(\dfrac{T-0.617}{62.6259}\right)} \right] \quad (6)$$

式中：C，ϕ，σ_T 分别为黏聚力、摩擦角、抗拉强度；下标 c，r 分别代表煤和岩石。

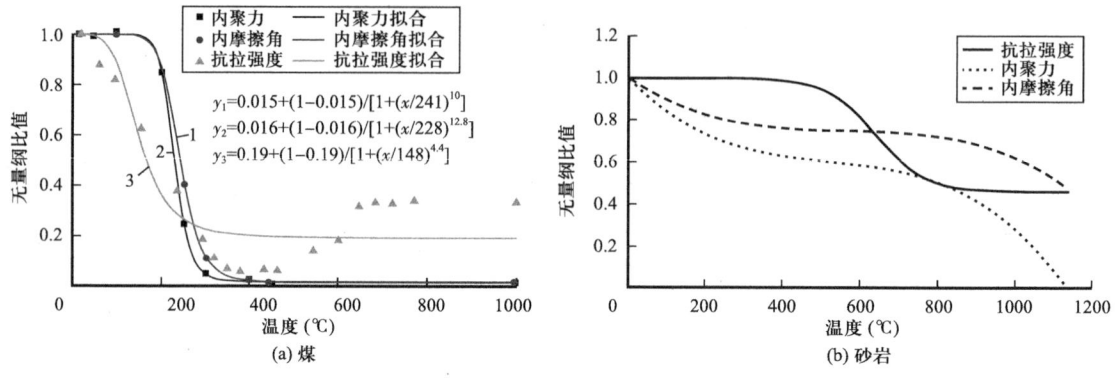

图 2　岩石力学参数随温度变化[8, 24]

煤和砂岩的弹性模量、泊松比、密度、导热系数、比热容、线性热膨胀系数取值见表 4。根据 Greg[25] 等的研究，将气化腔扩展速度设置为 0.6m/d，这个速度是通过控制数值模型中的开挖步骤来实现的。

表 4　煤和砂岩的参数取值

参数	单位	煤	砂岩
弹性模量	GPa	2	4
泊松比	—	0.36	0.30
密度	kg/m³	1360	2500
热导率	W/(m·K)	0.23	2.30
比热容	J/(kg·K)	2000	1363
热膨胀系数	K^{-1}	5×10^{-6}	1.6×10^{-5}

2　气化腔围岩变形破坏分析

2.1　气化腔扩展过程的围岩破坏和受力情况

通过 ABAQUS 软件对气化腔扩展过程进行分析，气化腔高度为 15m，岩石和煤的等级为Ⅲ级，气化腔埋深设为 1150m，气化压力设为 7MPa，气化腔的最大宽度设为 90m。图 3 是气化腔宽度为 15m、40m、90m 时围岩破坏和受力情况，其中图 3a 至图 3c 为塑性破坏情况，灰色区域为剪切破坏区，红色区域为拉张破坏区；图3d~f为不同气化腔宽度情况下的米塞斯应力分布。

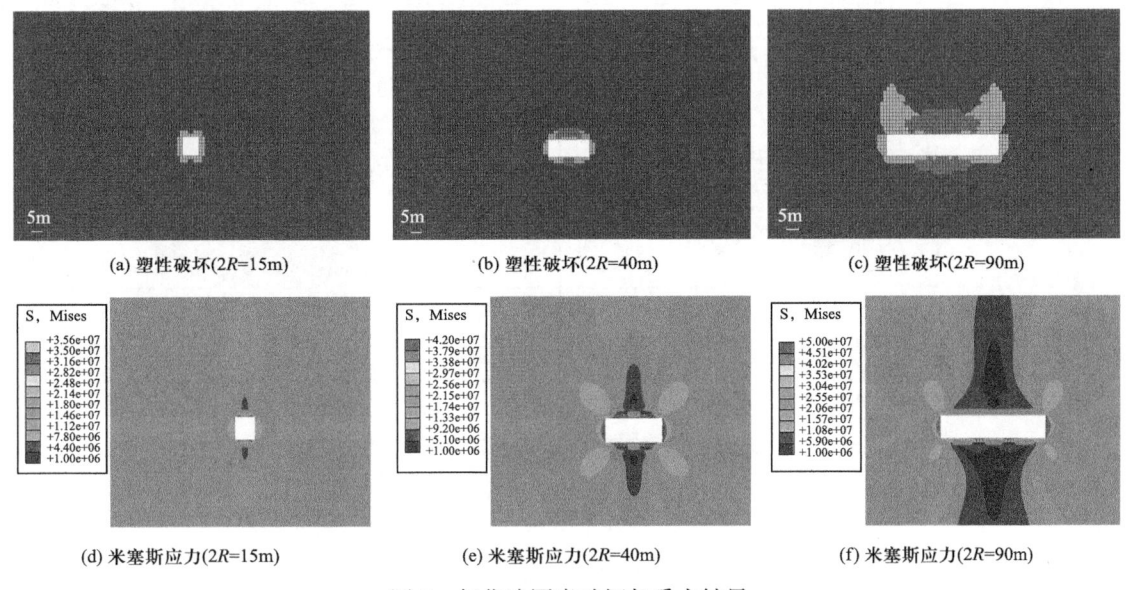

图 3 气化腔围岩破坏与受力结果

如图 3a 所示，当气化腔宽度为 15m 时，由于近场围岩处剪应力集中（图 3d），只在气化腔周围发生剪切破坏。当气化腔扩展到 40m 时（图 3b），气化腔周围仍然出现剪切破坏，而底板顶部和中部则出现张拉破坏，米塞斯应力分布表明（图 3e），较大的应力主要集中在侧壁和顶板侧区。当空区扩展到 90m 时（图 3c），剪切破坏高度迅速扩展，图 3f 表明此时较大应力主要出现在气化腔肩部，顶板和底板处的拉张破坏面积均有所扩大。由此可见，气化腔扩展导致围岩经历了最初的近场剪切破坏，沿垂直方向拉伸剪切破坏，剪切裂缝扩展导致顶板和底板破坏。

2.2 气化腔围岩破坏机理及风险分析

对于如图 4a 所示的小尺度气化腔，尽管气化压力支撑了部分围压，但热损伤和局部应力集中形成了一个类圆形破坏区，这种情况类似于采煤巷道的松动圈。随着气化腔宽度的增大（图 4b），顶板岩层中形成一个冒落拱，顶板岩层存在塌落可能。如图 4c 所示，气化腔的连续扩张导致冒落拱的两端断裂，形成简支梁，剪切带向上扩展，支撑梁的中部受拉力断裂，受反作用力影响底板向下破坏。

为了保证 UCG 的安全运行，出于环境安全考虑，不允许气体大量泄漏进入地层，然而在图 4c 的情况下，气化腔顶板中导水裂隙带的逐步扩展不仅导致气体向地层泄漏，而且可能沟通上部水层导致大量水涌入气化腔。如果 UCG 气化腔下部存在含水层，在水压作用下底板破裂有可能导致突水。因此，顶板裂缝发育高度和底板裂缝扩展深度是 UCG 气化腔安全评价的关键指标之一。

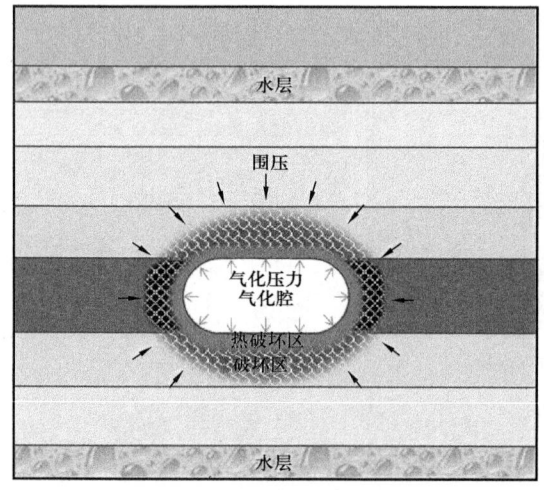
(a) 小尺度气化腔

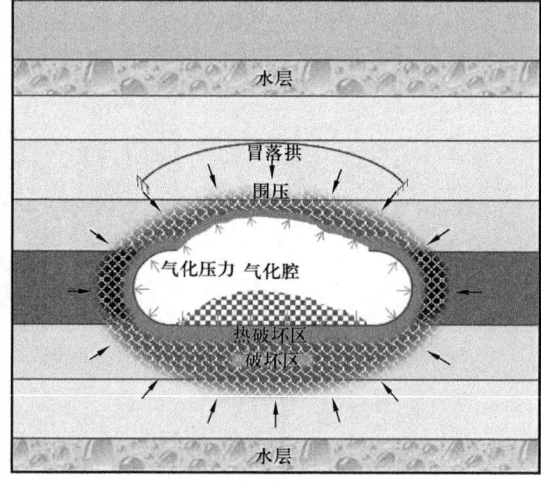
(b) 中尺度气化腔

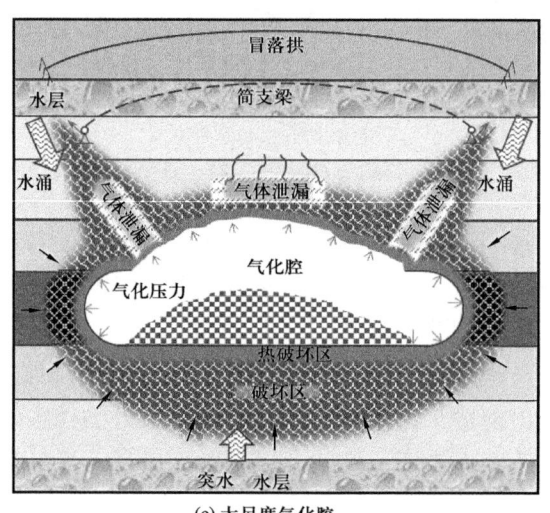
(c) 大尺度气化腔

图 4 气化腔围岩破坏机理及潜在风险

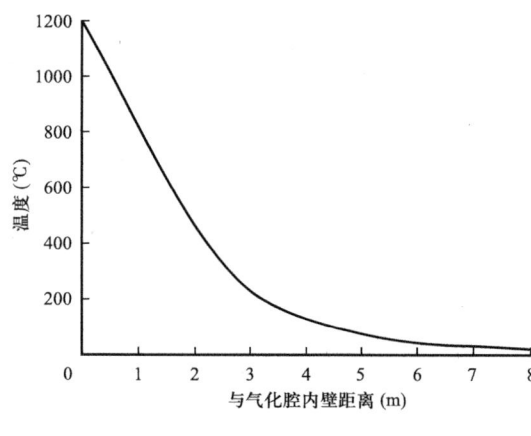

图 5 气化腔围岩温度分布

2.3 气化腔围岩热损伤范围分析

气化腔围岩温度分布如图 5 所示，远离气化腔的内表面，温度急剧下降。具体来说，气化腔的内表面温度为 1200℃，在距气化腔壁大约 2m 的位置稳定降低到 500℃左右，在距气化腔壁大约 3.5m 的位置温度降低到 200℃左右，这一结果与 Krzysztof[26]得到的结论接近。图 2 表明，煤和砂岩的力学性能分别在 200℃和 500℃以下时变化较小，因此温度对气化腔围岩的热损伤影响有限，影响范围约为 3.5m。

3 气化腔围岩裂缝发育高度影响因素

本节计算了不同影响因素下气化腔顶板和底板裂缝发育情况，图 6a 至图 6f 分别为不同岩石强度等级、覆岩压力、煤强度等级、气化腔宽高比、煤层厚度、气化压力情况下计算得到的顶板裂缝高度和底板裂缝深度。

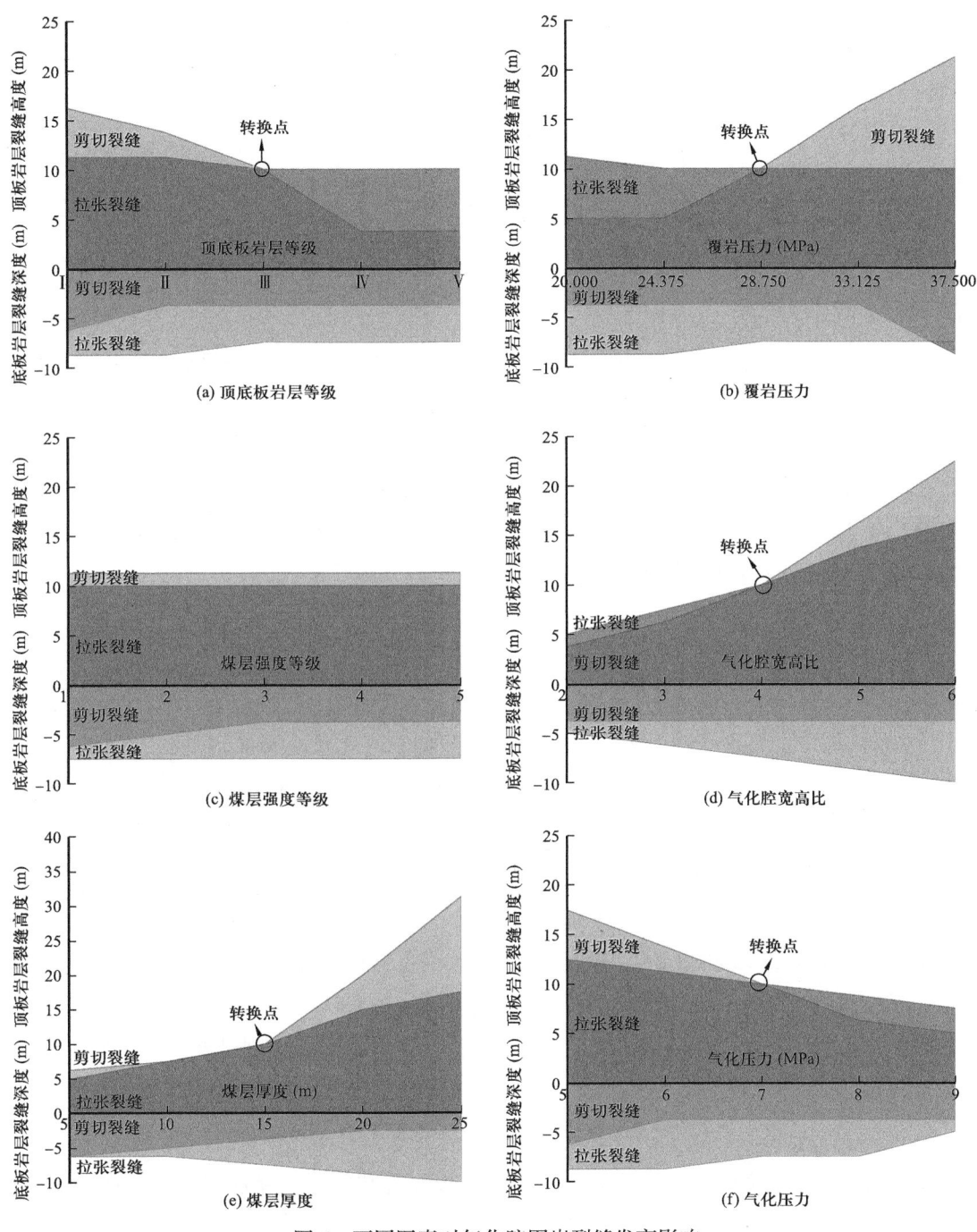

图 6 不同因素对气化腔围岩裂缝发育影响

如图 6a 所示，岩石强度等级越高，剪切裂缝的高度越小，而顶板的拉张裂缝高度变化有限。如图 4b 和图 4c 所示，一旦剪切裂缝的高度小于拉张裂缝的高度，裂缝的形态就会由简支梁变为冒落拱，这种现象在图 6f 中也可以看到，较高的气化压力能够减少剪切裂缝发育，导致破坏模式发生变化。如图 6b、图 6d、图 6e 所示，增大覆岩压力、气化腔宽高比和煤层厚度，增加了剪切裂缝的高度，从而使冒落拱的破坏模式转变为简支梁破坏模式。如图 6c 所示，煤层的强度等级对顶板和底板的裂缝高度几乎没有影响。很明显，底板裂缝深度主要由拉张破坏引起，煤层内破坏区域相对于顶板和底板的破坏区域要小。此外，从图 6 还可以看出，剪切和拉张裂缝都存在最小裂缝高度或深度的限制，范围在 3.5～5m，这种限制主要是由于热损伤造成的（图 5）。

4 裂缝发育高度与深度计算模型

4.1 预测模型建立

以上研究表明，剪切和拉张裂缝在一定程度上与不同影响因素等级间呈近似线性关系，对于与图 6a 和图 6f 中的趋势相对应的递减趋势（图 7a），顶板处的裂缝高度（H）可由张、剪裂缝的高度最大值（h_1 和 h_2）和热损伤高度限制值（即 $H>h_t$）确定。同样，底板的裂缝深度（D）也受到剪切和拉张裂缝的最大值（$|d_1|$ 和 $|d_2|$）和热损伤范围（$D<d_t$）的约束。对于图 6b、图 6d、图 6e 的增大趋势，也可以根据剪切和拉张裂缝最大值和热损伤范围的约束，进而求得总裂缝高度或深度。

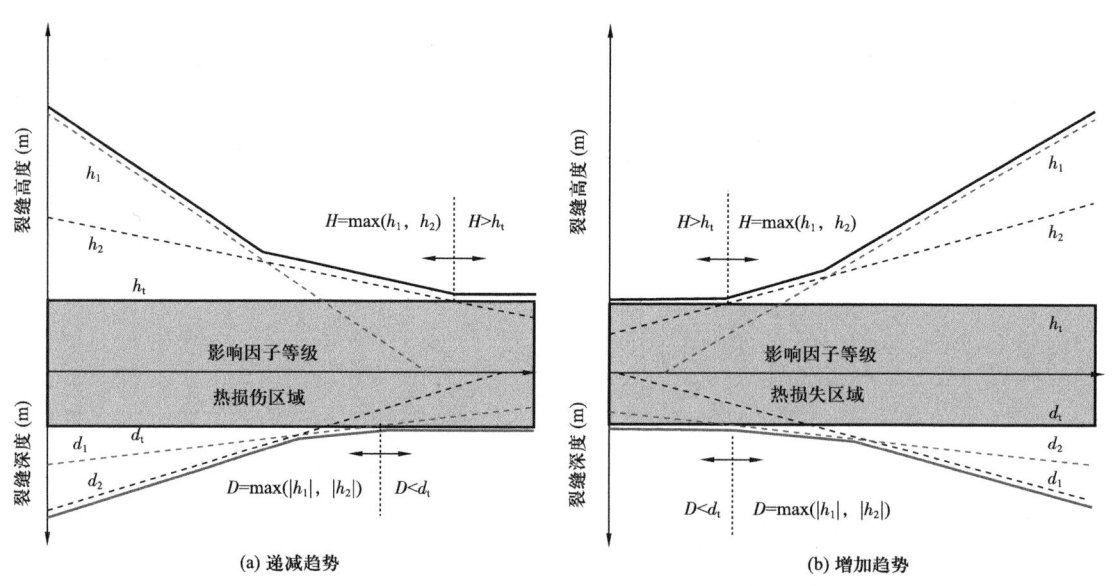

图 7　确定顶板岩层裂缝总高度和底板岩层裂缝总深度的示意图

根据图 7 所示的方法，可以建立顶板裂缝发育高度和底板裂缝发育深度预测模型。首先，顶板裂缝发育高度、底板裂缝发育深度与不同影响因素的线性关系可定义为：

$$\begin{cases} h_1 = \alpha_1 x + \beta_1 \\ h_2 = \alpha_2 x + \beta_2 \\ d_1 = \gamma_1 x + \delta_1 \\ d_2 = \gamma_2 x + \delta_2 \end{cases} \quad (7)$$

式中：α_1，α_2，γ_1，γ_2 为斜率；β_1，β_2，δ_1，δ_2 为截距。根据图 7 所示，将顶板裂缝高度和底板裂缝高度表示为：

$$\begin{cases} H = \max(h_1, h_2), & H > h_t \\ H = h_t, & H \leqslant h_t \end{cases} \quad (8)$$

$$\begin{cases} D = \max(d_1, d_2), & D > d_t \\ D = d_t, & D \leqslant d_t \end{cases} \quad (9)$$

对于所有级别的影响因素，根据链式法则对式（7）的线性关系展开：

$$\begin{cases} h_1 = \sum_{i=1}^{n} \alpha_i^1 X_i + \beta_1 \\ h_2 = \sum_{i=1}^{n} \alpha_i^2 X_i + \beta_2 \\ d_1 = \sum_{i=1}^{n} \gamma_i^1 X_i + \delta_1 \\ d_2 = \sum_{i=1}^{n} \gamma_i^2 X_i + \delta_2 \end{cases} \quad (10)$$

式中：X_i 为第 i 个影响因素的级别。结合式（8）和式（10），最终可以预测气化腔顶板和底板总裂缝高度和深度。

根据多元线性回归理论，结合图 6 数据可确定式（10）中的系数（表 5）。变量 $X_1 \sim X_5$ 分别表示岩石强度等级、覆岩压力、气化腔宽高比、煤层厚度、气化压力。对于煤层强度等级，由于其对裂缝高度和深度的影响几乎可以忽略不计，因而被省略，数据回归的残差平方约为 0.839～0.975（表 5），特别是剪切裂缝和拉张裂缝高度的残差平方接近于 1，表明所提出模型的精度较高。底板裂缝深度的残差平方小于 0.9，这是由于图 6 中绘制的数据波动所致。

表 5 由多元线性回归确定的系数

影响因素等级	α_1	α_2	γ_1	γ_2
X_1	−3.579	−0.284	2.046	0.198
X_2	1.482	−0.05	−0.683	0.086
X_3	5.380	2.875	0	−1.250
X_4	1.937	0.650	0.080	−0.200

续表

影响因素等级	α_1	α_2	γ_1	γ_2
X_5	−3.296	−1.250	1.280	0.875
截距	β_1	β_2	δ_1	δ_2
数值	−34.960	0.315	−5.665	−8.830
残差平方	0.975	0.974	0.839	0.874

4.2 预测模型验证

为了验证预测模型，建立数值模型进行了正交试验，使用的数值模型和参数与图 1b 和表 2、表 3 相同。正交试验设计了 6 个因子，每个因子有 5 个水平。根据正交试验的理论，计算出 25 例（表 6）。表 6 中的 H 和 D 分别表示顶板裂缝高度和底板裂缝深度。表 6 中裂缝高度范围为 2.5～53.75m，将表 5 中的系数代入式（8）和式（10），对预测数据和数值结果进行对比，从图 8 可以看出：顶板裂缝高度和底板裂缝深度的预测结果与正交试验结果具有相似的趋势，其中顶板裂缝高度的预测结果略高于正交试验数据，底板裂缝深度的预测结果与正交试验数据接近。尽管正交试验数据与预测数据存在差异，但预测结果覆盖了所有正交试验结果，这意味着基于预测数据对导水裂隙带的评估更为安全。总体而言，图 8 预测数据与正交试验数据在一定程度上吻合较好，尤其是波动曲线的峰值，说明该预测模型能够估计出气化腔顶板裂缝高度和底板裂缝深度。

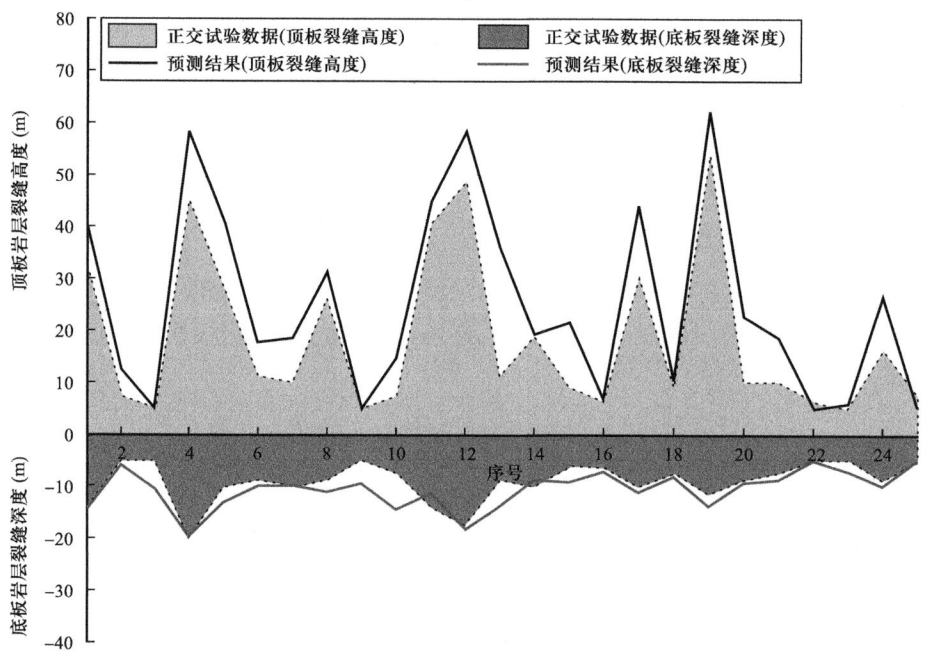

图 8　正交试验与预测结果对比

表6 正交试验用例及计算结果

序号	F_1	F_2	F_3	F_4	F_5	F_6	H(m)	D(m)
1	1	1150	2	5	15	6	32.50	-13.75
2	5	1150	5	2	25	8	7.50	-5.00
3	1	800	1	2	5	5	2.50	-5.00
4	2	1500	5	6	15	5	45.00	-20.00
5	1	1325	5	4	20	9	27.50	-10.00
6	4	1150	3	4	10	5	11.25	-8.75
7	5	1325	3	6	5	6	10.00	-10.00
8	4	800	2	6	25	9	26.25	-8.75
9	2	1150	4	3	5	9	5.00	-5.00
10	3	1500	2	4	5	8	7.50	-7.50
11	3	1150	1	6	20	7	40.50	-13.75
12	1	1500	3	3	25	7	48.75	-17.50
13	4	1500	4	2	20	6	11.25	-8.75
14	5	1500	1	5	10	9	18.75	-10.00
15	5	975	2	3	20	5	8.75	-6.25
16	4	975	5	5	5	7	6.25	-6.25
17	2	975	1	4	25	6	30.00	-10.00
18	5	800	4	4	15	7	8.75	-7.50
19	3	1325	4	5	25	5	53.75	-11.50
20	1	800	4	6	10	8	10.00	-8.75
21	4	1325	1	3	15	8	10.00	-7.50
22	3	975	3	2	15	9	6.25	-5.00
23	3	800	5	3	10	6	5.00	-5.00
24	2	800	3	5	20	8	16.25	-8.75
25	2	1325	2	2	10	7	7.50	-5.00

5 结论

本文考虑CRIP工艺造腔特点，以气化腔围岩变形破坏为研究对象，根据气化腔扩展过程，建立了考虑不同地质条件和气化工艺参数的数值模型，分析了气化腔围岩裂缝演化特征，梳理了裂缝扩展的影响因素及影响规律，提出了顶板裂缝高度和底板裂缝深度的预测模型。本文的结论可概括为：

（1）随着气化腔的扩展，气化腔近场围岩首先发生破坏，随后顶板岩石发生拉张破坏形成冒落拱；冒落拱的两端固支点处发生破坏后形成简支梁模型，剪切裂缝向上继续扩展。

（2）岩石强度、覆岩压力、气化腔宽高比、煤层厚度、气化压力是影响气化腔围岩裂缝演化的主要控制因素，尤其是顶板裂缝发育高度。

（3）本文提供的导水裂隙带发育范围预测方法，能够预测顶板裂缝发育高度和底板裂缝发育深度，通过正交试验与预测结果进行对比，表明预测模型具有较好的预测精度。

参 考 文 献

[1] Bhutto W A, Bazmi A A, Zahedi G. Underground coal gasification: From fundamentals to applications [J]. Progress in Energy and Combustion Science, 2013, 39（1）: 189-214.

[2] McInnis J, Singh S, Huq I. Mitigation and adaptation strategies for global change via the implementation of underground coal gasification [J]. Mitigation and Adaptation Strategies for Global Change, 2016, 21（4）: 479-486.

[3] Ding Q, Ju F, Song S, et al. An experimental study of fractured sandstone permeability after high-temperature treatment under different confining pressures [J]. Journal of Natural Gas Science and Engineering, 2016, 34: 55-63.

[4] Wiatowski M, Stańczyk K, Świądrowski J, et al. Semi-technical underground coal gasification (UCG) using the shaft method in Experimental Mine "Barbara" [J]. Fuel, 2012, 99: 170-179.

[5] Luo J, Wang L. High-Temperature Mechanical Properties of Mudstone in the Process of Underground Coal Gasification [J]. Rock Mechanics and Rock Engineering, 2011, 44（6）: 749-754.

[6] Akbarzadeh H, Chalaturnyk J R. Structural changes in coal at elevated temperature pertinent to underground coal gasification: A review [J]. International Journal of Coal Geology, 2014, 131: 126-146.

[7] Janoszek T, Łączny J M, Stańczyk K, et al. Modelling of Gas Flow in the Underground Coal Gasification Process and its Interactions with the Rock Environment [J]. Journal of Sustainable Mining, 2013, 12（2）: 8-20.

[8] Otto C, Kempka T. Thermo-Mechanical Simulations of Rock Behavior in Underground Coal Gasification Show Negligible Impact of Temperature-Dependent Parameters on Permeability Changes [J]. Energies, 2015, 8（6）: 5800-5827.

[9] Grzegorz W. Gas Permeability Model for Porous Materials from Underground Coal Gasification Technology [J]. Energies, 2021, 14（15）: 4462.

[10] Duan T, Zhang J, Mallett C, et al. Numerical simulation of coupled thermal-mechanical fracturing in underground coal gasification [J]. Proceedings of the Institution of Mechanical Engineers, Part A: Journal of Power and Energy, 2018, 232（1）: 74-84.

[11] Jin P, Hu Y, Shao J, et al. Influence of Temperature on the Structure of Pore-Fracture of Sandstone [J]. Rock Mechanics and Rock Engineering, 2020, 53（1）: 1-12.

[12] Škvareková E, Tomašková M, Wittenberger G, et al. Analysis of Risk Factors for Underground Coal

Gasification [J]. Management Systems in Production Engineering, 2019, 27(4): 227−235.

[13] Lu Y L, Wang L G, Tang F R, et al. Fracture evolution of overlying strata over combustion cavity under thermal mechanical interaction during underground coal gasification [J]. Journal of China Coal Society, 2012, 37(8): 1292−1298.

[14] Lin G. Numerical Analysis of the Development of Induced Water Fractured Zone and Groundwater Seepage Field in Under-ground Coal Gasification [D]. Xuzhou: China University of Mining and Technology, 2016.

[15] Liu J. Study on the Combustion Cavity Growth and Stability of the Roof during Underground Coal Gasification [D]. Xuzhou: China University of Mining and Technology, 2014.

[16] Su F, Hamanaka A, Itakura K, et al. Monitoring and evaluation of simulated underground coal gasification in an ex-situ experimental artificial coal seam system [J]. Applied Energy, 2018, 223: 82−92.

[17] Wu G, Renato Z, Rhys H T. Insights into solid-gas conversion and cavity growth during Underground Coal Gasification (UCG) through Thermo-Hydraulic-Chemical (THC) modelling [J]. International Journal of Coal Geology, 2021, 237.

[18] Huang W, Wang Z, WU S, et al. Determining Method for Length of the Shortwall Face with Thermal-Mechanical Coupling Effects of Underground Coal Gasification [J]. Journal of Taiyuan University of Technology, 2019, 2: 153−159.

[19] Zhang H, Zhao K, Wang L, et al. On the migrating regularity of the overlying strata in the combustible space area in the underground coal gasification [J]. Journal of Safety and Environment, 2016, 16(6): 89−92.

[20] Wu C, Jiang X. Research progress of temperature field and heat transfer characteristics in process of underground coal gasification [J]. Coal Science and Technology, 2022, 50(1): 275−285.

[21] Majdi A, Hassani F, Nasiri M. Prediction of the height of destressed zone above the mined panel roof in longwall coal mining [J]. International Journal of Coal Geology, 2012, 98: 62−72.

[22] Daggupati S, Mandapati N R, Mahajani M S, et al. Laboratory studies on combustion cavity growth in lignite coal blocks in the context of underground coal gasification [J]. Energy, 2010, 35(6): 2374−2386.

[23] Jowkar A, Sereshki F, Najafi M. A new model for evaluation of cavity shape and volume during Underground Coal Gasification process [J]. Energy, 2018, 148: 756−765.

[24] Liu X, Guo G, Li H. Thermo-mechanical coupling numerical simulation method under high temperature heterogeneous rock and application in underground coal gasification: [J]. Energy Exploration & Exploitation, 2020, 38(4): 1118−1139.

[25] Greg P, Veena S A. Mathematical Model for the Chemical Reaction of a Semi-infinite Block of Coal in Underground Coal Gasification [J]. Energy & Fuels, 2005, 19(4): 1679−1692.

[26] Krzysztof K. Effect of Lignite Properties on Its Suitability for the Implementation of Underground Coal Gasification (UCG) in Selected Deposits [J]. Energies, 2021, 14(18): 5816.

淮南矿区松软低渗透煤层条件地面瓦斯治理技术研究与应用

陈功胜[1]，丁同福[1]，童碧[1]，苏雷[1]，张国明[1]，芙胜丰[1]，陈本良[2]，彭煜敏[1]，唐勇敢[1]，刘超[1]，袁广[1]，何杰[1]，张明志[1]，高萌[1]

（1. 淮南矿业集团煤层气开发利用有限责任公司，安徽 淮南 232001；2. 煤炭开采国家工程技术研究院，安徽 淮南 232001）

摘 要：淮南矿区地处中国大陆东西构造带与南北构造带交汇的前端，地质构造极为复杂，经过一系列构造演化，导致煤体破碎、松软，具有高瓦斯、高地压、高地温、高承压水、松软低渗透"四高一松软"的特征。随着淮南矿区开采深度逐年增大，瓦斯灾害的复杂性和危险性显著增加，井下瓦斯治理工程与生产接替之间的矛盾更加突出。煤矿瓦斯治理与煤炭开采密切相关，通过地面瓦斯治理井预抽煤矿瓦斯能有效遏制瓦斯灾害事故，提高煤炭安全生产效率。以煤矿 5~10 年规划设计的采区为单元，地面瓦斯治理井沿采煤工作面轨顺、运顺内错 30~40m 钻进，覆盖设计的全部采煤工作面；采用三开完井方式、旋转下套管技术、酸性压裂液体系大规模压裂、有杆无杆排采工艺组合应用等手段，实现了工程成功率 100%、压裂最高砂比 20%、单井最高日产气量 7701m^3 的效果。经煤矿井下验证，13-1 煤 65m、30m 范围内的原始瓦斯压力由 6.8MPa 分别降至 2.7MPa、2.4MPa，瓦斯含量由 11.8m^3/t 分别降至 7.2m^3/t、5.2m^3/t，地面瓦斯治理井压裂抽排对降低煤层瓦斯压力、瓦斯含量效果明显。实施地面瓦斯治理有利于煤矿安全生产、有利于优化能源结构、有利于碳减排，打造地面瓦斯治理示范区，对我国松软低渗透煤层地质条件下实施地面瓦斯治理具有极大的借鉴意义。

关键词：淮南矿区；松软低渗透；地面瓦斯治理；旋转下套管技术；煤矿井下验证

据预测，我国煤矿区煤层气（又称"煤矿瓦斯"）资源量超过 $16\times10^{12}m^3$，煤矿瓦斯是危害煤矿安全生产的首要灾害[1]，其主要成分是甲烷。俗称瓦斯的煤层气是造成煤矿瓦斯爆炸、煤岩体突出的灾害性气体和引起全球气候变暖的强烈温室性气体，也是一种洁净的新能源[2]。煤层气开发为煤矿安全生产提供了重要的保障[3]，有助于保障能源供应，还能降低对传统能源的依赖，促进能源结构的优化和可持续发展[4]，契合国家"双碳"战略推进，符合能源未来发展方向和趋势。

基金项目：安徽省公益性地质工作项目"两淮矿区重点区域煤层气储层可改造性调查评价"（2024-g-1-6），松软低透煤层条件煤层气开发利用与瓦斯治理协同技术研究。

第一作者：陈功胜（1967-），男，江苏徐州人，正高级工程师，淮河能源控股集团"一通三防"资深专家，E-mail：hncgs@126.com。

通讯作者：彭煜敏（1998-），女，江西宜春人，助理工程师，E-mail：361480371@qq.com。

煤矿区煤层气与煤炭的协调开发是我国煤矿瓦斯防治和煤层气产业化发展新形势下，资源利用、安全生产与环境保护的必然需求[5]。我国煤矿瓦斯开发可追溯到20世纪50年代的煤矿井下瓦斯抽采，煤矿区煤层气开发由最初为保障煤矿安全生产逐渐发展形成"煤矿区煤层气与煤炭协调开发"的技术开发理念。

淮南煤田是华北型煤田最南端的整装煤田，聚煤期为石炭—二叠纪，淮南矿区是华东地区煤层气储量最大的地区[6]，淮南矿区是我国典型的碎软低渗透煤层发育区，煤层松软、低渗透特征显著。淮南矿区地面煤层气开发相关工作始于20世纪90年代，安然公司、格瑞克公司、国家"十二五"重大专项累计实施22口煤层气井，产气量低，稳产时间短，气量递减幅度大，地面煤层气开发未取得实质性突破，松软低渗透煤层条件下地面治理瓦斯属世界级难题。主要问题如下：

（1）钻井成井难。淮南矿区构造极复杂、地应力大，钻井时井壁稳定性差、易垮塌造成埋钻事故；下套管容易被卡在"半路"，下不到底等。

（2）压裂改造难。煤层结构破碎、层理紊乱、力学强度低，压裂裂缝难以扩展至远端，形成的裂缝易发生垮塌闭合，造成裂缝导流能力差、泄流面积有限。

（3）高效抽采难。单井整体产气量低，衰减快，不可逆。排采中煤粉多，造成井筒堵塞、埋泵、卡泵等井下事故多，停产检泵作业频繁。

本文以淮南矿业集团实施的29口地面瓦斯治理井为基础，结合淮南矿区松软低渗透地质特征，以煤矿规划工作面为瓦斯治理目标，研究优化松软低渗透煤层钻井、压裂、排采技术，实时开展煤矿井下验证地面井抽排效果，打造煤矿地面瓦斯治理示范区，为我国煤矿实施地面瓦斯治理提供可借鉴的经验。

1 淮南矿区地质构造特征

1.1 区域地质构造

淮南煤田位于中国大陆东西构造带（秦岭—大别山）与南北构造（郯—庐）的交汇地带，煤田的东边界、南边界不是华北板块的沉积边界，而是大构造边界。淮南矿区地处两大构造带交汇带的前端，地质构造极为复杂。

淮南矿区为一轴向近东西、轴面略向南倾的复向斜构造，复向斜南北两翼发育叠瓦式推覆、滑脱构造，南有舜耕山、阜凤断层，组成由南向北的推覆体，北在明龙山—上窑山一线有由北向南的滑覆体[7]。淮南矿区推覆构造体系的形成是华北板块与扬子板块南北向碰撞对接的结果，与秦岭—大别山造山带的形成和演化密切相关。淮南矿区推覆构造的动力学特征主要与印支运动和燕山运动有关[8]。

淮南矿区含煤地层产状平缓，除南翼推覆断块内的局部地层倾角陡立、偶呈倒转外，一般倾角为10°~20°，并由一系列次级的形态宽缓的褶曲和断层组成。现已发现50m以上特大断层83条，落差5m以上断层4900条。淮南矿区地质构造示意图如图1所示。

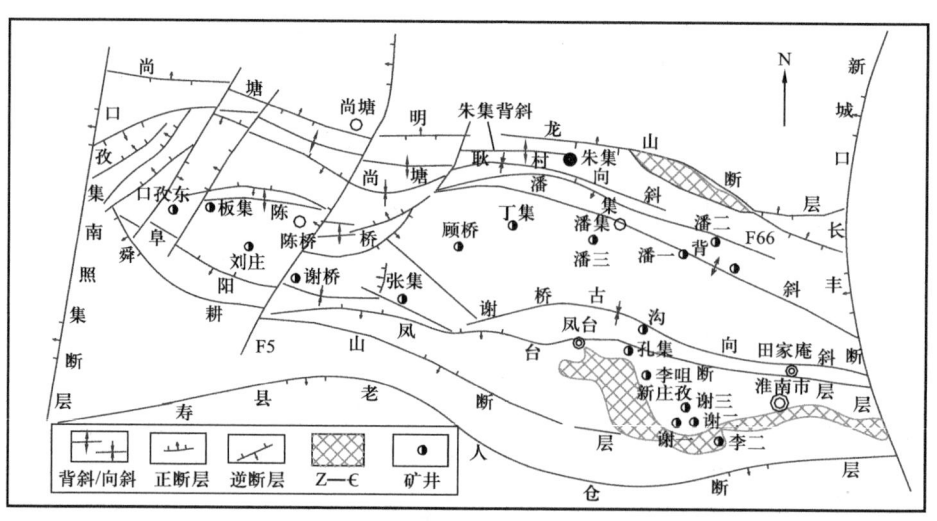

图 1 淮南矿区地质构造示意图

1.2 潘谢矿区地质构造及地质异常体

潘谢矿区目前有 8 对生产矿井，核定产能 $5490×10^4$t/a，是我国自行设计的大型矿井。

潘谢矿区新生界松散层（厚160～500m）全覆盖矿区，揭去松散层、基岩面高差沟壑林立。西部陈桥背斜，延展 30～40km，轴部出露为寒武系石灰岩；北部潘集背斜，延展 70～80km，轴部出露主要为二叠系煤系地层；两个背斜均为从西向东倾伏。煤层走向为"S"形，发育四个延展330°的构造带，分别为：明龙山构造带、上窑山构造带、八公山构造带、顾桂异常体。顾桂异常体斜穿顾北、顾桥两井田，为延展 7～8km 的地堑式断裂构造带；切割全部煤系地层及石灰岩地层。

潘谢矿区岩浆岩侵入、岩溶陷落柱等地质异常体发育[9]，岩浆岩：燕山期，呈岩柱、岩墙、岩床产出，煤系侵入层位主要是 A 组 1 煤至 B 组 4 煤，个别矿 4 煤约 20km² 全部被蚀变为天然焦；陷落柱：确认 8 个陷落柱，（1）谢桥矿 2# 陷落柱，发育在 A 组煤上 1126m×91m，是目前已知华北型最大陷落柱；（2）顾北 2# 陷落柱，柱体内 C3-Ⅰ组石灰岩抽水，单位涌水量 6.03L/(s·m)，是目前已知华北型导水性最强的陷落柱。2017 年 5 月潘二矿 12123 工作面底板出水，最大突水量 14520m³/h，矿井生产水平被淹。潘二矿 12123 陷落柱探查成果图如图 2 所示。

2 淮南矿区含煤地层及煤储层条件

2.1 含煤地层

淮南矿区主要含煤地层为石炭—二叠系，包括太原组、山西组和下石盒子组[10]。石炭—二叠系为连续沉积地层，其中石炭系厚度 110～125m、含薄煤线 7～9 层；二叠系厚度近1000m，含煤 32～40 层，主采煤层的地层厚度 290～340m、含煤厚度 29.5～32.6m。

其中，石炭系太原组含煤薄而不稳定，不可采。二叠系山西组与上、下石盒子组为矿区的主要含煤地层，自下而上划分 7 个含煤段（图 3）。山西组为第一含煤段，下石盒子组为第二含煤段，上石盒子组分为 5 个含煤段。

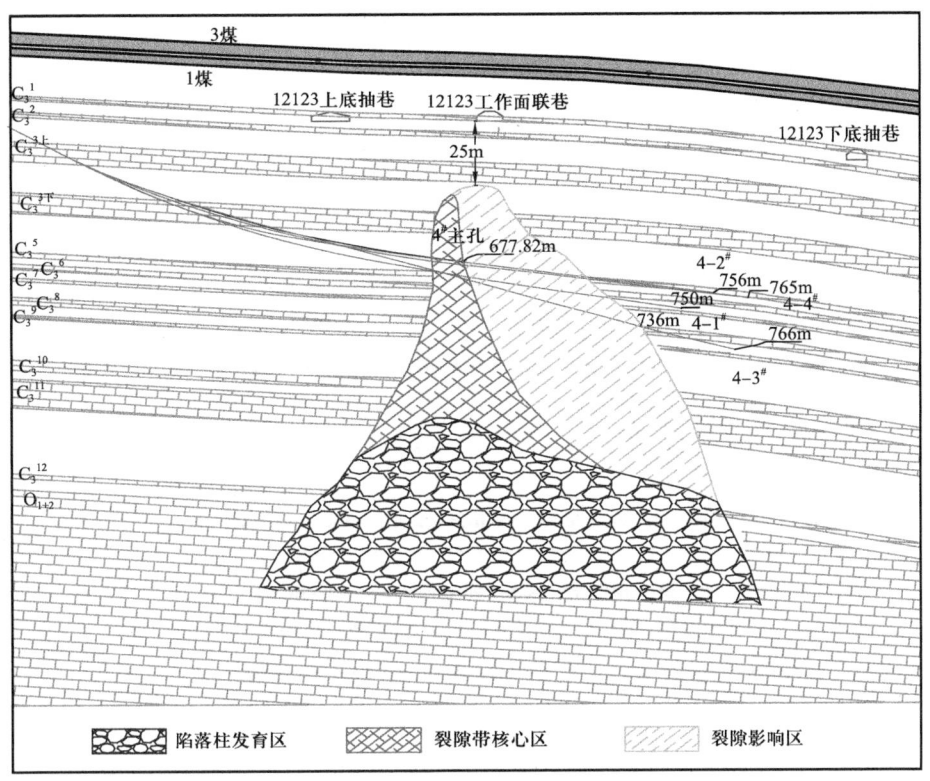

图 2　潘二矿 12123 陷落柱探查成果图

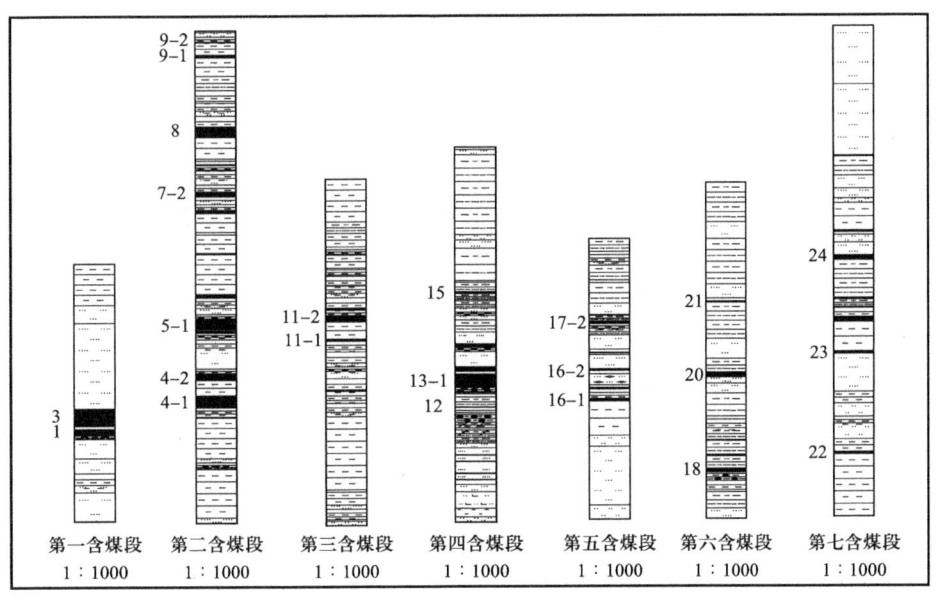

图 3　第一至第七含煤段岩性柱状示意图

下伏为奥陶系石灰岩地层、厚度10～530m，石炭系与奥陶系呈角度不整合；上覆为古近系、新近系松散沉积地层，厚度0～500m。

2.2 煤组划分

淮南煤田为多煤组开采煤层群，从下往上分为A、B、C共3个煤组（图4）。

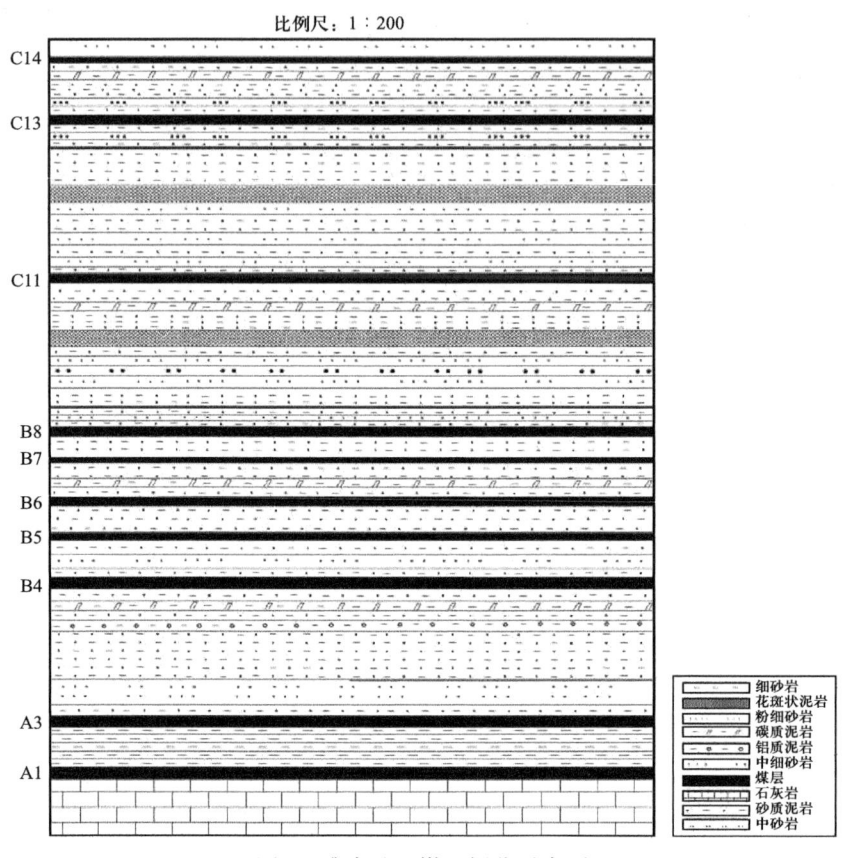

图4 淮南矿区煤组划分示意图

A组煤地层厚约68m，主采煤层1、3煤；B组煤地层厚约70m，包含4～8煤共8层煤、其中4-1、5-2、8煤为主采煤层；C组煤地层厚约72m，主采煤层为11-2、13-1煤。

2.3 煤储层条件

淮南矿区经过加里东、印支、燕山等一系列构造演化[11]，煤层反复被挤压，导致煤体破碎，裂隙不发育，煤层气不易产出[12]。矿区内煤层赋存具有显著松软低渗透特征：埋藏深（300～1500m），煤层群赋存（8～15层），地层压力大（700m以深进入高应力区），瓦斯压力大（高达6.8MPa），煤体松软（煤的坚固性系数0.2～0.8）、透气性低（渗透率0.001～0.01mD）[13]。

（1）含气量：对淮南矿区潘谢区钻孔样品进行含气量测试，主要可采煤层测试数据见表1。矿区各煤层甲烷含量差异跨度较大，整体偏低。

表1 淮南矿区主要煤层甲烷含量数据统计表

煤层	13-1	11-2	8	4-1	3	1
甲烷含量（m³/t）	$\frac{0.08\sim16.50}{5.74}$	$\frac{0.03\sim18.59}{5.42}$	$\frac{0.03\sim19.67}{5.50}$	$\frac{0.03\sim18.47}{5.84}$	$\frac{0.20\sim16.81}{7.41}$	$\frac{0.27\sim17.06}{7.23}$

注：表中数据格式为 $\frac{最小值\sim最大值}{平均值}$，下同。

（2）煤体结构：根据各煤矿矿井宏观煤岩可辨程度、层理完整度、煤体破碎程度、裂隙及揉皱发育程度等判定淮南矿区可采煤层煤体结构主要以碎裂、碎粒结构为主，局部为原生、糜棱结构。

（3）孔隙度：淮南矿区孔隙度通过参数井压汞测试，真密度、视密度获取，见表2。主要可采煤层平均孔隙度差异较小。

表2 淮南矿区主要煤层孔隙度数据统计表

煤层	13-1	11-2	8	4-1	3	1
孔隙度（%）	$\frac{0.58\sim18.13}{6.40}$	$\frac{0.68\sim20.36}{6.45}$	$\frac{0.65\sim15.53}{6.86}$	$\frac{0.69\sim12.74}{6.72}$	$\frac{2.11\sim13.57}{7.31}$	$\frac{1.35\sim15.82}{7.15}$

（4）渗透率：淮南矿区渗透率最低0.0011mD，煤层碎裂松软、渗透性极差。

3 淮南矿区地面瓦斯治理技术

3.1 实施地面瓦斯治理背景及意义

淮南矿区平均采深836m，随着矿区开采深度增大（每年采深增加10~25m），瓦斯压力和含量日趋增大，瓦斯灾害的复杂性和危险性显著增加，井下瓦斯治理工程与生产接替之间的矛盾更加突出。

根据国家政策，煤层瓦斯压力达到3MPa的区域应当采用地面井预抽煤层瓦斯，或开采保护层，或采用远程操控钻机施工钻孔预抽煤层瓦斯。区域治理、超前治理是煤矿瓦斯治理的总体要求，实施地面井预抽瓦斯降低煤层瓦斯含量保障煤矿安全开采，煤矿瓦斯治理方式由井下转到地面，是淮南矿区煤层安全高效开采的需求。

3.2 地面瓦斯治理井布井方式

以煤矿5~10年规划设计的采区为单元，水平段轨迹沿设计的采煤工作面轨顺、运顺内错30~40m分别施工"L"形或"U"形水平井，地面瓦斯治理井采用首尾相接式布井方式，实现对采煤工作面上、下顺槽的长度全覆盖，实施区域地面预抽。布井方式如图5所示。

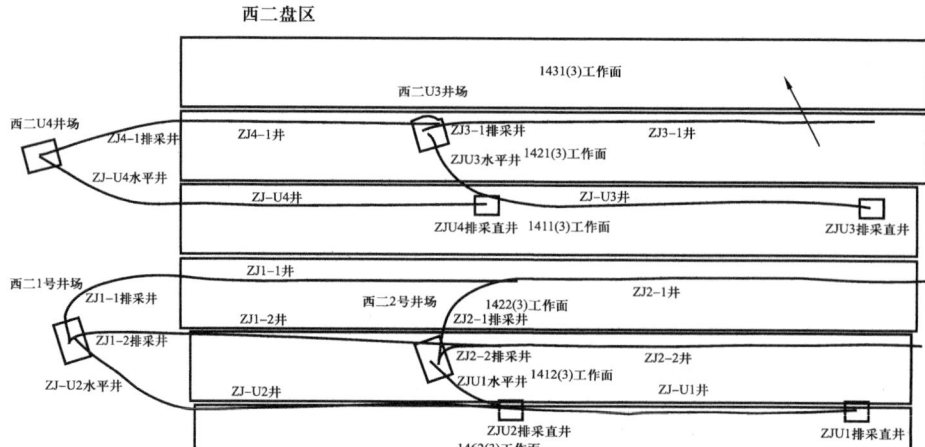

图 5 地面瓦斯治理井布井方式示意图

3.3 钻井工艺技术

（1）钻井设计：采用三开井身结构，水平段沿煤层走向布置，将"U"形或"L"形水平井水平段布置在距离煤层 2m 左右的顶板岩层中[14]；"L"形井、"U"形水平段分别沿煤层上倾、下倾方向钻进。二开导眼段设计见煤点与 A 靶点距离小于 30m，导眼设计长度小于 300m，造斜段轨迹设计全角变化率每 30m 不大于 6°。一开采用 ϕ444.5mm 钻头，二开采用 ϕ311.15mm PDC 钻头，三开采用 ϕ215.9mm PDC 钻头。

（2）钻井装备：采用 ZJ40/50 石油钻机（配套顶驱），最大钩载 2250~3150kN，网电+备用发电机，F1600 钻井泵"2 用 1 备"，钻井液采用"振动筛+清洁器+除气器+离心机"等 4 级处理。

（3）钻井轨迹控制：通过二开钻进时确定顶板、底板岩性、钻时、伽马特性，加强岩屑及气测录井特征分析；利用 MWD 的随钻伽马、综合地质导向分析，引导三开钻进，且井眼轨迹进尺 150~200m 定期探煤一次。井眼轨迹如图 6 所示。

（4）钻井液体系：钻井液选配时主要针对顶底板泥质含量高、易水化膨胀等条件，配制强抑制性、强携岩（粉）能力的 HM 防垮塌井壁钻井液体系，防止钻井过程中井壁失稳垮塌。

（5）三开旋转下套管技术：针对三开水平段下套管面临水平段长、摩阻大、卡管的难题，采用三开旋转下套管工艺技术，由钻机旋转动力（顶驱+旋转装置）、P110 材质工作套管（包括高强梯形扣）、旋转引鞋、钻井液循环系统等构成；套管下放过程中上下提拉和边下边加压旋转，配合使用钻井液循环，保证套管全部下到位。旋转下套管工艺图如图 7 所示。

3.4 压裂工艺技术

针对碎软低渗透煤层特点，煤层顶板分段压裂水平井技术，促使裂缝从顶板向煤层中延伸，沟通井筒与下部煤层[15]。

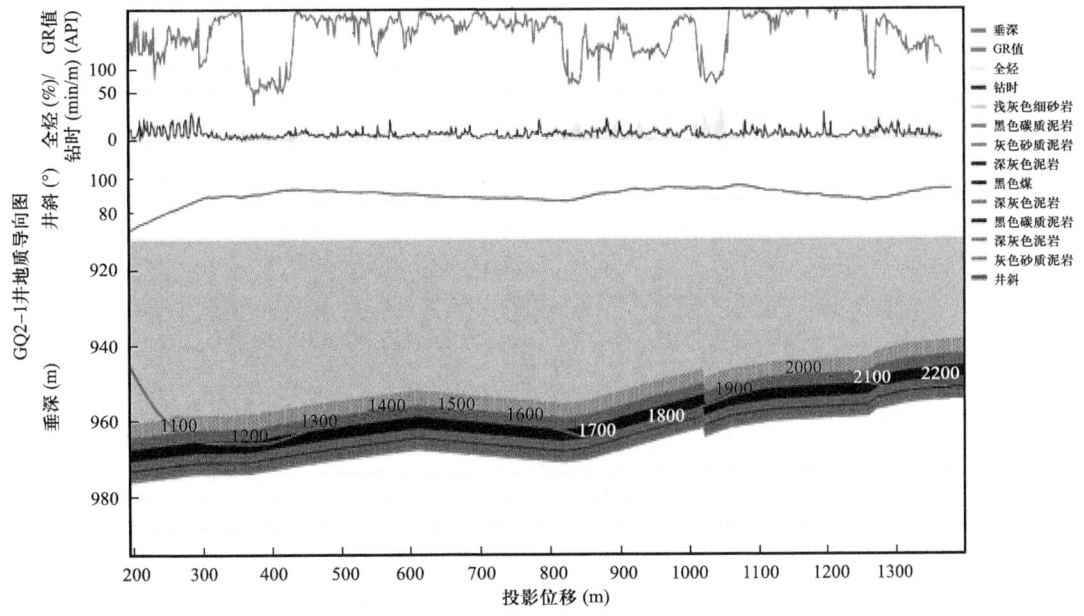

图 6　井眼轨迹示意图

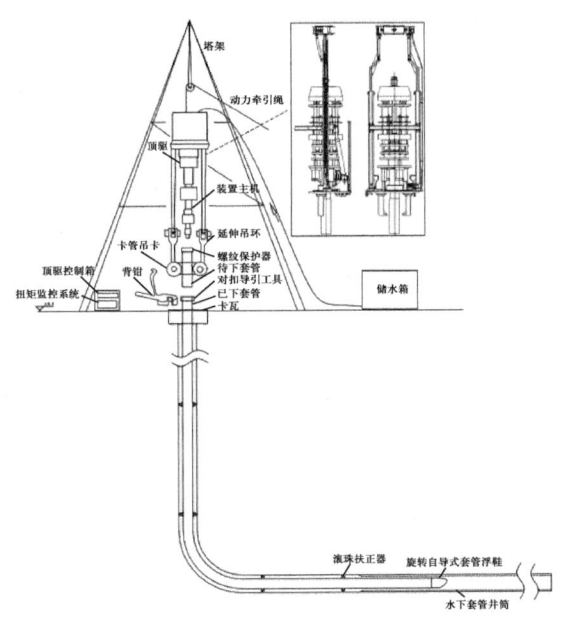

图 7　旋转下套管工艺图

（1）射孔方式：第一段射孔采用油管传输方式射孔，其余各段采用泵送桥塞—射孔联作方式进行分段射孔，单段长 60～80m；顶板采用垂直向下射孔，底板垂直向上射孔，煤层中 60°螺旋或水平两翼射孔。

（2）压裂工艺：选用"泵送可溶桥塞＋射孔联作"分段压裂技术，采用酸性活性水压裂液体系实行"大排量、大粒径、大砂比"控液量强加砂压裂，采用 16～20 目、20～40 目、40～70 目石英砂作为支撑剂。

（3）裂缝监测：采用微地震地面裂缝监测技术，实时监测压裂裂缝的具体方位及三维形态，实现水平井群压裂裂缝全覆盖工作面，如图8所示。

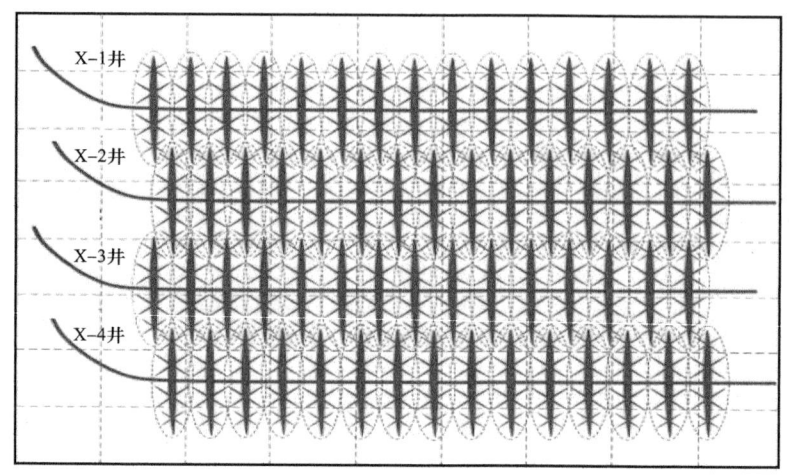

图8 水平井群压裂裂缝全覆盖示意图

3.5 排采工艺技术

排采制度的优化是保证生产效率和资源利用率的重要环节[16]，引导煤粉快速排出，有效提高单井产量[17]。以井底流压为控制核心，合理控制排采速度，实现瓦斯治理效果最优化。

（1）排采工艺：排采工艺采用有杆和无杆相组合方式，有杆排采工艺以顶驱螺杆泵为主，无杆排采工艺选用电潜螺杆泵、电潜隔膜泵和离心泵。

（2）压裂干扰井快速恢复产气技术：采取快速放喷、振荡洗井捞砂等方法恢复干扰井渗流通道，通过分阶段、差异化排采管控，实现了朱集东矿4口受压裂干扰井气量快速恢复，气量曲线如图9所示。

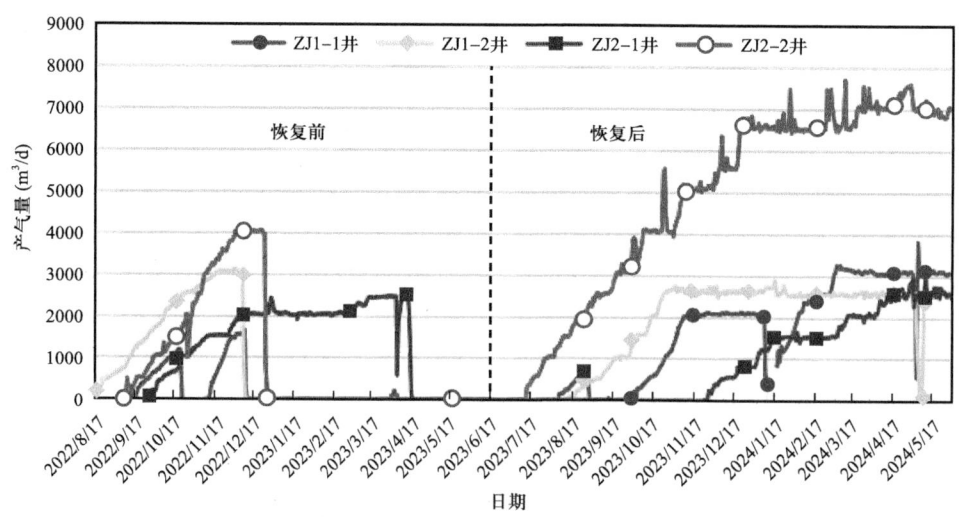

图9 朱集东矿4口受压裂干扰井恢复前后产气量曲线

（3）"零水压"排采技术：常规排采工艺泵挂位置在井斜70°左右，井筒内剩余20～30m液柱压制地层产能充分释放。采用潜油隔膜泵排采系统，泵挂下放至水平段煤层底板（井斜90°），实现了"零水压"排采。潜油隔膜泵排采工艺示意图如图10所示。

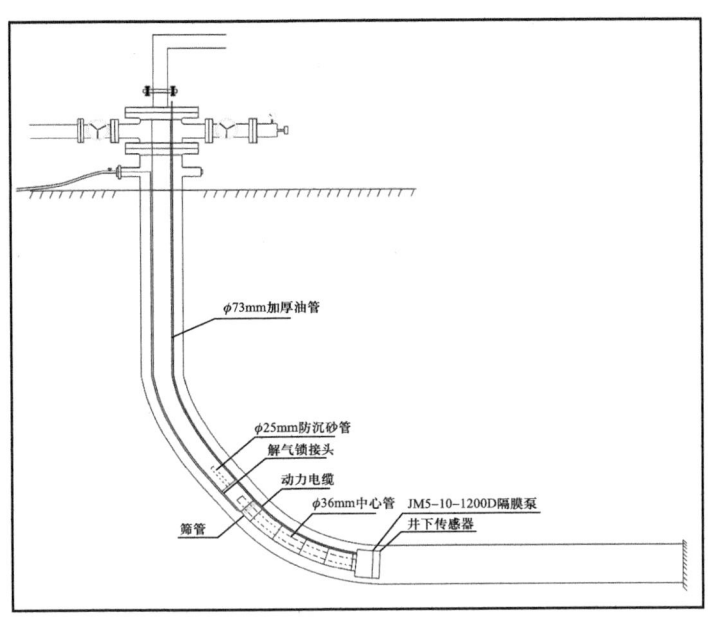

图10 潜油隔膜泵排采工艺示意图

4 地面瓦斯治理技术应用效果

2018年至今，分别在新谢区块、潘谢区块、顾桥煤矿、潘二煤矿、潘三煤矿、朱集东矿、张集煤矿共施工完成了29口地面瓦斯治理井，其中21口为"L"形井、8口为"U"形井，涵盖A组（1+3）煤层、B组8煤层、C组（13-1和11-2）煤层等主采煤层。

4.1 钻井技术应用效果

水平井轨迹在煤层顶（底）板0～2m以内钻遇率达到94%，井眼轨迹探煤比例50%以上，钻井工期由4个月缩短到2个半月，工程成功率100%。

4.2 压裂技术应用效果

射孔成功率100%，压裂加砂最高砂比达到20%，压裂裂缝半长超过150m，缝高20～30m。

4.3 排采技术应用效果

单井稳产期超470d，最高日产气量达7701m^3，实现"零水压"排采，单井气量增幅达30%，累计日产气量达$5.1×10^4$m^3，单井累计最高产气量超$275×10^4$m^3。

5 地面瓦斯治理井抽排效果煤矿井下验证

地面瓦斯治理井煤层气抽采评价，为煤层气区块后续工程部署与决策、矿井瓦斯灾害危险程度评价等提供可靠依据[18]，瓦斯抽采是煤矿瓦斯灾害防治的重要举措[19]，淮南矿区首次研究应用井下长距离密闭取样技术进行地面井抽采效果检测[20]。

2021 年 4 月，利用原潘一东东翼轨道大巷和井下支架检修硐室对 PX2-1 井、PX1-1 井地面瓦斯治理试验井压裂排采效果进行井下考察验证。利用定向钻机施工穿层钻孔，施工了 13 个检验孔和 7 个原始煤体考察孔（图 11，图 12）。

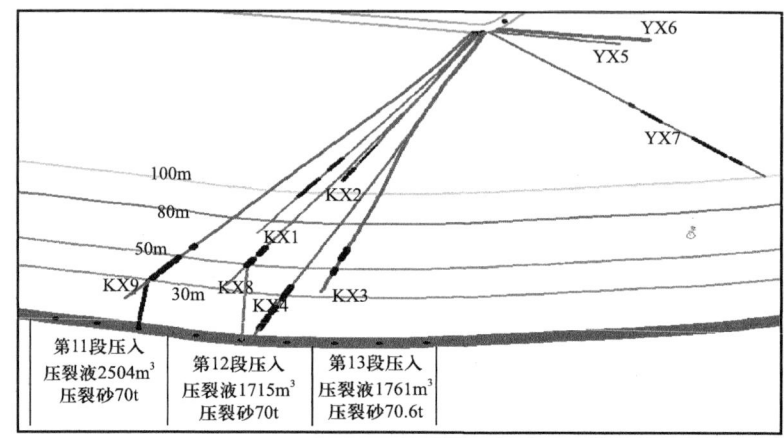

图 11 PX1-1 井考察孔施工平面图

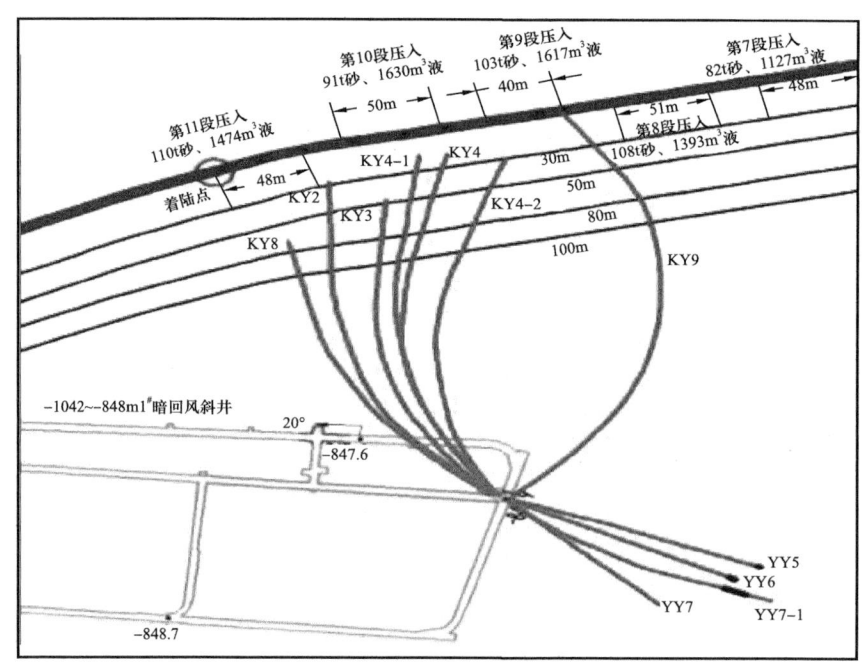

图 12 PX2-1 井考察孔施工平面图

通过煤矿井下钻孔、涌水参数测试、含砂量测试、瓦斯含量测试、瓦斯压力测试、煤层参数测试、抽采影响范围等方法考察地面瓦斯治理试验井压裂抽采效果。

考察结果表明：在排采374d（抽采瓦斯量$27×10^4m^3$）时，13-1煤65m、30m范围内的原始瓦斯压力由6.8MPa分别降至2.7MPa、2.4MPa，瓦斯含量由$11.8m^3/t$分别降至$7.2m^3/t$、$5.2m^3/t$；水平井65m范围内，地面瓦斯治理井压裂抽排对煤层降低瓦斯压力、降低瓦斯含量效果明显。

6 结论

淮南矿区松软低渗透煤层条件下瓦斯治理属世界级难题，面对淮南矿区开采深度逐年增大，瓦斯灾害的复杂性和危险性显著增加的问题，采用实施地面瓦斯治理井的方式治理煤矿井下瓦斯，以煤矿规划设计的采区为单元，沿采煤工作面轨顺、运顺内错30～40m分别施工"L"形或"U"形水平井，通过对钻井、压裂、排采工艺技术进行优化和改进，采用三开完井方式、旋转下套管技术、酸性压裂液体系大规模压裂、有杆无杆排采工艺组合应用等手段，实现了工程成功率100%、压裂最高砂比20%、单井最高日产气量$7701m^3$的效果。经煤矿井下验证，13-1煤65m、30m范围内的原始瓦斯压力由6.8MPa分别降至2.7MPa、2.4MPa，瓦斯含量由$11.8m^3/t$分别降至$7.2m^3/t$、$5.2m^3/t$，地面瓦斯治理井压裂抽排对煤层降低瓦斯压力、降低瓦斯含量效果明显。因此，通过地面实施瓦斯治理井是煤矿治理瓦斯行之有效的方法。

致　　谢

本文研究成果主要依托煤矿瓦斯治理国家工程研究中心、深部煤炭安全开采与环境保护全国重点实验室的研究内容和重要成果，利用"安徽淮南矿区松软低渗高突煤层地面水平井瓦斯高效抽采示范项目"逐步实施和验证，参与单位包括中煤科工西安研究院（集团）有限公司、安徽理工大学、中国石化中原石油工程有限公司、北京大地高科地质勘查有限公司、北京华油油气技术开发有限公司等企业和高等院校。他们对此进行了大量的研究工作，为本文的撰写提供了坚实的基础资料，限于文章篇幅，不能一一列出，在此一并表示衷心感谢。

参 考 文 献

[1] 孙海涛，舒龙勇，姜在炳，等.煤矿区煤层气与煤炭协调开发机制模式及发展趋势［J］.煤炭科学技术，2022，50（12）：1-13.

[2] 张群.关于我国煤矿区煤层气开发的战略性思考［J］.中国煤层气，2007，4（4）：3-5，15.

[3] 孙钦平，赵群，姜馨淳，等.新形势下中国煤层气勘探开发前景与对策思考［J］.煤炭学报，2021，46（1）：65-76.

[4] 郭凯.煤层气综合评价与勘探关键技术研究［J］.能源与节能，2024（6）：13-15.

[5] 刘见中，沈春明，雷毅，等.煤矿区煤层气与煤炭协调开发模式与评价方法［J］.煤炭学报，2017，

42（5）：1221-1229.

[6] 李峰，薛生，涂庆毅，等.基于低温液氮浸溶处理的淮南矿区松软中阶煤孔隙特征［J］.煤矿安全，2024，55（3）：73-83.

[7] 程军，莫都，吴国代.淮南矿区构造动力学特征及煤体变形机制［J］.山西建筑，2012，38（17）：66-67.

[8] 吴国代，桑树勋，程军，等.基于卸压煤层气开发的构造煤储层孔渗特征与类型划分——以淮南矿区为例［J］.石油学报，2013，34（4）：712-719.

[9] 王秀荣，赵伟，陈美英.淮南矿区煤炭资源安全高效开采保障技术研究［J］.中国煤炭地质，2019，31（10）：21-26.

[10] 余坤，杨开珍，靖建凯，等.淮南煤田含煤岩系沉积相类型特征与演化——以新集井田1001钻孔为例［J］.煤田地质与勘探，2018，46（1）：20-27.

[11] 刘士言，魏强，胡宝林，等.淮南潘集深部13-1煤层含气量影响因素分析［J］.煤炭技术，2021，40（03）：46-48.

[12] 柴君锋，孙红波，阴慧胜，等.煤层顶板水平井煤层气开发技术研究［J］.煤炭技术，2020，39（10）：44-46.

[13] 唐永志，李平，等.淮南矿区松软低透煤层煤层气开发利用技术与思考［J］.煤炭科学技术，2022，50（12）：26-35.

[14] 陈本良，袁亮，薛生，等.淮南矿区煤层顶板分段压裂水平井抽采技术及效果研究［J］.煤炭科学技术，2024，52（4）：155-163.

[15] 刘超，袁广，李浩哲，等.分段多簇密切割压裂技术在淮南矿区煤层气抽采中的应用［J］.煤炭技术，2024，43（2）：166-170.

[16] 陈旭.煤层气生产井排采制度研究与优化［J］.勘探开发，2024（5）：292-294.

[17] 朱庆忠.我国高阶煤煤层气疏导式高效开发理论基础——以沁水盆地为例［J］.煤田地质与勘探，2022，50（3）：82-91.

[18] 全国煤炭标准化技术委员会.煤矿区煤层气地面抽采效果检测与评价：GB/T 34547—2017［S］.北京：中国标准出版社，2017，10.

[19] 乔伟，王凯，程波.顺层长钻孔瓦斯抽采工艺技术应用研究［J］.矿业安全与环保，2021，48（6）：93-98.

[20] 丁华忠，龙威成，程合玉，等.煤层气井抽采效果井下长距离取样检测技术研究［J］.陕西煤炭，2023（2）：16-19.